工业和信息化部“十四五”规划教材

# 材料X射线分析技术

朱和国　曾海波　兰　司　尤泽升　编著

唐国栋　主审

科学出版社

北　京

## 内 容 简 介

本书为工业和信息化部“十四五”规划教材，主要介绍晶体学基础与X射线在材料结构、形貌和成分方面的分析技术。其中，结构分析技术包括X射线的物理基础、衍射原理、物相分析、织构分析、小角散射与掠入射衍射分析、位错分析、层错分析、非晶分析、单晶体衍射与取向分析、内应力分析、点阵常数的测量与热处理分析等；形貌分析技术即三维X射线显微成像分析；成分分析技术包括特征X射线能谱、X射线光电子能谱及X射线荧光光谱等。书中研究和测试的材料主要包括金属材料、无机非金属材料、高分子材料、非晶态材料、金属间化合物、复合材料等。本书对每章内容做了提纲式的小结，并附有适量的思考题。书中采用一些作者尚未发表的图，同时在实例分析中引入一些当前材料领域最新的研究成果。

本书可作为高等学校材料科学与工程专业本科生的学习用书，也可供相关专业的研究生、教师和科技工作者使用。

**图书在版编目（CIP）数据**

材料X射线分析技术 / 朱和国等编著. —北京：科学出版社，2023.9
工业和信息化部“十四五”规划教材
ISBN 978-7-03-075930-6

Ⅰ. ①材… Ⅱ. ①朱… Ⅲ. ①晶体-X射线衍射分析-高等学校-教材 Ⅳ. ①O721

中国国家版本馆CIP数据核字（2023）第113517号

责任编辑：侯晓敏 李丽娇 / 责任校对：杨 赛
责任印制：张 伟 / 封面设计：陈 敬

科 学 出 版 社 出版
北京东黄城根北街16号
邮政编码：100717
http://www.sciencep.com

北京科印技术咨询服务有限公司数码印刷分部印刷
科学出版社发行 各地新华书店经销

*

2023年9月第 一 版 开本：787×1092 1/16
2025年1月第三次印刷 印张：19
字数：486 000

**定价：79.00元**

（如有印装质量问题，我社负责调换）

# 前　言

材料、信息和能源是现代科学技术重点发展的三大领域，材料是信息和能源发展的物质基础，是人类文明进步的标志。对材料的科学研究与测试方法的合理选择是获得先进材料的核心环节，是材料科学工作者必须掌握的基本知识。X 射线分析技术已在材料、物理、化学、生物、制药、信息等领域获得广泛应用，与电子分析技术并列为材料分析的两大核心手段。

作者参考了国内外同类教材的最新发展，并依据多年的教学经验，以 X 射线为主线编写本书。本书先介绍晶体学基础，然后介绍 X 射线产生的物理基础、与物质发生作用的相关理论，重点介绍 X 射线衍射的方向与强度理论，在此基础上全面介绍了 X 射线在材料结构、形貌和成分方面的分析技术。对一些重要的分析技术，在讲清原理的基础上，注意理论联系实际，列举相关的研究实例，帮助读者领会材料研究的思路，懂得该研究什么、为什么研究以及怎样研究。全方位培养读者思考问题、分析问题和解决问题的能力，激发学生励志学习，勇于担当，砥砺前行！

本书是工业和信息化部“十四五”规划教材，内容系统丰富、深度适中，叙述繁简结合，图文并茂、通俗易懂，并对每章内容做了提纲式小结，便于读者自学和复习。

全书由南京理工大学一线授课教师在总结多年教学经验的基础上合力编写，共 14 章，并设有附录，具体编写分工为：第 1～8 章、第 14 章及附录由朱和国编写；第 9 章由兰司编写，英会强协助；第 10 章由兰司编写；第 12 章由尤泽升编写；第 11 章、第 13 章由曾海波编写。全书由朱和国统稿，唐国栋主审。

本书广泛参考和应用了其他材料科学工作者的研究成果，得到了南京理工大学教务处和材料学院领导的积极支持、东南大学吴申庆教授的热情鼓励，以及张继峰、黄思睿、吴健、朱成艳、伍昊、赵晨朦、刘晓艳、邓渊博、赵振国、杨泽晨等研究生的鼎力协助，在此表示深深的敬意和感谢！

由于作者水平所限，书中疏漏之处在所难免，敬请广大读者批评指正。

朱和国

2022 年 10 月于南京

# 前言

# 目　录

# 第 1 章　晶体学基础

## 1.1　晶体及其基本性质

### 1.1.1　晶体的概念

晶体是指其内部的原子、分子、离子或其集团在三维空间呈周期性排列的固体。而这些周期性排列的原子、分子、离子或其集团是构成晶体结构的基本单元，称为晶体的结构基元。如果将结构基元抽象成一个几何点，则可将晶体结构抽象成无数个在三维空间呈规则排列的点阵，该点阵又称空间点阵。图 1-1 为一般晶体抽象而成的空间点阵。

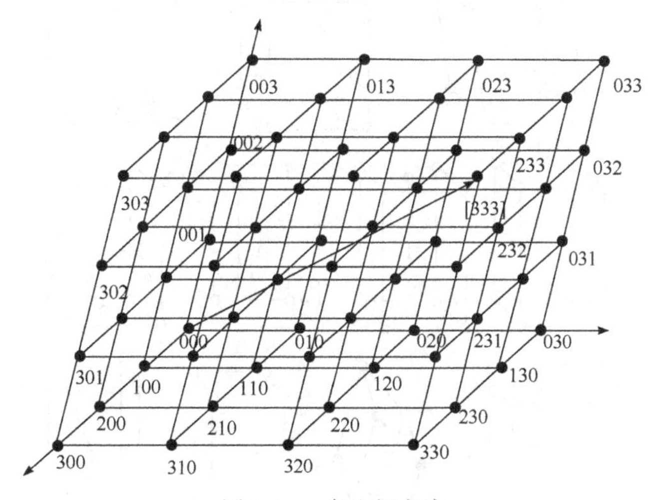


图 1-1　一般空间点阵

### 1.1.2　空间点阵的四要素

(1) 阵点，即空间点阵中的阵点。它代表结构基元的位置，是晶体结构的相当点，就其本身而言，仅具有几何意义，不代表任何质点。空间点阵具有无穷多个阵点。

(2) 阵列，即阵点在同一直线上的排列。任意两个阵点即可构成一个阵列，同一阵列上阵点间距相等，阵点间距为该方向上的最小周期，平行阵列上的阵点间距必相等，不同方向上的阵点间距一般不相等。空间点阵具有无穷多个阵列。

(3) 阵面，即阵点在同一平面上的分布。任意不在同一阵列上的三个阵点即可构成一个阵面。单位阵面上的阵点数称为面密度，相邻阵面间的垂直距离称为面间距，平行阵面上的面密度和面间距均相等。空间点阵具有无穷多个阵面。

(4) 阵胞，即在三维方向上由两两平行并且相等的三对阵面所构成的六面体。它是空间点阵中的体积单元。空间点阵可以看成是这种平行六面体在三维方向上的无缝堆砌。注意：①阵胞有多种选取方式，主要反映晶体结构的周期性；②当阵点仅在阵胞的顶角上，一个阵胞仅含一个阵点，代表一个基元时，该阵胞又称为物理学原胞，原胞的体积最小，其三维基矢为$\vec{a}_1,\vec{a}_2,\vec{a}_3$。

### 1.1.3 布拉维阵胞

为了同时反映晶体结构的周期性和对称性，通常按以下原则选取阵胞：

(1) 反映晶体的宏观对称性。

(2) 尽可能多的直角。

(3) 相等的棱边和夹角尽可能多。

(4) 满足上述条件下，阵胞体积尽可能最小。

按以上原则选取阵胞时，法国晶体学家布拉维(A. Bravais)通过研究发现空间点阵的阵胞只有14种，此时阵点不仅可在阵胞的顶点，还可在阵胞的体内或面上，阵胞的体积也不一定为最小，可能是原胞体积的整数倍。布拉维阵胞又称晶胞，或惯用胞，或结晶学原胞。图1-2为14种布拉维阵胞，基矢设为$\vec{a},\vec{b},\vec{c}$。

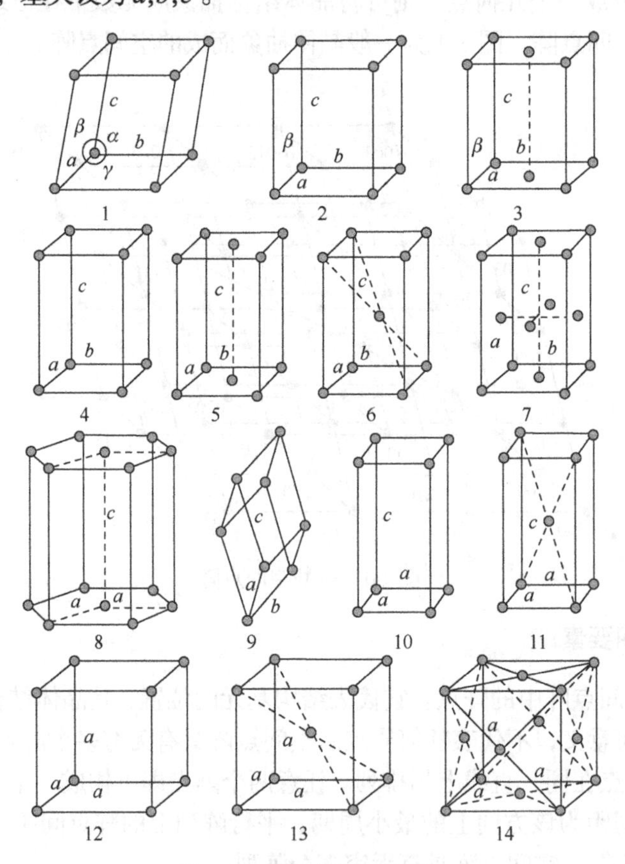

图1-2 布拉维阵胞示意图

1. 简单三斜；2. 简单单斜；3. 底心单斜；4. 简单斜方；5. 底心斜方；6. 体心斜方；7. 面心斜方；8. 简单六方；9. 简单菱方；10. 简单正方；11. 体心正方；12. 简单立方；13. 体心立方；14. 面心立方

晶胞的形状与大小用相交于某一顶点的三个棱边上的点阵周期 $a$、$b$、$c$ 以及它们之间的夹角$\alpha$、$\beta$、$\gamma$来表征，其中$\alpha$、$\beta$、$\gamma$分别为$\vec{b}$与$\vec{c}$、$\vec{c}$与$\vec{a}$、$\vec{a}$与$\vec{b}$的夹角。$a$、$b$、$c$、$\alpha$、$\beta$、$\gamma$称为晶格常数。

14种布拉维阵胞根据点阵参数的特点分为立方、正方、斜方、菱方、六方、单斜及三斜七大晶系。根据阵点在阵胞中的位置特点又可将其分为简单(P)、底心(C)、体心(I)和面心(F)

四大点阵类型。

(1) 简单型。阵点分布于六面体的八个顶点处，符号为 P。

(2) 底心型。阵点除了分布于六面体的八个顶点外，在六面体的底心或对面中心处仍分布有阵点，符号为 C。

(3) 体心型。阵点除了分布于六面体的八个顶点外，在六面体的体心处还有一个阵点，符号为 I。

(4) 面心型。阵点除了分布于六面体的八个顶点外，在六面体的六个面心处还各有一个阵点，符号为 F。

各点阵如表 1-1 所示。

**表 1-1 晶系及点阵类型**

| 晶系 | 点阵参数 | 布拉维点阵 | 点阵符号 | 阵胞内基元数 | 阵点坐标 |
|---|---|---|---|---|---|
| 立方晶系 | $a=b=c$ $\alpha=\beta=\gamma=90°$ | 简单立方 | P | 1 | 000 |
| | | 体心立方 | I | 2 | 000，$\frac{1}{2}\frac{1}{2}\frac{1}{2}$ |
| | | 面心立方 | F | 4 | 000，$\frac{1}{2}\frac{1}{2}0$，$\frac{1}{2}0\frac{1}{2}$，$0\frac{1}{2}\frac{1}{2}$ |
| 正方晶系 | $a=b\neq c$ $\alpha=\beta=\gamma=90°$ | 简单正方 | P | 1 | 000 |
| | | 体心正方 | I | 2 | 000，$\frac{1}{2}\frac{1}{2}\frac{1}{2}$ |
| 斜方晶系 | $a\neq b\neq c$ $\alpha=\beta=\gamma=90°$ | 简单斜方 | P | 1 | 000 |
| | | 体心斜方 | I | 2 | 000，$\frac{1}{2}\frac{1}{2}\frac{1}{2}$ |
| | | 底心斜方 | C | 2 | 000，$\frac{1}{2}\frac{1}{2}0$ |
| | | 面心斜方 | F | 4 | 000，$\frac{1}{2}\frac{1}{2}0$，$\frac{1}{2}0\frac{1}{2}$，$0\frac{1}{2}\frac{1}{2}$ |
| 菱方晶系 | $a=b=c$ $\alpha=\beta=\gamma\neq 90°$ | 简单菱方 | P | 1 | 000 |
| 六方晶系 | $a=b\neq c$ $\alpha=\beta=90°$ $\gamma=120°$ | 简单六方 | P | 1 | 000 |
| 单斜晶系 | $a\neq b\neq c$ $\alpha=\gamma=90°\neq\beta$ | 简单单斜 | P | 1 | 000 |
| | | 底心单斜 | C | 2 | 000，$\frac{1}{2}\frac{1}{2}0$ |
| 三斜晶系 | $a\neq b\neq c$ $\alpha\neq\beta\neq\gamma\neq 90°$ | 简单三斜 | P | 1 | 000 |

注意：

(1) 空间点阵是为了方便地研究晶体结构而进行的一种数学抽象，反映了晶体结构的几何特征，它不能脱离具体的晶体结构而单独存在。

(2) 空间点阵的阵点仅具有几何意义，并非具体的质点，它可以是结构基元的质心位置，也可以是结构基元中任意等价的点。

(3) 晶体的结构复杂、种类繁多，但从中抽象出来的空间点阵只有 14 种。

(4) 晶体结构＝空间点阵＋结构基元。

(5) 原胞包含一个基元，而非一个原子。

(6) 一种点阵可代表多种晶体结构，结构基元可以由一个或多个等同质点以不同的形式进行排列和结合。

## 1.2　晶向、晶面及晶带

### 1.2.1　晶向及其表征

布拉维点阵中的每个阵点的周围环境均相同，所有阵点可以看成分布在一系列相互平行的直线上，见图1-3，称任一直线为晶列，晶列的取向称为晶向。

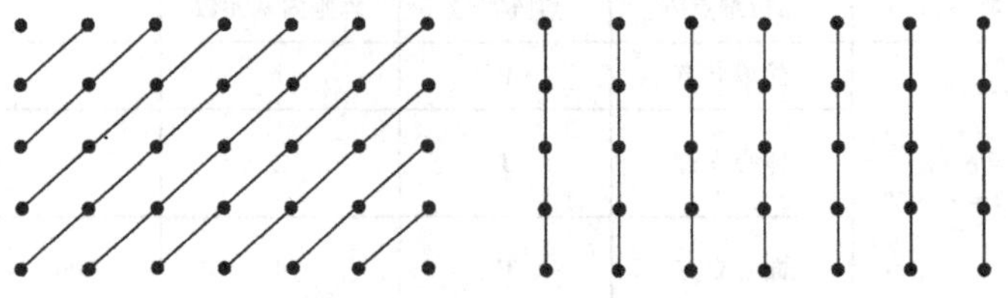

图1-3　点阵中的平行列

晶向的表征步骤：

(1) 建立坐标系，见图1-4(a)，以所求晶向上的任意阵点为原点，一般以布拉维阵胞的基矢量$\vec{a},\vec{b},\vec{c}$为三维基矢量。

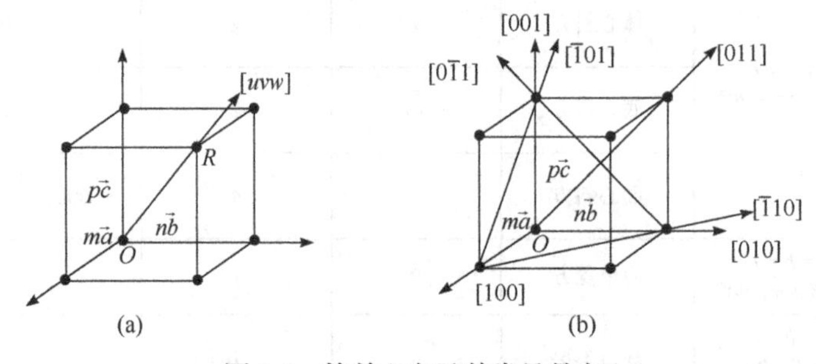


图1-4　简单立方及其常见晶向

(2) 在所求晶向上任取一阵点$R$，则$\overrightarrow{OR}=m\vec{a}+n\vec{b}+p\vec{c}$，$m$、$n$、$p$为整数。

(3) 约化$m$、$n$、$p$为互质整数$uvw$，并用“[ ]”括起来，即为该晶列的晶向指数[$uvw$]。当指数为负数时，负号标于其顶部。

晶体中原子排列情况相同，但空间位向不同的一组晶向称为晶向族。同一晶向族中的指数相同，只是排列顺序或符号不同。例如，在立方晶系中，见图1-4(b)，面对角线共有：[110]、[101]、[011]、$[\bar{1}\bar{1}0]$、$[\bar{1}0\bar{1}]$、$[0\bar{1}\bar{1}]$、$[\bar{1}10]$、$[1\bar{1}0]$、$[0\bar{1}1]$、$[01\bar{1}]$、$[\bar{1}01]$和$[10\bar{1}]$ 12种，形成<110>晶向族；体对角线共有[111]、$[\bar{1}11]$、$[1\bar{1}1]$、$[11\bar{1}]$、$[\bar{1}1\bar{1}]$、$[\bar{1}\bar{1}1]$、$[1\bar{1}\bar{1}]$和$[\bar{1}\bar{1}\bar{1}]$ 8种，构成<111>晶向族。但需要注意的是，离开立方晶系，改变晶向指数的顺序，所表示的晶向可能不再属于同一个晶向族。例如，在斜方晶系中，[001]、[010]和[100] 3个晶向上的原子间距分别为$a$、$b$、$c$，原子排列和性质不相同，故其不再属于同一个晶向族。此外，凡互相平行、方向一致的晶向，其晶向指数完全相同；互相平行，而方向相反的晶向，其晶向指数的数字和排列顺序相同但符号相反。

### 1.2.2　晶面及其表征

晶面是指布拉维点阵中任意 3 个不共线的阵点所在的平面，该平面是包含无限多个阵点的二维点阵，称为晶面。

晶面的表征步骤：

(1) 建立坐标系，见图 1-5。以不在所求晶面上的任意阵点为原点，以布拉维阵胞的基矢 $\vec{a},\vec{b},\vec{c}$ 为三维基矢量。

(2) 得所求晶面的三个面截距值。

(3) 取三面截距值的倒数，并取整约化为互质数 *hkl*，用“( )”括起来，(*hkl*)即为该晶面的晶面指数，又称米勒指数。当指数为负整数时，负号标于其顶部。

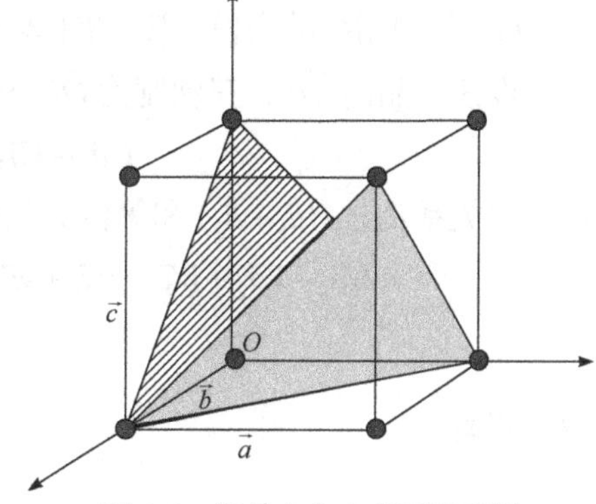

图 1-5　简单立方中晶面示意图

晶体中原子排列情况相同，晶面间距也相等，但空间位向不同的一组晶面称为晶面族。与晶向族相似，构成晶面族的各晶面的指数数字相同，只是排列顺序和符号不同。例如，立方晶系中六个表面：(100)、(010)、(001)、$(\bar{1}00)$、$(0\bar{1}0)$ 和 $(00\bar{1})$ 构成了同一个{100}晶面族；十二个对角面：(110)、(101)、(011)、$(\bar{1}\bar{1}0)$、$(\bar{1}0\bar{1})$、$(0\bar{1}\bar{1})$、$(\bar{1}10)$、$(1\bar{1}0)$、$(0\bar{1}1)$、$(01\bar{1})$、$(\bar{1}01)$ 和 $(10\bar{1})$ 构成{110}晶面族。但需要注意的是，离开立方晶系时，数字相同，而顺序不同的晶面指数所表示的晶面不一定属于同一个晶面族。例如，在斜方晶系中，晶面(100)、(010)、(001)上的原子排列情况和晶面间距均不相同，故其不属于同一个晶面族。此外，凡互相平行的晶面，其晶面指数相同，或指数的数字和排列顺序相同，但符号相反。

以上采用三指数法表征立方晶系比较适用，但是对于六方晶系，取 $\vec{a}_1$、$\vec{a}_2$ 和 $\vec{c}$ 为坐标轴，$\vec{a}_1$、$\vec{a}_2$ 两轴夹角成 120°，如图 1-6 所示。此时六方晶系的六个侧面上阵点的排列规律完全等同，应属同一晶面族，即各晶面指数除了顺序和符号外，其数字应该相同，但实际上六个侧面的晶面指数分别为 (100)、(010)、$(\bar{1}10)$、$(\bar{1}00)$、$(0\bar{1}0)$、$(1\bar{1}0)$。这与前面晶面族的定义不吻合，

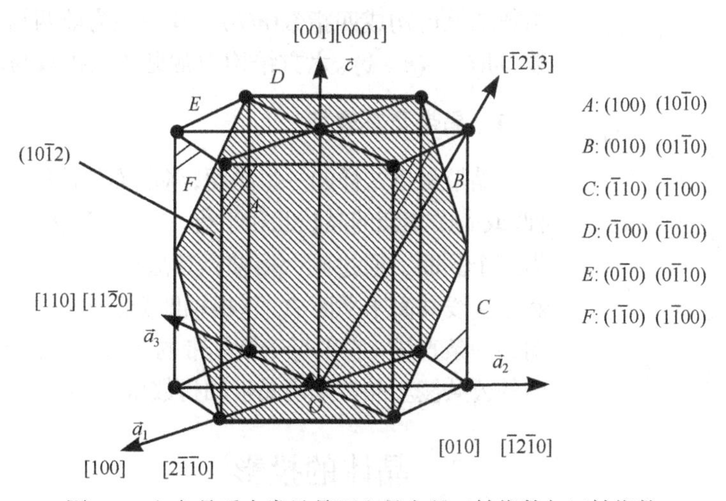

图 1-6　六方晶系中常见晶面和晶向的三轴指数与四轴指数

同样过底心的三条对角线阵点排列也应相同，属于同一个晶向族，也应为相同的指数，实际上为[100]、[010]、[110]。为此，通过增加一根轴$\vec{a}_3$，采用四轴制$\vec{a}_1$、$\vec{a}_2$、$\vec{a}_3$和$\vec{c}$表征时即可解决这个问题，其中$\vec{a}_1$、$\vec{a}_2$、$\vec{a}_3$互成 120°，且$\vec{a}_3=-(\vec{a}_1+\vec{a}_2)$，这样六个侧面的晶面指数分别为$(10\bar{1}0)$、$(01\bar{1}0)$、$(\bar{1}100)$、$(\bar{1}010)$、$(0\bar{1}10)$、$(1\bar{1}00)$，它们的数字相同，只是排列顺序和符号不同，同为一个晶面族{1100}。同样过底心的三条对角线指数分别为$[2\bar{1}\bar{1}0]$、$[\bar{1}2\bar{1}0]$、$[11\bar{2}0]$，与晶向族的定义吻合，同属晶向族<1120>。

六方晶系中，三指数可以通过变换公式转变为四指数。

(1) 晶向指数的变换：$[UVW]\Rightarrow[uvtw]$。

设任一晶向$\overrightarrow{OR}$，三轴制为$\overrightarrow{OR}=U\vec{a}_1+V\vec{a}_2+W\vec{c}$，四轴制为$\overrightarrow{OR}=u\vec{a}_1+v\vec{a}_2+t\vec{a}_3+w\vec{c}$，则

$$U\vec{a}_1+V\vec{a}_2+W\vec{c}=u\vec{a}_1+v\vec{a}_2+t\vec{a}_3+w\vec{c} \tag{1-1}$$

由几何关系$\vec{a}_3=-(\vec{a}_1+\vec{a}_2)$和等价关系$t=-(u+v)$，得

$$U\vec{a}_1+V\vec{a}_2+W\vec{c}=u\vec{a}_1+v\vec{a}_2-t(\vec{a}_1+\vec{a}_2)+w\vec{c}=(u-t)\vec{a}_1+(v-t)\vec{a}_2+w\vec{c} \tag{1-2}$$

得方程组

$$\begin{cases} u-t=U \\ v-t=V \\ t=-(u+v) \\ w=W \end{cases} \tag{1-3}$$

解得

$$\begin{cases} u=\dfrac{1}{3}(2U-V) \\ v=\dfrac{1}{3}(2V-U) \\ t=-\dfrac{1}{3}(U+V) \\ w=W \end{cases} \tag{1-4}$$

这样三指数[$UVW$]即可通过式(1-4)换算成四指数[$uvtw$]。

(2) 晶面指数的变换：$(hkl)\Rightarrow(hkil)$。

晶面指数的变换比较简单，只需在三指数($hkl$)中增加一个指数 $i$ 就可构成四指数($hkil$)，其中 $i$ 为前两指数代数和的相反数，即$i=-(h+k)$。六方结构中常见的三指数与四指数见图 1-6。

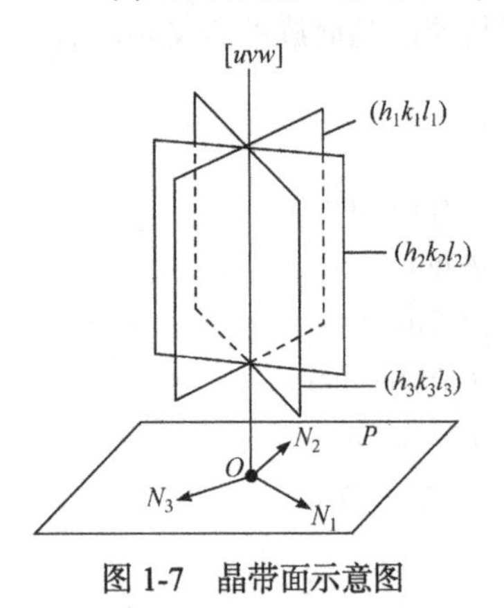

图 1-7 晶带面示意图

### 1.2.3 晶带及其表征

晶带是指这样的一组晶面，各晶面的法线方向垂直于同一根轴，或晶面相交的晶棱互相平行，见图 1-7，$(h_1k_1l_1)$、$(h_2k_2l_2)$、$(h_3k_3l_3)$为三个晶面，通过同一根轴，其法线分别为$\vec{N}_1$、$\vec{N}_2$、$\vec{N}_3$，显然三法线共面于平面 $P$，这根轴即为晶带轴。晶带轴表示晶带方向的一条直线，它平行于该晶带的所有晶面，也是该晶带所有晶面的公共棱。晶带采用晶带轴指数[$uvw$]表征。

## 1.3 晶体的投影

晶体的投影是指将构成晶体的晶向、晶面等几何元素以一定的规则投影到投影面上，

使晶向、晶面等几何元素的空间关系转换成其在投影面上的关系，为研究提供了方便。投影面有球面和赤平面两种，其对应的投影即为球面投影和极射赤面投影。通过晶体的投影研究可获得晶体的晶向、晶面等元素之间的空间关系。此关系通常采用极式网、乌氏网确定。

### 1.3.1 球面投影与极射赤面投影

#### 1. 球面投影

球面投影是指晶体位于投影球的球心，将晶体或其点阵结构中的晶向和晶面以一定的方式投影到球面上的一种方法。此时晶体的尺寸相比于投影球可以忽略，这样晶体的所有晶面均可认为通过球心。球面投影通常有迹式和极式两种投影形式。

迹式球面投影：指晶体的几何要素(晶向、晶面)通过直接延伸或扩展与投影球相交，在球面上留下的痕迹。晶向的迹式球面投影是将晶向朝某方向延长并与投影球面相交所得的交点，该交点又称为晶向的迹点或露点。晶面的迹式球面投影是将晶面扩展与投影球面相交所得的交线大圆，该大圆又称为晶面的迹线。

极式球面投影：指几何要素(点除外)通过间接延伸或扩展后与投影球相交，在球面上留下的痕迹。晶向的极式球面投影是过球心作晶向的法平面，法平面扩展后与投影球面相交，所得的交线大圆，该圆又称为晶向的极圆。晶面的极式球面投影是过投影球的球心作晶面的法线，法线延伸后与投影球相交所得的交点，该交点又称为晶面的极点。

以上两种投影在使用中经常混用，一般是以点来表征几何要素的投影，即晶面的球面投影采用极式投影(极点)，而晶向则采用迹式投影(迹点)。图 1-8 为球面投影，$P$ 为晶面 $N$ 的极点，大圆 $Q$ 为晶面 $N$ 的迹线。

球面坐标的原点为投影球的球心，三条互相垂直的直径为坐标轴。如图 1-9 所示，其中直立轴记为 $NS$ 轴，前后轴记为 $FL$ 轴，东西轴(或左右轴)记为 $EW$ 轴，同时过 $FL$ 轴与 $EW$ 轴的大圆平面称为赤道平面，赤道平面与投影球的交线大圆称为赤道。平行于赤道平面的平面与投影球相交的小圆称为纬线。过 $NS$ 轴的平面称为子午面，子午面与投影球的交线大圆称为经线或子午线。同时过 $NS$ 轴和 $EW$ 轴的子午面称为本初子午面。与其相应的子午线称为本初子午线。任一子午面与本初子午面间的二面角称为经度，用 $\varphi$ 表示。若以 $E$ 点为东经 0°，$W$ 点为西经 0°，则经度最高值为 90°。也可以设定 $E$ 点为 $\varphi = 0°$，顺时针一周为 360°。在任一子午线(经线)上，从 $N$ 或 $S$ 向赤道方向至任一纬线的夹角称为极距，用 $\rho$ 表示，而从赤道沿子午线大圆至任一纬线的夹角称为纬度，用 $\gamma$ 表示，显然极距 $\rho$ + 纬度 $\gamma = 90°$。晶面的极式和晶向的迹式球面投影均为球面上的点，故晶体的晶面和晶向均可用球面上的点来表征，其球面坐标为($\varphi$，$\rho$)。由经线和纬线构成的球网又称为坐标网。

#### 2. 极射赤面投影

极射赤面投影是一种二次投影，即将晶体的晶面或晶向的球面投影再以一定的方式投影到赤平面上所获得的投影。因此，获得晶体要素的极射赤面投影需首先获得球面投影，然后再将球面投影投射到赤平面上。图 1-10 为极射赤面投影。极射赤面投影与球面投影之间的关系如图 1-11 所示。

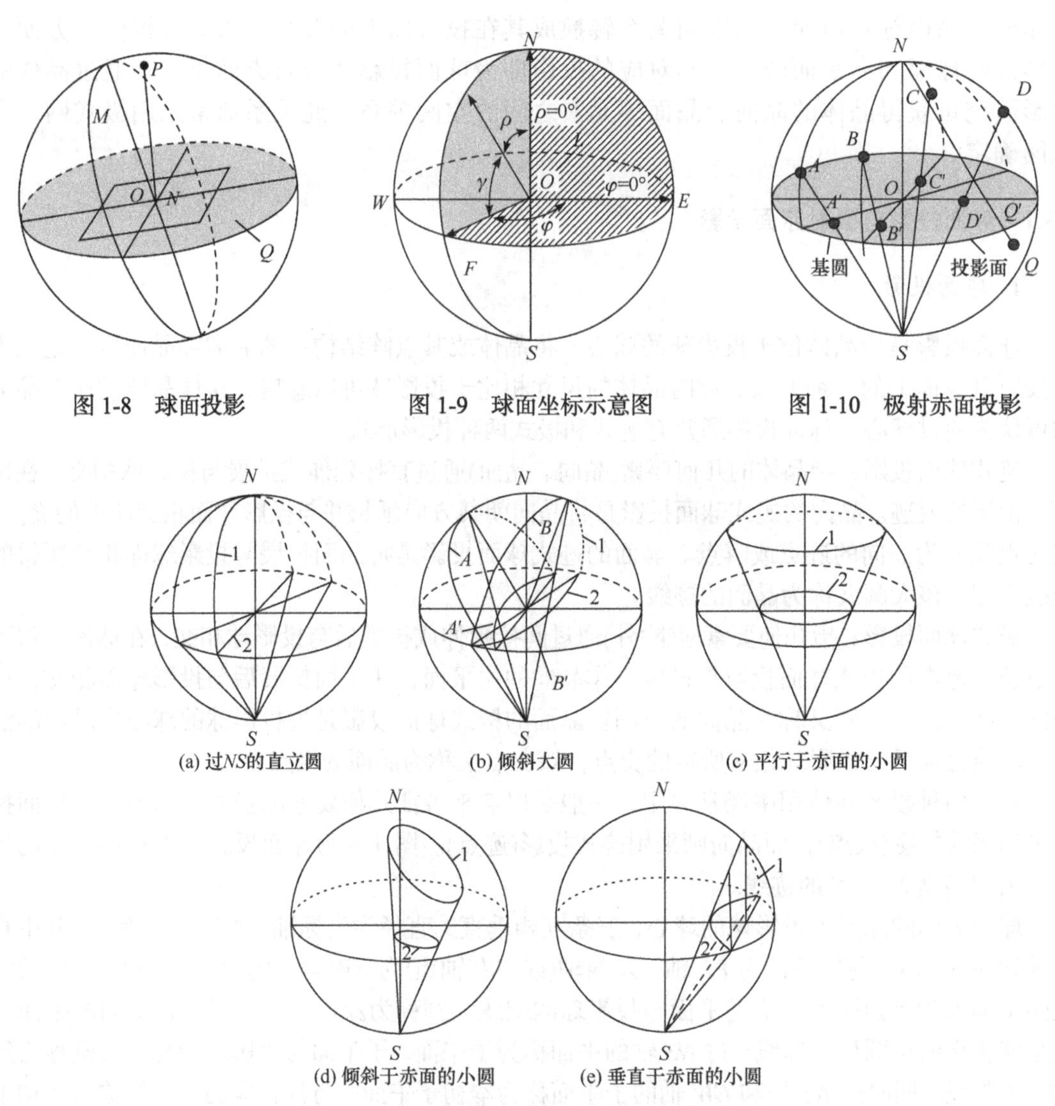


图 1-8 球面投影　　图 1-9 球面坐标示意图　　图 1-10 极射赤面投影

图 1-11 球面投影与极射赤面投影之间的关系

1. 球面投影；2. 极射赤面投影

当球面投影在上半球时，取南极点 $S$ 为投影光源，若球面投影在下半球，取北极点 $N$ 为投影光源。投影光源与球面投影的连线称为投影线，投影线与投影面(赤平面)的交点即为极射赤面投影。极射赤面投影均落在投影基圆内，这样便于作图和测量。为了进行区别，通常规定上半球面上点的极射赤面投影为“•”，而下半球面上点的极射赤面投影为“×”。如图 1-10 所示位于下半球面上的 $Q$ 点，此时北极点 $N$ 为光源位置，连接 $N$、$Q$ 即投影线与赤平面相交于 $Q'$，表示为“×”点，$Q'$即为 $Q$ 点的极射赤面投影。当球面投影在上半球时，应取南极点 $S$ 为投影光源，如图 1-10 中的 $A$、$B$、$C$、$D$ 点，投影线 $SA$、$SB$、$SC$、$SD$ 分别交赤平面于 $A'$、$B'$、$C'$、$D'$点，均表示为“•”，$A'$、$B'$、$C'$、$D'$点分别为 $A$、$B$、$C$、$D$ 点的极射赤面投影。

球面上过南北轴的大圆(子午线大圆或经线)，又称直立大圆，其极射赤面投影为过基圆中心的直径，见图 1-11(a)；水平大圆即赤道平面与投影球的交线，其极射赤面投影为投影基圆本身；球面上未过南北轴的倾斜大圆($A$、$B$)，其极射赤面投影为大圆弧($A'$、$B'$)，大圆弧的弦为基圆直径，见图 1-11(b)；水平小圆的极射赤面投影为与基圆同心的圆，见图 1-11(c)；倾斜小圆的极射赤面投影为椭圆，见图 1-11(d)；直立小圆的极射赤面投影为一段圆弧，其大小和位置取决于小圆的大小和位置，见图 1-11(e)。

### 1.3.2　极式网与乌氏网

通常采用极式网或乌氏网两种辅助工具确定晶面和晶向的空间位向关系。

1. 极式网

将经纬线坐标网以其本身的赤道平面为投影面，作极射赤面投影，所得的极射赤面投影网称为极式网。如图 1-12 所示，极式网由一系列直径和一系列同心圆组成，每一直径和同心圆分别表示经线和纬线的极射赤面投影，经线等分投影基圆圆周，纬线等分投影基圆直径。通常基圆直径为 20 mm，等分间隔均为 2°。极式网具有以下用途：

(1) 直接读出极点的球面坐标，获得该晶面或晶向的空间位向。

(2) 当两晶面或晶向的极点在同一直径上，其间的纬度差即为晶面或晶向间的夹角，并可以从极式网中直接读出；但是，当两极点不在同一直径上时，则无法测量其夹角，故其应用受到限制，此时必须借助乌氏网来进行测量。

2. 乌氏网

乌氏网类似于极射赤面投影，但此时的投影面不是赤平面，而是过南北轴的垂直面，一般以同时过 *NS* 轴和 *EW* 轴的平面为投影面，投影光源为投影面中心法线与投影球的交点，即前后极点 *F* 或 *L*(图 1-13)，经纬线坐标网的极射平面投影网即为乌氏网(图 1-14)。

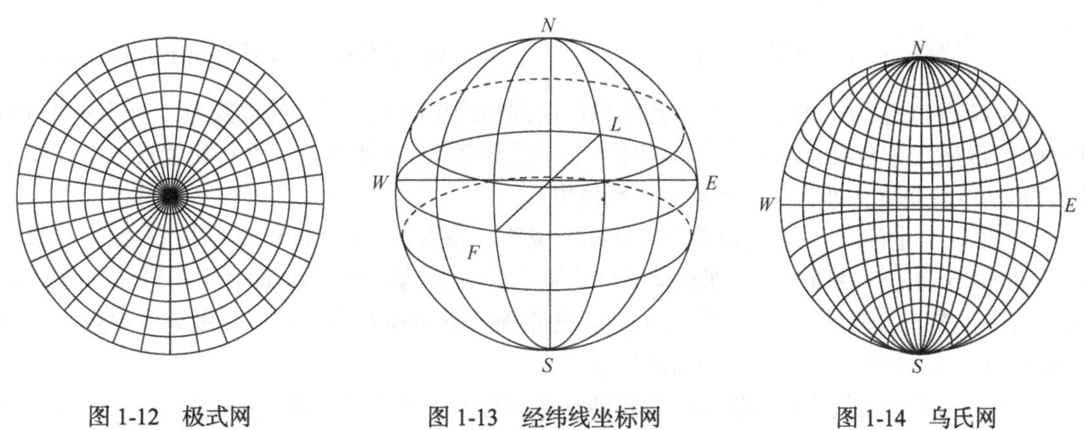


图 1-12　极式网　　图 1-13　经纬线坐标网　　图 1-14　乌氏网

显然，南北轴 *NS* 和东西轴 *EW* 的投影分别为过乌氏网中心的水平直径和垂直直径。前后轴 *FL* 的投影为乌氏网的中心；经线的投影为一族以 *N*、*S* 为端点的大圆弧；而纬线的投影是一族圆心位于南北轴上的小圆弧。实际使用的乌氏网直径为 20 mm，圆弧间隔均为 2°。乌氏网的应用范围较广，基本应用如下。

1) 夹角测量

步骤如下：

(1) 透明纸上绘制晶面或晶向的极射赤面投影，即以晶面或晶向的球面投影(晶面为极式、晶向为迹式)，分别向赤平面投影，投影线与投影面的交点即为晶面或晶向的极射赤面投影。

(2) 将乌氏网中心与极射赤面投影中心重合，转动极射赤面投影图，使所测的极点落在乌氏网的经线大弧或赤道线上，两极点间的夹角即为两晶面或晶向的夹角。注意夹角不能在纬线小弧上度量。如图 1-15 中的 $A$、$B$ 和 $C$、$D$ 均为晶面的极射赤面投影，通过转动后，$A$、$B$ 均落在赤道线上，$A$、$B$ 间的夹角可直接从网上读出为 120°；而 $C$、$D$ 均落在经线大圆上，夹角为 20°。

2) 晶体转动

研究晶体的取向往往需要转动晶体，晶体转动后，其晶面和晶向与投影面的关系随之发生变化，极点在投影面上发生了移动，移动后的位置可在乌氏网的帮助下方便确定。晶体的转动通常有以下 3 种形式。

(1) 绕垂直于投影面的中心轴转动：此时转动角沿乌氏网基圆的圆周度量。如图 1-16 所示，设 $A_1$ 为某晶面的极射赤面投影，当晶体绕垂直于投影面的中心轴顺时针转动$\phi$后，以 $OA_1$ 为半径，顺时针转动$\phi$，$A_1$ 转到 $A_2$，$A_2$ 即为该晶面转动后的新位置。

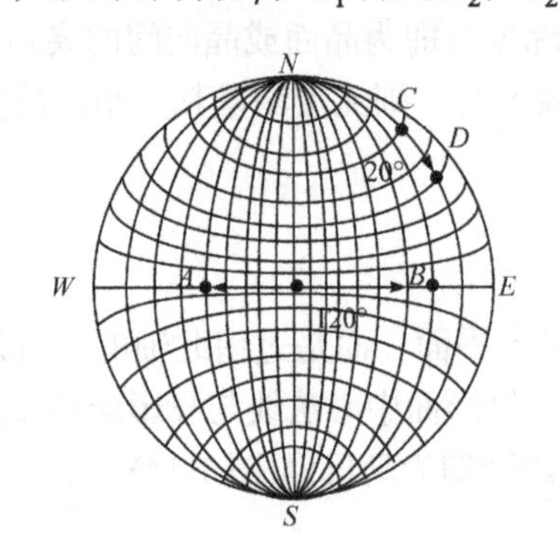


图 1-15　夹角测量示意图

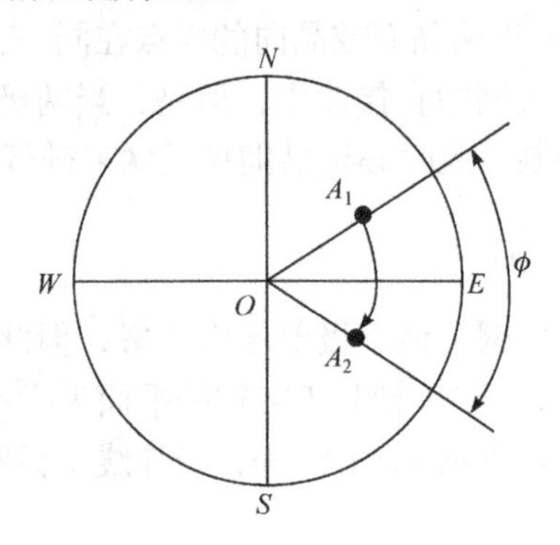


图 1-16　晶体绕垂直于投影面的中心轴的转动

(2) 绕投影面上的轴转动：转动角沿乌氏网的纬线小圆弧度量。其步骤为：①当转轴与乌氏网的 $NS$ 轴不重合时，需先绕乌氏网中心转动使转轴与 $NS$ 轴重合；②将相关极点沿纬线小圆弧移动所转角度，即为晶体转动后的新位置。

如图 1-17 上的 $A_1$、$B_1$ 两极点为转动前的位置，晶体绕 $NS$ 轴转动 60°后，$A_1$ 沿纬线小圆弧移动 60°至 $A_2$，$B_1$ 沿纬线小圆弧移动 40°时到了基圆的边缘，再转 20°即到了投影面的背面 $B_1'$ 处，同一张图上习惯采用正面投影表示，$B_1'$ 的正面投影为和 $B_1'$ 同一直径上的另一端点 $B_2$。这样极点 $A_2$、$B_2$ 分别为 $A_1$、$B_1$ 转动后的位置。

(3) 绕与投影面斜交的轴转动：这种转动本质是上述两种转动的组合。例如，极点 $A_1$ 绕 $B_1$ 转动 40°，见图 1-18，其操作为：①转动透明纸使 $B_1$ 在赤道 $EW$ 上；②$B_1$ 沿赤道移至投影面中心 $B_2$，同时 $A_1$ 也沿其所在纬线小圆弧移动相同角度至 $A_2$；③以 $B_2$ 为圆心，$A_2B_2$ 为半径转动 40°，$A_2$ 至 $A_3$；④$B_2$ 移回 $B_1$，同时 $A_3$ 也沿其所在的纬线小圆弧移动相同角度至 $A_4$，$A_4$ 即为 $A_1$ 绕 $B_1$ 转动 40°后的新位置。

3) 投影面转换

投影面的极射赤面投影即为投影基圆的圆心，故转换投影面只需将新投影面的极射赤面投影移动到投影基圆的中心，同时将投影面上的所有极射赤面投影沿其纬线小圆弧转动同样的角度即为新位置。

如图 1-19 中，将投影面 $O_1$ 上的极射赤面投影 $A_1$、$B_1$、$C_1$、$D_1$ 转换到新投影面 $O_2$ 上。其步骤为

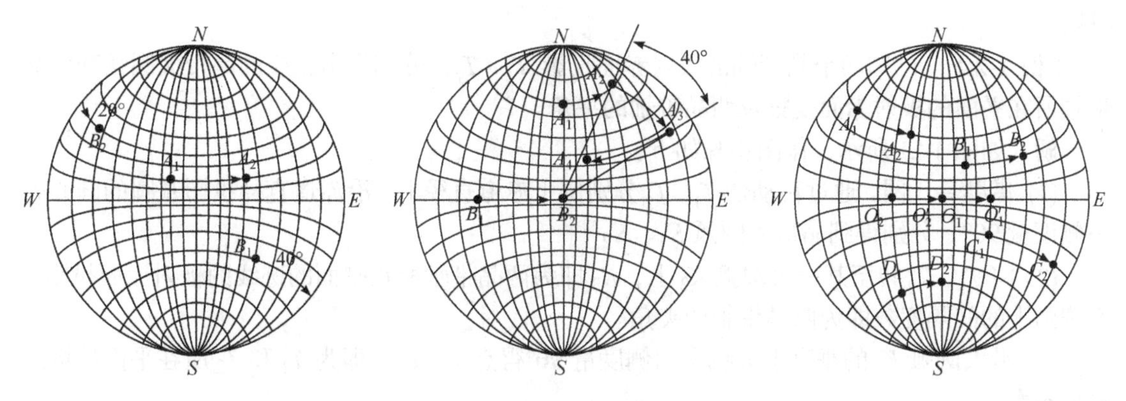


图 1-17　晶体绕投影面上的轴转动　　图 1-18　晶体绕与投影面斜交的轴转动　　图 1-19　投影面的转换

(1) 将原投影面中心 $O_1$ 与乌氏网中心重合，并使新投影面中心 $O_2$ 位于乌氏网的赤道上。

(2) 将 $O_2$ 沿赤道直径移动到乌氏网中心，同时将原投影 $A_1$、$B_1$、$C_1$、$D_1$ 分别沿其所在的纬线小圆弧移动相同角度，其新位置 $A_2$、$B_2$、$C_2$、$D_2$ 即为其在新投影面上的投影。

### 1.3.3　晶带的极射赤面投影

晶带的极射赤面投影是指构成该晶带的所有晶面的极射赤面投影，其本质是晶带面的球面投影的再投影。

晶体位于投影球的球心，同一晶带轴的各晶面的法线共面，该面垂直于晶带轴。同一晶带上各晶面的法线所在的平面与投影球相交的大圆称为该晶带的极式球面投影，又称晶带大圆。显然，不同的晶带将形成不同的大圆。晶带大圆平面的极点为晶带轴的露点或迹点。

晶带的极射赤面投影是晶带的极式球面投影的再投影。由上述分析可知晶带的极式球面投影为球面上的大圆，因此晶带的极射赤面投影为投影基圆内的大圆弧，弧弦为基圆直径。晶带轴的迹式球面投影为晶带轴与球面的交点，因此晶带轴的极射赤面投影位于大圆弧的内侧弧弦的垂直平分线上，并与该大圆弧相距 90°。根据晶带的位向不同，可将晶带分为水平晶带、直立晶带和倾斜晶带三种。

(1) 水平晶带：晶带轴与投影面平行，晶带轴露点的极射赤面投影位于投影基圆的圆周上，晶带的极射赤面投影为投影基圆的直径。

(2) 直立晶带：晶带轴与 *NS* 轴重合，晶带轴露点的极射赤面投影为投影基圆的圆心，晶带的极式球面投影为赤道大圆，晶带的极射赤面投影为投影基圆。

(3) 倾斜晶带：晶带轴与 *NS* 轴斜交，晶带的极射赤面投影为大圆弧，晶带轴露点的极射赤面投影为大圆弧的极点。

**【例 1-1】**　已知两个晶面$(h_1k_1l_1)$、$(h_2k_2l_2)$同属一个晶带$[uvw]$，其极点分别为 $P_1$ 和 $P_2$，作出其晶带轴的极射赤面投影。

**解**　如图 1-20 所示，作图步骤如下：

(1) 转动乌氏网，使极点 $P_1$ 和 $P_2$ 同时落在某个大圆上，该大圆弧即为 $P_1$ 和 $P_2$ 所在的晶

带大圆弧。

(2) 在晶带大圆弧的内侧，沿其弦的垂直平分线度量 90°角的 $T$ 点即为晶带轴的极射赤面投影。

**【例 1-2】** 已知两个晶带轴的极射赤面投影 $T_1$、$T_2$，分别作出相应的晶带大圆弧和两晶带轴所在平面的极射赤面投影及两晶带轴的夹角。

**解** 如图 1-21 所示，作图步骤如下：

(1) 借助乌氏网，通过转动使 $T_1$、$T_2$ 分别位于赤道直径上，沿赤道直径投影基圆的圆心另一侧度量 90°，分别得到晶带大圆弧 $K_1$、$K_2$。

(2) 将 $T_1$、$T_2$ 转至某一大圆弧 $K_3$ 上，$K_3$ 即为两晶带轴所在平面的迹线的极射赤面投影，大圆弧上的间隔度数即为两晶带轴的夹角。

(3) 沿大圆弧 $K_3$ 的垂直平分线向内侧度量 90°得点 $P$，$P$ 点即为 $T_1$ 和 $T_2$ 所在平面的极射赤面投影。

注意：$P$ 点应为 $K_1$、$K_2$ 两大圆弧的交点，即两晶带大圆弧的交点就是两晶带轴所在平面的极射赤面投影。

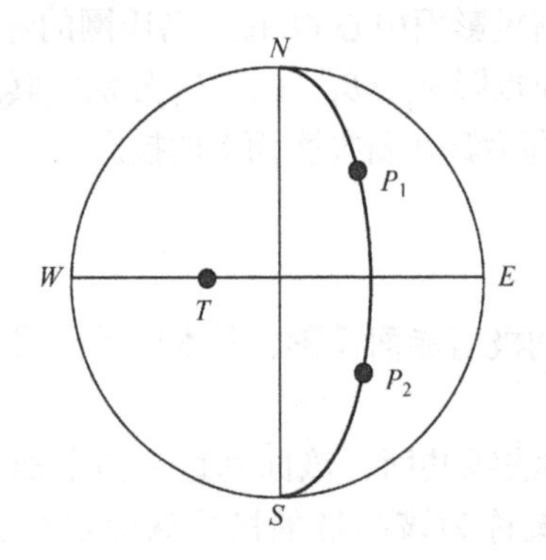


图 1-20 晶带的极射赤面投影

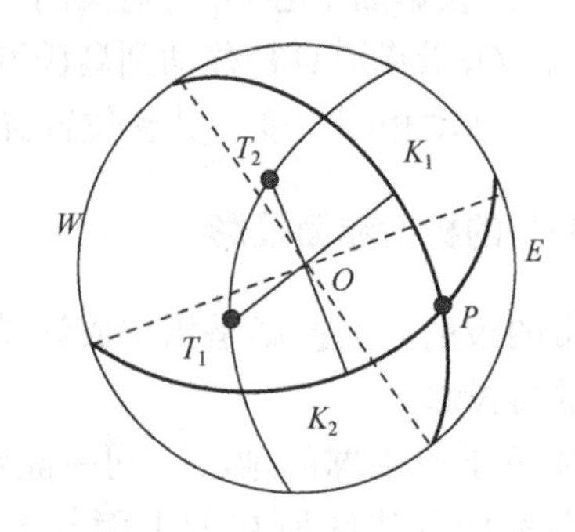


图 1-21 晶带相交

**【例 1-3】** 已知 $A$、$B$ 为某晶体的两个表面，两面的交线为 $NS$，如图 1-22(a)所示，$A$、$B$ 两面夹角为 $\phi$，若某晶面 $C$ 和表面 $A$ 的交线 $PQ$ 为 $T_A$，$T_A$ 与 $NS$ 的夹角为 $\psi_A$，晶面 $C$ 与表面 $B$ 的交线 $QR$ 为 $T_B$，$T_B$ 与 $NS$ 的夹角为 $\psi_B$。以表面 $A$ 为投影面，两面交线 $NS$ 为 $NS$ 轴，作晶面的极射赤面投影。

**解** 如图 1-22(b)所示，作图步骤如下：

(1) 基圆 $A$ 为 $A$ 面与参考球的交线(迹线)的极射赤面投影。从基圆上沿赤道向内量 $\phi$ 角和乌氏网某一子午线(经线)大圆相遇，画出该大圆弧 $B$，$B$ 即为 $B$ 面和参考球交线的极射赤面投影。

(2) 从 $S$ 点沿基圆量 $\psi_A$ 得点 $m$ 即为交线 $PQ$ 的极射赤面投影，再从 $S$ 沿大圆 $B$ 量 $\psi_B$ 得点 $n$ 为交线 $QR$ 的极射赤面投影。

(3) 转动投影，使点 $m$、$n$ 同时落在乌氏网的同一子午线大圆弧上，画出该大圆弧 $C$，$C$ 即为该晶面的交线所对应的极射赤面投影。

(4) 从 $C$ 和赤道交点沿赤道度量 90°的点即为晶面 $C$ 的极射赤面投影。

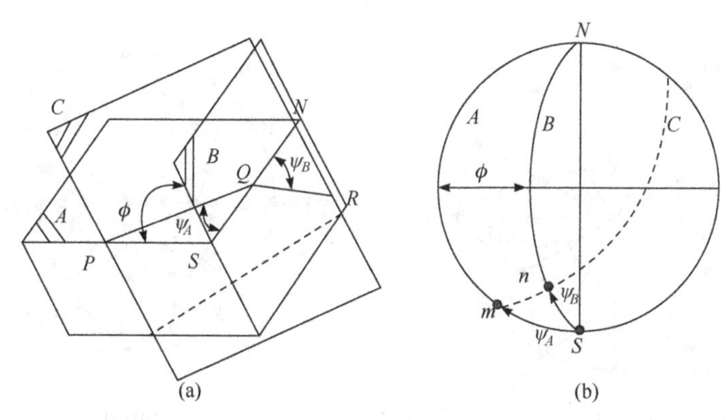


图 1-22 分别与晶体表面 $A$、$B$ 相交于 $PQ$ 和 $QR$ 的晶面 $C$ 的极射赤面投影

### 1.3.4 标准极射赤面投影图

标准极射赤面投影图简称标准投影图，也可称标准极图，是以晶体的某一简单晶面为投影面，将各晶面的球面投影再投影到此平面上所形成的投影图。标准投影图在测定晶体取向(如织构)中非常有用，它标明了晶体中所有重要晶面的相对取向和对称关系，可方便地定出投影图中所有极点的指数。图 1-23 为立方晶系中主要晶面的球面投影。若分别以立方晶系中的(001)、(011)、(111)、(112)晶面为投影面，可得其标准投影图如图 1-24 所示。立方晶系中，晶面夹角与点阵常数无关，因此所有立方晶系的晶体均可使用同一组标准投影图。但在其他晶系中，由于晶面夹角受点阵常数的影响，必须作出各自的标准投影图，如在六方晶系中，晶面夹角受轴比 $c/a$ 的影响，即使相同的晶面常数，在不同的轴比 $c/a$ 时，其晶面夹角也不同。因此，不同的轴比需有不同的标准投影图。需指出的是：实际分析中有时需要高指数的标准投影图，而一般手册中均为低指数的标准投影图，为此可通过转换投影面法，在低指数的标准投影图的基础上绘制出高指数的标准投影图。

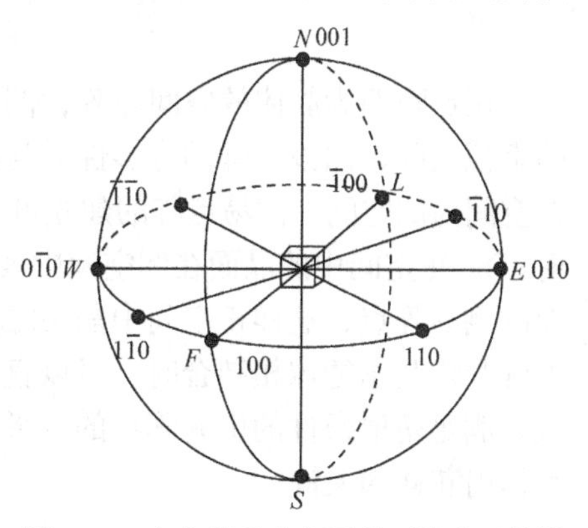


图 1-23 立方晶系中主要晶面的球面投影

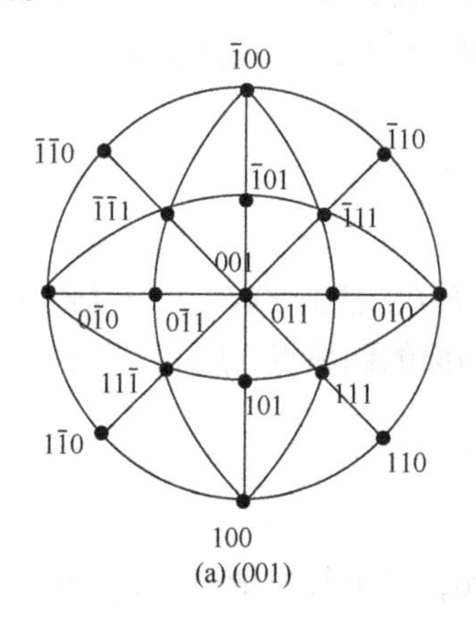


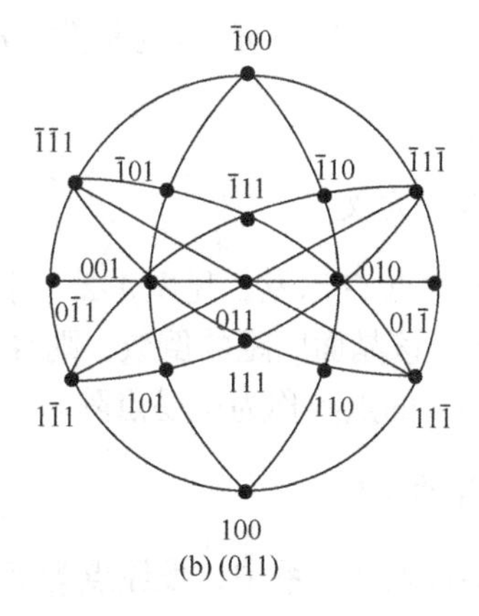

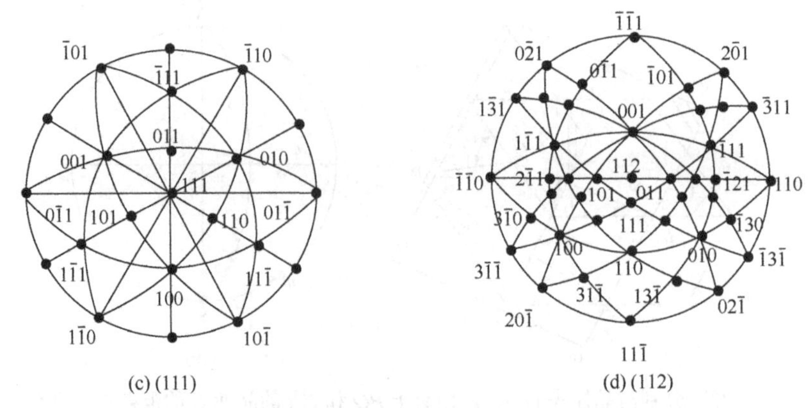

(c) (111)　　(d) (112)

图 1-24　立方晶系中(001)、(011)、(111)、(112)的标准投影图

## 1.4　正点阵与倒易点阵

正点阵即为晶体的空间点阵，倒易点阵则是由埃瓦尔德在正空间点阵的基础上建立起来的虚拟点阵，因该点阵的许多性质与晶体正点阵保持着倒易关系，故称为倒易空间点阵，所在空间为倒空间。倒易点阵的建立可简化晶体中的几何关系和衍射问题(X 射线衍射、电子衍射等)。正空间中的晶面在倒空间中表现为一个倒易阵点，同一晶带的各晶面在倒空间中为共面的倒易阵点，这样正空间中晶面之间的关系可简化为倒空间中点与点之间的关系。当倒易点阵与埃瓦尔德球相结合时，可以直观地解释晶体中的各种衍射现象，因为衍射花样的本质就是满足衍射条件的倒易阵点的投影，因此倒易点阵理论是晶体衍射分析的理论基础，是理解衍射花样的关键。

### 1.4.1　正点阵

正点阵反映了晶体中的质点在三维空间中的周期性排列，由前面的讨论可知，正点阵根据布拉维法则可分为七大晶系、14 种晶胞类型。晶面和晶向的表征采用三指数时分别为(*hkl*)和[*uvw*]，六方晶系还可采用四指数(*hkil*)和[*uvtw*]表征。

正点阵中基本参数为 $a$、$b$、$c$、$\alpha$、$\beta$、$\gamma$，基矢量为 $\vec{a},\vec{b},\vec{c}$ ，任一矢量 $\vec{R}$ 可表示为 $\vec{R}=m\vec{a}+n\vec{b}+p\vec{c}$ ，其中 $m$、$n$、$p$ 为整数；$\alpha$、$\beta$、$\gamma$分别为 $\vec{b}$与$\vec{c}$ 、$\vec{c}$与$\vec{a}$ 、$\vec{a}$与$\vec{b}$ 之间的夹角。

### 1.4.2　倒易点阵

1. 倒易点阵的定义

从正点阵的原点 *O* 出发，见图 1-25，作任一晶面(*hkl*)的法线 *ON*，在该法线上取一点 *A*，使 *OA* 长度正比于该晶面间距的倒数，则 *A* 点称为该晶面的倒易点，用 *hkl* 表示，晶体中所有晶面的倒易点构成的点阵称为倒易点阵。

2. 倒易点阵的构建

将晶面(*hkl*)置入坐标系中，设原点为 *O*，见图 1-26，三个基矢量——$\vec{a}$ 、$\vec{b}$ 、$\vec{c}$ ，三个面截距——$\dfrac{1}{h}$ 、$\dfrac{1}{k}$ 、$\dfrac{1}{l}$ ，三个交点坐标——$A(\dfrac{1}{h}, 0, 0)$、$B(0, \dfrac{1}{k}, 0)$、$C(0, 0, \dfrac{1}{l})$。从原点出发作

任意该晶面的法线 $ON$, 与晶面的交点为 $P_{hkl}$, 坐标为$(h, k, l)$, 法向单位矢量为 $\vec{n}$，则 $\overrightarrow{OA}=\frac{1}{h}\vec{a}$、$\overrightarrow{OB}=\frac{1}{k}\vec{b}$、$\overrightarrow{OC}=\frac{1}{l}\vec{c}$。显然，$\overrightarrow{AB}=\frac{1}{k}\vec{b}-\frac{1}{h}\vec{a}$，$\overrightarrow{BC}=\frac{1}{l}\vec{c}-\frac{1}{k}\vec{b}$，$\overrightarrow{CA}=\frac{1}{h}\vec{a}-\frac{1}{l}\vec{c}$，均为该晶面内的一个矢量。

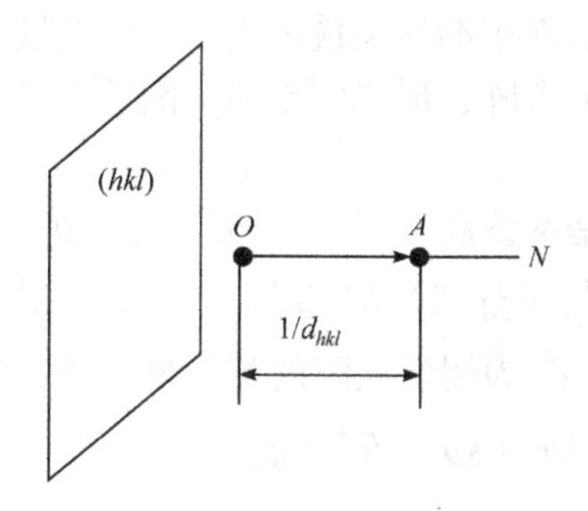


图 1-25　倒易点阵的构建

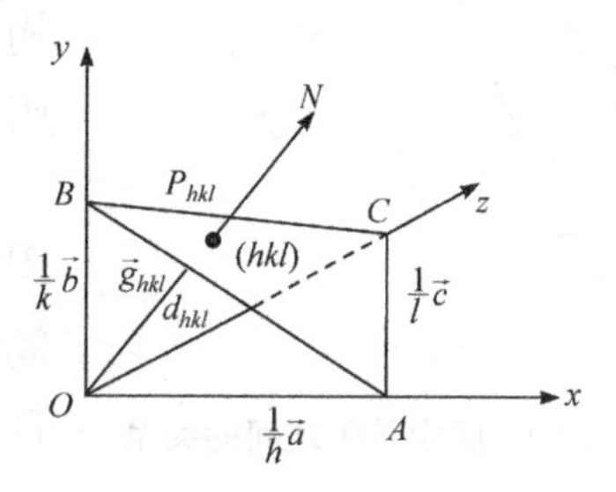


图 1-26　正空间中晶面与倒空间中阵点之间的关系

晶面的法线矢量可表示为 $\vec{n}=\overrightarrow{AB}\times\overrightarrow{BC}$ 或 $\vec{n}=\overrightarrow{BC}\times\overrightarrow{CA}$ 或 $\vec{n}=\overrightarrow{CA}\times\overrightarrow{AB}$，任取其一 $\vec{n}=\overrightarrow{AB}\times\overrightarrow{BC}$ 得

$$\vec{n}=\left(\frac{1}{k}\vec{b}-\frac{1}{h}\vec{a}\right)\times\left(\frac{1}{l}\vec{c}-\frac{1}{k}\vec{b}\right)=\left(\frac{1}{kl}\vec{b}\times\vec{c}-\frac{1}{hl}\vec{a}\times\vec{c}-\frac{1}{kk}\vec{b}\times\vec{b}+\frac{1}{hk}\vec{a}\times\vec{b}\right) \tag{1-5}$$

由于 $\vec{b}\times\vec{b}=0$，故

$$\vec{n}=\frac{1}{kl}\vec{b}\times\vec{c}-\frac{1}{hl}\vec{a}\times\vec{c}+\frac{1}{kh}\vec{a}\times\vec{b} \tag{1-6}$$

又因为 $|\vec{n}|=1$，晶面$(hkl)$的晶面间距为

$$d_{hkl}=\frac{1}{h}\vec{a}\cdot\vec{n}=\frac{1}{k}\vec{b}\cdot\vec{n}=\frac{1}{l}\vec{c}\cdot\vec{n} \tag{1-7}$$

即

$$d_{hkl}=\frac{1}{h}\vec{a}\left(\frac{1}{kl}\vec{b}\times\vec{c}-\frac{1}{hl}\vec{a}\times\vec{c}+\frac{1}{kh}\vec{a}\times\vec{b}\right)=\frac{1}{hkl}\vec{a}\cdot(\vec{b}\times\vec{c}) \tag{1-8}$$

设 $V=\vec{a}\cdot(\vec{b}\times\vec{c})$，则 $d_{hkl}=\frac{1}{hkl}V$，即 $hkl=\frac{1}{d_{hkl}}V$，此时法向矢量可以表示为

$$\vec{n}=\frac{d_{hkl}h}{V}\vec{b}\times\vec{c}+\frac{d_{hkl}k}{V}\vec{c}\times\vec{a}+\frac{d_{hkl}l}{V}\vec{a}\times\vec{b}=d_{hkl}\left(\frac{h}{V}\vec{b}\times\vec{c}+\frac{k}{V}\vec{c}\times\vec{a}+\frac{l}{V}\vec{a}\times\vec{b}\right) \tag{1-9}$$

令 $\vec{a}^*=\frac{1}{V}\vec{b}\times\vec{c}$，$\vec{b}^*=\frac{1}{V}\vec{c}\times\vec{a}$，$\vec{c}^*=\frac{1}{V}\vec{a}\times\vec{b}$，则

$$\vec{n}=d_{hkl}(h\vec{a}^*+k\vec{b}^*+l\vec{c}^*) \tag{1-10}$$

令 $\vec{g}_{hkl}=(h\vec{a}^*+k\vec{b}^*+l\vec{c}^*)$，则

$$\vec{n}=d_{hkl}\vec{g}_{hkl} \tag{1-11}$$

所以 $\vec{g}_{hkl}//\vec{n}$，即 $\vec{g}_{hkl}$ 方向垂直于晶面$(hkl)$，对式(1-11)两边取模得

$$|\vec{g}_{hkl}| = \frac{|\vec{n}|}{d_{hkl}} = \frac{1}{d_{hkl}} \tag{1-12}$$

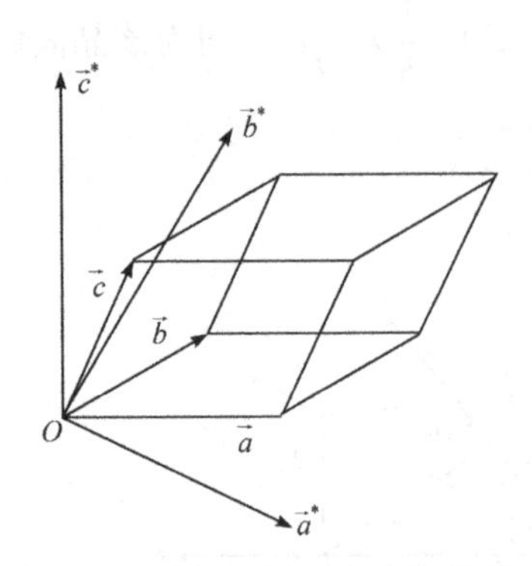


图 1-27　正倒空间中基矢之间的关系

故 $\vec{g}_{hkl}$ 的大小为晶面间距的倒数。由式(1-10)和式(1-11)得 $\vec{g}_{hkl} = (h\vec{a}^* + k\vec{b}^* + l\vec{c}^*)$，其为晶面$(hkl)$的倒易矢量。这样可将正空间中的所有晶面用倒易矢量来表征，由矢量端点所构成的点阵即为倒易点阵，形成倒空间，倒易阵点同样规则排列。

倒易点阵中的基本参数为 $a^*$、$b^*$、$c^*$、$\alpha^*$、$\beta^*$、$\gamma^*$，见图 1-27，其中$\alpha^*$、$\beta^*$、$\gamma^*$分别为$\vec{b}^*$与$\vec{c}^*$、$\vec{c}^*$与$\vec{a}^*$、$\vec{a}^*$与$\vec{b}^*$之间的夹角，$\vec{a}^*$、$\vec{b}^*$、$\vec{c}^*$为倒易点阵的基矢量，任一倒易矢量$\vec{R}^*$可表示为$\vec{R}^* = h\vec{a}^* + k\vec{b}^* + l\vec{c}^* = \vec{g}_{hkl}$。

### 1.4.3　正倒空间之间的关系

(1) 同名基矢点积为 1，异名基矢点积为 0，即

$$\vec{a}^* \cdot \vec{a} = \vec{b}^* \cdot \vec{b} = \vec{c}^* \cdot \vec{c} = 1$$

$$\vec{a}^* \cdot \vec{b} = \vec{a}^* \cdot \vec{c} = \vec{b}^* \cdot \vec{c} = \vec{b}^* \cdot \vec{a} = \vec{c}^* \cdot \vec{a} = \vec{c}^* \cdot \vec{b} = 0$$

(2) $\vec{a}^*$垂直于$\vec{b}$、$\vec{c}$所在面：

$$\vec{a}^* = \frac{\vec{b} \times \vec{c}}{\vec{a} \cdot (\vec{b} \times \vec{c})} \qquad a^* = \frac{bc\sin\alpha}{V} = \frac{1}{a\cos\varphi} \tag{1-13}$$

$\vec{b}^*$垂直于$\vec{c}$、$\vec{a}$所在面：

$$\vec{b}^* = \frac{\vec{c} \times \vec{a}}{\vec{b} \cdot (\vec{c} \times \vec{a})} \qquad b^* = \frac{ca\sin\beta}{V} = \frac{1}{b\cos\psi} \tag{1-14}$$

$\vec{c}^*$垂直于$\vec{a}$、$\vec{b}$所在面：

$$\vec{c}^* = \frac{\vec{a} \times \vec{b}}{\vec{c} \cdot (\vec{a} \times \vec{b})} \qquad c^* = \frac{ab\sin\gamma}{V} = \frac{1}{c\cos\omega} \tag{1-15}$$

式中，$\alpha$、$\beta$、$\gamma$分别为$\vec{b}$与$\vec{c}$、$\vec{c}$与$\vec{a}$、$\vec{a}$与$\vec{b}$之间的夹角；$\varphi$、$\psi$、$\omega$分别为$\vec{a}$与$\vec{a}^*$、$\vec{b}$与$\vec{b}^*$、$\vec{c}$与$\vec{c}^*$之间的夹角；$V = \vec{a} \cdot (\vec{b} \times \vec{c}) = \vec{b} \cdot (\vec{c} \times \vec{a}) = \vec{c} \cdot (\vec{a} \times \vec{b})$为正点阵的晶胞体积。

立方晶系时，$\varphi = \psi = \omega = 0°$，$\cos\varphi = \cos\psi = \cos\omega = 1$，则$\vec{a}^* // \vec{a}$，$\vec{b}^* // \vec{b}$，$\vec{c}^* // \vec{c}$；$a^* = 1/a$，$b^* = 1/b$，$c^* = 1/c$。

同理：$\vec{a} = \dfrac{\vec{b}^* \times \vec{c}^*}{\vec{a}^* \cdot (\vec{b}^* \times \vec{c}^*)}$　　$\vec{b} = \dfrac{\vec{c}^* \times \vec{a}^*}{\vec{b}^* \cdot (\vec{c}^* \times \vec{a}^*)}$　　$\vec{c} = \dfrac{\vec{a}^* \times \vec{b}^*}{\vec{c}^* \cdot (\vec{a}^* \times \vec{b}^*)}$

$V^* = \vec{a}^* \cdot (\vec{b}^* \times \vec{c}^*) = \vec{b}^* \cdot (\vec{c}^* \times \vec{a}^*) = \vec{c}^* \cdot (\vec{a}^* \times \vec{b}^*)$是倒易点阵的晶胞体积。

(3) 倒空间的倒空间即为正空间：$(\vec{a}^*)^* = \vec{a}$；$(\vec{b}^*)^* = \vec{b}$；$(\vec{c}^*)^* = \vec{c}$。

(4) 正、倒空间的晶胞体积互为倒数：$V \cdot V^* = 1$。

(5) 正、倒空间中角度之间的关系：

$$\cos\alpha^*=\frac{\vec{b}^*\cdot\vec{c}^*}{|\vec{b}^*||\vec{c}^*|},\quad \cos\beta^*=\frac{\vec{c}^*\cdot\vec{a}^*}{|\vec{c}^*||\vec{a}^*|},\quad \cos\gamma^*=\frac{\vec{a}^*\cdot\vec{b}^*}{|\vec{a}^*||\vec{b}^*|}$$

式中，$\alpha^*$、$\beta^*$、$\gamma^*$分别为$\vec{b}^*$与$\vec{c}^*$、$\vec{c}^*$与$\vec{a}^*$、$\vec{a}^*$与$\vec{b}^*$之间的夹角。

由矢量推导可得

$$\cos\alpha^*=\frac{\cos\beta\cos\gamma-\cos\alpha}{\sin\beta\sin\gamma} \tag{1-16}$$

$$\cos\beta^*=\frac{\cos\gamma\cos\alpha-\cos\beta}{\sin\gamma\sin\alpha} \tag{1-17}$$

$$\cos\gamma^*=\frac{\cos\alpha\cos\beta-\cos\gamma}{\sin\alpha\sin\beta} \tag{1-18}$$

立方点阵时，$\alpha=\beta=\gamma=\alpha^*=\beta^*=\gamma^*=90°$。

(6) 倒易点阵保留了正点阵的全部宏观对称性。

证明：设 $G$ 为正空间中的一个点群操作，$\vec{R}$ 为正空间矢量，$G^{-1}$ 为 $G$ 的逆操作，则 $G^{-1}\vec{R}$ 也为正空间矢量。

对倒空间中的任一倒易矢量 $\vec{R}^*$，有 $\vec{R}^*\cdot G^{-1}\vec{R}=n$ ($n$ 为整数)。

由于点群操作是正交变换，操作前后空间中两点的距离不变，因此两个矢量的点积在某一点群的操作下应保持不变，所以有 $G(\vec{R}^*\cdot G^{-1}\vec{R})=G\vec{R}^*\cdot GG^{-1}\vec{R}=G\vec{R}^*\cdot\vec{R}=n$。所以 $G\vec{R}^*$ 为倒易矢量。同理，$G^{-1}\vec{R}^*$ 也是倒易矢量。

这就说明了倒空间中同样存在点群对称性。

(7) 正、倒空间矢量的点积为一整数。

设正空间的点阵矢量 $\vec{R}=u\vec{a}+v\vec{b}+w\vec{c}$，倒空间中任意一点阵矢量为 $\vec{R}^*=h\vec{a}^*+k\vec{b}^*+l\vec{c}^*$，则

$$\vec{R}\cdot\vec{R}^*=(u\vec{a}+v\vec{b}+w\vec{c})\cdot(h\vec{a}^*+k\vec{b}^*+l\vec{c}^*)=uh+vk+wl=n(\text{整数}) \tag{1-19}$$

(8) 正空间的一族平行晶面，对应于倒空间中的一个直线点列。

### 1.4.4 倒易矢量的基本性质

(1) $\vec{g}_{hkl}=h\vec{a}^*+k\vec{b}^*+l\vec{c}^*$，倒易矢量 $\vec{g}_{hkl}$ 的方向垂直于正点阵中的晶面($hkl$)。

证明：见图 1-26，假设($hkl$)为一晶面指数，表明该晶面离原点最近，且 $h$、$k$、$l$ 为互质的整数。坐标轴为 $\vec{a}$、$\vec{b}$、$\vec{c}$，在三轴上的交点为 $A$、$B$、$C$，其对应的面截距值分别为 $\frac{1}{h}$、$\frac{1}{k}$、$\frac{1}{l}$，对应的矢量分别为 $\frac{1}{h}\vec{a}$、$\frac{1}{k}\vec{b}$ 和 $\frac{1}{l}\vec{c}$。显然 $\left(\frac{1}{h}\vec{a}-\frac{1}{k}\vec{b}\right)$、$\left(\frac{1}{k}\vec{b}-\frac{1}{l}\vec{c}\right)$ 和 $\left(\frac{1}{l}\vec{c}-\frac{1}{h}\vec{a}\right)$ 均为该晶面内的一个矢量。

因为
$$\vec{g}\cdot\left(\frac{1}{h}\vec{a}-\frac{1}{k}\vec{b}\right)=(h\vec{a}^*+k\vec{b}^*+l\vec{c}^*)\cdot\left(\frac{1}{h}\vec{a}-\frac{1}{k}\vec{b}\right)=0$$

所以
$$\vec{g}\perp\left(\frac{1}{h}\vec{a}-\frac{1}{k}\vec{b}\right) \tag{1-20}$$

同理：
$$\vec{g}\perp\left(\frac{1}{k}\vec{b}-\frac{1}{l}\vec{c}\right) \tag{1-21}$$

$$\vec{g}\perp\left(\frac{1}{l}\vec{c}-\frac{1}{h}\vec{a}\right) \tag{1-22}$$

所以，$\vec{g}$ 垂直于晶面$(hkl)$内的任两相交矢量，即 $\vec{g}\perp(hkl)$。

(2) 倒易矢量 $\vec{g}$ 的大小等于$(hkl)$晶面间距的倒数，即

$$|\vec{g}|=\frac{1}{d_{hkl}} \tag{1-23}$$

证明：因为由性质 1 可知 $\vec{g}$ 为晶面$(hkl)$的法向矢量；其单位矢量为 $\frac{\vec{g}}{|\vec{g}|}$。同时该晶面又是距原点最近的晶面，所以原点到该晶面的距离即为晶面间距 $d_{hkl}$。

由矢量关系可得晶面间距为该晶面的单位法向矢量与面截距交点矢量的点积：

$$d_{hkl}=\frac{\vec{g}}{|\vec{g}|}\cdot\frac{1}{h}\vec{a}=\frac{\vec{g}}{|\vec{g}|}\cdot\frac{1}{k}\vec{b}=\frac{\vec{g}}{|\vec{g}|}\cdot\frac{1}{l}\vec{c} \tag{1-24}$$

因为
$$\frac{\vec{g}}{|\vec{g}|}\cdot\frac{1}{h}\vec{a}=\frac{(h\vec{a}^*+k\vec{b}^*+l\vec{c}^*)}{|\vec{g}|}\cdot\frac{1}{h}\vec{a}=\frac{1}{|\vec{g}|} \tag{1-25}$$

$$\frac{\vec{g}}{|\vec{g}|}\cdot\frac{1}{k}\vec{b}=\frac{(h\vec{a}^*+k\vec{b}^*+l\vec{c}^*)}{|\vec{g}|}\cdot\frac{1}{k}\vec{b}=\frac{1}{|\vec{g}|} \tag{1-26}$$

$$\frac{\vec{g}}{|\vec{g}|}\cdot\frac{1}{l}\vec{c}=\frac{(h\vec{a}^*+k\vec{b}^*+l\vec{c}^*)}{|\vec{g}|}\cdot\frac{1}{l}\vec{c}=\frac{1}{|\vec{g}|} \tag{1-27}$$

所以
$$d_{hkl}=\frac{1}{|\vec{g}|}\ \text{即}\ |\vec{g}|=\frac{1}{d_{hkl}} \tag{1-28}$$

当晶面不是距离原点最近的晶面，而是平行晶面中的一个，其干涉面指数为$(HKL)$，$H=nh$，$K=nk$，$L=nl$，此时晶面的三个面截距分别为 $\frac{1}{nh}$、$\frac{1}{nk}$、$\frac{1}{nl}$，同理可证：

$$\vec{g}_{HKL}=H\vec{a}^*+K\vec{b}^*+L\vec{c}^*=nh\vec{a}^*+nk\vec{b}^*+nl\vec{c}^* \tag{1-29}$$

$$d_{HKL}=\frac{1}{n}d_{hkl} \tag{1-30}$$

### 1.4.5 晶带定律

晶带是指空间点阵中通过或平行于同一晶轴的所有晶面。当该晶轴通过坐标原点时称为晶带轴，晶带轴的晶向指数称为晶带指数。晶带的概念在晶体衍射分析中非常重要。

由晶带定义得，同一晶带的所有晶面的法线均垂直于晶带轴，晶带轴可由正点阵的矢量 $\vec{R}$ 表示，即 $\vec{R}=u\vec{a}+v\vec{b}+w\vec{c}$，任一晶带面$(hkl)$可由其倒易矢量 $\vec{g}_{hkl}=h\vec{a}^*+k\vec{b}^*+l\vec{c}^*$ 表征。则 $\vec{R}\perp\vec{g}_{hkl}$，即 $\vec{R}\cdot\vec{g}_{hkl}=0$，所以 $(u\vec{a}+v\vec{b}+w\vec{c})\cdot(h\vec{a}^*+k\vec{b}^*+l\vec{c}^*)=0$。由此可得

$$uh+vk+wl=0 \tag{1-31}$$

该式表明晶带轴的晶向指数与该晶带的所有晶面的指数对应积的和为零。反过来，凡是

属于[*uvw*]晶带的所有晶面(*hkl*)必须满足该关系式，该关系即为晶带定律。显然，同一晶带轴的所有晶带面的法向矢量共面，故其倒易阵点共面于倒易阵面$(uvw)^*$。

设两个晶带面$(h_1k_1l_1)$和$(h_2k_2l_2)$，晶带轴指数$[uvw]$，两晶带面均满足晶带定律，即形成下列方程组：

$$\begin{cases} h_1u + k_1v + l_1w = 0 \\ h_2u + k_2v + l_2w = 0 \end{cases} \tag{1-32}$$

解得

$$[uvw] = u:v:w = (k_1l_2 - k_2l_1):(l_1h_2 - l_2h_1):(h_1k_2 - h_2k_1) \tag{1-33}$$

也可表示成图 1-28。

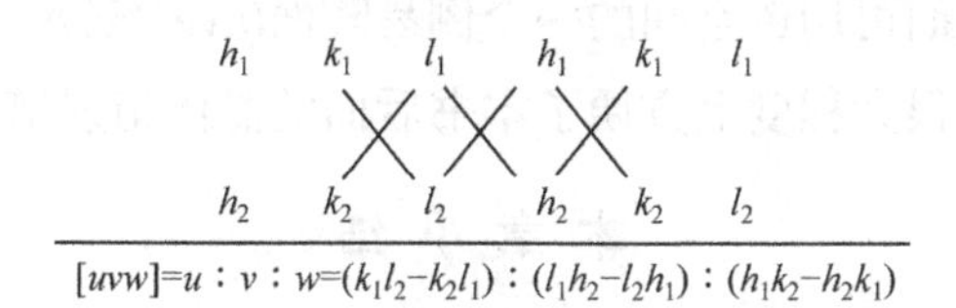


图 1-28　晶带轴行列式计算示意图

注意：

(1) 当$h_1k_1l_1$、$h_2k_2l_2$顺序颠倒时，*uvw* 的符号相反，但两者的本质一致。

(2) 四轴制时，上述方法仍然适用，只是先将晶面指数中的第三轴指数暂时略去，由式(1-30)或式(1-31)求得三个指数后，再由公式$u=\frac{1}{3}(2U-V)$、$v=\frac{1}{3}(2V-U)$、$t=-\frac{1}{3}(U+V)$、$w=W$转化为四指数式$[uvtw]$。

晶带定律在晶体中有以下应用：

(1) 判断空间两个晶向或两个晶面是否相互垂直。

(2) 判断某一晶向是否在某一晶面上(或平行于该晶面)。

(3) 若已知晶带轴，可以判断哪些晶面属于该晶带。

(4) 若已知两个晶带面为$(h_1k_1l_1)$和$(h_2k_2l_2)$，可由式(1-21)求出晶带轴。

(5) 已知两个不平行但相交的晶向，可求出过这两个晶向的晶面。

(6) 已知一个晶面及其面上的任一晶向，可求出在该面上与该晶向垂直的另一晶向。

(7) 已知一晶面及其面上的任一晶向，可求出过该晶向且垂直于该晶面的另一晶面。

### 1.4.6　广义晶带定律

在倒易点阵中，同一晶带的所有晶面的倒易矢量共面，即倒易点阵中每一阵面上的阵点所表示的晶面均属于同一晶带轴。当倒易阵面通过原点时，$uh+vk+wl=0$；当倒易阵面不过原点，而是位于原点的上方或下方，如图 1-29 所示，此时不难证明：

$$uh + vk + wl = N\ (\text{整数}) \tag{1-34}$$

当$N>0$时，倒易阵面在原点上方；

当$N<0$时，倒易阵面在原点下方。

显然当$N=0$时，倒易阵面过原点，即为上面讨论的晶

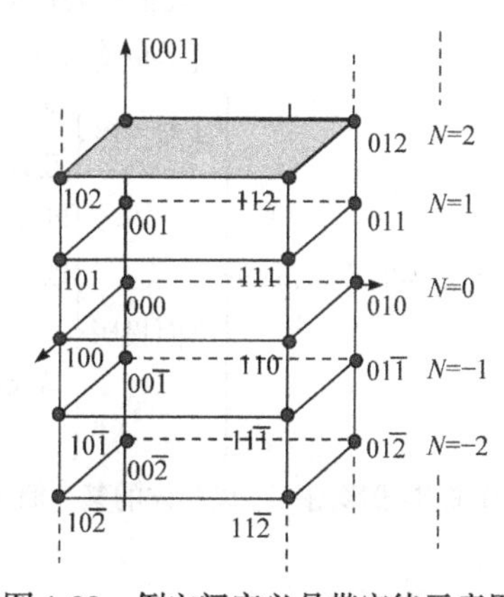


图 1-29　倒空间广义晶带定律示意图

带定律。$uh+vk+wl=N$ 是零层晶带定律的广延，故称广义晶带定律。

由以上分析可知在倒空间中：

(1) 倒易矢量的端点表示正空间中的晶面，端点坐标由不带括号的三位数表示。

(2) 倒易矢量的长度表示正空间中晶面间距的倒数。

(3) 倒易矢量的方向表示该晶面的法线方向。

(4) 倒空间中的直线点列表示正空间中一个系列平行晶面。

(5) 倒易阵面上的各点表示正空间中同一晶带的系列晶带面。

(6) 倒易球面上各点表示正空间中单相多晶体的同一晶面族。

由倒空间及晶带定律可知，正空间的晶面$(hkl)$可用倒空间的一个点 $hkl$ 表示，正空间中同一条晶带轴$[uvw]$的所有晶面可用倒空间的一个倒易阵面$(uvw)^*$表示，广义晶带中的不同倒易阵面可用 $(uvw)_N^*$ 表示，这在很大程度上方便了本书后面的晶体衍射谱分析。

## 本 章 小 结

本章全面论述了晶体投影及倒易点阵的基本知识，小结如下：

(1) 晶体 —数学抽象／仅考虑周期性→ 空间点阵 —同时考虑周期性和对称性→ 布拉维阵胞

- 空间点阵：
  - 阵点
  - 阵列
  - 阵面
  - 阵胞
- 布拉维阵胞：
  - 七个晶系，14种晶胞
  - 或四大类型：
    - 简单型
    - 底心型
    - 体心型
    - 面心型

(2) 晶面和晶向的表征

- 晶向指数表征三步骤：
  - ① 建坐标
  - ② 取所求晶向上任一点坐标
  - ③ 取整，[ ]括之
- 晶向族表征：< >
- 晶面指数表征三步骤：
  - ① 建坐标
  - ② 得所求晶面三截距
  - ③ 颠倒三截距，取整( )括之
- 三指数向四指数的转化：

  $$u=\frac{1}{3}(2U-V),\ v=\frac{1}{3}(2V-U),\ t=-\frac{1}{3}(U+V),\ w=W$$

  $[UVW]\rightarrow[uvtw]$
- 晶面族表征：{ }
- 三指数向四指数的转化：$(hkl)\rightarrow(hkil)$，其中$i=-(h+k)$

(3) 晶体的球面投影

- 球面投影：
  - 极式球面投影
  - 迹式球面投影
- 平面投影：
  - 以赤道平面为投影面，经纬线坐标网的极射赤面投影网——极式网
  - 以过南北轴的平面为投影面，经纬线坐标网的极射平面投影网——乌氏网
  - 乌氏网的作用：
    - 夹角的测量
    - 晶体的转动
    - 投影面的转换

(4) 标准投影图——以晶体的某一简单晶面为投影面，将各晶面的球面投影再投影所形成的极射平面投影图

(5) 倒易点阵

- 正倒空间之间的关系
  - ① 同名基矢点积为1，异名基矢点积为0
  - ② $\vec{a}^*$垂直于$\vec{b},\vec{c}$所在面
    $\vec{b}^*$垂直于$\vec{c},\vec{a}$所在面
    $\vec{c}^*$垂直于$\vec{a},\vec{b}$所在面
  - ③ 倒空间的倒空间为正空间:$(\vec{a}^*)^*=\vec{a};(\vec{b}^*)^*=\vec{b};(\vec{c}^*)^*=\vec{c}$
  - ④ 正倒空间的单胞体积互为倒数：$V\cdot V^*=1$
  - ⑤ 正倒空间中角度之间的关系：
    $$\cos\alpha^*=\frac{\cos\beta\cos\gamma-\cos\alpha}{\sin\beta\sin\gamma};\cos\beta^*=\frac{\cos\gamma\cos\alpha-\cos\beta}{\sin\gamma\sin\alpha};$$
    $$\cos\gamma^*=\frac{\cos\alpha\cos\beta-\cos\gamma}{\sin\alpha\sin\beta}$$
  - ⑥ 倒易点阵保留了正点阵的全部宏观对称性
  - ⑦ 正倒空间矢量的点积为一整数
  - ⑧ 正空间的一族平行晶面对应于倒空间的一个直线点列
- 倒易点阵的性质
  - ① $\vec{g}_{hkl}=h\vec{a}^*+k\vec{b}^*+l\vec{c}^*$
  - ② 倒易矢量$\vec{g}$的大小为$(hkl)$晶面间距的倒数，方向为晶面$(hkl)$的法线方向

(6) 晶带定律

- 广义晶带定律 $uh+vk+wl=N$($N$为整数)
- 狭义晶带定律 $uh+vk+wl=0$

## 思　考　题

1-1　写出立方晶系{110}{123}晶面族的所有等价面。

1-2　立方晶胞中画出(123)、(112)、$(11\bar{2})$、[110]、$[1\bar{2}0]$、$[\bar{3}21]$。

1-3　标注题图 1-1、题图 1-2 立方晶胞中各晶面和晶向的指数。

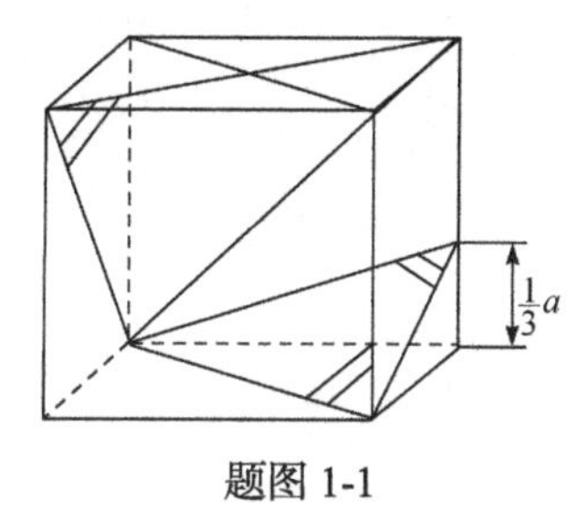


题图 1-1

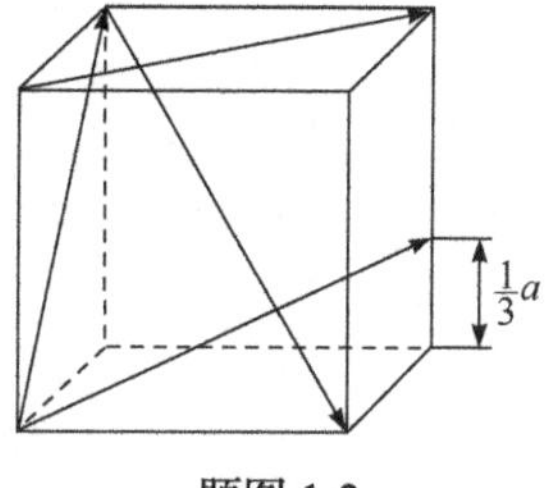


题图 1-2

1-4　标注题图 1-3 和题图 1-4 六方晶胞中各晶面和晶向的指数。

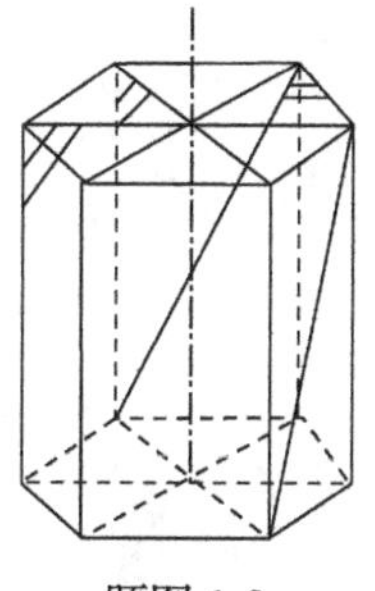

题图 1-3

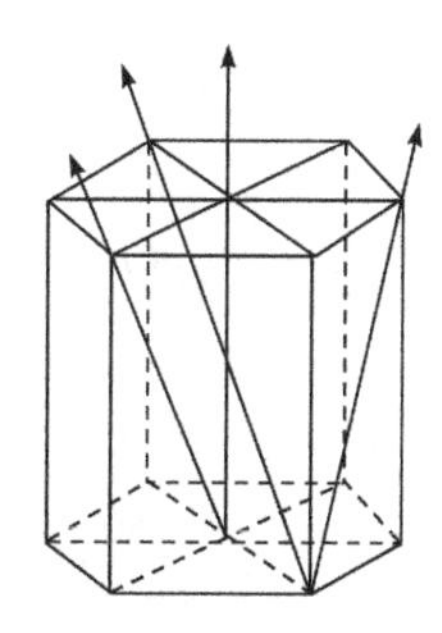

题图 1-4

1-5　画出立方晶系的(001)标准投影，标出所有指数小于或等于 3 的点和晶带大圆。

1-6　用解析法证明晶带大圆上的极点系同一晶带轴，并求出晶带轴。

1-7　画出六方晶系的(0001)标准投影，并要求标出(0001)、$\{10\bar{1}0\}$、$\{11\bar{2}0\}$、$\{10\bar{1}2\}$ 等各晶面的大圆。

1-8　在立方晶系中(001)的标准投影图上，可找到{100}的 5 个极点，而在(011)和(111)的标准投影图上能找到的{100}极点却为 4 个和 3 个，为什么？

1-9　晶体上一对互相平行的晶面，它们在极射赤面投影图上表现为什么关系？

1-10　投影图上与某大圆上任意一点间的角距均为 90°的点，称为该大圆的极点；反之，该大圆则称为该投影点的极线大圆，问：

(1) 一个大圆及其极点分别代表空间的什么几何因素？

(2) 如何在投影图中求出已知投影点的极线大圆？

1-11　讨论并说明一个晶面与赤道平面平行、斜交和垂直时，该晶面的投影点与投影基圆之间的位置关系。

1-12　判别下列哪些晶面属于$[\bar{1}11]$晶带：$(\bar{1}\bar{1}0)$，(231)，(123)，(211)，(212)，$(\bar{1}01)$，$(1\bar{3}3)$，$(1\bar{1}2)$，$(\bar{1}\bar{3}2)$。

1-13　计算晶面$(\bar{3}11)$与$(\bar{1}\bar{3}2)$的晶带轴指数。

1-14　什么是倒易点阵？

1-15　构建倒易点阵的目的是什么？倒易点阵如何构建？

1-16　倒易点阵的性质有哪些？

1-17　倒易点阵中同一阵面上各阵点所对应的晶面属于同一根晶带轴，为什么？

1-18　倒易点阵中共线的阵点所对应晶面有何空间几何关系？

1-19　画出 $Fe_2B$ 在平行于晶面(010)上的部分倒易点。$Fe_2B$ 为正方晶系，点阵参数 $a = b = 0.510$ nm，$c = 0.424$ nm。

1-20　试将(001)标准投影图转化成(111)标准投影图。

# 第 2 章　X 射线的物理基础

1895 年，德国物理学家伦琴(W. C. Röntgen)在研究真空管放电时发现了一种肉眼看不见的射线，它不仅穿透力极强，还能使铂氰化钡等物质发出荧光、照相底片感光、气体电离等，由于当时对其本质尚未了解，故命名为 X 射线，他因此获得了 1901 年诺贝尔物理学奖。几个月后，X 射线就被应用到医学领域和金属零件的内部探伤中，由此产生了 X 射线透射学。1896 年，该技术由李鸿章引入我国。

1912 年，德国物理学家劳厄(M. V. Laue)等在前人研究的基础上，发现了 X 射线在晶体中的衍射现象，并建立了劳厄衍射方程组，从而揭示了 X 射线的本质是波长与原子间距同一量级的电磁波，他因此获得了 1914 年诺贝尔物理学奖。劳厄方程组为研究晶体的衍射提供了有效方法，因此产生了 X 射线衍射学。

在劳厄研究的基础上，英国物理学家布拉格父子(W. H. Bragg 和 W. L. Bragg)于 1913 年首次利用 X 射线测定了 NaCl 和 KCl 的晶体结构，提出了晶面“反射”X 射线的新假设，由此导出简单实用的布拉格方程。该方程为 X 射线衍射和电子衍射奠定了理论基础。同时布拉格(W. H. Bragg)还发现了特征 X 射线，但并未给出合理的解释。布拉格方程的导出开创了 X 射线在晶体结构分析中应用的新纪元。1915 年，布拉格父子获得了诺贝尔物理学奖。

1914 年，物理学家莫塞莱(H. G. J. Moseley)在布拉格研究的基础上发现了特征 X 射线的波长与原子序数之间的定量关系，创立了莫塞莱方程。利用这一原理可对材料的成分进行快速无损检测，由此产生了 X 射线光谱学。

显然，由于 X 射线的发现，相继产生了 X 射线透射学、X 射线衍射学、X 射线光谱学 3 个学科，本书主要讨论 X 射线衍射学。

## 2.1　X 射线的性质

### 2.1.1　X 射线的产生

X 射线的产生装置如图 2-1 所示。该装置主要由阴极、阳极、真空室、窗口和电源等组成。阴极又称灯丝，由钨丝制成，是电子的发射源。阳极又称靶材，一般由纯金属(Cu、Co、Mo 等)制成，是 X 射线的发射源。真空室的真空度高达 $10^{-3}$ Pa，其目的是保证阴、阳极不受污染；窗口是 X 射线从阳极靶材射出的地方，通常有 2 个或 4 个，呈对称分布，窗口材料一般为金属铍，目的是尽可能减少对 X 射线的吸收。电源可使阴、阳极间产生强电场，促使阴极发射电子。当两极电压高达数万伏时，电子从阴极发射，射向阳极靶材，电子的运动受阻，与靶材作用后，电子的动能大部分转化为热能散发，仅有 1%左右的动能转化为 X 射线能，产生的 X 射线通过铍窗口射出。

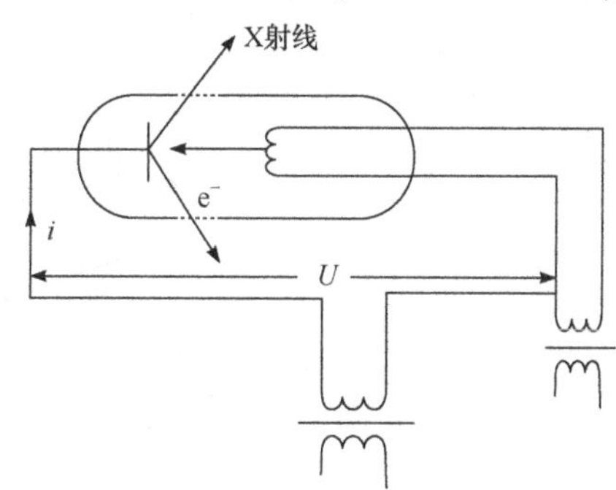


图 2-1　X 射线产生装置示意图

以上为普通 X 射线源，除此以外，还有核反应堆产生的同步辐射 X 射线源。同步辐射是通过磁场在一个环中加速带电粒子并释放出各种射线，其加速环的直径可达米级甚至是英里(1 英里=1.609344 km)级，释放出连续分布的红外线、可见光、紫外线和 X 射线，通过滤光器可选择特定单一波长的射线。相比普通 X 射线源，同步辐射源具有以下优点。

1) 强度高

同步辐射源的 X 射线光谱是纯粹的连续谱，没有特征谱，覆盖范围从远红外一直到很硬的 X 射线，是一种综合光源，使用时选其中一种波长的 X 射线即可，其强度比普通 X 射线源产生的特征峰强度高出几亿倍，因此在此基础上可发展出普通 X 射线源无法进行的衍射技术，如角度高分辨、时间高分辨、能量高分辨、空间高分辨等，以及在极端条件下(超高温、超高压)及各种原位衍射复合或联合技术等。使 X 射线衍射由静态测量变为动态测量，从平均测量变为定位显微测量，从常规条件下的测量变为极端条件下的测量，从离线测量变为原位测量等，使它可完成过去无法完成的且难以想象的工作。

2) 发散度小

普通 X 射线源是电子束轰击靶材，从打击点向外发射，发射角大，单位面积上接收到的光子数目随着距离的增加急速下降，而同步辐射是在电子运动轨迹的切线方向发出，发射角极小，X 射线的强度变化随距离变化很小，这对高分辨实验有利。

3) 偏振性

普通 X 射线源的 X 射线是非偏振的，而同步辐射源的 X 射线是偏振的。

4) 脉冲性

普通 X 射线源的 X 射线在时间上是连续的，而同步辐射源的 X 射线是脉冲式的。脉冲间隔和脉冲长度都不长，数量级约在纳秒和皮秒，在一定程度上可调整，这在生物反应动力学研究中有特殊的作用。

5) 无杂质谱、可精确计算

普通 X 射线源得到的 X 射线受到靶材的纯度、靶面清洁度的影响，存在杂质谱。电源、水温的不稳定还会导致 X 射线的强度发生波动。而同步辐射源产生的 X 射线光谱不存在杂质谱，并可精确计算。

本书主要介绍普通 X 射线源产生的 X 射线。

### 2.1.2　X 射线的本质

X 射线本质上是一种电磁波，以光速传播，其电场强度 $\vec{E}$ 和磁场强度 $\vec{H}$ 互相垂直，并且垂直于 X 射线的传播方向，如图 2-2 所示。X 射线的波长为 0.001～10 nm，为电磁波中的一小

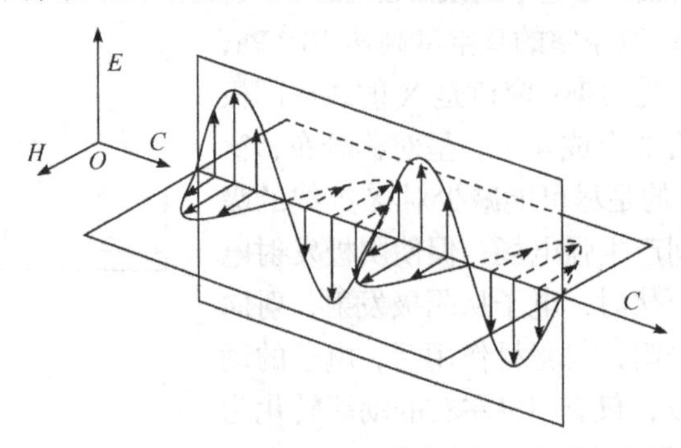


图 2-2　电磁波

部分，远小于可见光的波长(390～770 nm)，见图 2-3。用于晶体衍射分析的是波长相对较长(0.05～0.25 nm)的 X 射线，这样可使衍射线向高角区分散，便于衍射分析，但也不能过长，否则被试样吸收太多，影响衍射强度。此外当波长超过晶面间距两倍时，无衍射产生(见 3.1.3 小节布拉格方程的讨论)。而用于透射分析的，如探伤等，是波长相对较短(0.005～0.01 nm)的 X 射线。有时又将波长较长的 X 射线称为软 X 射线，波长较短的 X 射线称为硬 X 射线。

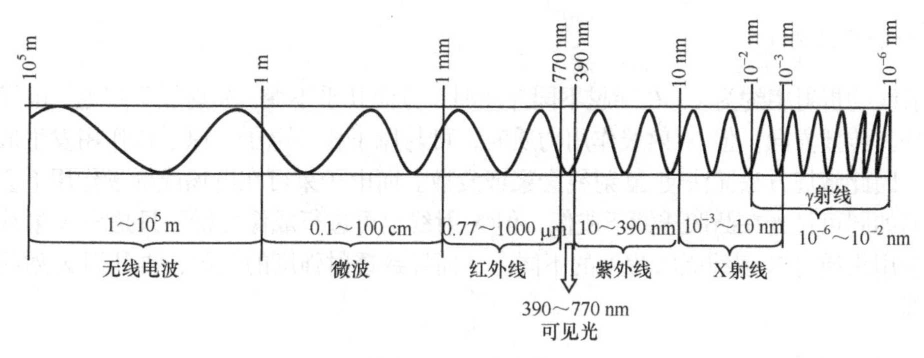


图 2-3 电磁波谱

X 射线具有以下性质。

1. 波粒二象性

X 射线与基本粒子(电子、中子、质子等)一样，具有波粒二象性。射线可以看成一束光量子微粒流，其波动性主要表现为以一定的波长和频率在空间传播，反映了物质运动的连续性；微粒性主要表现为以光子形式辐射和吸收时具有一定的能量、质量和动量，反映了物质运动的分立性。波动性和微粒性之间的关系是

$$E = h\nu = h\frac{c}{\lambda} \tag{2-1}$$

$$P = \frac{h}{\lambda} = h\frac{\nu}{c} \tag{2-2}$$

式中，$E$ 为能量；$h$ 为普朗克常量，$6.626\times10^{-34}$ J · s；$c$ 为光速；$\lambda$为波长；$\nu$为频率；$P$ 为动量。

注意：

(1) 波粒二象性是 X 射线的客观属性，同时具有。不过在一定条件下，某种属性表现得更加突出，如 X 射线的散射、干涉和衍射突出表现了 X 射线的波动性；而 X 射线与物质的相互作用、交换能量突出表现了它的微粒性。

(2) X 射线的磁场分量 $H$ 在与物质的相互作用中效应很弱，故在本书的讨论中仅考虑电场分量 $E$。一束沿某一方向如 $z$ 轴方向传播的 X 射线的波动方程为

$$E(z,t) = E_0 \cos\left(2\pi\nu t - \frac{2\pi}{\lambda}z + \varphi_0\right) \tag{2-3}$$

式中，$E_0$ 为电场强度振幅；$t$ 为时间；$\frac{2\pi}{\lambda}$ 为波数；$2\pi\nu$ 为角频率；$\varphi_0$ 为初相位。

用$\omega$表示角频率，$k$ 表示波数，则波动方程可简化为

$$E(z,t) = E_0 \cos(\omega t - kz + \varphi_0) \tag{2-4}$$

当初相位 $\varphi_0 = 0$ 时，其复数式为

$$E = E_0 e^{-ikz} \tag{2-5}$$

2. 不可见

X 射线的波长为 0.001～10 nm，远小于可见光的波长，为不可见光。但它能使某些荧光物质发光、使照相底片感光和一些气体产生电离现象。

3. 折射率约为 1

X 射线的折射率约为 1，在穿越不同介质时，方向几乎不变。X 射线不带电，电场和磁场不能改变其传播方向，但 X 射线作用物质时，可与原子核外电子、原子核作用发生散射而改变方向，因此常规方法无法使 X 射线会聚或发散。而电子束可在电场或磁场作用下会聚或发散，从而如同可见光在凸凹透镜下成像，但 X 射线也可进行成像分析，只是靠 X 射线透射成像，即利用物质对 X 射线吸收程度的不同，从而导致透射强度的差异，再利用 X 射线荧光或感光成像。

4. 穿透性强

X 射线的波长短，穿透能力强。软 X 射线的波长与晶体的原子间距在同一量级上，易在晶体中发生散射、干涉和衍射，常用于晶体的微观结构分析。硬 X 射线常用于金属零件的探伤和医学上的透视分析。

5. 杀伤作用

X 射线能杀死生物组织细胞，因此使用 X 射线时，需要一定的保护措施，如铅玻璃和铅块等。

## 2.2 X 射线谱

X 射线谱是指 X 射线的强度与波长的关系曲线。X 射线的强度是指单位时间内通过单位面积的 X 光子的能量总和，它不仅与单个 X 光子的能量有关，还与光子的数量有关。图 2-4 为 Mo 阳极靶材在不同管压下的 X 射线谱。从图中可以看出，该谱线呈两种分布特征：一种是连续状分布，另一种为陡峭状分布。将连续状分布的谱线称为 X 射线连续谱，将陡峭状分布的谱线称为 X 射线特征谱。

### 2.2.1 X 射线连续谱

连续谱的产生机理：一个电子在管压 $U$ 的作用下撞击靶材，其能量为 $eU$，每碰撞一次产生一次辐射，即产生一个能量为 $h\nu$ 的光子。若电子与靶材仅碰撞一次就消耗完其能量，则该辐射产生的光子获得了最高能量 $eU$，即

$$h\nu_{\max} = eU = h\frac{c}{\lambda_0}$$

则

$$\lambda_0 = \frac{hc}{eU} \tag{2-6}$$

此时，X 光子的能量最高，波长最短，故称为波长限，由附录 1，代入常量 $h$、$c$、$e$ 后，波长限 $\lambda_0 = \dfrac{1240}{U}$。

当电子与靶材发生多次碰撞才消耗完其能量，则发生多次辐射，产生多个光子，每个光子的能量均小于 $eU$，波长均大于波长限$\lambda_0$。由于电子与靶材的多次碰撞和电子数目大，从而产生各种不同能量的 X 射线，这就构成了连续 X 射线谱。

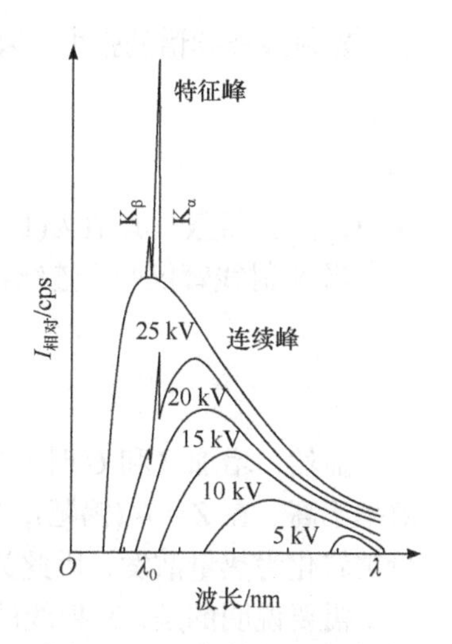


图 2-4　Mo 靶材的 X 射线谱

连续谱的共同特征是各有一个波长限(最小波长)$\lambda_0$，强度有一最大值，其对应的波长为$\lambda_m$，谱线向波长增加方向连续伸展。连续谱的形态受管流 $i$、管压 $U$、阳极靶材的原子序数 $Z$ 的影响，如图 2-5 所示，其变化规律如下。

(1) 当 $i$、$Z$ 均为常数时，$U$ 增加，连续谱线整体左上移，见图 2-5(a)，表明 $U$ 增加时，各波长下的 X 射线强度均增加，波长限$\lambda_0$ 减小，强度的最高值所对应的波长$\lambda_m$ 也随之减小。这是由于管压增加，电子束中单个电子的能量增加。

(2) 当管压 $U$ 为常数时，提高管流 $i$，连续谱线整体上移，见图 2-5(b)，表明管流 $i$ 增加时，各波长下的 X 射线的强度一致提高，但$\lambda_0$、$\lambda_m$ 保持不变。这是由于管压未变，单个电子的能量也为常数，所以由式(2-6)可知波长限不变；但由于管流增加，电子束的电子密度增加，故激发产生的 X 光子数增加，表现为强度提高，连续谱线上移。

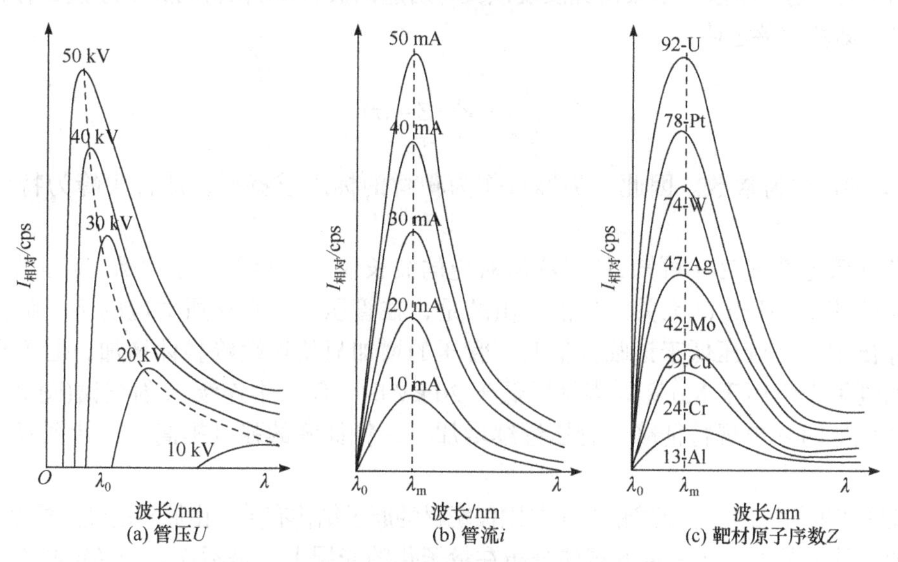


图 2-5　管压、管流和靶材序数对连续谱的影响

(3) 当管压 $U$ 和管流 $i$ 不变时，阳极靶材的原子序数 $Z$ 增大，谱线也整体上移，见图 2-5(c)，表明原子序数 $Z$ 增加，各波长下的 X 射线强度增加，但$\lambda_0$、$\lambda_m$ 保持不变。虽然管压和管流未变，即电子束的单个电子能量和电子密度未变，但由于原子序数增加，其核外电子壳层增加，这样被电子激发产生 X 射线的概率增加，导致产生 X 光子的数量增加，因而表现为连续谱线的整体上移。

X 射线连续谱的强度 $I$ 取决于 $U$、$i$、$Z$，可表示为

$$I = \int_{\lambda_0}^{\infty} I(\lambda) \mathrm{d}\lambda = K_1 i Z U^2 \tag{2-7}$$

式中，$K_1$ 为常量，其值为$(1.1\sim1.4)\times10^{-9}\,\mathrm{V}^{-1}$。

当 X 射线管仅产生连续谱时，其效率 $\eta$ 为

$$\eta = \frac{K_1 i Z U^2}{iU} = K_1 Z U \tag{2-8}$$

显然，增加 $Z$ 和 $U$ 时，可提高 X 射线管的效率，但由于 $K_1$ 太小，$Z$、$U$ 提高有限，故其效率不高。在 $Z=74$(钨靶)，管压为 100 kV 时，其效率也仅为 1%左右。电子束的绝大部分能量被转化为热量散发，因此为了保证 X 射线管的正常工作，需通水冷却。

需要说明的是，X 射线的强度不同于 X 射线的能量，X 射线光子的能量为 $h\nu$，而 X 射线的强度不仅与每个 X 光子的能量有关，还与 X 光子的数量有关，$\lambda_0$ 时的光子能量最高，但其强度却很小，原因是此时的光子数目少。反之，波长长时，光子的能量低，但其强度不一定小。一般在连续谱中，当波长为 $1.5\lambda_0$ 左右时，强度最高。

### 2.2.2　X 射线特征谱

当管压增加至与阳极靶材对应的特定值 $U_K$ 时，在连续谱的某些特定波长位置上出现一系列陡峭的尖峰。物理学家莫塞莱研究发现该尖峰对应的波长 $\lambda$ 与靶材的原子序数 $Z$ 存在严格的对应关系，即莫塞莱定律：

$$\sqrt{\frac{1}{\lambda}} = K_2 (Z - \sigma) \tag{2-9}$$

式中，$K_2$ 和 $\sigma$ 均为常数。因此，尖峰可作为靶材的标志或特征，故称尖峰为特征峰或特征谱。

由莫塞莱定律式(2-9)可知，特征峰所对应的波长仅与靶材的原子序数 $Z$ 和常数 $K_2$、$\sigma$ 有关，而与管流 $i$、管压 $U$ 无关。但需指出的是，在管压达到靶材所对应的某一临界值时，特征峰才出现，在管压低于该临界值时，管压的增加只使连续峰整体增加，但不会出现特征峰。如电子束作用于 Mo 靶，当管压低于 20 kV 时，仅产生连续 X 射线谱(图 2-4)，当管压高于 20 kV 时才出现特征峰，管压继续增加时，特征峰的强度提高，但特征峰的位置保持不变。

特征峰产生的机理：特征峰的产生与阳极靶材的原子结构有关。由原子的经典模型图 2-6(a)可知，原子核外的电子按一定的规律分布在量子化的壳层上，是不连续的稳定状态，又称定态。原子中单个电子的运动状态可用四个量子数 $n$、$l$、$m_l$、$m_s$ 表征。$n$ 为主量子数，电子的能量主要由 $n$ 决定，$n=1$、2、3、4、…，共 $n$ 个，分别对应为 K、L、M、N、O…电子壳层，$n$ 值越大，电子的能量越高。$l$ 为角量子数，它决定电子云的几何形状，表示电子在核外运动的轨道角动量，每一壳层上，对应于 $l=0$、1、2、3、…、$n-1$，共 $n$ 个，分别对应于 s($l=0$)、p($l=1$)、d($l=2$)、f($l=3$)、…，同一壳层中，随 $l$ 增加，电子能量略有增加，不同的 $l$ 值将电子壳层分为支壳层或亚层或能级。$m_l$ 为轨道磁量子数，决定电子云在空间伸展的方向或取向，表示轨道角动量在特定方向上的分量，$m_l=l$、$l-1$、…、0、$-1$、$-2$、…、$-l$，共 $2l-1$ 个，

若 $l = 0$，则 $m_l = 0$；若 $l = 1$，则 $m_l = 1,0,-1$；以此类推。$m_s$ 为自旋磁量子数，它决定电子绕其自身轴的旋转取向，表示电子的自旋角动量在特定方向上的分量，与 $n$、$l$、$m_l$ 三个量无关，根据电子自旋的方向，它可取+1/2、−1/2 共 2 个。

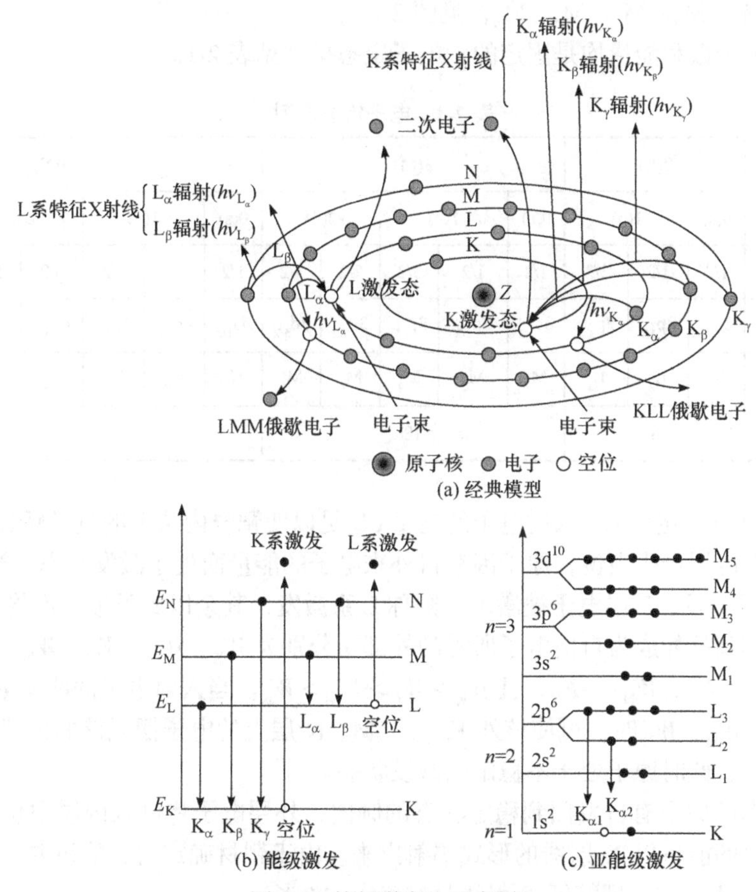


图 2-6　特征谱产生示意图

单个电子的运动状态也可用另一组四量子数：主量子数 $n$、角量子数 $l$、内量子数 $j$($j=|l+m_s|$ 即 $\left|l\pm\dfrac{1}{2}\right|$，当 $l=0$ 时，$j=\dfrac{1}{2}$；$l=1$ 时，$j=\dfrac{1}{2}$、$\dfrac{3}{2}$；以此类推)、总磁量子数 $m_j$($m_j=-j$、$-j+1\cdots-\dfrac{1}{2}$、$\dfrac{1}{2}$、$\cdots$、$j-1$、$j$) 四个量子数来确定。

原子中的电子既有轨道运动，又有自旋运动，两者之间存在轨道磁矩与自旋磁矩的相互作用，即自旋-轨道耦合作用，作用结果使其能级分裂。其中 $l=0$ 时的 s 能级因无自旋-轨道耦合作用，故不发生能级分裂，而在 $l>0$ 时所有亚层，如 p($l=1$)、d($l=2$)、f($l=3$)…均发生自旋-轨道耦合作用，发生能级分裂，这种分裂可用内量子数 $j$ 表征，其数值为 $j=|l+m_s|=|l\pm\dfrac{1}{2}|$。由该式可知，除了 $l=0$ 的 s 亚层外，所有 $l>0$ 的亚层 p($l=1$)、d($l=2$)、f($l=3$)等均将分裂成两个能级。

原子的壳层有数层，由里到外依次用 K、L、M、N 等表示，每壳层的能量用 $E_n$ 表示，令最外层的能量为零，里层能量均为负值[图 2-6(b)]。每层又分为($2n-1$)个支壳层或亚层，电子

能级可用 $nl_j$ 来表征。K 层仅有一个 s 能级，即 $1s_{1/2}$。L 壳层有 s 和 p 能级，而 p 能级会分裂成两个能级，故 L 壳层共含 3 个能级：$2s_{1/2}$、$2p_{1/2}$、$2p_{3/2}$，表示为 $L_1$、$L_2$、$L_3$。同理，M 层含 s、p 和 d 能级，其中 p 和 d 分别分裂成两个能级，M 层共含 5 个能级：$3s_{1/2}$、$3p_{1/2}$、$3p_{3/2}$、$3d_{3/2}$、$3d_{5/2}$，表示为 $M_1$、$M_2$、$M_3$、$M_4$、$M_5$，见图 2-6(c)。

每层上的电子数和能量均是固定的，电子定态排列见表 2-1。

**表 2-1　电子定态排列**

| $n$(主壳层) | 1(K) | 2(L) | | | 3(M) | | | | | 4(N) | | | | | | |
|---|---|---|---|---|---|---|---|---|---|---|---|---|---|---|---|---|
| $l$(角量子数) | 0(s) | 0(s) | 1(p) | | 0(s) | 1(p) | | 2(d) | | 0(s) | 1(p) | | 2(d) | | 3(f) | |
| $j$(内量子数) | 1/2 | 1/2 | 1/2 | 3/2 | 1/2 | 1/2 | 3/2 | 3/2 | 5/2 | 1/2 | 1/2 | 3/2 | 3/2 | 5/2 | 5/2 | 7/2 |
| 电子能级 $nl_j$ | $1s_{1/2}$ | $2s_{1/2}$ | $2p_{1/2}$ | $2p_{3/2}$ | $3s_{1/2}$ | $3p_{1/2}$ | $3p_{3/2}$ | $3d_{3/2}$ | $3d_{5/2}$ | $4s_{1/2}$ | $4p_{1/2}$ | $4p_{3/2}$ | $4d_{3/2}$ | $4d_{5/2}$ | $4f_{5/2}$ | $4f_{7/2}$ |
| 亚层 | K | $L_1$ | $L_2$ | $L_3$ | $M_1$ | $M_2$ | $M_3$ | $M_4$ | $M_5$ | $N_1$ | $N_2$ | $N_3$ | $N_4$ | $N_5$ | $N_6$ | $N_7$ |
| 主壳层电子数 | 2 | 8 | | | 18 | | | | | 32 | | | | | | |

当管压 $U$ 达到一定值时，入射电子的能量 $eU$ 足以使靶材内层上的电子跃迁到核外，使之发生电离，并在内层产生空位，原子因获得外来电子的能量而处于激发状态。当 K 层电子被击出，称为 K 系激发，L 层电子被激出，则称 L 系激发，其余以此类推。设将 K、L、M、N 层的单个电子移到核外成为自由电子所需的外部功分别为 $W_K$、$W_L$、$W_M$、$W_N$，则 $W_K = -E_K$、$W_L = -E_L$、$W_M = -E_M$、$W_N = -E_N$，且 $W_K > W_L > W_M > W_N$。当入射电子的能量 $eU$ 分别大于或等于 $W_K$、$W_L$、$W_M$、$W_N$ 时，可使核外 K、L、M、N 层上的电子摆脱核的束缚，成为自由电子，并留下空位，此时原子处于不稳定的激发状态。

处于激发态的原子有自发回到稳定状态的倾向，外层电子将进入内层空位，同时原子的能量降低，释放的能量以 X 射线的形式辐射出来。由于靶材确定时，能级差也一定，故辐射的 X 射线的能量也一定，即特征 X 射线具有确定的波长。

当入射电子的能量大于或等于 $W_K$ 时，K 层电子被击出，留下空位，原子呈 K 激发态，此时 L 层、M 层、N 层上的电子均有可能填补 K 层空位，产生 K 系列辐射。当邻层 L 层上电子回填时，产生的辐射称为 $K_\alpha$ 辐射，M 层上电子回填时产生的辐射称为 $K_\beta$ 辐射，类推 N 层上电子回填产生的辐射为 $K_\gamma$ 辐射。特征 X 射线的能量为

$$h\nu_{K_\alpha} = W_K - W_L \tag{2-10}$$

$$h\nu_{K_\beta} = W_K - W_M \tag{2-11}$$

$$h\nu_{K_\gamma} = W_K - W_N \tag{2-12}$$

由于 $W_L > W_M > W_N$，所以

$$h\nu_{K_\alpha} < h\nu_{K_\beta} < h\nu_{K_\gamma} \tag{2-13}$$

即

$$\lambda_{K_\alpha} > \lambda_{K_\beta} > \lambda_{K_\gamma} \tag{2-14}$$

由于回填的概率(L→K) > (M→K) > (N→K)，故 $I_{K_\alpha} > I_{K_\beta} > I_{K_\gamma}$，常见的特征峰仅有 $K_\alpha$ 和

$K_{\beta}$两种。当然，L层电子回填后，L层上留下空位，就形成L激发态，更外层的电子将回填到L层，产生L系列辐射，即$L_{\alpha}$、$L_{\beta}$、$L_{\gamma}$等。此时

$$h\nu_{L_\alpha} = W_L - W_M \tag{2-15}$$

$$h\nu_{L_\beta} = W_L - W_N \tag{2-16}$$

$$h\nu_{L_\gamma} = W_L - W_O \tag{2-17}$$

因为$W_M > W_N > W_O$，得

$$h\nu_{L_\alpha} < h\nu_{L_\beta} < h\nu_{L_\gamma} \tag{2-18}$$

即

$$\lambda_{L_\alpha} > \lambda_{L_\beta} > \lambda_{L_\gamma} \tag{2-19}$$

在产生K系列辐射的同时，还将产生L系列、M系列和N系列等辐射。但由于K系列辐射的波长小于L、M、N等系列，未被窗口完全吸收，而L、M、N等系列的辐射则因波长较长，均被窗口吸收，故通常所见到的特征辐射均是K系列辐射。

在$K_{\alpha}$特征峰中，又分裂成两个峰$K_{\alpha1}$和$K_{\alpha2}$，这是由于L层有3个亚层$L_1$、$L_2$、$L_3$，如图2-6(c)所示。各亚层上的电子能量又不相同，由于$L_1$亚层与K层具有相同的角量子数即$\Delta l = 0$，这不满足产生辐射的选择定则条件($\Delta n \neq 0$；$\Delta l = \pm 1$；$\Delta j = 0$或$\pm 1$)，故无辐射发生。而$L_2$和$L_3$亚层上的电子可回填到K层产生辐射，此时

$$h\nu_{K_{\alpha1}} = W_K - W_{L_3} \tag{2-20}$$

$$h\nu_{K_{\alpha2}} = W_K - W_{L_2} \tag{2-21}$$

因为$W_{L_3} < W_{L_2}$，所以$h\nu_{K_{\alpha1}} > h\nu_{K_{\alpha2}}$，即$\lambda_{K_{\alpha1}} < \lambda_{K_{\alpha2}}$。

因$L_3$亚层的能级差大于$L_2$，故$K_{\alpha1}$的强度高于$K_{\alpha2}$，一般$I_{K_{\alpha1}} \approx 2I_{K_{\alpha2}}$，通常取$I_{K_\alpha} = \frac{1}{3}(2I_{K_{\alpha1}} + I_{K_{\alpha2}})$。其波长按强度比例取加权平均值，即$\lambda_{K_\alpha} = \frac{1}{3}(2\lambda_{K_{\alpha1}} + \lambda_{K_{\alpha2}})$。

特征谱线的强度公式为

$$I_{特} = K_3 i(U - U_c)^m \tag{2-22}$$

式中，$K_3$为常数；$i$为管流；$U$为管压；$U_c$为特征谱的激发电压；$m$为指数，K系$m = 1.5$，L系$m = 2$。

在晶体衍射中，总希望获得以特征谱为主的单色光源，即尽可能高的$I_{特} / I_{连}$，由式(2-7)和式(2-22)可推算得，对于K系谱线，在$U = 4U_c$时，$I_{特} / I_{连}$获得最大值，故管压通常取(3～5)$U_c$。

## 2.3　X射线与物质的相互作用

X射线与物质的相互作用是复杂的物理过程，将产生透射、散射、吸收和放热等一系列效应，见图2-7，这些效应也是X射线应用的物理基础。

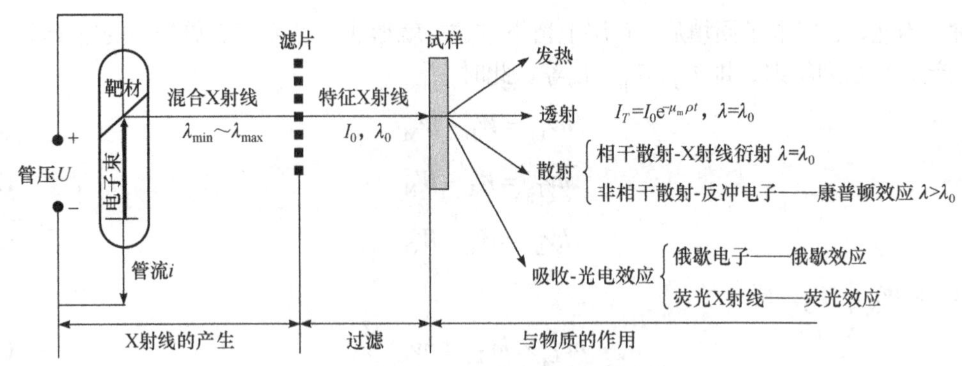

图 2-7　X 射线的产生、过滤及其与物质的相互作用($\lambda_0=\lambda_{K_\alpha}$)

### 2.3.1　X 射线的散射

X 射线与物质作用后发生散射，根据散射前后的能量变化与否，可将散射分为相干散射和非相干散射。

1. 相干散射

X 射线是一种电磁波，作用物质后，物质原子中受核束缚较紧的电子在入射 X 射线的电场作用下，将产生受迫振动，振动频率与入射 X 射线相同，因此振动的电子将向四周辐射出与入射 X 射线波长相同的散射电磁波，即散射 X 射线。由于散射波与入射波的波长相同，位相差恒定，故在相同方向上各散射波可能符合相干条件，发生干涉，故称相干散射。相干散射是 X 射线衍射学的基础。

2. 非相干散射

图 2-8 为非相干散射的说明示意图。X 射线与物质原子中受核束缚较小的电子或自由电子作用后，部分能量转变为电子的动能，使之成为反冲电子，X 射线偏离原来方向，能量降低，波长增加，其增量为

$$\Delta\lambda=\lambda'-\lambda_0=0.00243(1-\cos 2\theta) \tag{2-23}$$

式中，$\lambda_0$、$\lambda'$分别为 X 射线散射前后的波长；$2\theta$为散射角，即入射线与散射线之间的夹角。

由此可见，波长增量取决于散射角，由于散射波的位向与入射波的位向不存在固定关系，这种散射是不相干的，故称非相干散射。非相干散射现象是由康普顿(A. H. Compton)发现的，故称为康普顿效应，康普顿因此获得了 1927 年诺贝尔物理学奖，我国物理学家吴有训在康普顿效应的实验技术和理论分析等方面也做了卓有成效的工作，因此非相干散射又称康普顿-吴有训散射。

非相干散射是不可避免的，它在晶体中不能产生衍射，但会在衍射图像中形成连续背底，其强度随$\dfrac{\sin\theta}{\lambda}$增加而增强，这不利于衍射分析。注意：以上是从 X 射线的波动性出发，根据散射前后系统能量是否发生变化分为相干散射和非相干散射，如从粒子性出发，则可将散射分为弹性散射与非弹性散射。

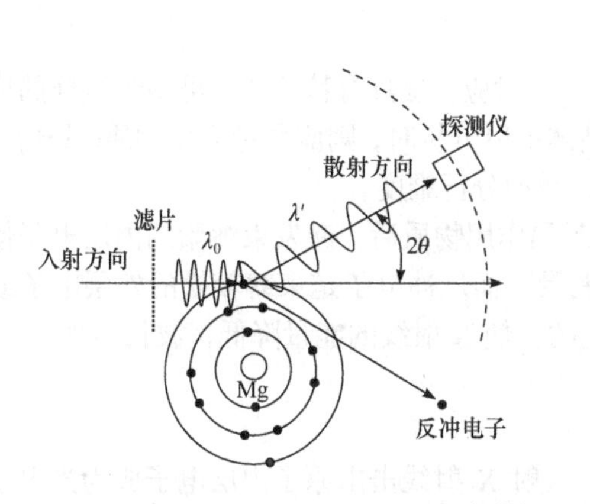


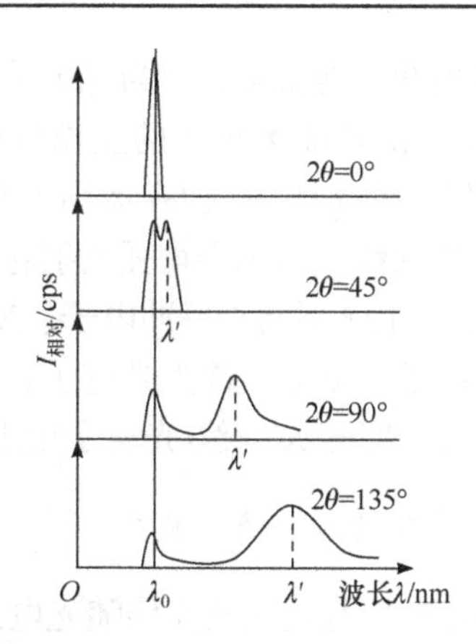


图 2-8　康普顿-吴有训效应示意图

### 2.3.2　X 射线的吸收

X 射线的吸收是指 X 射线与物质作用时，其能量被转化为其他形式的能量，X 射线的强度随之衰减。当 X 射线的能量分别转变成热量、光电子和俄歇电子时，分别称为 X 射线的热效应、光电效应和俄歇效应。本节主要介绍光电效应、俄歇效应与荧光效应以及吸收导致 X 射线强度衰减的规律。

1. 光电效应

与特征 X 射线的产生过程相似，当 X 射线(光子)的能量足够高时，同样可将物质原子的内层电子击出成为自由电子，并在内层产生空位，使原子处于激发状态，外层电子自发回迁填补空位，降低原子能量，产生辐射(X 射线)。这种由入射 X 射线(入射光子)激发原子产生电子或辐射的过程，称为光电效应。由于被击出的电子和辐射均是入射 X 射线(光子)所为，故称被击出的电子为光电子，所辐射出的 X 射线称为二次特征 X 射线或荧光 X 射线，见图 2-9(a)。此时入射 X 射线的强度因光电效应而明显减弱。

当产生 K 系激发时，入射 X 射线的能量必须大于或等于将 K 层电子移出成为自由电子的外部做功 $W_K$，临界态时，K 系激发的激发频率和激发限波长的关系如下：

$$h\nu_K = h\frac{c}{\lambda_K} = W_K \tag{2-24}$$

$$\lambda_K = \frac{hc}{eU_K} = \frac{1240}{U_K}(\text{nm}) \tag{2-25}$$

式中，$\nu_K$、$\lambda_K$ 和 $U_K$ 分别为 K 系的激发频率、激发限波长和激发电压。

需注意以下几点：

(1) 激发限波长 $\lambda_K$ 与前面讨论的连续特征谱的波长限 $\lambda_0$ 形式相似。$\lambda_K$ 是能产生二次特征 X 射线所需的入射 X 射线的临界波长，是与物质一一对应的常数。而 $\lambda_0$ 是连续 X 射线谱的最小波长，是随管压的增加而减小的变量。二次特征 X 射线是由一次特征 X 射线作用物质(试样)后产生的，而连续 X 射线是由电子束作用物质(靶材)后产生的。

(2) 激发限波长 $\lambda_K$ 是 X 射线激发物质(试样)产生光电效应的特定值，入射 X 射线的部分能量转化为光电子的能量，即 X 射线被吸收。从 X 射线被吸收的角度而言，$\lambda_K$ 又可称为吸收限，即当 X 射线的波长小于 $\lambda_K$ 时，X 射线的能量能激发物质产生光电子，使物质处于激发态，入射X射线的能量被转化为光电子的动能。

(3) 二次特征X射线的波长与物质(试样)一一对应，也具有特征值，可用于试样的成分分析，其强度越高越好。但在运用X射线进行晶体衍射分析时，则应尽量避免物质(试样)产生二次特征X射线，否则会增强衍射花样的背底，增加分析难度。

(4) 光电子不同于反冲电子。X射线(光量子)作用物质后，激发束缚紧的内层电子使之成为自由电子，该电子称为光电子，具有特征能量，而反冲电子是束缚较松的外层电子或自由电子吸收了部分X射线(光量子)的能量而产生的，使X射线的能量降低，波长增加。

2. 俄歇效应与荧光效应

俄歇效应与荧光效应伴随光电效应产生。入射X射线击出原子内层电子成为光电子后，原子处于激发态，此时有两种可能，一种是前面讨论的二次特征X射线，即外层电子回填内层空位，原子以二次特征X射线的形式释放能量，该过程称荧光效应或光致发光效应；另一种是外层电子回填内层空位后，原子所释放的能量被同层电子吸收，并挣脱了核的束缚成为自由电子，在同层中发生了两次电离，这种第二次电离的电子称为俄歇电子，该现象称为俄歇效应。两种效应过程的示意图如图2-9(b)所示。显然，俄歇电子和二次特征X射线均具有特征值，与入射X射线的能量无关。例如，入射X射线将K层某电子击出成为自由电子后，L

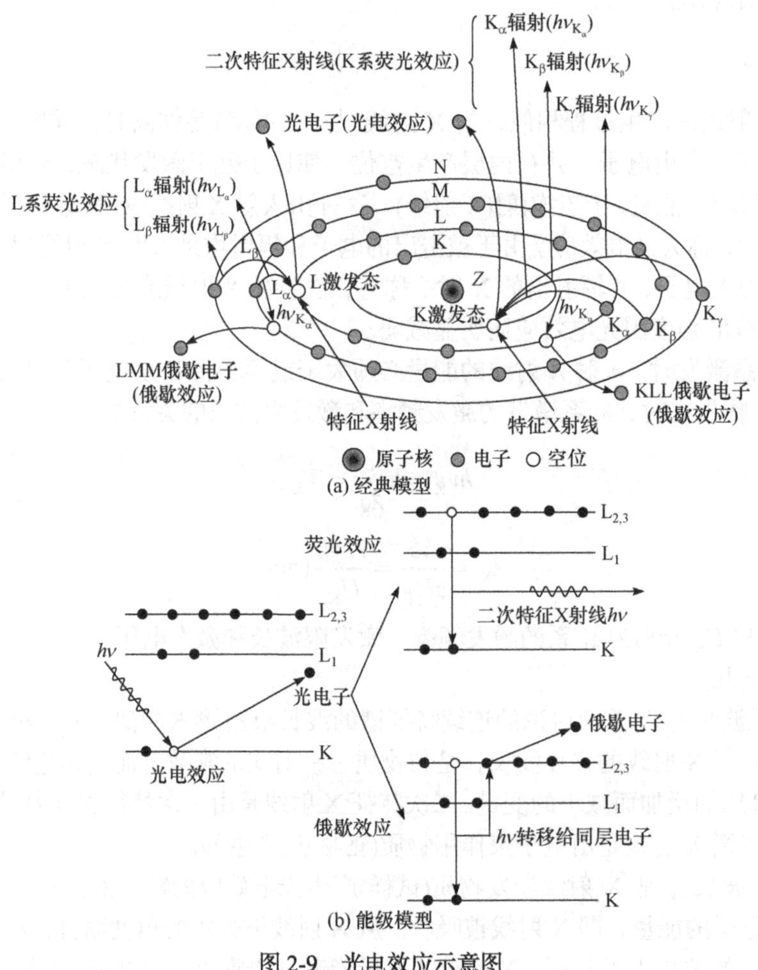

(a) 经典模型

(b) 能级模型

图2-9 光电效应示意图

层上的一电子回迁进入 K 层，释放的能量使 L 层上的另一电子获得能量成为自由电子即俄歇电子，参与的能级有一个 K 层和两个 L 层，该俄歇电子即表示为 KLL。俄歇电子的能量很低，一般仅有数百电子伏，平均自由程短，检测到的俄歇电子一般仅是表层 2～3 个原子层发出的，故俄歇电子能谱可用于材料的表面分析。同样基于二次特征 X 射线的能量具有特征值进行工作的能谱仪或波谱仪也是材料表面分析的重要工具之一。

需指出的是：在发生光电效应后，荧光效应和俄歇效应两种过程均能发生，只是两者发生的概率不同，这主要取决于原子序数 $Z$ 的大小。$Z$ 越小，产生俄歇效应的概率越高，俄歇电子数多，且峰少，分辨率高，分析容易。

### 3. X 射线强度衰减规律

当 X 射线作用于物质时，产生散射、光电效应等物理效应，其强度降低，这种现象称为 X 射线的衰减，其衰减过程见图 2-10，衰减规律推导如下：

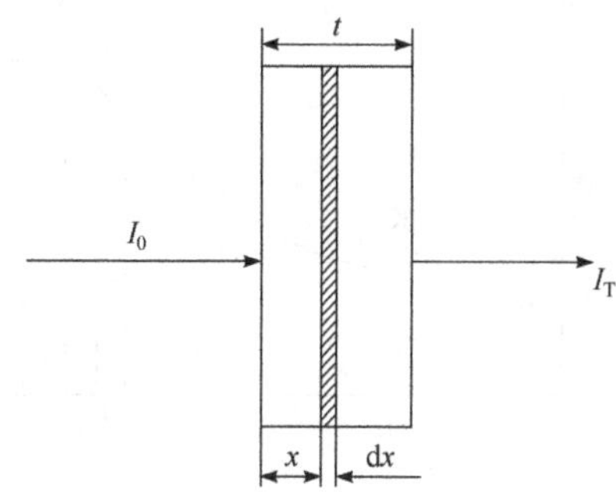

图 2-10　X 射线的衰减过程

设样品厚度为 $t$，X 射线的入射强度为 $I_0$，穿透样品后的强度为 $I_T$，进入样品深度为 $x$ 处时的强度为 $I$，穿过厚度 dx 时强度衰减 d$I$，实验表明 X 射线的衰减程度与所经过的物质厚度成正比，即 $-\frac{dI}{I}=\mu_l dx$，则

$$\int_{I_0}^{I_T}\frac{dI}{dx}=-\int_0^t \mu_l dx \tag{2-26}$$

$$I_T = I_0 e^{-\mu t} \tag{2-27}$$

$$\frac{I_T}{I_0} = e^{-\mu t} \tag{2-28}$$

式中，$\frac{I_T}{I_0}$ 为透射系数；$\mu_l$ 为物质的线吸收系数，反映了单位体积的物质对 X 射线的衰减程度。但物质的量不仅与体积有关，还与其质量密度有关，为此采用 $\mu_m=\frac{\mu_l}{\rho}$ 替代 $\mu_l$，$\rho$ 为物质密度，此时

$$I_T = I_0 e^{-\mu_l t} = I_0 e^{-\frac{\mu_l}{\rho}\rho t} = I_0 e^{-\mu_m \rho t} \tag{2-29}$$

$\mu_m$ 为质量吸收系数，反映了单位质量的物质对 X 射线的衰减程度。因此，对一定波长的 X 射线和一定的物质来说 $\mu_m$ 为定值，不随物质的物理状态而变化，常见物质的质量吸收系数见附录 2。

当物质为混合相时，则

$$\mu_m = \omega_1\mu_{m1} + \omega_2\mu_{m2} + \omega_3\mu_{m3} + \cdots + \omega_i\mu_{mi} + \cdots + \omega_n\mu_{mn} = \sum_{i=1}^{n}\omega_i\mu_{mi} \tag{2-30}$$

式中，$\omega_i$ 和 $\mu_{mi}$ 分别为第 $i$ 相的质量分数和质量吸收系数。

质量吸收系数与物质的原子序数和 X 射线的波长有关，可近似表示为

$$\mu_m \approx K_4 \lambda^3 Z^3 \tag{2-31}$$

式中，$K_4$ 为常数，由式(2-31)可见，质量吸收系数与入射 X 射线的波长及被作用物质的原子序数的立方成正比，当入射 X 射线的波长变短时，即 X 射线的能量增加，物质对 X 射线的吸收减小，即 X 射线的穿透能力增强；当物质的原子序数增加时，质量吸收系数增加，物质对 X 射线的吸收能力增强，这就意味着重金属对 X 射线的吸收能力高于轻金属，因此一般采用重金属[如 Pb(Z = 82)等]作防护材料。

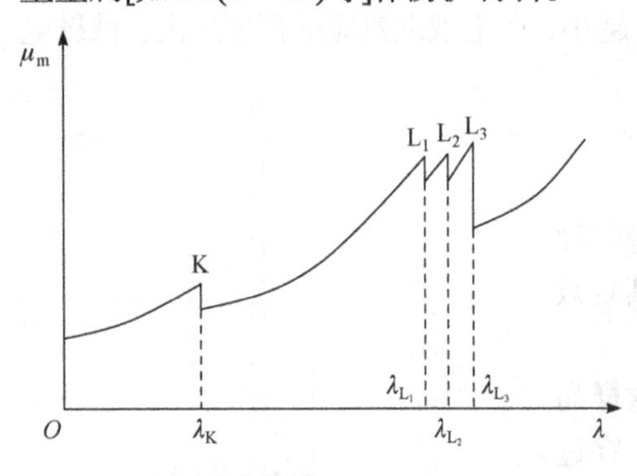


图 2-11 质量吸收系数与其波长的变化曲线

图 2-11 为一般物质的 $\mu_m$-$\lambda$ 关系曲线图。从该图可以看出，$\mu_m$ 与 $\lambda$ 并非完全呈单调的变化关系，在 $\lambda$ 减小至不同的值时，$\mu_m$ 会突然增加，曲线被分割成多段，每段均呈单调的变化关系，但其对应的常数 $K_4$ 值不同。$\mu_m$ 的突变是由于 X 射线的波长减小至一特定值时，其能量达到了能激发内层电子的值，发生了内层电子的跃迁，从而使 X 射线被大量吸收。与 K 层电子对应的波长为 K 吸收限，表示为 $\lambda_K$，同样与 L 层电子对应的波长为 L 吸收限，但由于 L 层有三个亚层，因此有三个吸收限，以此类推，M、L 层分别有 5 个和 7 个吸收限。注意：核外电子能级越高，挣脱束缚成自由电子所需吸收的 X 射线能量越小，即 X 射线的波长越大，如 $\lambda_{L_1} < \lambda_{L_2} < \lambda_{L_3}$。

由于

$$h\nu_K = W_K \quad \lambda_K = \frac{hc}{W_K} \tag{2-32}$$

$$h\nu_{K_\alpha} = W_K - W_L \quad \lambda_{K_\alpha} = \frac{hc}{W_K - W_L} \tag{2-33}$$

$$h\nu_{K_\beta} = W_K - W_M \quad \lambda_{K_\beta} = \frac{hc}{W_K - W_M} \tag{2-34}$$

又因为 $W_K > W_L > W_M$，所以对于同一物质而言，$\lambda_K < \lambda_{K_\beta} < \lambda_{K_\alpha}$。

### 2.3.3 吸收限的作用

吸收限的作用主要有两个：选靶材和选滤片。

1. 选靶材

靶材的选择是依据样品来定的。电子束作用于靶材产生的 X 射线通过滤片过滤后，仅剩特征 X 射线，作用于样品后在样品中产生衍射，由衍射花样获得样品的结构和相的信息，不希望样品产生大量的荧光辐射，否则会增加衍射花样的背景，不利于衍射分析。因此，为了不让样品产生荧光辐射，即入射的特征 X 射线不被样品大量吸收，而是充分参与衍射，靶材的特征波长 $\lambda_{K_\alpha}$ 应位于样品吸收峰稍右或左侧远离吸收峰，见图 2-12。为此，靶材的选择有两种：

当 $\lambda_{K_\alpha}$ 在 I 位时，　　$Z_{靶} = Z_{试样} + 1$

当 $\lambda_{K_\alpha}$ 在Ⅱ位时，　　　　　　　　$Z_{靶} \gg Z_{试样}$

常用靶材及其特征参数见表 2-2。

**表 2-2　常用靶材和滤片**

| 阳极靶材 | 原子序数 Z | K 系特征波长/nm | | K 吸收限 $\lambda_K$/nm | U/kV | 滤片 | 原子序数 Z | K 吸收限 $\lambda_K$/nm | 厚度/mm | $I_{K_\alpha}/I_0$ |
|---|---|---|---|---|---|---|---|---|---|---|
| | | $\lambda_{K_\alpha}$ | $\lambda_{K_\beta}$ | | | | | | | |
| Cr | 24 | 0.229100 | 0.208487 | 0.20702 | 5.43 | V | 23 | 0.226910 | 0.016 | 0.5 |
| Fe | 26 | 0.193736 | 0.175661 | 0.174346 | 6.4 | Mn | 25 | 0.189643 | 0.016 | 0.46 |
| Co | 27 | 0.179026 | 0.162079 | 0.160815 | 6.93 | Fe | 26 | 0.174346 | 0.018 | 0.44 |
| Ni | 28 | 0.165919 | 0.150014 | 0.148807 | 7.47 | Co | 27 | 0.160815 | 0.018 | 0.53 |
| Cu | 29 | 0.154184 | 0.139222 | 0.138057 | 8.04 | Ni | 28 | 0.148807 | 0.021 | 0.40 |
| Mo | 42 | 0.071073 | 0.063228 | 0.061978 | 17.44 | Zr | 40 | 0.068883 | 0.108 | 0.31 |

2. 选滤片

滤片是依据靶材而定的。由于靶材将产生连续 X 射线及 $K_\alpha$和 $K_\beta$等多种特征 X 射线，同时参与衍射时将产生多套衍射花样，不利于衍射分析，为此，滤片的目的不仅要滤掉连续的 X 射线，还要滤掉次强峰 $K_\beta$，仅让强度高的 $K_\alpha$通过，形成单色特征 X 射线。为此，以靶材的吸收谱为基准，移动滤片吸收峰至靶材的 $K_\alpha$峰和 $K_\beta$峰之间，此时 $K_\beta$峰被吸收，而 $K_\alpha$峰被吸收得很少，见图 2-13，由莫塞莱定律及实验数据可得

$$Z_{滤片} = Z_{靶} - 1或2 \tag{2-35}$$

一般在 $Z < 40$ 时，取 $Z_{滤片} = Z_{靶} - 1$；$Z > 40$ 时，取 $Z_{滤片} = Z_{靶} - 2$。

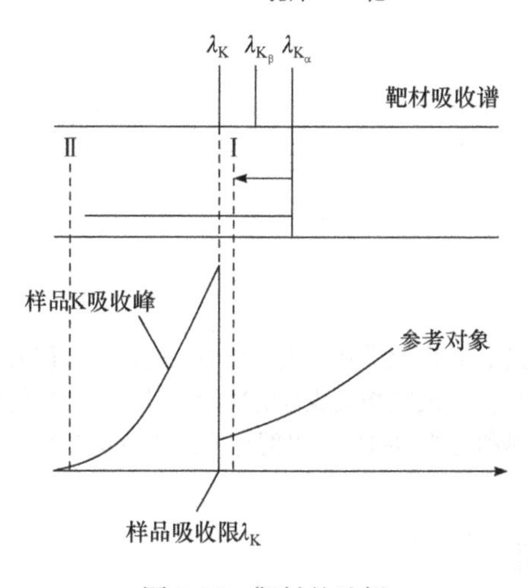


图 2-12　靶材的选择

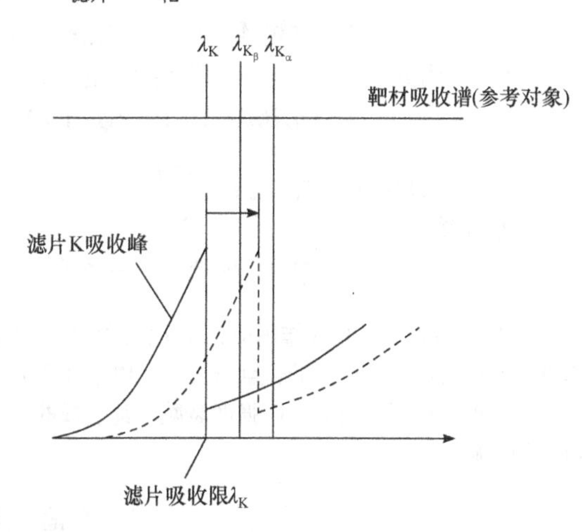


图 2-13　滤片的选择

常见滤片见表 2-2。滤波可使 $I_{K_\alpha}/I_{K_\beta}$ 达到 600 左右，而未滤波时，$I_{K_\alpha}/I_{K_\beta}$ 仅为 5 左右，因此通过滤波可基本消除 $K_\beta$特征 X 射线，获得单色的 $K_\alpha$特征 X 射线，这也正是晶体衍射分

析所需要的。

## 本章小结

本章主要介绍了X射线产生的背景、原理、本质特点及其与固体物质的作用。主要内容总结如下：

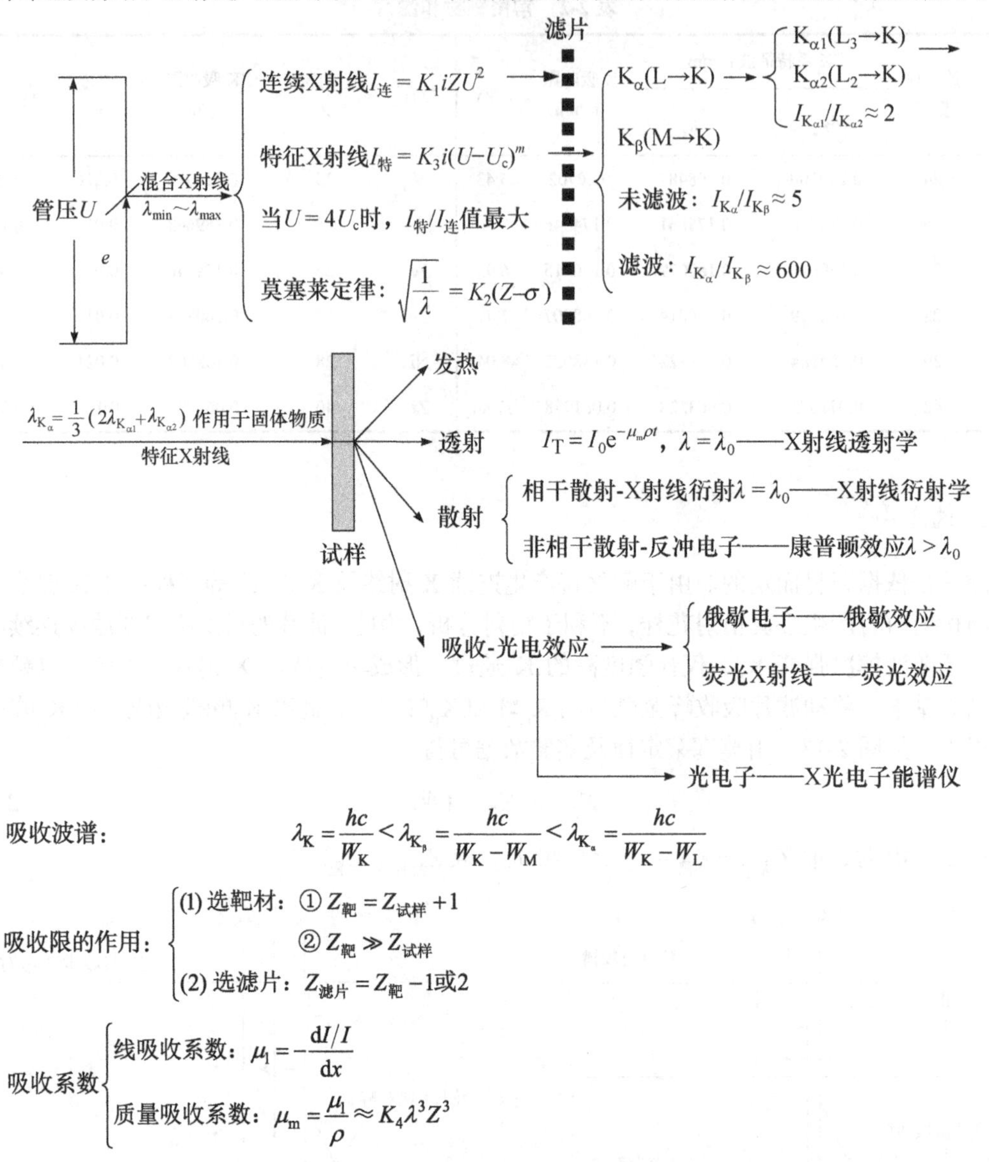


X 射线与物质的相互作用中，相干散射可以产生衍射花样，并由此推断物质的结构，这是晶体衍射学的基础；X射线作用后产生的俄歇电子、光电子和荧光X射线均具有反映物质成分的功能，可用于物质的成分分析；X射线作用物质后引起强度衰减，其衰减的程度与规律和物质的组成、厚度有关，这构成了X射线透射学的基础。

## 思考题

2-1　X射线的产生原理及其本质是什么？具有哪些特性？

2-2　说明对于同一种材料存在以下关系：$\lambda_K<\lambda_{K_\beta}<\lambda_{K_\alpha}$。

2-3　如果采用Cu靶X射线照相，错用了Fe滤片，会产生什么现象？

2-4　特征X射线与荧光X射线的异同点有哪些？某物质的K系特征X射线的波长是否等于K系的荧光X射

线的波长？

2-5　解释下列名词：相干散射，荧光辐射，非相干散射，吸收限，俄歇效应，连续 X 射线，特征 X 射线，质量吸收系数，光电效应。

2-6　连续谱产生的机理是什么？其波长限 $\lambda_0$ 与吸收限 $\lambda_K$ 有什么不同？

2-7　为什么会出现吸收限？K 吸收限仅有一个，而 L 吸收限却有 3 个？当激发 K 系荧光 X 射线时，能否伴生 L 系？当 L 系激发时能否伴生 K 系？

2-8　质量吸收系数与线吸收系数的物理意义是什么？

2-9　X 射线实验室中的铅玻璃至少为 1 mm，这种铅屏对 Cu $K_\alpha$、Mo $K_\alpha$ 辐射的透射系数为多少？

2-10　当管压为 50 kV 时，X 射线管中电子击靶时的速度和动能各是多少？靶所发射的连续 X 射线谱的波长限和光子的最大能量是多少？

# 第 3 章　X 射线的衍射原理

X 射线入射晶体时，作用于束缚较紧的电子，电子发生晶格振动，向空间辐射与入射波频率相同的电磁波(散射波)，该电子成了新的辐射源，所有电子的散射波均可看作是由原子中心发出，这样每个原子就成了发射源，它们向空间发射与入射波频率相同的散射波，由于这些散射波的频率相同，在空间中将发生干涉，在某些固定方向得到增强或减弱甚至消失，产生衍射现象，形成了波的干涉图案，即衍射花样。因此，衍射花样的本质是相干散射波在空间发生干涉的结果。当相干散射波为一系列平行波时，发生增强的必要条件是这些散射波具有相同的相位，或光程差为波长的整数倍。这些具有相同相位的散射线的集合构成了衍射束，具有高的能量密度，晶体的衍射包括衍射束在空间的方向和强度，本章主要就这两个方面展开讨论。

## 3.1　X 射线的衍射方向

### 3.1.1　劳厄方程

劳厄等于 1912 年发现了 X 射线通过 $CuSO_4$ 晶体的衍射现象，为了解释此衍射现象，假设晶体的空间点阵由一系列平行的原子网面组成，入射 X 射线为平行射线。由于相邻原子面间距与 X 射线的波长在同一个量级，晶体成了 X 射线的三维光栅，当相邻原子网面的散射线的光程差为波长的整数倍时会发生衍射现象。

设有一直线点阵与晶体的单位矢量 $\vec{a}$ 平行，$\vec{s}_0$ 和 $\vec{s}$ 分别为 X 射线入射和衍射的单位矢量，如图 3-1(a)所示，由波的干涉原理可知，若要求每个阵点间散射的 X 射线互相叠加，则要求相邻阵点的光程差 $\delta$ 为波长 $\lambda$ 的整数倍，即 $\delta = ON - MA = h\lambda$，即

$$a\cos\alpha - a\cos\alpha_0 = h\lambda \tag{3-1}$$

式中，$h$ 为整数；$\alpha$ 和 $\alpha_0$ 分别为衍射矢量和入射矢量与直线点阵方向的夹角。式(3-1)写成矢量式为

$$\vec{a}\cdot(\vec{s}-\vec{s}_0) = h\lambda \tag{3-2}$$

式(3-1)和式(3-2)均为劳厄方程。实际上与点阵 $\vec{a}$ 方向所成的圆锥面上的各个矢量均可满足上述方程。

该式推广到二维时，见图 3-1(b)，此时应在二维方向上同时满足相干条件，即满足以下方程组：

$$\begin{cases} a\cos\alpha - a\cos\alpha_0 = h\lambda \\ b\cos\beta - b\cos\beta_0 = k\lambda \end{cases} \tag{3-3}$$

式中，$\beta_0$ 和 $\beta$ 分别为入射线和散射线与 $\vec{b}$ 方向的夹角。

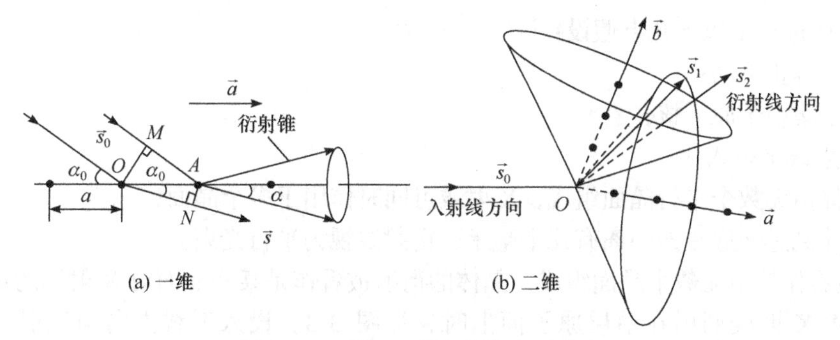


图 3-1　一维、二维衍射方向示意图

此时满足衍射条件的应是二维方向衍射锥的公共交线。当两衍射锥相交时，有两条交线，表明有两种可能的衍射方向；当两衍射锥相切时，仅有一种衍射方向；当两衍射锥不相交时，则无衍射发生。同理进一步推广到三维，见图 3-2。设三维方向的单位矢量分别为 $\vec{a}$ 、$\vec{b}$ 和 $\vec{c}$ ，入射方向与其他二维 $\vec{b}$ 和 $\vec{c}$ 方向的夹角分别为 $\beta_0$ 和 $\gamma_0$，衍射线方向与其他二维的夹角分别为 $\beta$ 和 $\gamma$，则该衍射矢量同时满足三维方向的衍射条件，即满足以下方程组：

$$\begin{cases} a\cos\alpha - a\cos\alpha_0 = h\lambda \\ b\cos\beta - b\cos\beta_0 = k\lambda \\ c\cos\gamma - c\cos\gamma_0 = l\lambda \end{cases} \tag{3-4}$$

或

$$\begin{cases} \vec{a}\cdot(\vec{s}-\vec{s}_0) = h\lambda \\ \vec{b}\cdot(\vec{s}-\vec{s}_0) = k\lambda \\ \vec{c}\cdot(\vec{s}-\vec{s}_0) = l\lambda \end{cases} \tag{3-5}$$

显然，保证 $\vec{a}$ 、$\vec{b}$ 和 $\vec{c}$ 三维方向同时满足衍射条件的矢量应为三个衍射锥的公共交线，即图 3-2 所示的矢量 $\vec{s}$ ，该方向规定了晶体的衍射方向。此时，发生衍射的条件更加苛刻，三维方向的三个衍射锥的公共交线仅有一条，因此晶体发生衍射的可能方向仅有一个。

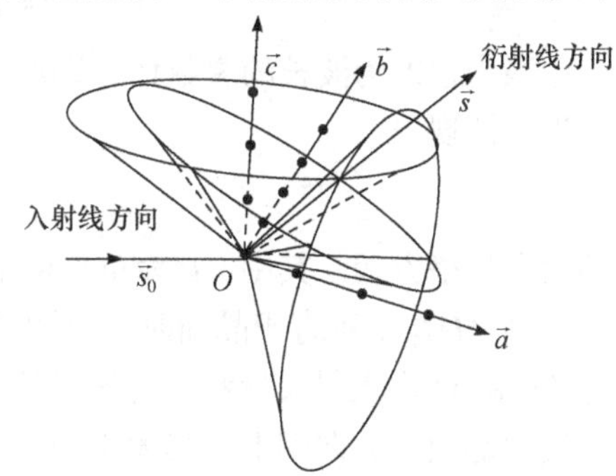


图 3-2　三维衍射方向示意图

在式(3-4)和式(3-5)中，$h$、$k$、$l$ 均为整数，一组 $hkl$ 规定了一个衍射方向，即在空间中某方向上出现衍射。在衍射方向上各阵点间入射线和散射线间的波程差必为波长的整数倍。

式(3-4)和式(3-5)分别为劳厄方程组的标量式和矢量式，从理论上解决了 X 射线衍射的方向问题。但方程组中除了 $\alpha$、$\beta$、$\gamma$ 外，其余均为常数，由于在三维空间中还应满足方向余弦定理，即 $\cos^2\alpha_0 + \cos^2\beta_0 + \cos^2\gamma_0 = 1$ 和 $\cos^2\alpha + \cos^2\beta + \cos^2\gamma = 1$。这样研究 X 射线的衍射方向需同时考虑五个方程，实际使用不便。布拉格父子对此进行了简化研究，并导出了简单实用的布拉格方程。

### 3.1.2　布拉格方程

布拉格为了克服劳厄方程在实际使用中的困难，找到既能反映衍射特点，又能方便使用的方程，为此进行了以下几点假设：

(1) 原子静止不动；

(2) 电子集中于原子核；

(3) X射线平行入射；

(4) 晶体由无数个平行晶面组成，X射线可同时作用于多个晶面；

(5) 晶体到感光底片的距离有几十毫米，衍射线视为平行光束。

这样晶体被看作是由无数个晶面组成，晶体的衍射被看作是某些晶面对X射线的选择反射。

当一束X射线照射在单层原子面上时，见图3-3，设入射线方向与反射晶面的夹角为$\theta$，反射晶面为$AA$，指数为$(hkl)$，显然，同一晶面上相邻两原子$M$和$M_1$的光程差$\delta = M_1N_1 + L_2M_1 - (MN_2 + L_1M)$恒为零，即同一晶面上相邻两原子的散射线具有相同的相位，满足相干条件。

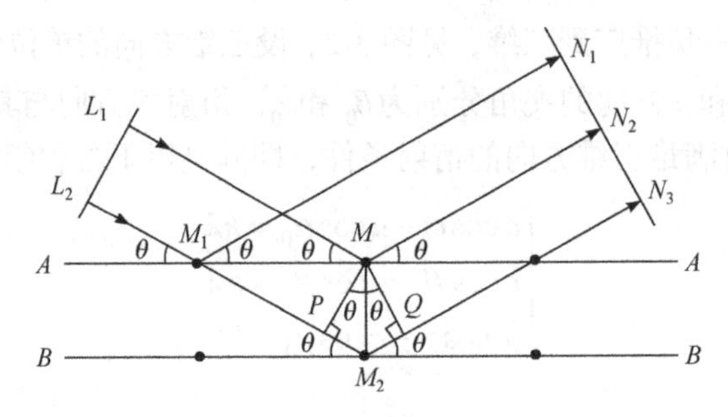


图3-3 $MM_2$垂直于晶面时的布拉格方程导出示意图

由于X射线的穿透能力强，可以照射到晶体内一系列平行的晶面上，设$BB$为平行晶面中的一个，即$AA//BB$。设晶面间距为$d_{hkl}$，$MM_2$垂直于晶面$(hkl)$，过$M$点分别作入射线$L_2M_2$和散射线$M_2N_3$的垂线，垂足分别为$P$和$Q$，则相邻平行晶面上原子$M$和$M_2$的光程差为

$$\delta = PM_2 + M_2Q = 2d_{hkl}\sin\theta \tag{3-6}$$

当光程差为波长的整数倍，即$\delta = n\lambda$($n$为正整数)时，该方向上的散射线满足相干条件，产生干涉现象。

$$2d_{hkl}\sin\theta = n\lambda \tag{3-7}$$

即为布拉格方程。其中，$\theta$为布拉格角，又称掠射角或衍射半角。

当$MM_2$不垂直于晶面时，见图3-4，设入射线和反射线的单位矢量分别为$\vec{s}_0$和$\vec{s}$，分别过$M_2$和$M$作入射矢量和反射矢量的垂线，垂足分别为$m$和$n$，由矢量知识可知$(\vec{s}-\vec{s}_0)$垂直于反射晶面，方向朝上，其大小为$|\vec{s}-\vec{s}_0| = 2\sin\theta$。相邻晶面的光程差为

$$\delta = M_2n - mM = \vec{r}\cdot\vec{s} - \vec{r}\cdot\vec{s}_0 = \vec{r}\cdot(\vec{s}-\vec{s}_0) = |\vec{r}|2\sin\theta\cos\alpha \tag{3-8}$$

式中，$\alpha$为$\vec{s}$与$(\vec{s}-\vec{s}_0)$的夹角，显然$|\vec{r}|\cos\alpha = d_{hkl}$。所以，$\delta = 2d_{hkl}\sin\theta$，同样可得布拉格方程(3-7)。由此可见，$\vec{r}$($\overrightarrow{M_2M}$)与晶面垂直与否并不影响布拉格方程的推导结果。

由以上推导过程可以看出，散射线在同一晶面上的光程差为零，满足干涉条件；而相邻平行晶面上的光程差为$2d_{hkl}\sin\theta$，当发生干涉时，必须满足$2d_{hkl}\sin\theta$为波长的整数倍，即布拉格方程是发生相干散射(衍射)的必要条件。

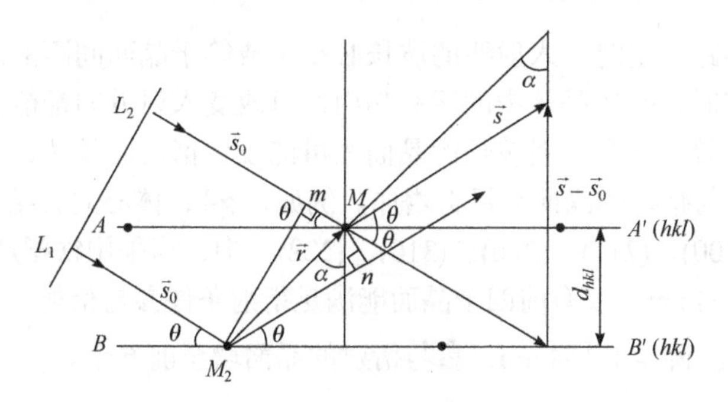


图 3-4　$MM_2$ 不垂直于晶面时布拉格方程导出示意图

### 3.1.3　布拉格方程的讨论

1. 反射级数与干涉面指数

布拉格方程 $2d_{hkl}\sin\theta=n\lambda$ 中的 $n$ 为反射级数，两边同时除以 $n$，得 $2(d_{hkl}/n)\sin\theta=\lambda$，这样原本 $(hkl)$ 晶面的 $n$ 级衍射可以看成是虚拟晶面 $(HKL)$ 的一级反射，该虚拟晶面平行于 $(hkl)$，但晶面间距为 $d_{hkl}$ 的 $\frac{1}{n}$。该虚拟晶面 $(HKL)$ 又称干涉面，$(HKL)$ 为干涉面指数，简称干涉指数。

由晶面指数的定义可知：$H=nh$，$K=nk$，$L=nl$。当 $n=1$ 时，干涉指数互质，干涉面就是一个真实的反射晶面了，因此干涉指数实际上是广义的晶面指数。

例如，设入射 X 射线照射到晶面(100)上，刚好发生二级反射，即满足布拉格方程 $2d_{hkl}\sin\theta=2\lambda$，假想在(100)晶面中平行插入平分面，见图 3-5 中的虚线晶面，则由晶面指数的定义可知该虚拟的平分面指数为(200)，此时 $d_{200}=\frac{1}{2}d_{100}$，且相邻晶面反射线的光程差为一个波长，这样(100)晶面的二级反射可以看成是虚拟晶面(200)的一级反射，该虚拟晶面即为干涉面，(200)为干涉指数。显然干涉指数有公约数 2，为真实晶面指数的 2 倍。同理可得，在(100)晶面上发生的三级反射可以看成是(300)干涉面的一级反射。

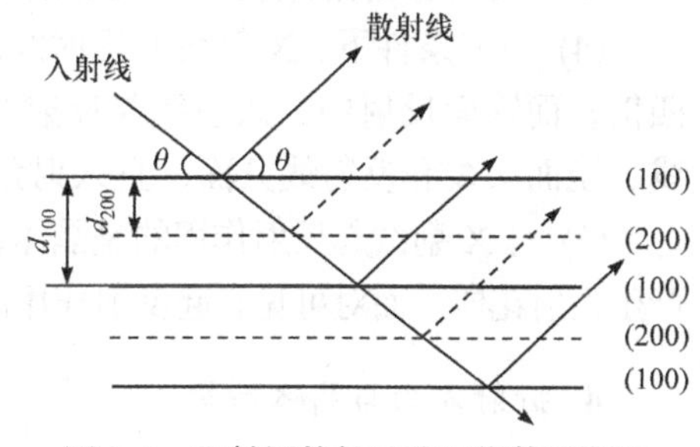


图 3-5　反射级数与干涉面指数示意图

为了书写方便，$d_{HKL}$ 简写为 $d$，此时布拉格方程可表示为

$$2d\sin\theta=\lambda \tag{3-9}$$

这样反射级数 $n$ 隐含在 $d$ 中，布拉格方程更加简单，应用更方便。

2. 衍射条件分析

由布拉格方程 $2d\sin\theta=\lambda$，得

$$\sin\theta=\frac{\lambda}{2d}\leqslant 1 \tag{3-10}$$

即 $\frac{\lambda}{2d}\leqslant 1$，所以

$$\lambda\leqslant 2d \tag{3-11}$$

因此，当晶面间距一定时，入射线的波长必小于或等于晶面间距的两倍才能发生衍射现象；当入射波长一定时，并非晶体中的所有晶面通过改变入射方向都能满足衍射条件，只有那些晶面间距大于或等于一半入射波长的晶面才可能发生衍射。显然，对已有的晶体而言，减小入射波长时，参与衍射的晶面数目将增加。例如，$\alpha$-Fe 体心立方结构中，晶面间距依次减小的晶面(110)、(200)、(211)、(220)、(310)、(222)…中，当采用铁靶产生的特征 X 射线为入射线时，$\lambda_{K_\alpha}=0.194\text{ nm}$，仅有前四个晶面能满足衍射条件参与衍射，若采用铜靶产生的特征 X 射线入射时，$\lambda_{K_\alpha}$ 降至 0.154 nm，参与衍射的晶面增至前 6 个。

3. 选择反射

由布拉格方程可知，当入射线为单色，即$\lambda$为常数时，晶面间距相同的晶面，衍射时必对应着相同的掠射角 $\theta$。随着晶面间距的增加，对应的掠射角减小。在晶体的众多晶面中，并非每个晶面都能参与衍射，仅有那些晶面间距大于一半波长的晶面才有可能参与衍射，且每一参与衍射的晶面均有一个与之对应的掠射角 $\theta$，即衍射是有选择的反射，是相干散射线干涉的结果。这不同于可见光的镜面反射，它们有以下区别：

(1) X 射线的反射是晶面在满足布拉格方程的$\theta$角时才能参与反射，是有选择性的反射；而镜面则可以反射任意方向的可见光。

(2) X 射线的反射本质是反射晶面上各原子的相干散射的干涉总结果，反射晶面是由原子构成的晶网面，而镜面是密实无网眼的。

(3) X 射线反射的作用区域是晶体内的多层晶面，而可见光仅作用于镜面的表层。

(4) 一定条件下，X 射线的反射线能形成以入射线为中心轴的反射锥，锥顶角为掠射角的四倍；而镜面反射中，入射线与反射线分别位于镜面法线的两侧，仅有一个反射方向，入射线、镜面法线和反射线共面，且入射角等于反射角。

(5) 对 X 射线起反射作用的是晶体，即作用对象的物质原子要呈规则排列，也只有晶体才能产生衍射花样，而对可见光起反射作用的可以是晶体也可以是非晶体，只要表面平整光洁即可。

4. 衍射方向与晶体结构

由布拉格方程 $2d\sin\theta=\lambda$得 $\sin\theta=\dfrac{\lambda}{2d}$，对两边平方得 $\sin^2\theta=\dfrac{\lambda^2}{4d^2}$，不同的晶系，$\dfrac{1}{d^2}$ 的表达式不同：

立方晶系：
$$\frac{1}{d^2}=\frac{H^2+K^2+L^2}{a^2}\qquad \sin^2\theta=\frac{\lambda^2}{4}\times\frac{H^2+K^2+L^2}{a^2}$$

正方晶系：
$$\frac{1}{d^2}=\frac{H^2+K^2}{a^2}+\frac{L^2}{c^2}\qquad \sin^2\theta=\frac{\lambda^2}{4}\times\left(\frac{H^2+K^2}{a^2}+\frac{L^2}{c^2}\right)$$

斜方晶系：
$$\frac{1}{d^2}=\frac{H^2}{a^2}+\frac{K^2}{b^2}+\frac{L^2}{c^2}\qquad \sin^2\theta=\frac{\lambda^2}{4}\times\left(\frac{H^2}{a^2}+\frac{K^2}{b^2}+\frac{L^2}{c^2}\right)$$

六方晶系：
$$\frac{1}{d^2}=\frac{4}{3}\times\frac{H^2+HK+K^2}{a^2}+\frac{L^2}{c^2}\qquad \sin^2\theta=\frac{\lambda^2}{4}\times\left(\frac{4}{3}\times\frac{H^2+HK+K^2}{a^2}+\frac{L^2}{c^2}\right)$$

因此，$d$ 取决于晶体的晶胞类型和干涉指数，反映了晶胞的形状和大小。当晶胞相同时，不同的干涉指数($HKL$)有不同的衍射方向(布拉格角$\theta$)；当晶胞不同时，即使相同的干涉指数仍有不同的布拉格角$\theta$。因此，不同的布拉格角反映了晶胞的形状和大小，从而建立了晶体结构与衍射方向之间的对应关系，通过测定晶体对 X 射线的衍射方向就可获得晶体结构的相关信息。

衍射方向仅反映了晶胞的形状和大小，对晶胞中原子种类及其排列的有序程度均未反映，这需要通过衍射强度理论来解决。

5. 布拉格方程与劳厄方程的一致性

布拉格方程产生于劳厄方程之后，两个方程均解决了 X 射线衍射的方向问题，但由于劳厄方程复杂，使用不便，为此，布拉格父子在劳厄思想的基础上，将衍射转化为晶面对 X 射线的反射，导出了简单、实用的布拉格方程。布拉格方程是劳厄方程的一种简化形式，也可直接从劳厄方程中推导出来，推导过程如下。

对劳厄方程组：

$$\begin{cases} a(\cos\alpha - \cos\alpha_0) = h\lambda \\ b(\cos\beta - \cos\beta_0) = k\lambda \\ c(\cos\gamma - \cos\gamma_0) = l\lambda \end{cases} \tag{3-12}$$

两边平方得

$$\begin{cases} a^2(\cos^2\alpha + \cos^2\alpha_0 - 2\cos\alpha\cos\alpha_0) = h^2\lambda^2 \\ b^2(\cos^2\beta + \cos^2\beta_0 - 2\cos\beta\cos\beta_0) = k^2\lambda^2 \\ c^2(\cos^2\gamma + \cos^2\gamma_0 - 2\cos\gamma\cos\gamma_0) = l^2\lambda^2 \end{cases} \tag{3-13}$$

为了简便起见，以立方晶系为例，即 $a=b=c$，取两边的和得

$$\begin{aligned} &a^2(\cos^2\alpha + \cos^2\beta + \cos^2\gamma + \cos^2\alpha_0 + \cos^2\beta_0 + \cos^2\gamma_0 - 2\cos\alpha\cos\alpha_0 - 2\cos\beta\cos\beta_0 \\ &-2\cos\gamma\cos\gamma_0) = (h^2+k^2+l^2)\lambda^2 \end{aligned} \tag{3-14}$$

在直角坐标中，$\cos^2\alpha_0 + \cos^2\beta_0 + \cos^2\gamma_0 = 1$，$\cos^2\alpha + \cos^2\beta + \cos^2\gamma = 1$，而入射和衍射的矢量式分别是：$\vec{s}_0 = \vec{a}(\cos\alpha_0 i + \cos\beta_0 j + \cos\gamma_0 k)$，$\vec{s} = \vec{a}(\cos\alpha i + \cos\beta j + \cos\gamma k)$，由于入射线与衍射线的夹角为 $2\theta$，两矢量的点积为

$$\vec{s}\cdot\vec{s}_0 = a^2(\cos\alpha\cos\alpha_0 + \cos\beta\cos\beta_0 + \cos\gamma\cos\gamma_0) = a^2\cos 2\theta \tag{3-15}$$

所以，由 $\cos\alpha\cos\alpha_0 + \cos\beta\cos\beta_0 + \cos\gamma\cos\gamma_0 = \cos 2\theta$ 代入式(3-14)得

$$a^2(2 - 2\cos 2\theta) = (h^2+k^2+l^2)\lambda^2 \tag{3-16}$$

$$4a^2\sin^2\theta = (h^2+k^2+l^2)\lambda^2 \tag{3-17}$$

$$2\frac{a\sin\theta}{\sqrt{h^2+k^2+l^2}} = \lambda \tag{3-18}$$

$$2d_{hkl}\sin\theta = \lambda \tag{3-19}$$

式(3-19)就是布拉格方程，这表明布拉格方程与劳厄方程一致。

此外，还可利用一维劳厄方程导出布拉格方程，衍射几何有两种方式，见图 3-6。

设在三维点阵中任意一直线点阵，点阵周期为 $a$，入射 X 射线 $\vec{s}_0$ 与直线点阵的交角为 $\alpha_0$，衍射线 $\vec{s}$ 与直线点阵的交角为 $\alpha$，设 $\alpha > \alpha_0$，见图 3-6(a)，由一维劳厄方程得

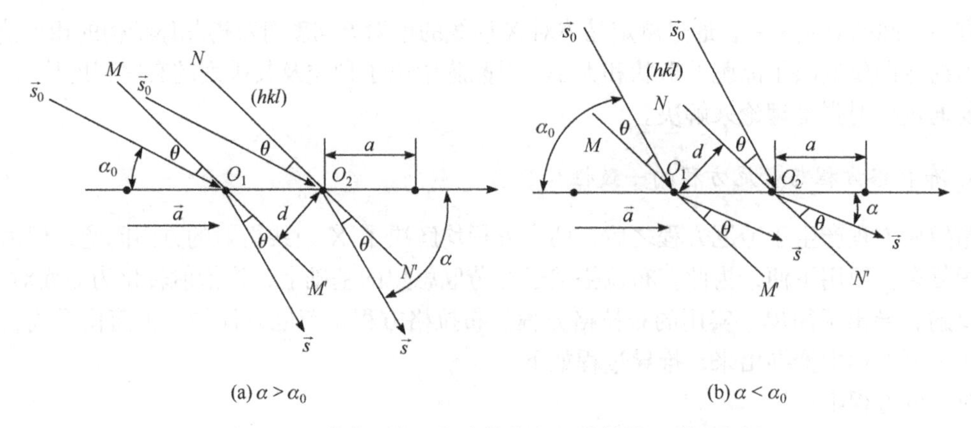


图 3-6　一维劳厄方程与布拉格方程的等效证明示意图

$$a\cos\alpha - a\cos\alpha_0 = h\lambda \tag{3-20}$$

将式(3-20)展开得

$$-2a\sin\left(\frac{\alpha+\alpha_0}{2}\right)\sin\left(\frac{\alpha-\alpha_0}{2}\right) = h\lambda \tag{3-21}$$

过入射点 $O_1$、$O_2$ 分别作 $MM'$ 和 $NN'$ 线代表点阵面($hkl$)，使这组面与入射线和衍射线的夹角为 $\theta$，此时 $\alpha-\theta=\alpha_0+\theta$，得

$$\theta = \frac{\alpha-\alpha_0}{2} \tag{3-22}$$

又设 $MM'$ 和 $NN'$ 所代表的点阵面间距为 $d$，由图 3-6(a)并结合关系式(3-22)得

$$d = a\sin(\alpha-\theta) = a\sin\left(\frac{\alpha+\alpha_0}{2}\right) \tag{3-23}$$

将式(3-22)和式(3-23)代入式(3-20)同样可得布拉格方程：

$$2d\sin\theta = -h\lambda \tag{3-24}$$

$h$ 为整数，可见两者也是等效的。

同理，在 $\alpha<\alpha_0$ 时，见图 3-6(b)，同样可得证。

### 3.1.4　衍射矢量方程

现由劳厄方程组导出衍射矢量式方程。由劳厄方程组的矢量式(3-5)化简得

$$\begin{cases} \dfrac{\vec{s}-\vec{s}_0}{\lambda}\cdot\dfrac{\vec{a}}{h}=1 \\ \dfrac{\vec{s}-\vec{s}_0}{\lambda}\cdot\dfrac{\vec{b}}{k}=1 \\ \dfrac{\vec{s}-\vec{s}_0}{\lambda}\cdot\dfrac{\vec{c}}{l}=1 \end{cases} \tag{3-25}$$

结合图 1-26，可以证明矢量 $\dfrac{\vec{s}-\vec{s}_0}{\lambda}$ 为晶面($hkl$)的倒易矢量，过程如下：

将方程组(3-25)两两相减，得

$$\begin{cases}\dfrac{\vec{s}-\vec{s}_0}{\lambda}\cdot\left(\dfrac{\vec{a}}{h}-\dfrac{\vec{b}}{k}\right)=0\\\dfrac{\vec{s}-\vec{s}_0}{\lambda}\cdot\left(\dfrac{\vec{b}}{k}-\dfrac{\vec{c}}{l}\right)=0\\\dfrac{\vec{s}-\vec{s}_0}{\lambda}\cdot\left(\dfrac{\vec{c}}{l}-\dfrac{\vec{a}}{h}\right)=0\end{cases}\tag{3-26}$$

表明矢量$\dfrac{\vec{s}-\vec{s}_0}{\lambda}$分别与晶面$(hkl)$上的任意两相交矢量垂直，即

$$\frac{\vec{s}-\vec{s}_0}{\lambda}\perp(hkl)\tag{3-27}$$

又因为$d_{hkl}$为矢量$\dfrac{\vec{a}}{h}$或$\dfrac{\vec{b}}{k}$或$\dfrac{\vec{c}}{l}$在单位矢量$\dfrac{\vec{s}-\vec{s}_0}{\lambda}\Big/\left|\dfrac{\vec{s}-\vec{s}_0}{\lambda}\right|$上的投影，即

$$d_{hkl}=\frac{\vec{a}}{h}\cdot\frac{\vec{s}-\vec{s}_0}{\lambda}\Big/\left|\frac{\vec{s}-\vec{s}_0}{\lambda}\right|=\frac{\vec{b}}{k}\cdot\frac{\vec{s}-\vec{s}_0}{\lambda}\Big/\left|\frac{\vec{s}-\vec{s}_0}{\lambda}\right|=\frac{\vec{c}}{l}\cdot\frac{\vec{s}-\vec{s}_0}{\lambda}\Big/\left|\frac{\vec{s}-\vec{s}_0}{\lambda}\right|=1\Big/\left|\frac{\vec{s}-\vec{s}_0}{\lambda}\right|\tag{3-28}$$

所以

$$\left|\frac{\vec{s}-\vec{s}_0}{\lambda}\right|=\frac{1}{d_{hkl}}\tag{3-29}$$

由式(3-27)和式(3-29)可知$\dfrac{\vec{s}-\vec{s}_0}{\lambda}$为晶面$(hkl)$的倒易矢量，即

$$\frac{\vec{s}-\vec{s}_0}{\lambda}=h\vec{a}^*+k\vec{b}^*+l\vec{c}^*\tag{3-30}$$

该方程即为衍射矢量方程，其物理意义是：当单位衍射矢量与单位入射矢量的差为一个倒易矢量时，衍射就可发生。

简化起见，令$\vec{r}^*=(h\vec{a}^*+k\vec{b}^*+l\vec{c}^*)$，式(3-30)衍射矢量方程又可表示为

$$\frac{\vec{s}-\vec{s}_0}{\lambda}=\vec{r}^*\tag{3-31}$$

其实，衍射矢量方程、劳厄方程和布拉格方程均是表示衍射条件的方程，只是角度不同。从衍射矢量方程也可方便地导出其他两个方程，即由矢量方程分别在晶胞的三个基矢$\vec{a},\vec{b},\vec{c}$上的投影即可获得劳厄方程组，若衍射矢量方程两边取标量、化简则可得到布拉格方程，读者可自己完成。

由此可见，衍射矢量方程可以看成是衍射方向条件的统一式。

### 3.1.5　布拉格方程的埃瓦尔德图解

由布拉格方程 $2d\sin\theta=\lambda$得

$$\sin\theta=\frac{\lambda}{2d}=\frac{\dfrac{1}{d}}{2\times\dfrac{1}{\lambda}}\tag{3-32}$$

式(3-32)可以看作是直角三角形的对边与斜边的比，对边长为$\dfrac{1}{d}$，斜边长为$2\times\dfrac{1}{\lambda}$，顶角为$\theta$,

而直角三角形共圆(图 3-7)，因此凡满足布拉格方程的 $d$、$\lambda$和$\theta$均可表示成一直角三角形的对边与斜边的正弦关系。设入射和反射的单位矢量分别为$\vec{s}_0$和$\vec{s}$，则入射矢量和反射矢量分别为$\frac{1}{\lambda}\vec{s}_0$和$\frac{1}{\lambda}\vec{s}$，即$\overrightarrow{AO}=\overrightarrow{OO^*}=\frac{1}{\lambda}\vec{s}_0$，$\overrightarrow{OB}=\frac{1}{\lambda}\vec{s}$。

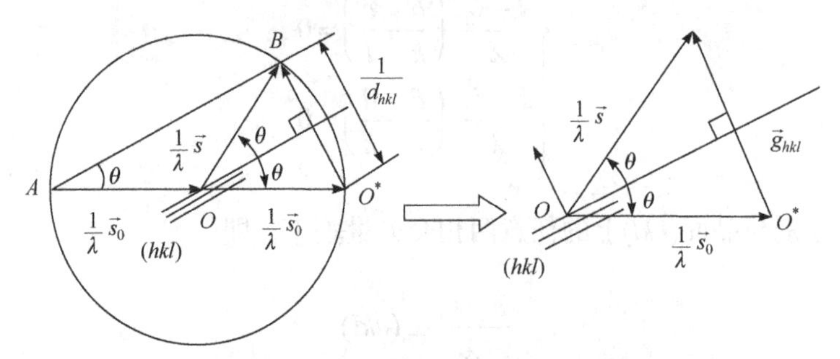


图 3-7 衍射矢量三角形及埃瓦尔德球

由矢量三角形法则得

$$\overrightarrow{O^*B}=\overrightarrow{OB}-\overrightarrow{OO^*}=\frac{1}{\lambda}\vec{s}-\frac{1}{\lambda}\vec{s}_0=\frac{1}{\lambda}(\vec{s}-\vec{s}_0) \tag{3-33}$$

因为$\left|\overrightarrow{O^*B}\right|=\frac{1}{d_{hkl}}$，且$\overrightarrow{O^*B}\perp(hkl)$，所以$\overrightarrow{O^*B}$为反射面($hkl$)的倒易矢量，$O^*$点为倒易点阵的原点，$B$点即为反射面所对应的倒易阵点。

由此可知，凡是晶面所对应的倒易阵点在圆周上，均满足布拉格方程，晶面将参与衍射。考虑到三维晶体时，晶体的所有晶面对应的倒易阵点构成了三维倒易点阵，该圆就成了球，凡是位于球上的倒易阵点，其对应的晶面均满足布拉格方程将参与衍射。该工作是由埃瓦尔德首创，他用几何方法解决了衍射的方向问题，直观明了，起到了布拉格方程的等同作用，因此该方法称为埃瓦尔德图解，这个球称为埃瓦尔德球，又称反射球。

### 3.1.6 布拉格方程的应用

布拉格方程 $2d\sin\theta=\lambda$从根本上解决了 X 射线衍射的方向问题，是衍射分析中最基本的公式，其应用主要有以下两个方面。

(1) 结构分析。由已知波长的 X 射线照射晶体，由测量得到的衍射角求得对应的晶面间距，获得晶体的结构信息。

(2) X 射线谱分析。由已知晶面间距的分光晶体来衍射从晶体中发射出来的特征 X 射线，通过测定衍射角，计算出特征 X 射线的波长，再由莫塞莱定律获得晶体的成分信息，这就是 X 射线的谱分析。

### 3.1.7 常见的衍射方法

常见的衍射方法主要有劳厄法、转晶法和粉末法。

*1. 劳厄法*

劳厄法是采用连续 X 射线照射不动的单晶体以获得衍射花样的方法。此时入射 X 射线的波长为一个变化的范围($\lambda_{\min}\sim\lambda_{\max}$)，即反射球有无数个，其半径变化范围为$\frac{1}{\lambda_{\max}}\sim\frac{1}{\lambda_{\min}}$，最大和最小反射球的半径分别为$\frac{1}{\lambda_{\min}}$和$\frac{1}{\lambda_{\max}}$，不动的单晶体所对应的倒易点阵与系列反射球相交，凡在两极限反射球之间的阵点均可满足布拉格方程参与衍射，一定条件下形成衍射斑点，其反射方向可由几何法确定。如图 3-8(a)中倒易阵点 $A$，该点位于大小极限反射球之间，显然该点将满足布拉格衍射条件，必将有一个反射球通过该阵点。该点指数为 320，表明晶面(320)发生了反射，其反射方向的确定方法是：首先连接 $O^*A$，再作 $O^*A$ 的垂直平分线 $NN'$交水平轴于 $O'$，则 $O'A$ 方向即为该晶面(320)的反射方向，同理也可获其他反射晶面的反射方向。该方法是劳厄于 1912 年首先提出的，并在垂直于入射方向上的平面底片上获得了衍射花样，见图 3-8(b)。劳厄法是最早的衍射方法，常用于晶体的取向测定和对称性研究。

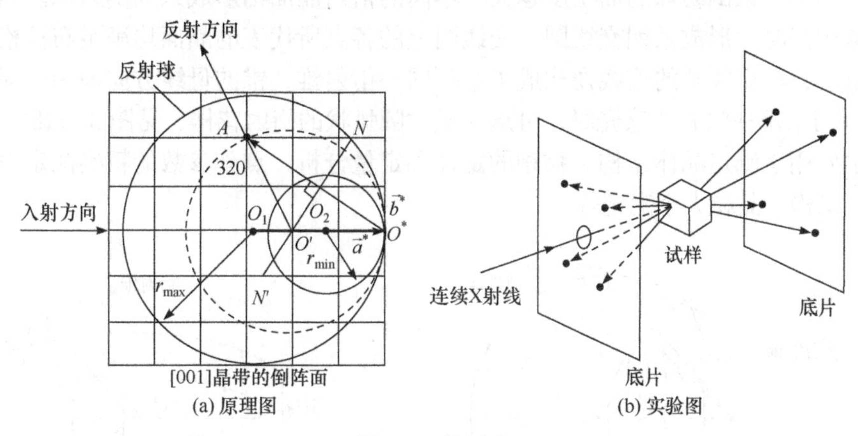


图 3-8　劳厄法

2. 转晶法

转晶法是采用单一波长的 X 射线照射转动着的单晶体以获得衍射花样的方法。单一波长对应一个反射球，单晶体对应于一个倒易点阵，当晶体不动时，反射球浸没在倒易点阵中，此时有可能没有任何阵点在反射球上，得不到衍射花样；而当转动晶体时，以连续改变不同的晶面和入射角来满足布拉格方程，一旦某阵点落在反射球面上，该阵点对应的晶面将参与衍射，瞬时可能会产生一根衍射束。当晶体旋转一周，将在柱状底片上留下层状衍射花样(图 3-9)。该方法可以确定晶体在转轴方向上的点阵周期，同理也可获得其他方向上的点阵周期，得到晶体的结构信息。

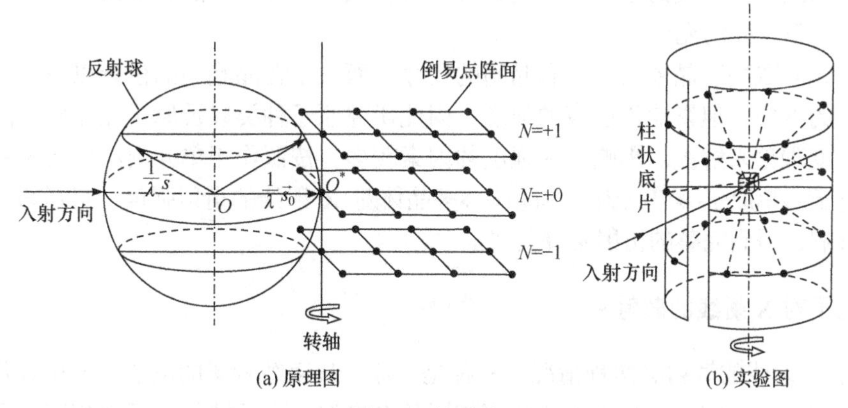


图 3-9　转晶法

3. 粉末法

粉末法是采用单色 X 射线照射多晶试样以获得多晶体衍射花样的方法。此时反射球仅有一个，半径为入射线波长的倒数 $\frac{1}{\lambda}$，多晶体倒易点阵是单晶体倒易点阵的集合。例如，某晶体中晶面($hkl$)对应于倒易点阵中的一个阵点，其倒矢量的大小为该反射晶面间距的倒数，但由于是多晶体，每个晶体中都具有相同的晶面($hkl$)，且各晶粒的取向在空间随机分布，因此多晶中的相同晶面($hkl$)所对应的倒易阵点在空间形成了带有网眼的倒易球，球半径为 $\frac{1}{d_{hkl}}$。粉末越细，晶粒数越多，该倒易球的面密度越大。不同的衍射晶面则形成系列倒易球。当反射球与系列倒易球相截时，形成系列交线圆，交线圆上的各点所代表的晶面均满足布拉格方程。从样品中心出发，与交线圆的连线便构成了系列同心衍射锥，锥的母线方向即为衍射方向，见图 3-10(a)。当采用柱状底片感光时，可形成成对圆弧状的衍射花样，见图 3-10(b)。该方法应用较广，主要用于测定晶体结构、物相的定性和定量分析、点阵参数的精确测定以及材料内部的应力、织构、晶粒大小测定等。

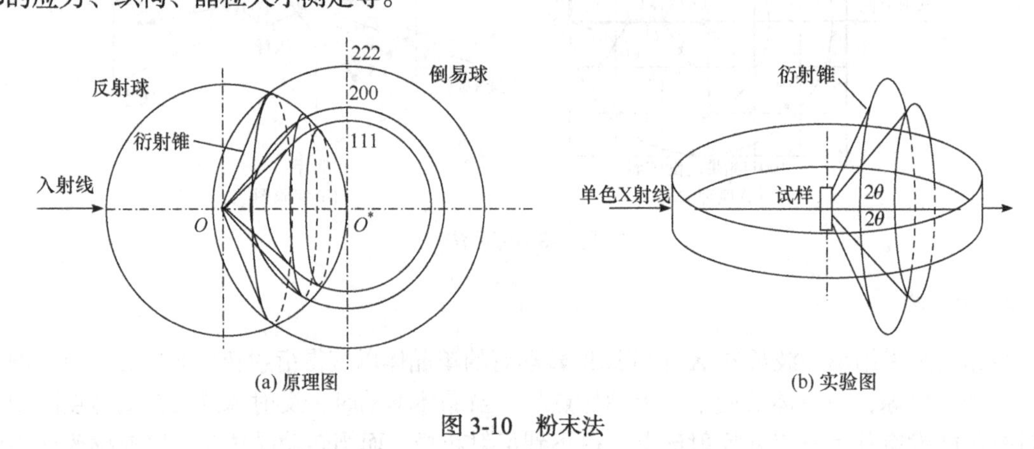

(a) 原理图　　(b) 实验图

图 3-10　粉末法

## 3.2　X 射线的衍射强度

布拉格方程解决了衍射的方向问题，即满足布拉格方程的晶面将参与衍射，但能否产生衍射花样还取决于衍射线的强度。满足布拉格方程只是发生衍射的必要条件，衍射强度不为零才是产生衍射花样的充分条件。

衍射的方向取决于晶系的种类和晶胞的尺寸，而原子在晶胞中的位置以及原子的种类并不影响衍射的方向，但影响衍射束的强度，因此研究原子种类以及原子在晶胞中的排列规律需靠衍射强度理论来解决。影响衍射强度的因素较多，按照作用单元由小到大逐一分析，分别讨论单电子→单原子→单晶胞→单晶体→多晶体对 X 射线的衍射强度，最后再综合考虑其他因素的影响，得到完整的衍射强度公式。

### 3.2.1　单电子对 X 射线的散射

电子对 X 射线的散射有两种情况。一种是受原子核束缚较紧的电子，X 射线作用后，该电子发生振动，向空间辐射与入射波频率相同的电磁波，由于波长、频率相同，会发生相干散射即衍射。另一种是 X 射线作用于受原子核束缚较松的电子上，产生康普顿效应，即非相干散射，非相干散射只能成为衍射花样的背底。本小节仅讨论电子对 X 射线的相干散射，由于 X 射线有偏振和非偏振之分，下面分别进行讨论。

### 1. 单电子对偏振 X 射线的散射强度

设一束偏振的 X 射线沿入射方向作用在单电子上，该电子发生强迫振动，振动频率与入射波相同。由电动力学可知，电子获得了一定的加速度，并向空间辐射出与入射 X 射线相同频率的电磁波。

设观测点为 $P$，入射线与散射线夹角为 $2\theta$，为了便于讨论，建立坐标系(图 3-11)，电子位于坐标系的原点 $O$，并使 $OP$ 位于 $XOZ$ 面内，令 $OP=R$，电磁波的电场强度为 $E_0$，在 $Y$ 轴和 $Z$ 轴上分量为 $E_Y$、$E_Z$。

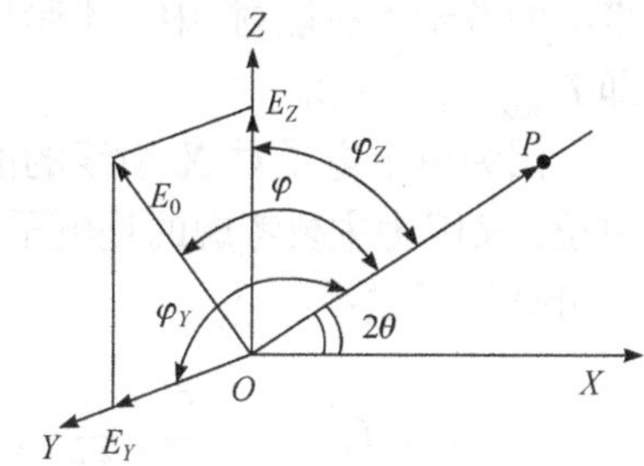


图 3-11　单电子对 X 射线的散射

电子在电场的作用下产生加速度 $a=\dfrac{eE_0}{m}$，在 $P$ 点的电场强度为

$$E_P=\frac{ea}{4\pi\varepsilon_0 c^2 R}\sin\varphi=\frac{e^2E_0}{4\pi\varepsilon_0 mc^2R}\sin\varphi \tag{3-34}$$

式中，$e$ 为电子电荷；$m$ 为电子质量；$c$ 为光速；$\varphi$为散射方向与 $E_0$ 的夹角；$\varepsilon_0$ 为真空介电常数；$R$ 为散射方向上距散射中心的距离。由于 $P$ 点的散射强度 $I_P$正比于该点的电场强度的平方，因此

$$\frac{I_P}{I_0}=\frac{E_P^2}{E_0^2}=\frac{e^4}{(4\pi\varepsilon_0)^2m^2c^4R^2}\sin^2\varphi \tag{3-35}$$

$I_0$为入射光强度，所以 $P$ 点处单电子对偏振 X 射线的散射强度为

$$I_P=I_0\frac{e^4}{(4\pi\varepsilon_0)^2m^2c^4R^2}\sin^2\varphi=I_0\left(\frac{e^2}{4\pi\varepsilon_0 mc^2R}\right)^2\sin^2\varphi \tag{3-36}$$

### 2. 单电子对非偏振 X 射线的散射强度

通常情况下X射线是非偏振的，其电场矢量在垂直于入射方向的平面内任意方向，如图 3-11 所示，$\varphi_Z$、$\varphi_Y$分别为 $OP$ 方向与 $Z$ 轴和 $Y$ 轴的夹角。由于 $E_0$ 在各方向上的概率相等，所以 $E_Y=E_Z$。

因为 $E_0^2=E_Z^2+E_Y^2=2E_Z^2=2E_Y^2$，所以 $I_Y=I_Z=\dfrac{1}{2}I_0$。设由 $E_Y$ 和 $E_Z$分别产生的散射强度为 $I_{YP}$、$I_{ZP}$，类似于电子对偏振入射 X 射线的散射过程，其散射强度分别为

$$I_{YP}=I_Y\frac{e^4}{(4\pi\varepsilon_0)^2m^2c^4R^2}\sin^2\varphi_Y \tag{3-37}$$

$$I_{ZP}=I_Z\frac{e^4}{(4\pi\varepsilon_0)^2m^2c^4R^2}\sin^2\varphi_Z \tag{3-38}$$

将 $\varphi_Y=\dfrac{\pi}{2}$、$\varphi_Z=\dfrac{\pi}{2}-2\theta$ 代入上式，再由 $I_P=I_{YP}+I_{ZP}$ 可得

$$I_P = I_0 \frac{e^4}{(4\pi\varepsilon_0)^2 m^2 c^4 R^2} \cdot \frac{1+\cos^2 2\theta}{2} \tag{3-39}$$

式(3-39)即为汤姆孙(J. J. Thomson)公式。该式表明：①非偏振 X 射线入射后，电子散射强度随 $\frac{1+\cos^2 2\theta}{2}$ 而变化，即散射线被偏振化了，故称 $\frac{1+\cos^2 2\theta}{2}$ 为偏振因子或极化因子；②带电质子也受迫振动，但 $m_{质子}=1836m_{电子}$，质子的散射强度仅为电子的 $\frac{1}{1836^2}$，故可忽略不计；③仅带电的粒子才有散射，中子不带电，无散射；④当 $2\theta=0$ 时，$\cos^2 2\theta=1$；当 $2\theta=\pi/2$ 时，$\cos^2 2\theta=0$，即 $I_{P\max}/I_{P\min}=2$。

因为单个电子对 X 射线的散射是最基本的散射，其散射强度可以看成是衍射强度的自然单位，又因为主要考虑的是电子本身的散射本领，因此可将 $I_P$ 改成 $I_e$，这样式(3-36)和式(3-39)又可分别写成：

$$I_e = I_0 \frac{e^4}{(4\pi\varepsilon_0)^2 m^2 c^4 R^2} \sin^2\varphi \quad 或 \quad I_e = I_0 \left(\frac{e^2}{4\pi\varepsilon_0 mc^2}\right)^2 \frac{1}{R^2} \sin^2\varphi \quad (偏振入射) \tag{3-40}$$

$$I_e = I_0 \frac{e^4}{(4\pi\varepsilon_0)^2 m^2 c^4 R^2} \cdot \frac{1+\cos^2 2\theta}{2} \quad 或 \quad I_e = I_0 \left(\frac{e^2}{4\pi\varepsilon_0 mc^2}\right)^2 \frac{1}{R^2} \frac{1+\cos^2 2\theta}{2} \quad (非偏振入射) \tag{3-41}$$

若将相关的参数(附录 1)代入式(3-40)或式(3-41)，且令 $R = 1$ cm 时，$\frac{I_e}{I_0} \approx 10^{-26}$，由此可见，一个电子对 X 射线的散射强度非常小，实测 X 射线的衍射强度只是大量电子散射波干涉的结果。式中，$\frac{e^2}{4\pi\varepsilon_0 mc^2}$ 也称电子散射因子，表示为 $f_e$。

注意：一个电子对 X 射线的散射强度是 X 射线散射强度的自然单位，以后所有对衍射强度的定量处理均是在此基础上进行的，式（3-41）也可表示为

$$I_e = I_0 \left(\frac{e^2}{4\pi\varepsilon_0 mc^2}\right)^2 \frac{1+\cos^2 2\theta}{2}$$

### 3.2.2 单原子对 X 射线的散射

原子是由原子核与核外电子组成的，原子核又由质子和中子组成，由于中子不带电，仅有带电的质子散射 X 射线，且质子的质量是单个电子的 1836 倍，由汤姆孙公式可知，质子对 X 射线的散射强度仅为电子的 $\frac{1}{1836^2}$，故可忽略原子核对 X 射线的散射，因此原子对 X 射线的散射可以看作核外电子对 X 射线散射的总和。

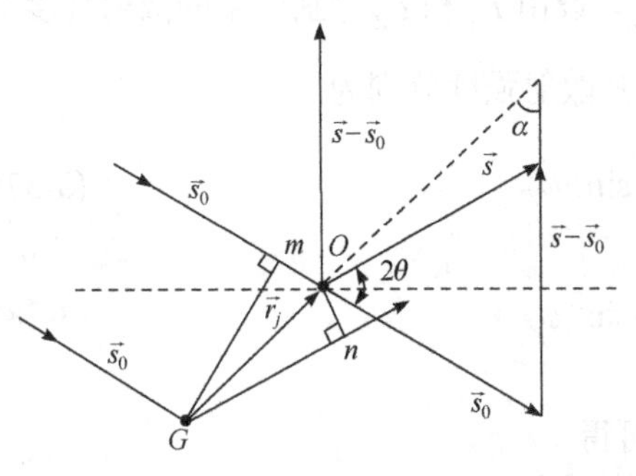

图 3-12　一个原子中两个电子对 X 射线的散射

设原子核外有 $Z$ 个电子，受核束缚较紧，且集中于一点，则单原子对 X 射线的散射强度 $I_a$ 就是 $Z$ 个电子的散射强度之和，即

$$I_a = I_0 \frac{(Ze)^4}{(4\pi\varepsilon_0)^2 (Zm)^2 R^2 c^4} \cdot \frac{1+\cos^2 2\theta}{2} = Z^2 I_e \tag{3-42}$$

此时单个原子对 X 射线的散射强度为单个电子的散射强度的 $Z^2$ 倍。

由于 X 射线的波长与原子的直径在同一量级，不同电子的散射波之间存在相位差，不能假定它们集中于一点，这样单个原子对 X 射线的散射应该是各电子散射波的矢量合成。

先设 X 射线作用于原子中的两个电子 $G$ 和 $O$，见图 3-12，$\vec{r}$ 为电子的相对位置矢量，$\vec{s}$、$\vec{s}_0$ 分别为散射和入射的单位矢量，$2\theta$为散射角，$\alpha$为矢量 $\vec{r}$ 与矢量 $\vec{s}-\vec{s}_0$ 的夹角，则两电子散射波的光程差为

$$\delta = \vec{r}\cdot\vec{s} - \vec{r}\cdot\vec{s}_0 = \vec{r}(\vec{s}-\vec{s}_0) \tag{3-43}$$

相位差为

$$\varphi = \frac{2\pi}{\lambda}\times\delta = \frac{2\pi}{\lambda}\vec{r}\cdot(\vec{s}-\vec{s}_0) = \vec{r}\cdot\frac{2\pi}{\lambda}(\vec{s}-\vec{s}_0) \tag{3-44}$$

令 $\vec{h} = \frac{2\pi}{\lambda}(\vec{s}-\vec{s}_0)$，则 $\varphi = \vec{h}\cdot\vec{r} = \frac{2\pi}{\lambda}|\vec{r}||\vec{s}-\vec{s}_0|\cos\alpha = \frac{4\pi}{\lambda} r\cos\alpha\sin\theta$，得 $h = \frac{4\pi}{\lambda}\sin\theta$，则 $\varphi = hr\cos\alpha$，当原子有 $Z$ 个电子时，散射波的振幅瞬时值为

$$A_a = A_e \sum_{j=1}^{Z} e^{i\varphi_j} \tag{3-45}$$

式中，$A_e$ 为单个电子的相干散射波的振幅。而散射波振幅的平均值为

$$A_a = A_e \int_V \rho e^{i\varphi} dV \tag{3-46}$$

式中，$\rho$为原子中电子的分布密度；$dV$ 为体积单元。

设核外电子的分布为球形对称，$dV = r^2\sin\alpha d\alpha d\varphi dr$，代入积分、化简：

$$\begin{aligned}
A_a &= A_e \int_0^{\pi}\int_0^{2\pi}\int_0^{\infty} \rho e^{ihr\cos\alpha}\cdot r^2 \sin\alpha d\alpha d\varphi dr \\
&= A_e \int_0^{\pi}\int_0^{2\pi}\int_0^{\infty} \rho[\cos(hr\cos\alpha) + i\sin(hr\cos\alpha)]\cdot r^2\sin\alpha d\alpha d\varphi dr \\
&= A_e \int_0^{\pi}\int_0^{2\pi}\int_0^{\infty} \frac{\rho r}{-h}[\cos(hr\cos\alpha) + i\sin(hr\cos\alpha)]\cdot r\sin\alpha d\alpha d(hr\cos\alpha) dr \\
&= A_e \int_0^{\pi}\int_0^{2\pi}\int_0^{\infty} \frac{\rho r}{-h}\{d[\sin(hr\cos\alpha)] + id[-\cos(hr\cos\alpha)]\}\cdot r\sin\alpha d\alpha d(hr\cos\alpha) dr \\
&= \frac{A_e\rho r}{-h}\int_0^{\infty} 2\pi|\sin(hr\cos\alpha) + i[-\cos(hr\cos\alpha)]|_0^{\pi} dr \\
&= \frac{A_e\rho r}{-h}\int_0^{\infty} 2\pi\{|\sin(rh\cos\alpha)|_0^{\pi} + i|[-\cos(rh\cos\alpha)]|_0^{\pi}\} dr \\
&= \frac{A_e\rho r}{-h}\int_0^{\infty} 2\pi(-2\sin rh) dr \\
&= \frac{A_e\rho r}{h}\int_0^{\infty} 4\pi\sin rh dr \\
&= A_e \int_0^{\infty} 4\pi\rho(r) r^2 \frac{\sin rh}{rh} dr
\end{aligned}$$

得

$$A_a = A_e \int_0^\infty 4\pi r^2 \rho(r) \frac{\sin rh}{rh} dr \tag{3-47}$$

式中，$h = \frac{4\pi}{\lambda}\sin\theta$，$4\pi r^2\rho(r)$ 为电子径向分布函数，通常用 $U(r)$ 表示，此时原子的散射强度为

$$A_a = A_e \int_0^\infty U(r) \frac{\sin rh}{rh} dr \tag{3-48}$$

定义原子散射因子 $f_a$ 为

$$f_a = \frac{A_a}{A_e} = \frac{\text{单个原子中所有电子散射的相干散射波合成振幅}}{\text{单个电子散射的相干散射波振幅}} = \int_0^\infty U(r)\frac{\sin rh}{rh}dr \tag{3-49}$$

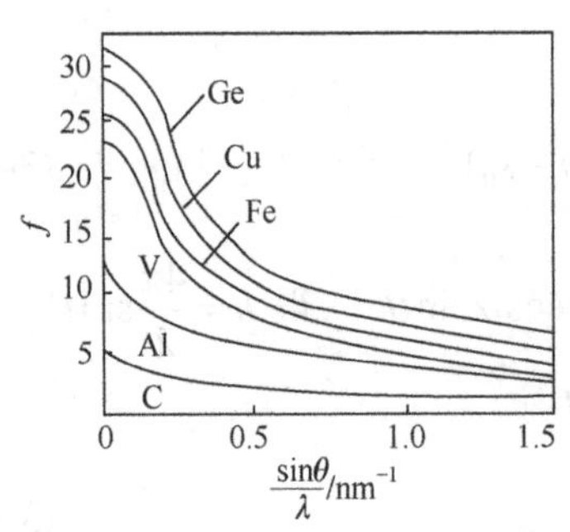


图 3-13　原子散射因子与 $\frac{\sin\theta}{\lambda}$ 的关系曲线

显然，原子散射因子 $f_a$ 是 $h$ 的函数，$f_a$ 随着 $\frac{\sin\theta}{\lambda}$ 的变化而变化，见图 3-13，常见元素原子的散射因子参见附录 3。注意：原子散射因子 $f_a$ 可简写为 $f$。

由于散射强度正比于振幅的平方，因此单个原子对 X 射线的散射强度为

$$I_a = f^2 I_e \tag{3-50}$$

(1) 当核外的相干散射电子集中于一点时，各电子的散射波之间无相位差，即 $\varphi = 0$，则 $A_a = A_e\sum_{j=1}^{Z} e^{i\varphi_j} = A_e Z$，$f = Z$。

(2) 当 $2\theta \to 0$ 时，$h = \frac{4\pi}{\lambda}\sin\theta \to 0$，由洛必达法则得 $\frac{\sin rh}{rh} = 1$，这样 $f = \int_0^\infty U(r)dr = Z$，见图 3-13，说明当散射线方向与入射线同向时，原子散射波的振幅 $A_a$ 为单个电子散射波振幅的 $Z$ 倍，这就相当于将核外发生相干散射的电子集中于一点。

(3) 当入射波长一定时，随着散射角 $2\theta$ 的增加，$f$ 减小，即原子的散射因子 $f$ 降低，均小于其原子序数 $Z$。

(4) 当入射波长接近原子的吸收限时，X 射线会被大量吸收，$f$ 显著减小，此现象称为反常散射。此时，需要对 $f$ 进行修整，即 $f' = f - \Delta f$，$\Delta f$ 为修整值，可由附录 4 查得；$f'$ 为修整后的原子散射因子。

### 3.2.3　单胞对 X 射线的散射

单胞是由多个原子组成的，因此单胞对 X 射线的散射强度即为单胞中各原子散射强度的合成。

设一单胞，建立直角坐标系，三轴的单位矢量分别为 $\vec{a}$、$\vec{b}$、$\vec{c}$，如图 3-14 所示，$O$ 和 $A$ 为单胞中的任意两个原子，$O$ 位于原点，$A$ 原子的坐标为 $(X_j, Y_j, Z_j)$，其位置矢量 $\vec{r}_j = X_j\vec{a} + Y_j\vec{b} + Z_j\vec{c}$，入射线和散射线的单位矢量分别为 $\vec{s}_0$ 和 $\vec{s}$，其光程差为

$$\delta_j = \vec{r}_j \cdot \vec{s} - \vec{r}_j \cdot \vec{s}_0 = \vec{r}_j(\vec{s} - \vec{s}_0) \tag{3-51}$$

其相位差为

$$\varphi_j = \frac{2\pi}{\lambda} \times \delta_j = \frac{2\pi}{\lambda}\vec{r}_j \cdot (\vec{s} - \vec{s}_0) = 2\pi\vec{r}_j \cdot \frac{1}{\lambda}(\vec{s} - \vec{s}_0) = 2\pi\vec{r}_j \cdot \vec{g}_j \tag{3-52}$$

因为 $\vec{g}_j = H\vec{a}^* + K\vec{b}^* + L\vec{c}^*$，所以

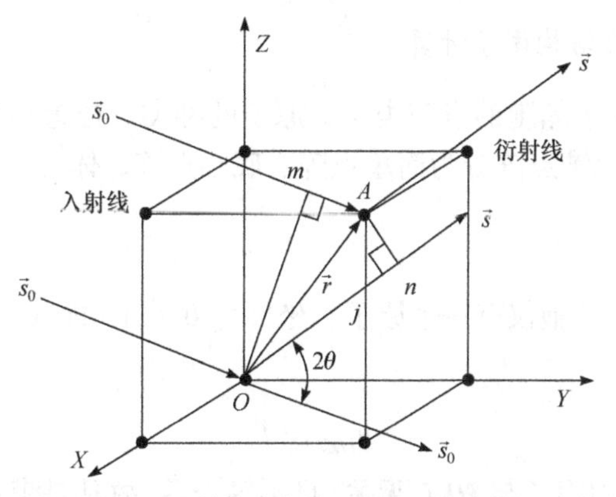

图 3-14　单胞中任意两原子的光程差

$$\varphi_j = 2\pi\vec{r}_j \cdot \vec{g}_j = 2\pi(X_j\vec{a} + Y_j\vec{b} + Z_j\vec{c})\cdot(H\vec{a}^* + K\vec{b}^* + L\vec{c}^*) = 2\pi(HX_j + KY_j + LZ_j) \tag{3-53}$$

设晶胞中有 $n$ 个原子，第 $j$ 个原子的散射因子为 $f_j$，则单胞的散射振幅为各原子的散射波振幅的合成。即

$$A_b = A_e f_1 e^{i\varphi_1} + A_e f_2 e^{i\varphi_2} + \cdots + A_e f_j e^{i\varphi_j} + \cdots + A_e f_n e^{i\varphi_n} = A_e \sum_{j=1}^{n} f_j e^{i\varphi_j} \tag{3-54}$$

$$\frac{A_b}{A_e} = \sum_{j=1}^{n} f_j e^{i\varphi_j} \tag{3-55}$$

引入一个以单个电子散射能力为单位，反映单胞散射能力的参数——结构振幅 $F_{HKL}$，定义为

$$F_{HKL} = \frac{A_b}{A_e} = \frac{\text{单胞中所有原子散射的相干散射波合成振幅}}{\text{单个电子散射的相干散射波振幅}} = \sum_{j=1}^{n} f_j e^{i\varphi_j} \tag{3-56}$$

由于散射波的强度正比于振幅的平方，所以单胞的散射强度 $I_b$ 与电子的散射强度 $I_e$ 存在以下关系：

$$\frac{I_b}{I_e} = F_{HKL}^2 \tag{3-57}$$

$$I_b = F_{HKL}^2 \times I_e \tag{3-58}$$

当晶胞的结构类型不同时，各原子的位置矢量也不同，相位差也随之变化，$F_{HKL}^2$ 反映了晶胞结构类型对散射强度的影响，故称 $F_{HKL}^2$ 为结构因子。

$$\begin{aligned}
F_{HKL}^2 &= F_{HKL} \times F_{HKL}^* = \sum_{j=1}^{n} f_j e^{i\varphi_j} \times \sum_{j=1}^{n} f_j e^{-i\varphi_j} \\
&= \left[(f_1\cos\varphi_1 + f_2\cos\varphi_2 + \cdots + f_n\cos\varphi_n) + i(f_1\sin\varphi_1 + f_2\sin\varphi_2 + \cdots f_n\sin\varphi_n)\right] \\
&\quad \times\left[(f_1\cos\varphi_1 + f_2\cos\varphi_2 + \cdots + f_n\cos\varphi_n) - i(f_1\sin\varphi_1 + f_2\sin\varphi_2 + \cdots + f_n\sin\varphi_n)\right] \\
&= \left[f_1\cos\varphi_1 + f_2\cos\varphi_2 + \cdots + f_n\cos\varphi_n\right]^2 + \left[f_1\sin\varphi_1 + f_2\sin\varphi_2 + \cdots + f_n\sin\varphi_n\right]^2 \\
&= \left[\sum_{j=1}^{n} f_j\cos\varphi_j\right]^2 + \left[\sum_{j=1}^{n} f_j\sin\varphi_j\right]^2 \\
&= \left[\sum_{j=1}^{n} f_j\cos 2\pi(HX_j + KY_j + LZ_j)\right]^2 + \left[\sum_{j=1}^{n} f_j\sin 2\pi(HX_j + KY_j + LZ_j)\right]^2
\end{aligned} \tag{3-59}$$

1. 常见布拉维点阵的结构因子计算

结构因子的大小取决于晶胞的点阵类型，原子的种类、位置和数目，根据阵胞中阵点位置的不同，可将 14 种布拉维点阵分为简单点阵、底心点阵、体心点阵和面心点阵四大类，现分别计算如下。

1) 简单点阵

简单点阵见图 3-15，晶胞仅有一个原子，坐标为(0,0,0)，即 $X=Y=Z=0$。设原子的散射因子为 $f$，则

$$F_{HKL}^2 = f^2 \tag{3-60}$$

结果表明，简单点阵的结构因子与 $HKL$ 无关，且不等于零，故凡是满足布拉格方程的所有 $HKL$ 晶面均可产生衍射花样。

2) 底心点阵

底心点阵见图 3-16，晶胞有两个原子，坐标分别为(0,0,0)、$\left(\frac{1}{2},\frac{1}{2},0\right)$，各原子的散射因子均为 $f$，则

$$F_{HKL}^2 = f^2[1+\cos(H+K)\pi]^2 \tag{3-61}$$

(1) 当 $H+K$ 为偶数时，$F_{HKL}^2 = 4f^2$。

(2) 当 $H+K$ 为奇数时，$F_{HKL}^2 = 0$。

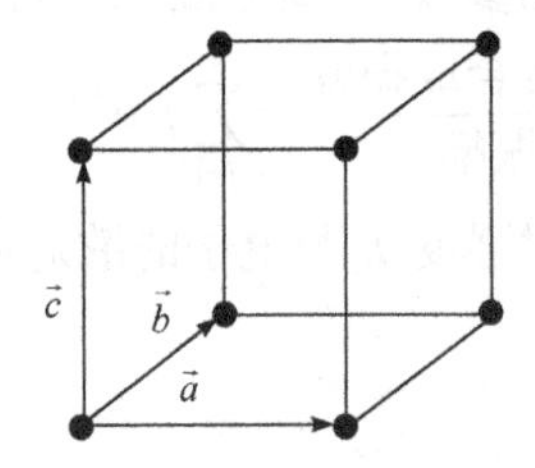

图 3-15　简单点阵晶胞示意图

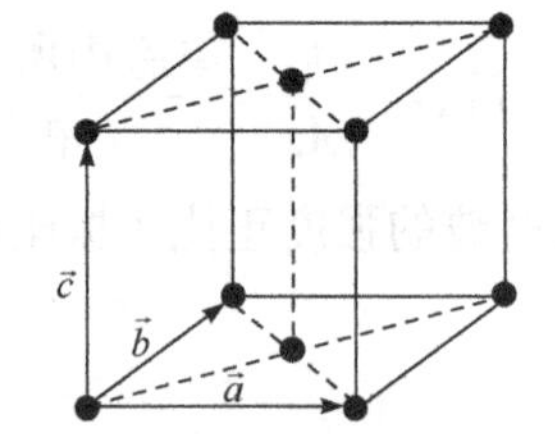

图 3-16　底心点阵晶胞示意图

以上讨论表明，底心点阵的结构因子仅与 $H$、$K$ 有关，而与 $L$ 无关，在 $H$、$K$ 同奇或同偶时，$H+K$ 为偶数，结构因子为 $4f^2$，凡满足布拉格方程的晶面均可产生衍射；当 $H$、$K$ 奇偶混杂时，$H+K$ 为奇数，结构因子为零，该晶面虽然满足布拉格方程，但其散射强度为零，无衍射花样产生，出现了所谓的消光现象，将这种由于点阵结构的原因导致的消光称为点阵消光，显然简单点阵无点阵消光。

3) 体心点阵

体心点阵见图 3-17，晶胞由两个原子组成，坐标分别为(0,0,0)、$\left(\frac{1}{2},\frac{1}{2},\frac{1}{2}\right)$，各原子的散射因子均为 $f$，则

$$F_{HKL}^2 = f^2[1+\cos(H+K+L)\pi]^2 \tag{3-62}$$

(1) 当 $H+K+L=$ 奇数时，$F_{HKL}^2 = 0$。

(2) 当 $H+K+L=$ 偶数时，$F_{HKL}^2 = 4f^2$。

由此可见，对于体心点阵的晶胞，仅有在 $H+K+L$ 为偶数时才能发生相干散射增强，出

现衍射花样，而在 $H+K+L$ 为奇数时，即使满足布拉格方程的晶面也无衍射花样产生，出现了点阵消光。

4) 面心点阵

面心点阵见图 3-18，晶胞有 4 个原子，其坐标分别为：(0,0,0)、$\left(\frac{1}{2},\frac{1}{2},0\right)$、$\left(\frac{1}{2},0,\frac{1}{2}\right)$、$\left(0,\frac{1}{2},\frac{1}{2}\right)$，各原子的散射因子均为 $f$，则

$$F_{HKL}^2 = f^2[1+\cos(K+L)\pi+\cos(L+H)\pi+\cos(H+K)\pi]^2 \tag{3-63}$$

(1) 当 $H$、$K$、$L$ 全奇或全偶时，$K+L$、$L+H$、$H+K$ 均为偶数，$F_{HKL}^2=16f^2$。

(2) 当 $H$、$K$、$L$ 奇偶混杂时，$K+L$、$L+H$、$H+K$ 中必有两个奇数，一个偶数，$F_{HKL}^2=0$。

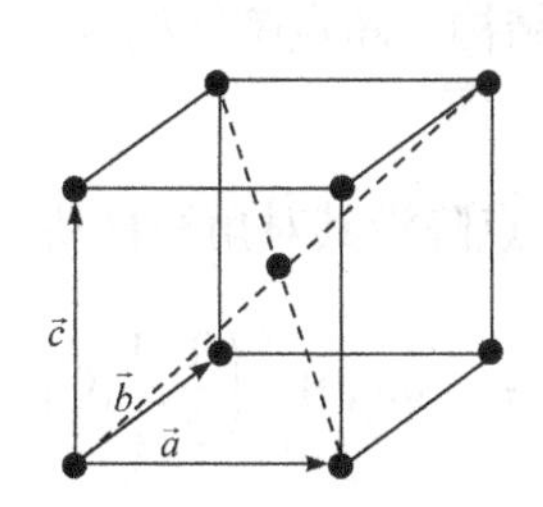


图 3-17　体心点阵晶胞示意图

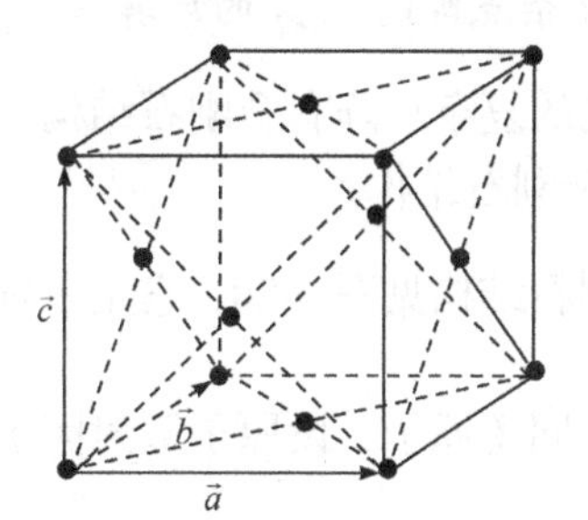


图 3-18　面心点阵晶胞示意图

因此，面心点阵中晶面指数同奇或同偶时，将产生衍射花样，而当晶面指数奇偶混杂时，结构因子为零，出现点阵消光。

综上分析，布拉维点阵的消光规律见表 3-1。

**表 3-1　常见点阵的消光规律**

<table>
<tr><th>点阵类型</th><th colspan="7">简单点阵</th><th colspan="2">底心点阵</th><th colspan="3">体心点阵</th><th colspan="2">面心点阵</th></tr>
<tr><td rowspan="2">消光规律<br>$F_{HKL}^2=0$</td><td>简单单斜</td><td>简单斜方</td><td>简单正方</td><td>简单立方</td><td>简单六方</td><td>简单菱方</td><td>简单三斜</td><td>底心单斜</td><td>底心斜方</td><td>体心斜方</td><td>体心正方</td><td>体心立方</td><td>面心立方</td><td>面心斜方</td></tr>
<tr><td colspan="7">无点阵消光</td><td colspan="2">$H$、$K$ 奇偶混杂，$L$ 无要求</td><td colspan="3">$H+K+L=$奇数</td><td colspan="2">$H$、$K$、$L$ 奇偶混杂</td></tr>
</table>

注意：

(1) 结构因子 $F_{HKL}^2$ 的大小与点阵类型，原子种类、位置和数目有关，而与点阵参数($a$、$b$、$c$、$\alpha$、$\beta$、$\gamma$)无关。

(2) 消光规律仅与点阵类型有关，同种点阵类型的不同结构具有相同的消光规律。例如，体心立方、体心正方、体心斜方的消光规律相同，即 $H+K+L$ 为奇数时三种结构均出现消光。

(3) 当晶胞中有异种原子时，$F_{HKL}^2$ 的计算与同种原子的计算一样，只需 $f_j$ 分别用各自的散射因子代入即可。

(4) 以上消光规律反映了点阵类型与衍射花样之间的具体关系，它仅取决于点阵类型，称这种消光为点阵消光。

常见的四种立方点阵晶体的衍射线分布如图 3-19 所示。

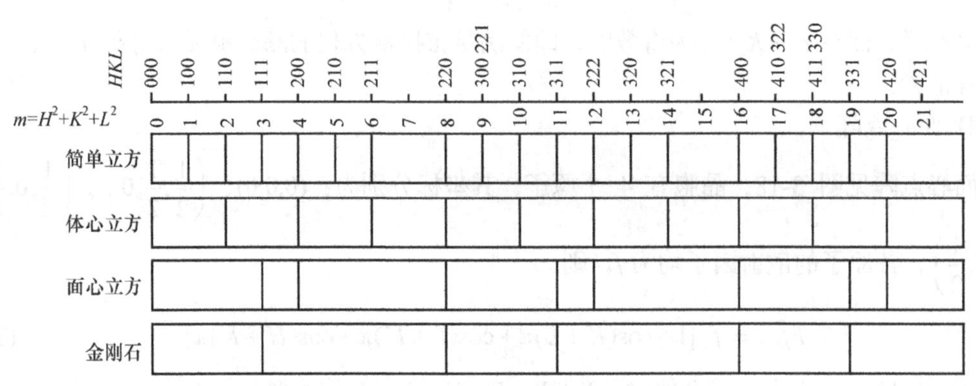


图 3-19　四种立方点阵晶体衍射线分布示意图

2. 复杂点阵的 $F_{HKL}^2$ 的计算

常见的复杂点阵有金刚石结构、密排六方结构、NaCl 结构、超点阵结构等。

1) 金刚石结构

金刚石结构见图 3-20，它是一种复式点阵，由面心立方点阵沿其对角线移动 $\frac{1}{4}$ 套构而成，共有 8 个同类原子，设原子散射因子为 $f$，八个原子的坐标为：(0,0,0)、$\left(\frac{1}{2},\frac{1}{2},0\right)$、$\left(\frac{1}{2},0,\frac{1}{2}\right)$、$\left(0,\frac{1}{2},\frac{1}{2}\right)$、$\left(\frac{1}{4},\frac{1}{4},\frac{1}{4}\right)$、$\left(\frac{3}{4},\frac{3}{4},\frac{1}{4}\right)$、$\left(\frac{3}{4},\frac{1}{4},\frac{3}{4}\right)$、$\left(\frac{1}{4},\frac{3}{4},\frac{3}{4}\right)$，则

$$F_{HKL}^2 = 2F_F^2\left[1+\cos\frac{\pi}{2}(H+K+L)\right] \tag{3-64}$$

式中，$F_F^2$ 为面心点阵的结构因子。

讨论：

(1) 当 $H$、$K$、$L$ 奇偶混杂时，$F_F^2=0$，故 $F_{HKL}^2=0$。

(2) 当 $H$、$K$、$L$ 全奇时，$F_{HKL}^2=2F_F^2=32f^2$。

(3) 当 $H$、$K$、$L$ 全偶，且 $H+K+L=4n$($n$ 为整数)时，$F_{HKL}^2=2F_F^2(1+1)=64f^2$。

(4) 当 $H$、$K$、$L$ 全偶，$H+K+L\neq 4n$ 时，则 $H+K+L=2(2n+1)$，$F_{HKL}^2=2F_F^2(1-1)=0$。

由以上分析可知，金刚石结构除了遵循面心立方点阵的消光规律外，还有附加消光，即 $H$、$K$、$L$ 全偶，$H+K+L\neq 4n$ 时，$F_{HKL}^2=0$。

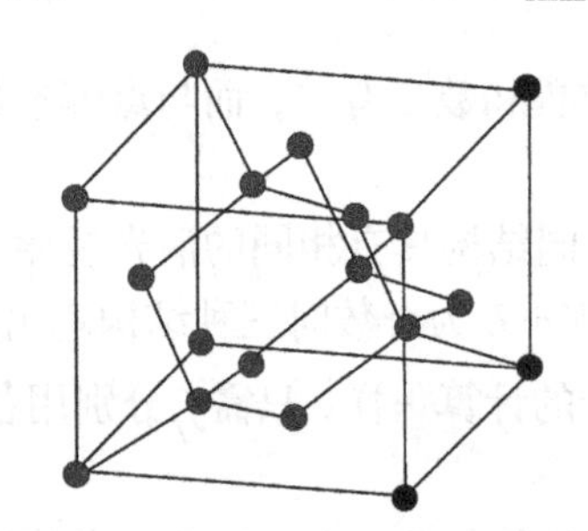

图 3-20　金刚石点阵晶胞示意图

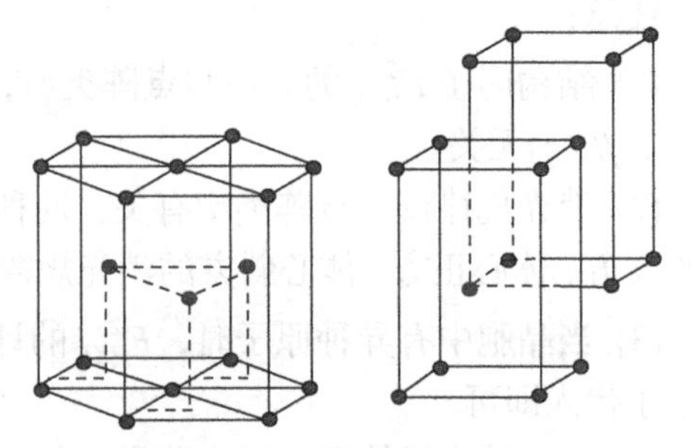

图 3-21　密排六方结构示意图

2) 密排六方结构

密排六方结构见图 3-21，它是由三个单位平行六面体原胞组成的，每个原胞又可看成是

两个简单平行六面体套构而成，原胞由两个同类原子组成，其坐标分别为：(0,0,0)、$\left(\frac{1}{3},\frac{2}{3},\frac{1}{2}\right)$，设原子散射因子均为$f$，则

$$F_{HKL}^2 = 4f^2\cos^2\left(\frac{H+2K}{3}+\frac{L}{2}\right)\pi \tag{3-65}$$

讨论：

(1) 当$H+2K=3n$，$L=2n$($n$为整数)时，$F_{HKL}^2 = 4f^2\cos^2 2n\pi = 4f^2$。

(2) 当$H+2K=3n$，$L=2n+1$时，$F_{HKL}^2 = 4f^2\cos^2\left(n+\frac{2n+1}{2}\right)\pi = 4f^2\cos^2(4n+1)\frac{\pi}{2} = 0$。

(3) 当$H+2K=3n\pm1$，$L=2n+1$时，$F_{HKL}^2 = 4f^2\cos^2\left(n+\frac{1}{3}+n+\frac{1}{2}\right)\pi = 4f^2\cos^2\left(2n+\frac{5}{6}\right)\pi = 3f^2$。

(4) 当$H+2K=3n\pm1$，$L=2n$时，$F_{HKL}^2 = 4f^2\cos^2\left(n\pm\frac{1}{3}+n\right)\pi = 4f^2\cos^2\left(2n\pm\frac{1}{3}\right)\pi = f^2$。

密排六方结构中的单位平行六面体原胞中含有两个原子，它属于简单六方布拉维点阵，没有点阵消光，但在$H+2K=3n$，$L=2n+1$时，$F_{HKL}^2=0$，出现了消光。

3) NaCl 结构

NaCl 结构见图 3-22，其一个晶胞由四个 Cl 原子和四个 Na 原子组成，Cl 原子的散射因子为$f_{\text{Cl}}$，其坐标为：$\left(\frac{1}{2},\frac{1}{2},\frac{1}{2}\right)$、$\left(0,0,\frac{1}{2}\right)$、$\left(0,\frac{1}{2},0\right)$、$\left(\frac{1}{2},0,0\right)$；Na 原子的散射因子为$f_{\text{Na}}$，其坐标为：(0,0,0)、$\left(\frac{1}{2},\frac{1}{2},0\right)$、$\left(\frac{1}{2},0,\frac{1}{2}\right)$、$\left(0,\frac{1}{2},\frac{1}{2}\right)$。则

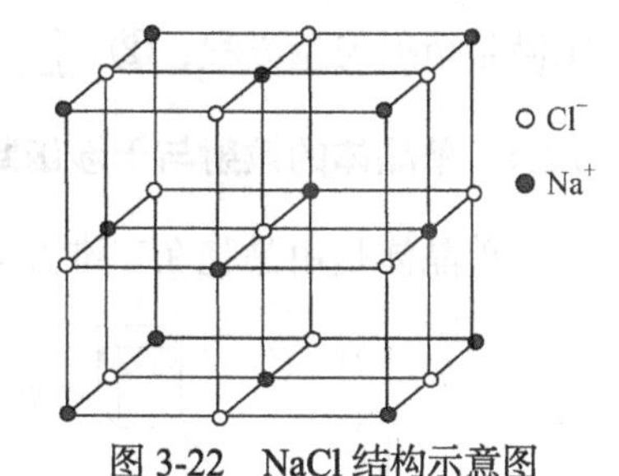

图 3-22　NaCl 结构示意图

$$\begin{aligned} F_{HKL}^2 = {} & f_{\text{Na}}[1+\cos(H+K)\pi+\cos(K+L)\pi+\cos(L+H)\pi] \\ & + f_{\text{Cl}}[\cos(H+K+L)\pi+\cos L\pi+\cos K\pi+\cos H\pi] \end{aligned} \tag{3-66}$$

讨论：

(1) 当$H$、$K$、$L$奇偶混杂时，$H+K$、$H+L$、$K+L$必为两奇一偶，$H+K+L$、$H$、$K$、$L$必为两奇两偶，故$F_{HKL}^2=0$。

(2) 当$H$、$K$、$L$同奇时，$F_{HKL}^2=(4f_{\text{Na}}-4f_{\text{Cl}})^2=16(f_{\text{Na}}-f_{\text{Cl}})^2$。

(3) 当$H$、$K$、$L$同偶时，$F_{HKL}^2=(4f_{\text{Na}}+4f_{\text{Cl}})^2=16(f_{\text{Na}}+f_{\text{Cl}})^2$。

NaCl 结构为面心点阵，基元由两个异类原子组成，此时消光规律与面心点阵相同，没有产生附加消光，只是衍射强度有所变化。

4) 超点阵结构

有些合金在一定的临界温度时会发生无序与有序的可逆转变。$AuCu_3$即为其中一种，当温度高于 395℃时，为无序的面心点阵，Au 原子和 Cu 原子均有可能出现于六面体的顶点和面心，其出现的概率为各自的原子百分数，因此顶点和面心上的原子可看成是一个平均原子，原子散射因子$f_{\text{平均}}=0.25f_{\text{Au}}+0.75f_{\text{Cu}}$，四个平均原子组成了面心点阵，其消光规律也类似于面心点阵，即$H$、$K$、$L$奇偶混杂时，结构因子为 0，出现消光。当温度小于 395℃时，为有序的面

心点阵，Au 原子位于六面体的顶点，坐标为(0,0,0)，Cu 原子位于六面体的面心，坐标为：$\left(\frac{1}{2},\frac{1}{2},0\right)$、$\left(\frac{1}{2},0,\frac{1}{2}\right)$、$\left(0,\frac{1}{2},\frac{1}{2}\right)$，设 Au 和 Cu 的原子散射因子分别为 $f_{\mathrm{Au}}$ 和 $f_{\mathrm{Cu}}$，则

$$F_{HKL}^2=[f_{\mathrm{Au}}+f_{\mathrm{Cu}}\cos(H+K)\pi+f_{\mathrm{Cu}}\cos(H+L)\pi+f_{\mathrm{Cu}}\cos(K+L)\pi]^2 \tag{3-67}$$

当 $H$、$K$、$L$ 全奇或全偶时，$F_{HKL}^2=(f_{\mathrm{Au}}+3f_{\mathrm{Cu}})^2$。

当 $H$、$K$、$L$ 奇偶混杂时，$F_{HKL}^2=(f_{\mathrm{Au}}-f_{\mathrm{Cu}})^2\neq 0$。

可见 $AuCu_3$ 在有序化后，$H$、$K$、$L$ 奇偶混杂时的结构因子不为零，出现了衍射，不过此时的结构因子较小，为弱衍射。有序化使无序固溶体因消光而不出现的衍射线重新出现，这种重新出现的衍射线称为超点阵线，具有这种特征的结构称为超点阵结构。

由上述复杂点阵的结构因子讨论可知，当阵点不是一个单原子，而是一个原子集团时，基元内原子散射波间相互干涉也可能会导致消光，此外，布拉维点阵通过套构后形成的复式点阵，出现了布拉维点阵本身没有的消光规律，称这种附加的消光为结构消光。结构消光与点阵消光合称系统消光。消光规律在衍射花样分析中非常重要，衍射矢量方程只是解决了衍射的方向问题，满足衍射矢量方程是发生衍射的必要条件，能否产生衍射花样还取决于结构因子，仅当 $F_{HKL}^2$ 不为零时，$(HKL)$面才能产生衍射，因此$(HKL)$产生衍射的充要条件有两条：①满足衍射矢量方程；② $F_{HKL}^2\neq 0$。

### 3.2.4　单晶体的散射与干涉函数

单晶体是由晶胞在三维方向堆垛而成，见图 3-23。设单晶体为平行六面体，三维方向的晶胞数分别为 $N_1$、$N_2$、$N_3$，晶胞总数 $N=N_1\times N_2\times N_3$，晶胞的基矢量分别为 $\vec{a}$、$\vec{b}$、$\vec{c}$。单胞的散射振幅为各原子的散射振幅的合成，与此相似，单晶体的散射振幅为各单胞的散射振幅的合成。

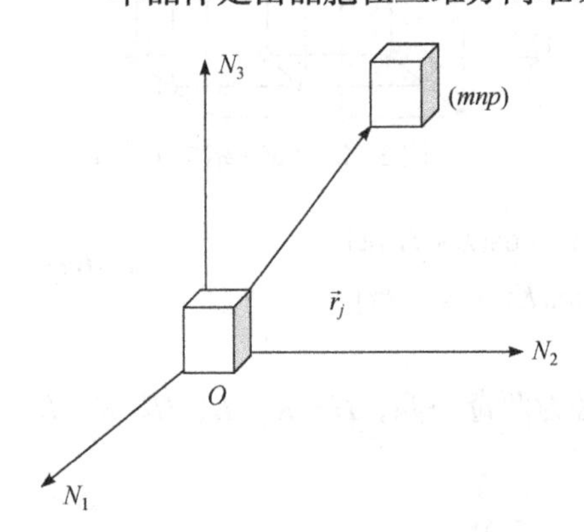

图 3-23　单晶体的晶胞堆垛示意图

设晶胞 $j$ 的坐标为$(m,\ n,\ p)$，其位置矢量为 $\vec{r}_j=m\vec{a}+n\vec{b}+p\vec{c}$，式中，$m$ 为 0～$N_1$−1，$n$ 为 0～$N_2$−1，$p$ 为 0～$N_3$−1。入射和散射的单位矢量分别为 $\vec{s}_0$ 和 $\vec{s}$，两晶胞之间的光程差为

$$\delta_j=\vec{r}_j\cdot\vec{s}-\vec{r}_j\cdot\vec{s}_0=\vec{r}_j(\vec{s}-\vec{s}_0) \tag{3-68}$$

而相位差为

$$\varphi_j=\frac{2\pi}{\lambda}\times\delta_j=\frac{2\pi}{\lambda}\vec{r}_j\cdot(\vec{s}-\vec{s}_0)=2\pi\vec{r}_j\cdot\frac{1}{\lambda}(\vec{s}-\vec{s}_0)=2\pi\vec{r}_j\cdot\vec{g}_j \tag{3-69}$$

式中，$\vec{g}_j=\xi\vec{a}^*+\eta\vec{b}^*+\zeta\vec{c}^*$，为倒空间中的流动矢量；$\xi$、$\eta$、$\zeta$为倒空间中的流动坐标，由于倒易点阵可连续变化，所以$\xi$、$\eta$、$\zeta$不再是整数 $H$、$K$、$L$，此时相位差可表示为

$$\varphi_j=2\pi\vec{r}_j\cdot\vec{g}_j=2\pi(m\vec{a}+n\vec{b}+p\vec{c})\cdot(\xi\vec{a}^*+\eta\vec{b}^*+\zeta\vec{c}^*)=2\pi(m\xi+n\eta+p\zeta) \tag{3-70}$$

单晶体的合成振幅为

$$A_{\mathrm{m}}=A_{\mathrm{b}}\sum_{j=1}^{N}\mathrm{e}^{\mathrm{i}\phi_j}=A_{\mathrm{e}}F_{HKL}\sum_{j=1}^{N}\mathrm{e}^{\mathrm{i}\phi_j} \tag{3-71}$$

设 $G=\dfrac{\text{单晶体的相干散射振幅}}{\text{单胞的相干散射振幅}}$，则

$$G=\frac{A_{\mathrm{m}}}{A_{\mathrm{e}}F_{HKL}}=\sum_{j=1}^{N}\mathrm{e}^{\mathrm{i}\phi_j}=\sum_{m=0}^{N_1-1}\mathrm{e}^{2\pi m\xi\mathrm{i}}\sum_{n=0}^{N_2-1}\mathrm{e}^{2\pi n\eta\mathrm{i}}\sum_{p=0}^{N_3-1}\mathrm{e}^{2\pi p\zeta\mathrm{i}} \tag{3-72}$$

令 $G_1=\sum_{m=0}^{N_1-1}\mathrm{e}^{2\pi m\xi\mathrm{i}}$， $G_2=\sum_{n=0}^{N_2-1}\mathrm{e}^{2\pi n\eta\mathrm{i}}$， $G_3=\sum_{p=0}^{N_3-1}\mathrm{e}^{2\pi p\zeta\mathrm{i}}$，则 $G=G_1\cdot G_2\cdot G_3$。

因为 $G^2=G\times G^*=(G_1\times G_1^*)\cdot(G_2\times G_2^*)\cdot(G_3\times G_3^*)$，由数学知识

$$\begin{aligned}G_1&=\sum_{m=0}^{N_1-1}\mathrm{e}^{\mathrm{i}2\pi m\xi}=\mathrm{e}^{\mathrm{i}2\pi 0\xi}+\mathrm{e}^{\mathrm{i}2\pi 1\xi}+\mathrm{e}^{\mathrm{i}2\pi 2\xi}+\cdots+\mathrm{e}^{\mathrm{i}2\pi(N_1-1)\xi}\\&=\frac{1-\mathrm{e}^{\mathrm{i}N_1 2\pi\xi}}{1-\mathrm{e}^{\mathrm{i}2\pi\xi}}=\frac{1-(\cos N_1 2\pi\xi+\mathrm{i}\sin N_1 2\pi\xi)}{1-(\cos 2\pi\xi+\mathrm{i}\sin 2\pi\xi)}\\&=\frac{2\sin^2 N_1\pi\xi-\mathrm{i}2\sin N_1\pi\xi\cos N_1\pi\xi}{2\sin^2\pi\xi-\mathrm{i}2\sin\pi\xi\cos\pi\xi}\\&=\frac{\sin N_1\pi\xi(\sin N_1\pi\xi-\mathrm{i}\cos N_1\pi\xi)}{\sin\pi\xi(\sin\pi\xi-\mathrm{i}\cos\pi\xi)}\\&=\frac{\sin N_1\pi\xi(\sin N_1\pi\xi-\mathrm{i}\cos N_1\pi\xi)(\sin\pi\xi+\mathrm{i}\cos\pi\xi)}{\sin\pi\xi(\sin\pi\xi-\mathrm{i}\cos\pi\xi)(\sin\pi\xi+\mathrm{i}\cos\pi\xi)}\\&=\frac{\sin N_1\pi\xi\left[\cos(N_1-1)\pi\xi+\mathrm{i}\sin(N_1-1)\pi\xi\right]}{\sin\pi\xi}\end{aligned} \tag{3-73}$$

$$G_1^*=\frac{\sin N_1\pi\xi\left[\cos(N_1-1)\pi\xi-\mathrm{i}\sin(N_1-1)\pi\xi\right]}{\sin\pi\xi} \tag{3-74}$$

$$G_1^2=G_1\times G_1^*=\frac{\sin^2 N_1\pi\xi}{\sin^2\pi\xi} \tag{3-75}$$

同理可得，

$$G_2^2=G_2\times G_2^*=\frac{\sin^2 N_2\pi\eta}{\sin^2\pi\eta},\quad G_3^2=G_3\times G_3^*=\frac{\sin^2 N_3\pi\zeta}{\sin^2\pi\zeta}$$

因此

$$G^2=G_1^2\cdot G_2^2\cdot G_3^2=\frac{\sin^2 N_1\pi\xi}{\sin^2\pi\xi}\cdot\frac{\sin^2 N_2\pi\eta}{\sin^2\pi\eta}\cdot\frac{\sin^2 N_3\pi\zeta}{\sin^2\pi\zeta} \tag{3-76}$$

式中，$G^2$ 为干涉函数。

由于散射强度正比于散射振幅的平方，因此

$$\frac{I_{\mathrm{m}}}{I_{\mathrm{b}}}=G^2,\quad I_{\mathrm{m}}=I_{\mathrm{b}}G^2=I_{\mathrm{e}}G^2F_{HKL}^2 \tag{3-77}$$

干涉函数 $G^2$ 的物理意义为单晶体的相干散射强度与单胞的相干散射强度之比，$G^2$ 的空间分布代表了单晶体的相干散射强度在 $\xi$、$\eta$、$\zeta$ 三维空间中的分布规律。

### 1. 干涉函数 $G^2$ 的分布

干涉函数 $G^2$ 由 $G_1^2$、$G_2^2$、$G_3^3$ 三部分组成，分别表示散射强度在三维方向上的分布规律。以 $G_1^2$ 为例，它表示散射强度在 $\xi$ 方向上的分布规律，设 $N_1=5$，其曲线如图 3-24 所示。

由图 3-24 可知：

(1) 曲线由主峰和副峰组成，主峰的强度较高，可由洛必达法则得，在$\xi \to 0$时，$\lim\limits_{\xi \to 0} G_1^2 = N_1^2$。副峰位于相邻主峰之间，副峰的个数为$N_1 - 2$，副峰强度很弱。

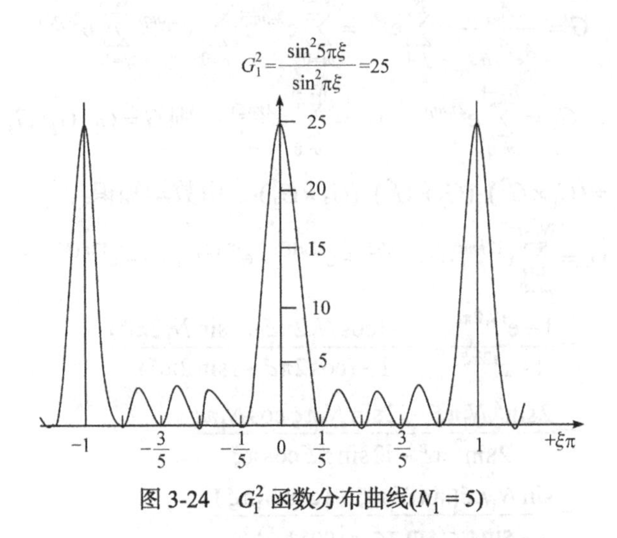


图 3-24　$G_1^2$函数分布曲线($N_1 = 5$)

(2) 主峰的分布范围即底宽为$2 \times \frac{1}{N_1}\pi$，而副峰底宽为$\frac{1}{N_1}\pi$，仅为主峰的一半。主峰高为$N_1^2$，在$N_1$高于100时，强度几乎全部集中于主峰，副峰强度可忽略不计。单晶体中，$N_1$远高于该值，因此仅分析主峰即可。

(3) $G_1^2$-$\xi\pi$曲线位于横轴$\xi\pi$以上，当$\xi\pi = H\pi$，即$\xi = H$($H$为整数)时，$G_1^2$取得最大值$N_1^2$；当$\xi = \pm\frac{1}{N_1}$时，$G_1^2 = 0$，即在$\xi = H \pm \frac{1}{N_1}$，主峰都有强度值。同理可得$G_2^2$-$\eta\pi$、$G_3^2$-$\zeta\pi$的强度分布曲线。在$\xi = H$、$\eta = K$、$\zeta = L$时，$G^2$取得最大值$G_{\max}^2 = N_1^2 \times N_2^2 \times N_3^2 = N^2$，主峰强度的有值范围为：$\xi = H \pm \frac{1}{N_1}$、$\eta = K \pm \frac{1}{N_2}$、$\zeta = L \pm \frac{1}{N_3}$。显然$G^2$在空间的分布取决于$N_1$、$N_2$、$N_3$的大小，而$N_1$、$N_2$、$N_3$又决定了晶体的形状，故称$G^2$为形状因子。常见形状因子的分布规律见图3-25。

(4) 晶体对X射线的衍射只在一定的方向上产生衍射线，且每条衍射线本身还具有一定的强度分布范围。

### 2. 单晶体的散射强度

单晶体的散射强度$I_{\mathrm{m}} = I_{\mathrm{e}} G^2 F_{HKL}^2$主要取决于$G^2$，由于实际晶体都有一定的大小，即$G^2$的主峰有一个存在范围，且晶体的尺寸越小，$G^2$的主峰存在范围越大，实际散射强度$I_{\mathrm{m}}$应是主峰有强度范围内的积分强度，其积分强度与$\frac{\lambda^3}{V_0 \sin 2\theta}$成正比，式中，$V_0$为单胞体积，设单晶体被辐射的体积为$\Delta V$，即晶胞数$N = \frac{\Delta V}{V_0}$，则单晶体的衍射积分强度可表示为

$$I_{\mathrm{m}} = I_{\mathrm{e}} F_{HKL}^2 \frac{\lambda^3}{V_0^2} \Delta V \cdot \frac{1}{\sin 2\theta} = I_0 \cdot \frac{e^4}{(4\pi\varepsilon_0)^2 m^2 c^4} \cdot \frac{1 + \cos^2 2\theta}{2\sin 2\theta} \cdot F_{HKL}^2 \cdot \frac{\lambda^3}{V_0^2} \Delta V \tag{3-78}$$

需注意的是，在 X 射线与原子、单胞、单晶体的作用中，散射强度推导时均产生了矢量三角形，三边分别为 $\frac{\vec{s}}{\lambda}$ 、$\frac{\vec{s}_0}{\lambda}$ 和 $\frac{\vec{s}-\vec{s}_0}{\lambda}$ ，矢量 $\frac{\vec{s}-\vec{s}_0}{\lambda}$ 在原子散射中不是某晶面的倒易矢量，因为此时原子核外的电子没有构成晶面。而在单胞中则为某衍射晶面(*hkl*)的倒易矢量，可直接表示为 $\frac{\vec{s}-\vec{s}_0}{\lambda}=\vec{g}=h\vec{a}+k\vec{b}+l\vec{c}$ 。同样在单晶体中，也为一倒易矢量，不过它不代表某个具体的晶面，而是多个相干散射晶面的集合，可理解为衍射条件的放宽，此时 $\frac{\vec{s}-\vec{s}_0}{\lambda}=\vec{g}=\xi\vec{a}^*+\eta\vec{b}^*+\zeta\vec{c}^*$ ，$(\xi,\eta,\zeta)$ 为倒空间的流动坐标。该流动坐标是以 $(H,K,L)$ 为中心，在一定的范围内流

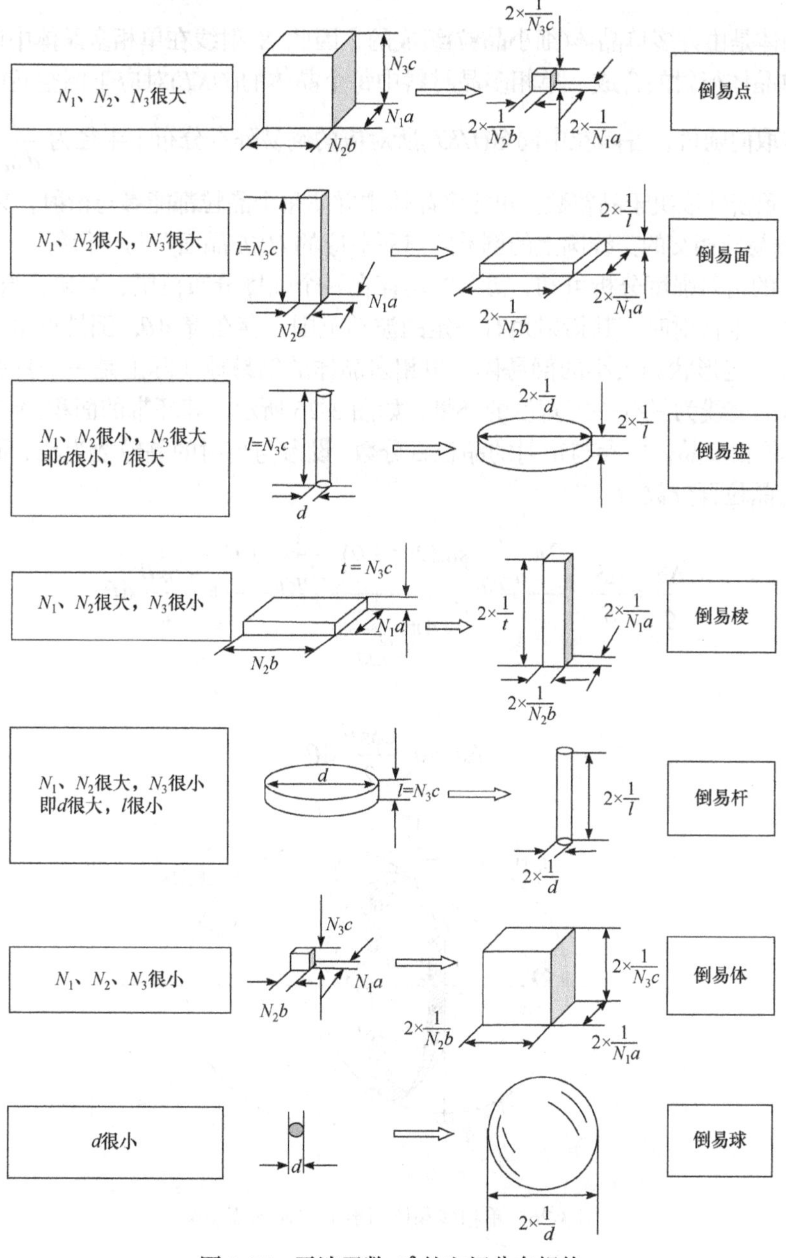


图 3-25　干涉函数 $G^2$ 的空间分布规律

动，流动的范围或空间取决于样品尺寸，即$\xi = H \pm \frac{1}{N_1}$，$\eta = K \pm \frac{1}{N_2}$，$\zeta = L \pm \frac{1}{N_3}$，此时只要反射球与该流动坐标所决定的倒空间相截即可产生衍射，而不需要与倒易阵点$(H, K, L)$严格相截，从而使衍射条件放宽，衍射变得容易。此外，在布拉格方程的推导中，同样出现了$\frac{\vec{s}-\vec{s}_0}{\lambda}$，该矢量是衍射晶面$(hkl)$的倒易矢量，可直接表示为$\frac{\vec{s}-\vec{s}_0}{\lambda} = \vec{g} = h\vec{a} + k\vec{b} + l\vec{c}$。

### 3.2.5　单相多晶体的衍射强度

1. 参与衍射的晶粒分数

单相多晶体是由许多单晶体(细小晶粒)组成的，因此 X 射线在单相多晶体中产生的衍射可以看成是各单晶体衍射的合成。单相多晶材料中每个晶体的$(HKL)$对应于倒空间中的一个倒易点，由于晶粒取向随机，各晶粒中同名$(HKL)$所对应的倒易阵点分布于半径为$\frac{1}{d_{HKL}}$的倒易球面上，倒易球的致密性取决于晶粒数。单相多晶体中并非每个晶粒都能参与衍射，只是反射球(埃瓦尔德球)与倒易球相交的交线圆上的倒易阵点所对应的 $HKL$ 晶面参与了衍射。

由单晶体的衍射强度分析可知，衍射线均存在一个强度分布范围，意味着当某晶面$(HKL)$满足衍射条件产生衍射时，其衍射角有一定的波动范围，存在着 $\mathrm{d}\theta$，倒易点也不是一个几何点，而是具有一定形状和大小的倒易体。单相多晶体的倒易球实际上是一个具有一定厚度的球，与反射球的交线为具有一定宽度的环带，如图 3-26 所示。其环带的面积$\Delta S$与倒易球面积 $S$ 之比代表了单相多晶体中参与衍射的晶粒百分数。设参与衍射的晶粒数为$\Delta q$，晶粒总数为 $q$，则参与衍射的晶粒百分数为

$$\frac{\Delta q}{q} = \frac{\Delta S}{S} = \frac{2\pi \frac{1}{d_{HKL}} \sin(90° - \theta) \cdot \frac{1}{d_{HKL}} \cdot \mathrm{d}\theta}{4\pi \frac{1}{d_{HKL}^2}} = \frac{\cos\theta}{2}\mathrm{d}\theta \tag{3-79}$$

所以

$$\Delta q = q \cdot \frac{\cos\theta}{2}\mathrm{d}\theta \tag{3-80}$$

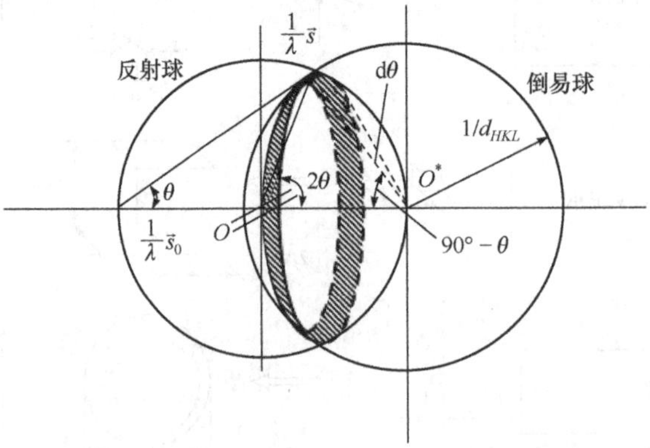

图 3-26　单相多晶体衍射的埃瓦尔德图解

设多晶体的衍射强度为 $I_{多}$，则

$$I_{多}=\Delta q\cdot I_{\mathrm{m}} \tag{3-81}$$

将式(3-78)代入式(3-81)，由于 $\Delta q$ 式中的 $\mathrm{d}\theta$ 已在单晶体衍射强度的推导中考虑过，故此处就不再考虑了。

$$\begin{aligned}I_{多}&=\Delta q\cdot I_{\mathrm{e}}F_{HKL}^2\frac{\lambda^3}{V_0^2}\Delta V\cdot\frac{1}{\sin 2\theta}=q\cdot\frac{\cos\theta}{2}\cdot I_{\mathrm{e}}F_{HKL}^2\frac{\lambda^3}{V_0^2}\Delta V\cdot\frac{1}{\sin 2\theta}\\&=q\cdot\Delta V\frac{\cos\theta}{2}\cdot I_{\mathrm{e}}F_{HKL}^2\frac{\lambda^3}{V_0^2}\cdot\frac{1}{2\sin\theta\cos\theta}\end{aligned} \tag{3-82}$$

式中，$\Delta V$ 为单晶体的体积；$q\cdot\Delta V$ 为单相多晶体被辐射的体积。设 $q\cdot\Delta V=V$，这样可将式(3-82)化简为

$$I_{多}=I_{\mathrm{e}}F_{HKL}^2\frac{\lambda^3}{V_0^2}\cdot V\cdot\frac{1}{4\sin\theta} \tag{3-83}$$

2. 单位弧长的衍射强度

以上单相多晶体的衍射强度是整个衍射环带的积分强度，实际记录的衍射强度仅是环带的一部分，为此，有必要分析单位环带弧长上的衍射强度。从试样中心出发，向环带引射线，从而形成具有一定厚度的衍射锥，强度测试装置位于衍射锥的底部环带处，记录的仅是锥底环带的一部分。

图 3-27 为一单相多晶体的衍射锥，设试样到锥底环带的距离为 $R$，衍射锥的半顶角为 $2\theta$，锥底环带总长为 $2\pi R\sin 2\theta$，则单位弧长上的衍射强度为

$$I=\frac{I_{多}}{2\pi R\sin 2\theta}=I_{\mathrm{e}}F_{HKL}^2\frac{\lambda^3}{V_0^2}\cdot V\cdot\frac{1}{4\sin\theta}\cdot\frac{1}{2\pi R\sin 2\theta}=\frac{1}{16\pi R}\cdot I_{\mathrm{e}}F_{HKL}^2\frac{\lambda^3}{V_0^2}\cdot V\cdot\frac{1}{\sin^2\theta\cos\theta} \tag{3-84}$$

所以

$$I=\frac{I_0}{32\pi R}\cdot\frac{e^4}{(4\pi\varepsilon_0)^2m^2c^4}\cdot F_{HKL}^2\frac{\lambda^3}{V_0^2}\cdot V\cdot\frac{1+\cos^2 2\theta}{\sin^2\theta\cos\theta} \tag{3-85}$$

式中，$\frac{1+\cos^2 2\theta}{\sin^2\theta\cos\theta}$ 项仅与散射半角 $\theta$ 有关，故称为角因子，$\frac{1}{\sin^2\theta\cos\theta}$ 也称为洛伦兹因子。

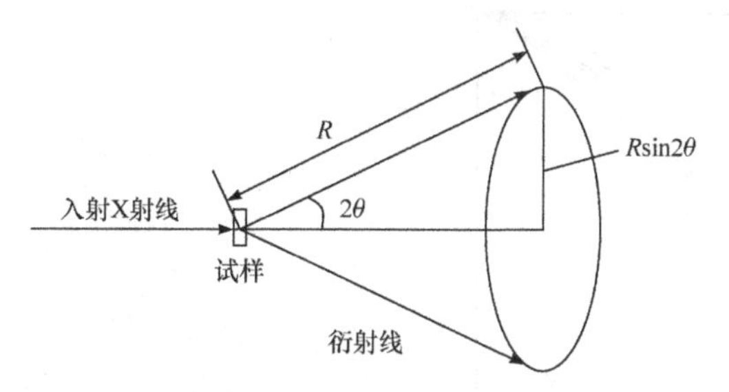


图 3-27　单相多晶体的衍射锥

### 3.2.6　影响单相多晶体衍射强度的其他因子

1. 多重因子 $P$

同一晶面族 $\{HKL\}$ 中包含多个等同晶面，如立方晶系中 $\{111\}$ 包含有 $(111)$、$(\bar{1}11)$、$(1\bar{1}1)$、

$(11\bar{1})$、$(\bar{1}\bar{1}1)$、$(\bar{1}1\bar{1})$、$(1\bar{1}\bar{1})$、$(\bar{1}\bar{1}\bar{1})$ 8 个晶面，它们具有相同的晶面间距，因此当{111}晶面满足衍射条件时，其包含的 8 个晶面都将参与衍射，均对衍射强度做出贡献。不同的晶面族，其包含的晶面数也不同，如立方晶系中：{100}包含的晶面有 6 个，{110}则有 12 个，因此衍射强度需要考虑这个因素，将晶面族所包含的晶面数称为多重因子，记为 $P$，不同结构时的多重因子可见附录 5，此时，衍射强度为

$$I = \frac{I_0}{32\pi R} \cdot \frac{e^4}{(4\pi\varepsilon_0)^2 m^2 c^4} \cdot F_{HKL}^2 \frac{\lambda^3}{V_0^2} \cdot V \cdot \frac{1+\cos^2 2\theta}{\sin^2\theta\cos\theta} \cdot P \tag{3-86}$$

2. 吸收因子 $A(\theta)$

试样对 X 射线的吸收使衍射强度衰减，为此需在衍射强度中引入吸收因子 $A$：

$$A = \frac{\text{有吸收时的衍射强度}}{\text{无吸收时的衍射强度}} \tag{3-87}$$

以修整样品吸收对衍射强度的影响，则经修正后的衍射强度为

$$I = \frac{I_0}{32\pi R} \cdot \frac{e^4}{(4\pi\varepsilon_0)^2 m^2 c^4} \cdot F_{HKL}^2 \frac{\lambda^3}{V_0^2} \cdot V \cdot \frac{1+\cos^2 2\theta}{\sin^2\theta\cos\theta} \cdot P \cdot A \tag{3-88}$$

吸收因子 $A$ 与试样的线吸收系数、形状、尺寸和衍射角有关。试样通常有圆柱状和平板状两种，前者用于照相法，后者用于衍射仪法。圆柱试样的吸收因子 $A$ 主要取决于线吸收系数 $\mu_l$、试样半径 $r$ 及衍射半角 $\theta$。对于一个固定的试样来说，$\mu_l r$ 为定值，有时又将 $\mu_l r$ 称为试样的相对吸收系数，柱状试样的吸收因子 $A$ 与 $\mu_l r$ 及 $\theta$ 的变化关系如图 3-28 所示。

显然，$\mu_l r$ 越大，$A(\theta)$越小，衍射强度越小，表明试样对 X 射线的吸收越多。同一个 $\mu_l r$ 时，吸收因子 $A(\theta)$随 $\theta$ 的增加，背射增多，透射减少，衍射线在试样中的作用路径减少，故试样对其的吸收减弱，吸收因子 $A(\theta)$增加。当 $\theta < 45°$时，即 $2\theta < 90°$，衍射主要是透射，且衍射线在试样中的路径长，吸收显著增加，$A$ 值相对较小；当 $\theta > 45°$时，即 $2\theta > 90°$，衍射线主要是背射，在试样中的路径短，试样对其吸收少，曲线相对平缓；当 $\theta \to 90°$，即 $2\theta \to 180°$时，$A(\theta) \to 1$，此时可以忽略样品对衍射线的吸收。

平板试样主要用于 X 射线仪法，由于衍射线与平板试样的作用体积基本不变，见图 3-29，故

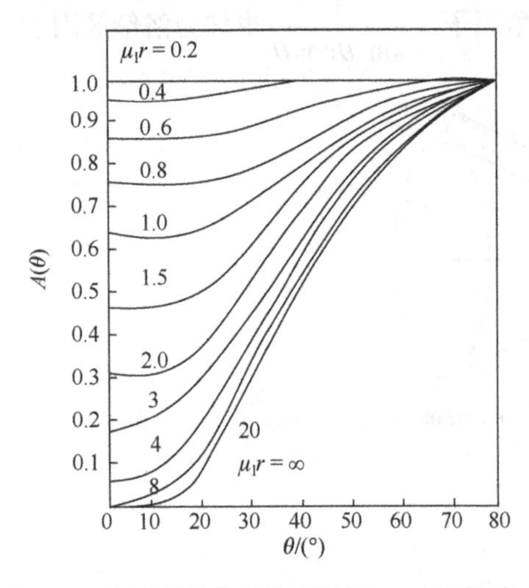


图 3-28　柱状样品的吸收因子与 $\mu_l r$ 和 $\theta$ 的关系

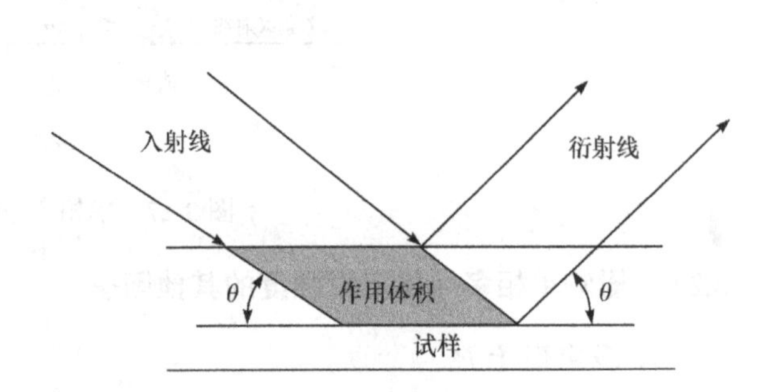


图 3-29　平板试样的吸收示意图

吸收因素与$\theta$角无关，仅与样品的线吸收系数$\mu_1$有关，并可证明平板试样的吸收因子为常数，即$A=\dfrac{1}{2\mu_1}$。感兴趣的读者可以参考相关文献。

3. 温度因子$e^{-2M}$

在上述衍射强度的讨论中，假定原子是静止不动的，发生衍射时，原子所在的晶面严格满足衍射条件，实际上晶体中的原子是绕其平衡位置不停地做热振动，且温度越高，其振幅越大。这样，在热振动过程中，原子离开了平衡位置，破坏了原来严格满足的衍射条件，从而使该原子所在反射面的衍射强度减弱。因此，需要引入温度因子。令

$$\text{温度因子}=\frac{\text{考虑原子热振动时的衍射强度}}{\text{未考虑原子热振动时的衍射强度}}$$

用来修正由于原子的热振动对衍射强度的影响。由固体物理中的比热容理论可导出该温度因子的大小为$e^{-2M}$，其中

$$M=\frac{6h^2}{m_a k\Theta}\left[\frac{\phi(\chi)}{\chi}+\frac{1}{4}\right]\frac{\sin^2\theta}{\lambda^2} \tag{3-89}$$

式中，$h$为普朗克常量；$m_a$为原子质量；$k$为玻尔兹曼常量；$\Theta$为特征温度平均值，常见物质的特征温度见附录 6；$\chi$为特征温度平均值$\Theta$与试验温度$T$之比，即$\chi=\dfrac{\Theta}{T}$；$\theta$为衍射半角；$\phi(\chi)$为德拜函数，具体值可查阅附录 7，温度因子又称德拜-沃勒(Debye-Waller)因子。

温度越高，原子热振动的振幅越大，偏离衍射条件越远，衍射强度下降越大。当温度一定时，$\theta$越大，$M$越大，$e^{-2M}$越小，这表明同一衍射花样中，$\theta$越大，衍射强度下降得越多。另外，由于入射 X 射线的波长$\lambda$一般为定值，因此由布拉格方程可知$\theta$的影响同样也反映了晶面间距对衍射强度的影响。

由于原子的热振动偏离了衍射条件，衍射强度下降，同时增加了衍射花样的背底噪声，且随衍射半角的增加而加剧，这对衍射花样的分析不利。

综合以上各种影响因素，单相多晶体材料的衍射强度为

$$I=\frac{I_0}{32\pi R}\cdot\frac{e^4}{(4\pi\varepsilon_0)^2m^2c^4}\cdot F_{HKL}^2\frac{\lambda^3}{V_0^2}\cdot V\cdot\frac{1+\cos^2 2\theta}{\sin^2\theta\cos\theta}\cdot P\cdot A\cdot e^{-2M} \tag{3-90}$$

式中，$P$为多重因子；$A$为吸收因子；$F_{HKL}^2$为结构因子；$\dfrac{1+\cos^2 2\theta}{\sin^2\theta\cos\theta}$为角度因子；$e^{-2M}$为温度因子。该式得到的是衍射强度的绝对值，计算过程非常复杂，实际衍射分析中仅需要衍射强度的相对值。这样对于同一个衍射花样，式中的$e$、$m$和$c$为固定的物理常数，即$\dfrac{e^4}{(4\pi\varepsilon_0)^2m^2c^4}$为常数，$\dfrac{I_0}{32\pi R}$也为常数；对于同一物相，$\dfrac{I_0}{32\pi R}$也为常数，这样单相多晶体的相对衍射强度为

$$I_{\text{相对}}=F_{HKL}^2\cdot\frac{\lambda^3}{V_0^2}\cdot V\cdot\frac{1+\cos^2 2\theta}{\sin^2\theta\cos\theta}\cdot P\cdot A\cdot e^{-2M} \tag{3-91}$$

若要比较同一衍射花样中不同物相的相对强度，需考虑各物相被照射的体积($V_j$)以及各自的单胞体积($V_{j0}$)，此时$j$相衍射强度为

$$I_j=\frac{I_0}{32\pi R}\cdot\frac{e^4}{(4\pi\varepsilon_0)^2m^2c^4}\cdot F_{HKL}^2\frac{\lambda^3}{V_{j0}^2}\cdot V_j\cdot\frac{1+\cos^2 2\theta}{\sin^2\theta\cos\theta}\cdot P\cdot A\cdot \mathrm{e}^{-2M} \tag{3-92}$$

$j$ 相的相对衍射强度为

$$I_{j相对}=F_{HKL}^2\cdot\frac{\lambda}{V_{j0}^2}\cdot\frac{1+\cos^2 2\theta}{\sin^2\theta\cos\theta}\cdot P\cdot A\cdot \mathrm{e}^{-2M} \tag{3-93}$$

该式将在第 4 章物相的定量分析中得到应用。

总之，X 射线的作用单元从电子、原子、单胞、单晶、单相多晶直到多相多晶，衍射强度的影响因素归纳见表 3-2。实际分析中主要有单晶、单相多晶和多相多晶三种衍射花样，见图 3-30。单晶的衍射花样应为单峰花样，如图 3-30(a)所示为金红石 $TiO_2$ 单晶任意方向切割后表面的衍射花样，仅一个衍射峰(002)。图 3-30(b)为 $ZnGeP_2$ 单晶体的衍射花样，出现两个衍射峰(112)和(224)，这是多级衍射所致。单相多晶衍射花样为同一相的不同衍射晶面的系列衍射峰，图 3-30(c)为 $ZnGeP_2$ 单相多晶体的衍射花样。多相多晶衍射花样则为各相的系列衍射峰的组合，图 3-30(d)为 $ZrB_2$、Al、$\alpha$-$Al_2O_3$ 多相多晶体的衍射花样。

**表 3-2　X 射线衍射强度的影响因素**

<table>
<tr><th>作用单元</th><th colspan="2">影响因子</th><th>表征</th></tr>
<tr><td>电子(e)</td><td colspan="2">电子散射因子 $f_e$</td><td>$f_e=\frac{e^2}{4\pi\varepsilon_0 mc^2}$</td></tr>
<tr><td>原子(a)</td><td colspan="2">原子散射因子 $f_a$<br>($f$)</td><td>瞬时值：$f_a=\frac{A_a}{A_e}=\sum_{j=1}^{Z}\mathrm{e}^{\mathrm{i}\varphi_j}$，$\varphi_j=2\pi r_j\frac{\vec{s}-\vec{s}_0}{\lambda}=\lvert r_j\rvert\cdot\frac{4\pi\sin\theta}{\lambda}\cos\alpha$；<br>平均值：$f_a=\int_0^{\infty}U(r)\frac{\sin rh}{rh}\mathrm{d}r$</td></tr>
<tr><td>单胞(b)</td><td colspan="2">结构振幅 $F_{HKL}$<br>结构因子 $F_{HKL}^2$</td><td>$F_{HKL}=\frac{A_b}{A_a}=\sum_{j=1}^{n}f_j\mathrm{e}^{\mathrm{i}\varphi_j}$；$\varphi_j=2\pi r_j\frac{\vec{s}-\vec{s}_0}{\lambda}=2\pi(HX_j+KY_j+LZ_j)$<br>$F_{HKL}^2=\left[\sum_{j=1}^{n}f_j\cos 2\pi(HX_j+KY_j+LZ_j)\right]^2+\left[\sum_{j=1}^{n}f_j\sin 2\pi(HX_j+KY_j+LZ_j)\right]^2$</td></tr>
<tr><td>单晶体(m)</td><td colspan="2">形状因子或干涉函数<br>$G^2$</td><td>$G=\frac{A_m}{A_b}=\sum_{j=1}^{N}\mathrm{e}^{\mathrm{i}\varphi_j}$，$\varphi_j=2\pi r_j\frac{\vec{s}-\vec{s}_0}{\lambda}=2\pi(\xi m_j+\eta n_j+\zeta p_j)$；<br>$G^2=\frac{\sin^2\pi N_1\xi}{\sin^2\pi\xi}\cdot\frac{\sin^2\pi N_2\eta}{\sin^2\pi\eta}\cdot\frac{\sin^2\pi N_3\zeta}{\sin^2\pi\zeta}$</td></tr>
<tr><td rowspan="7">单相多晶</td><td colspan="2">衍射晶粒数与晶粒总数之比</td><td>$\frac{\Delta q}{q}=\frac{\cos\theta}{2}\mathrm{d}\theta$</td></tr>
<tr><td colspan="2">单位交线圆带长</td><td>$\frac{1}{2\pi R\sin 2\theta}$</td></tr>
<tr><td rowspan="3">其他因子</td><td>多重因子</td><td>$P$</td></tr>
<tr><td>吸收因子</td><td>$A=\frac{1}{2\mu_1}$</td></tr>
<tr><td>温度因子</td><td>$\mathrm{e}^{-2M}$</td></tr>
<tr><td colspan="2">衍射强度</td><td>$I=\frac{I_0}{32\pi R}\cdot\frac{e^4}{(4\pi\varepsilon_0)^2m^2c^4}\cdot F_{HKL}^2\frac{\lambda^3}{V_0^2}\cdot V\cdot\frac{1+\cos^2 2\theta}{\sin^2\theta\cos\theta}\cdot P\cdot A\cdot\mathrm{e}^{-2M}$</td></tr>
<tr><td colspan="2">相对衍射强度</td><td>$I_{相对}=F_{HKL}^2\frac{\lambda^3}{V_0^2}\cdot V\cdot\frac{1+\cos^2 2\theta}{\sin^2\theta\cos\theta}\cdot P\cdot A\cdot\mathrm{e}^{-2M}$</td></tr>
</table>

续表

| 作用单元 | 影响因子 | 表征 |
| --- | --- | --- |
| 多相多晶 | $j$ 相的衍射强度 | $I_j=\dfrac{I_0}{32\pi R}\cdot\dfrac{e^4}{(4\pi\varepsilon_0)^2m^2c^4}\cdot F_{HKL}^2\dfrac{\lambda^3}{V_{j0}^2}\cdot V_j\cdot\dfrac{1+\cos^2 2\theta}{\sin^2\theta\cos\theta}\cdot P\cdot A\cdot \mathrm{e}^{-2M}$ |
|  | $j$ 相的相对衍射强度 | $I_{j相对}=F_{HKL}^2\dfrac{\lambda^3}{V_{j0}^2}\cdot V_j\cdot\dfrac{1+\cos^2 2\theta}{\sin^2\theta\cos\theta}\cdot P\cdot A\cdot \mathrm{e}^{-2M}$ |

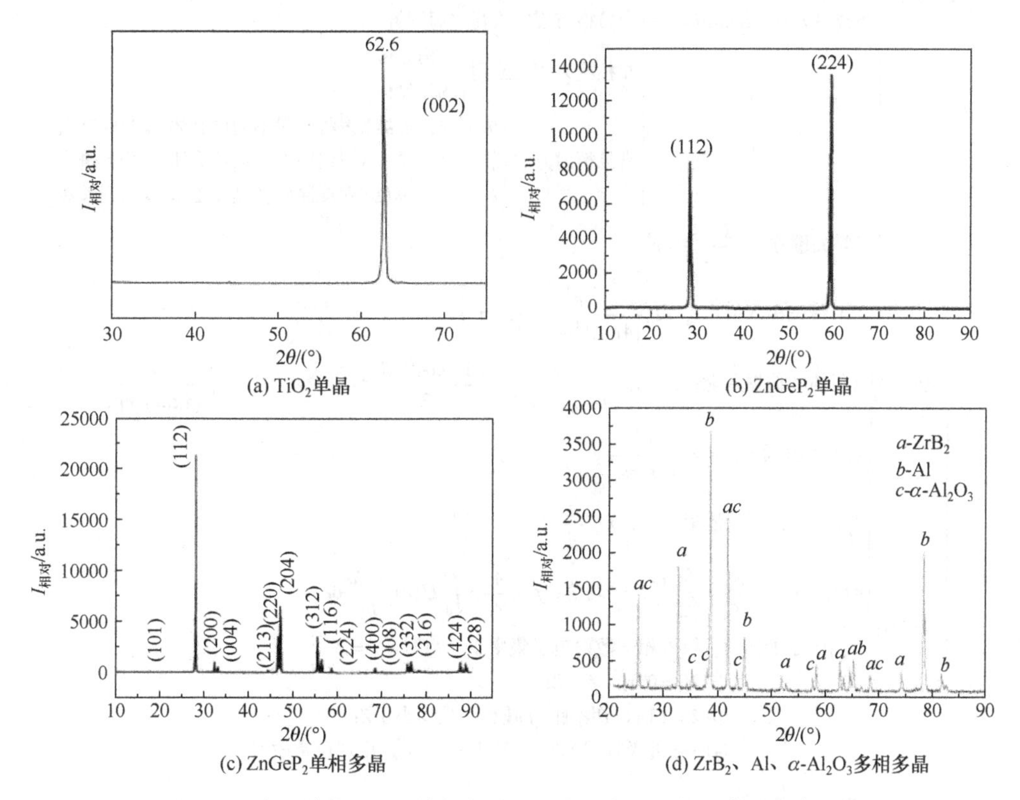


图 3-30　常见单晶(a,b)、单相多晶(c)、多相多晶(d)的 X 射线衍射花样

## 本 章 小 结

本章主要介绍了 X 射线的衍射原理，包括衍射的方向和衍射的强度。衍射的方向由劳厄方程、布拉格方程决定，布拉格方程本质上是劳厄方程的一种简化。X 射线的衍射方向依赖于晶胞的形状和大小。劳厄方程和布拉格方程解决了 X 射线衍射的方向问题，但它仅是发生衍射的必要条件，最终能否产生衍射花样还取决于衍射强度，当衍射强度为零或很小时，仍不显衍射花样。衍射强度取决于晶胞中原子的排列方式和原子种类，本章是以 X 射线的作用对象由小到大即从电子 → 原子 → 单胞 → 单晶体 → 多晶体分别进行讨论的，最终导出了 X 射线作用于一般多晶体的相对衍射强度计算公式，并获得了影响衍射强度的一系列因素：结构因子、温度因子、多重因子、角因子、吸收因子等。衍射强度 $I$ 与衍射角 $2\theta$ 之间的关系曲线即为晶体的衍射花样，通过分析衍射花样，可以获得有关晶体的晶胞类型、晶体取向等结构信息，并为 X 射线的应用打下了理论基础。

- 衍射方向
  - 劳厄方程
    - 一维标量式：$a\cos\alpha - a\cos\alpha_0 = h\lambda$　　矢量式：$\vec{a}\cdot(\vec{s}-\vec{s}_0)=h\lambda$
    - 二维标量式：$\begin{cases} a\cos\alpha - a\cos\alpha_0 = h\lambda \\ b\cos\beta - b\cos\beta_0 = k\lambda \end{cases}$　　矢量式：$\begin{cases} \vec{a}\cdot(\vec{s}-\vec{s}_0)=h\lambda \\ \vec{b}\cdot(\vec{s}-\vec{s}_0)=k\lambda \end{cases}$
    - 三维标量式：$\begin{cases} a(\cos\alpha - \cos\alpha_0) = h\lambda \\ b(\cos\beta - \cos\beta_0) = k\lambda \\ c(\cos\gamma - \cos\gamma_0) = l\lambda \end{cases}$　　矢量式：$\begin{cases} \vec{a}\cdot(\vec{s}-\vec{s}_0)=h\lambda \\ \vec{b}\cdot(\vec{s}-\vec{s}_0)=k\lambda \\ \vec{c}\cdot(\vec{s}-\vec{s}_0)=l\lambda \end{cases}$
  - 布拉格方程：$2d\sin\theta = n\lambda$
    - 布拉格方程讨论
    - 布拉格方程与劳厄方程的等价性
    - 布拉格方程的埃瓦尔德图解
    - 布拉格方程的应用
      - 结构分析
      - 成分分析
    - 常见衍射方法
      - 劳厄法：连续X射线照射不动单晶体→劳厄斑点
      - 转晶法：单色X射线照射转动单晶体→平行斑点
      - 粉末法：单色X射线照射多晶体粉末→系列弧对
  - 衍射矢量方程：$\dfrac{\vec{s}-\vec{s}_0}{\lambda} = r^*$
- 衍射强度
  - 电子(e)
    - X射线偏振入射：$I_e = I_0 \dfrac{e^4}{(4\pi\varepsilon_0)^2 m^2 c^4 R^2}\sin^2\varphi$
    - X射线非偏振入射：$I_e = I_0 \dfrac{e^4}{(4\pi\varepsilon_0)^2 m^2 c^4 R^2}\cdot\dfrac{1+\cos^2 2\theta}{2}$，也可表示为$I_e = I_0 \dfrac{e^4}{(4\pi\varepsilon_0)^2 m^2 c^4}\cdot\dfrac{1+\cos^2 2\theta}{2}$
    - 电子散射因子：$f_e = \dfrac{e^2}{4\pi\varepsilon_0 mc^2}$
  - 原子(a)
    - $I_a = f^2 I_e$；原子散射因子：$f = \dfrac{A_a}{A_e}$
    - 瞬时值：$f = \dfrac{A_a}{A_e} = \sum\limits_{j=1}^{Z} e^{i\varphi_j}$；平均值：$f = \dfrac{A_a}{A_e} = \int_0^\infty U(r)\dfrac{\sin hr}{hr}dr$
    - 关于$f$的讨论：
      ① 核外相干散射电子集中于一点时，$f = Z$；
      ② $2\theta = 0°$时，$f = Z$；
      ③ $\lambda = C$时，$\theta$增加，$f$减小，且均小于$Z$；
      ④ $\lambda$接近吸收限$\lambda_K$时，$f$会显著减小，出现反常散射
  - 单胞(b)
    - $F_{HKL} = \dfrac{A_b}{A_e} = \sum\limits_{j=1}^{n} f_j e^{i\varphi_j}$；
    - 结构因子：$F_{HKL}^2 = \left[\sum\limits_{j=1}^{n} f_j \cos 2\pi(HX_j + KY_j + LZ_j)\right]^2 + \left[\sum\limits_{j=1}^{n} f_j \sin 2\pi(HX_j + KY_j + LZ_j)\right]^2$
  - 单晶体(m)
    - $G = \dfrac{A_m}{A_b} = \sum\limits_{j=1}^{N} e^{i\varphi_j} = \sum\limits_{N_1=1}^{N_1-1} e^{i2\pi m\xi} \sum\limits_{N_2=1}^{N_2-1} e^{i2\pi n\eta} \sum\limits_{N_3=1}^{N_3-1} e^{i2\pi p\zeta}$
    - 干涉函数：$G^2 = \dfrac{\sin^2 \pi N_1\xi}{\sin^2 \pi\xi}\times\dfrac{\sin^2 \pi N_2\eta}{\sin^2 \pi\eta}\times\dfrac{\sin^2 \pi N_3\zeta}{\sin^2 \pi\zeta}$
  - 单相多晶体的衍射强度 $I = \dfrac{I_0}{32\pi R}\cdot\dfrac{e^4}{(4\pi\varepsilon_0)^2 m^2 c^4}\cdot F_{HKL}^2 \dfrac{\lambda^3}{V_0^2}\cdot V\cdot\dfrac{1+\cos^2 2\theta}{\sin^2\theta\cos\theta}\cdot P\cdot A\cdot e^{-2M}$
  - 单相多晶体的相对衍射强度 $I_{相对} = F_{HKL}^2 \dfrac{\lambda^3}{V_0^2}\cdot V\cdot\dfrac{1+\cos^2 2\theta}{\sin^2\theta\cos\theta}\cdot P\cdot A\cdot e^{-2M}$
  - $j$相多晶体的衍射强度：$I_j = \dfrac{I_0}{32\pi R}\cdot\dfrac{e^4}{(4\pi\varepsilon_0)^2 m^2 c^4}\cdot F_{HKL}^2 \dfrac{\lambda^3}{V_{j0}^2}\cdot V_j\cdot\dfrac{1+\cos^2 2\theta}{\sin^2\theta\cos\theta}\cdot P\cdot A\cdot e^{-2M}$
  - $j$相多晶体的相对衍射强度 $I_{j相对} = F_{HKL}^2 \dfrac{\lambda^3}{V_{j0}^2}\cdot V_j\cdot\dfrac{1+\cos^2 2\theta}{\sin^2\theta\cos\theta}\cdot P\cdot A\cdot e^{-2M}$

系统消光$F_{HKL}^2=0$

- 点阵消光
  - 简单点阵：$F_{HKL}^2=f^2$无消光，表示只要满足布拉格方程的晶面均具有衍射强度
  - 底心点阵：$F_{HKL}^2=f^2[1+\cos(H+K)\pi]^2$
    (1)当$H+K$为偶数时，$F_{HKL}^2=4f^2$;
    (2)当$H+K$为奇数时，$F_{HKL}^2=0$
  - 体心点阵：$F_{HKL}^2=f^2[1+\cos(H+K+L)\pi]^2$
    (1)当$H+K+L=$奇数时，$F_{HKL}^2=0$;
    (2)当$H+K+L=$偶数时，$F_{HKL}^2=4f^2$
  - 面心点阵：$F_{HKL}^2=f^2[1+\cos(K+L)\pi+\cos(L+H)\pi+\cos(H+K)\pi]^2$
    (1)当$H$、$K$、$L$全奇或全偶时，$F_{HKL}^2=16f^2$;
    (2)当$H$、$K$、$L$奇偶混杂时，$F_{HKL}^2=0$
- 结构消光
  - 密排六方点阵：$F_{HKL}^2=4f^2\cos^2\left(\dfrac{H+2K}{3}+\dfrac{L}{2}\right)\pi$
    (1) 当$H+2K=3n$，$L=2n$($n$为整数)时：$F_{HKL}^2=4f^2$
    (2) 当$H+2K=3n$，$L=2n+1$时：$F_{HKL}^2=0$
    (3) 当$H+2K=3n\pm1$，$L=2n+1$时：$F_{HKL}^2=3f^2$
    (4) 当$H+2K=3n\pm1$，$L=2n$时：$F_{HKL}^2=f^2$
  - 金刚石结构：$F_{HKL}^2=2F_F^2\left[1+\cos\dfrac{\pi}{2}(H+K+L)\right]$，其中$F_F^2$为面心点阵的结构因子
    (1) 当$H$、$K$、$L$奇偶混杂时，$F_F^2=0$，故$F_{HKL}^2=0$
    (2) 当$H$、$K$、$L$全奇时，$F_{HKL}^2=2F_F^2=2\times16f^2$
    (3) 当$H$、$K$、$L$全偶，且$H+K+L=4n$($n$为整数)时，$F_{HKL}^2=64f^2$
    (4) 当$H$、$K$、$L$全偶，$H+K+L\neq4n$时，则$H+K+L=2(2n+1)$，$F_{HKL}^2=0$
  - NaCl结构：
    $F_{HKL}=f_{\mathrm{Na}}[1+\cos(H+K)\pi+\cos(K+L)\pi+\cos(L+H)\pi]+f_{\mathrm{Cl}}[\cos(H+K+L)\pi+\cos L\pi+\cos K\pi+\cos H\pi]$
    (1) 当$H$、$K$、$L$奇偶混杂时，$F_{HKL}^2=0$
    (2) 当$H$、$K$、$L$同奇时，$F_{HKL}^2=16(f_{\mathrm{Na}}-f_{\mathrm{Cl}})^2$
    (3) 当$H$、$K$、$L$同偶时，$F_{HKL}^2=16(f_{\mathrm{Na}}+f_{\mathrm{Cl}})^2$

埃瓦尔德球是非常重要的几何球，又称反射球，其半径为$\dfrac{1}{\lambda}$，与倒易点阵结合可以使复杂的衍射关系变得简洁明了，并可直观地判断衍射结果。只要倒易阵点与反射球相截就满足衍射条件可能产生衍射，但能否产生衍射花样还取决于结构因子是否为零。干涉函数$G^2$是倒易阵点的形状因子，决定了倒易阵点在倒空间中的形状，从而也决定了衍射束的形状，这将在电子衍射分析中详细介绍。

多晶体的衍射强度只是相对值，相对于入射强度是很小的$\left(\approx\dfrac{1}{10^8}\right)$，也难以精确测量，衍射分析所需的也是相对值。

## 思　考　题

3-1　试证明布拉格方程与劳厄方程的等效性。

3-2　满足布拉格方程的晶面是否一定有衍射花样，为什么？

3-3　试述原子散射因素 $f$、结构因子 $F_{HKL}^2$、结构振幅 $|F_{HKL}|$ 和干涉函数 $|G|^2$ 的物理意义，其中结构因子与哪些因素有关？

3-4　简单点阵不存在消光现象，是否意味着简单点阵的所有晶面均能满足衍射条件，且衍射强度不为零，为什么？

3-5　$\alpha$-Fe 属于立方晶系，点阵参数 $a = 0.2866$ nm，若用 Cr $K_\alpha$ X 射线($\lambda = 0.2291$ nm)照射，求(110)、(200)、(211)可发生衍射的衍射角。

3-6　Cu 为面心立方点阵，$a = 0.4090$ nm。若用 Cr $K_\alpha$($\lambda = 0.2291$ nm)照射周转晶体相，X 射线平行于[001]方向。试用埃瓦尔德图解法原理判断下列晶面能否参与衍射：(111)、(200)、(311)、(331)、(420)。

3-7　结构因子 $F_{HKL}^2$ 的计算中，原子的坐标是否可以在晶胞中任选？比如面心点阵中四个原子的位置坐标是否可以选为(1,1,1)、(1,1,0)、$\left(\frac{1}{2},\frac{1}{2},0\right)$、$\left(\frac{1}{2},1,\frac{1}{2}\right)$，计算结果如何？选取原子坐标时应注意什么？

3-8　化合物 $A_3B$ 为面心立方结构，它的单胞有 4 个原子。其中 B 原子位于(0,0,0)，A 原子位于(0,1/2,1/2)，(1/2,0,1/2)，(1/2,1/2,0)。A、B 原子对电子散射波的振幅分别为 $f_A$ 和 $f_B$（$f_A \neq f_B$）：

(1) 比较(110)和(111)的结构因子；

(2) 如果 $f_B = 3f_A$，其结果又如何？

3-9　辨析以下概念：X 射线的散射、衍射、反射、选择反射。

3-10　多重因子、吸收因子和温度因子是如何引入多晶体衍射强度公式的？衍射分析时如何获得它们的值？

3-11　“衍射线的方向仅取决于晶胞的形状与大小，而与晶胞中原子的位置无关”，“衍射线的强度则仅取决于晶胞中原子的位置，而与晶胞形状及大小无关”这两句表述对吗？

3-12　采用 Cu $K_\alpha$($\lambda = 0.1540$ nm)照射 Cu 样品，已知 Cu 的点阵常数 $a = 0.3610$ nm，分别采用布拉格方程和埃瓦尔德球求其(200)晶面的衍射角。

3-13　多重因子的物理意义是什么？计算立方晶系中{010}、{111}、{110}的多重因子值。

3-14　现有一张用 Cu $K_\alpha$($\lambda = 0.1540$ nm)照射 W 粉末试样，摄得其衍射花样。试计算头四根衍射线的相对积分强度，不计算吸收因子和温度因子，并设定最强线的强度为 100。头四根衍射线的 $\theta$ 值分别如下：20.2°、29.2°、36.7°、43.6°。

3-15　多晶衍射强度中，为什么平面试样的吸收因子与 $\theta$ 角无关？

3-16　X 射线作用固体物质后发生了衍射，所产生的衍射花样可以反映晶体的哪些有用信息？

# 第4章　X射线的物相分析

根据样品的结构特点，X 射线衍射分析可分为单晶衍射分析和多晶衍射分析两种。单晶衍射分析主要分析单晶体的结构、物相、晶体取向以及晶体的完整程度，有劳厄法和转晶法两种。多晶体衍射分析主要用于分析多晶体的物相、内应力、织构等，通常有照相法和衍射仪法两种，其中衍射仪法已基本取代了照相法，特别是衍射仪与计算机相结合，使衍射分析工作基本实现了自动化，因此 X 射线衍射仪成了多晶衍射分析的首选设备，本章主要介绍 X 射线衍射仪及物相分析。

## 4.1　X射线衍射仪

X 射线衍射仪(图 4-1)是在德拜相机的基础上发展而来的，主要由 X 射线发生器、测角仪、辐射探测器、记录单元及附件(高温、低温、织构测定、应力测量、试样旋转等)等部分组成。其中最重要的部分是测角仪，是 X 射线衍射仪的核心部件。

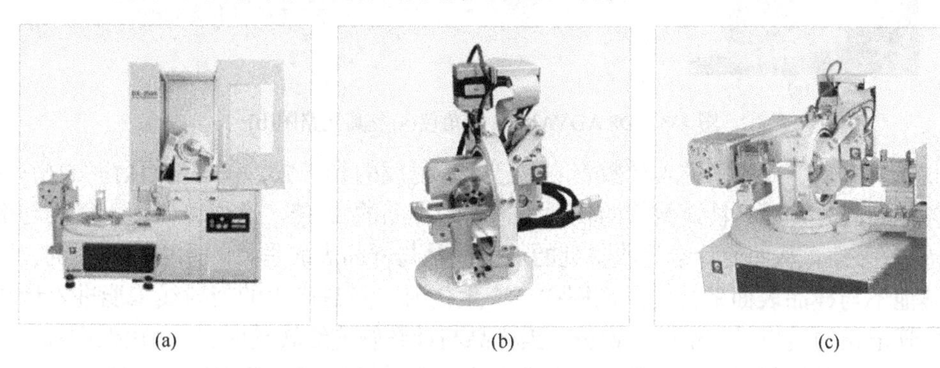

(a)　(b)　(c)

图 4-1　DX-2000(卧式)、DX-2500(立式)X 射线衍射仪(a)及其附件[(b)与(c)]

### 4.1.1　测角仪

测角仪是 X 射线衍射仪的核心部件，有垂直和水平两种布置方式，新型 X 射线衍射仪中的测角仪均采用垂直布置方式，此时试样可水平放置，安装方便，并可提高试样在旋转过程中的稳定性，两者的原理完全相同。图 4-2 为水平布置测角仪的结构原理图，图中带箭头的直线为 X 射线的光路图，图 4-3 为垂直布置测角仪及其光路图。

样品 D 为固体或粉末制成的平板试样，垂直置于样品台的中央，X 射线源 S 是由 X 射线管靶面上的线状焦斑产生的线状光源，线状方向与测角仪的中心转轴平行。线状光源首先经过梭拉缝 $S_1$，而梭拉缝 $S_1$ 是由一组平行的重金属(钼或钽)薄片组成，片厚约 0.05 mm，片间空隙在 0.5 mm 以下，宽度以度(°)计量，有 0.5°、1°、2°等多种，长度为 30 mm，这样线状光源经过梭拉缝 $S_1$ 后，在高度方向上的发散受到限制，随后通过狭缝光阑 K，使入射 X 射线在宽度方向上的发散也受到限制，因此经过 $S_1$ 和 K 后，X 射线将以一定的高度和宽度照射在样品表面，样品中满足布拉格衍射条件的某组晶面将发生衍射，衍射线经过狭缝光阑 L、梭拉缝

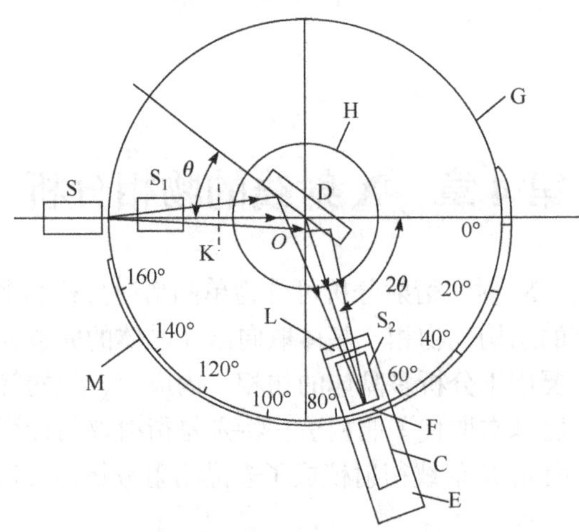


图 4-2　水平布置测角仪结构原理图

C：计数管；$S_1$、$S_2$：梭拉缝；D：样品；E：支架；K、L：狭缝光阑；F：接收光阑；G：测角仪圆；H：样品台；O：测角仪中心轴；S：X 射线源；M：刻度盘

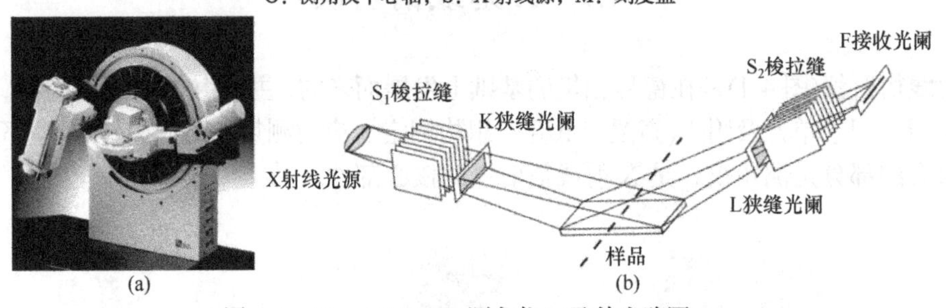


(a)　(b)

图 4-3　D8 ADVANCE 测角仪(a)及其光路图(b)

$S_2$和接收光阑 F 后，以线状进入计数管 C，记录 X 射线的光子数，获得晶面衍射的相对强度。计数管与样品同时转动，且计数管的转动角速度为样品的 2 倍，这样可保证入射线与衍射线始终保持 2$\theta$夹角，从而使计数管收集到的衍射线是与样品表面平行的晶面所产生的，同一晶面族中其他不与样品表面平行的晶面同样也产生衍射，只是产生的衍射线未能进入计数管，因此计数管记录的是衍射线中的一部分。当样品与计数管连续转动时，$\theta$角由低向高变化，计数管将逐一记录各衍射线的光子数，并转化为电信号，再通过计数率仪、电位差计记录下 X 衍射线的相对强度，并从刻度盘 M 上读出发生衍射的位置 2$\theta$, 从而形成$I_{相对}$-2$\theta$的关系曲线，即 X 射线的衍射花样。

图 4-4 为面心立方结构合金的衍射花样，纵坐标单位为每秒脉冲数(counts per second，cps)。衍射晶面均平行于试样表面，晶面间距从左到右逐渐减小。衍射强度反映试样中相应指数的晶面平行于试样表面的体积分数。

需指出的是：

(1) 测角仪中的发射光源 $S$、样品中心 $O$ 和接收光阑 $F$ 三者共圆于圆 $O'$，如图 4-5 所示。这样可使一定高度和宽度的入射 X 射线经样品晶面反射后能在 $F$ 处会聚，以线状进入计数管 C，减少衍射线的散失，提高衍射强度和分辨率。

(2) 聚焦圆的圆心和大小均随样品的转动而变化。圆周角$\angle SAF = \angle SOF = \angle SBF = \pi - 2\theta$，设测角仪的半径为 $R$，聚焦圆半径为 $r$，由几何关系得$\angle SO'F = 2\angle SOF = 2\pi - 4\theta$，即$\angle SO'O = \angle FO'O = \dfrac{1}{2}[2\pi - (2\pi - 4\theta)] = 2\theta$。在等腰三角形$\Delta SO'O$ 中，$SO' = OO' = r$，$\sin\theta = \dfrac{R}{2r}$，

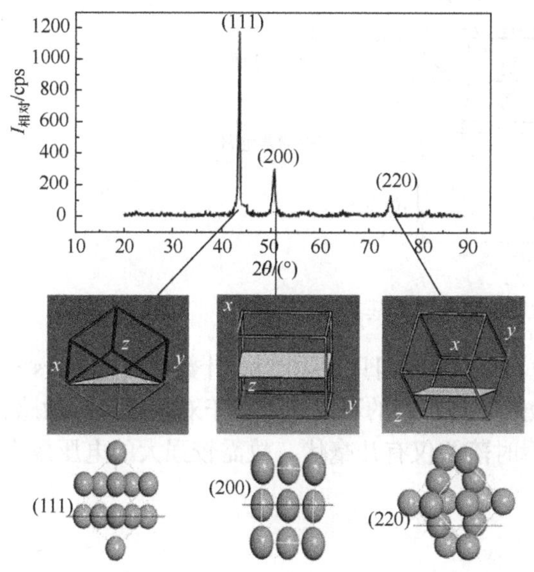


图 4-4　面心立方结构合金的 $I_{相对}$-$2\theta$ 衍射图

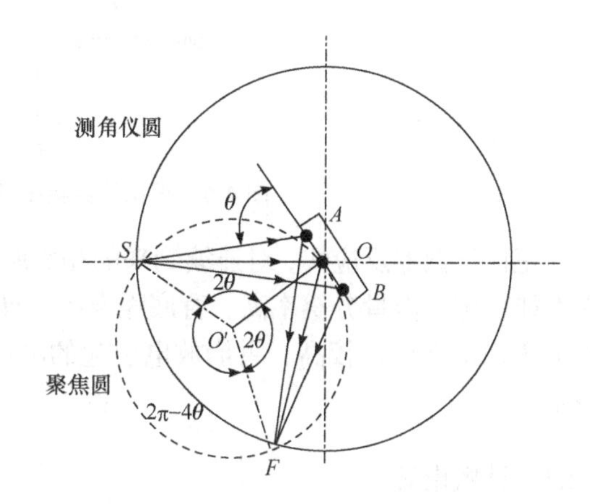


图 4-5　测角仪聚焦圆

即 $r=\dfrac{R}{2\sin\theta}$，由该式可知聚焦圆的半径随布拉格角 $\theta$ 的变化而变化，当 $\theta\to 0°$ 时，$r\to\infty$；当 $\theta\to 90°$ 时，$r\to r_{\min}=R/2$。

(3) 随着样品的转动，$\theta$ 从 0°到 90°，由布拉格方程可得晶面间距 $d=\dfrac{\lambda}{2\sin\theta}$ 将从最大降到最小($\lambda/2$)，从而使晶体表层区域中晶面间距不等的所有平行于表面的晶面均参与衍射，并由计数管分别记录。

(4) 计数管与样品台保持联动，角速率之比为 2∶1，但在特殊情况下，如单晶取向、宏观内应力等测试中，也可使样品台和计数管分别转动。

### 4.1.2　计数器

计数器是 X 射线衍射仪中记录衍射相对强度的重要器件，由计数管及其附属电路组成。计数器通常有正比计数器、闪烁计数器、近年发展的锂漂移硅 Si(Li)计数器和位敏计数器等。

图 4-6 为正比计数器中计数管的结构及其基本电路。计数管由阴、阳两极，入射窗口，玻璃外壳以及绝缘体组成。阴极为金属圆筒，阳极为金属丝，阴、阳两极共轴，并同罩于玻璃壳内，壳内为惰性气体(氩气或氪气)。窗口由铍或云母等低吸收材料制成，阴、阳两极间由绝缘体隔开，并加有 600～900 V 直流电压。

X 射线通过窗口进入金属筒内，使惰性气体电离，产生的电子在电场作用下向阳极加速运动，高速运动的电子又使气体电离，这样在电离过程中产生连锁反应即“雪崩”现象，在极短的时间内产生大量的电子涌向阳极，从而出现一个可测电流，通过电路转换计数器有一个电压脉冲输出。电压脉冲峰值的大小与进入窗口的 X 光子的强度成正比，故可反映衍射线的相对强度。

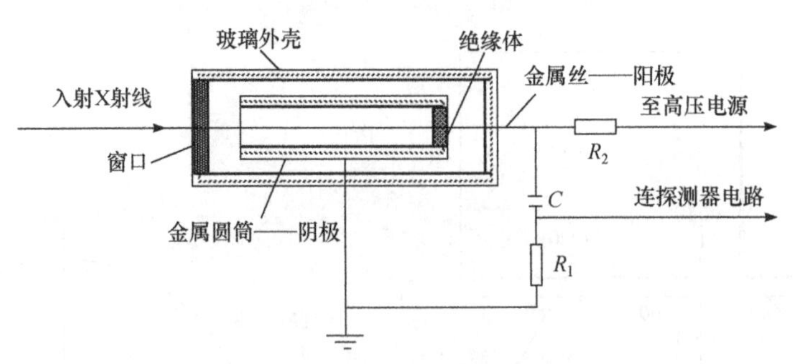


图 4-6　正比计数器中计数管的结构及其基本电路

正比计数器反应快，对连续到来的相邻脉冲，其分辨时间只需 $10^{-6}$ s，计数率可达 $10^{6}$ $s^{-1}$。它性能稳定、能量分辨率高、背底噪声小、计数效率高。它的不足之处在于对温度较为敏感，对电压稳定性要求较高，雪崩放电引起的电压瞬时落差仅有几毫伏，故需较强大的电压放大设备。

### 4.1.3　计数电路

计数器将 X 射线的相对强度转变成电信号，其输出的电信号还需进一步转换、放大和处理，才能转变成可直接读取的有效数据，计数电路就是为实现上述转换、放大和处理的电子学电路。图 4-7 为计数电路组成的方框图，下面主要就脉冲高度分析器、定标器和计数率器做简单介绍。

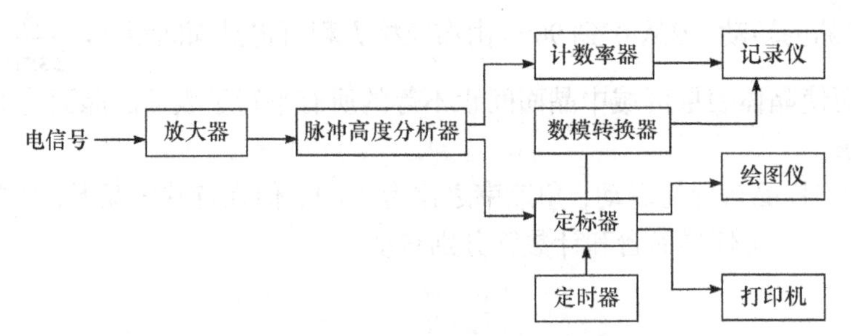


图 4-7　计数电路组成方框图

#### 1. 脉冲高度分析器

由于进入计数管的 X 射线除了试样衍射的特征 X 射线外，还有连续 X 射线、荧光 X 射线等，而这将同样形成不利于衍射分析的干扰信号，脉冲高度分析器就是为剔除这些干扰信号而设计的，以降低噪声、提高峰背比。脉冲高度分析器由上下甄别器组成，仅让脉冲高度位于上下甄别器之间的脉冲通过电路，进入后继电路。下限脉冲波高为基线，上下脉冲波高度差称道宽，基线和道宽均可调节。

#### 2. 定标器

定标器是指结合定时器对通过脉冲高度分析器的脉冲进行计数的电路。它分为定时计数和定数计时两种，每种都可根据需要选择不同的定标值。计量总数越大，测量误差越小，一般情况采用定时计数；当进行相对强度比较时，宜采用定数计时。计数结果可由数码显示，也可直接打印或由绘图仪记录。

3. 计数率器

计数率器不同于定标器，定标器测量的是单位时间内的脉冲数，或产生单位脉冲数所需的时间；而计数率器则是将脉冲高度分析器输出的脉冲信号转化为正比于单位时间内脉冲数的直流电压输出。它主要由脉冲整形电路、*RC*(电阻、电容)积分电路和电压测量电路组成。脉冲高度分析器输出的电压脉冲通过脉冲整形电路后转变为矩形脉冲，再输入 *RC* 积分电路，通过 *C* 充电，在 *R* 两端输出与单位时间内脉冲数成正比的直流电压，电压测量电路以毫伏计量，这样就形成了反映 X 衍射线的相对强度随衍射角 $2\theta$的变化曲线，即 X 射线衍射图谱(图 4-4)。

计数率器中的核心是 *RC* 积分电路，*RC* 的大小决定了输出滞后于输入的时间长短，因 *RC* 的单位为时间，故称 *RC* 为时间常数。*RC* 越大，滞后时间越长，计数率器对 X 射线强度的变化越不敏感，导致衍射峰轮廓及背底变得平滑，并使峰位向扫描方向漂移，造成峰的不对称宽化，降低强度和分辨率；当 *RC* 过小时，虽然可提高计数率器的灵敏度，但会使衍射峰波动增大，弱峰的识别困难。故在实际应用时应选择合适的 *RC*，以获得满意的衍射图谱。

### 4.1.4　X 射线衍射仪的常规测量

1. 试样

衍射仪的试样为平板试样。当被测材料为固体时，可直接取其一部分制成片状，将被测表面磨光，并用橡皮泥固定于空心样品架上；当被测对象是粉体时，则要用黏结剂调和后填满带有圆形凹坑的实心样品架中，再用玻璃片压平粉末表面。

2. 实验参数

能否选择合理的实验参数，关系到能否获得满意的测量结果。实验参数主要有狭缝宽度、扫描速度、时间常数等。

(1) 狭缝宽度。狭缝宽度是指光阑的宽度，光阑包括两个狭缝光阑 K、L 和一个接收光阑 F。显然，增加狭缝宽度，可使衍射线的强度增加，但分辨率下降，在 $2\theta$较小时，还会使照射光束过宽溢出样品，反而降低了有效衍射强度，同时还会产生样品架的干扰峰，增加背底噪声，这不利于样品的衍射分析。狭缝宽度的选择以测量范围内 $2\theta$角最小的衍射峰为依据。通常狭缝光阑 K 和 L 选择同一参数(0.5°或 1°)，而接收光阑 F 在保证衍射强度足够时尽量选较小值(0.2 mm 或 0.4 mm)，以获得较高的分辨率。

(2) 扫描速度。扫描速度是指探测器在测角仪上匀速转动的角速度，以°/min 表示。扫描速度越快，衍射峰平滑，衍射线的强度和分辨率下降，衍射峰位向扫描方向漂移，引起衍射峰的不对称宽化。但也不能过慢，否则扫描时间过长，一般以 3～4°/min 为宜。

(3) 时间常数。时间常数是指 *R* 与 *C* 的乘积，单位为时间。增加时间常数对衍射图谱的影响类似于提高扫描速度对衍射图谱的影响。时间常数不宜过小，否则会使背底噪声加剧，使弱峰难以识别，一般选择 1～4 s。

3. 扫描方式

扫描方式有两种：连续扫描和步进扫描。

(1) 连续扫描。计数器和计数率器相连，常用于物相分析。在选定的衍射角 $2\theta$范围内，计数器在测角仪上以两倍于样品台的速度从低角 $2\theta$ 向高 $2\theta$ 联动扫描，记录各衍射角对应的衍射相对强度，获得该试样的 $I_{相对}$(cps)-$2\theta$ 的变化关系，可通过打印机输出该衍射图谱。连续扫描过程中，时间常数和扫描速度是直接影响测量精度的重要因素。

(2) 步进扫描。计数器与定标器相连，常用于精确测量衍射峰的强度、确定衍射峰位、线形分析等定量分析工作。计数器首先固定于起始的 $2\theta$ 位置，按设定的定时计数或定数计时、步进宽度(角度间隔)和步进时间(行进一个步进宽度所需时间)，逐点测量各衍射角 $2\theta$ 所对应的衍射相对强度，其结果与计算机相连，可打印输出，如图 4-8 所示。显然，步进宽度和步进时间是影响步进扫描的重要因素。

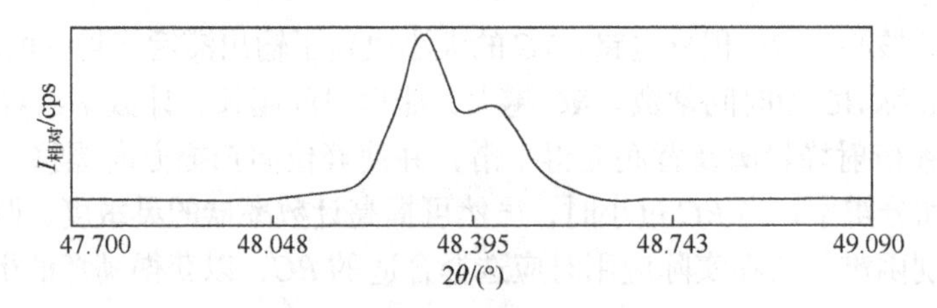


图 4-8　步进扫描衍射图

步进扫描不用计数率器，无滞后效应，测量精度较高，但费时，一般仅用于测量 $2\theta$ 范围不大的一段衍射图。

## 4.2　X 射线物相分析原理

物相是指材料中成分和性质一致、结构相同并与其他部分以界面分开的部分。当材料的组成元素为单质元素或多种元素但不发生相互作用时，物相即为该组成元素；当组成元素发生相互作用时，物相则为相互作用的产物。由于组成元素间的作用有物理作用和化学作用之分，故可分别产生固溶体和化合物两种基本相。因此，材料的物相包括纯元素、固溶体和化合物。物相分析是指确定所研究的材料由哪些物相组成(定性分析)和确定各种组成物相的相对含量(定量分析)。化学分析、光谱分析、X 射线的荧光光谱分析、电子探针分析等所分析的是材料的组成元素及其相对含量，属于元素分析，而对元素间作用的产物即物相(固溶体和化合物)无法直接鉴别，X 射线衍射可对材料的物相进行分析。例如，一种 Fe-C 合金，元素分析仅能给出该合金的组成元素为 Fe 和 C 以及各自的相对含量，却不能直接给出 Fe 与 C 之间相互作用的产物种类如固溶体(如铁素体)和化合物(如渗碳体)及其相对含量，这就需要采用 X 射线衍射法来完成。

### 4.2.1　物相的定性分析

物相的定性分析是确定物质是由哪种物相组成的分析过程。当物质为单质元素或多种元素的机械混合时，则定性分析给出的是该物质的组成元素；当物质的组成元素发生作用时，则定性分析给出的是该物质的组成相为哪种固溶体或化合物。

#### 1. 基本原理

X 射线的衍射分析以晶体结构为基础。X 射线衍射花样反映了晶体中的晶胞大小、点阵类型、原子种类、原子数目和原子排列等规律。每种物相均有自己特定的结构参数，因而表现出不同的衍射特征，即衍射线的数目、峰位和强度。即使该物相存在于混合物中，也不会改变其衍射花样。尽管物相种类繁多，但没有两种衍射花样特征完全相同的物相，这类似于人的指纹，没有两个人的指纹完全相同。因此，将各种标准相的衍射花样建成数据库或卡片，并判定出统一的检索规则。这样，物相分析工作的关键就在于衍射花样的测定和卡片的检索对照，卡片的检索对照可由人工或计算机完成。为了更方便地进行物相分析，有必要了解卡片的结构和检索规则。

2. PDF 卡片

PDF(powder diffraction file)卡片最早由美国材料与试验协会(American Society for Testing and Materials，ASTM)整理出版；1992 年后的卡片统一由国际衍射数据中心(The International Centre for Diffraction Data，ICDD)出版，不同时期出版的卡片结构有所不同，表 4-1 为 1992 年以前出版的 PDF 卡片结构图，共由 10 个部分组成，以$\alpha$-$Al_2O_3$为例具体说明如下。

**表 4-1 PDF 卡片结构**(1992 年前出版)

**10-173 (10)**

<table>
<tr><td>(1)</td><td>d/0.1 nm</td><td>2.09</td><td>2.55</td><td>1.60</td><td>3.48</td><td colspan="6">$\alpha$-$Al_2O_3$ (7)</td></tr>
<tr><td>(2)</td><td>$I/I_1$</td><td>100</td><td>90</td><td>80</td><td>75</td><td colspan="6">Alpha Aluminum Oxide* (8)</td></tr>
<tr><td rowspan="3">(3)</td><td colspan="5" rowspan="3">Rad. Cu$K_{\alpha1}$ $\lambda$ 0. 15405 Filter Ni Dia.<br>Cut off Coll $I/I_1$ Diffractometer $d_{corr}$ · abs?<br>Ref. National Bureau of Standards(US) Circ 5393(1959)</td><td>d/0.1 nm</td><td>int</td><td>hkl</td><td>d/0.1 nm</td><td>int</td><td>hkl</td></tr>
<tr><td>3.479</td><td>75</td><td>012</td><td>1.239</td><td>16</td><td>1.0.10</td></tr>
<tr><td>2.552</td><td>90</td><td>104</td><td>1.2343</td><td>8</td><td>119</td></tr>
<tr><td rowspan="4">(4)</td><td colspan="5" rowspan="4">Sys. Trigonal S.G. $D_{3D}^{6}$ -R3C(167)<br>$a_0$ 4.7558 $b_0$ $c_0$ 12.991 $A$ $C$ 2.7303<br>$\alpha$ $\beta$ $\gamma$ $Z$ 6 $D_x$ 3.987<br>Ref. Ibid</td><td>2.379</td><td>40</td><td>110</td><td>1.1898</td><td>8</td><td>220</td></tr>
<tr><td>2.165</td><td><1</td><td>006</td><td>1.1160</td><td><1</td><td>301</td></tr>
<tr><td>2.085</td><td>100</td><td>113</td><td>1.1470</td><td>6</td><td>223</td></tr>
<tr><td>1.964</td><td>2</td><td>202</td><td>1.1382</td><td>2</td><td>311 (9)</td></tr>
<tr><td rowspan="4">(5)</td><td colspan="5" rowspan="4">$\varepsilon\alpha$ $n\omega\beta$ $\varepsilon\gamma$ Sign<br>$2V$ $D_X$ $m_P$ Color<br>Ref.</td><td>1.740</td><td>45</td><td>024</td><td>1.1255</td><td>6</td><td>312</td></tr>
<tr><td>1.601</td><td>80</td><td>116</td><td>1.1246</td><td>4</td><td>128</td></tr>
<tr><td>1.546</td><td>4</td><td>211</td><td>1.0988</td><td>8</td><td>0.2.10</td></tr>
<tr><td>1.514</td><td>6</td><td>122</td><td>1.0831</td><td>4</td><td>0.0.12</td></tr>
<tr><td rowspan="5">(6)</td><td colspan="5" rowspan="5">Sample anealed at 1500℃ for four hours in an $Al_2O_3$ crucible spectanal showed < 0.1%: K、Na、Si; < 0.01%:Ca、Cu、Fe、Mg、Pb; < 0.001%:B、Cr、Li、Mn、Ni. Corundum structure pattern made at 26℃</td><td>1.510</td><td>8</td><td>018</td><td>1.0781</td><td>8</td><td>134</td></tr>
<tr><td>1.404</td><td>30</td><td>124</td><td>1.0420</td><td>14</td><td>226</td></tr>
<tr><td>1.374</td><td>50</td><td>030</td><td>1.0175</td><td>2</td><td>402</td></tr>
<tr><td>1.337</td><td>2</td><td>125</td><td>0.9976</td><td>12</td><td>1.2.10</td></tr>
<tr><td>1.276</td><td>4</td><td>208</td><td>0.9857</td><td><1</td><td>1.1.12</td></tr>
</table>

(1) 栏。共有四列，前三列分别为三条最强线的面间距值，第四列为该物相的最大面间距值。

(2) 栏。共有四列，前三列分别为三强线所对应的以百分制表示的衍射相对强度值，即以最强峰的相对强度定为 100，其他峰的相对强度用%表示。第四列为该物相中最大面间距所对应的衍射相对强度值。

(3) 栏。实验条件：Rad.为辐射种类；$\lambda$为辐射波长；Filter 为滤波片；Dia.为相机直径；Cut off 为相机或测角仪能测得的最大面间距；Coll 为光阑尺寸；$I/I_1$为测量衍射强度的方法；Diffractometer 为衍射仪；$d_{corr}$ · abs?为所测 $d$ 值是否经过吸收校正；Ref.为参考文献。

(4) 栏。晶体学数据：Sys.为晶系；S.G.为空间群；$a_0$、$b_0$、$c_0$、$\alpha$、$\beta$、$\gamma$为晶格常数；$A = a_0/b_0$，$C = c_0/b_0$为轴比；$Z$ 为单位晶胞中质点(对元素是指原子，对化合物是指分子)的数目；

$D_x$为 X 射线法测得的密度；Ref.为参考文献。

(5) 栏。光学数据：$\varepsilon\alpha$、$n\omega\beta$、$\varepsilon\gamma$ 为折射率；Sign 为光学性质的符号(正或负)；$2V$ 为光轴间的夹角；$D$ 为密度(以 X 射线法测得的密度标为 $D_X$)；$m_p$ 为熔点；Color 为颜色；Ref.为参考文献。

(6) 栏。试样来源、制备方式及化学分析数据。有时也注明升华点(S.P)、分解温度(D.T)、转变点(T.P)和热处理等。

(7) 栏。化学式及英文名称。

(8) 栏。表示数据可靠性的程度，★表示所测卡片上的数据高度可靠；$O$ 为可靠性低一些；$C$ 指衍射数据来自理论计算；$i$ 表明已指标化和估计强度，但可靠性不如前者；无标记时可靠性一般。

(9) 栏。所测结果，包括晶面间距、相对衍射强度和晶面指数。

(10) 栏。卡片序号。

表 4-2 为 1992 年以后出版的卡片结构图。可以看出，新版删除了旧版中的(1)栏、(2)栏和(5)栏的内容。

**表 4-2 $SmAl_2O_3$粉末的 PDF 卡片结构**(1992 年后出版)

**46-394** ★

| $SmAl_2O_3$<br>Aluminum Samarium Oxide | $d$/0.1 nm | $I/I_1$ | $hkl$ | $d$/0.1 nm | $I/I_1$ | $hkl$ |
|---|---|---|---|---|---|---|
| Rad. $CuK_{\alpha 1}$ $\lambda$ 0.1540598 Filter Ge Mono. d-sp Guinier | 3.737 | 62 | 110 | 1.1822 | 18 | 420 |
| cut off 3.9 Int. Densitometer $I/I_{cor}$ 3.44 | 3.345 | 5 | 111 | 1.1677 | 5 | 421 |
| Ref. Wang P , Shanghai Inst. of Ceramics, Chinese | 2.645 | 100 | 112 | 1.1274 | 15 | 422 |
| Academey of Science, Shanghai, China, ICDD | 2.4948 | 4 | 003 | 1.1149 | 2 | 333 |
| Grant-in-Aid,(1994) | 2.2549 | 2 | 211 | | | |
| Sys. Tetragonal S.G. | 2.1593 | 46 | 202 | | | |
| $a_0$ 5.2876 $b_0$ $c_0$ 7.4858 $A$ $C$ 1.4157 | 1.8701 | 62 | 220 | | | |
| $\alpha$ $\beta$ $\gamma$ $Z$ 4 $m_p$ | 1.8149 | 6 | 203 | | | |
| Ref. Ibid. | 1.6272 | 41 | 222 | | | |
| $D_X$ 7.153 $D_m$ SS/FOM F19=39(. 007, 71) | 1.6230 | 7 | 311 | | | |
| Integrated in tensities, Prepared by heating the compact | 1.5265 | 49 | 312 | | | |
| powder mixture of $Sm_2O_3$ and $Al_2O_3$ according to the | 1.3900 | 62 | 115 | | | |
| stoichiometric ratio of $SmAlO_3$ at 1500℃ in molybdenum | 1.3220 | 6 | 400 | | | |
| silicide-resistance furnace in air for two days. Silicon used | 1.3025 | 41 | 205 | | | |
| as internal standard.To replace 9-82 and 29-83 | 1.2462 | 7 | 330 | | | |

### 3. 卡片的检索

要迅速从数万张卡片中找到所需卡片，就需要索引。卡片按物质可分为无机相和有机相两类，每类的索引又可分为字母索引和数字索引两种。

1) 字母索引

字母索引是按物质英文名称的第一个字母顺序排列而成的，每一行包括以下几个主要部分：卡片的质量标志、物相名称、化学式、衍射花样中三强线对应的晶面间距值、相对强度及卡片序号等。例如：

$i$ Copper Molybdenum Oxide $CuMoO_4$ $3.72_X$ $3.26_8$ $2.71_7$ 22-242

$O$ Copper Molybdenum Oxide $Cu_3Mo_2O_9$ $3.28_X$ $2.63_8$ $3.39_6$ 22-609

当已知被测样品的主要物相或化学元素时，可通过估计的方法获得可能出现的物相，利用该索引找到有关卡片，再与待定衍射花样对照，即可方便地确定物相。若无未知样品的任何信息时，可先测样品的 X 射线衍射花样，再对样品进行元素分析，由元素分析的结果估计样品中可能出现的物相，再由字母索引查找卡片、对照花样，确定物相。此外，还可通过数字索引法进行卡片检索。

2) 数字索引

在未知待测相的任何信息时，可以使用数字索引(Hanawalt)进行检索卡片。该索引的每一部分说明如表 4-3 所示，每行代表一张卡片，共由七部分组成：1-QM：为卡片的质量标志；2-Strongest Reflections：表示八个强峰所对应的晶面间距，其下标分别表示各自的相对强度，其中 $x$ 表示最强峰定为 10，其余四舍五入为整数。3-PSC(Pearson Sympol)：表示物相所属布拉维点阵，小写字母 $a$、$m$、$o$、$t$、$h$、$c$ 表示晶系，大写字母 $P$、$C$、$F$、$I$、$R$ 分别表示点阵类型；4-Chemical Formula：化学式；5-Mineral Name (Common Name)：物相的矿物名或普通名；6-PDF：卡片号；7-$I/I_c$：参比强度。所有卡片按最强峰的 $d$ 值范围分成若干个大组，从大到小排列，每个大组中又以第二强峰的 $d$ 值递减为序进行排列。

**表 4-3　数字索引说明**

| 1 | 2 | 3 | 4 | 5 | 6 | 7 |
|---|---|---|---|---|---|---|
| QM | Strongest Reflections | PSC | Chemical Formula | Mineral Name | PDF | $I/I_c$ |
| *O* | $3.43_9$ $3.39_x$ $3.16_5$ $2.83_4$ $4.39_3$ $3.82_3$ $2.57_3$ $3.63_2$ | | $Cs_2Al(ClO_4)_5$ | | 31-345 | |
| *O* | $3.43_x$ $3.39_x$ $2.16_6$ $5.39_5$ $2.54_5$ $2.69_4$ $1.52_4$ $2.12_3$ | | $Al_6Si_2O_{13}$ | | 15-776 | |
| *i* | $3.41_9$ $3.39_x$ $3.37_x$ $3.28_7$ $3.26_7$ $2.40_3$ $2.39_3$ $1.90_3$ | | $Tl_3F_7$ | | 27-1455 | |
| | $3.41_9$ $3.39_x$ $3.28_8$ $3.13_8$ $3.10_8$ $4.10_5$ $3.32_5$ $3.17_5$ | | $\alpha$-$Ba_2Cu_7F_{18}$ | | 23-816 | |

注：晶面间距单位为 0.1 nm；衍射强度以十分制表示。

需指出的是，由于存在实验和测量误差，当三强线中两线强度差较小时(小于 25%)，往往使被测相的最强线不一定就是卡片上的最强线；同时，多数情况下，试样不是单相体，而是多种相的组合，可能有某些衍射线重叠，这就无法确定哪条衍射线是某一相的最强线，因此为解决这一矛盾，将 $d_1$、$d_2$、$d_3$ 的次序重新编排后仍编入索引，其余五强峰的排列顺序不变，这样一种物相就可能在索引中出现多次，增加了卡片的出现概率，便于查找。由于版本不同，$d_1$、$d_2$、$d_3$ 的编排规则也不同，1982 年的编排规则沿用至今，简述如下：

(1) 对 $I_2/I_1 \leqslant 0.75$ 的相，均以 $d_1d_2$ 的顺序出现一次，说明只有一条较强线，其他相均相对较弱，有一种编排。

(2) 对 $I_2/I_1 > 0.75$ 和 $I_3/I_1 \leqslant 0.75$ 的物相，以 $d_1d_2$ 和 $d_2d_1$ 的顺序出现两次，说明前两强线相近，有两种编排。

(3) 对 $I_3/I_1 > 0.75$ 和 $I_4/I_1 \leqslant 0.75$ 的物相，以 $d_1d_2$、$d_2d_1$ 和 $d_3d_1$ 的顺序出现三次，说明前三强线相近，有三种编排。

(4) 对 $I_4/I_1 > 0.75$ 的物相，以 $d_1d_2$、$d_2d_1$、$d_3d_1$、$d_4d_1$ 的顺序出现四次，说明前四强线相近，有四种编排。

这样，每个相平均占有 1.7 个条目。例如，$\alpha$-$SiO_2$、$Ti_2Cu_3$、$Fe_2O_3$ 和 $Al_2O_3$ 的卡片号在数字索引中分别出现一次、两次、三次和四次。

4. 定性分析步骤

(1) 运用 X 射线衍射仪获得待测样品前反射区($2\theta < 90°$)的衍射花样。同时由计算机获得各衍射峰的相对强度、衍射晶面的面间距或面指数。

(2) 当已知被测样品的主要化学成分时，可利用字母索引查找卡片，在包含主元素各种可能的物相中，找出三强线符合的卡片，取出卡片，核对其余衍射峰，一旦符合，便能确定样品中含有该物相。以此类推，找出其余各相，一般的物相分析均是如此。

(3) 当未知被测样品中的组成元素时，需利用数字索引进行定性分析。确定衍射花样中相对强度最强的三强峰所对应的 $d_1$、$d_2$ 和 $d_3$，由 $d_1$ 在索引中找到其所在的大组，再按次强线的面间距 $d_2$ 在大组中找到与 $d_2$ 接近的几行，需注意的是在同一大组中，各行是按 $d_2$ 值递减的顺序编排的。在 $d_1$、$d_2$ 符合后，再对照第三、第四直至第八强线，若八强峰均符合则可取出该卡片(相近的可能有多张)，对照剩余的 $d$ 值和 $I/I_1$，若 $d$ 值在允许的误差范围内均符合，即可定相。

物相分析中应注意以下几点：

(1) 如果被测试样的第三个 $d$ 值在各行中均没有对应值，应根据编排规则重新确定三强峰，重复上述步骤(3)，直至八强峰均符合为止。

(2) 当被测试样由多相组成时，一旦确定一个相，应将该相的线条从衍射花样中剔除，将剩余线条的相对强度重新归一化处理，重复上述步骤(3)。

(3) 多相混合物的衍射花样中，不同相的衍射线可能会重叠，导致花样中的最强线不是某相的最强线，而是两相或多个相的弱线叠加，若以这样的线作为最强线，将无法找到对应的卡片，此时应重新假设和检索。

(4) $d$ 和 $I/I_1$ 允许有一定的误差，$d$ 的误差范围一般控制在±0.001，而 $I/I_1$ 的误差可稍大一些，这是因为强度的影响因素较多。

(5) 物相定性分析的方法和原理较为简单，但实际检索时可能困难较大。比如，有的物相因在样品中的含量较少、X 射线衍射仪的功率较小等，这些可能导致无法产生完整的衍射花样，甚至根本没有产生衍射线；当样品中出现织构时，可能仅产生一两根极强的衍射线，此时确定物相也较为困难。因此，对于较为复杂的物相分析，需反复尝试和对照，并结合其他方法共同分析，方能取得圆满结果。

(6) 人工进行卡片检索有时会较为烦琐，甚至非常困难。当已建立了标准相的衍射花样数据库时，可借助计算机进行检索，但是计算机也有误检或漏检的现象，此时还需人工进行审核分析。

**【例 4-1】** 已知部分结果的物相鉴定。

Al-$TiO_2$ 系反应合成结果分析。采用 Al 粉和 $TiO_2$ 粉，按化学计量式计算进行配比，以 250 r/min 的速度球磨均匀混合 2 h，然后冷挤压成直径为 28 mm、厚度不等的压块，置于真空烧结炉中，以 20℃/min 预热试样，至 800℃左右时压块发生热爆反应，保温 10 min 左右后炉冷至室温，取样进行 XRD 试验。辐射：Cu $K_\alpha$；扫描范围：20°～90°；扫描速度：4°/min；管流：15 mA；管压：30 kV；滤片：Ni。衍射结果如表 4-4 所示。

**表 4-4　X 射线衍射结果**

| 序号 | $d$/0.1 nm | $I/I_1$ | 序号 | $d$/0.1 nm | $I/I_1$ |
|---|---|---|---|---|---|
| 1 | 4.310 | 11 | 10 | 1.926 | 5 |
| 2 | 3.521 | 10 | 11 | 1.741 | 8 |
| 3 | 3.479 | 11 | 12 | 1.689 | 4 |
| 4 | 2.723 | 4 | 13 | 1.601 | 14 |
| 5 | 2.553 | 17 | 14 | 1.573 | 4 |
| 6 | 2.380 | 9 | 15 | 1.510 | 3 |
| 7 | 2.303 | 18 | 16 | 1.436 | 10 |
| 8 | 2.153 | 100 | 17 | 1.404 | 6 |
| 9 | 2.085 | 15 | 18 | 1.374 | 7 |

过程分析：由已知条件可知，反应体系为 Al-$TiO_2$，由热力学知识可知，该体系进行的热爆反应为强放热反应，反应的可能产物为 $Al_2O_3$ 和金属间化合物 $Al_XTi_Y$，而 $Al_2O_3$ 结构有多种，如$\alpha$、$\beta$、$\gamma$、$\eta$ 等，但其中最稳定的为$\alpha$-$Al_2O_3$，同时 $Al_XTi_Y$ 也有多种形式，由热力学分析可知，$Al_3Ti$ 存在的可能性较大，为此，我们试探地认为反应产物由$\alpha$-$Al_2O_3$ 和 $Al_3Ti$ 两相组成，由字母索引法分别找到$\alpha$-$Al_2O_3$ 和 $Al_3Ti$ 相的 PDF 卡片，分别对照所测数据，发现所测数据就是由这两个相所对应的数据组成，没有剩余峰存在，由此可以判定反应产物为$\alpha$-$Al_2O_3$ 和 $Al_3Ti$ 两相，并分别用字母 a 和 b 表示，表征结果如图 4-9 所示。

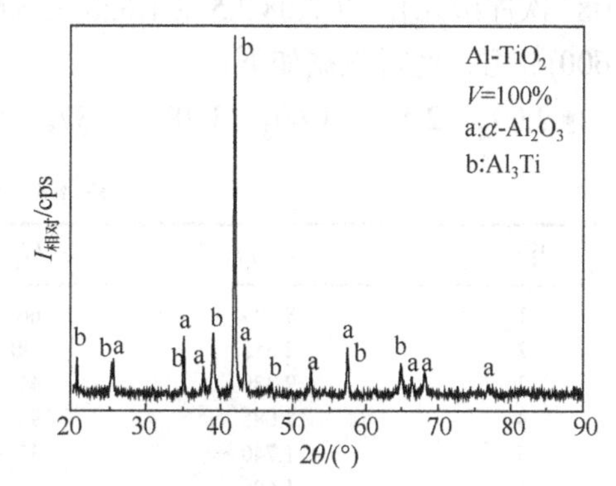


图 4-9　Al-$TiO_2$ 系热爆反应结果的 XRD 衍射花样

**【例 4-2】**　未知任何信息结果的物相鉴定。

表 4-5 为某一未知任何结果信息的 XRD 数据，试鉴定其组成相。

**表 4-5　XRD 衍射结果数据**

| 序号 | $d$/0.1 nm | $I/I_1$ | 序号 | $d$/0.1 nm | $I/I_1$ |
|---|---|---|---|---|---|
| 1 | 3.479 | 18 | 10 | 1.430 | 23 |
| 2 | 2.552 | 27 | 11 | 1.403 | 9 |
| 3 | 2.379 | 11 | 12 | 1.374 | 11 |
| 4 | 2.338 | 100 | 13 | 1.240 | 4 |
| 5 | 2.085 | 25 | 14 | 1.221 | 23 |
| 6 | 2.024 | 48 | 15 | 1.169 | 7 |
| 7 | 1.740 | 10 | 16 | 1.078 | 2 |
| 8 | 1.600 | 22 | 17 | 1.042 | 3 |
| 9 | 1.509 | 2 | 18 | 1.012 | 3 |

过程分析：未知任何结果信息的情况下只能由数字索引查找，过程非常烦琐，基本过程如下：

(1) 找出衍射数据中的前三强峰，并由大到小排列：$2.338_{100}$　$2.024_{48}$　$2.552_{27}$。

(2) 以晶面间距 2.338 在数字索引中找到 2.36-2.30(±0.1)栏，因为 $I_2/I_1 < 0.75$，故 $d_1d_2$ 在索引表中仅出现一次，即以 2.338　2.024 数组查找即可。若能找到该数组表明属于同一相，若未能找到，不需交换 $d_1d_2$ 的次序，就可判定 $d_1d_2$ 不属于同一个相。经查在 2.36-2.30(±0.1)栏找到了 2.338　2.024 数组，表明这两强峰属于同一个相，但在同组三强峰中并未找到 2.552 数据，说明 2.552 列与前两强峰不属于同一个相。为此，将 2.552 放置一边，再以第四强峰数据 2.085 组成三强峰即：$2.338_{100}$　$2.024_{48}$　$2.085_{25}$，同样方法查找，结果发现这三强峰也不属于同一个相，以此类推。到第五强峰时有两个数据 $1.430_{23}$ 和 $1.221_{23}$ 并列，并发现两者分别与前两强组成三强峰时，均可在 2.36-2.30(±0.1)栏内找到，表明 $1.430_{23}$ 和 $1.221_{23}$ 与前两强峰均属于同一个相，所在的索引行是：

$$*2.34_X \quad 2.02_5 \quad 1.22_2 \quad 1.43_2 \quad 0.93_1 \quad 0.91_1 \quad 0.83_1 \quad 0.17_1 \quad \text{(Al)4F} \quad 4\text{-}787$$

找出 4-787 号卡片即物相 Al，对照其他峰的数据完全吻合，表明该衍射花样中含有 Al 相。

(3) 从衍射数据中剔去 Al 相的所有衍射数据，将剩余的数据归一化处理，得表 4-6，同步骤(2)，列出三强峰 $2.552_X$　$2.085_{93}$　$1.600_{81}$，此时 $I_3/I_1 > 0.75$，且 $I_4/I_1 \leqslant 0.75$，表明三强峰相

近，将以 $d_1d_2$、$d_2d_1$、$d_3d_1$ 的顺序出现三次。在 2.57-2.51(±0.1)栏内找到了 2.552　2.085 数组($d_1d_2$)，表明前两强峰属于同一个相，但在该栏内未找到 2.552　2.085　1.600 这一数组，为此交换 2.552　2.085 次序($d_2d_1$)，以 2.08 2.552 1.600 三强峰在 2.08-2.02(±0.1)栏内查找，找到了(2.085　2.552　1.600)数组，此行数据如下：

* $2.09_X$　$2.55_9$　$1.60_8$　$3.48_8$　$1.37_5$　$1.74_5$　$2.38_4$　$1.43_3$　($Al_2O_3$)10R　10-173　1.00

**表 4-6　XRD 衍射花样数据**

| 序号 | $d$/0.1 nm | $I/I_1$ | 序号 | $d$/0.1 nm | $I/I_1$ |
|---|---|---|---|---|---|
| 1 | 3.479 | 66 | 7 | 1.509 | 7 |
| 2 | 2.552 | 100 | 8 | 1.403 | 33 |
| 3 | 2.379 | 41 | 9 | 1.374 | 41 |
| 4 | 2.085 | 93 | 10 | 1.240 | 15 |
| 5 | 1.740 | 37 | 11 | 1.078 | 7 |
| 6 | 1.600 | 81 | 12 | 1.042 | 11 |

找到 10-173 卡片，对照数据，发现所有剩余数据与卡片上的数据基本吻合，表明剩余衍射数据属于同一个相$\alpha$-$Al_2O_3$，这样所有的衍射数据就对照完毕，物质由 Al 和$\alpha$-$Al_2O_3$两个相组成，表征结果如图 4-10 所示。需注意的是，在剔除$\alpha$-$Al_2O_3$的所有衍射数据后，如果还有剩余衍射数据，则表明该物质中存在第三相，甚至第四相，方法与步骤(2)逐一对照，直至所有剩余数据鉴定完毕。由此可见，未知物质任何信息的情况下鉴定物相比较困难，过程也较为复杂，但随着计算机技术的发展和应用，检索过程可由计算机软件完成，但鉴定的结果仍需人工核对。

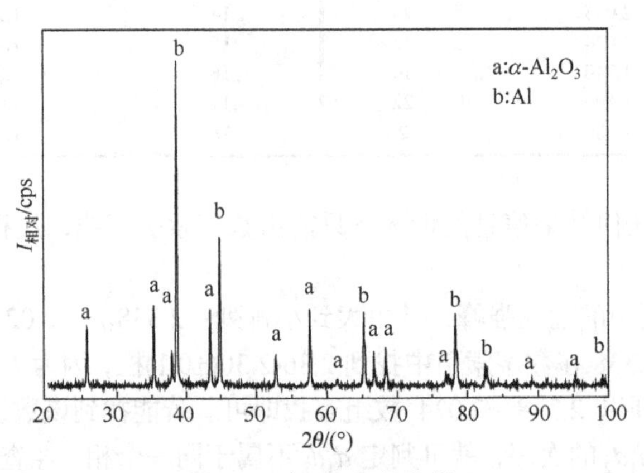


图 4-10　XRD 衍射花样

5. 物相的 XRD 软件检索分析

XRD 中常用于物相分析的软件有多种，本书仅介绍 Jade 和 XRD workshop 两种软件的物相定性分析。

1) Jade 软件的物相定性分析

打开文件，“File” → “Read” → 选中需要打开的文件，文件格式为“.raw”，物相检索步骤分三轮检索。

(1) 第一轮检索：

Ⅰ. 打开图谱，不做任何处理，鼠标右键点击“S/M”按钮，打开检索条件设置对话框，再点击“OK”按钮，进入“Search/Match Display”窗口，见图 4-11。

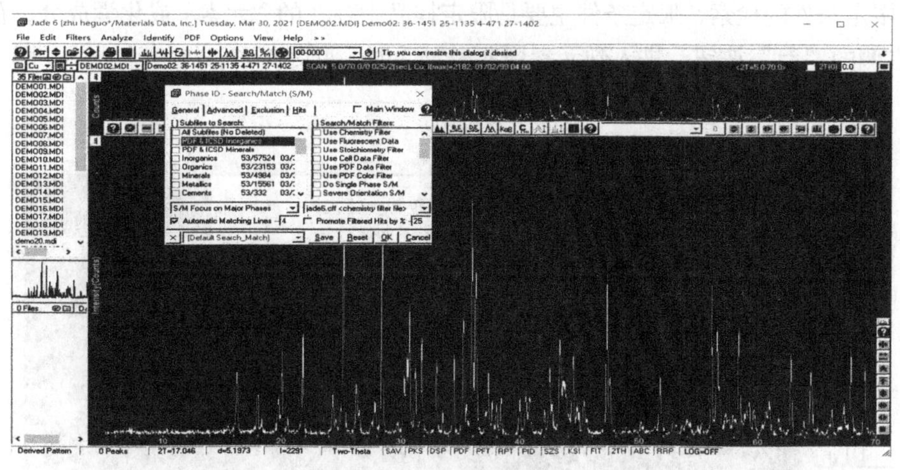


图 4-11　测量图谱

Ⅱ.“Search/Match Display”窗口分为三个部分，见图 4-12。顶部是全谱显示窗口，可以观察全部 PDF 卡片的衍射线与测量谱的匹配情况；中部是放大窗口，可观察局部匹配的细节，通过右边按钮可调整放大窗口的显示范围和放大比例，以便观察得更清楚；底部是检索列表，从上至下列出最可能的物相，通常按“FOM”由小到大的顺序排列，FOM 为匹配率的倒数，数值越小，表示匹配性越高。

Ⅲ. 物相检定完成后，关闭窗口返回到主窗口。

Ⅳ. 使用这种方法，一般可测出主要物相。

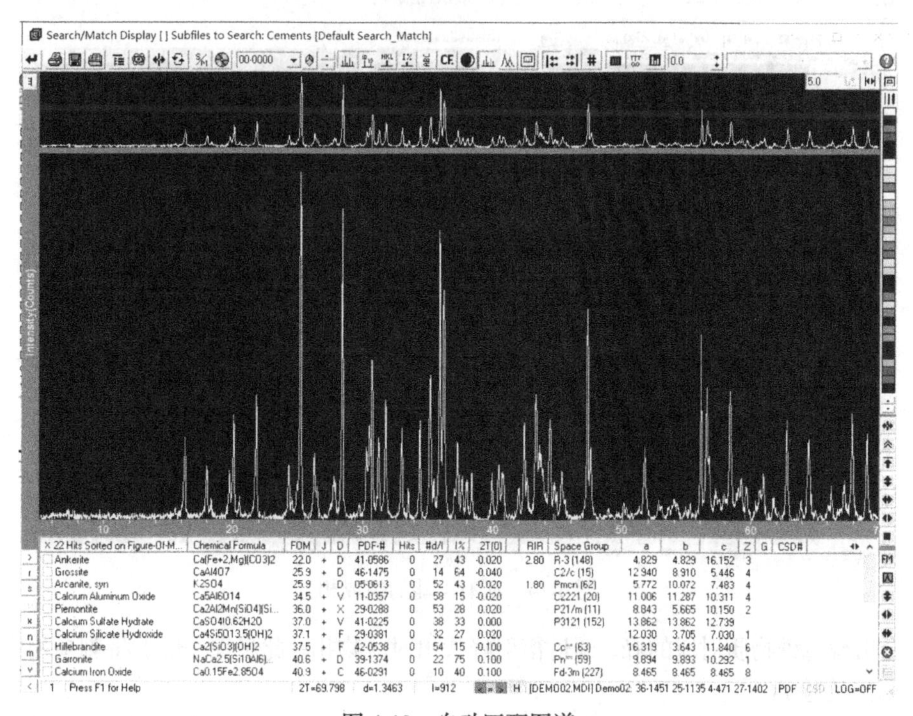


图 4-12　自动匹配图谱

(2) 第二轮检索：

Ⅰ. 限定条件的检索，限定条件主要是限定样品中存在的“元素”或化学成分，右键点击“S/M”右侧的“[icon]”按钮，进入到元素周期表对话框，见图 4-13。

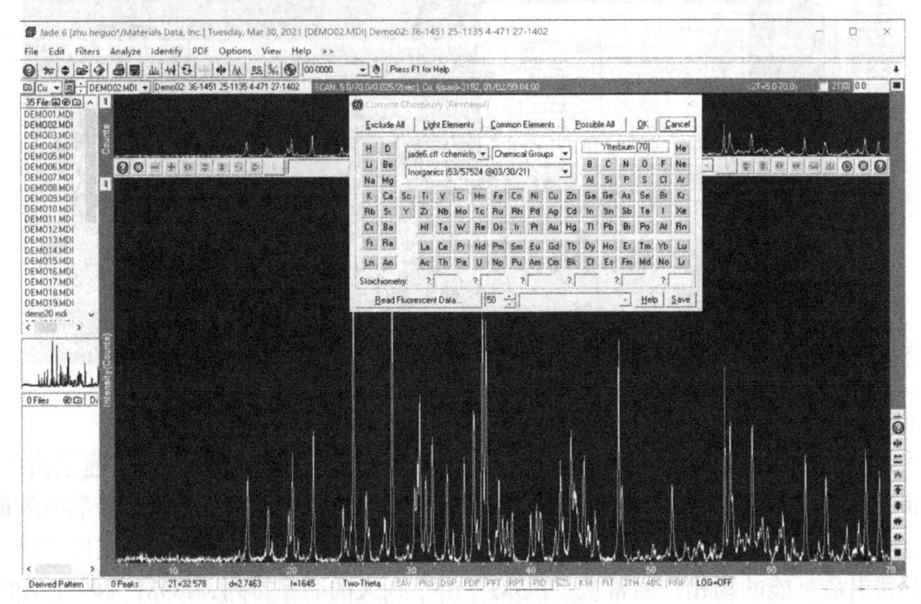


图 4-13　所有限定元素图

Ⅱ. 将样品中可能存在的元素全部输入，点击“OK”，得所有可能组成相，见图 4-14。

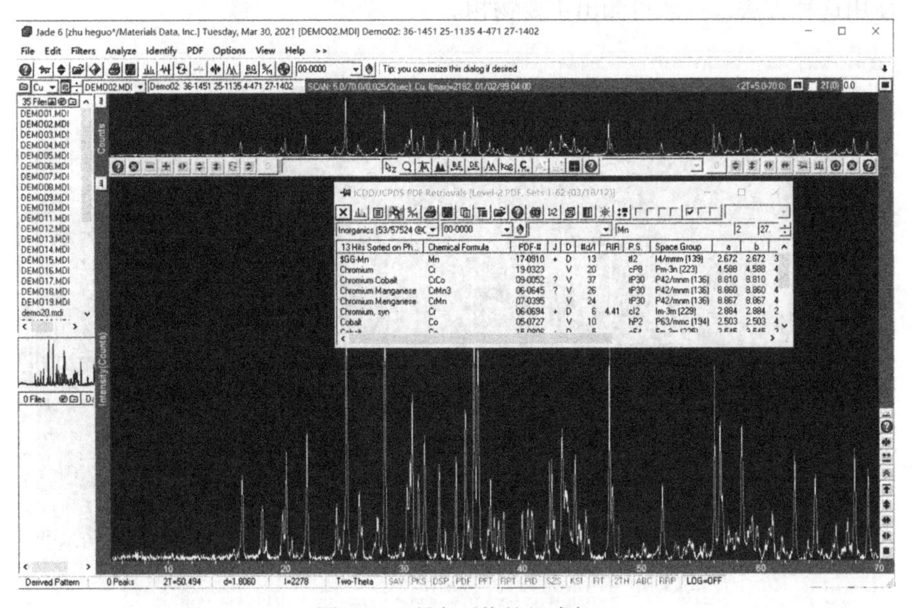


图 4-14　所有可能的组成相

Ⅲ. 会出现每种物质对应的峰，通过衍射峰找出对应物相。此步骤一般能将剩余相检索出来。

(3) 第三轮检索：

Ⅰ. 如果经过前两轮尚有不能检索出的物相存在，即有个别的小峰未被检索出物相，此时用单峰搜索进行搜索。

Ⅱ. 在主窗口中选择“Analyze”→“Find Peaks”。

Ⅲ. 在峰下面划出一条底线，该峰被指定，鼠标右键点击“S/M”。此时，软件会列出在此峰位置出现衍射峰的标准卡片列表，见图 4-15。

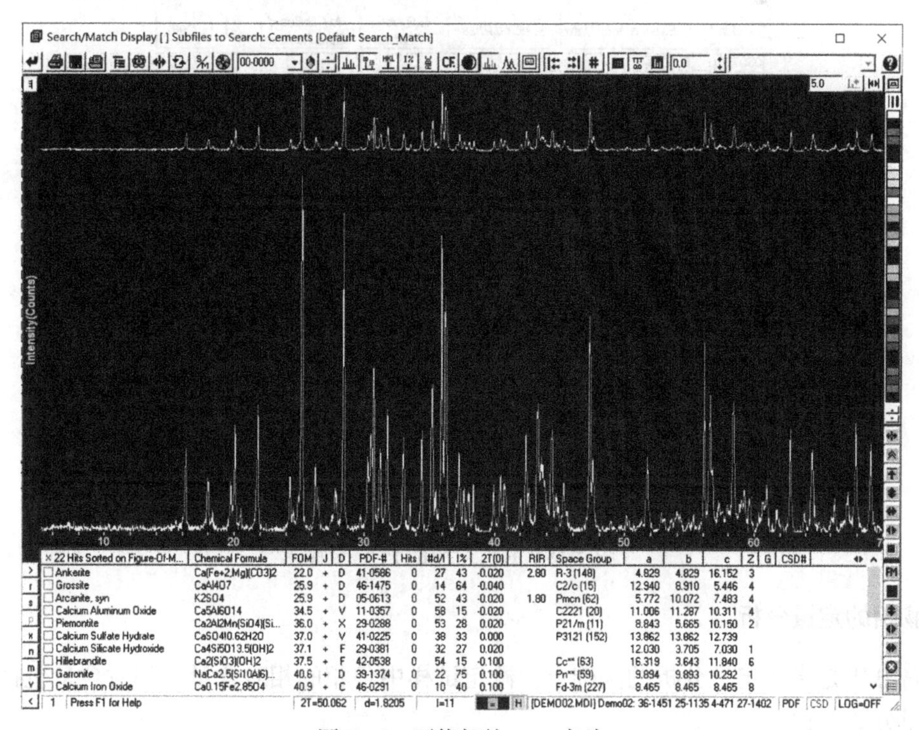


图 4-15　可能相的 PDF 卡片

Ⅳ. 通过上述三轮检索，样品的全部物相基本都能被检索出来。

2) XRD workshop 查找物相

在已知研究对象所含成分时还可采用 XRD workshop 软件进行物相鉴定，查找步骤如下：

(1) 点击 PDF.EXE，进入软件系统，见图 4-16。

(2) 点击 Find，空白框中输入相的组成元素，如 B 和 Ti，点击 Search 得图 4-17，可见 Ti 与 B 可以组成 5 种不同结构的相，每一种相分别对应于不同的 PDF 卡片。例如，第五种 $TiB_2$ 相，点击 Experimental Data 即可获得其对应的 PDF 卡片，见图 4-18。当卡片上的衍射峰能与实验结果所有峰一一吻合时，即可认定实验结果中有卡片所对应的相。如果实验结果的衍射峰中在扣除卡片上所有相应峰后，尚有余峰，表明实验结果为多相组成，此时可将剩余峰进

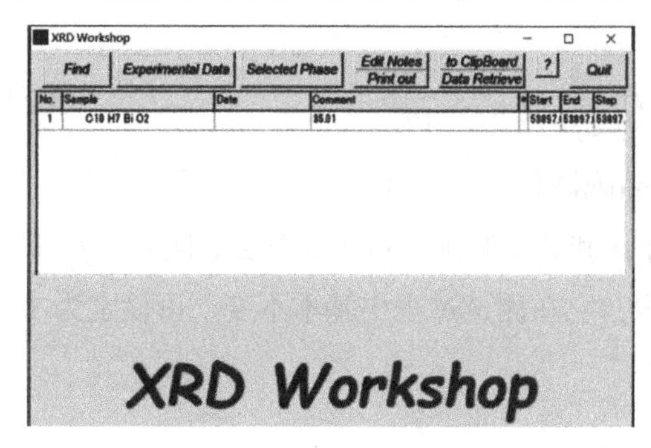


图 4-16　XRD 软件封面图

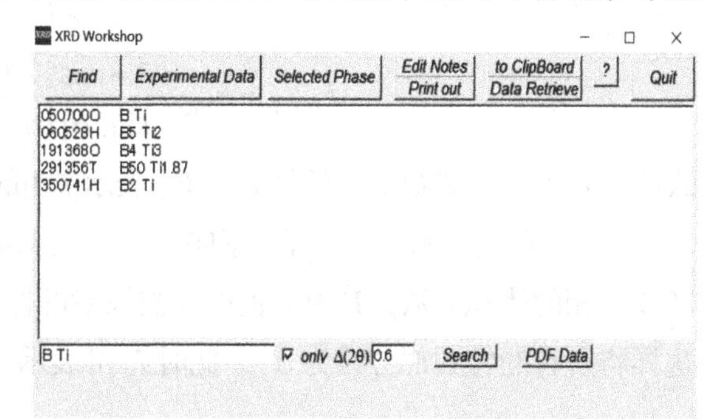


图 4-17　B 和 Ti 可能的组成相

行归一化处理，再与剩余可能相所对应的 PDF 卡片一一核实，直至所有峰对应完毕。该软件使用方便，过程简洁明了，得到了广泛的应用。

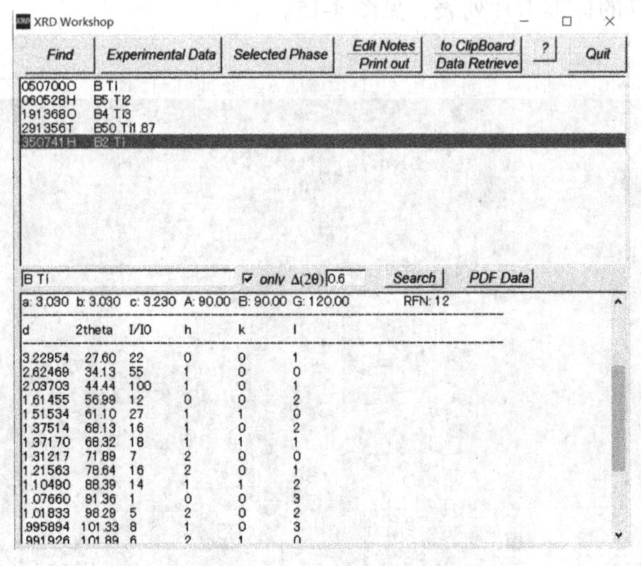


图 4-18　$TiB_2$ 对应的 PDF 卡片

### 4.2.2　物相的定量分析

定量分析是指在定性分析的基础上，测定试样中各相的相对含量。相对含量包括体积分数和质量分数两种。

#### 1. 定量分析的原理

定量分析的依据：各相衍射线的相对强度随该相含量的增加而增强。由第三章分析结果可知，单相多晶体的相对衍射强度可由下式表示：

$$I_{相对} = F_{HKL}^2 \cdot \frac{1+\cos^2 2\theta}{\sin^2\theta\cos\theta} \cdot P \cdot A \cdot \mathrm{e}^{-2M} \cdot \frac{\lambda^3 V}{V_0^2} \tag{4-1}$$

该式原本只适用于单相试样，但通过稍加修正后同样适用于多相试样。

设试样是由 $n$ 种物相组成的平板试样，试样的线吸收系数为 $\mu_1$，某相 $j$ 的 $HKL$ 衍射相对强度为 $I_{j相对}$（$I_{j相对}$ 一般简化为 $I_j$），则 $A=\dfrac{1}{2\mu_1}$，$j$ 相衍射的相对强度为

$$I_{j相对} = F_{HKL}^2 \cdot \frac{1+\cos^2 2\theta}{\sin^2\theta\cos\theta} \cdot P \cdot \frac{1}{2\mu_1} \cdot \mathrm{e}^{-2M} \cdot \frac{\lambda^3 V_j}{V_{j0}^2} \tag{4-2}$$

式中，$V_j$ 表示 $j$ 相被辐射的体积；$V_{j0}$ 表示 $j$ 相的晶胞体积。

显然，在同一测定条件下，影响 $I_j$ 大小的只有 $\mu_1$ 和 $V_j$，其他均可视为常数，且 $V_j = f_j \cdot V$，$f_j$ 为 $j$ 相的体积分数，$V$ 为平板试样被辐射的体积，它在测试过程中基本不变，可设定为 1，这样将所有的常数部分设为 $C_j$，此时 $I_j$ 可表示为

$$I_j = C_j \cdot \frac{1}{\mu_1} \cdot f_j \tag{4-3}$$

设 $j$ 相的质量分数为 $\omega_j$，则

$$\mu_1=\rho\mu_m=\rho\sum_{j=1}^{n}\omega_j\mu_{mj} \tag{4-4}$$

式中，$\mu_m$ 和 $\mu_{mj}$ 分别为试样和 $j$ 相的质量吸收系数；$\rho$ 为试样的密度；$n$ 为试样中物相的种类数。

由于 $\omega_j=\frac{M_j}{M}=\frac{\rho_j\cdot V_j}{\rho\cdot V}=\frac{\rho_j}{\rho}\cdot f_j$，所以 $f_j=\frac{\rho}{\rho_j}\omega_j$，代入式(4-3)得 $I_j=C_j\cdot\frac{1}{\rho\mu_m}\cdot\frac{\rho}{\rho_j}\omega_j=\frac{C_j}{\rho_j\mu_m}\omega_j$，这样得到物相定量分析的两个基本公式为

体积分数：
$$I_j=C_j\cdot\frac{1}{\mu_1}\cdot f_j=C_j\cdot\frac{1}{\rho\mu_m}\cdot f_j \tag{4-5}$$

质量分数：
$$I_j=C_j\cdot\frac{1}{\rho_j\mu_m}\cdot\omega_j \tag{4-6}$$

由于试样的密度 $\rho$ 和质量吸收系数 $\mu_m$ 也随组成相的含量变化而变化，因此各相的衍射线强度随其含量的增加而增加，但它们保持的是正向关系，而非正比例关系。

2. 定量分析方法

根据测试过程中是否向试样中添加标准物，定量分析方法可分为内标法和外标法两种。外标法又称单线条法或直接对比法；内标法又派生出了 $K$ 值法、绝热法和参比强度法等多种方法。

1) 外标法

设试样由 $n$ 个相组成，其质量吸收系数均相同(同素异构物质即为此种情况)，即 $\mu_{m1}=\mu_{m2}=\cdots=\mu_{mj}=\cdots=\mu_{mn}$，则 $\mu_m=\sum_{j=1}^{n}\omega_j\mu_{mj}=\mu_{mj}(\omega_1+\omega_2+\cdots+\omega_j+\cdots+\omega_n)=\mu_{mj}$，即试样的质量吸收系数 $\mu_m$ 与各相的含量无关，且等同于各相的质量吸收系数，为一常数。此时式(4-6)可进一步简化为

$$I_j=C_j\cdot\frac{1}{\rho_j\mu_m}\cdot\omega_j=C_j^*\cdot\omega_j \tag{4-7}$$

式(4-7)表明 $j$ 相的衍射线强度 $I_j$ 正比于其质量分数 $\omega_j$。

当试样为纯 $j$ 相时，则 $\omega_j$=100%，$j$ 相用于测量的某衍射线强度记为 $I_{j0}$。此时

$$\frac{I_j}{I_{j0}}=\frac{C_j^*\cdot\omega_j}{C_j^*}=\omega_j \tag{4-8}$$

即混合试样中与纯 $j$ 相在同一位置上的衍射线强度之比为 $j$ 相的质量分数。该式即为外标法的理论依据。

外标法比较简单，但使用条件苛刻，各组成相的质量吸收系数应相同或试样为同素异构物质组成。当组成相的质量吸收系数不等时，该法仅适用于两相，此时，可事先配制一系列不同质量分数的混合试样，制作定标曲线，应用时可直接将所测曲线与定标曲线对照得出所测相的含量。

2) 内标法

当待测试样由多相组成，且各相的质量吸收系数不等时，应采用内标法进行定量分析。内标法是指在待测试样中加入已知含量的标准相组成混合试样，比较待测试样和混合试样同一衍射线的强度，以获得待测相含量的分析方法。

设待测试样的组成相为 $A+B+C+\cdots$，表示为 $A+X$，$A$ 为待测相，$X$ 为其余相；标准相为 $S$，混合试样的相组成为 $A+B+C+\cdots+S$，表示为 $A+X+S$。

$A$ 相在标准相 $S$ 加入前后的质量分数分别为 $\omega_A=\dfrac{m_A}{m_A+m_X}$ 和 $\omega'_A=\dfrac{m_A}{m_A+m_X+m_S}$，$S$ 相加入后，混合试样中 $S$ 相的质量分数为

$$\omega_S=\frac{m_S}{m_A+m_X+m_S}$$

设加入标准相后，$A$ 相和 $S$ 相衍射线的强度分别为 $I'_A$ 和 $I_S$，则

$$I'_A=\frac{C_A\cdot\omega'_A}{\rho_A\cdot\mu_{\mathrm{m}(A+X+S)}} \tag{4-9}$$

$$I_S=\frac{C_S\cdot\omega_S}{\rho_S\cdot\mu_{\mathrm{m}(A+X+S)}} \tag{4-10}$$

$$\frac{I'_A}{I_S}=\frac{C_A\cdot\rho_S}{C_S\cdot\rho_A}\cdot\frac{\omega'_A}{\omega_S} \tag{4-11}$$

因为 $\omega'_A=\omega_A\cdot(1-\omega_S)$，所以

$$\frac{I'_A}{I_S}=\frac{C_A\cdot\rho_S}{C_S\cdot\rho_A}\cdot\frac{\omega'_A}{\omega_S}=\frac{C_A\cdot\rho_S}{C_S\cdot\rho_A}\cdot\frac{1-\omega_S}{\omega_S}\cdot\omega_A \tag{4-12}$$

令 $\dfrac{C_A\cdot\rho_S}{C_S\cdot\rho_A}\cdot\dfrac{1-\omega_S}{\omega_S}=K_S$，则

$$\frac{I'_A}{I_S}=K_S\cdot\omega_A \tag{4-13}$$

该式即为内标法的基本方程。当已知 $K_S$ 时，$\dfrac{I'_A}{I_S}$-$\omega_A$ 为直线方程，并通过坐标原点，在测得 $I'_A$、$I_S$ 后即可求得 $A$ 相的相对含量。

由于内标法中 $K_S$ 值随 $\omega_S$ 的变化而变化，因此在具体应用时，需要通过实验方法先求出 $K_S$ 值，方可利用式(4-13)求得待测相 $A$ 的含量。为此，需配制一系列样品，测定其衍射强度，绘制定标曲线，求得 $K_S$ 值。具体方法如下：在混合相 $A+S+X$ 中，固定标准相 $S$ 的含量为某一定值，如 $\omega_S=20\%$，剩余的部分用 $A$ 及 $X$ 相制成不同配比的混合试样，至少两个配比以上，分别测得 $I'_A$ 和 $I_S$，获得系列的 $\dfrac{I'_A}{I_S}$ 值。

例如，配比 1：$\omega'_A=60\%$，$\omega_S=20\%$，$\omega_X=20\%$，则 $\omega_A=\dfrac{\omega'_A}{1-\omega_S}=75\%\rightarrow\left(\dfrac{I'_A}{I_S}\right)_1$。

配比 2：$\omega'_A=40\%$，$\omega_S=20\%$，$\omega_X=40\%$，则 $\omega_A=\dfrac{\omega'_A}{1-\omega_S}=50\%\rightarrow\left(\dfrac{I'_A}{I_S}\right)_2$。

配比 3：$\omega'_A=20\%$，$\omega_S=20\%$，$\omega_X=60\%$，则 $\omega_A=\dfrac{\omega'_A}{1-\omega_S}=25\%\to\left(\dfrac{I'_A}{I_S}\right)_3$。

作出 $\dfrac{I'_A}{I_S}$-$\omega_A$ 关系曲线。由于 $\omega_S$ 为定值，故 $\dfrac{I'_A}{I_S}$-$\omega_A$ 曲线为直线，该直线的斜率即为 $\omega_S=20\%$ 时的 $K_S$。

需注意：①制定定标曲线时，$X$ 相可在 $A$、$S$ 相外任选一相，也可在余相中任选一相；②定标曲线的横轴是 $\omega_A$，而非 $\omega'_A$；③在求得 $K_S$ 后，运用内标法测定待测相 $A$ 的含量时，内标物 $S$ 和加入量 $\omega_S$ 应与测定 $K_S$ 值时的相同。

3) $K$ 值法

由内标法可知，$K_S$ 值取决于标准相 $S$ 的含量，且需要制定内标曲线，因此该法工作量大，使用不便，有简化的必要。$K$ 值法即为简化法中的一种，它首先是由钟焕成(F. H. Chung)于 1974 年提出的。

根据内标法公式：

$$\frac{I'_A}{I_S}=\frac{C_A\cdot\rho_S}{C_S\cdot\rho_A}\cdot\frac{1-\omega_S}{\omega_S}\cdot\omega_A$$

令 $K_S^A=\dfrac{C_A\cdot\rho_S}{C_S\cdot\rho_A}$，则

$$\frac{I'_A}{I_S}=K_S^A\cdot\frac{1-\omega_S}{\omega_S}\cdot\omega_A \tag{4-14}$$

该式即为 $K$ 值法的基本公式，式中 $K_S^A$ 仅与 $A$ 和 $S$ 两相的固有特性有关，而与 $S$ 相的加入量 $\omega_S$ 无关，它可以直接查表或实验获得。实验确定 $K_S^A$ 也非常简单，仅需配制一次，即取各占一半的纯 $A$ 和纯 $S$($\omega_S=\omega'_A=50\%$，$\omega_A=100\%$)，分别测定混合样的 $I_S$ 和 $I'_A$，由

$$\frac{I'_A}{I_S}=\frac{C_A\cdot\rho_S}{C_S\cdot\rho_A}\cdot\frac{\omega'_A}{\omega_S}=\frac{C_A\cdot\rho_S}{C_S\cdot\rho_A}=K_S^A \tag{4-15}$$

即可获得 $K_S^A$ 值。运用 $K$ 值法的步骤如下：

(1) 查表或实验测定 $K_S^A$。

(2) 向待测样中加入已知含量 $\omega_S$ 的 $S$ 相，测定混合样的 $I_S$ 和 $I'_A$。

(3) 代入公式 $\dfrac{I'_A}{I_S}=K_S^A\cdot\dfrac{1-\omega_S}{\omega_S}\cdot\omega_A$，即可求得待测相 $A$ 的含量 $\omega_A$。

$K$ 值法源于内标法，它不需要制定内标曲线，使用较为方便。

4) 绝热法

内标法和 $K$ 值法均需要向待测试样中添加标准相，因此待测试样必须是粉末。那么块体试样的定量分析如何进行？这就需要采用新的方法如绝热法和参比强度法等。

绝热法不需添加标准相，它是用待测试样中的某一相作为标准物质进行定量分析的，因此定量分析过程不与被测试样以外发生关系，其原理类似于 $K$ 值法。

设试样由 $n$ 个已知相组成，以其中的某一相 $j$ 为标准相，分别测得各相衍射线的相对强度，类似于 $K$ 值法，获得($n$−1)个方程。此外，各相的质量分数之和为 1，这样就得到 $n$ 个方程组成的方程组：

$$
\begin{cases}
\dfrac{I_1}{I_j} = K_j^1 \cdot \dfrac{\omega_1}{\omega_j} \\
\dfrac{I_2}{I_j} = K_j^2 \cdot \dfrac{\omega_2}{\omega_j} \\
\quad\vdots \\
\dfrac{I_{n-1}}{I_j} = K_j^{n-1} \cdot \dfrac{\omega_{n-1}}{\omega_j} \\
\sum_{j=1}^{n} \omega_j = 1
\end{cases}
\tag{4-16}
$$

解该方程组即可求出各相的含量。绝热法也是内标法的一种简化，标准相不是来自试样外部而是本身，该法不仅适用于粉末试样，同样也适用于块体试样，其不足是必须知道试样中的所有组成相。

5) 参比强度法

参比强度法实际上是对 $K$ 值法的再简化，它适用于粉体试样，当待测试样仅含两相时也可适用于块体试样。该法采用刚玉($\alpha$-$Al_2O_3$)作为统一的标准物 $S$，某相 $A$ 的 $K_S^A$ 已标于卡片的右上角或数字索引中，无需通过计算或实验即可获得 $K_S^A$。

当待测试样中仅有两相时，定量分析时不必加入标准相，此时存在以下关系：

$$
\begin{cases}
\dfrac{I_1}{I_2} = K_2^1 \cdot \dfrac{\omega_1}{\omega_2} = \dfrac{K_S^1}{K_S^2} \cdot \dfrac{\omega_1}{\omega_2} \\
\omega_1 + \omega_2 = 1
\end{cases}
\tag{4-17}
$$

解该方程组即可获得两相的相对含量。

### 3. 重叠线的分离

晶体衍射时往往会出现峰线重叠，将给定量分析或结构分析带来麻烦。同一相中，如立方系中，当 $a$、$h^2+k^2+l^2$ 相同时，其对应的晶面间距相同，即衍射角相同，峰线重叠。此时重叠线可通过多重因子的计算来进行分离。例如，简单立方点阵中，300 和 221 的衍射线重叠，假定实测重叠峰的相对强度为 80，两者的多重因子 $P_{300}=6$，$P_{221}=24$，则 300 的相对衍射强度为 $80\times\dfrac{P_{300}}{P_{300}+P_{221}}=80\times\dfrac{6}{6+24}=16$，这样 221 的相对衍射强度为 $80-16=64$。不同相中，如果其晶面间距相同或相近，同样会引起衍射线的重叠，此时重叠衍射线的分离可由下式计算获得：

$$
I_i = I_0 \frac{P_i F_i^2}{\sum_{i=1}^{n} P_i \times F_i^2}
\tag{4-18}
$$

式中，$I_0$、$I_i$ 分别为重叠峰的总强度和第 $i$ 相在该位置的衍射强度；$P_i$ 和 $F_i^2$ 分别为第 $i$ 相的多重因子和结构因子；$n$ 为重叠峰所含分峰的数目。

定量分析的方法较多，感兴趣的读者可以参考相关书籍，不过需要注意的是，定量分析的精确度与样品的状态密切相关，如颗粒的粗细、试样中各相分布的均匀性、织构等。

## 本章小结

本章主要介绍了 X 射线的多晶衍射法及其在材料研究中的应用物相分析。

X 射线衍射仪：在 X 射线入射方向不变的情况下，通过测角仪保证样品的转动角速度为计数器的一半，当样品从 0°转到 90°时，记录系统可以连续收集并记录试样中所有符合衍射条件的各晶面所产生的衍射束的强度，从而获得该样品的 X 射线衍射花样。由此花样可以分析试样的晶体结构、物相种类及其含量等。

- 物相分析
  - 定性分析
    - 依据：$I$ 的大小取决于晶体结构的基本参数：点阵类型，单胞大小，单胞中原子位置、数目等，不同的物相(固溶体、单质、化合物)具有不同的衍射花样
    - 方法：采用PDF卡片或计算机软件(如Jade、XRD workshop等)进行分析
  - 定量分析
    - 基本公式：体积分数：$I_j = C_j \cdot \dfrac{1}{\rho\mu_m} \cdot f_j$；质量分数：$I_j = C_j \cdot \dfrac{1}{\rho_j \mu_m} \cdot \omega_j$
    - 计算方法
      - (1) 单线条法：$I_j = C_j \cdot \dfrac{1}{\rho_j \mu_m} \cdot \omega_j = C_j^* \cdot \omega_j$，$\dfrac{I_j}{I_{j0}} = \dfrac{C_j^* \cdot \omega_j}{C_j^*} = \omega_j$
      
        使用条件：各组成相的质量吸收系数相等，或试样由同素异构物质组成
      - (2) 内标法：$\dfrac{I'_A}{I_S} = K_S \cdot \omega_A$，需先制定定标曲线
      - (3) $K$值法：$\dfrac{I'_A}{I_S} = K_S^A \cdot \dfrac{1-\omega_S}{\omega_S} \cdot \omega_A$，不需制定定标曲线
      - (4) 绝热法
      
        $$\begin{cases} \dfrac{I_1}{I_j} = K_j^1 \cdot \dfrac{\omega_1}{\omega_j} \\ \dfrac{I_2}{I_j} = K_j^2 \cdot \dfrac{\omega_2}{\omega_j} \\ \quad\vdots \\ \dfrac{I_{n-1}}{I_j} = K_j^{n-1} \cdot \dfrac{\omega_{n-1}}{\omega_j} \\ \sum\limits_{j=1}^{n} \omega_j = 1 \end{cases}$$
      - (5) 参比强度法
    - 重叠峰分离法：$I_i = I_0 \dfrac{P_i F_i^2}{\sum\limits_{i=1}^{n} P_i \times F_i^2}$

## 思　考　题

4-1　用于物相分析的 X 射线光源为什么是柱状而非点状？

4-2　样品台水平放置有什么优点？

4-3　平板试样的衍射花样所对应的衍射晶面为什么平行于试样表面？

4-4　什么是聚焦圆？聚焦圆的直径为什么不固定？

4-5　常用的计数器有几种？各有什么特点？

4-6　扫描速度的快慢对衍射峰的形状有什么影响？

4-7　扫描方式有哪几种？分别应用于什么场合？

4-8　X 射线衍射花样可以分析晶体结构、确定不同的物相，为什么？

4-9　为什么不能用 X 射线进行晶体微区形貌分析？

4-10　X 射线的成分分析与物相分析的机理有什么区别？

4-11　运用埃瓦尔德图解说明多晶衍射花样的形成原理。倒易球与反射球的区别是什么？两球的球心位置有

什么关系？衍射锥的顶点、母线、轴各表示什么含义？

4-12　物相定性分析的步骤有哪些？

4-13　常见物相定量分析的方法有哪些？它们的使用条件分别是什么？

4-14　运用 PDF 卡片定性分析物相时，一般要求对照八强峰而不是七强峰，为什么？

4-15　运用 X 射线衍射花样进行物相分析时，如果没有某相的衍射峰，能否判定试样中一定不含该相？为什么？如何理解“只能确定其有，不能判定其无”的含义？

4-16　题表 1 和题表 2 为未知物相的衍射数据，请运用 PDF 卡片及索引进行物相鉴定。

**题表 1**

| $d$/nm | $I/I_1$ | $d$/nm | $I/I_1$ | $d$/nm | $I/I_1$ |
|---|---|---|---|---|---|
| 0.366 | 50 | 0.146 | 10 | 0.106 | 10 |
| 0.317 | 100 | 0.142 | 50 | 0.101 | 10 |
| 0.224 | 80 | 0.131 | 30 | 0.096 | 10 |
| 0.191 | 40 | 0.123 | 10 | 0.085 | 10 |
| 0.183 | 30 | 0.112 | 10 | | |
| 0.160 | 20 | 0.108 | 10 | | |

**题表 2**

| $d$/nm | $I/I_1$ | $d$/nm | $I/I_1$ | $d$/nm | $I/I_1$ |
|---|---|---|---|---|---|
| 0.240 | 50 | 0.125 | 20 | 0.081 | 20 |
| 0.209 | 50 | 0.120 | 10 | 0.080 | 20 |
| 0.203 | 100 | 0.106 | 20 | | |
| 0.175 | 40 | 0.102 | 10 | | |
| 0.147 | 30 | 0.093 | 10 | | |
| 0.126 | 10 | 0.085 | 10 | | |

# 第 5 章　晶粒尺寸与多晶体内应力的测量

晶粒尺寸是影响材料性能的核心因素，测量方法较多，如金相拍照软件计算法、X 射线衍射法等。金相法只是表面晶粒的平均值，而 X 射线具有一定的穿透深度，可反映浅表层数十微米厚度范围内晶粒尺寸的平均值，更具有代表性。由于加工制备条件的不同，多晶体零件中可能会存在内应力，该应力会影响零件的性能，同时影响其 X 射线的衍射花样。因此，晶粒尺寸与多晶体中内应力的测量十分必要，本章主要介绍X射线衍射法的测量原理和应用。

## 5.1　晶粒尺寸的测量

### 5.1.1　晶粒细化的衍射效应

由于 X 射线对试样作用的体积基本不变，晶粒细化($<0.1\mu m$)时，参与衍射的晶粒数增加，这样稍微偏移布拉格条件的晶粒数也增加，它们同时参与衍射，从而使衍射线出现了宽化。也可从单晶体干涉函数的强度分布规律来深入解释。由其流动坐标：$\xi = H \pm \frac{1}{N_1}$、$\eta = K \pm \frac{1}{N_2}$和$\zeta = L \pm \frac{1}{N_3}$可知当晶粒细化时，单晶体三维方向上的晶胞数$N_1$、$N_2$和$N_3$减小，故其对应的流动坐标变动范围增大，即倒易球增厚，其与反射球相交的区域扩大，从而导致衍射线宽化。

### 5.1.2　谢乐公式

晶粒细化会引起衍射线宽化，设衍射线的宽度为$\beta$，通常用其半高宽表示，则$\beta$与晶粒尺寸 $D$ 存在以下关系：

$$D = \frac{K\lambda}{\beta\cos\theta} \tag{5-1}$$

式中，$K$ 为常数，一般为 0.94，为简化起见也可取 1；$\lambda$ 为入射线波长；$D$ 为晶粒尺寸；$\theta$ 为某衍射晶面的布拉格角。该式由谢乐(Scherrer)推导而得，故称谢乐公式，推导过程如下。

利用衍射原理推导衍射线宽度与晶粒尺寸的定量关系。设晶粒在垂直于($HKL$)方向上有 $m+1$ 个晶面，面间距为 $d$，则该方向上的尺寸为 $md$，如图 5-1 所示。当衍射角为 $2\theta$ 时，相邻两条衍射线的光程差$\lambda = 2d\sin\theta$。若$\theta$有一很小的变化$\omega$时，相邻两条衍射线的光程差为

$$\delta = 2d\sin(\theta+\omega) = 2d(\sin\theta\cos\omega + \cos\theta\sin\omega) = n\lambda\cos\omega + 2d\cos\theta\sin\omega \tag{5-2}$$

由于当 $\omega$ 很小时才可有衍射线，故$\cos\omega \approx 1$，$\sin\omega \approx \omega$，即

$$\delta = n\lambda + 2\omega d\cos\theta \tag{5-3}$$

相邻晶面的相位差为

$$\varphi = \frac{2\pi}{\lambda}\delta = 2\pi n + \frac{4\pi}{\lambda}\omega d\cos\theta \tag{5-4}$$

故

$$\varphi = \frac{4\pi}{\lambda}\omega d\cos\theta \tag{5-5}$$

由光学原理可知，当有 $n$ 个相同振幅的矢量，相邻夹角均相同时，其合成振幅(图 5-2)为

$$A = an\frac{\sin\alpha}{\alpha} \tag{5-6}$$

式中，$\alpha$ 为合成振幅矢量与起矢量的夹角。

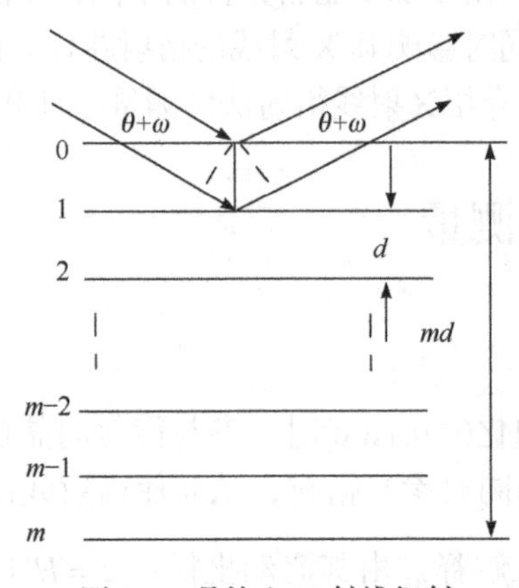


图 5-1　晶块上 X 射线衍射

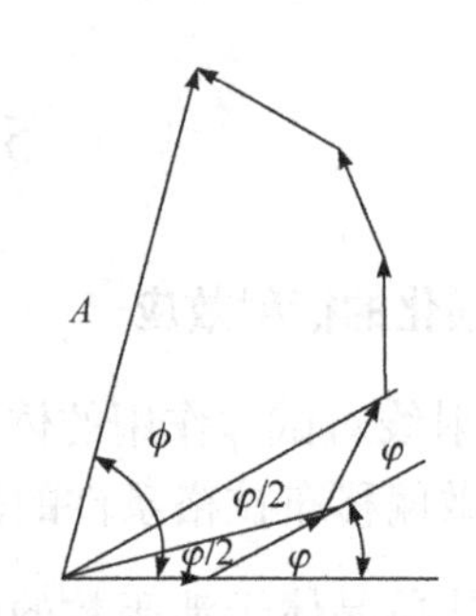


图 5-2　振幅的合成矢量

因此，第 $m$ 个晶面反射线的合成振幅与初始晶面反射线的夹角为

$$\phi = \frac{m\varphi}{2} = \frac{2\pi m\omega d\cos\theta}{\lambda} \tag{5-7}$$

半高处的 $\phi = \frac{2\pi m\omega_{1/2} d\cos\theta}{\lambda} = 0.444\pi$，如图 5-3 所示，即

$$\omega_{1/2} = \frac{0.444\lambda}{2md\cos\theta} \tag{5-8}$$

由衍射几何关系(图 5-4)可以得出，衍射线的半高宽为

$$\beta = 4\omega_{1/2} = 4\times\frac{0.444\lambda}{2md\cos\theta} = \frac{0.89\lambda}{md\cos\theta} \tag{5-9}$$

因为 $md$ 为反射面法线方向上晶块尺寸的平均值，即晶粒尺寸，用 $D$ 表示，所以

$$\beta = \frac{K\lambda}{D\cos\theta}$$

晶粒尺寸为

$$D = \frac{K\lambda}{\beta\cos\theta} \tag{5-10}$$

式中，$\lambda$ 为入射 X 射线波长；$\beta$ 为衍射线的半高宽或衍射像积分宽度；$K$ 为谢乐常数，其大小与 $\beta$ 的取值有关，当 $\beta$ 为半高宽时 $K$ 为 0.89，当 $\beta$ 为积分宽度时 $K$ 为 1。式(5-10)即为谢乐公式。

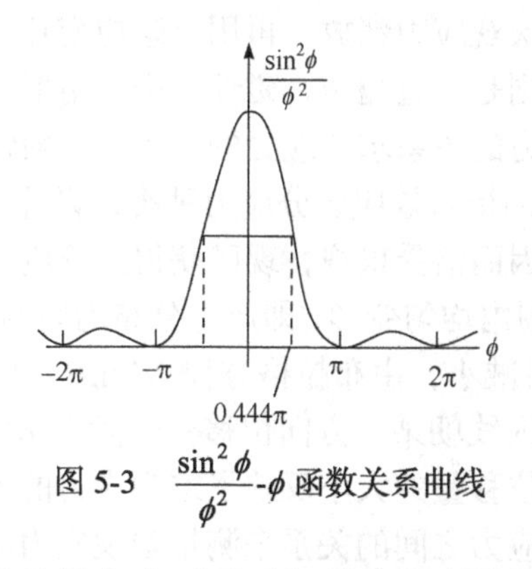


图 5-3　$\frac{\sin^2\phi}{\phi^2}$-$\phi$ 函数关系曲线

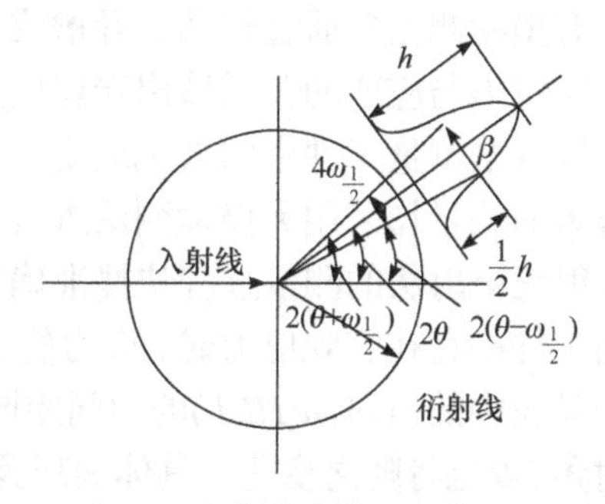


图 5-4　衍射线宽化的几何关系

晶粒的大小可通过衍射峰的宽化测量得$\beta$，再由谢乐公式计算得到。但需指出的是，晶粒只有细化到亚微米以下时，衍射峰宽化明显，测量精度高，否则由于参与衍射的晶粒数太少，峰形宽化不明显，峰廓不清晰，测量精度低，计算的晶粒尺寸误差也较大。

## 5.2　多晶体内应力的测量

### 5.2.1　多晶体内应力的产生、分类及其衍射效应

产生内应力的各种因素(如外力、温度变化、加工过程、相变等)不存在时，在物体内部存在并保持平衡的应力称为内应力。按存在范围的大小，可将内应力分为以下 3 类。

第一类内应力：在较大范围内存在并保持平衡的应力，释放该应力时可使物体的体积或形状发生变化。由于其存在范围较大，应变均匀分布，这样方位相同的各晶粒中同名(*HKL*)面的晶面间距变化就相同，从而导致各衍射峰位向某一方向发生漂移，这也是 X 射线测量第一类内应力的理论基础。

第二类内应力：在数个晶粒范围内存在并保持平衡的应力。释放此应力时，有时也会导致宏观体积或形状发生变化。由于其存在范围仅在数个晶粒范围，应变分布不均匀，不同晶粒中，同名(*HKL*)面的晶面间距有的增加，有的减小，导致衍射线峰位向不同的方向位移，引起衍射峰漫散宽化。这也是 X 射线测量第二类内应力的理论基础。

第三类内应力：在若干个原子范围存在并保持平衡的应力，一般存在于位错、晶界和相界等缺陷附近。释放此应力时不会引起宏观体积和形状的改变。由于应力仅存在于数个原子范围，应变会使原子离开平衡位置，产生点阵畸变，由衍射强度理论可知，其衍射强度下降。

通常将第一类内应力称为宏观应力或残余应力，第二类内应力称为微观应力，第三类内应力称为超微观应力。

### 5.2.2　多晶体宏观应力的测量原理

宏观应力的存在对工件的力学性能、物理性能以及尺寸的稳定性均会产生影响。当工件中存在的宏观应力大于其屈服强度时会使工件变形，高于其抗拉强度时会引起工件开裂。然而有些情况下，宏观应力的存在是有利的，如弹簧、曲轴等，经喷丸处理后，在其表面产生宏观压应力，这有利于提高弹簧、曲轴的抗疲劳强度。因此，宏观应力的测量工作在确定工件的最佳加工工艺、预测工件使用寿命和分析工件失效形式等方面具有十分重要的意义。宏观应力的测量方法较多，根据其测试过程对工件的影响程度可分为：有损检测和无损检测两

大类。有损检测主要通过转孔、开槽或剥层等方法使宏观应力释放，再用电阻应变片测量应变，利用应力与应变的关系算出宏观应力；无损检测则是通过超声、磁性、中子衍射、X 射线衍射等方法测量工件中的宏观应变，再由应变与应力的关系求得应力的大小。一般情况下宏观应力的测量均采用无损检测法进行，并由 X 射线的衍射效应区分应力种类，测量应力大小。X 射线衍射法的测量过程快捷准确，方便可靠，因而倍受重视，现已获得广泛应用。

当工件中存在宏观应力时，应力使工件在较大范围内均匀变形，即产生分布均匀的应变，使不同晶粒中的衍射面(*HKL*)的面间距同时增加或同时减小，由布拉格方程 $2d\sin\theta=\lambda$可知，其衍射角 $2\theta$也将随之变化，具体表现为(*HKL*)面的衍射线朝某一方向位移一个微小角度，且宏观应力越大，衍射线峰位位移量越大。因此，峰位位移量的大小反映了宏观应力的大小，X 射线衍射法就是通过建立衍射峰位的位移量与宏观应力之间的关系来测量宏观应力的。具体的测量步骤如下：

(1) 分别测量工件有宏观应力和无宏观应力时的衍射花样。

(2) 分别测定出衍射峰位，获得同一衍射晶面所对应衍射峰的位移量$\Delta\theta$。

(3) 通过布拉格方程的微分式求得该衍射面间距的弹性应变量。

(4) 由应变与应力的关系求出宏观应力的大小。

因此，建立衍射峰的位移量与宏观应力之间的关系式成了测量宏观应力的关键。这个关系式的推导过程较为复杂，需要适当简化，为此提出如下假设。

1) 单元体表面无剪切应力

一般情况下，残余应力的状态非常复杂，应力区中的任意一点通常处于三维应力状态。在应力区中取一单元体(微分六面体)，共有六个应力分量，如图 5-5(a)所示，分别为垂直于单元体表面的三个正应力$\sigma_x$、$\sigma_y$与$\sigma_z$和垂直于表面法线方向的三个切应力$\tau_{xy}$、$\tau_{yz}$与$\tau_{zx}$，由弹性力学理论可知，通过单元体的取向调整，总可以找到这样的一个取向，使单元体表面上的切应力为零，这样单元体的应力分量就由六个简化为三个，此时三对表面的法线方向称为主方向，相应的三个正应力称为主应力，分别表示为$\sigma_1$、$\sigma_2$、$\sigma_3$，如图 5-5(b)所示，下面的推导分析就是在这种简化后的基础上进行的。

2) 所测应力为平面应力

由于 X 射线的穿透深度非常有限，仅在微米量级，且内应力沿表面的法线方向变化梯度极小，因此可以假设 X 射线所测的应力为平面应力。

为了推导应力计算公式，需建立坐标系，如图 5-6 所示，坐标原点为 $O$，单元体上的三

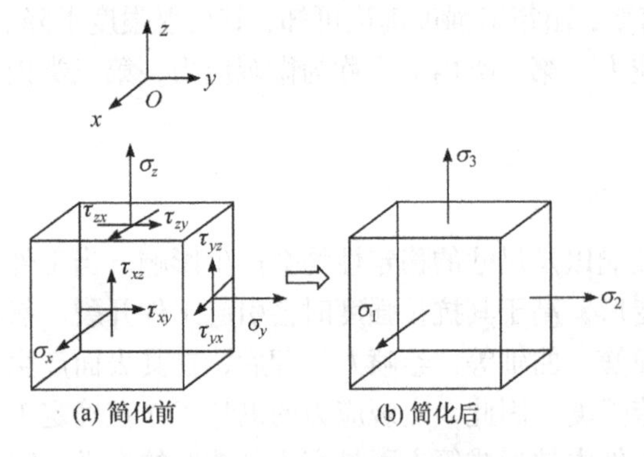


图 5-5　单元体的应力状态

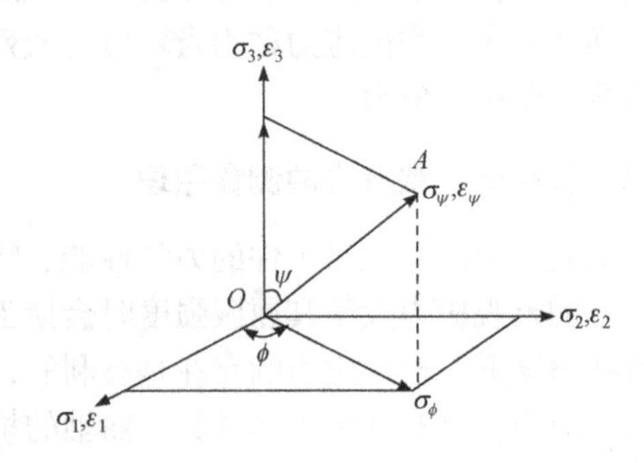


图 5-6　表层应力、应变状态

个主应力$\sigma_1$、$\sigma_2$、$\sigma_3$的方向分别为三维坐标轴的方向；对应的主应变为$\varepsilon_1$、$\varepsilon_2$、$\varepsilon_3$。设待测方向为 $OA$，待测方向上的衍射面指数为 $HKL$，待测应力和应变分别为$\sigma_\psi$和$\varepsilon_\psi$。样品表面的法线方向 $ON$ 与待测方向 $OA$(即待测衍射面的法线方向)所构成的平面为测量平面。待测应力在坐标平面内的投影为$\sigma_\phi$，$\sigma_\phi$方向与$\sigma_1$的夹角为$\phi$，待测方向与试样表面法线方向的夹角为$\psi$。

应力与应变之间的关系为

$$\begin{cases}\varepsilon_1=\dfrac{1}{E}[\sigma_1-\nu(\sigma_2+\sigma_3)]\\ \varepsilon_2=\dfrac{1}{E}[\sigma_2-\nu(\sigma_3+\sigma_1)]\\ \varepsilon_3=\dfrac{1}{E}[\sigma_3-\nu(\sigma_1+\sigma_2)]\end{cases} \tag{5-11}$$

由于 X 射线测量的是平面应力，故$\sigma_3=0$，但$\varepsilon\neq0$，此时式(5-11)简化为

$$\begin{cases}\varepsilon_1=\dfrac{1}{E}(\sigma_1-\nu\sigma_2)\\ \varepsilon_2=\dfrac{1}{E}(\sigma_2-\nu\sigma_1)\\ \varepsilon_3=\dfrac{1}{E}[-\nu(\sigma_1+\sigma_2)]\end{cases} \tag{5-12}$$

由弹性力学可得

$$\sigma_\psi=\alpha_1^2\sigma_1+\alpha_2^2\sigma_2+\alpha_3^2\sigma_3 \tag{5-13}$$

$$\varepsilon_\psi=\alpha_1^2\varepsilon_1+\alpha_2^2\varepsilon_2+\alpha_3^2\varepsilon_3 \tag{5-14}$$

式中，$\alpha_1$、$\alpha_2$、$\alpha_3$为待测方向的方向余弦，大小分别为$\alpha_1=\sin\psi\cos\phi$、$\alpha_2=\sin\psi\sin\phi$、$\alpha_3=\cos\psi$。

由式(5-12)和方向余弦代入式(5-14)并化简得

$$\varepsilon_\psi=\frac{\sin^2\psi}{E}(1+\nu)(\sigma_1\cos^2\phi+\sigma_2\sin^2\phi)-\frac{\nu}{E}(\sigma_1+\sigma_2) \tag{5-15}$$

由于考虑的是平面应力，此时$\psi=90°$，即$\alpha_1=\cos\phi$、$\alpha_2=\sin\phi$、$\alpha_3=0$，分别代入式(5-13)得

$$\sigma_\psi=\sigma_\phi=\sigma_1\cos^2\phi+\sigma_2\sin^2\phi \tag{5-16}$$

将式(5-16)代入式(5-15)得

$$\varepsilon_\psi=\frac{\sin^2\psi}{E}(1+\nu)\sigma_\phi-\frac{\nu}{E}(\sigma_1+\sigma_2) \tag{5-17}$$

将式(5-17)两边对$\sin^2\psi$求偏导得

$$\frac{\partial\varepsilon_\psi}{\partial\sin^2\psi}=\frac{1+\nu}{E}\sigma_\phi \tag{5-18}$$

因为

$$\varepsilon_\psi=\frac{d_\psi-d_0}{d_0}$$

式中，$d_\psi$ 和 $d_0$ 分别为待测方向上的衍射面 *HKL* 在有和没有宏观应力时的面间距。

由布拉格方程两边变分推得

$$\frac{\Delta d}{d} = -\cot\theta \cdot \Delta\theta$$

则

$$\varepsilon_\psi = \left(\frac{\Delta d}{d}\right)_\psi = -\cot\theta_0 \cdot \Delta\theta_\psi \cdot \frac{\pi}{180} = -\cot\theta_0 \cdot \frac{2\Delta\theta_\psi}{2} \cdot \frac{\pi}{180} = -\cot\theta_0 \cdot \frac{2\theta_\psi - 2\theta_0}{2} \cdot \frac{\pi}{180} \tag{5-19}$$

式中，$2\theta_\psi$ 和 $2\theta_0$ 分别为待测方向上的衍射面 *HKL* 在有和没有宏观应力时的衍射角。

由式(5-19)代入式(5-18)并化简得

$$\sigma_\phi = -\frac{E}{2(1+\nu)} \cdot \cot\theta_0 \cdot \frac{\partial(2\theta_\psi - 2\theta_0)}{\partial \sin^2\psi} \cdot \frac{\pi}{180} \tag{5-20}$$

即

$$\sigma_\phi = -\frac{E}{2(1+\nu)} \cdot \cot\theta_0 \cdot \frac{\pi}{180} \cdot \frac{\partial(2\theta_\psi)}{\partial \sin^2\psi} \tag{5-21}$$

式(5-21)即为宏观应力与衍射峰峰位位移量之间的重要关系式，也是宏观应力测量的基本公式。

设 $K = -\frac{E}{2(1+\nu)} \cdot \cot\theta_0 \cdot \frac{\pi}{180}$，$M = \frac{\partial(2\theta_\psi)}{\partial \sin^2\psi}$，式(5-21)简化为

$$\sigma_\phi = K \cdot M \tag{5-22}$$

显然，$K$ 恒小于零，所以当 $M > 0$ 时，$\sigma_\phi < 0$，此时衍射角增加，面间距减小，表现为压应力；反之，$M < 0$ 时，面间距增加，表现为拉应力。$K$ 又称为应力常数，主要取决于材料的弹性模量 $E$、泊松比 $\nu$ 和衍射面 *HKL* 在没有残余应力时的衍射半角 $\theta_0$，一般情况下可直接查表获得。由于宏观应力是存在于材料中并保持平衡的内应力，对具体的材料而言，宏观应力为常数，由式(5-22)可知 $M$ 也为常数，再由 $M = \frac{\partial(2\theta_\psi)}{\partial \sin^2\psi}$ 可知，$M$ 应为 $2\theta_\psi$-$\sin^2\psi$ 曲线的斜率。因为 $M$ 为常数，故 $2\theta_\psi$-$\sin^2\psi$ 曲线为直线，因此宏观应力的测量只需通过测量 $2\theta_\psi$-$\sin^2\psi$ 直线的斜率，获得 $M$，再查表获得应力常数 $K$ 即可求得 $\sigma_\phi$。

### 5.2.3　多晶体宏观应力的测量方法

多晶体宏观应力测量的衍射几何如图 5-7 所示，图 5-7 中 $\psi_0$ 为入射线与样品表面法线的夹角，$\eta$ 为入射线与所测表面法线的夹角。衍射几何中有两个重要平面：测量平面-样品表面法线 *ON* 与所测晶面的法线 *OA* 构成的平面；扫描平面-入射线、所测晶面的法线 *OA* 和衍射线构成的平面。当测量平面与扫描平面共面时称同倾，测量平面与扫描平面垂直时称侧倾。

宏观应力的测量按所用仪器可分为 X 射线衍射仪法和 X 射线应力仪法两种。

#### 1. X 射线衍射仪法

由式(5-22)可知，宏观应力的测量关键在于确定 $M$ 值，即获得 $2\theta_\psi$-$\sin^2\psi$ 直线的斜率。通常采用作图法获得直线的斜率，作图法又有两点法和多点法：①0°～45°两点法，即 $\psi = 0°$、$\psi = 45°$，分别测量 $2\theta_\psi$，求得 $M$ 值；②多点法或 $\sin^2\psi$ 法，即取 $\psi = 0°$、15°、30°、45°等，

分别测量各自对应的衍射角 $2\theta_\psi$，运用线性回归法求得 $M$ 值。

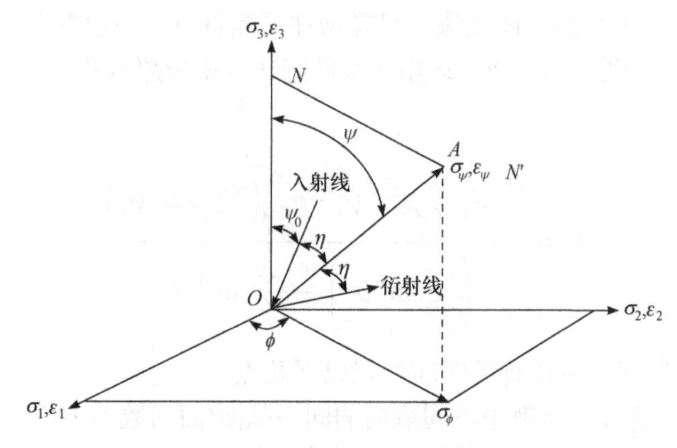


图 5-7　宏观应力测量的衍射几何

1) 两点法

(1) 选择合适的反射面 $HKL$。由已知 X 射线的波长和布拉格方程选择合适衍射角尽可能大的衍射面，$\theta$ 越接近 90°，测量误差越小，并算出该衍射面在无宏观应力时的 $2\theta_0$，用作测量时的参考值。

(2) 测量 $\psi = 0°$时所选晶面的衍射角 $2\theta_{\psi=0°}$。将样品置入样品台，计数管与样品台在 $2\theta_0$ 附近联动扫描，如图 5-8(a)所示，记录的衍射线即为样品中平行于样品表面的晶面($\psi = 0°$)所产生，衍射线所对应的衍射角为 $2\theta_{\psi=0°}$。

(3) 测量 $\psi = 45°$时所选晶面的衍射角 $2\theta_{\psi=45°}$。保持计数管和样品台不动，让样品与样品台脱开，并按扫描方向转动 45°后固定，计数管仍在 $2\theta_0$ 附近与样品台联动扫描，如图 5-8(b)所示，此时记录的衍射线为样品中法线方向与样品表面法线方向成 45°的衍射面($\psi = 45°$)所产生，衍射线所对应的衍射角为 $2\theta_{\psi=45°}$。

(4) 计算 $M$ 值。

由两点式得

$$M = \frac{\partial(2\theta_\psi)}{\partial \sin^2\psi} = \frac{\Delta(2\theta_\psi)}{\Delta \sin^2\psi} = \frac{2\theta_{\psi=45°} - 2\theta_{\psi=0°}}{\sin^2 45° - \sin^2 0°} = \frac{2\theta_{\psi=45°} - 2\theta_{\psi=0°}}{\sin^2 45°} \tag{5-23}$$

(5) 查表得 $K$，计算 $\sigma_\phi = K \cdot M$ 值。

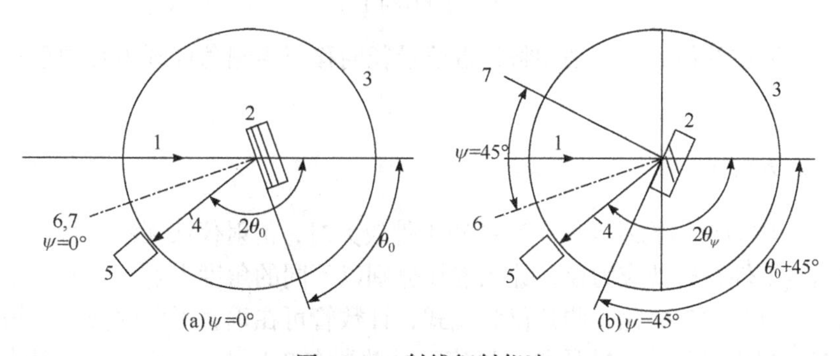


图 5-8　X 射线衍射仪法

1. 入射线；2. 试样；3. 测角仪圆；4. 衍射线；5. 计数管；6. 衍射晶面法线；7. 样品表面法线

2) $\sin^2\psi$ 法

$\sin^2\psi$ 法的测量步骤类似于两点法，只是增加了测量点，一般取四个测量点，即比两点法增加 $\psi = 15°$ 和 $\psi = 30°$ 两个测量点，运用线性回归法获得理想直线方程，得其斜率 $M$，求得 $\sigma_\phi$。此时

$$M = \frac{\sum_{i=1}^{n} 2\theta_{\psi_i} \sum_{i=1}^{n} \sin^2\psi_i - n\sum_{i=1}^{n}\left(2\theta_{\psi_i}\sin^2\psi_i\right)}{\left(\sum_{i=1}^{n}\sin^2\psi_i\right)^2 - n\sum_{i=1}^{n}\sin^4\psi_i} \tag{5-24}$$

式中，$n$ 为测量点的数目，具体计算时应注意以下几点：

(1) 不同 $\psi$ 时的 $2\theta_\psi$ 表示材料中不同取向的同一晶面(面指数为 $HKL$，测量时已选定)的衍射角，均在 $2\theta_0$ 附近，仅有很小的差异。

(2) 在扫描过程中，入射线的方向保持不变，X 射线的入射方向与样品表面的法线方向的夹角($\psi_0$)时刻在变化，但由于样品、样品台、计数管保持联动，故所选晶面的法线方向与样品表面的法线方向保持不变的夹角($\psi$)。因此，该法又称固定 $\psi$ 法。

(3) 该法的测角仪圆为水平放置，测试过程中需要多次脱开并转动样品，以在不同的 $\psi$ 角分别扫描，故该法仅适用于可动的小件样品。

注意：$\psi = 0°$ 时，计数管 $F$ 在测角仪圆上，如图 5-9(a)所示。当 $\psi \neq 0°$ 时，聚焦圆的大小发生变化，如图 5-9(b)所示，此时的计数管位置如果不动，仍在半径固定的测角仪圆上($m$ 点)，则计数管只能接收衍射光束的一部分，其强度很弱。若换用宽的狭缝来提高接收强度，又必然导致分辨率降低。为此，计数管应沿径向移动，从原来的 $m$ 点移动至 $m'$ 点。设测角仪圆的半径为 $R$，计数管距测角仪圆心的距离为 $D$，可由图 5-9(b)中三角形 $\triangle OO'S$ 和 $\triangle OO'm'$ 分别得

$$OO' = \frac{\frac{1}{2}R}{\cos(90° - \theta - \psi)} = \frac{R}{2\sin(\theta + \psi)} \tag{5-25}$$

$$OO' = \frac{\frac{1}{2}D}{\cos(90° - \theta + \psi)} = \frac{D}{2\sin(\theta - \psi)} \tag{5-26}$$

即

$$\frac{D}{R} = \frac{\sin(\theta - \psi)}{\sin(\theta + \psi)} \tag{5-27}$$

所以，为了探测聚焦的衍射线，必须将计数管沿径向移至距测角仪圆中心轴距离为 $D$ 的 $m'$ 点处。

### 2. X 射线应力仪法

图 5-10(a)为应力仪结构示意图。当被测工件较大时，衍射仪法无法进行，只有采用应力仪法。此时固定工件，转动应力仪，让入射线分别以不同的角度入射，入射线与样品表面法线的夹角 $\psi_0$ 可在 0°～45°变化，测角仪为立式，计数管可在垂直平面内扫描，扫描范围可达 145°甚至 165°。扫描过程中，样品和 $\psi_0$ 固定，计数器在 $2\theta_0$ 附近扫描记录衍射线。由应力仪的衍射几何[图 5-10(b)]得 $\psi$ 与 $\psi_0$ 的关系为

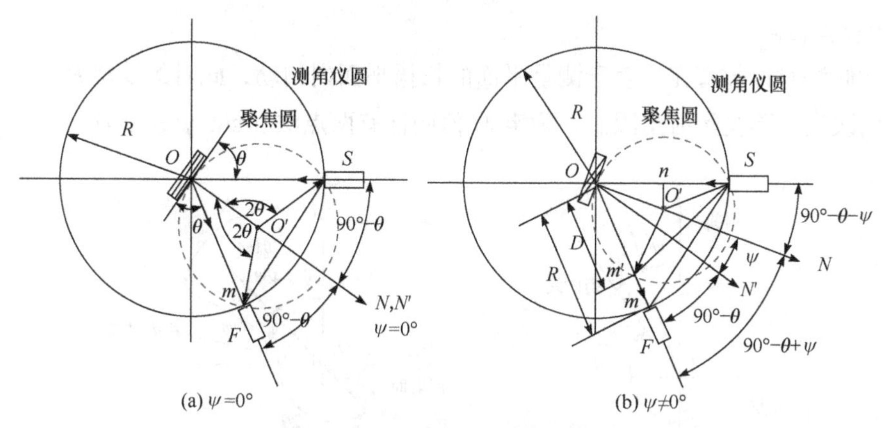


(a) $\psi=0°$ (b) $\psi\neq0°$

图 5-9 应力测量时的聚焦几何图

$$\psi=\psi_0+\eta\ ,\ \ \eta=90°-\theta_{\psi} \tag{5-28}$$

式中，$\eta$ 为入射线与衍射面法线的夹角。通过设定不同的$\psi_0$ 即可获得不同的$\psi$方位，无需转动试样。

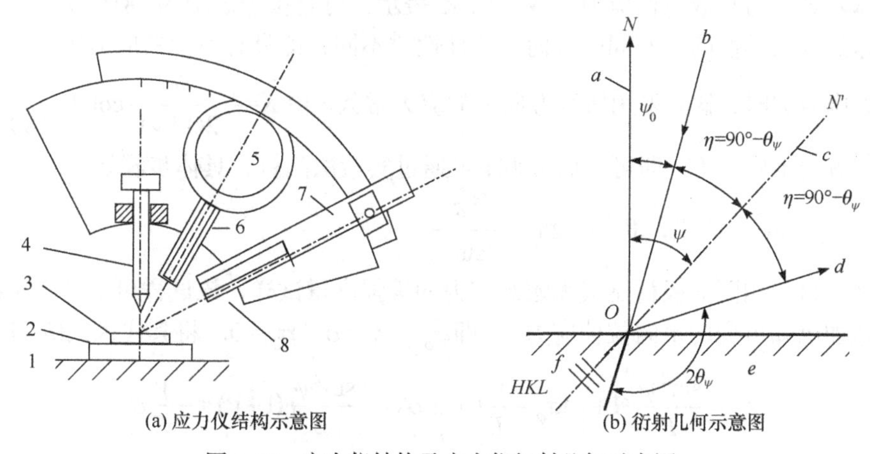


(a) 应力仪结构示意图 (b) 衍射几何示意图

图 5-10 应力仪结构及应力仪衍射几何示意图

1. 样品台；2. 试样；3. 小镜；4. 标距杆；5. X 射线管；6. 入射光阑；7. 计数管；8. 接收光阑；*a*. 样品表面法线；*b*. 入射线；*c*. 衍射晶面法线；*d*. 衍射线；*e*. 样品；*f*. 衍射晶面

应力仪的测试步骤类似于衍射仪法，所不同的是，应力仪的入射线与样品表面法线的夹角$\psi_0$在计数器扫描过程中保持不变，故该法又称固定$\psi_0$法。具体测量时同样也有 0°～45°两点法和$\sin^2\psi$ 多点法两种方法。

1) 0°～45°两点法

当$\psi_0=0°$、45°时，由式(5-28)得$\psi$分别为$\eta$、$\eta+45°$，衍射几何分别如图 5-11(a)、(b)所示。分别测量 $2\theta_{\psi=\eta}$和 $2\theta_{\psi=\eta+45°}$的值，再由两点式求得

$$M=\frac{2\theta_{\psi=\eta+45°}-2\theta_{\psi=\eta}}{\sin^2(45°+\eta)-\sin^2\eta} \tag{5-29}$$

再由$\sigma_{\phi}=KM$ 求得$\sigma_{\phi}$。

2) $\sin^2\psi$ 多点法

$\psi_0$在 0°～45°取多个点，一般取四个点，测量相应的各 $2\theta_{\psi}$值，由线性回归法求得 $M$，

再由$\sigma_\phi = KM$求得$\sigma_\phi$。

显然侧倾法时计数管在垂直于测量平面的扫描平面内扫动，此时的$\psi$角大小由所测试样的形状空间决定，不受衍射角限制，确定$M$值同样有两点法和$\sin^2\psi$多点法。

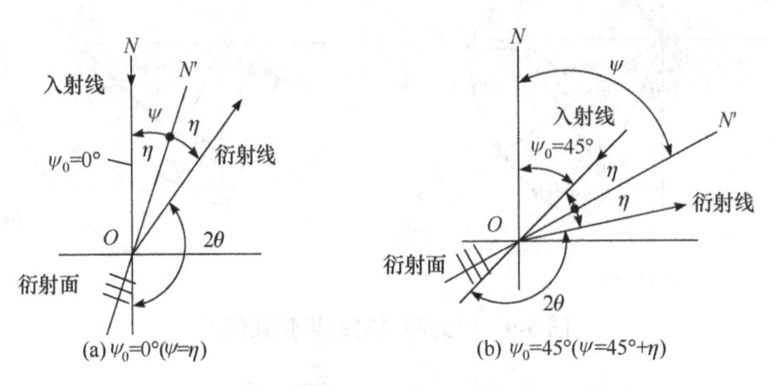


图 5-11　固定$\psi_0$法

### 5.2.4　多晶体宏观应力常数 *K* 的确定

多晶体宏观应力常数简称应力常数，用 $K$ 表示，可直接查表(附录 8)获得。但在实际情况中，晶体是各向异性的，不同的方向，弹性性质不同，即具有不同的应力常数 $K$，因此具体测量宏观内应力时，就应采用所测方向上的应力常数。由 $K=-\dfrac{E}{2(1+\nu)}\cdot\cot\theta_0\cdot\dfrac{\pi}{180}$ 可知，仅需知道所测方向上的$E$和$\nu$即可，而$E$和$\nu$可通过实验法测量，具体步骤如下。

1) 确定$\varepsilon_\psi$-$\sin^2\psi$曲线，获得其斜率$\dfrac{\partial\varepsilon_\psi}{\partial\sin^2\psi}$

取与被测材料相同的板材制成无宏观应力的等强度量试样，该试样可安装在衍射仪或应力仪上，施加已知可变的单向拉伸应力$\sigma$，即$\sigma_\phi=\sigma_1=\sigma$，$\sigma_2=0$。将其代入式(5-17)得

$$\varepsilon_\psi=\frac{\sin^2\psi}{E}(1+\nu)\sigma_\phi-\frac{\nu}{E}(\sigma_1+\sigma_2)=\frac{\sin^2\psi}{E}(1+\nu)\sigma-\frac{\nu}{E}\sigma \tag{5-30}$$

则

$$\frac{\partial\varepsilon_\psi}{\partial\sin^2\psi}=\frac{1+\nu}{E}\sigma \tag{5-31}$$

2) 确定$\dfrac{1+\nu}{E}$

由式(5-31)可知，$\sigma$一定时，$\dfrac{1+\nu}{E}\sigma$为常数，所以$\varepsilon_\psi$-$\sin^2\psi$为一直线，其斜率为$\dfrac{1+\nu}{E}\sigma$，因此分别取不同的$\sigma$时，有不同斜率的直线，如图 5-12(a)所示。

式(5-31)两边对$\sigma$求偏导，得

$$\frac{\partial\left(\dfrac{\partial\varepsilon_\psi}{\partial\sin^2\psi}\right)}{\partial\sigma}=\frac{1+\nu}{E} \tag{5-32}$$

因$\dfrac{1+\nu}{E}$为常数，所以$\dfrac{\partial\varepsilon_\psi}{\partial\sin^2\psi}$-$\sigma$为一直线，由作图法[图 5-12(b)]得其直线的斜率为

$$K_1 = \frac{1+\nu}{E} \tag{5-33}$$

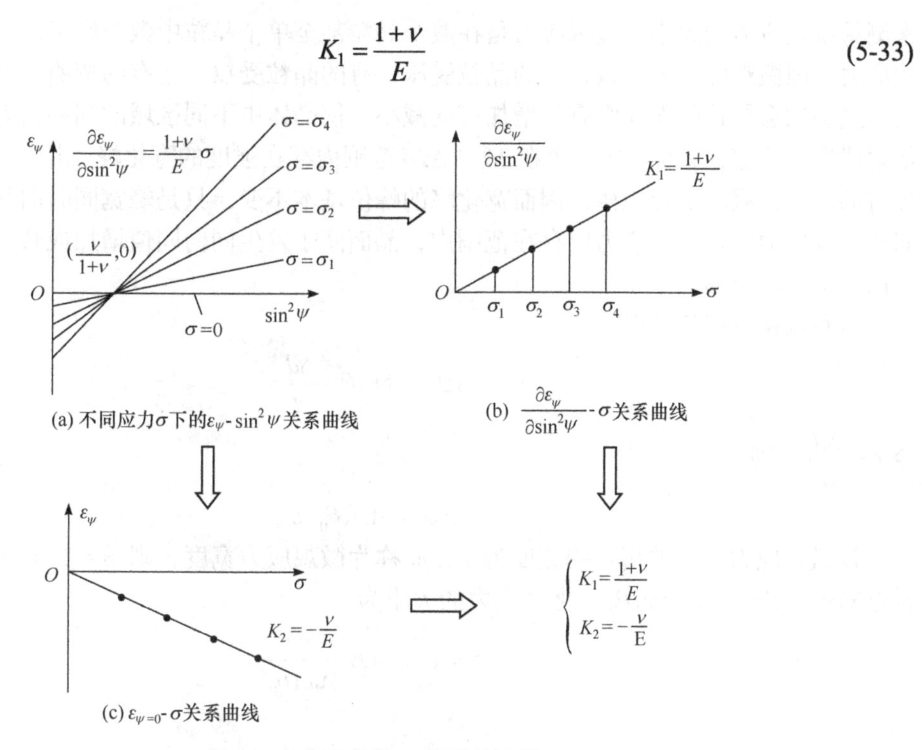


图 5-12　应力常数 $K$ 的测量计算

3) 确定$\frac{\nu}{E}$

当$\psi=0°$时，$\sin\psi=0$，式(5-30)可简化为

$$\varepsilon_\psi = -\frac{\nu}{E}\sigma \tag{5-34}$$

两边对$\sigma$求偏导，得

$$\frac{\partial \varepsilon_\psi}{\partial \sigma} = -\frac{\nu}{E} \tag{5-35}$$

因此，对于具体的测量方向，$\nu$和$E$为定值，故$\varepsilon_\psi$-$\sigma$曲线为直线。由作图法[图 5-12(c)]得其斜率为

$$K_2 = -\frac{\nu}{E} \tag{5-36}$$

4) 求 $K$

由式(5-33)和式(5-36)组成方程组，解该方程组得$\nu$和 $E$，再代入计算式$K=-\frac{E}{2(1+\nu)}\cdot\cot\theta_0\cdot\frac{\pi}{180}$，可求得应力常数$K$。当然在求得$K_1=\frac{1+\nu}{E}$时，也可直接代入$K=-\frac{E}{2\,(1+\nu)}\cdot\cot\theta_0\cdot\frac{\pi}{180}$求得$K$。

### 5.2.5　多晶体微观应力的测量

微观应力(晶格畸变)会引起衍射线发生漫散、宽化，因此可以通过衍射线形的宽化程度来测量微观应力的大小。微观应力是在数个晶粒甚至单个晶粒中数个原子范围内存在并平衡的应力，因微观应变不一致，有的晶粒受压，有的晶粒受拉，还有的弯曲，且弯曲程度也不同，这些均会导致晶面间距有的增加有的减小，使晶体中不同区域的同一衍射晶面所产生的衍射线发生位移，从而形成一个在$2\theta_0 \pm \Delta 2\theta$范围内存在强度的宽化峰。由于晶面间距有的增加有的减小，服从统计规律，因而宽化峰的峰位基本不变，只是峰宽同时向两侧增加，这不同于宏观应力，在宏观应力所存在范围内，晶面间距发生同向同值增加或减小，导致衍射峰位向一个方向位移。

由布拉格方程变分得

$$\Delta\theta = -\tan\theta_0 \cdot \frac{\Delta d}{d} \tag{5-37}$$

令$\varepsilon = \dfrac{\Delta d}{d}$，则

$$\Delta\theta = -\tan\theta_0 \cdot \varepsilon \tag{5-38}$$

设微观应力所致的衍射线宽度为 $n$，简称为微观应力宽度，则 $n = 2\cdot\Delta 2\theta = 4\cdot\Delta\theta$，考虑其绝对值，则$n = 4\varepsilon\cdot\tan\theta_0$，微观应力的大小为

$$\sigma = E\cdot\varepsilon = E\frac{n}{4\tan\theta_0} \tag{5-39}$$

## 5.3 $K_\alpha$双线分离

通常用于 X 射线衍射分析的辐射是 $K_\alpha$ 射线，然而该辐射由波长相近的 $K_{\alpha 1}$和 $K_{\alpha 2}$双线组成，如 Cu Kα 辐射，$\lambda_{K_{\alpha 1}} = 0.1540562$ nm，$\lambda_{K_{\alpha 2}} = 0.1544392$ nm，波长相差$\Delta\lambda \approx 0.00037$ nm，由布拉格方程可知，当某晶面满足衍射条件时，两种辐射同时作用于该晶面，将分别产生布拉格角为$\theta_1$和$\theta_2$的衍射峰，导致峰线分离宽化。其宽化的程度可由布拉格方程两边微分推导得$\Delta(2\theta) = 2\tan\theta\left(\dfrac{\Delta\lambda}{\lambda}\right)$，表明由非单色辐射造成的宽化与波长的变化量和布拉格角的正切成正比，而与本征辐射的波长$\lambda$成反比。为了更精确地得到微观应力宽度和晶粒细化宽度，首先应将 $K_\alpha$ 双线分离，剔除非单色辐射对宽化的影响，然后再进行其他宽度分离。$K_\alpha$ 双线分离法常用的有 Rachinger 图解法和傅里叶级数变换法两种。

### 5.3.1 Rachinger 图解法

Rachinger 图解法已比较成熟，应用较为普遍，现代 X 射线仪一般都附有 Rachinger $K_\alpha$ 双线分离的计算机软件。Rachinger 图解法的四点假设：

(1) 双线线形相似、均为对称分布；

(2) 双线的底宽相等；

(3) $K_\alpha$、$K_{\alpha 1}$ 和 $K_{\alpha 2}$ 的线形函数分别为 $F(x)$、$f_1(x)$和$f_2(x)$，且 $F(x) = f_1(x) + f_2(x)$；

(4) 双线强度之比 $I_{K_{\alpha 1}}/I_{K_{\alpha 2}}$ 为 2∶1。

图 5-13 为实测的双线强度分布曲线，双线分离的具体步骤为：

(1) 计算双线的峰位间距 $\Delta x$ (又称双线角分离度)。由布拉格方程的两边微分变换后得(此

时面间距 $d$ 为常数) $\Delta x=\Delta(2\theta)=2\dfrac{\Delta\lambda}{\lambda}\tan\theta$，式中 $\Delta\lambda=\lambda_{K_{\alpha2}}-\lambda_{K_{\alpha1}}$，$\theta$ 为 $K_\alpha$ 的布拉格角。

(2) 等分衍射峰。画出衍射峰的平底直线，设衍射峰底总宽为 $Q$，以 $\dfrac{\Delta x}{m}$ 为单位等分 $Q$，$m$ 是取决于 $\Delta x$ 的常数，在 $\Delta x$ 较小时，$m$ 取 1；$\Delta x$ 中等时，$m$ 取 2 或 3；$\Delta x$ 较大时，$m$ 可取大于 3 的正整数。等分 $Q$ 后按 0、1、2、…、$i$、…、$N$ 编号。

(3) 求得各等分点处 $K_{\alpha1}$ 线上的强度值 $I_{K_{\alpha1}}$。以实测 $K_\alpha$ 线的低角区端点为起点或原点，向高角区逐点求出 $K_{\alpha1}$ 线上的衍射强度 $I_{K_{\alpha1}}$。由图 5-13 曲线得任意 $x$ 处存在以下关系：

$$F(x)=f_1(x)+Kf_1(x-\Delta x) \tag{5-40}$$

因为强度比 $K=\dfrac{f_2(x)}{f_1(x-\Delta x)}=\dfrac{1}{2}$，所以

$$f_1(x)=F(x)-Kf_1(x-\Delta x)=F(x)-\frac{1}{2}f_1(x-\Delta x) \tag{5-41}$$

① $x\leqslant\Delta x$ 时，$f_2(x)=0$，$f_1(x)=F(x)$；

② $\Delta x<x<Q-\Delta x$ 时，$f_1(x)=F(x)-\dfrac{1}{2}f_1(x-\Delta x)$，$f_2(x)=F(x)-f_1(x)=\dfrac{1}{2}f_1(x-\Delta x)$；

③ $x\geqslant Q-\Delta x$ 时，$f_1(x)=0$，$f_2(x)=F(x)$。

同样，若用衍射强度 $I$ 表示，即设第 $i$ 个分割单元时，$K_\alpha$、$K_{\alpha1}$ 和 $K_{\alpha2}$ 衍射线的强度分别为 $I(i)$、$I_1(i)$、$I_2(i)$。同理可得：

① $i\leqslant m$ 时，$I_2(i)=0$，$I_1(i)=I(i)$；

② $m<i<N-m$ 时，$I_1(i)=I(i)-\dfrac{1}{2}I_1(i-m)$，$I_2(i)=I(i)-I_1(i)=\dfrac{1}{2}I_1(i-m)$；

③ $i\geqslant N-m$ 时，$I_1(i)=0$，$I_2(i)=I(i)$。

获得 $K_{\alpha1}$ 衍射线在各个分点的强度，连接各点，即得到 $K_{\alpha1}$ 衍射线的线形及其宽度。采用该法分别对总衍射线和仪器衍射线进行 $K_{\alpha1}$ 和 $K_{\alpha2}$ 分离，分别得到其宽度 $B$ 和 $b$。

双线分离时应注意以下几点：

(1) $K_{\alpha1}$ 和 $K_{\alpha2}$ 衍射线均为对称分布曲线，底宽相等，但其对称轴有一个角位移 $\Delta x$。

(2) $m$ 为 $\Delta x$ 的等分数，而非总衍射线的等分数。总衍射线的等分数为 $N=\dfrac{Q}{\Delta x/m}=\dfrac{Q\cdot m}{\Delta x}$。

(3) 由于 $\lambda_{K_{\alpha1}}$ 与 $\lambda_{K_{\alpha2}}$ 的差异导致两峰有一角位移 $\Delta x$，因此 $K=\dfrac{f_2(x)}{f_1(x-\Delta x)}=\dfrac{1}{2}$，而不是指同一个自变量 $x$ 下的强度比。

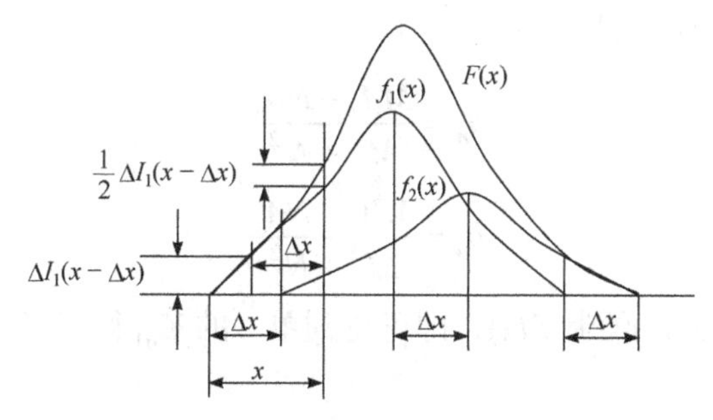


图 5-13　$K_\alpha$ 双线分离示意图

### 5.3.2 傅里叶级数变换法

将 $F(x)$和 $f_1(x)$在 $a$ 区间内($\pm\frac{a}{2}$之外的强度为零)展开成傅里叶级数：

$$F(x)=\sum_{-\infty}^{+\infty}A_n\cos 2\pi n\frac{x}{a}+\sum_{-\infty}^{+\infty}B_n\sin 2\pi n\frac{x}{a} \tag{5-42}$$

$$f_1(x)=\sum_{-\infty}^{+\infty}a_n\cos 2\pi n\frac{x}{a}+\sum_{-\infty}^{+\infty}b_n\sin 2\pi n\frac{x}{a} \tag{5-43}$$

利用傅里叶变换的反演公式可得

$$A_n=\frac{1}{a}\int_{-\frac{a}{2}}^{+\frac{a}{2}}F(x)\cos 2\pi n\frac{x}{a}\mathrm{d}x=\frac{1}{a}\sum_{-a/2}^{+a/2}F(x)\cos 2\pi n\frac{x}{a} \tag{5-44}$$

$$B_n=\frac{1}{a}\int_{-\frac{a}{2}}^{+\frac{a}{2}}F(x)\sin 2\pi n\frac{x}{a}\mathrm{d}x=\frac{1}{a}\sum_{-a/2}^{+a/2}F(x)\sin 2\pi n\frac{x}{a} \tag{5-45}$$

将式(5-42)、式(5-43)代入式(5-41)得

$$\begin{aligned}F(x)&=\sum_{-\infty}^{+\infty}\left(a_n\cos 2\pi n\frac{x}{a}+b_n\sin 2\pi n\frac{x}{a}\right)+K\sum_{-\infty}^{+\infty}\left(a_n\cos 2\pi n\frac{x-\Delta x}{a}+b_n\sin 2\pi n\frac{x-\Delta x}{a}\right)\\&=\sum_{-\infty}^{+\infty}\left(a_n\cos 2\pi n\frac{x}{a}+b_n\sin 2\pi n\frac{x}{a}\right)+K\sum_{-\infty}^{+\infty}a_n\left(\cos 2\pi n\frac{x}{a}\cos 2\pi n\frac{\Delta x}{a}+\sin 2\pi n\frac{x}{a}\sin 2\pi n\frac{\Delta x}{a}\right)\\&\quad+K\sum_{-\infty}^{+\infty}b_n\left(\sin 2\pi n\frac{x}{a}\cos 2\pi n\frac{\Delta x}{a}-\cos 2\pi n\frac{x}{a}\sin 2\pi n\frac{\Delta x}{a}\right)\end{aligned} \tag{5-46}$$

根据同类项相等的原理，比较上式中等号两边的各项系数可得

$$A_n=a_n+Ka_n\cos 2\pi n\frac{\Delta x}{a}-Kb_n\sin 2\pi n\frac{\Delta x}{a}=a_n\left(1+K\cos 2\pi n\frac{\Delta x}{a}\right)-b_nK\sin 2\pi n\frac{\Delta x}{a} \tag{5-47}$$

$$B_n=b_n+Kb_n\cos 2\pi n\frac{\Delta x}{a}+Ka_n\sin 2\pi n\frac{\Delta x}{a}=b_n\left(1+K\cos 2\pi n\frac{\Delta x}{a}\right)+a_nK\sin 2\pi n\frac{\Delta x}{a} \tag{5-48}$$

令 $M=1+K\cos 2\pi n\frac{\Delta x}{a}$， $N=K\sin 2\pi n\frac{\Delta x}{a}$，则有

$$A_n=Ma_n-Nb_n \tag{5-49}$$

$$B_n=Mb_n+Na_n \tag{5-50}$$

联立式(5-49)和式(5-50)，求解得

$$a_n=\frac{MA_n+NB_n}{M^2+N^2} \tag{5-51}$$

$$b_n=\frac{MB_n-NA_n}{M^2+N^2} \tag{5-52}$$

求得 $a_n$、$b_n$后，通过式(5-43)绘制 $f_1(x)$，即可得到单一的 $K_{\alpha1}$ 衍射峰。

## 5.4　衍射峰的线形分析

晶粒细化和存在于数个晶粒范围的微观内应力(晶格畸变)均会引起衍射峰宽化，这类宽化称为物理宽化。测量过程中即使没有物理宽化因素，衍射线本身也会有一定的宽度。这是由射线的不平行性、试样的吸收、光阑尺寸等仪器因素造成的，故称为仪器宽度。物理宽度不可能通过检测直接获得，而是与仪器宽度共存，因此实测的衍射峰是由仪器因素和物理因素叠合而成，这三者之间遵循卷积合成关系，见图 5-14。

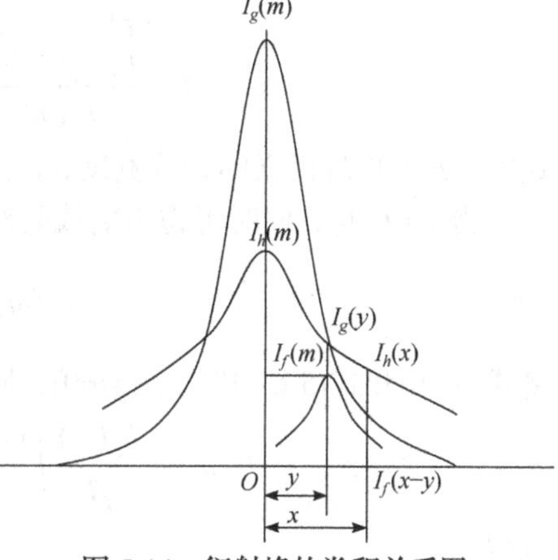

图 5-14　衍射峰的卷积关系图

### 5.4.1　衍射线形的卷积合成

设：$g(y)$表示仪器宽化函数，峰强函数$I_g(y)$的最高峰值为$I_g(m)$，仪器宽度为$b$；$f(x-y)$表示物理宽化函数，峰强函数$I_f(x-y)$的最大峰值为$I_f(m)$，物理宽度为$\beta$；$h(x)$表示合成宽化函数，峰强函数$I_h(x)$的最高峰值为$I_h(m)$，合成峰的宽度为$B$。合成宽化函数是仪器宽化函数$g(y)$与物理宽化函数$f(x-y)$的合成函数。

衍射线的宽度常有两种表征方法：一种是半高宽法，即半峰高处的衍射线宽度；另一种是劳厄积分宽度法，即衍射峰的积分强度与其最大强度的比值，卷积合成中均采用积分宽度。

当物理因素引起衍射峰宽化时，仪器因素衍射峰的每个强度单元$I_g(y)\Delta y$都被展宽为$I_f(x-y)$的分布，但其积分强度不变。由定义，$I_f(x-y)$的积分强度应等于它的强度最大值与积分宽度$\beta$的乘积，所以

$$\beta I_f(m)=I_g(y)\Delta y=I_g(m)g(y)\Delta y \tag{5-53}$$

从而

$$I_f(m)=\frac{I_g(m)}{\beta}g(y)\Delta y \tag{5-54}$$

$I_h(x)$应等于仪器因素衍射峰各个强度单元被物理因素展宽后，各$I_f(x-y)$峰在$x$处的叠加，即

$$I_h(x)=\sum_{-\infty}^{+\infty}I_f(x-y)=\sum_{-\infty}^{+\infty}I_f(m)f(x-y)=\sum_{-\infty}^{+\infty}\frac{I_g(m)}{\beta}g(y)f(x-y)\Delta y \tag{5-55}$$

若将$\Delta y$取无限小时，可将上式写成积分式

$$I_h(x)=I_h(m)h(x)=\frac{I_g(m)}{\beta}\int_{-\infty}^{+\infty}g(y)f(x-y)\mathrm{d}y \tag{5-56}$$

若仅考虑强度归一化之后的线性函数关系，则有

$$h(x)=\int_{-\infty}^{+\infty}g(y)f(x-y)\mathrm{d}y \tag{5-57}$$

### 5.4.2　积分宽度的卷积关系

根据积分宽度等于积分强度被最大强度除的定义可得

$$\beta=\frac{\int_{-\infty}^{+\infty}I_f(x)}{I_f(m)}=\frac{\int_{-\infty}^{+\infty}I_f(m)f(x)\mathrm{d}x}{I_f(m)}=\int_{-\infty}^{+\infty}f(x)\mathrm{d}x \tag{5-58}$$

$$b=\frac{\int_{-\infty}^{+\infty}I_g(x)\mathrm{d}x}{I_g(m)}=\frac{\int_{-\infty}^{+\infty}I_g(m)g(x)\mathrm{d}x}{I_g(m)}=\int_{-\infty}^{+\infty}g(x)\mathrm{d}x \tag{5-59}$$

$$B=\frac{\int_{-\infty}^{+\infty}I_h(x)\mathrm{d}x}{I_h(m)}=\frac{\int_{-\infty}^{+\infty}I_h(m)h(x)\mathrm{d}x}{I_h(m)}=\int_{-\infty}^{+\infty}h(x)\mathrm{d}x \tag{5-60}$$

式中，$\beta$为物理因素的积分宽度；$b$为仪器因素的积分宽度；$B$为合成峰的积分宽度。

当$x=0$时，同时考虑衍射线是对称的，即$f(y)=f(-y)$，由式(5-56)得

$$I_h(m)=\frac{I_g(m)}{\beta}\int_{-\infty}^{+\infty}g(y)f(y)\mathrm{d}y \tag{5-61}$$

将式(5-56)和式(5-61)代入式(5-60)，同时注意到

$$I_h(m)=\frac{I_g(m)}{\beta}\int_{-\infty}^{+\infty}f(x-y)\mathrm{d}x=\int_{-\infty}^{+\infty}f(x)\mathrm{d}x=\int_{-\infty}^{+\infty}f(y)\mathrm{d}y$$

可得

$$B=\frac{\int_{-\infty}^{+\infty}\int_{-\infty}^{+\infty}g(y)f(x-y)\mathrm{d}y\mathrm{d}x}{\int_{-\infty}^{+\infty}g(y)f(y)\mathrm{d}y}=\frac{\int_{-\infty}^{+\infty}g(x)\mathrm{d}x\int_{-\infty}^{+\infty}f(x)\mathrm{d}x}{\int_{-\infty}^{+\infty}g(x)f(x)\mathrm{d}x} \tag{5-62}$$

故有

$$B=\frac{b\beta}{\int_{-\infty}^{+\infty}g(x)f(x)\mathrm{d}x} \tag{5-63}$$

## 5.5 衍射峰物理宽化的测量

衍射峰物理宽化的测量方法一般有两种：傅里叶变换法和近似函数法。获得物理宽度的同时也实现了其与仪器宽度的分离。

### 5.5.1 傅里叶变换法

精确求解衍射线的卷积方程(5-57)，并从中得到$f(x)$的表达式是困难的，为此，斯托克斯(A. R. Stokes)提出由被测试样衍射线性函数$h(x)$和标样(无物理宽化因素)衍射线性函数$g(x)$求物理宽化衍射线性函数$f(x)$的傅里叶变换法。

将$h(x)$、$g(x)$、$f(x)$在$a$区间($\pm\frac{a}{2}$之外强度为零)展开成傅里叶级数：

$$h(x)=\sum_{-\infty}^{+\infty}H(t)\exp\left(-2\pi\mathrm{i}\frac{tx}{a}\right) \tag{5-64}$$

$$g(x)=\sum_{-\infty}^{+\infty}G(t)\exp\left(-2\pi\mathrm{i}\frac{tx}{a}\right) \tag{5-65}$$

$$f(x)=\sum_{-\infty}^{+\infty}F(t)\exp\left(-2\pi i\frac{tx}{a}\right) \tag{5-66}$$

利用傅里叶的反演公式可得相应的傅里叶系数：

$$H(t)=\frac{1}{a}\int_{-a/2}^{+a/2}h(x)\exp\left(2\pi i\frac{tx}{a}\right)dx \tag{5-67}$$

$$G(t)=\frac{1}{a}\int_{-a/2}^{+a/2}g(x)\exp\left(2\pi i\frac{tx}{a}\right)dx \tag{5-68}$$

$$F(t)=\frac{1}{a}\int_{-a/2}^{+a/2}f(x)\exp\left(2\pi i\frac{tx}{a}\right)dx \tag{5-69}$$

实测计算时通常将傅里叶系数写成三角函数的加和形式，即

$$H(t)=\frac{1}{a}\sum_{-a/2}^{+a/2}h(x)\left(\cos 2\pi\frac{tx}{a}+i\sin 2\pi\frac{tx}{a}\right)=H_r(t)+H_i(t) \tag{5-70}$$

$$G(t)=\frac{1}{a}\sum_{-a/2}^{+a/2}g(x)\left(\cos 2\pi\frac{tx}{a}+i\sin 2\pi\frac{tx}{a}\right)=G_r(t)+G_i(t) \tag{5-71}$$

$$F(t)=\frac{1}{a}\sum_{-a/2}^{+a/2}f(x)\left(\cos 2\pi\frac{tx}{a}+i\sin 2\pi\frac{tx}{a}\right)=F_r(t)+F_i(t) \tag{5-72}$$

由式(5-65)和式(5-66)分别得

$$g(y)=\sum_{-\infty}^{+\infty}G(t)\exp\left(-2\pi i\frac{ty}{a}\right) \tag{5-73}$$

$$f(x-y)=\sum_{-\infty}^{+\infty}F(t)\exp\left[-2\pi i\frac{t(x-y)}{a}\right] \tag{5-74}$$

再将式(5-73)和式(5-74)代入式(5-57)得

$$\begin{aligned}h(x)&=\int_{-a/2}^{+a/2}g(y)f(x-y)dy=\int_{-a/2}^{+a/2}\sum_{t}G(t)\exp\left(-2\pi i\frac{ty}{a}\right)\sum_{t}F(t')\exp\left[-2\pi i\frac{t'(x-y)}{a}\right]dy\\&=\sum_{t}\sum_{t}G(t)F(t')\exp\left(-2\pi i\frac{t'x}{a}\right)\int_{-a/2}^{+a/2}\exp\left[-2\pi i\frac{y(t-t')}{a}\right]dy\end{aligned} \tag{5-75}$$

由

$$\int_{-a/2}^{+a/2}\exp\left[-2\pi i\frac{y(t-t')}{a}\right]dy=\begin{cases}0 & (当 t\neq t')\\ a & (当 t=t')\end{cases}$$

得

$$h(x)=a\sum_{-\infty}^{+\infty}G(t)F(t)\exp\left(-2\pi i\frac{tx}{a}\right) \tag{5-76}$$

比较式(5-76)与式(5-64)可得

$$F(t)=\frac{1}{a}\frac{H(t)}{G(t)}=\frac{1}{a}\frac{H_r(t)+iH_i(t)}{G_r(t)+iG_i(t)}=\frac{1}{a}\frac{\left[H_r(t)+iH_i(t)\right]\cdot\left[G_r(t)-iG_i(t)\right]}{G_r^2(t)+G_i^2(t)}=F_r(t)+iF_i(t) \tag{5-77}$$

展开后整理得

$$F_r(t)=\frac{1}{a}\frac{H_r(t)G_r(t)+H_i(t)G_i(t)}{G_r^2(t)+G_i^2(t)} \tag{5-78}$$

$$F_i(t)=\frac{1}{a}\frac{H_i(t)G_r(t)-H_r(t)G_i(t)}{G_r^2(t)+G_i^2(t)} \tag{5-79}$$

在求得 $F_r(t)$、$F_i(t)$后，可利用式(5-66)获得 $f(x)$的峰形函数：

$$\begin{aligned} f(x)&=\sum_{-\infty}^{+\infty}F(t)\exp\left(-2\pi i\frac{tx}{a}\right)=\left[F_r(t)+iF_i(t)\right]\left[\cos\left(-2\pi\frac{tx}{a}\right)+i\sin\left(-2\pi\frac{tx}{a}\right)\right]\\ &=\sum_{-\infty}^{+\infty}\left(F_r(t)\cos 2\pi\frac{tx}{a}+F_i(t)\sin 2\pi\frac{tx}{a}-iF_r(t)\sin 2\pi\frac{tx}{a}+iF_i(t)\cos 2\pi\frac{tx}{a}\right) \end{aligned} \tag{5-80}$$

由于 $F(-t)$与 $F(t)$共轭，因此 $F_r(-t)=F_r(t)$，$F_i(-t)=-F_i(t)$，所以对所有正负 $t$ 值求和时，最后两个虚数项为零。此时 $f(x)$可简化为

$$f(x)=\sum_{-\infty}^{+\infty}F_r(t)\cos 2\pi\frac{tx}{a}+\sum_{-\infty}^{+\infty}F_i(t)\sin 2\pi\frac{tx}{a} \tag{5-81}$$

利用傅里叶变换法获得物理宽化的测量步骤：

(1) 对试样和标样进行衍射仪扫描测量获得相应的衍射峰；

(2) 将其分割成若干等分 $N$，并采集每个分割单元的对应强度 $I_h(x)$和 $I_g(x)$；

(3) 用强度最大值 $I_h(m)$和 $I_g(m)$去除 $I_h(x)$和 $I_g(x)$便得到线性函数 $h(x)$和 $g(x)$；

(4) 将 $h(x)$和 $g(x)$值代入式(5-70)和式(5-71)计算 $H_r(t)$、$H_i(t)$、$G_r(t)$、$G_i(t)$，再将它们代入式(5-78)和式(5-79)计算 $F_r(t)$和 $F_i(t)$。

(5) 利用式(5-81)绘制 $f(x)$峰形曲线。

### 5.5.2　近似函数法

近似函数法的基本思想是利用衍射峰的积分宽度的卷积关系式(5-63)，在仪器因素(标样)衍射峰积分宽度 $b$ 和被测衍射峰的积分宽度 $B$ 已知的情况下，分离出物理宽度$\beta$。为此：

(1) 在实测衍射峰的基础上经 $K_\alpha$ 的分离，求得 $b$ 和 $B$。

(2) 给出 $g(x)$和 $f(x)$的近似函数。$g(x)$和 $f(x)$的近似函数通常从以下三种函数中选取：①高斯函数 $e^{-\alpha x^2}$；②柯西函数 $\frac{1}{1+\alpha x^2}$；③柯西平方函数 $\frac{1}{(1+\alpha x^2)^2}$。近似函数中的常数 $\alpha$ 可通过仪器宽度 $b$ 求得，以仪器宽度函数 $g(x)$为例，根据积分宽度的定义式(5-59)即 $b=\frac{\int_{-\infty}^{+\infty}I_g(x)\mathrm{d}x}{I_g(m)}=\frac{\int_{-\infty}^{+\infty}I_g(m)g(x)\mathrm{d}x}{I_g(m)}=\int_{-\infty}^{+\infty}g(x)\mathrm{d}x$，由式中的仪器宽度函数 $g(x)$分别由这三种函数取代，求得三个常数分别为：

$b=\int_{-\infty}^{+\infty}g(x)\cdot\mathrm{d}x=\int_{-\infty}^{+\infty}e^{-\alpha x^2}\cdot\mathrm{d}x=\sqrt{\frac{\pi}{\alpha}}$，得 $\alpha=\frac{\pi}{b^2}$，近似函数为 $e^{-\frac{\pi}{b^2}x^2}$；

$b=\int_{-\infty}^{+\infty}\frac{1}{(1+\alpha x^2)}\cdot\mathrm{d}x=\frac{\pi}{\sqrt{\alpha}}$，得 $\alpha=\left(\frac{\pi}{b}\right)^2$，近似函数为 $\frac{1}{1+\left(\frac{\pi}{b}x\right)^2}$；

$b=\int_{-\infty}^{+\infty}g(x)\cdot\mathrm{d}x=\int_{-\infty}^{+\infty}\frac{1}{(1+\alpha x^2)^2}\cdot\mathrm{d}x=\frac{\pi}{2\sqrt{\alpha}}$，得 $\alpha=\left(\frac{\pi}{2b}\right)^2$，近似函数为 $\frac{1}{\left[1+\left(\frac{\pi}{2b}x\right)^2\right]^2}$。

三个近似函数中到底哪个更精确？一般以离散度 $S_j^2$ 最小的为宜。

$$S_j^2=\frac{1}{n}\sum_{i=1}^{n}\left[I(x_i)-I_0F_j(X_i)\right]^2 \tag{5-82}$$

其中，$j=1$、2、3 分别为三种近似函数，$n$ 为对比数据点的数目。$F_j(x)(j=1$、2、3)分别为

$$F_1=\mathrm{e}^{-\frac{\pi}{b^2}x^2} \tag{5-83}$$

$$F_2=\frac{1}{1+\left(\frac{\pi}{b}x\right)^2} \tag{5-84}$$

$$F_3=\frac{1}{\left[1+\left(\frac{\pi}{2b}x\right)^2\right]^2} \tag{5-85}$$

$S_j^2$ 值最小的函数即为所选定的最佳近似函数。

将最合适的近似函数代入式(5-63)，可得到由 $B$ 和 $b$ 求 $\beta$ 的关系式。但由于 $f(x)$ 和 $g(x)$ 各有三种近似函数，因此两个函数的积 $f(x)g(x)$ 就有九种组合方式，即 $\beta$ 与已知的 $B$ 和 $b$ 有九种可能的关系式，表 5-1 仅列了常用的五种，其余四种因过于复杂而未列入，但可利用计算机近似求解得到 $\beta$、$B$ 和 $b$ 三者的数值关系式，从而实现由 $b$ 和 $B$ 求解 $\beta$，也实现了物理宽度与仪器宽度的分离。感兴趣的读者可参考相关文献。

**表 5-1　$f(x)$ 和 $g(x)$ 的近似函数组合及其对应的 $\beta$、$B$、$b$ 的关系式**

| 序号 | $g(x)$ | $f(x)$ | $\beta$、$B$、$b$ 之间的关系 |
|---|---|---|---|
| 1 | $\mathrm{e}^{-\alpha_1x^2}$ | $\mathrm{e}^{-\alpha_2x^2}$ | $\beta=\sqrt{B^2-b^2}$ |
| 2 | $\frac{1}{1+\alpha_1x^2}$ | $\frac{1}{1+\alpha_2x^2}$ | $\beta=B-b$ |
| 3 | $\frac{1}{1+\alpha_1x^2}$ | $\frac{1}{(1+\alpha_2x^2)^2}$ | $\beta=\frac{1}{2}[B-b+\sqrt{B(B-b)}]$ |
| 4 | $\frac{1}{(1+\alpha_1x^2)^2}$ | $\frac{1}{1+\alpha_2x^2}$ | $\beta=\frac{1}{2}[B-4b+\sqrt{B(B+8b)}]$ |
| 5 | $\frac{1}{(1+\alpha_1x^2)^2}$ | $\frac{1}{(1+\alpha_2x^2)^2}$ | $B=\frac{(b+\beta)^3}{(b+\beta)^2+b\beta}$ |

## 5.6　微观应力宽度与晶粒细化宽度的分离

通过对综合衍射线(待测样)和仪器衍射线(标准样)的双线分离后，得到了均为 $\mathrm{K}_{\alpha1}$ 作用下

的衍射线，分别测得其衍射宽度 $B$ 和 $b$，采用近似函数法，由物理宽度$\beta$与 $B$ 和 $b$ 的关系式获得物理宽度$\beta$，从而实现了物理宽度$\beta$与仪器宽度 $b$ 的分离。然而，物理宽度$\beta$是由晶粒细化宽度和微观应力宽度组成的，因此还需实现晶粒细化宽度与微观应力宽度的分离，才能由相关公式计算出晶粒尺寸和微观应力的大小。

如何分离晶粒细化宽度和微观应力宽度？分离的方法有近似函数法、方差分解法及傅里叶分析法等，本教材主要介绍前两种方法，第三种方法可参考相关文献。

### 5.6.1　近似函数法

设：$M(x)$表示晶粒细化宽化函数，晶粒细化的宽度为 $m$；$N(x)$表示微观应力宽化函数，微观应力的宽度为 $n$；类似于公式(5-63)得

$$\beta = \frac{m \cdot n}{\int_{-\infty}^{+\infty} M(x) \cdot N(x) \mathrm{d}x} \tag{5-86}$$

$M(x)$和 $N(x)$同样可采用上述三种近似函数，但此时的$\beta$仅是一个物理宽度，而不是具体的线形函数，也没有具体的衍射曲线作依据，只能凭经验选取合适的近似函数。下面仅讨论两种选择方法下的 $m$ 与 $n$ 的分离，其他见表 5-2。

**表 5-2　$\beta$与 $m$ 和 $n$ 的关系**

| 序号 | $M(x)$ | $N(x)$ | $\beta$、$m$、$n$ 之间的关系 |
|---|---|---|---|
| 1 | $e^{-\alpha_1 x^2}$ | $e^{-\alpha_2 x^2}$ | $\beta = \sqrt{m^2 + n^2}$ |
| 2 | $\frac{1}{1+\alpha_1 x^2}$ | $\frac{1}{1+\alpha_2 x^2}$ | $\beta = m + n$ |
| 3 | $\frac{1}{1+\alpha_1 x^2}$ | $\frac{1}{(1+\alpha_2 x^2)^2}$ | $\beta = \frac{(m+2n)^2}{m+4n}$ |
| 4 | $\frac{1}{(1+\alpha_1 x^2)^2}$ | $\frac{1}{1+\alpha_2 x^2}$ | $\beta = \frac{(m+2n)^2}{4m+n}$ |
| 5 | $\frac{1}{(1+\alpha_1 x^2)^2}$ | $\frac{1}{(1+\alpha_2 x^2)^2}$ | $\beta = \frac{(m+n)^3}{(m+n)^2 + mn}$ |

1) 柯西-柯西分布下的分离

$M(x)$和 $N(x)$均采用柯西函数，即 $M(x) = \frac{1}{1+\alpha_1 x^2}$，$N(x) = \frac{1}{1+\alpha_2 x^2}$，此时$\beta = m + n$，将 $m = \frac{\lambda}{D\cos\theta}$ 和 $n = 4\frac{\Delta d}{d}\tan\theta$ 代入得

$$\beta = \frac{\lambda}{D\cos\theta} + 4\frac{\Delta d}{d}\tan\theta \tag{5-87}$$

两边同乘 $\frac{\cos\theta}{\lambda}$，得

$$\frac{\beta\cos\theta}{\lambda} = \frac{1}{D} + 4\frac{\Delta d}{d}\frac{\sin\theta}{\lambda} \tag{5-88}$$

显然 $\frac{\beta\cos\theta}{\lambda}$-$\frac{\sin\theta}{\lambda}$ 为直线关系，其斜率为 $4\frac{\Delta d}{d}$，截距为 $\frac{1}{D}$。因此，只需通过测量几个布拉格角 $\theta$ 得衍射线的物理宽度 $\beta$，求出相应的 $\frac{\beta\cos\theta}{\lambda}$ 和 $\frac{\sin\theta}{\lambda}$，作出 $\frac{\beta\cos\theta}{\lambda}$-$\frac{\sin\theta}{\lambda}$ 直线，获得其斜率 $4\frac{\Delta d}{d}$ 和截距 $\frac{1}{D}$，从而获得微观应变 $4\frac{\Delta d}{d}$ 和晶粒尺寸 $D$，再由应力与应变的关系求出微观应力。

2) 高斯-高斯分布下的分离

$M(x)$和 $N(x)$均采用高斯函数，即 $M(x)=\mathrm{e}^{-\alpha_1 x^2}$，$N(x)=\mathrm{e}^{-\alpha_2 x^2}$，此时由表 5-2 得 $\beta^2=m^2+n^2$，同样将 $m=\frac{\lambda}{D\cos\theta}$ 和 $n=4\frac{\Delta d}{d}\tan\theta$ 代入得

$$\beta^2=\left(\frac{\lambda}{D\cos\theta}\right)^2+\left(4\frac{\Delta d}{d}\tan\theta\right)^2 \tag{5-89}$$

两边同乘 $\frac{\cos^2\theta}{\lambda^2}$，得

$$\left(\frac{\beta\cos\theta}{\lambda}\right)^2=\frac{1}{D^2}+\left(4\frac{\Delta d}{d}\frac{\sin\theta}{\lambda}\right)^2=\frac{1}{D^2}+\left(4\frac{\Delta d}{d}\right)^2\left(\frac{\sin\theta}{\lambda}\right)^2 \tag{5-90}$$

同样，$\left(\frac{\beta\cos\theta}{\lambda}\right)^2$-$\left(\frac{\sin\theta}{\lambda}\right)^2$ 也为直线关系，斜率为 $\left(4\frac{\Delta d}{d}\right)^2$，截距为 $\frac{1}{D^2}$。因此，只需测量几个布拉格角 $\theta$ 得衍射线的物理宽度 $\beta$，求出相应的 $\frac{\beta\cos\theta}{\lambda}$ 和 $\frac{\sin\theta}{\lambda}$，作出 $\left(\frac{\beta\cos\theta}{\lambda}\right)^2$-$\left(\frac{\sin\theta}{\lambda}\right)^2$ 直线，得其斜率 $\left(4\frac{\Delta d}{d}\right)^2$ 和截距 $\frac{1}{D^2}$，从而求得晶粒大小 $D$ 和微观应变，$\frac{\Delta d}{d}$ 再由应变与应力的关系 $\left(\sigma=E\cdot\frac{\Delta d}{d}\right)$ 求得微观应力的大小。

### 5.6.2　方差分解法

由于卷积函数的方差之间具有加和性，因此在计算线性问题时，方差法有独到之处。设物理宽化函数 $f(x)$的方差为 $w$，它是由晶粒细化和微观应力引起的，分别记这两因素线性方差为 $w^c$ 和 $w^s$。于是有

$$w=w^c+w^s \tag{5-91}$$

$w^c$ 和 $w^s$ 的具体结果由威尔逊(Wilson)推导分别为

$$w^c=\frac{k\lambda\Delta 2\theta}{2\pi^2 D\cos\theta} \tag{5-92}$$

$$w^s=4\tan 2\theta\langle\varepsilon\rangle^2 \tag{5-93}$$

式中，$k$ 为常数；$\lambda$ 为辐射用的 X 射线波长；$\theta$ 为衍射半角；$\Delta 2\theta$ 为衍射线的角范围；$D$ 为晶粒尺寸；$\varepsilon$ 为微观应变，大小为$\Delta d/d$；$\langle\varepsilon\rangle^2$ 为微观应变的均方值，则试样的方差为

$$w=\frac{k\lambda\Delta 2\theta}{2\pi^2 D\cos\theta}+4\tan 2\theta\langle\varepsilon\rangle^2 \tag{5-94}$$

将式(5-94)转化为

$$\frac{w}{\Delta 2\theta}\cdot\frac{\cos\theta}{\lambda}=\frac{k}{2\pi^2 D}+\langle\varepsilon\rangle^2\frac{4\tan\theta\sin\theta}{\lambda(\Delta 2\theta)} \tag{5-95}$$

利用同一辐射、不同衍射级的衍射线，或不同辐射的同一衍射线所测得的数据，以 $\frac{w}{\Delta 2\theta}\cdot\frac{\cos\theta}{\lambda}$ 为纵坐标，$\frac{4\tan\theta\sin\theta}{\lambda(\Delta 2\theta)}$ 为横坐标作曲线图 $\left(\frac{w}{\Delta 2\theta}\cdot\frac{\cos\theta}{\lambda}\right)$-$\left(\frac{4\tan\theta\sin\theta}{\lambda(\Delta 2\theta)}\right)$，则曲线在纵轴上的截距为 $\frac{k}{2\pi^2 D}$，由此可求得晶粒尺寸 $D$。由其斜率得微观应变的均方值 $\langle\varepsilon\rangle^2$，结合弹性模量可求得微观应力 $\sigma$。

### 5.6.3 微观应力和晶粒尺寸的测量步骤

由于仪器宽化不可避免，但可通过标准样($\alpha$-$Al_2O_3$ 或 $\alpha$-$SiO_2$，粒度为 $10^{-4}$ cm 左右，无内应力和晶粒细化引起的宽化因素)方便测出仪器宽度 $b$ 以及合成宽度 $B$，但由卷积规律可知物理宽度 $\beta$ 不能简单地由 $B$ 与 $b$ 的差获得，必须采用适当的方法将其从合成宽度中分离出来。在实现了物理宽度与仪器宽度的分离后，还要使微观内应力宽度和晶粒细化宽度分离，以分别获得晶粒细化宽度 $m$ 和微观应力宽度 $n$，这样才可由相关公式计算出微观应力和晶粒尺寸的大小。具体步骤如下：

(1) 同一测量条件下分别测量待测试样和标准试样，分别获得综合衍射线和仪器衍射线；

(2) 分离衍射线中的 $K_{\alpha1}$ 和 $K_{\alpha2}$，获得 $K_{\alpha1}$ 辐射所产生的综合衍射线和仪器衍射线，并据此分别计算总宽度 $B$ 和仪器宽度 $b$；

(3) 选择物理宽化和仪器宽化的近似函数；

(4) 分离物理宽度 $\beta$ 和仪器宽度 $b$；

(5) 再从物理宽度 $\beta$ 中分离出晶粒细化宽度 $m$ 和微观应力宽度 $n$；

(6) 计算晶粒尺寸和微观应力。

注意：

(1) 衍射线是 $K_{\alpha1}$ 和 $K_{\alpha2}$ 共同作用下的结果，因此应先将其分开后才能进行其他形式的分离；

(2) 晶粒细化和微观应力所导致的宽化在待测样品中可能同时存在，或仅存其一，或两者兼无，但仪器宽度是始终存在的；

(3) 线性函数只是一种近似的函数，且有多种选择，反映真实线性的精确程度由离散度来表征。

当被测试样为粉末状时，测量其晶粒尺寸相对容易得多，因为可以通过退火处理使晶粒完全去应力，并可在待测粉末试样中添加标准粉末，比较两者的衍射线，运用作图法和经验公式获得晶粒细化宽度 $m$，代入谢乐公式便可近似得出晶粒尺寸的大小，但该法未作 $K_\alpha$ 双线分离，计算精度不高，可做一般粗略估计，具体过程简述如下：

(1) 样品去应力，以消除内应力宽化的影响；

(2) 在待测样中加入标准样($\alpha$-$Al_2O_3$、$\alpha$-$SiO_2$ 粒度较粗，一般为 $10^{-4}$ cm 左右)均匀混合，标准样中没有晶粒大小引起宽化的问题，仅有仪器宽化和 $K_\alpha$ 双线宽化，其中 $K_\alpha$ 双线宽化忽略；

(3) 进行粉末样品的 XRD 分析，产生粗颗粒的敏锐峰和待测样的弥散峰；

(4) 选择合适的衍射峰进行分析，运用作图法分别测量两类峰的半高宽$\beta_1$和$\beta_0$；

(5) 由经验公式计算晶粒细化宽度$m=\sqrt{\beta_1^2-\beta_0^2}$；

(6) 由 $m$ 值代入谢乐公式算得晶粒尺寸 $D$ 的大小。

## 5.7　应用举例分析

高熵合金因其具有独特的性能备受关注，成为当前材料界研究的热点。其定义一般有两种依据：①合金组元数量；②构型熵值。前者是指组成元素需要达到 5 种及以上，其中任意元素的原子比含量需为 5%～35%，最大不能超过 50%。如果合金存在次要元素，那么该元素的原子百分数不能大于 5%。后者则为室温条件下，随机互溶态下构型熵超过 1.5 $R$($R$ 为摩尔气体常量)的合金。构型熵在(1～1.5)$R$ 的合金称为中熵合金。中、高熵合金一般具有简单结构，如 FCC、BCC 单一结构或 FCC + BCC 混合结构。当构型熵较低时易产生金属间化合物。合金强化是金属常用的强化手段之一，加入的合金元素可与组元发生物理反应形成固溶体，或发生化学反应生成金属间化合物，固溶时可使晶面间距变化，由布拉格方程 $2d\sin\theta=n\lambda$ 可知，晶面对应的衍射角发生变化，当晶面间距增加时，衍射峰左移，反之衍射峰右移。如果合金元素加入后导致基体的结构发生改变，同样也会引起衍射峰移动。合金元素种类繁多，常见的有 Al、B、C、V、Nb、Ti 等，本节主要介绍 Al 和 C 两种合金元素对高熵合金的物相结构及其衍射峰峰形的影响。

### 5.7.1　合金元素对高熵合金衍射峰的影响

1. Al 元素

图 5-15 为不同 Al 含量时高熵合金 $Al_xCoCr_3Fe_5Ni$($x=0, 0.1, 0.2, 0.3$)的 X 射线衍射相分析结果图。由该图可知四种不同 Al 含量的样品均形成了 FCC + BCC 双相结构，反映在 XRD 结果中只有两个相的衍射峰，见图 5-15(a)。未加 Al 时，FCC 相的峰强度远高于 BCC 峰，随着 Al 含量的增加，BCC 相的峰强度增加，表明 BCC 相的体积分数增加。当 $x$ 增加到 0.3 时，BCC 相的含量已超过 FCC 相。Al 元素促进合金中 BCC 相结构的形成，这是由合金体系价电子浓度的降低导致的。Al 原子的价电子浓度(valence electron concentration，VEC)为 3，相对于基体元素较小，根据高熵合金价电子浓度公式

$$\mathrm{VEC}=\sum_{i=1}^{n}n_i\mathrm{VEC}_i \tag{5-96}$$

式中，$n_i$为第 $i$ 个元素的原子百分数；$\mathrm{VEC}_i$为第 $i$ 个元素的 VEC 值。

若价电子浓度大于 8.0，物相结构为单一的 FCC 相；若 $6.87\leqslant\mathrm{VEC}\leqslant 8.0$，物相结构为 FCC + BCC 双相；若 VEC 小于 6.87，物相结构为单一的 BCC 相。若价电子浓度进一步减小低于 2.8 时，将会有 HCP 相形成。在 $CoCr_3Fe_5Ni$ 中添加 Al 会减小合金体系的价电子浓度，见表 5-3，物相结构更趋向于形成 BCC 相。

**表 5-3　价电子浓度**

| 合金 | $CoCr_3Fe_5Ni$ | $Al_{0.1}CoCr_3Fe_5Ni$ | $Al_{0.2}CoCr_3Fe_5Ni$ | $Al_{0.3}CoCr_3Fe_5Ni$ |
|---|---|---|---|---|
| VEC | 7.70 | 7.65 | 7.61 | 7.56 |

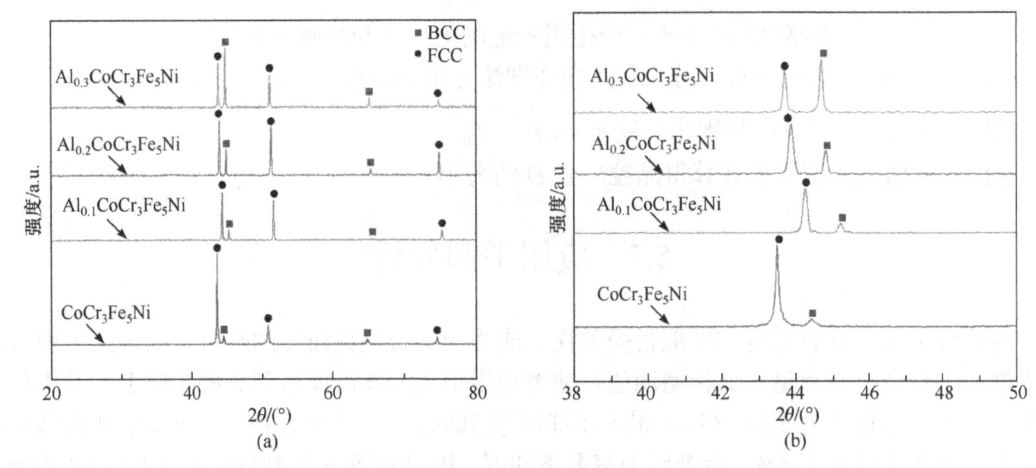


图 5-15　(a)不同 $x$ 时 $Al_xCoCr_3Fe_5Ni$ 的 XRD 图谱；(b)$2\theta$ 为 38°～50°时衍射峰的放大图谱

添加 Al 后，$Al_xCoCr_3Fe_5Ni$ 高熵合金衍射峰整体向右移动，见图 5-15(b)，意味着晶格常数减小，而 Al 原子的原子尺寸大于基体元素(表 5-4)，晶格常数降低与 Al 原子固溶效果相反。这是由于添加 Al 元素之后，FCC 相向 BCC 相转变，同时组织形貌发生突变，由未加 Al 时的等轴晶和胞状树枝晶共存的组织突变为尺寸细小的针状晶粒，见图 5-16，从而减小了晶格畸变，释放出大量的晶格畸变能和内应力，综合结果使晶格参数减小，衍射峰右移。但随着铝含量的增加，组织形貌仍为细针状，此时 Al 原子进入晶格格点位置，由于 Al 的原子半径大于基体原子，导致晶面间距增加，衍射峰左移。

**表 5-4　原子半径**

| 元素 | Co | Cr | Fe | Ni | Cu | Al | C |
|---|---|---|---|---|---|---|---|
| 原子半径/Å | 1.26 | 1.28 | 1.27 | 1.25 | 1.28 | 1.43 | 0.77 |

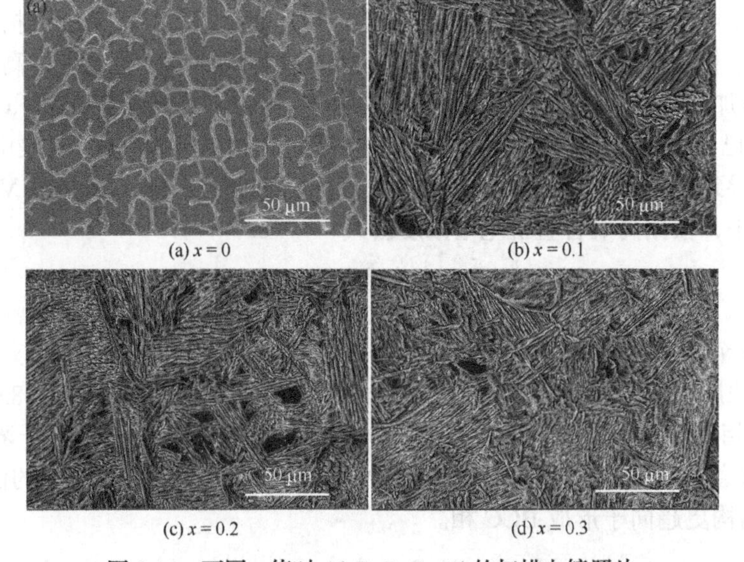


(a) $x = 0$　(b) $x = 0.1$　(c) $x = 0.2$　(d) $x = 0.3$

图 5-16　不同 $x$ 值时 $Al_xCoCr_3Fe_5Ni$ 的扫描电镜照片

需要注意的是：①根据吉布斯相律，4 种主元的合金在平衡凝固时形成的相数为 5，非平衡凝固时形成的相数大于 5，但 $Al_xCoCr_3Fe_5Ni$ 的铸态组织并没有超过两个相，这是因为高熵效应抑制了金属间化合物相的出现，使合金形成了远小于吉布斯相律所计算的简单固溶体的相数；②随着 Al 含量的增加，合金体系的价电子浓度降低，促进体系中 BCC 相含量增加，其拉伸强度显著提高，延伸率随之下降，见图 5-17。

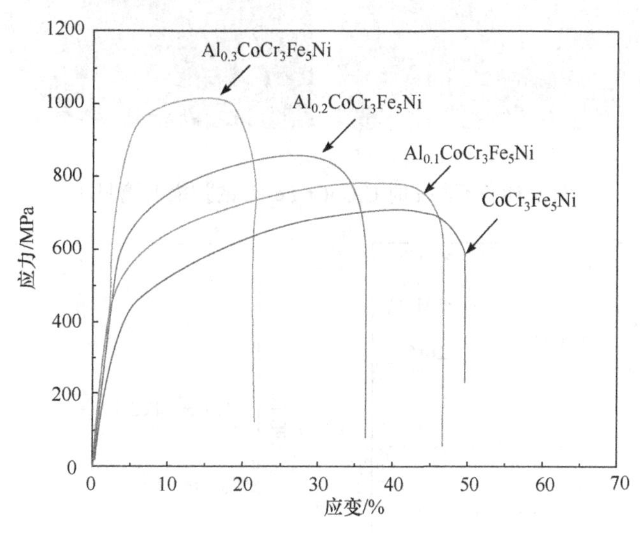


图 5-17　不同铝含量时高熵合金 $Al_xCoCr_3Fe_5Ni$ 的室温拉伸工程应力-应变曲线

2. C 元素

高熵合金 $CoCr_3Fe_5Ni$ 中加入 C 元素，价电子浓度的变化见表 5-5。可见，随着 C 含量的增加，合金价电子浓度逐渐减小，该合金为双相结构 FCC + BCC，呈等轴晶和胞状树枝晶共存的组织，见图 5-18，其中 FCC 相为主要相。随着 C 含量的增加，显微组织未发生突变，仍为等轴晶和胞状树枝晶共存的组织，但是晶界处产生新相，其对应的 XRD 图(图 5-19)进一步表明合金为 FCC + BCC 双相结构，新相为碳化物 $M_{23}C_6$，(200)衍射峰几乎未发生移动。虽然 C 含量增加时，合金的价电子浓度降低，BCC 相增加，晶格畸变能减小，内应力下降，峰位理应右移，但由于 C 原子半径小，可固溶于 $CoCr_3Fe_5Ni$ 的间隙形成间隙固溶体，导致晶面间距增加，衍射峰左移，同时 C 原子易与合金组元结合生成碳化物，沿晶界析出，加剧了晶界的结构畸变，综合作用，衍射峰的峰位未发生明显的移动。但随着 C 含量的增加，(200)峰发生分裂，这是由新相 $M_{23}C_6$ 析出导致的。

**表 5-5　不同 C 含量时的价电子浓度**

| 合金 | $CoCr_3Fe_5Ni$ | $C_{0.1}CoCr_3Fe_5Ni$ | $C_{0.2}CoCr_3Fe_5Ni$ | $C_{0.3}CoCr_3Fe_5Ni$ |
|---|---|---|---|---|
| VEC | 7.70 | 7.66 | 7.55 | 7.52 |

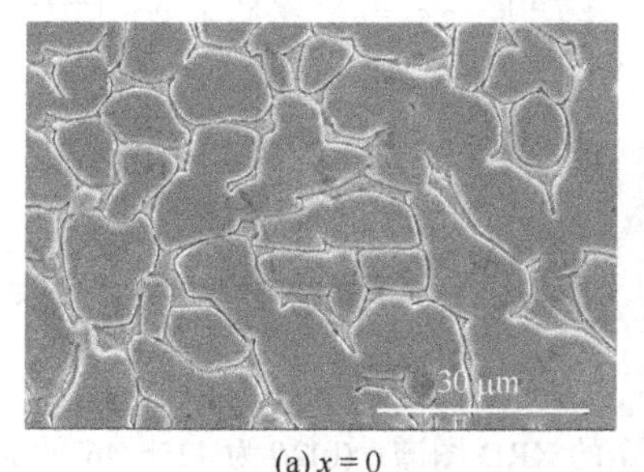


(a) $x = 0$

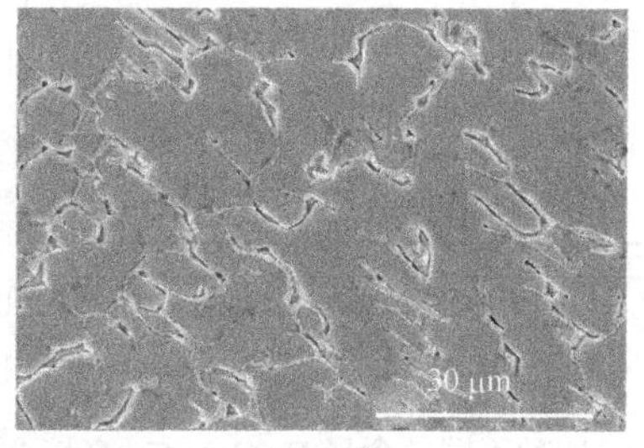


(b) $x = 0.1$

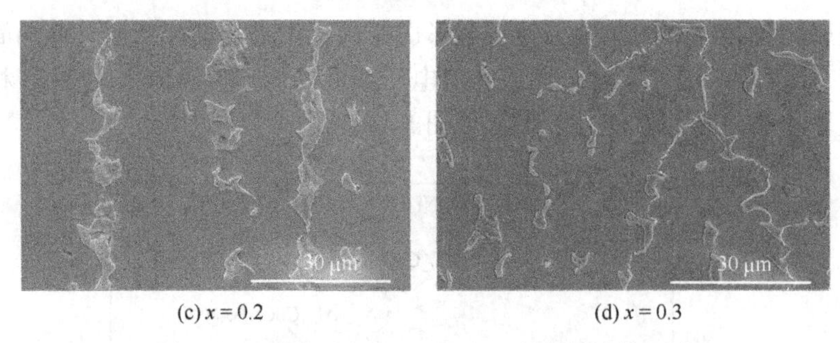

(c) $x = 0.2$　　(d) $x = 0.3$

图 5-18　不同 $x$ 时 $C_xCoCr_3Fe_5Ni$ 的扫描电镜照片

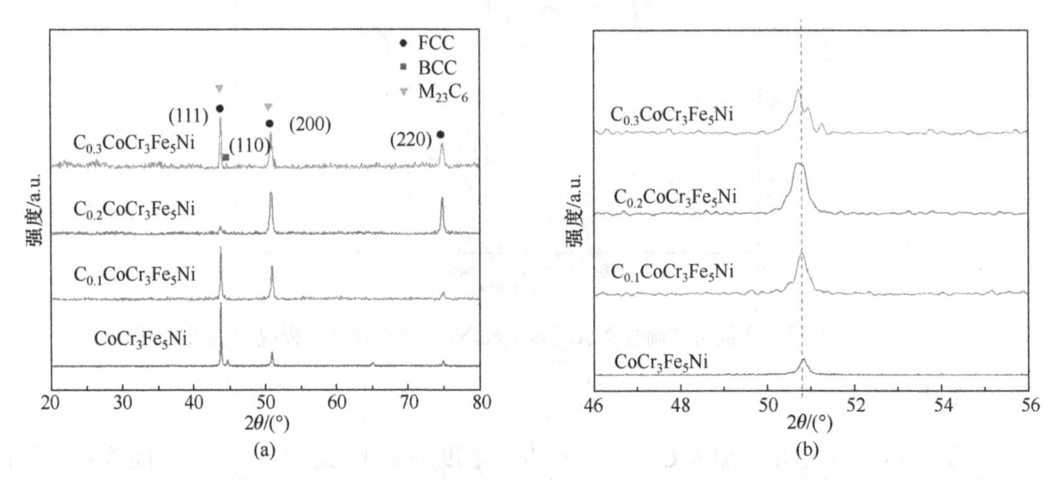


图 5-19　(a)不同 $x$ 时 $C_xCoCr_3Fe_5Ni$ 的 XRD 图谱；(b)2$\theta$ 为 46°～56°时衍射峰的放大图谱

## 5.7.2　合金组元对高熵合金衍射峰的影响

合金组元直接决定了高熵合金的价电子浓度大小，影响高熵合金的结构及其对应的衍射峰，能构成高熵合金的组元较多，本小节仅介绍两种高熵合金中组元 Fe 和 Cr 对衍射峰的影响。

### 1. 高熵合金 $Fe_xCoNiCu$ 中的 Fe 组元

图 5-20 为四种不同铁含量时 $Fe_xCoNiCu$($x$ = 1.5, 2, 2.5, 3)高熵合金的 XRD 图谱。随着 Fe 含量的增加，FCC 相和 BCC 相的峰位置(2$\theta$)都向左发生了少量偏移。这主要是由于 Fe 原子

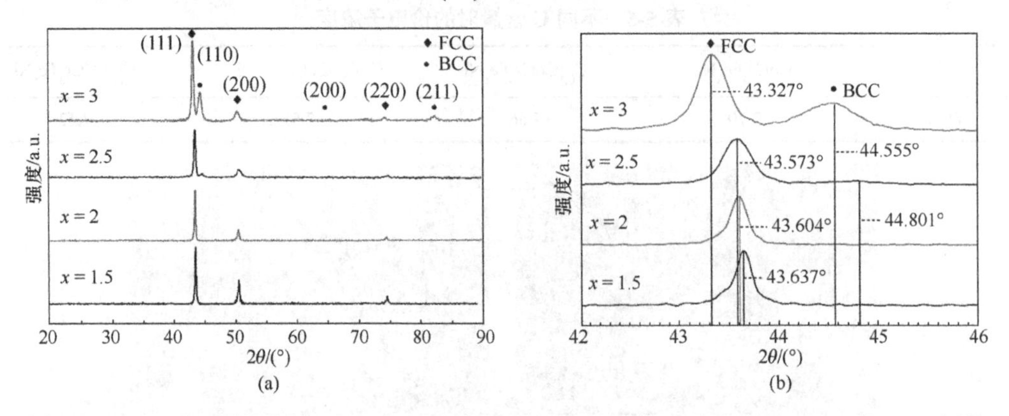


图 5-20　(a)四种不同铁含量 $Fe_xCoNiCu$ 高熵合金的 XRD 图谱；(b)2$\theta$ 为 42°～46°的 XRD 图谱

增加，其原子半径大于 Co 和 Ni(表 5-4)，因此 Fe 原子的增加使晶面间距增加，对应的衍射峰峰位左移。同时随着 Fe 含量增加，出现 BCC 相，这是由合金的价电子浓度降低所致，见表 5-6。

**表 5-6 不同 $x$ 时 $Fe_xCrNiCu$ 高熵合金的价电子浓度**

| 合金 | $Fe_{1.5}CoNiCu$ | $Fe_2CoNiCu$ | $Fe_{2.5}CoNiCu$ | $Fe_3CoNiCu$ |
|---|---|---|---|---|
| VEC | 9.33 | 9.20 | 9.09 | 9.00 |

2. 高熵合金 $FeCr_xNiCu$ 中的 Cr 组元

图 5-21(a)为 $FeCr_xNiCu$ 高熵合金中不同 Cr 含量时的 XRD 图谱。随着 Cr 含量的增加，价电子浓度下降，见表 5-7，相组成发生了变化，从 FCC 单相转变成 FCC + BCC 双相。当 $x \leqslant 1$ 时，XRD 图谱中仅出现 FCC 晶体结构衍射峰。当 $x$ 值为 1.5 时，BCC 峰(110)开始出现在 FCC 峰(111)附近。当 $x$ 的值进一步增加到 2 时，BCC 峰值增高，表明 BCC 相的含量增加。

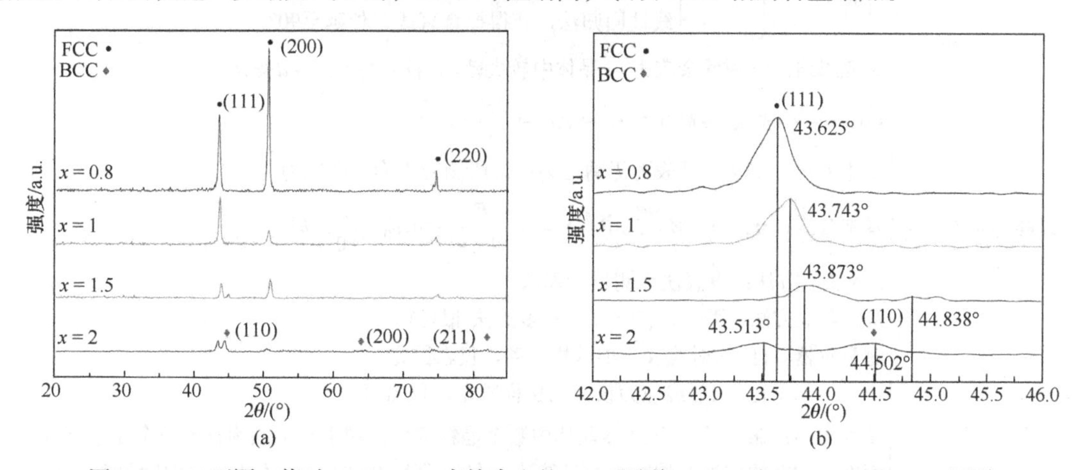


图 5-21 (a)不同 $x$ 值时 $FeCr_xNiCu$ 高熵合金的 XRD 图谱；(b)$2\theta$ 为 42°～46°的 XRD 图谱

**表 5-7 不同 $x$ 时 $FeCr_xNiCu$ 高熵合金的价电子浓度**

| 合金 | $FeCr_{0.8}NiCu$ | FeCrNiCu | $FeCr_{1.5}NiCu$ | $FeCr_2NiCu$ |
|---|---|---|---|---|
| VEC | 8.89 | 8.75 | 8.44 | 8.20 |

$2\theta$ 为 42°～46°的 XRD 图谱如图 5-21(b)所示。由图 5-21(b)可以发现，当 $x$ 从 0.8 增加到 1.5 时，FCC 相衍射峰(111)的位置从 43.625°向右偏移至 43.873°。其原因可能是 Cr 含量增加，合金的价电子浓度减小，合金中产生新相 BCC 的驱动力增加，物相结构将从稳定的 FCC 相向 FCC + BCC 双相演变，结构畸变减轻，组织应力下降，晶面间距变小，对应的衍射峰右移。同时，Cr 原子进入 FCC 和 BCC 阵点，Cr 原子半径(1.28 Å)等同于合金中的 Cu 原子，但均大于合金中 Fe(1.27 Å)和 Ni(1.25 Å)，因而加剧了晶格畸变，晶面间距增大，衍射峰左移。这两种影响同时存在，此时，前者影响大于后者。在 $x$ 继续增至 2 时，衍射峰向左偏移到 43.513°。BCC 相衍射峰(110)的位置也从 44.838°向左移动到了 44.502°。这是由于 Cr 进入 FCC 和 BCC 导致晶格畸变和晶面间距增大的程度大于因新相 BCC 产生使晶格畸变减轻和晶面间距变小的程度。

注意：高熵合金中 VEC 预测的相组成规则一般仅适用于原子大小相近的体系。

## 本章小结

**晶粒尺寸测量**

- 研究思路：晶粒细化→参与衍射的晶粒数增加→倒易球的面密度提高增厚→与反射球的交线宽度增加→衍射线宽化，峰位未发生移动，宽化程度决定了晶粒细化的程度
- 计算公式：$D=\dfrac{K\lambda}{\beta\cos\theta}$

**点阵参数的精确测量**

- 研究思路：理论上在$\theta$为90°时，衍射线的分辨率最高，点阵参数的测量误差最小，但实际上无法收集到衍射线，故不能直接获得$\theta$为90°时的点阵参数值，故采用间接法如外延法来获取
- 测量方法
  - 标准样法
  - 外延法
    - $a-\cos^2\theta$
    - $a-\dfrac{1}{2}\left(\dfrac{\cos^2\theta}{\sin\theta}+\dfrac{\cos^2\theta}{\theta}\right)$
  - 线性回归法，获得拟合直线再外延至90°

**宏观残余应力测量**

- 研究思路：宏观残余应力→晶体中较大范围内均匀变化→$d$变化→$\sin\theta=\dfrac{n}{2d}\lambda$变化→峰位位移→$\Delta\theta\to\dfrac{\Delta d}{d}=\varepsilon\to\sigma$
- 基本前提：①单元体表面无剪应力；②所测应力为平面应力
- 基本公式：$\sigma_\phi=K\cdot M$。式中，$K=-\dfrac{E}{2(1+\nu)}\cdot\cot\theta_0\cdot\dfrac{\pi}{180}$，$M=\dfrac{\partial(2\theta_\psi)}{\partial\sin^2\psi}$
- $K$的获取方法：查表法和测量计算法
- $M$的获取方法：两点法(0°～45°)和多点法(拟合)
- 测量仪器：(1) X射线仪：小试样可动，仪器固定；
  (2) X射线应力仪：大试样固定，仪器可动

**微观残余应力测量**

- 研究思路：微观残余应力→晶体中数个晶粒或单晶粒中数个晶胞甚至数个原子范围存在→$d$有的增加有的减小，呈统计分布→衍射线宽化但无位移→宽化程度决定其微观应力的大小
- 计算公式：$\sigma=E\cdot\varepsilon=E\dfrac{n}{4\tan\theta_0}$

**$K_\alpha$双线分离**

- 1) Rachinger图解法
  - (1) 计算双线的峰位间距$\Delta x$(又称双线角分离度)；
  - (2) 等分衍射峰；
  - (3) 求得各等分点处$K_{\alpha1}$线上的强度值$I_{K_{\alpha1}}$
- 2) 傅里叶级数变换法

**衍射峰的线性分析**

- 1) 衍射线形的卷积合成
  衍射线的宽度常有两种表征方法：一种是半高宽法即半峰高处的衍射线宽度；另一种是劳厄积分宽度法，即衍射峰的积分强度与其最大强度的比值，卷积合成中均采用积分宽度
  卷积公式：$h(x)=\int_{-\infty}^{+\infty}g(y)f(x-y)\mathrm{d}y$
- 2) 积分宽度的卷积关系
  $B=\dfrac{b\beta}{\int_{-\infty}^{+\infty}g(x)f(x)\mathrm{d}x}$

衍射峰物理宽化：

1) 傅里叶变换法

测量步骤：

(1) 对试样和标样进行衍射仪扫描测量获得相应的衍射峰；

(2) 将其分割成若干等分$N$，并采集每个分割单元的对应强度$I_h(x)$和$I_g(x)$；

(3) 用强度最大值$I_h(m)$和$I_g(m)$去除$I_h(x)$和$I_g(x)$便得到线形函数$h(x)$和$g(x)$；

(4) 将$h(x)$和$g(x)$值先计算$H_r(t)$、$H_i(t)$、$G_r(t)$、$G_i(t)$，再计算$F_r(t)$和$F_i(t)$；

(5) 绘制$f(x)$峰形曲线

2) 近似函数法

近似函数法的基本思想是利用衍射峰的积分宽度的卷积关系式，在仪器因素(标样)衍射峰积分宽度$b$和被测衍射峰的积分宽度$B$已知的情况下，分离出物理宽化度$\beta$。为此：①在实测衍射峰的基础上经$K_\alpha$的分离，求得$b$和$B$；②给出$g(x)$和$f(x)$的近似函数

微观应力宽度与晶粒细化宽度的分离：通过对综合衍射线(待测样)和仪器衍射线(标准样)的双线分离后，得到了均为$K_{\alpha1}$作用下的衍射线，分别测得其衍射宽度$B$和$b$，采用近似函数法，由物理宽度$\beta$与$B$和$b$的关系式，获得物理宽度$\beta$，从而实现了物理宽度$\beta$与仪器宽度$b$的分离。然而，物理宽度$\beta$是由晶粒细化宽度和微观应力宽度组成的，因此还需实现晶粒细化宽度与微观应力宽度的分离，具体方法：①近似函数法；②方差分解法。从而算出晶粒尺寸和微观应力的大小

微观应力宽度与晶粒细化宽度的测量：

测量步骤：

(1) 同一测量条件下分别测量待测样和标准样，分别获得综合衍射线和仪器衍射线；

(2) 分离衍射线中的$K_{\alpha1}$和$K_{\alpha2}$，获得$K_{\alpha1}$辐射所产生的综合衍射线和仪器衍射线，并据此分别计算总宽度$B$和仪器宽度$b$；

(3) 选择物理宽化和仪器宽化的近似函数；

(4) 分离物理宽度$\beta$和仪器宽度$b$；

(5) 再从物理宽度$\beta$中分离出晶粒细化宽度$m$和微观应力宽度$n$；

(6) 计算晶粒尺寸和微观应力

高熵合金中的合金元素和组元影响合金的价电子浓度，导致合金的物相结构改变、衍射峰分裂和移动。

## 思　考　题

5-1　晶粒细化时，其 X 射线的衍射效应是什么？为什么？

5-2　金相软件测量的晶粒尺寸与 X 射线测量的晶粒尺寸有什么区别？

5-3　推导计算晶粒尺寸用的谢乐公式。

5-4　什么是多晶体材料的内应力？有几种？各自的衍射效应是什么？

5-5　一根无残余应力的钢丝试样从垂直丝轴方向用单色 X 射线照射，其平面底片像为同心圆环，假定试样受到轴向拉伸或压缩(未发生弯曲)时，其衍射花样发生怎样的变化？为什么？

5-6　有一碳含量为 1%的淬火钢，仅含有马氏体和残余奥氏体两种物相，用 Co $K_\alpha$射线测得奥氏体(311)晶面反射的积分强度为 2.33(任意单位)，马氏体的(112)与(211)线重合，其积分强度为 16.32(任意单位)，试计算钢中残余奥氏体的体积分数。已知马氏体的 $a = 0.2860$ nm，$c = 0.2990$ nm，奥氏体的 $a = 0.3610$ nm，计算多重因子 $P$ 和结构因子 $F$ 时，可将马氏体近似为立方晶体。

5-7　测量轧制某黄铜试样的宏观残余应力，用 Co $K_\alpha$照射(400)晶面，当$\psi = 0°$时，测得的 $2\theta = 150.1°$，当$\psi = 45°$时，$2\theta = 150.99°$，试求试样表面的宏观残余应力有多大？(已知 $a = 0.3695$ nm，$E = 9.0 \times 10^4$ MPa，$\nu = 0.35$)

5-8　运用 Co $K_{\alpha}$ X 射线照射$\alpha$-黄铜，测量其宏观残余应力，在$\psi = 0°$、15°、30°、45°时的 $2\theta$值分别为 151.00°、150.95°、150.83°和 150.67°，试求黄铜的宏观残余应力。已知$\alpha$-黄铜的弹性模量 $E = 9.0 \times 10^4$ MPa，泊松比$\nu = 0.35$。

5-9　晶粒细化和微观残余应力均会引起衍射线宽化，试比较两者宽化机理的不同。

5-10　用 Cu $K_{\alpha}$ X 射线照射弹性模量 $E$ 为 $2.15 \times 10^5$ MPa 的冷加工金属片试样，观察 $2\theta = 150°$处的一根衍射线条时，发现其较来自再结晶试样的同一根衍射线条要宽 1.28°。若假定这种宽化是由于微观残余应力所致，则该微观残余应力是多少？

5-11　简述为什么要对 $K_{\alpha}$ 双线分离？分离方法有哪些？

5-12　什么是卷积合成？简述其应用。

5-13　什么是积分宽度？衍射线中有几种？各自产生的原因是什么？

5-14　什么是物理宽化？什么是仪器宽化？

5-15　如何分离物理宽化与仪器宽化？

5-16　物理宽化中包括哪几种宽化？如何分离？

5-17　晶粒细化与微观应力的衍射效应有何异同？

5-18　微观应力宽度与晶粒细化宽度如何分离？

# 第 6 章　单晶体的结构、取向与宏观残余应力分析

在配位化学、金属有机化学、生物无机化学、晶体工程、超分子化学及耐高温合金中等均会存在大量的单晶结构，因为在相变、形变和晶体的各向异性研究中需要了解其结构和取向、析出相与基体的取向，形变过程中取向变化以及晶体取向与其性能之间的关系等，同时单晶体中存在的内应力会影响其工作性能和安全性。因此，本章除了主要介绍运用单一波长的 X 射线衍射法分析单晶体的结构和取向信息外，还简单介绍单晶体中存在的宏观残余应力及其测量。

## 6.1　单晶体的结构分析

单晶体对应的倒易点阵与埃瓦尔德球相截的概率较小，因此单晶体的衍射一般使用连续 X 射线或转动晶体以增加反射球与倒易点阵的相截概率。目前单晶体的结构分析手段一般采用转动晶体法，主要仪器有四圆单晶衍射仪(图 6-1)和面探测器单晶衍射仪(图 6-2)。

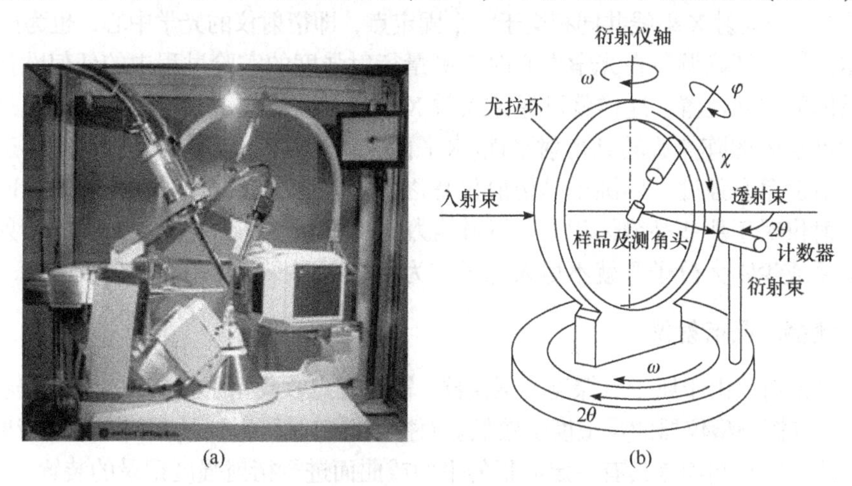


图 6-1　四圆单晶衍射仪(a)及其结构原理图(b)

### 6.1.1　四圆单晶衍射仪

四圆单晶衍射仪(图 6-1)是一种测量单晶 X 射线衍射强度的仪器，采用一个计数器测量一个衍射束或斑点的强度。一个单晶的衍射点可能有几百到上万个，计数器总是水平放置，它与入射的 X 射线共面，组成的平面为反射球的赤平面。它可通过三个方向($\chi$、$\omega$、$\varphi$)旋转测角头上的晶体，使晶体中要测量的每个衍射点都能落在该水平面上。测角头与计数器的方位共有四个欧拉角($\chi$、$2\theta$、$\omega$、$\varphi$)表示，简称四圆单晶衍射仪。

$\chi$ 圆：是安放测角仪头的垂直大圆，又称尤拉环，即为$\chi$ 圆，圆的轴是水平方位，圆上的角度用$\psi$表示，$\psi$角可以在 0°～360°变化，从而调节测角头的旋转轴方向。

$\varphi$圆：是以$\chi$ 圆的半径为转轴的圆，也是测角头绕晶轴自转的圆，$\varphi$角可在 0°～360°调

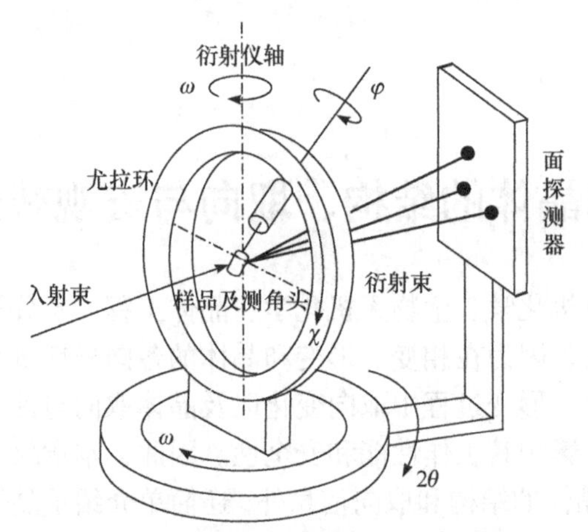


图 6-2　面探测器单晶衍射仪工作原理图

节晶体及其衍射点的方位。试样安装于$\chi$圆的圆心，试样表面法线方向与$\chi$圆的半径共线，$\varphi$圆也可看成是绕试样表面法线方向转动的圆，转角用$\varphi$表示。

$2\theta$圆：是计数器转动所在的圆，也可看成是入射线与衍射线所在的平面与埃瓦尔德球的交线圆。$2\theta$角为晶面的衍射角，即衍射束与入射 X 射线之间的夹角，$\theta$又称布拉格角。

$\omega$圆：尤拉环绕其垂直轴转动的圆，也是晶体绕垂直轴转动的圆，$\omega$角可调节测角头绕垂直于水平面的旋转轴的旋转。$\omega$角采用步进方式变化，步进幅度为 0.5°～5°。$\omega$圆与 $2\theta$圆同轴，四圆共三根轴，与入射 X 射线共同相交于一个固定点，即衍射仪的光学中心，也为试样中心。

当晶体试样被精确调节在光学中心时，测量衍射强度的实验过程中的任何欧拉角旋转都不会移动晶体的空间位置，这样就可保证入射 X 射线总是穿过晶体。工作时，通过四个圆的配合，将倒易点阵的阵点旋转到衍射平面(水平面)并与反射球相交，通过检测器逐点测到所有衍射点的衍射角和强度。四圆单晶衍射仪是逐点收集衍射数据，虽然精度高但时间较长。四圆单晶衍射仪对于那些晶胞体积大、衍射能力弱、不稳定或在 X 射线辐照时衍射能力衰减的超分子体系或生物大分子等就不尽人意了，为此采用面探测器单晶衍射仪。

### 6.1.2　面探测器单晶衍射仪

四圆单晶衍射仪由于属于点探测器型仪器，需要逐点收集衍射数据，造成数据收集消耗很长时间，而且点探测型仪器的灵敏度也较低。面探测器单晶衍射仪是在四圆单晶衍射仪的基础上发展的，此时的探测器是具有一定面积的平面或曲面进行衍射强度记录的装置，见图 6-2。此时，可提高衍射数据的收集速度数百倍，且其灵敏度高，对于衍射能力弱或尺寸小的样品同样能获得高质量的衍射数据。相比于四圆单晶衍射仪，其具有以下优点，见表 6-1。

**表 6-1　面探测器单晶衍射仪与四圆单晶衍射仪的比较**

| 比较项 | 面探测器单晶衍射仪 | 四圆单晶衍射仪 |
| --- | --- | --- |
| 衍射数据收集方式 | 多个衍射点同步进行 | 逐点进行 |
| 衍射数据收集速度 | 快 | 慢 |
| 数据容量 | 大：$10^2$～$10^3$ MB | 小：1 MB 左右 |
| 数据点区域数目 | 多个 | 一般为 1 个 |
| 完成一套数据收集周期 | 几～几十小时 | 数天～数周 |
| 数据处理 | 复杂，对计算机要求高 | 相对简单，对计算机要求不高 |

### 6.1.3　单晶结构的分析步骤

1) 选择试样

选择大小、晶质合适的单晶试样，转动晶体，改变各晶面族与 X 射线的入射角，使其满足布拉格方程，产生衍射花样。

2) 指标化衍射数据

求出晶胞常数，依据全部衍射数据总结出消光规律，推断晶体所属的空间群。

3) 求结构因子

在衍射强度收集阶段，通过实验工作只能获得晶体的衍射强度数值 $I_{HKL}$。对衍射强度数据做吸收校正、洛伦兹校正等各种处理后，可求得结构因子 $F_{HKL}^2$。

4) 相角和初始结构的推测

当晶体产生衍射时，晶胞中全部原子在 $HKL$ 方向产生衍射的周相(也称相位)与处于原点的原子在该方向散射光的周相之差称为相角(也称相位差)。相角用 $\alpha_{HKL}$ 表示，其大小不能直接测得，实际上它隐含在衍射强度的数据中。计算相角必须知道原子的坐标，因此解决相角问题就成了结构测定的关键。

常见的相角计算方法有模型法、帕特森函数法及直接法三种。

(1) 模型法。根据晶体学数据、晶体性质和衍射强度的分布特点，结合晶体结构与结构化学规律，提出近似模型(原子坐标)来解决相角计算问题。

(2) 帕特森函数法。帕特森函数(原子间向量函数)的定义为

$$
\begin{aligned}
P(uvw) &= \int_0^1\int_0^1\int_0^1 \rho(x,y,z)\rho(x+u,y+v,z+w)V\mathrm{d}x\mathrm{d}y\mathrm{d}z \\
&= \frac{1}{V}\sum_H\sum_K\sum_L \left|F_{HKL}\right|^2 \exp[-2\pi \mathrm{i}(Hu+Kv+Lw)]
\end{aligned}
\tag{6-1}
$$

从帕特森函数图上可以方便地得到晶体中所含重原子的位置坐标，再采用傅里叶法求出轻原子坐标，可依次计算各衍射的相角 $\alpha_{HKL}$，将此 $\alpha_{HKL}$ 与实验测得的 $|F_{HKL}|$ 结合生成结构振幅 $F_{HKL}$，并据此计算电子密度图，可以定出更多原子的位置及修正已有原子的位置。再利用这些数据重新计算 $\alpha_{HKL}$、$F_{HKL}$ 和 $\rho(x,y,z)$，如此反复迭代多次推出完整的晶体结构。

(3) 直接法。直接法是利用衍射强度 $I_{HKL}$ 的统计规律求出衍射相角的方法。在求出某些衍射的相角 $\alpha_{HKL}$ 后，再与实验测得的 $|F_{HKL}|$ 结合生成结构振幅 $F_{HKL}$，进而计算 $\rho(x,y,z)$，从中获得部分原子的位置，从此修正和扩充已有的相角，如帕特森法那样反复迭代以得出完整的结构。

5) 结构精修

由相角推出的结构比较粗糙，故需对初始结构进行完善和精修。完善结构的常用方法有电子密度及差值电子密度图，精修结构参数的常用方法有最小二乘法，经多次重复可得精确的结构。同时需要计算原子的各向同性或各向异性的温度因子及位置占有率等因子。最终所得结果的优劣常用 $R$ 因子来衡量：

$$
R = \frac{\sum_1^n \left(\left|F_\mathrm{o}\right|_k - \left|F_\mathrm{c}\right|_k\right)^2}{\sum_1^n \left|F_\mathrm{o}\right|_k^2}
\tag{6-2}
$$

$$R_w=\left[\frac{\sum_1^n w_k(|F_o|_k-|F_c|_k)^2}{\sum_1^n w_k|F_o|_k^2}\right]^{\frac{1}{2}} \tag{6-3}$$

式中，$F$ 为结构振幅；$k$ 为第 $k$ 衍射峰；$w$ 为权重因子；下标 o、c 分别表示实测值和计算值。电子密度及差值电子密度图法的结果用 $R$ 表征，最小二乘方法的结果用 $R_w$ 衡量。

6) 结构表达

在获得精确的原子位置后，要将结构完美地表达出来，包括键长和键角的计算，绘出分子结构图和晶胞图，并从其结构特点探讨某些可能的性能。将得到的晶体数据在晶体结构数据库中进行搜索比对，以此判断是否为新的化合物或新的晶体。常用的晶体结构数据库有：①剑桥结构数据库(cambridge structural database，CSD)，包括各种有机金属化合物及配合物的晶体学数据；②无机晶体结构数据库(inorganic crystal structure database，ICSD)；③金属结晶学数据库(metal crystallography database，MCD)；④蛋白质数据库(protein data bank，PDB)；⑤晶体学数据(crystallographic data，CD)；⑥粉末衍射卡片(powder diffraction files card，PDFC)；⑦有序无序结构数据库(ordered and unordered structured database，OUSD)等。

### 6.1.4 四圆单晶衍射仪的衍射几何

四圆单晶衍射仪的四圆分别对应于三个工作空间和一个仪器坐标系，三个空间分别是衍射空间、探测空间和样品空间。

1. 衍射空间

衍射空间是晶体在一定的波长下发生衍射，与晶体的结构和波长有关，其理论公式即为布拉格方程：$2d\sin\theta=n\lambda$。衍射空间的作用是根据一定的波长和衍射角 $2\theta$ 得到晶体的晶面间距 $d$。由于晶体的衍射点分布在三维空间中，坐标系为 $O\text{-}X_L\text{-}Y_L\text{-}Z_L$，X 射线入射方向与 $X_L$ 轴同向，如图 6-3 所示。X 射线入射后形成对顶衍射锥，锥顶角为 $4\theta$，锥顶面与投影球相截形成对称的交线圆，对顶交线圆所在的面与入射方向垂直。设一锥顶面的圆心为 $O_1$。衍射发生的空间位置由球面坐标$\gamma$(经线)和 $2\theta$(纬线)共同确定。设 $OA$ 为一衍射束，$A$ 点为该衍射束与投影球面的交点即球面投影点，过 $A$ 点作 $X_L\text{-}O\text{-}Y_L$ 面的垂直线，垂足为 $B$。再过 $A$ 点作与 $O\text{-}Z_L$ 轴平行且过 $O_1$ 点的轴的垂直线，垂足为 $C$。设投影球半径 $R$ 为整数 1，则衍射方向球面投影点在 $O\text{-}X_L\text{-}Y_L\text{-}Z_L$ 实验坐标系中坐标分别为

$$\begin{cases}OO_1=\cos2\theta;\ \ O_1A=\sin2\theta\\ O_1B=O_1A\cos(180°-\gamma)=-\sin2\theta\cos\gamma\\ O_1C=O_1A\sin(180°-\gamma)=\sin2\theta\sin\gamma\end{cases} \tag{6-4}$$

由此可得

$$\begin{cases}h_x=-\cos2\theta\\ h_y=\sin2\theta\cos(180°-\gamma)=-\sin2\theta\cos\gamma\\ h_z=\sin2\theta\sin(180°-\gamma)=\sin2\theta\sin\gamma\end{cases} \tag{6-5}$$

衍射方向的单位向量可用矩阵来描述，即

$$\vec{h}_L = \begin{bmatrix} h_x \\ h_y \\ h_z \end{bmatrix} = \begin{bmatrix} -\cos 2\theta \\ -\sin 2\theta \cos\gamma \\ \sin 2\theta \sin\gamma \end{bmatrix} \tag{6-6}$$

$2\theta$为衍射角，变动范围是 0°～180°，$\gamma$的变化范围为 0°～360°，该矢量得到的是衍射锥，锥顶角为 $4\theta$。

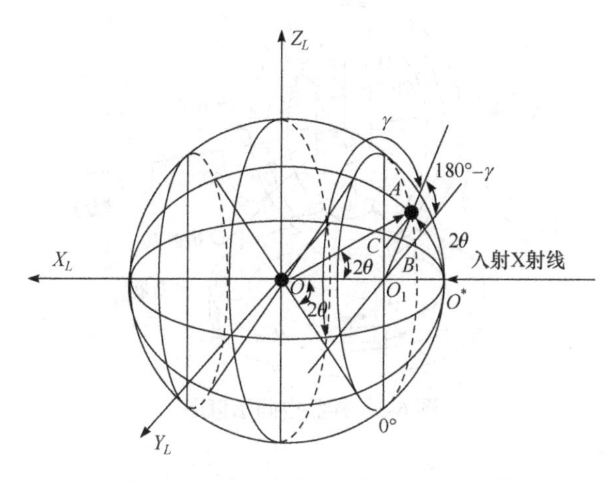


图 6-3　衍射空间中的衍射原理与衍射斑点分布坐标

2. 探测空间

探测空间是探测器在实验坐标系中的位置，见图 6-4，包括探测器离样品之间的距离($D$)，以及探测器在衍射平面转动的角度$\alpha$，即探测器绕实验坐标轴 $Z_L$ 逆时针方向转动的角度，该转动角在仪器中由 $2\theta$ 圆提供。若需设置探测器的位置，可用 $2\theta_D$ 参数进行设置。

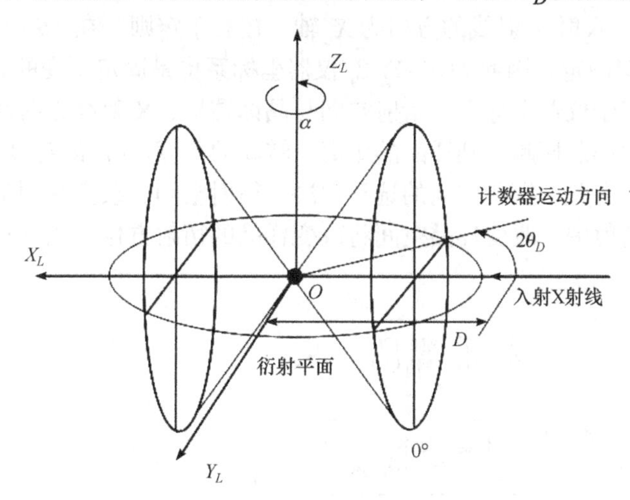


图 6-4　探测空间示意图

3. 样品空间

样品空间包括$\chi$圆、$\varphi$圆、$\omega$圆及样品坐标 $O$-$X$-$Y$-$Z$。图 6-5 表示了各圆和实验坐标($O$-$X_L$-$Y_L$-$Z_L$)之间的关系，其中$\omega$圆的轴与 $Z_L$ 完全重合并固定在此方向上，逆时针方向为正。$\chi$圆是与$\varphi$圆和$\omega$圆垂直的大圆，其轴在水平方向，$\chi$圆顺时针为正，逆时针为负，角度用$\psi$表示。$\varphi$ 圆的转轴与样品表面的法线方向共轴，样品坐标系建立在样品上，表面法线方向即为 $Z$ 方向，$X$、$Y$ 平面为样品表面。样品坐标 $O$-$X$-$Y$-$Z$ 随着 $\chi$ 圆、$\varphi$ 圆、$\omega$ 圆的转动而改变在实验坐标中的位置，使晶体各方向上的晶面都有机会参与衍射。

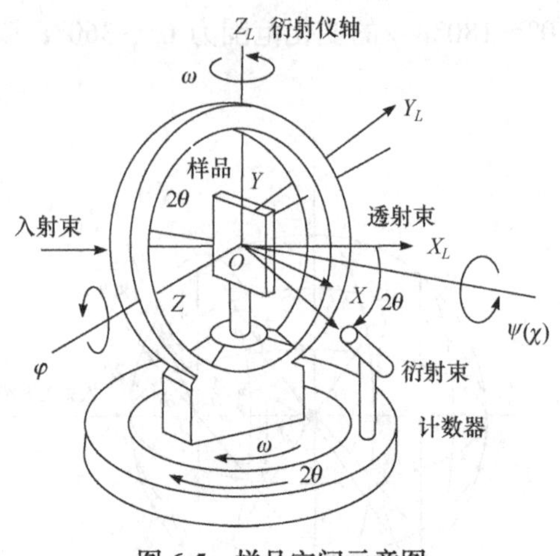


图 6-5　样品空间示意图

### 4. 仪器坐标系

仪器坐标系是仪器的三维空间的几何坐标，用 $O$-$X_L$-$Y_L$-$Z_L$ 表示，其坐标原点是仪器的几何中心，也是四圆中心轴的公共交点，它与样品中心重合。该坐标系是仪器的基本坐标，不随各圆的转动而变化。实际仪器中各圆转动的角度参数均转换到该坐标系中来进行运算，从而查找倒易矢量，得到晶体的晶胞参数。

仪器坐标系是以 4 个圆各轴的交点为原点的右手坐标系，坐标系的取向是以 $\omega$ 圆和 $2\theta$ 圆的共同轴线为 $Z_L$ 轴，入射 X 射线的方向为 $X_L$ 轴，按右手定则，在 $2\theta = 90°$ 的方向为 $Y_L$ 轴。由于入射 X 射线方向固定，因此 $O$-$X_L$-$Y_L$-$Z_L$ 仪器坐标系也是固定不变的。

三个空间均是基于仪器坐标系，衍射空间与晶体结构、X 射线方向及波长有关。探测空间取决于探测器的大小及探测器到样品的距离、转动的角度。样品空间取决于样品的取向和方位，与三圆的转动有关。探测空间的选择取决于衍射空间，改变探测空间可以改变衍射的测量范围。在单晶衍射中，改变样品空间将改变样品的衍射方位。图 6-6 为三个空间与仪器坐标系之间的关系。

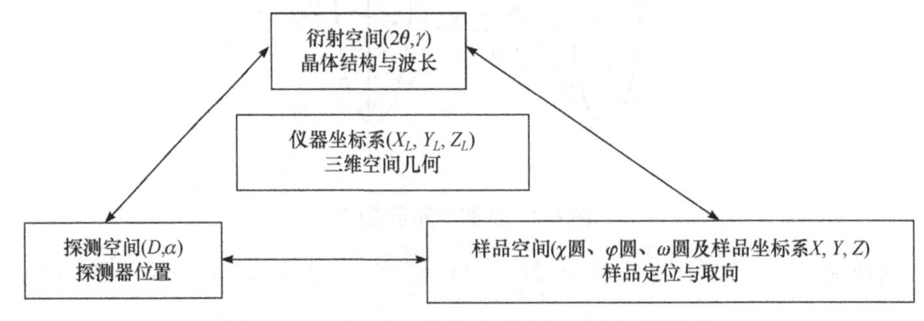


图 6-6　三个工作空间与仪器坐标系之间的关系

### 6.1.5　衍射几何转换矩阵

1. 仪器坐标、样品坐标与四圆衍射几何的数学关系

在衍射几何中，所有的旋转轴和样品中心都相交于一点，即仪器坐标中心点。当样品在仪器中心转动时，凡符合布拉格衍射条件的晶面均会产生衍射，为在仪器坐标系中定位所有衍射晶面的衍射点，将所有的衍射操作均转换到仪器坐标中进行处理。样品坐标$(X, Y, Z)$和仪器坐标$(X_L, Y_L, Z_L)$之间的关系如表 6-2 所示。

**表 6-2　样品坐标与仪器坐标之间的关系**

| 仪器坐标 | 样品坐标 | | |
|---|---|---|---|
| | $X_L$ | $Y_L$ | $Z_L$ |
| $X$ | $a_{11}$ | $a_{12}$ | $a_{13}$ |
| $Y$ | $a_{21}$ | $a_{22}$ | $a_{23}$ |
| $Z$ | $a_{31}$ | $a_{32}$ | $a_{33}$ |

如果将样品坐标转换到仪器坐标的矩阵，称 $A$ 矩阵，则该矩阵与衍射仪各圆的关系如下：

$$A=\begin{bmatrix} a_{11} & a_{12} & a_{13} \\ a_{21} & a_{22} & a_{23} \\ a_{31} & a_{32} & a_{33} \end{bmatrix}=\begin{bmatrix} -\sin\omega\sin\psi\sin\varphi-\cos\omega\cos\varphi & \cos\omega\sin\psi\sin\varphi-\sin\omega\cos\varphi & -\cos\psi\sin\varphi \\ \sin\omega\sin\psi\cos\varphi-\cos\omega\sin\varphi & -\cos\omega\sin\psi\cos\varphi-\sin\omega\sin\varphi & \cos\psi\cos\varphi \\ -\sin\omega\cos\psi & \cos\omega\cos\psi & \sin\psi \end{bmatrix} \tag{6-7}$$

式(6-7)表明样品仪器坐标中的衍射位置可以通过三个圆的转动几何操作来实现，通过该矩阵可将仪器实验坐标与样品坐标联系起来，即由$\omega$、$\varphi$、$\psi$的角度变化就能得到相应的衍射点的实验坐标向量。在四圆单晶衍射仪系统中，衍射单位矢量可以用$\vec{h}_s = A\vec{h}_L$得到，结合式(6-6)和式(6-7)可得

$$\vec{h}_s=\begin{bmatrix} h_1 \\ h_2 \\ h_3 \end{bmatrix}=A\vec{h}_L=\begin{bmatrix} a_{11} & a_{12} & a_{13} \\ a_{21} & a_{22} & a_{23} \\ a_{31} & a_{32} & a_{33} \end{bmatrix}\begin{bmatrix} h_x \\ h_y \\ h_z \end{bmatrix}$$
$$=\begin{bmatrix} -\sin\omega\sin\psi\sin\varphi-\cos\omega\cos\varphi & \cos\omega\sin\psi\sin\varphi-\sin\omega\cos\varphi & -\cos\psi\sin\varphi \\ \sin\omega\sin\psi\cos\varphi-\cos\omega\sin\varphi & -\cos\omega\sin\psi\cos\varphi-\sin\omega\sin\varphi & \cos\psi\cos\varphi \\ -\sin\omega\cos\psi & \cos\omega\cos\psi & \sin\psi \end{bmatrix}\begin{bmatrix} -\cos2\theta \\ -\sin2\theta\sin\gamma \\ \sin2\theta\cos\gamma \end{bmatrix} \tag{6-8}$$

当测定了样品空间中的$\omega$、$\varphi$、$\psi$和衍射空间中的$\theta$和$\gamma$后，通过式(6-8)即可得到倒易点阵矢量的结果：

$$\begin{cases} h_1=\cos2\theta(\sin\omega\sin\psi\sin\varphi+\cos\omega\cos\varphi)-\sin2\theta\sin\gamma(\cos\omega\sin\psi\sin\varphi-\sin\omega\cos\varphi)+\sin2\theta\cos\gamma\cos\psi\sin\varphi) \\ h_2=-\cos2\theta(\sin\omega\sin\psi\cos\varphi-\cos\omega\sin\varphi)+\sin2\theta\sin\gamma(\cos\omega\sin\psi\cos\varphi+\sin\omega\sin\varphi)+\sin2\theta\cos\gamma\cos\psi\cos\varphi) \\ h_3=\cos2\theta\sin\omega\cos\psi-\sin2\theta\sin\gamma\cos\omega\cos\psi+\sin2\theta\cos\gamma\sin\psi \end{cases} \tag{6-9}$$

2. 仪器坐标与倒易点阵、晶体点阵

通过式(6-9)得到晶体衍射矢量坐标，是在仪器笛卡儿坐标系中的参数，尚需进行一系列的变换操作，以便求得在晶体坐标系中的倒易点阵参数，从而获得晶体的晶胞参数。

1) $B$ 矩阵

在三维空间中，倒易点阵矢量 $\vec{s}$ 可写成

$$\vec{s}=s_1\vec{a}^*+s_2\vec{b}^*+s_3\vec{c}^* \tag{6-10}$$

式中，$\vec{a}^*$、$\vec{b}^*$、$\vec{c}^*$ 分别为倒空间三个方向的单位矢量。正空间的三个基矢量为 $\vec{a}$、$\vec{b}$、$\vec{c}$，三晶轴之间的夹角分别为 $\alpha$、$\beta$、$\gamma$。为简化起见，将仪器直角坐标中的 $X$ 定义与 $\vec{a}^*$ 一致，$Y$ 在 $\vec{a}^*$、$\vec{b}^*$ 平面内，$Z$ 垂直于 $\vec{a}^*$、$\vec{b}^*$ 平面。倒易矢量从晶体坐标(样品坐标)转换为实验直角坐标(仪器坐标)的转换公式为

$$\vec{s}_c=B\vec{s} \tag{6-11}$$

式中，$B$ 为矩阵，它给出了倒易阵胞单位矢量在实验直角坐标系中的分量，具体表示为

$$B=\begin{bmatrix} a^* & b^*\cos\gamma & c^*\cos\beta \\ 0 & b^*\sin\gamma & -c^*\sin\beta\cos\alpha \\ 0 & 0 & 1/c \end{bmatrix} \tag{6-12}$$

式中，$c=\dfrac{a^*b^*\sin\gamma^*}{V^*}$；$\cos\alpha=\dfrac{\cos\beta^*\cos\gamma^*-\cos\alpha^*}{\sin\beta^*\sin\gamma^*}$，$\alpha^*$、$\beta^*$和$\gamma^*$分别为倒易点阵中阵胞的三轴之间的夹角；$V^*$为倒易阵胞的体积，大小为正点阵空间中晶胞体积的倒数$\left(V^*=\dfrac{1}{V}\right)$。

2) $U$ 矩阵

$B$ 矩阵是将晶体坐标(样品坐标)转换到实验直角坐标(仪器坐标)的转换矩阵，在实际的晶体(样品)安装过程中，由于样品是随机安装在测角头上的，因此样品在样品坐标中的取向也是随机的。当所有圆的角度为零时，四个圆的三个轴与样品坐标系的坐标轴完全重合，同时与实验(仪器)坐标轴也完全重合(仅定向有所不同)，$U$ 矩阵就是晶体在样品直角坐标系中的取向矩阵，这个矩阵可以从测量两个实际的位置而得到。因此，对于实际的样品，其衍射矢量为

$$\vec{s}=U\vec{s}_c=UB\vec{s} \tag{6-13}$$

3) $UB$ 矩阵

在实际操作中，当四圆的各圆均处零位时，任一倒易矢量 $\vec{g}$ 可以表示为

$$\vec{g}=H\vec{a}^*+K\vec{b}^*+L\vec{c}^*=x\vec{i}^*+y\vec{j}^*+z\vec{k}^*$$

式中，$\vec{i}^*$、$\vec{j}^*$、$\vec{k}^*$ 分别为衍射仪笛卡儿坐标的单位矢量，将 $\vec{a}^*$、$\vec{b}^*$、$\vec{c}^*$ 按 $\vec{i}^*$、$\vec{j}^*$、$\vec{k}^*$ 方向分解，得

$$\begin{cases} \vec{a}^*=a_x^*\vec{i}^*+a_y^*\vec{j}^*+a_z^*\vec{k}^* \\ \vec{b}^*=b_x^*\vec{i}^*+b_y^*\vec{j}^*+b_z^*\vec{k}^* \\ \vec{c}^*=c_x^*\vec{i}^*+c_y^*\vec{j}^*+c_z^*\vec{k}^* \end{cases} \tag{6-14}$$

于是，可得

$$\vec{g}=(H\vec{a}_x^*+K\vec{b}_x^*+L\vec{c}_x^*)\vec{i}^*+(H\vec{a}_y^*+K\vec{b}_y^*+L\vec{c}_y^*)\vec{j}^*+(H\vec{a}_z^*+K\vec{b}_z^*+L\vec{c}_z^*)\vec{k}^*=x\vec{i}^*+y\vec{j}^*+z\vec{k}^* \quad (6\text{-}15)$$

由此可得以下矩阵：

$$\begin{bmatrix} x \\ y \\ z \end{bmatrix}=R\begin{bmatrix} H \\ K \\ L \end{bmatrix} \quad (6\text{-}16)$$

$$R=\begin{bmatrix} a_x^* & b_x^* & c_x^* \\ a_y^* & b_y^* & c_y^* \\ a_z^* & b_z^* & c_z^* \end{bmatrix} \quad (6\text{-}17)$$

$R$ 矩阵即为倒易点阵三个主轴在实验坐标系中的分量，该矩阵是 $U$ 矩阵和 $B$ 矩阵的乘积，因此也称 $UB$ 矩阵，$UB$ 矩阵提供了倒易阵胞的大小数据($B$ 矩阵)及倒易阵胞在载晶头上的取向($U$ 矩阵)，同时 $UB$ 矩阵也将倒易矢量与仪器坐标联系起来。通过倒易点在仪器坐标中的位置即可得到晶体的倒易阵胞。

## 6.2　单晶体的取向分析

### 6.2.1　单晶体的取向表征

单晶体的取向是指单晶体的晶体坐标系(微观坐标系)即 3 个晶轴，斜方晶系为[100]-[010]-[001]、立方晶系为[100]-[110]-[111]，六方晶系为$[10\bar{1}0]$-$[11\bar{2}0]$-[0001]，与样品坐标系(宏观坐标系)$X$-$Y$-$Z$ 上的相对方位，或两坐标系之间的夹角关系，如果样品为轧制品，则宏观坐标系为 $RD$-$TD$-$ND$，见图 6-7。

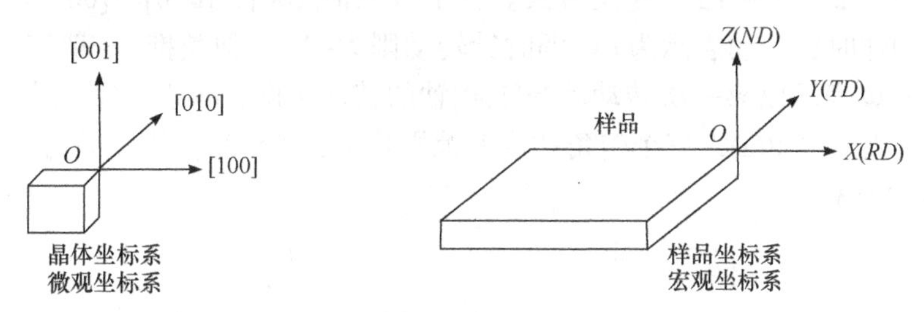


图 6-7　坐标系示意图

取向的表达方法有多种，一般分为数学法和几何图法两大类，本节主要介绍数学法。数学法又分为矩阵法、欧拉角($\varphi_1$, $\Phi$, $\varphi_2$)法和密勒指数法。

1. 矩阵法

设$\alpha_1$、$\beta_1$、$\gamma_1$为[100]轴与 $X$、$Y$、$Z$ 的夹角、$\alpha_2$、$\beta_2$、$\gamma_2$为[010]轴与 $X$、$Y$、$Z$ 的夹角，$\alpha_3$、$\beta_3$、$\gamma_3$为[001]轴与 $X$、$Y$、$Z$ 的夹角。则$\alpha_1$、$\alpha_2$、$\alpha_3$分别为样品坐标轴 $X$ 与晶体坐标轴[100]-[010]-[001]的夹角，$\beta_1$、$\beta_2$、$\beta_3$分别为样品坐标轴 $Y$ 与晶体坐标轴[100]-[010]-[001]的夹角，$\gamma_1$、$\gamma_2$、$\gamma_3$分别为样品坐标轴 $Z$ 与晶体坐标轴[100]-[010]-[001]的夹角。矩阵(6-18)为方向余弦矩阵，即为两坐标系之间的坐标变换矩阵，也称取向矩阵，用 $\pi$ 表示。

$$\pi=\begin{pmatrix}\pi_X^{[100]} & \pi_Y^{[100]} & \pi_Z^{[100]}\\ \pi_X^{[010]} & \pi_Y^{[010]} & \pi_Z^{[010]}\\ \pi_X^{[001]} & \pi_Y^{[001]} & \pi_Z^{[001]}\end{pmatrix}=\begin{pmatrix}\cos\alpha_1 & \cos\beta_1 & \cos\gamma_1\\ \cos\alpha_2 & \cos\beta_2 & \cos\gamma_2\\ \cos\alpha_3 & \cos\beta_3 & \cos\gamma_3\end{pmatrix} \tag{6-18}$$

显然，三个行矢量分别表示晶体坐标轴在样品坐标轴上的投影，三个列矢量分别表示样品坐标轴在晶体坐标轴上的投影，三个独立参数即可完整表达晶体取向，取向矩阵中行和列均为归一化矩阵，即满足方向余弦定律，即

$$\begin{cases}\cos^2\alpha_1+\cos^2\beta_1+\cos^2\gamma_1=1\\ \cos^2\alpha_2+\cos^2\beta_2+\cos^2\gamma_2=1\\ \cos^2\alpha_3+\cos^2\beta_3+\cos^2\gamma_3=1\end{cases} \tag{6-19}$$

$$\begin{cases}\cos^2\alpha_1+\cos^2\alpha_2+\cos^2\alpha_3=1\\ \cos^2\beta_1+\cos^2\beta_2+\cos^2\beta_3=1\\ \cos^2\gamma_1+\cos^2\gamma_2+\cos^2\gamma_3=1\end{cases} \tag{6-20}$$

2. 欧拉角($\varphi_1$, $\Phi$, $\varphi_2$)法

欧拉角由欧拉提出而命名，原是用于描述三维空间中刚体定点转动的，可用于晶体取向表征：即两坐标系的相对位置由三个角度($\varphi_1$, $\Phi$, $\varphi_2$)表示。假定宏观坐标系固定($X$-$Y$-$Z$)不动，微观坐标系([100]-[010]-[001])通过三次坐标轴的转动使两坐标系重合。因坐标轴的旋转顺序不同，定义不唯一。首先绕三坐标轴中的任意一坐标轴转动有 3 种，转角正负由轴的转动方向来确定，沿坐标轴指向原点，逆时针转动为“+”，顺时针转动为“–”。接着绕除第一次轴外的任一轴转动，有 2 种，最后绕除第二次转轴外的任一轴转动，又有 2 种，因此共有 3 × 2 × 2 = 12 种定义方式。三个微观轴[100]、[010]、[001]分别用 1、2、3 表示，绕[001]轴逆时针转动表示为+3，顺时针转动则为–3，其他类推。一般定义$\varphi_1$表示[001]轴的转动角度；$\Phi$表示以第一次转动后的[100]轴的转动角度；$\varphi_2$表示第二次转动后的[001]轴的转动角度；见图 6-8(a)，三个转角的取值范围均可为 0～2π，该图即为“(+3)(+1)(+3)”转动，简化为“313”。

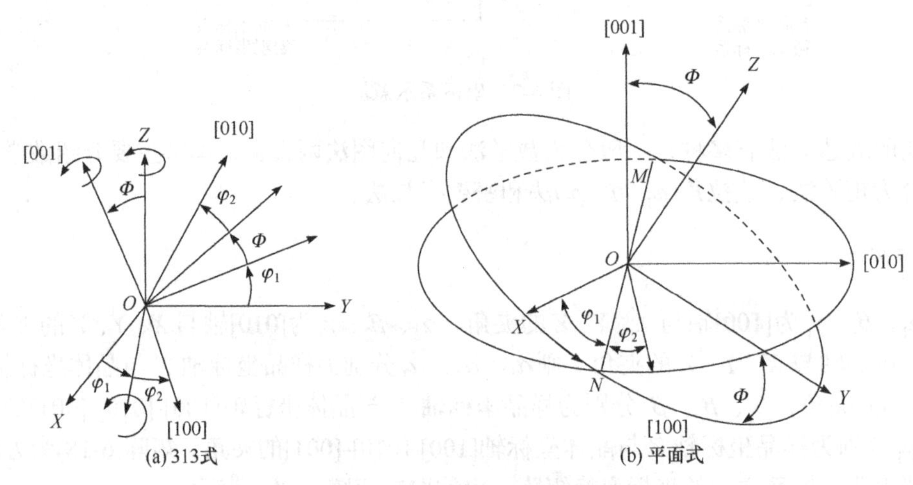


图 6-8　欧拉角定义示意图

欧拉角的另一种解释：$\Phi$-两坐标系第三轴的夹角，或两坐标系的平面 $XOY$ 与平面[100]-[010]的二面角；设两面交线为 $MN$，$\varphi_1$ 看成为 $X$ 轴与二面交线 $MN$ 的夹角；$\varphi_2$ 看成为[100]轴与二面交线 $MN$ 的夹角，见图 6-8(b)。

三个欧拉角 $\varphi_1$、$\Phi$、$\varphi_2$ 转动分别对应于三个矩阵，因此晶体的取向矩阵为

$$
\begin{aligned}
\pi &= \begin{bmatrix} \cos\varphi_2 & \sin\varphi_2 & 0 \\ -\sin\varphi_2 & \cos\varphi_2 & 0 \\ 0 & 0 & 1 \end{bmatrix} \begin{bmatrix} 1 & 0 & 0 \\ 0 & \cos\Phi & \sin\Phi \\ 0 & -\sin\Phi & \cos\Phi \end{bmatrix} \begin{bmatrix} \cos\varphi_1 & \sin\varphi_1 & 0 \\ -\sin\varphi_1 & \cos\varphi_1 & 0 \\ 0 & 0 & 1 \end{bmatrix} \\
&= \begin{bmatrix} \cos\varphi_2\cos\varphi_2 - \sin\varphi_2\sin\varphi_2\cos\Phi & \sin\varphi_1\cos\varphi_2 + \cos\varphi_1\sin\varphi_2\cos\Phi & \sin\varphi_2\sin\Phi \\ -\cos\varphi_1\sin\varphi_2 - \sin\varphi_1\mathrm{co}\varphi_2\cos\Phi & -\sin\varphi_1\sin\varphi_2 + \cos\varphi_1\cos\varphi_2\cos\Phi & \cos\varphi_2\sin\Phi \\ \sin\varphi_1\sin\Phi & -\cos\varphi_1\sin\Phi & \cos\Phi \end{bmatrix}
\end{aligned} \tag{6-21}
$$

晶体取向也可不采用三个晶轴，而采用某一个晶面{*hkl*}的法线(立方晶系中晶向指数与晶面指数相同即[*hkl*])、晶面上的某一晶向[*uvw*]以及在晶面上和[*uvw*]垂直的另一个方向[*rst*]三个互相垂直的方向与参考坐标系的取向来表征，三个晶轴转换到晶体的任意三个互相垂直的方向[*uvw*]、[*rst*]、[*hkl*]的取向矩阵 $\pi$ 可以用它们的单位矢量在三个坐标轴上的分量构成的矩阵来表示，即

$$
\pi = \begin{pmatrix} u & r & h \\ v & s & k \\ w & t & l \end{pmatrix} \tag{6-22}
$$

注意：矩阵中的指数是经归一化处理后的数值，已不再是原来的方向指数。例如，在取向矩阵中的[*uvw*]、[*rst*]、[*hkl*]，三个分量平方之和等于 1，即 $u^2+v^2+w^2=1$、$r^2+s^2+t^2=1$、$h^2+k^2+l^2=1$。

3. 密勒指数法

采用密勒指数(*hkl*)[*uvw*]表征晶体的取向，即晶胞中晶面(*hkl*)平行于样品表面，如是轧制件即为轧面 *RD-TD*，晶胞中晶向[*uvw*]平行于表面中一方向，轧制件即为轧面中的轧向 *RD*。立方中，晶面垂直于同指数的晶向，因此[*hkl*]⊥[*uvw*]，即 $hu + kv + lw = 0$。密勒指数中的两组指数已分别归一化，表示的方向相互垂直。

密勒指数与欧拉角之间的换算可通过比较式(6-21)与式(6-22)，解方程得

$$
\begin{cases}
\varphi_1 = \arcsin\left(\dfrac{w}{\sqrt{h^2+k^2}}\right) \\
\Phi = \arccos l \\
\varphi_2 = \arccos\left(\dfrac{k}{\sqrt{h^2+k^2}}\right) = \arcsin\left(\dfrac{h}{\sqrt{h^2+k^2}}\right)
\end{cases} \tag{6-23}
$$

矩阵中的指数均归一化处理了，而常用的密勒指数仅为互质，即(*HKL*)[*UVW*]，此时的换算公式为

$$
\begin{cases}
\varphi_1 = \arcsin\left\{\left(\dfrac{W}{\sqrt{H^2+K^2+L^2}}\right)\dfrac{\sqrt{H^2+K^2+L^2}}{\sqrt{H^2+K^2}}\right\} \\
\Phi = \arccos\left(\dfrac{L}{\sqrt{H^2+K^2+L^2}}\right) \\
\varphi_2 = \arccos\left(\dfrac{K}{\sqrt{H^2+K^2}}\right) = \arcsin\left(\dfrac{H}{\sqrt{H^2+K^2}}\right)
\end{cases} \tag{6-24}
$$

则

$$
\pi = \begin{pmatrix} u & r & h \\ v & s & k \\ w & t & l \end{pmatrix} = \begin{pmatrix}
\dfrac{u}{\sqrt{u^2+v^2+w^2}} & \dfrac{r}{\sqrt{r^2+s^2+t^2}} & \dfrac{h}{\sqrt{h^2+k^2+l^2}} \\
\dfrac{v}{\sqrt{u^2+v^2+w^2}} & \dfrac{s}{\sqrt{r^2+s^2+t^2}} & \dfrac{k}{\sqrt{h^2+k^2+l^2}} \\
\dfrac{w}{\sqrt{u^2+v^2+w^2}} & \dfrac{t}{\sqrt{r^2+s^2+t^2}} & \dfrac{l}{\sqrt{h^2+k^2+l^2}}
\end{pmatrix}
= \begin{pmatrix}
\dfrac{U}{\sqrt{U^2+V^2+W^2}} & \dfrac{R}{\sqrt{R^2+S^2+T^2}} & \dfrac{H}{\sqrt{H^2+K^2+L^2}} \\
\dfrac{V}{\sqrt{U^2+V^2+W^2}} & \dfrac{S}{\sqrt{R^2+S^2+T^2}} & \dfrac{K}{\sqrt{H^2+K^2+L^2}} \\
\dfrac{W}{\sqrt{U^2+V^2+W^2}} & \dfrac{T}{\sqrt{R^2+S^2+T^2}} & \dfrac{L}{\sqrt{H^2+K^2+L^2}}
\end{pmatrix} \tag{6-25}
$$

### 6.2.2　单晶体的取向测定

单晶体的取向测定有多种方法，如劳厄衍射法(连续X射线)、X射线衍射仪法(特征X射线)、透射电镜菊池花样分析法、背散射电子衍射法等。本节主要介绍与X射线相关的劳厄衍射法和X射线衍射仪法。

1. 劳厄衍射法

1) 劳厄斑点花样的形成

劳厄衍射法是采用连续X射线辐照固定不动的单晶体，使位于最大反射球与最小反射球之间的倒易阵点一一参与衍射形成系列斑点花样的方法。同一晶带的倒易阵点位于过原点的倒易阵面上。该倒易阵面与反射球相交于一个过倒易阵点中心的圆，见图6-9。衍射线则为从球心出发至交线圆上各倒易阵点的连线，晶带轴方向为反射球球心与交线圆圆心的连线方向，其晶带轴指数为交线圆上任意两倒易阵点的矢量叉乘，此时由球心出发的各衍射线构成衍射锥，注意该衍射锥的中轴为晶带轴，并非入射方向。显然，当有多个倒易阵面，则会产生多个衍射锥。X射线的入射方向仅为所有衍射锥的公共母线。当成像底片与入射方向垂直时，各衍射锥的投影均为椭圆，且椭圆通过同一中心点。该中心点即为入射线与投影面的交点。每一椭圆上各劳厄斑点均属于同一个晶带。

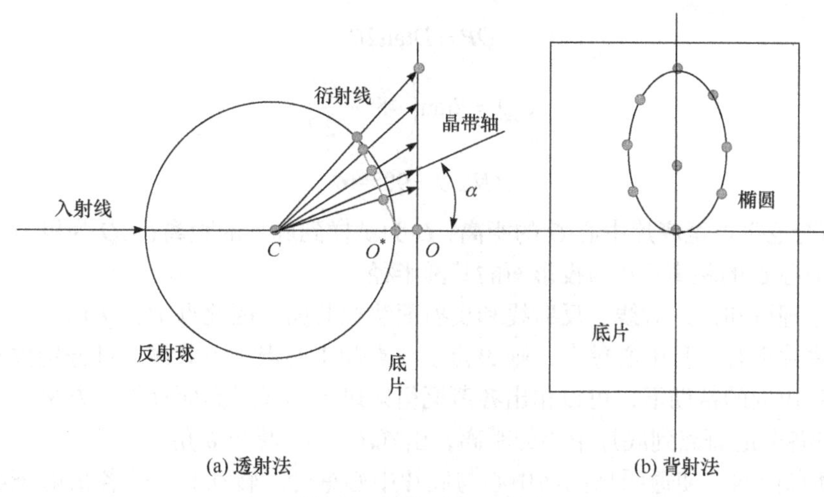


(a) 透射法　　(b) 背射法

图 6-9　晶带衍射示意图

晶带圆的大小取决于晶带轴与入射线的夹角$\alpha$，随着$\alpha$增大，椭圆增大。当$\alpha < 45°$时，所得到的衍射斑点花样均为过中心斑点的椭圆，当$\alpha = 45°$时，$2\alpha = 90°$，投影面平行于衍射锥母线，相截为抛物线；当$45° < \alpha < 90°$时，为背射锥与投影面相截为双曲线。当$\alpha = 90°$时，投影为过底片中心的水平直线。

在劳厄花样中，斑点的相对位置可用角 $2\theta$ 表示，其几何关系为

$$\tan 2\theta = \frac{L}{D} \tag{6-26}$$

式中，$L$ 为斑点至底片中心的距离；$D$ 为试样到底片间的距离。

注意：①在劳厄衍射花样中，一个晶面的多级衍射花样相互重合形成一个斑点。这是因为一级衍射是波长为$\lambda$辐射形成，二级衍射则为$\frac{1}{2}\lambda$辐射形成，以此类推。布拉格方程中的晶面间距 $d$ 和波长$\lambda$同步改变，因此$\theta$不变。所以任何一个劳厄斑点的位置均不会因晶面间距的变化而变化。两种取向与结构相同的晶体，尽管点阵常数不同，但仍能形成相同的衍射花样。②X 射线波长连续变化($\lambda_{min}\sim\lambda_{max}$)，可将单晶体位于反射球半径为 $1/\lambda_{max}\sim1/\lambda_{min}$ 的倒易阵点均产生衍射，形成劳厄衍射斑点花样。

2) 劳厄衍射斑点花样指数化

劳厄衍射斑点花样指数化是指劳厄衍射斑点由其对应的衍射晶面指数来表征的过程，斑点指数即为晶面指数。指数化过程分两步进行：①作出劳厄斑点的极射赤面投影；②在标准投影图的帮助下标出各衍射斑点和主要晶带轴指数。

劳厄斑点的极射赤面投影是指产生劳厄斑点的衍射晶面的极射赤面投影。而衍射晶面的极射赤面投影即先延伸该晶面的法线，使其与投影球面相交，得该晶面的球面投影即极点，然后连接投影发射点与极点，连线与投影面的交点即为衍射晶面的极射赤面投影。

图 6-10 为透射劳厄法衍射斑点的极射赤面投影的几何关系。假定底片与入射线垂直，入射线与底片的交点为底片中心点 $O$。设反射晶面($hkl$)，$CN$ 为反射面的法线，交投影球于 $N$ 点即为反射面的极点，连接发射点 $S$ 与极点 $N$ 交投影面于 $Q$ 点，该 $Q$ 点即为反射晶面的极射赤面投影。反射晶面的衍射线 $OP$ 在底片上感光点 $P$ 为衍射斑点。此时，

$$OP = D\tan 2\theta \tag{6-27}$$

$$CQ = R\tan\left(45° - \frac{\theta}{2}\right) \tag{6-28}$$

$$\angle NCO = 90° - \theta \tag{6-29}$$

式中，$OP$ 为劳厄斑点至底片中心 $O$ 的距离；$D$ 为试样到底片的距离；$CQ$ 为极射赤面投影点 $Q$ 至投影面中心 $C$ 的距离；$R$ 为投影面的基圆半径。

从衍射原理可知，入射线、反射线和反射面法线共面，因此点 $P$、$Q$ 均在该平面上。如将投影面与底片重合，且中心重合，则 $P$ 点、$Q$ 点和中心点三点共线，且分别位于中心点 $O$ 的两侧。在乌氏网的帮助下，可以作出各劳厄衍射斑点的极射赤面投影，方法如下：

(1) 测量各劳厄斑点到底片中心的距离，由式(6-10)计算出 $\theta$ 角。

(2) 转动乌氏网，使透明乌氏网中心与底片中心重合。转动其一使各衍射斑点逐一落在乌氏网的赤道线上，在赤道线上另一端边缘向中心测量各斑点所对应的角度 $\theta$，该点即为劳厄斑点所对应的极射赤面投影。

图 6-11 为一个劳厄斑点与其极射赤面投影在乌氏网上的位置关系。注意：①衍射斑点 $P$ 的位置是由其距底片中心 $O$ 的距离 $OP$ 长度单位表示，而极射赤面投影 $Q$ 的位置则是以角度表示；②$Q$ 点是由反射晶面的法线的球面投影点 $N$ 与发射点 $S$ 相连与投影面的交点；③$Q$ 点在赤面投影面中据中心点 $C$ 相距 $90°-\theta$ 处，或边缘向中心量 $\theta$ 处；④图 6-10 中的球是投影球，不是反射球，半径为 $R$，可取整数 1；⑤极射赤面投影研究对象是单晶体，赤面为投影面，一般为低指数的晶面，又称标准投影图(或标准投影极图)。

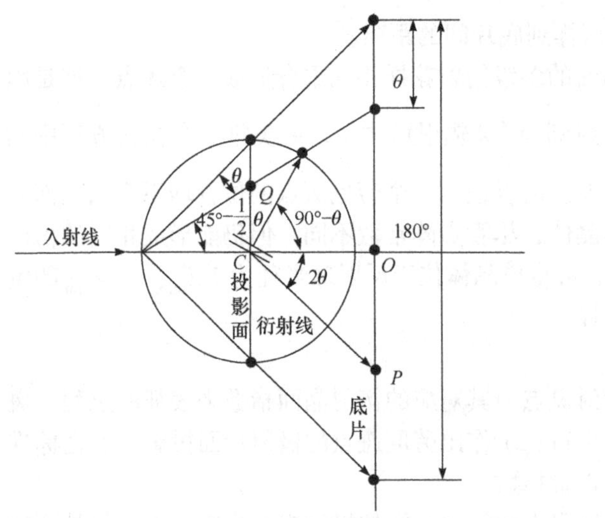


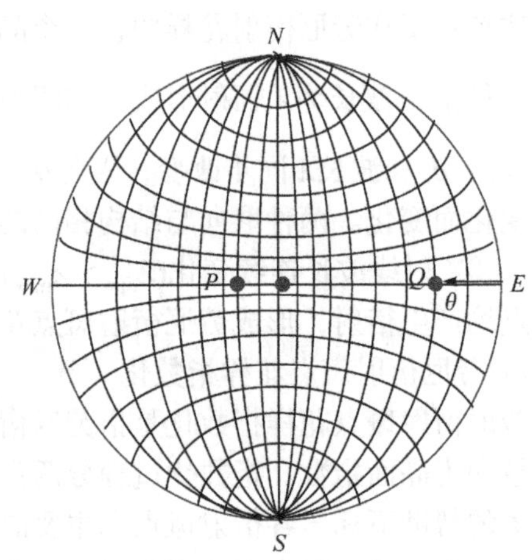


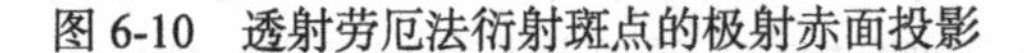
图 6-10　透射劳厄法衍射斑点的极射赤面投影　　　　图 6-11　劳厄斑点及其极射赤面投影

将所有劳厄衍射斑点所对应的极射赤面投影一起绘制，便可得到如图 6-12 所示的极射赤面投影图。因此，极射赤面投影图是先通过 X 射线衍射获得各衍射晶面的劳厄斑点，然后借助乌氏网作出各斑点所对应的极射赤面投影形成。同一个晶带的极射赤面投影位于一个大圆弧上，因此劳厄衍射花样(椭圆、抛物线、双曲线)的极射赤面投影为一个大圆弧。转动极射赤面投影与乌氏网的某个大圆弧重合，由大圆弧两赤道线内量 90°即为晶带轴的极射赤面投影。图 6-12 中的 $a$、$b$、$c$、$d$ 即为 $A$、$B$、$C$、$D$ 晶带的晶带轴的极射赤面投影。

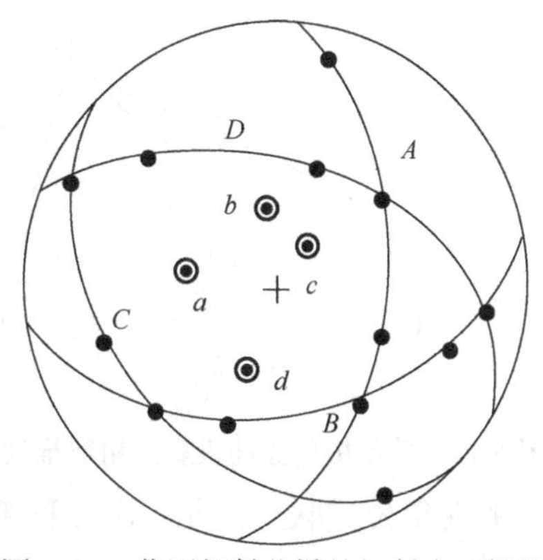

图 6-12　劳厄衍射花样的极射赤面投影

衍射花样中较明显的椭圆通常是指数较低的晶带，如[100]、[110]、[111]、[112]等。

劳厄斑点的指数化是利用绘制好的极射赤面投影图与标准投影图对比获得。采用尝试法依次与[100]、[110]、[111]、[112]等标准投影图比较，直到所有的极射赤面投影点均与标准投影图上的极点重合为止。此时，每个极射赤面投影点下面所重合的那个极点指数，即为该极射赤面投影所对应的劳厄斑点的指数。

3) 晶体取向测定

晶体取向测定是指单晶体的晶体学取向与试样的外观坐标之间的位向关系，它可通过分析劳厄衍射花样来分析晶体的取向关系。首先摄好单晶体的劳厄斑点衍射花样，然后作出衍射花样的极射赤面投影，在极射赤面投影图中标出几个主要晶带轴如<100>、<110>、<111>的极点指数后，在乌氏网的帮助下，测量出它们与试样外观轴的夹角，晶体取向的测定工作就算完成了。注意：不需要作出所有劳厄斑点的极射赤面投影，而只要作几个晶带轴的极射赤面投影并进行指数化即可。

图 6-13 为铝单晶背射劳厄斑点衍射花样及对应的极射赤面投影图。劳厄斑点衍射花样为双曲线状而非椭圆状，表明是背射锥与底片相交形成，此时晶带轴与入射方向的夹角$\alpha$：$45° < \alpha < 90°$。令压力轴垂直于试样表面，求晶体相对压力轴(平行于试样表面的法线)的取向，即求试样表面的法线方向与某几个低指数晶向之间的取向关系。

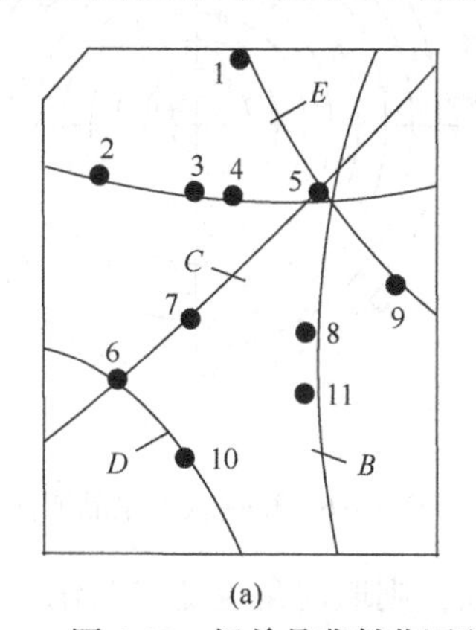

(a)

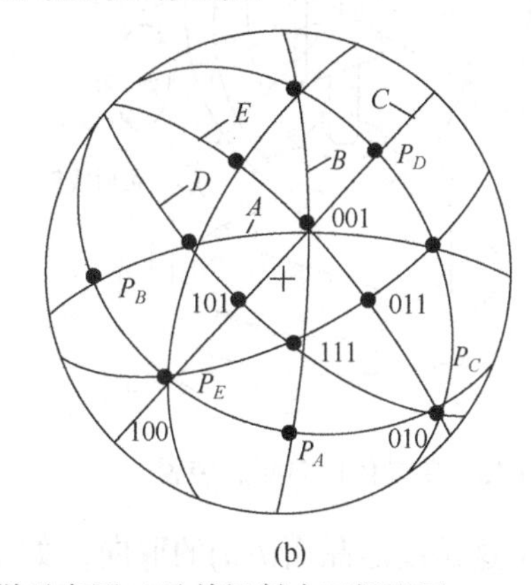

(b)

图 6-13　铝单晶背射劳厄斑点衍射花样示意图(a)及其极射赤面投影图(b)

图 6-13(a)为劳厄斑点衍射花样，通过转换得其极射赤面投影如图 6-13(b)所示。由图 6-13(b)看出投影面的中心为试样表面法线的极射赤面投影，即压力轴的取向，它位于极射赤面投影三角形(001)-(101)-(111)中，此时压力轴的取向可用单位极射赤面投影三角形(001)-(101)-(111)表示。取向表示过程如下：

(1) 单独绘制单位极射赤面投影三角形(001)-(101)-(111)，如图 6-13(b)所示。

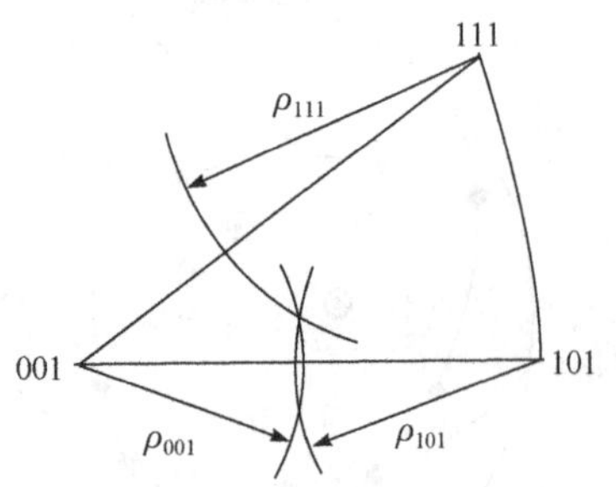


图 6-14　单位极射赤面投影三角形描述晶体取向

(2) 从图 6-13(b)中量出投影中心到所在三角形的三个顶点的角距离$\rho_{001}$、$\rho_{101}$和$\rho_{111}$，在图 6-14 中绘出三个圆弧，这三个圆弧的交点即为压力轴的极射赤面投影，通过乌氏网获得其斑点指数即为晶体取向[*uvw*]。也可通过解析计算获得，即分别计算 001、111、101 三极点间的夹角和边长，再由$\rho_{001}$、$\rho_{101}$和$\rho_{111}$长度与对应边长的占比获得对应的角度即$\alpha$、$\beta$和$\gamma$，再由[*uvw*]与三极点的夹角公式联立三元一次方程组，解该方程组得 *u*、*v* 和 *w*。

2. 衍射仪法

根据单晶材料的晶体结构，选定待测取向的晶面(*hkl*)，单色辐射，晶体转动。计算出衍射角 $2\theta_{hkl}$，将计数管固定在衍射角 $2\theta_{hkl}$上，测量过程中衍射角固定不变。晶体安置在特殊的装置上，见图 6-15，晶体分别做两种转动：①晶体表面法线的倾转，角度为$\alpha$，转动范围为 0°～90°，分级转动；②绕晶体表面法线的转动，角度为$\beta$，转动范围为 0°～360°，连续转动。当晶体分别位于一系列设定的$\alpha$角度时，试样均做$\beta$为 0°～360°的连续转动，同时记录每一时刻下的衍射计数强度，直至出现衍射强度最大 $I_{max}$ 为止，此时对应的$\alpha$、$\beta$即为待测晶面的取向角，见图 6-16 中的 *N* 点，这种方法测量精度高于劳厄法。

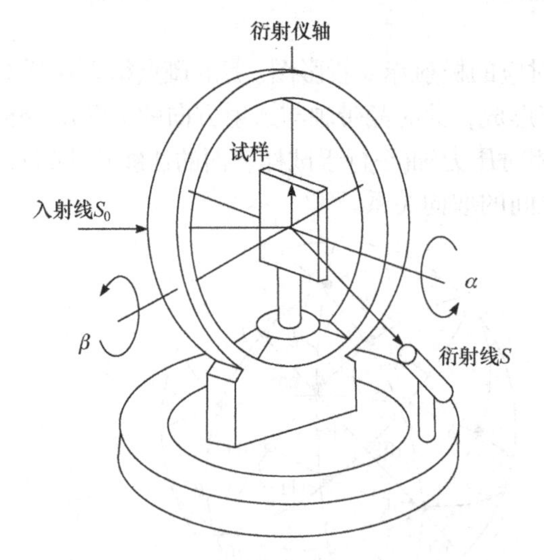


图 6-15　单晶体取向测定装置

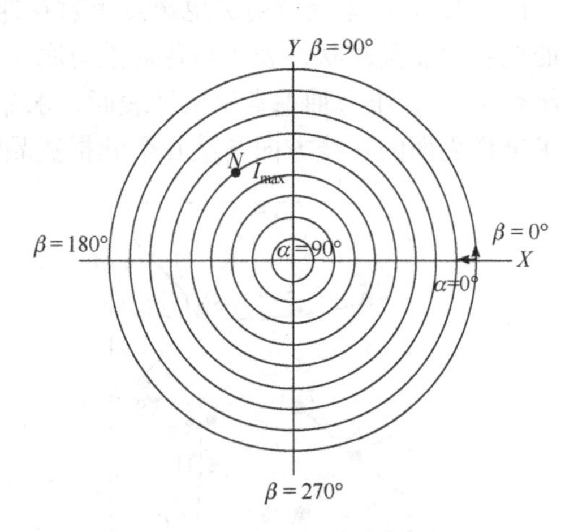


图 6-16　衍射仪的单晶取向角

注意：①这是设定晶面(*hkl*)的取向，如果改变晶面，则取向角也随之变化；②劳厄法是采用连续 X 射线，单晶体固定，而 X 射线衍射仪法是采用单一波长的特征 X 射线，单晶体必须转动，否则可能会无衍射花样。

## 6.3　单晶体的宏观残余应力分析

单晶材料在生产、加工及使用过程中，由于种种原因，会引入一些宏观残余应力。宏观残余应力的存在会使工件产生晶体缺陷，在使用过程中还会发生变形，因此通过检测单晶材料的宏观残余应力，实现对单晶材料中宏观残余应力的有效控制，提高单晶材料的使用安全性。

### 6.3.1 测量方法

单晶体材料的宏观残余应力测量不同于第 5 章多晶体的宏观残余应力测量，常用方法主要有：多重线性回归法、伊穆拉(Imura)法以及奥特纳(Ortner)法等。

1. 多重线性回归法

2003 年，铃木宏(Hiroshi Suzukil)等提出先测得单晶材料的极图，得到各晶面的空间方位角，然后结合广义胡克定律以及布拉格方程，用多元线性回归方程计算出各应力分量值。

特点：①不受 $d_0$ 精确性的影响。通过 X 射线衍射法测出衍射角的变化，计算出特定方向上晶体的宏观残余应力值，无需已知 $2\theta_0$ 的精确值，因此不受 $2\theta_0$ 的精确性影响；②采用多重线性回归分析法，方法简单、误差小、精度高、可靠性好。

2. 伊穆拉法

1962 年，伊穆拉等提出先求得弹性应变的张量，然后利用胡克定律推导出各应力值。

特点：①测量结果与空间方位角($\psi,\varphi$)以及衍射角 $2\theta$ 的精度有关；②计算所需的晶面组数应大于或等于 6，晶面组数越多，宏观残余应力的测量结果越精确。

3. 奥特纳法

1983 年，奥特纳等对 X 射线衍射法测量单晶材料宏观残余应力原理中的推导公式进行了改进，通过对($\psi$, $\varphi$)角度的参数定位，得到一定数量的衍射角度，从而计算出宏观残余应力。

特点：①测试时间短，成本低；②对测试精度要求较高；③晶面组数需大于或等于 6，当大于或等于 18 时，宏观残余应力的测量结果基本稳定。

多重线性回归法、伊穆拉法和奥特纳法均属于 X 射线衍射法，基本原理相同，但原理的推导过程不同，因此应力测量公式也不同。伊穆拉法和奥特纳法的测验结果与 $\theta_0$ 值的准确性有关，测量的晶面组数需大于或等于 6，只有晶面组数大于或等于 18 时，所测得宏观残余应力值才基本稳定，因此这两种方法的精度不高。

### 6.3.2 测量原理

1. 单晶定向

在对多重线性回归法测量单晶材料的宏观残余应力原理进行研究时，首先定义样品参考坐标系($S$：$O$-$X$-$Y$-$Z$)、实验室参考坐标系($L$：$O$-$X_L$-$Y_L$-$Z_L$)和晶体参考坐标系($C$：$O$-[100]-[010]-[001])以及它们之间的转换关系，见图 6-17。

(1) 样品参考坐标系($S$：$O$-$X$-$Y$-$Z$)。$Z$ 轴是垂直于样品表面的取向。$X$ 轴和 $Y$ 轴在试样表面内，如果试样存在择优取向，如轧制样品，则 $X$ 方向取轧制方向，$Y$ 方向在试样表面内并与 $X$ 轴方向垂直。

(2) 实验室参考坐标系($L$：$O$-$X_L$-$Y_L$-$Z_L$)。该坐标系的 $X_L$ 轴方向与 X 射线入射方向一致、$Z_L$ 轴方向与仪器垂直轴一致，该坐标系因入射 X 射线方向确定而不变。

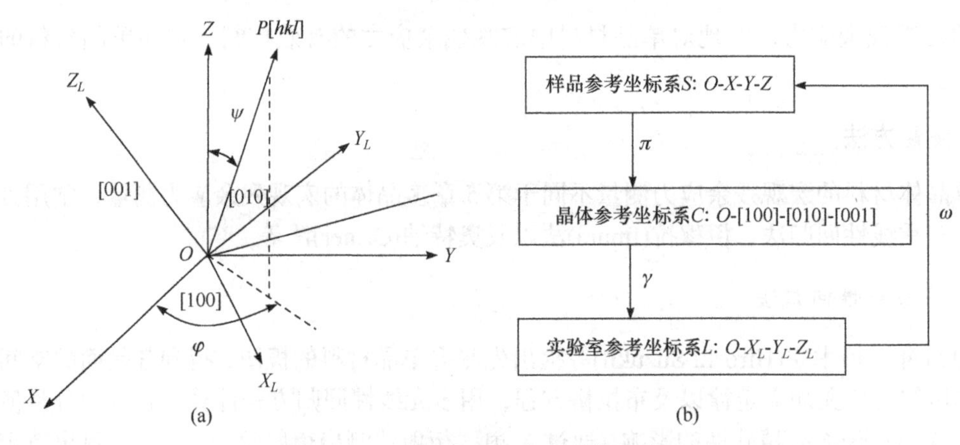


图 6-17　三种坐标系(a)与其转换矩阵(b)

(3) 晶体参考坐标系(C)。对于斜方晶系的参考轴分别与晶体点阵的$\vec{a}$[100]、$\vec{b}$[010]、$\vec{c}$[001]轴一致。设应变测量的方向$\overrightarrow{OP}$[所测晶面(*hkl*)的衍射矢量方向]，一般由$\varphi$和$\psi$决定，$\psi$是衍射矢量$\overrightarrow{OP}$相对于样品表面法线 *OZ* 的倾角，$\varphi$则为$\overrightarrow{OP}$在 *X-O-Y* 面内的投影与 *OX* 的夹角。$\pi$为样品参考坐标系与晶体参考坐标系之间的转换矩阵；$\gamma$为晶体参考坐标系与实验室参考坐标系之间的转换矩阵；$\omega$为样品参考坐标系与实验室参考坐标系之间的转换矩阵。

首先确定图 6-17 样品参考坐标系(*S*：*O-X-Y-Z*)和晶体参考坐标系(*C*：*O*-[100]-[010]-[001])的关系矩阵$\pi_{ij}$，其中方向余弦有以下关系：

$$\pi_{i1}\pi_{j1}+\pi_{i2}\pi_{j2}+\pi_{i3}\pi_{j3}=\begin{cases}1 & (i=j)\\0 & (i\neq j)\end{cases} \tag{6-30}$$

实验室参考坐标系(*L*：$O\text{-}X_L\text{-}Y_L\text{-}Z_L$)和样品参考坐标系(*S*：*O-X-Y-Z*)的关系矩阵如表 6-3 所示。

**表 6-3　实验室参考坐标系(*L*：$O\text{-}X_L\text{-}Y_L\text{-}Z_L$)和样品参考坐标系(*S*：*O-X-Y-Z*)的关系矩阵$\omega_{ij}$**

| | *X* | *Y* | *Z* |
|---|---|---|---|
| $X_L$ | $\cos\psi\cos\varphi$ | $\cos\psi\sin\varphi$ | $-\sin\psi$ |
| $Y_L$ | $-\sin\varphi$ | $\cos\varphi$ | 0 |
| $Z_L$ | $\sin\psi\cos\varphi$ | $\sin\psi\sin\varphi$ | $\cos\psi$ |

实验室参考坐标系(*L*：$O\text{-}X_L\text{-}Y_L\text{-}Z_L$)和晶体参考坐标系(*C*：$O\theta$[100]-[010]-[001])的方向余弦$\gamma_{ij}$为

$$\gamma_{31}=\frac{h}{(h^2+k^2+l^2)^{\frac{1}{2}}},\quad \gamma_{32}=\frac{k}{(h^2+k^2+l^2)^{\frac{1}{2}}},\quad \gamma_{33}=\frac{l}{(h^2+k^2+l^2)^{\frac{1}{2}}},$$

$$\begin{pmatrix}\gamma_{21}\\\gamma_{22}\\\gamma_{23}\end{pmatrix}=\begin{pmatrix}\pi_{11}&\pi_{21}&\pi_{31}\\\pi_{12}&\pi_{22}&\pi_{32}\\\pi_{13}&\pi_{23}&\pi_{33}\end{pmatrix}\begin{pmatrix}\omega_{21}\\\omega_{22}\\\omega_{23}\end{pmatrix},\quad \begin{pmatrix}\gamma_{11}\\\gamma_{12}\\\gamma_{13}\end{pmatrix}=Y_L\times Z_L \tag{6-31}$$

$\gamma_{3j}(j=1,2,3)$有以下关系：

$$\gamma_{31}^2+\gamma_{32}^2+\gamma_{33}^2=1 \tag{6-32}$$

某(*hkl*)晶面与样品参考坐标系三个坐标轴之间的关系为

$$\sin\psi\cos\varphi = \gamma_{31}\pi_{11} + \gamma_{32}\pi_{12} + \gamma_{33}\pi_{13} \tag{6-33}$$

$$\sin\psi\sin\varphi = \gamma_{31}\pi_{21} + \gamma_{32}\pi_{22} + \gamma_{33}\pi_{23} \tag{6-34}$$

$$\cos\psi = \gamma_{31}\pi_{31} + \gamma_{32}\pi_{32} + \gamma_{33}\pi_{33} \tag{6-35}$$

当晶面数 $n \geqslant 3$ 时，式(6-33)～式(6-35)可表示为三个线性方程：

$$\sin\psi_k\cos\varphi_k = \gamma_{31k}\pi_{11} + \gamma_{32k}\pi_{12} + \gamma_{33k}\pi_{13} \quad k = 1,2,3,\cdots,n \tag{6-36}$$

$$\sin\psi_k\sin\varphi_k = \gamma_{31k}\pi_{21} + \gamma_{32k}\pi_{22} + \gamma_{33k}\pi_{23} \quad k = 1,2,3,\cdots,n \tag{6-37}$$

$$\cos\psi_k = \gamma_{31k}\pi_{31} + \gamma_{32k}\pi_{32} + \gamma_{33k}\pi_{33} \quad k = 1,2,3,\cdots,n \tag{6-38}$$

由应力衍射仪进行实验，测定单晶材料的极图，得到一系列的晶面指数$(hkl)$以及各晶面的空间方位角$(\varphi,\psi)$。$\gamma_{3j}$系数可由式(6-31)得到。最后利用式(6-36)、式(6-37)、式(6-38)求解出关系矩阵 $\pi_{ij}$。

2. 立方晶系单晶宏观残余应力测量原理

在单向应力状态时，材料处于线性弹性阶段的应力应变关系。此时当应力小于屈服应力$\sigma_0$时，应力$\sigma_x$与应变$\varepsilon_x$之间有下列简单的线性关系：

$$\sigma_x = E\varepsilon_x \tag{6-39}$$

式中，$E$ 为弹性常数。

在三维应力状态下，描绘一点处的应力或者应变状态，需要 9 个应力分量。应力及应变用矩阵符号写出为

$$\sigma^{3D} = \begin{pmatrix} \sigma_{11} & \sigma_{12} & \sigma_{13} \\ \sigma_{21} & \sigma_{22} & \sigma_{23} \\ \sigma_{31} & \sigma_{32} & \sigma_{33} \end{pmatrix} \tag{6-40}$$

$$\varepsilon^{3D} = \begin{pmatrix} \varepsilon_{11} & \varepsilon_{12} & \varepsilon_{13} \\ \varepsilon_{21} & \varepsilon_{22} & \varepsilon_{23} \\ \varepsilon_{31} & \varepsilon_{32} & \varepsilon_{33} \end{pmatrix} \tag{6-41}$$

在线弹性阶段，应力和应变之间是线性关系，但是任一点的应变分量仍然受 9 个应力分量的制约。由于对称性，$\sigma_{ij} = \sigma_{ji}$，$\varepsilon_{ij} = \varepsilon_{ji}$，9 个应力分量与 9 个应变分量中独立分量均仅有 6 个。当每个应力分量与 9 个应变分量都线性相关，应力与应变张量之间给出了最一般的线性关系，那么就存在 9 个独立分量的 9 个方程。

$$\sigma_{ij} = C_{ijkl}\varepsilon_{kl} \quad 或 \quad \sigma_i = C_{ij}\varepsilon_j \tag{6-42}$$

此处的 $C_{ijkl}$或 $C_{ij}$ 为单晶弹性刚度系数($i, j, k, l = 1, 2, 3$)。注：双下标与四下标对应关系为 1→11，2→22，3→33，4→23，5→13，6→12。

式(6-42)是广义胡克定律，表示的是应力与应变之间的关系，又称为弹性本构方程。这个关系定义出的弹性常数 $C$ 为四排列张量，它有 $3^4 = 81$ 个分量 $C_{ijkl}(C_{ij})$。由于应力张量和应变张量是对称的，因此弹性常数 $C$ 也是对称的。

$$C_{ijkl} = C_{jikl} = C_{ijlk} \tag{6-43}$$

由此弹性常数的 81 个分量减少至 36 个分量。类似于式(6-40)、式(6-41)，三维应力状态能用

6个方程表示，写成6×6的矩阵形式：

$$\begin{pmatrix}\sigma_{11}\\\sigma_{22}\\\sigma_{33}\\\sigma_{23}\\\sigma_{13}\\\sigma_{12}\end{pmatrix}=\begin{pmatrix}C_{11}&C_{12}&C_{13}&C_{14}&C_{15}&C_{16}\\C_{21}&C_{22}&C_{23}&C_{24}&C_{25}&C_{26}\\C_{31}&C_{32}&C_{33}&C_{34}&C_{35}&C_{36}\\C_{41}&C_{42}&C_{43}&C_{44}&C_{45}&C_{46}\\C_{51}&C_{52}&C_{53}&C_{54}&C_{55}&C_{56}\\C_{61}&C_{62}&C_{63}&C_{64}&C_{65}&C_{66}\end{pmatrix}\begin{pmatrix}\varepsilon_{11}\\\varepsilon_{22}\\\varepsilon_{33}\\\varepsilon_{23}\\\varepsilon_{13}\\\varepsilon_{12}\end{pmatrix} \tag{6-44}$$

式(6-42)的倒转产生一般化的胡克定律：

$$\varepsilon_{ij}=S_{ijkl}\sigma_{kl} \tag{6-45}$$

式中，$S_{ijkl}$为单晶弹性柔度系数，弹性刚度系数$C_{ijkl}$与弹性柔度系数$S_{ijkl}$有以下关系：

$$C_{ijkl}=\frac{1}{S_{ijkl}} \tag{6-46}$$

则式(6-44)可以写成

$$\begin{pmatrix}\varepsilon_{11}\\\varepsilon_{22}\\\varepsilon_{33}\\\varepsilon_{23}\\\varepsilon_{13}\\\varepsilon_{12}\end{pmatrix}=\begin{pmatrix}S_{11}&S_{12}&S_{13}&S_{14}&S_{15}&S_{16}\\S_{21}&S_{22}&S_{23}&S_{24}&S_{25}&S_{26}\\S_{31}&S_{32}&S_{33}&S_{34}&S_{35}&S_{36}\\S_{41}&S_{42}&S_{43}&S_{44}&S_{45}&S_{46}\\S_{51}&S_{52}&S_{53}&S_{54}&S_{55}&S_{56}\\S_{61}&S_{62}&S_{63}&S_{64}&S_{65}&S_{66}\end{pmatrix}\begin{pmatrix}\sigma_{11}\\\sigma_{22}\\\sigma_{33}\\\sigma_{23}\\\sigma_{13}\\\sigma_{12}\end{pmatrix} \tag{6-47}$$

由于晶体点阵的对称元素，因此独立分量的数目进一步减少。对于斜方晶体结构，式(6-47)可简化为

$$\begin{pmatrix}\varepsilon_{11}\\\varepsilon_{22}\\\varepsilon_{33}\\\varepsilon_{23}\\\varepsilon_{13}\\\varepsilon_{12}\end{pmatrix}=\begin{pmatrix}S_{11}&S_{12}&S_{13}&0&0&0\\S_{21}&S_{22}&S_{23}&0&0&0\\S_{31}&S_{32}&S_{33}&0&0&0\\0&0&0&S_{44}&0&0\\0&0&0&0&S_{55}&0\\0&0&0&0&0&S_{66}\end{pmatrix}\begin{pmatrix}\sigma_{11}\\\sigma_{22}\\\sigma_{33}\\\sigma_{23}\\\sigma_{13}\\\sigma_{12}\end{pmatrix} \tag{6-48}$$

对于立方结构有

$$S_{11}=S_{22}=S_{33}\quad S_{12}=S_{13}=S_{23}\quad S_{44}=S_{55}=S_{66} \tag{6-49}$$

因此，式(6-48)可再次化简为

$$\begin{pmatrix}\varepsilon_{11}\\\varepsilon_{22}\\\varepsilon_{33}\\\varepsilon_{23}\\\varepsilon_{13}\\\varepsilon_{12}\end{pmatrix}=\begin{pmatrix}S_{11}&S_{12}&S_{12}&0&0&0\\S_{21}&S_{11}&S_{12}&0&0&0\\S_{12}&S_{12}&S_{11}&0&0&0\\0&0&0&S_{44}&0&0\\0&0&0&0&S_{55}&0\\0&0&0&0&0&S_{66}\end{pmatrix}\begin{pmatrix}\sigma_{11}\\\sigma_{22}\\\sigma_{33}\\\sigma_{23}\\\sigma_{13}\\\sigma_{12}\end{pmatrix} \tag{6-50}$$

当材料为正交各向异性，并且坐标轴方向与弹性主轴方向一致时，式(6-50)可以展开为

$$\begin{cases}\varepsilon_{11}=S_{11}\sigma_{11}+S_{12}\sigma_{22}+S_{12}\sigma_{33}\\ \varepsilon_{22}=S_{12}\sigma_{11}+S_{11}\sigma_{22}+S_{12}\sigma_{33}\\ \varepsilon_{33}=S_{12}\sigma_{11}+S_{12}\sigma_{22}+S_{11}\sigma_{33}\\ \varepsilon_{23}=S_{44}\sigma_{23}\\ \varepsilon_{13}=S_{44}\sigma_{13}\\ \varepsilon_{12}=S_{44}\sigma_{12}\end{cases}\tag{6-51}$$

根据以上公式，对于单晶立方晶系材料，其应力应变关系可以表示为

$$\varepsilon_{ij}^{C}=S_{ijkl}^{C}\sigma_{kl}^{C}\tag{6-52}$$

式中，$i,j,k,l=1,2,3$；$\varepsilon_{ij}^{C}$ 为晶体参考坐标系中的应变；$S_{ijkl}^{C}$ 为单晶弹性柔度系数；$\sigma_{kl}^{C}$ 为晶体参考坐标系中的应力。在试验中，测量的值是衍射方向的应变即 $P$ 方向的应变。而应力($\sigma$)一般是在样品参考坐标系中的表述，单晶弹性柔度系数($S$)是在晶体参考坐标系中的表述，因此需要变换坐标得到工程中实际的应力应变方程：

$$\sigma_{ij}=\sum_{m}\sum_{n}\pi_{mi}\pi_{nj}\sigma_{mn}\tag{6-53}$$

式中，$\sigma_{mn}$ 为样品参考坐标系中的应力；$\sigma_{ij}$ 为晶体参考坐标系中的应力；$\pi_{mi}$、$\pi_{nj}$ 为样品参考坐标系与晶体参考坐标系的方向余弦矩阵，因此各应力可分别表示为

$$\begin{aligned}&\sigma_{11}=\sum_{m}\sum_{n}\pi_{m1}\pi_{n1}\sigma_{mn}\qquad \sigma_{22}=\sum_{m}\sum_{n}\pi_{m2}\pi_{n2}\sigma_{mn}\\ &\sigma_{33}=\sum_{m}\sum_{n}\pi_{m3}\pi_{n3}\sigma_{mn}\qquad \sigma_{23}=\sum_{m}\sum_{n}\pi_{m2}\pi_{n3}\sigma_{mn}\\ &\sigma_{13}=\sum_{m}\sum_{n}\pi_{m1}\pi_{n3}\sigma_{mn}\qquad \sigma_{12}=\sum_{m}\sum_{n}\pi_{m1}\pi_{n2}\sigma_{mn}\end{aligned}\tag{6-54}$$

沿任意 $P[hkl]$方向的应变由下式决定：

$$\varepsilon_{P}=\gamma_{31}^{2}\varepsilon_{11}+\gamma_{32}^{2}\varepsilon_{22}+\gamma_{33}^{2}\varepsilon_{33}+\gamma_{32}\gamma_{33}\varepsilon_{23}+\gamma_{31}\gamma_{33}\varepsilon_{13}+\gamma_{31}\gamma_{32}\varepsilon_{12}\tag{6-55}$$

式中，$\gamma_{31}$、$\gamma_{32}$、$\gamma_{33}$ 为 $P$ 方向相对于晶体参考坐标系的方向余弦；$\varepsilon_{ij}$ 为晶体参考坐标系中的应变。因此，由式(6-51)、式(6-54)和式(6-55)可推出 $P$ 方向的应变为

$$\begin{aligned}\varepsilon_{P}&=\gamma_{31}^{2}\varepsilon_{11}+\gamma_{32}^{2}\varepsilon_{22}+\gamma_{33}^{2}\varepsilon_{33}+\gamma_{32}\gamma_{33}\varepsilon_{23}+\gamma_{31}\gamma_{33}\varepsilon_{13}+\gamma_{31}\gamma_{32}\varepsilon_{12}\\ &=S_{11}\sum_{m}\sum_{n}\sigma_{mn}(\gamma_{31}^{2}\pi_{m1}\pi_{n1})\\ &\quad+S_{12}\sum_{m}\sum_{n}\sigma_{mn}\left[\gamma_{31}^{2}(\pi_{m2}\pi_{n2}+\pi_{m3}\pi_{n3})+\gamma_{32}^{2}(\pi_{m1}\pi_{n1}+\pi_{m3}\pi_{n3})+\gamma_{33}^{2}(\pi_{m1}\pi_{n1}+\pi_{m2}\pi_{n2})\right]\\ &\quad+S_{44}\sum_{m}\sum_{n}\sigma_{mn}\left[\gamma_{31}\gamma_{32}\pi_{m1}\pi_{n2}+\gamma_{31}\gamma_{33}\pi_{m1}\pi_{n3}+\gamma_{32}\gamma_{33}\pi_{m2}\pi_{n3}\right]\end{aligned}\tag{6-56}$$

单晶试样在通常情况下，呈平面应力状态，即 $\sigma_{13}=\sigma_{31}=\sigma_{23}=\sigma_{32}=0$ 。通过数学知识的计算和变形，立方晶系材料 $P$ 方向的应变为

$$
\begin{aligned}
\varepsilon_P &= \gamma_{31}^2\varepsilon_{11} + \gamma_{32}^2\varepsilon_{22} + \gamma_{33}^2\varepsilon_{33} + \gamma_{32}\gamma_{33}\varepsilon_{23} + \gamma_{31}\gamma_{33}\varepsilon_{13} + \gamma_{31}\gamma_{32}\varepsilon_{12} \\
&= \left[\left(S_{11} - S_{12} - \frac{1}{2}S_{44}\right)\left(\gamma_{31}^2\pi_{11}^2 + \gamma_{32}^2\pi_{12}^2 + \gamma_{33}^2\pi_{13}^2\right) + S_{12} + \frac{S_{44}}{2}\cos^2\varphi\sin^2\psi\right]\sigma_{11} \\
&\quad + \left[2\left(S_{11} - S_{12} - \frac{1}{2}S_{44}\right)\left(\gamma_{31}^2\pi_{11}\pi_{21} + \gamma_{33}^2\pi_{12}\pi_{22} + \gamma_{33}^2\pi_{13}\pi_{23}\right) + \frac{S_{44}}{2}\sin 2\varphi\sin^2\psi\right]\sigma_{12} \\
&\quad + \left[\left(S_{11} - S_{12} - \frac{1}{2}S_{44}\right)\left(\gamma_{31}^2\pi_{21}^2 + \gamma_{32}^2\pi_{22}^2 + \gamma_{33}^2\pi_{23}^2\right) + S_{12} + \frac{S_{44}}{2}\sin^2\varphi\sin^2\psi\right]\sigma_{22}
\end{aligned} \tag{6-57}
$$

$(hkl)$晶面法线方向——$OP$ 方向的应变用微分的形式可以表示为

$$
\varepsilon_P = \frac{d - d_0}{d} = \frac{\Delta d}{d} = -\frac{\pi}{180°}\frac{\cot\theta_0}{2}(2\theta - 2\theta_0) \tag{6-58}
$$

式中，$2\theta$ 为晶面实测衍射角，(°)；$2\theta_0$ 为无应力状态衍射角，(°)。

令式(6-57)与式(6-58)相等，然后整理得到

$$
2\theta - 2\theta_0 = A_1\sigma_{11} + A_2\sigma_{12} + A_3\sigma_{22} \tag{6-59}
$$

系数 $A$ 分别为

$$
\begin{aligned}
A_1 &= -\frac{180°}{\pi}\frac{2}{\cot\theta_0}\left(S_{11} - S_{12} - \frac{1}{2}S_{44}\right)\left[\left(\gamma_{31}^2\pi_{11}^2 + \gamma_{32}^2\pi_{12}^2 + \gamma_{33}^2\pi_{13}^2\right) + S_{12} + \frac{S_{44}}{2}\cos^2\varphi\sin^2\psi\right] \\
A_2 &= -\frac{180°}{\pi}\frac{2}{\cot\theta_0}\left[2\left(S_{11} - S_{12} - \frac{1}{2}S_{44}\right)\left(\gamma_{31}^2\pi_{11}\pi_{21} + \gamma_{33}^2\pi_{12}\pi_{22} + \gamma_{33}^2\pi_{13}\pi_{23}\right) + \frac{S_{44}}{2}\sin 2\varphi\sin^2\psi\right] \\
A_3 &= -\frac{180°}{\pi}\frac{2}{\cot\theta_0}\left[\left(S_{11} - S_{12} - \frac{1}{2}S_{44}\right)\left(\gamma_{31}^2\pi_{21}^2 + \gamma_{32}^2\pi_{22}^2 + \gamma_{33}^2\pi_{23}^2\right) + S_{12} + \frac{S_{44}}{2}\sin^2\varphi\sin^2\psi\right]
\end{aligned} \tag{6-60}
$$

式中，$\theta_0$ 采用参考值即可，其误差对于 $A$ 的计算结果影响不明显。

改变图 6-17 中的 $\psi$ 和 $\varphi$ 角，通过$(hkl)$极图确定各晶面的 $\psi$ 和 $\varphi$ 角，获得 $n \geqslant 4$ 个空间方位晶面衍射角。当 $n \geqslant 4$ 时，式(6-59)改写为

$$
2\theta_k = A_{1k}\sigma_{11} + A_{2k}\sigma_{12} + A_{3k}\sigma_{22} + 2\theta_0 \quad (k = 1,2,3,\cdots,n) \tag{6-61}
$$

式中，$A_{1k}$、$A_{2k}$、$A_{3k}$ 是可以计算的，当 $n = 4$ 时，将系数 $A_{ij}$ 以及相应的 $2\theta$ 角代入式(6-61)，可以直接计算出 $2\theta_0$ 值以及各应力分量；当 $n > 4$ 时，利用多元线性回归分析方法来计算，可以得到 $2\theta_0$、$\sigma_{11}$、$\sigma_{12}$、$\sigma_{22}$。本方法不需要精确已知 $d_0$ 和 $2\theta_0$ 的值，从而避免了 $d_0$ 和 $2\theta_0$ 值的不可靠性带来的误差。因此，对于应力的测定非常方便。

3. 六方晶系单晶宏观残余应力测量原理

对于六方晶体结构，其弹性柔度系数具有以下关系：

$$
S_{11} = S_{22} \quad S_{13} = S_{23} \quad S_{44} = S_{55} \quad S_{66} = \frac{1}{2}(S_{11} - S_{12}) \tag{6-62}
$$

式(6-48)则为以下形式

$$\begin{pmatrix} \varepsilon_{11} \\ \varepsilon_{22} \\ \varepsilon_{33} \\ \varepsilon_{23} \\ \varepsilon_{13} \\ \varepsilon_{12} \end{pmatrix} = \begin{pmatrix} S_{11} & S_{12} & S_{13} & 0 & 0 & 0 \\ S_{12} & S_{22} & S_{13} & 0 & 0 & 0 \\ S_{13} & S_{13} & S_{33} & 0 & 0 & 0 \\ 0 & 0 & 0 & S_{44} & 0 & 0 \\ 0 & 0 & 0 & 0 & S_{55} & 0 \\ 0 & 0 & 0 & 0 & 0 & S_{66} \end{pmatrix} \begin{pmatrix} \sigma_{11} \\ \sigma_{22} \\ \sigma_{33} \\ \sigma_{23} \\ \sigma_{13} \\ \sigma_{12} \end{pmatrix} \tag{6-63}$$

式(6-63)简化为

$$\begin{cases} \varepsilon_{11} = S_{11}\sigma_{11} + S_{12}\sigma_{22} + S_{13}\sigma_{33} \\ \varepsilon_{22} = S_{12}\sigma_{11} + S_{11}\sigma_{22} + S_{13}\sigma_{33} \\ \varepsilon_{33} = S_{13}\sigma_{11} + S_{13}\sigma_{22} + S_{33}\sigma_{33} \\ \varepsilon_{23} = S_{44}\sigma_{23} \\ \varepsilon_{13} = S_{44}\sigma_{13} \\ \varepsilon_{12} = S_{66}\sigma_{12} \end{cases} \tag{6-64}$$

与立方晶系材料宏观残余应力原理推导过程相同，六方晶系材料 $P$ 方向的应变为

$$\begin{aligned} \varepsilon_P &= \gamma_{31}^2\varepsilon_{11} + \gamma_{32}^2\varepsilon_{22} + \gamma_{33}^2\varepsilon_{33} + \gamma_{32}\gamma_{33}\varepsilon_{23} + \gamma_{31}\gamma_{33}\varepsilon_{13} + \gamma_{31}\gamma_{32}\varepsilon_{12} \\ &= \left[ \begin{aligned} &\left(S_{11} - S_{12} - \frac{1}{2}S_{44}\right)\left(\gamma_{31}^2\pi_{11}^2 + \gamma_{32}^2\pi_{12}^2 + \gamma_{33}^2\pi_{13}^2\right) + (S_{13} - S_{12})\gamma_{33}^2 + S_{12} + \frac{S_{44}}{2}\cos^2\varphi\sin^2\psi \\ &+ \left\{[S_{33} - S_{11} - 2(S_{13} - S_{12})]\gamma_{33}^2 + (S_{13} - S_{12})\right\}\pi_{13}^2 + (S_{66} - S_{44})\gamma_{31}\gamma_{32}\pi_{11}\pi_{12} \end{aligned} \right]\sigma_{11} \\ &+ \left[ \begin{aligned} &2\left(S_{11} - S_{12} - \frac{1}{2}S_{44}\right)\left(\gamma_{31}^2\pi_{11}\pi_{21} + \gamma_{33}^2\pi_{12}\pi_{22} + \gamma_{33}^2\pi_{13}\pi_{23}\right) + \frac{S_{44}}{2}\sin 2\varphi\sin^2\psi \\ &+ \left\{[S_{33} - S_{11} - 2(S_{13} - S_{12})]\gamma_{33}^2 + (S_{13} - S_{12})\right\}\pi_{13}\pi_{23} + (S_{66} - S_{44})\gamma_{31}\gamma_{32}(\pi_{11}\pi_{12} + \pi_{21}\pi_{12}) \end{aligned} \right]\sigma_{12} \\ &+ \left[ \begin{aligned} &\left(S_{11} - S_{12} - \frac{1}{2}S_{44}\right)\left(\gamma_{31}^2\pi_{21}^2 + \gamma_{32}^2\pi_{22}^2 + \gamma_{33}^2\pi_{23}^2\right) + S_{12} + \frac{S_{44}}{2}\sin^2\varphi\sin^2\psi \\ &+ \left\{[S_{33} - S_{11} - 2(S_{13} - S_{12})]\gamma_{33}^2 + (S_{13} - S_{12})\right\}\pi_{23}^2 + (S_{66} - S_{44})\gamma_{31}\gamma_{32}\pi_{22} \end{aligned} \right]\sigma_{22} \end{aligned} \tag{6-65}$$

系数 $B$ 分别为

$$B_1 = -\frac{180^\circ}{\pi}\frac{2}{\cot\theta_0}\left[ \begin{aligned} &\left(S_{11} - S_{12} - \frac{1}{2}S_{44}\right)\left(\gamma_{31}^2\pi_{11}^2 + \gamma_{32}^2\pi_{12}^2 + \gamma_{33}^2\pi_{13}^2\right) + (S_{13} - S_{12})\gamma_{33}^2 + S_{12} + \frac{S_{44}}{2}\cos^2\varphi\sin^2\psi \\ &+ \left\{[S_{33} - S_{11} - 2(S_{13} - S_{12})]\gamma_{33}^2 + (S_{13} - S_{12})\right\}\pi_{13}^2 + (S_{66} - S_{44})\gamma_{31}\gamma_{32}\pi_{11}\pi_{12} \end{aligned} \right] \tag{6-66}$$

$$B_2 = -\frac{180^\circ}{\pi}\frac{2}{\cot\theta_0}\left[ \begin{aligned} &2\left(S_{11} - S_{12} - \frac{1}{2}S_{44}\right)\left(\gamma_{31}^2\pi_{11}\pi_{12} + \gamma_{32}^2\pi_{12}\pi_{22} + \gamma_{33}^2\pi_{13}\pi_{23}\right) + \frac{S_{44}}{2}\sin 2\varphi\sin^2\psi \\ &+2\left\{[S_{33} - S_{11} - 2(S_{13} - S_{12})]\gamma_{33}^2 + (S_{13} - S_{12})\right\}\pi_{13}\pi_{23} + (S_{66} - S_{44})\gamma_{31}\gamma_{32}(\pi_{11}\pi_{12} + \pi_{21}\pi_{12}) \end{aligned} \right] \tag{6-67}$$

$$B_3 = -\frac{180^\circ}{\pi}\frac{2}{\cot\theta_0}\left[ \begin{aligned} &\left(S_{11} - S_{12} - \frac{1}{2}S_{44}\right)\left(\gamma_{31}^2\pi_{21}^2 + \gamma_{32}^2\pi_{22}^2 + \gamma_{33}^2\pi_{23}^2\right) + S_{12} + \frac{S_{44}}{2}\sin^2\varphi\sin^2\psi \\ &+ \left\{[S_{33} - S_{11} - 2(S_{13} - S_{12})]\gamma_{33}^2 + (S_{13} - S_{12})\right\}\pi_{23}^2 + (S_{66} - S_{44})\gamma_{31}\gamma_{32}\pi_{21}\pi_{22} \end{aligned} \right] \tag{6-68}$$

同样，通过改变图 6-17 中的 $\psi$ 和 $\varphi$ 角，通过(*hkl*)极图确定各晶面的 $\psi$ 和 $\varphi$ 角，获得 $n \geqslant 4$ 个空间方位晶面衍射角。分别求得 $B_{1k}$、$B_{2k}$、$B_{3k}$ 代入式(6-69)。

$$2\theta_k = B_{1k}\sigma_{11} + B_{2k}\sigma_{12} + B_{3k}\sigma_{22} + 2\theta_0 \quad (k = 1,2,3,\cdots,n) \tag{6-69}$$

当 $n = 4$ 时，将系数 $A_{ij}$ 以及相应的 $2\theta$ 角代入式(6-61)，可以直接计算出 $2\theta_0$ 值以及各应力分量；当 $n > 4$ 时，利用多元线性回归分析方法计算，可以得到 $2\theta_0$、$\sigma_{11}$、$\sigma_{12}$、$\sigma_{22}$ 的值。

# 6.4　应用举例分析

## 6.4.1　单晶铁的定向

选择单晶铁的{311}晶面族进行单晶定向及应力检测。L-XRD 应力衍射仪在实验过程中测得两张极图，见图 6-18。图 6-18(a)为单晶定向时所测极图，图 6-18(b)为应力测定时的极图。

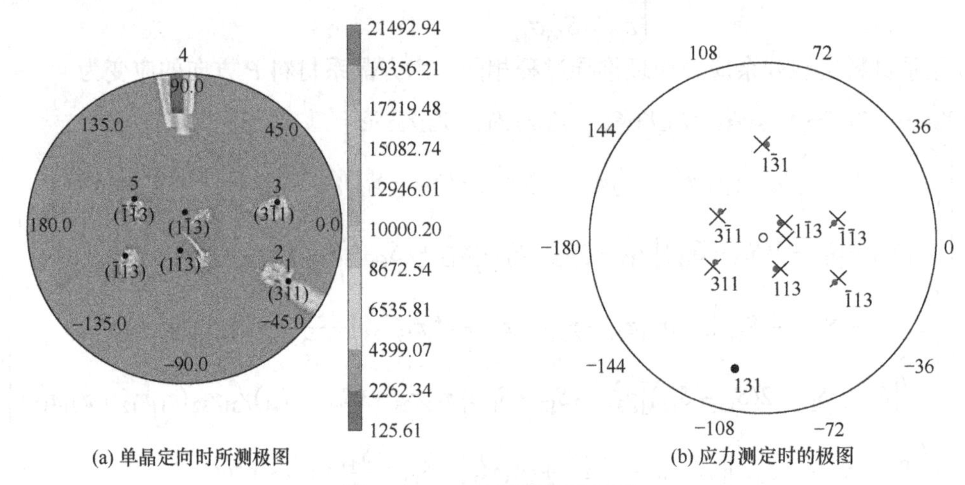


(a) 单晶定向时所测极图　　(b) 应力测定时的极图

图 6-18　{311}晶面族的极图

图 6-18(a)中的黑点代表每个晶面，其衍射强度由颜色的不同表示出来。由红至黄至绿再至蓝，衍射强度越来越高。从图中可知，在本实验中，强度最高的三个晶面分别为(311)、(311)、(113)。图 6-18(b)是测定宏观残余应力时，得到的极图。从图 6-18(b)可知，一共有 8 个晶面，但有一个晶面异常，在用多重线性回归方法计算时，将其舍去。因此，在后面的应力计算时，最大的晶面组数为 7。

在单晶定向实验时，得到的实验数据见表 6-4 和表 6-5。表 6-4 为单晶铁各个衍射面及相应的空间方位角，表 6-5 为单晶铁晶体参考坐标系到样品参考坐标系的转换关系矩阵 $\pi_{ij}$ 以及其逆矩阵即样品参考坐标系到晶体参考坐标系的关系转换矩阵。

**表 6-4　单晶铁的各个衍射面及相应的空间方位角**

| 晶面 | 计算值 | | 测量值 | |
|---|---|---|---|---|
| | $\varphi$/(°) | $\psi$/(°) | $\varphi$/(°) | $\psi$/(°) |
| (311) | −29.13 | 55.68 | −29.13 | 55.68 |
| $(3\bar{1}1)$ | 13.74 | 52.14 | 13.74 | 52.14 |
| $(\bar{1}\bar{1}3)$ | 154.72 | 37.94 | 154.72 | 37.94 |

表 6-5　实验测定的单晶铁晶体参考坐标系与样品参考坐标系之间的转换关系矩阵 $\pi_{ij}$

| 样品→晶体 | | | 晶体→样品 | | |
|---|---|---|---|---|---|
| 0.948 | −0.100 | 0.320 | 0.932 | −0.075 | −0.329 |
| −0.070 | −1.009 | −0.096 | −0.096 | −0.978 | −0.068 |
| −0.336 | −0.053 | 0.927 | 0.333 | −0.083 | 0.955 |

单晶铁实验室参考坐标系与晶体参考坐标系的方向余弦及角度见表 6-6。

表 6-6　单晶铁实验室参考坐标系与晶体参考坐标系的方向余弦及角度

| 晶面 | $\gamma_{31}$ | $\gamma_{32}$ | $\gamma_{33}$ | $\cos\varphi^*\sin\psi$ | $\sin\varphi^*\sin\psi$ | $\cos\psi$ |
|---|---|---|---|---|---|---|
| (311) | 0.9045 | 0.3015 | 0.3015 | 0.7214 | −0.4020 | 0.5638 |
| $(3\bar{1}1)$ | 0.9045 | −0.3015 | 0.3015 | 0.7669 | 0.1875 | 0.6137 |
| $(\bar{1}\bar{1}3)$ | −0.3015 | −0.3015 | 0.9045 | −0.5560 | 0.2626 | 0.7887 |

由表 6-6 和式(6-36)、式(6-37)、式(6-38)求得由原理计算得到的单晶铁晶体参考坐标系与样品参考坐标系之间的转换关系矩阵 $\pi_{ij}$ 如表 6-7 所示。

表 6-7　原理计算的单晶铁晶体参考坐标系与样品参考坐标系之间的转换关系矩阵 $\pi_{ij}$

| 晶体→样品 | | | 样品→晶体 | | |
|---|---|---|---|---|---|
| 0.932 | −0.075 | −0.329 | 0.948 | −0.100 | 0.320 |
| −0.096 | −0.978 | −0.068 | −0.070 | −1.009 | −0.096 |
| 0.333 | −0.083 | 0.955 | −0.336 | −0.053 | 0.927 |

由表 6-7 和表 6-5 对比可以看出，由原理计算得到的晶体参考坐标系与样品参考坐标系转换关系矩阵和实验仪器测量得到的晶体参考坐标系与样品参考坐标系转换关系矩阵在数值上是相等关系，从而验证了实验原理中式(6-36)、式(6-37)和式(6-38)的正确性。

### 6.4.2　单晶铁的应力测量

使用单晶定向时所得到的晶体参考坐标系与样品参考坐标系转换关系矩阵进行应力的测量。其测量结果见表 6-8。

表 6-8　单晶铁各晶体方向的应力张量及误差

| 应力张量/MPa | | | 误差/MPa | | |
|---|---|---|---|---|---|
| 442.80 | 65.36 | −178.45 | 1.67 | 1.29 | 0.61 |
| 65.36 | 424.42 | 15.68 | 1.29 | 1.95 | 0.84 |
| −178.45 | 15.68 | 0.00 | 0.61 | 0.84 | 0.27 |

在原理计算过程中，为平面应力测量，因此$\sigma_{13} = \sigma_{31} = \sigma_{23} = \sigma_{32} = 0$。已知单晶铁的弹性柔度系数为：$S_{11} = 9.940 \times 10^{-6}$ MPa，$S_{12} = -3.850 \times 10^{-6}$ MPa，$S_{44} = 8.197 \times 10^{-6}$ MPa。多重线性回归方法计算单晶铁时所需的计算数据如表 6-9 所示。

表 6-9　晶面及相应的数据

| 晶面 | $\varphi$/(°) | $\psi$/(°) | $A_1$ | $A_2$ | $A_3$ | $2\theta$/(°) |
|---|---|---|---|---|---|---|
| (311) | −151.17 | 43.05 | −0.0024 | −0.0002 | 0.0013 | 154.4800 |
| (131) | 0.00 | 17.98 | 0.0013 | −0.0005 | −0.0020 | 154.6900 |
| (113) | −59.32 | 29.05 | 0.0010 | 0.0003 | 0.0012 | 155.9600 |
| ($\bar{1}$13) | −28.07 | 57.10 | 0.0000 | 0.0011 | 0.0012 | 155.5700 |
| (1$\bar{1}$3) | 35.83 | 21.96 | 0.0010 | −0.0004 | 0.0014 | 156.0000 |
| ($\bar{1}\bar{1}$3) | 14.76 | 54.01 | −0.0001 | −0.0009 | 0.0014 | 155.4900 |
| (1$\bar{3}$1) | 90.81 | 60.43 | 0.0015 | −0.0005 | −0.0036 | 154.1300 |

根据公式(6-61)以及表 6-9，计算单晶铁的宏观残余应力。

当 $2\theta_0$ 为 155°时，其计算结果为 $\sigma_{11}$ = 440.0242 MPa，$\sigma_{12}$ = 78.0291 MPa，$\sigma_{22}$ = 417.1902 MPa。

当 $2\theta_0$ 为未知条件时，不同晶面组数的计算结果分别如下：

晶面数组为 4 时，$\sigma_{11}$ = 440.6880 MPa，$\sigma_{12}$ = 73.4250 MPa，$\sigma_{22}$ = 418.4231 MPa，$2\theta_0$ = 154.9991°。

晶面数组为 5 时，$\sigma_{11}$ = 440.5618 MPa，$\sigma_{12}$ = 73.7964 MPa，$\sigma_{22}$ = 418.2246 MPa，$2\theta_0$ = 154.9991°。

晶面数组为 6 时，$\sigma_{11}$ = 440.5654 MPa，$\sigma_{12}$ = 73.7070 MPa，$\sigma_{22}$ = 418.2550 MPa，$2\theta_0$ = 154.9991°。

晶面数组为 7 时，$\sigma_{11}$ = 440.6054 MPa，$\sigma_{12}$ = 73.6655 MPa，$\sigma_{22}$ = 418.5679 MPa，$2\theta_0$ = 154.9988°。

## 本 章 小 结

- 单晶结构衍射分析
  - 四圆单晶衍射仪
    - $\chi$ 圆：安放测角头的垂直大圆，又称尤拉环即为 $\chi$ 圆，圆的轴是水平方位，圆上的角度用 $\psi$ 表示，$\psi$ 角可在0°～360°变化
    - $\varphi$ 圆：以 $\chi$ 圆的半径为转轴的圆，$\varphi$ 角可在0°～360°调节
    - $2\theta$ 圆：计数器转动所在的圆
    - $\omega$ 圆：尤拉环绕其垂直轴转动的圆，与 $2\theta$ 圆同轴
    - $\omega$ 角采用步进方式变化，步进幅度为0.5°～5°
    - 四圆共三根轴，与入射X射线共同相交于一个固定点，即衍射仪的光学中心，也为试样中心
  - 面探测器单晶衍射仪
    - 运用平面或曲面进行衍射强度记录的装置
    - 特点：
      (1) 可大幅提高衍射数据的收集速度，能提高数百倍；
      (2) 灵敏度高，对于衍射能力弱或尺寸小的样品同样能获得高质量的衍射数据
- 单晶结构分析步骤
  - (1) 选试样
  - (2) 指标化衍射数据
  - (3) 求结构因子 $F_{HKL}^2$
  - (4) 相角和初结构的推测
  - (5) 结构的精修
  - (6) 结构表达
- 四圆单晶衍射仪的衍射几何
  - 衍射空间
  - 探测空间
  - 样品空间
  - 仪器坐标系

- 单晶体的取向分析
  - 单晶体的取向表征
    - (1) 矩阵法
    - (2) 欧拉角($\varphi_1, \Phi, \varphi_2$)表示法
    - (3) 密勒指数法
  - 单晶体的取向测定
    - 1) 劳厄法
      - (1) 劳厄斑点花样的形成
      - (2) 劳厄衍射斑点花样指数化
      - (3) 晶体取向测定
    - 2) 衍射仪法

- 单晶宏观应力分析方法
  - 1) 多重线性回归法
    - 特点：(1)不受$d_0$精确性的影响；
    - (2)无需知道无应力时的$2\theta_0$精确值，不受$2\theta_0$精确性的影响；
    - (3)方法简单、误差小、精度高、可靠性好
  - 2) 伊穆拉法
    - 特点：(1) 测量结果与空间方位角($\psi, \varphi$)以及衍射角$2\theta$的精度有关；
    - (2) 计算所需的晶面组数应大于或等于6
  - 3) 奥特纳法
    - 特点：(1) 测试时间短，成本低；
    - (2) 对测试精度要求较高；
    - (3) 晶面组数需大于或等于6
  - 多重线性回归法、伊穆拉法和奥特纳法均属于X射线衍射法，基本原理相同；伊穆拉法和奥特纳法的测验结果与$\theta_0$值的准确有关，测量的晶面组数需大于或等于6，精度不高

## 思　考　题

6-1　四圆单晶衍射仪的四圆分别是什么？

6-2　面探测单晶衍射仪的特点是什么？

6-3　单晶体衍射与多晶体衍射的区别是什么？

6-4　单晶结构衍射的分析步骤有哪些？

6-5　简述四圆单晶衍射仪的衍射几何。

6-6　简述劳厄法与 X 射线衍射仪法的关系。

6-7　单晶取向的表征方法是什么？

6-8　单晶取向的测定方法有哪些？

6-9　宏观、微观坐标轴的定义是什么？

6-10　欧拉角的定义是什么？

6-11　欧拉角表征的取向矩阵是什么？

6-12　单晶体取向的表征方法有哪些？最常用的是哪种？

6-13　测定单晶体宏观残余应力的常见方法有哪些？各自的特点是什么？

# 第7章　织构分析

单晶体呈现出各向异性，而多晶体因晶粒数目大且各晶粒的取向随机分布，即在不同方向上取向概率相同，呈现出各向同性。然而，在多晶体的形成过程中，总会造成一些晶粒取向的不均匀性，使晶粒的某一个晶面(*hkl*)法向沿空间的某一个方向上聚集，导致晶粒取向在空间中的分布概率不同，这种多晶体中部分晶粒取向规则分布的现象就是晶粒的择优取向。具有择优取向的这种组织状态类似于天然纤维或织物的结构和纹理，故称为织构。织构显著影响材料性能。例如，制造汽车外壳的深冲薄钢板，织构会导致变形不均匀，产生皱纹，甚至破裂；而(111)型板织构的板材，深冲性能良好。变压器中当硅钢片易磁化的[100]方向平行于轧向时铁损很低。本章主要介绍多晶织构分类表征、测定原理和应用。

注意：择优取向侧重于描述多晶体中单个晶粒的位向分布所呈现出的不对称性，即在某一较优先方向上获得了较多的出现概率。而织构是指多晶体中已经处于择优取向位置的众多晶粒所呈现出的排列状态。众多晶粒的择优取向形成了多晶材料的织构，织构是择优取向的结果，反映多晶体中择优取向的分布规律。

## 7.1　织构及其表征

### 7.1.1　织构与分类

根据择优取向分布的特点，织构可分为丝织构、面织构和板织构3种，如图7-1所示。

(1) 丝织构：指多晶体中大多数晶粒均以某一晶体学方向<*uvw*>与材料的某个特征外观方向，如拉丝方向或拉丝轴平行或近于平行，如图 7-1(a)所示。由于该种织构在冷拉金属丝中表现得最为典型，故称为丝织构，它主要存在于拉、轧、挤压成形的丝、棒材以及各种表面镀层中，一般采用晶向指数<*uvw*>表征。

(2) 面织构：指一些多晶材料在锻压或压缩时，多数晶粒的某一晶面法线方向平行于压缩力轴向所形成的织构，如图7-1(b)所示。常用垂直于压缩力轴向的晶面{*hkl*}表征。

(3) 板织构：指一些多晶材料在轧制时，晶粒会同时受到拉伸和压缩力的作用，多数晶粒的某晶向<*uvw*>平行于轧制方向(简称轧向)、某晶面{*hkl*}平行于轧制表面(简称轧面)所形成的织构，如图 7-1(c)所示。采用平行于轧面的晶面指数{*hkl*}和平行于轧向的晶向<*uvw*>共同表征，也可将面织构归类于板织构，本书即按丝织构和板织构两大类介绍。

### 7.1.2　织构的表征

织构的表征通常有以下4种方法。

#### 1. 指数法

指数法是指采用晶向指数<*uvw*>或晶面指数与晶向指数的复合{*hkl*}<*uvw*>共同表示织构的方法，又称密勒指数法。丝织构中，因择优取向使晶粒的某个晶向<*uvw*>趋于平行，这

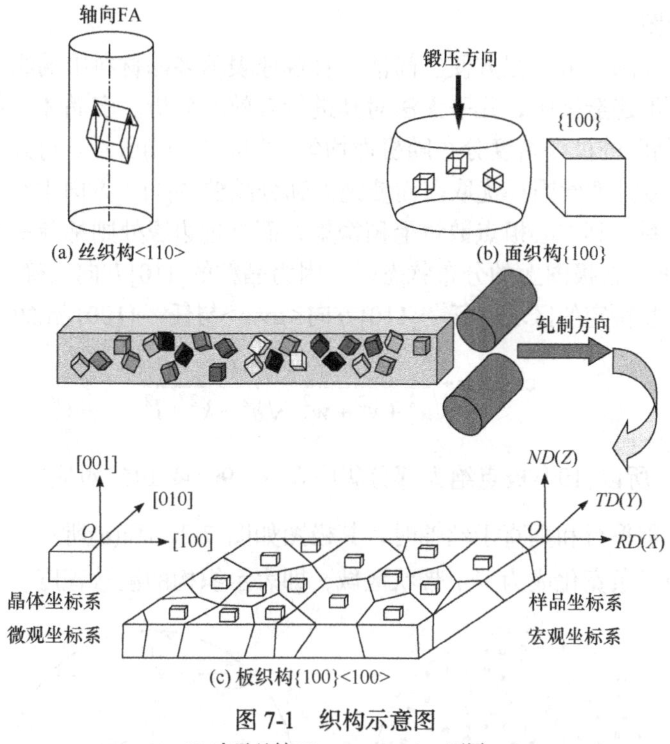


图 7-1 织构示意图

FA 表示丝轴 filamentous axis，下同

也是丝织构的主要特征，因此丝织构就采用晶向指数<*uvw*>来表征。例如，冷拉铝丝中 100%晶粒的<111>方向与拉丝轴平行，即为具有<111>丝织构。有的面心立方金属具有双重丝织构，即一些晶粒的<111>方向也与拉丝轴平行，另一些晶粒的<100>方向与拉丝轴平行。例如，冷拉铜丝中 60%晶粒的<111>方向和 40%晶粒的<100>方向与拉丝轴平行，各占 50%。但在冷拉体心立方金属丝中，仅有一种<110>丝织构。

板织构中，晶粒中的某个晶向<*uvw*>平行于轧制方向，同时某个晶面{*hkl*}平行于轧制表面，这两点是板织构的主要特征，因此板织构采用晶面指数与晶向指数的复合形式{*hkl*}<*uvw*>表征，此时晶面指数与晶向指数存在以下关系：$hu+kv+lw=0$。例如，冷轧铝板的理想织构为$(110)[\bar{1}12]$，具有该种织构的金属还有铜、金、银、镍、铂以及一些面心立方结构的合金。与丝织构一样，在板织构中也有多重织构，有的甚至达 3 种以上，但有主次之分，如冷轧铝板除了具有$(110)[\bar{1}12]$织构外，还有$(112)[11\bar{1}]$织构。冷变形 98.5%纯铁板具有$(100)[011]+(112)[1\bar{1}0]+(111)[11\bar{2}]$ 3 种织构。冷轧变形 95%的纯钨板具有$(100)[011]+(112)[1\bar{1}0]+(114)[1\bar{1}0]+(111)[1\bar{1}0]$ 4 种织构。

注意：每组织构指数中，晶面指数与晶向指数的乘积之和为零。指数法能够精确、形象、鲜明地表达织构中晶向或晶面的位向关系，但不能表示织构的强弱及漫散(偏离理想位置)程度，而漫散普遍存在于织构的实际测量中。

2. 极图法

极图法是指多晶体中某晶面族{*hkl*}的极点在空间分布的极射赤面投影表征织构的方法。板织构的投影面为试样的宏观坐标面即轧面，丝织构的投影面则是与丝轴平行或垂直的平面。注意单晶体也有极图，是指单晶体中所有晶面的极点在赤平面上的投影图，又称标准投影极图，简称标准投影图。

借助于多晶体极图，可以很方便、简洁、直观地表示多晶材料中的织构，尤其是对于较复杂的织构状态，不建造极图，几乎无法对其进行有效的分析。多晶体材料无织构时，某一个{*hkl*}(如{100})晶面的极点密度分布随机而均匀，如图 7-2(a)所示。对处于一定程度有序状态的纤维织构，如冷拉铁丝因择优取向而使绝大部分晶粒的[110]方向平行于丝的纵向，由于球体投影的物理关系，其中心极点数量上稍密集，而靠近边缘处则稀疏一些。当仅考虑这些晶粒{100}晶面的极点在极图上的分布状态时，因为晶粒的[110]方向已确定，因而{100}的极点分布只能是在某些特定的区域。任一[110]方向$<uvw>$与任一{100}晶面($hkl$)的夹角为

$$\cos\alpha=\frac{uh+vk+wl}{\sqrt{u^2+v^2+w^2}\cdot\sqrt{h^2+k^2+l^2}} \tag{7-1}$$

则$\cos\alpha=0$或$\frac{\sqrt{2}}{2}$，所以{100}极点绝大部分集中在$\alpha=90°$或$\pm45°$对应的线条上，如图 7-2(b)所示，当投影面分别平行和垂直于丝轴时，其极图如图 7-2(c)和(d)所示。实际测量时，因择优取向不完全而使线条宽化成为一个带状区域，即表示织构的漫散程度。

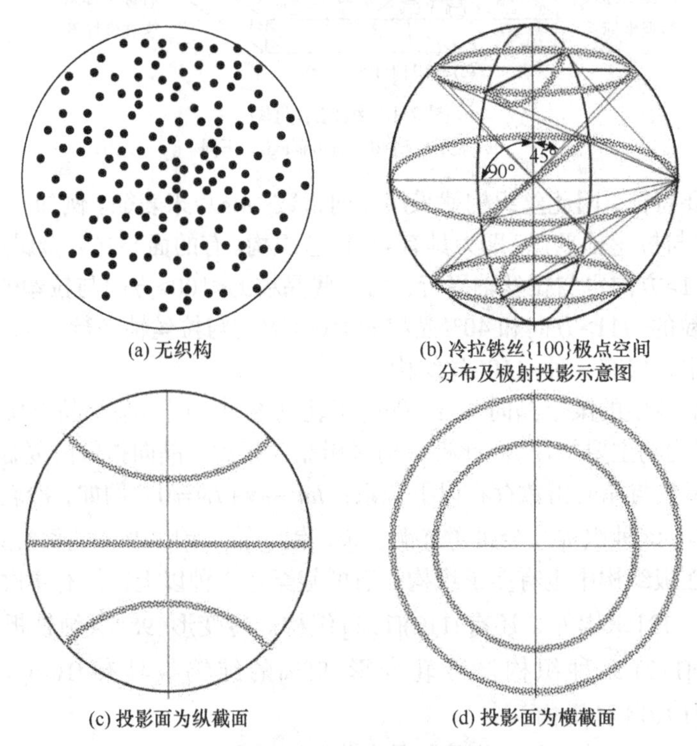


(a) 无织构　(b) 冷拉铁丝{100}极点空间分布及极射投影示意图

(c) 投影面为纵截面　(d) 投影面为横截面

图 7-2　铁丝{100}极图

也就是说，在冷拉铁丝工艺中，因晶粒择优取向而造成材料的轴向织构，使晶粒的{100}极点只能出现在极图中某些特定的区域。反之，由实验测得的多晶体{100}晶面的极点只在极图上某些特定区域出现的事实表明材料中存在织构。

极图能够较全面地反映织构信息，在织构强的情况下，根据极点的概率分布能够判断织构的类型与漫散情况。但是，在织构较复杂或漫散严重(织构不明显)时，很难获得正确的答案，甚至会造成误判。这种情况下，织构可以采用反极图法或分布函数法表征。

但需注意：①极图是多晶材料中晶粒的某一晶面法线与投影球面的交点(极点)的极射赤面二维投影，投影面为试样宏观坐标系中轧向与横向组成的轧面；②极图的研究对象是多晶材料，而标准投影图研究对象则是单晶材料；③极图的命名是以测定的晶面(*hkl*)命名，后者则以低指数的投影面命名；④极图测定中，通常测定{*hkl*}各晶面法向的密度分布，因此极图也常被称为{*hkl*}极图。

3. 反极图法

采用与正极图投影方式完全相反的操作所获得的极图称为反极图。即以多晶材料试样宏观坐标轴(轧向、横向、轧面法向)方向(实际采用晶粒中垂直于宏观坐标轴的法平面为测试晶面)相对于微观晶轴(晶体学微观坐标轴)的取向分布。首先选择单晶标准极图的某个投影三角形，在这个固定的三角形上标注出宏观坐标(如丝织构的轴，板材试样的表面法向、横向或轧向)相对于不同极点的取向分布密度，也即表明选定的宏观坐标轴方向在标准极图中不同区域出现的概率，这就形成了反极图。在投影三角形中，如果宏观坐标呈现明显的聚集，表明多晶材料中存在织构。

实际构造反极图时，总是在某一选定的宏观方位上测量不同晶面(在选定的投影三角形中)的衍射强度，再经过一定的数学处理后，相对定量地把宏观坐标轴方向的出现的概率描绘在标准投影三角形上。反极图虽然只能间接地展示多晶体材料中的织构，但却能直接定量地表示出织构各组成部分的相对数量，适用于定量分析，显然也较适合于复杂的或复合型多重织构的表征。

4. 三维取向分布函数法

多晶体材料中的织构，实质上是单个晶粒择优取向的集合，表现为宏观上在材料三维空间方向上晶粒取向分布概率的不均匀性。极图或反极图的织构表示法都是将三维的晶体空间取向采用极射赤面投影的方法展现在二维平面上。将三维问题简化成二维处理，必然会造成晶体取向方面三维特征信息的部分丢失，因此极图或反极图方法都存在一定的缺陷。三维取向分布函数法与反极图的构造思路相似，就是将待测样品中所有晶粒的平行轧面的法向、轧向、横向晶面的各自极点在晶体学三维空间中的分布情况，同时用函数关系式表达出来。这种表示法虽然能够完整、精确和定量地描述织构的三维特征，但是取向分布函数的计算工作量相当大，算法极为繁杂，必须借助电子计算机的帮助。关于这种表达法的较为详细的介绍，请参考相关文献。

需要指出的是：①在利用X射线进行物相定量分析、应力测量等实验中，织构往往起干扰作用，使衍射线的强度与标准卡片之间存在较大误差，因此实验中必须知道织构是否存在；②晶粒的外形与织构的存在无关，仅靠金相法或几张透射电镜照片是不能判断多晶体材料中织构是否存在的；③丝织构只是板织构的特例。

## 7.2 丝织构的测定与分析

### 7.2.1 丝织构衍射花样的几何图解

图7-3为丝织构某反射面(*HKL*)衍射的倒易点阵图解。无织构时，反射面的倒矢量均匀

分布在倒易球上，此时反射球与倒易球相交成交线圆。如果采用与入射方向垂直的平面底片照相时，其衍射花样为交线圆的投影，是均匀分布的衍射圆环。当有丝织构时，各晶粒的取向趋于丝轴的平行方向。如果取某个与织构轴成一定角度的反射面($HKL$)来描述丝织构时，则该反射面的倒易矢量与织构轴有固定的取向关系，设其夹角为$\alpha$。由于丝织构具有轴对称性，可形成顶角为$2\alpha$，反射面($HKL$)的倒矢量为母线的对顶圆锥(又称织构圆锥)。当反射球与倒易球相交时，只有织构圆锥上的母线与反射球面的交点才能产生衍射，即交线圆上其他部位虽然满足衍射条件，但因织构试样中不存在这种取向而不能产生衍射。此时，从反射球心向四交点连线即为衍射方向。实际存在的丝织构因择优取向存在一定的离散度，织构圆锥具有一定的厚度，故交点演变为以交点为中心的弧段。显然，弧段的长度反映了择优取向的程度。如果采用与入射线垂直方向的平面底片成像时，衍射花样为成对的弧段。

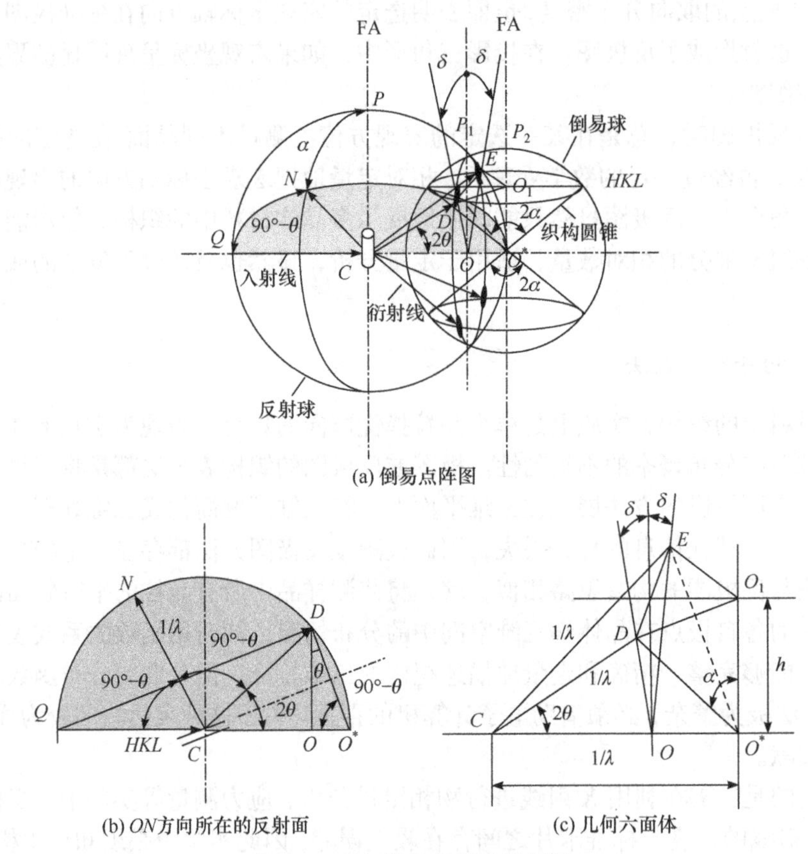


(a) 倒易点阵图

(b) $ON$方向所在的反射面　　(c) 几何六面体

图 7-3　丝织构的倒易点阵图解

注意：

(1) 弧段的数目取决于反射球与织构圆锥的相交情况。①$\alpha<\theta$，无交点；②$\alpha>\theta$，有四个交点；③$\alpha=\theta$，在织构轴上有两个交点；④$\alpha=90°$时，在水平轴上有两个交点。

(2) 当试样中存在多重织构时，织构圆锥就有多个，弧段数将以 2 或 4 的倍数增加。

(3) 弧段长度可作为比较择优取向程度的依据。

(4) 当晶粒较粗时，倒易球为漏球，与反射球相截也为不连续的环带，但这个不连续的环带分布是无规律、随机的，而织构时的弧段分布是对称的、有规律的。

### 7.2.2 丝织构指数的照相法确定

在图 7-3(a)中，$C$、$O^*$分别为反射球和倒易球的球心；$O$ 为反射球与倒易球交线圆的圆心，$\delta$为衍射弧段 $D$ 与织构轴的夹角，$\theta$为反射面($HKL$)的衍射半角，$\alpha$为反射面($HKL$)的法线方向($CN$)与织构轴的夹角。$O^*D$ 为反射面($HKL$)的倒易矢量方向。因为 $CN//O^*D$，所以 $CN$ 与织构轴的夹角与 $O^*D$ 与织构轴的夹角相等。由反射面($HKL$)的衍射几何图 7-3(b)中的△$OO^*D$ 得

$$\cos\theta = \frac{OD}{O^*D} \tag{7-2}$$

再由图 7-3(c)中△$O^*DO_1$ 可得

$$\cos\alpha = \frac{h}{O^*D} \tag{7-3}$$

同理由图 7-3(c)中△$ODE$ 得

$$\cos\delta = \frac{h}{OD} \tag{7-4}$$

所以由式(7-2)、式(7-3)和式(7-4)得重要公式：

$$\cos\alpha = \cos\theta\cos\delta \tag{7-5}$$

从丝织构的衍射花样底片中测得$\delta$值，再由式(7-3)可算出$\alpha$，然后利用晶面与晶向的夹角公式求得丝织构指数<*uvw*>。

### 7.2.3 丝织构取向度的计算

丝织构取向度是指晶粒择优取向的程度。显然，它取决于弧段的长度，弧段越长，表明择优取向的程度越低。丝织构取向度可通过衍射仪所测定的丝织构衍射花样计算得到。图 7-4 为衍射仪测定丝织构的原理图。将丝试样置于以入射线为轴转动的附件上，令丝轴平行于衍射仪轴放置，如图 7-4(a)所示，X 射线垂直于丝轴入射，计数管位于反射面($HKL$)的衍射角 $2\theta_{HKL}$ 位置处不动，试样以入射线为轴转动一周，计数器连续记录其衍射环上各点的强度，强度分布曲线如图 7-4(b)所示。由各峰的半高宽总和计算丝织构的取向度 $A$：

$$A = \frac{360° - \sum W_i}{360°} \times 100\% \tag{7-6}$$

当然，也可由衍射仪测定的衍射强度分布曲线计算得到丝织构指数，即根据曲线中的峰位测得$\delta$值，再由式(7-5)计算$\alpha$，也可确定丝织构指数<*uvw*>。

### 7.2.4 丝织构指数的衍射法测定

丝织构中各晶粒的结晶学方向与其丝轴呈旋转对称分布，当投影面垂直于丝轴时，某晶面($hkl$)的极图即为同心圆，当含有多种织构时，则形成多个同心圆。丝织构也可以用极图表征，且不需织构测试台附件，仅利用普通测角仪的转轴让试样沿着$\varphi$角转动进行测量($\varphi$角即为衍射面法线方向与试样测试表面法线方向的夹角，变动范围为 0°～90°)，为求($hkl$)极点密集区与丝轴的夹角$\alpha$，只需测定沿极图径向衍射强度的变化即可。极图中的峰所在$\varphi$即为$\alpha$。

测量过程中 $2\theta_{hkl}$ 保持不变，为了解($hkl$)极点密度沿径向 0°～90°的分布，需两种试样分别用于$\varphi$角的低角区和高角区的测定。

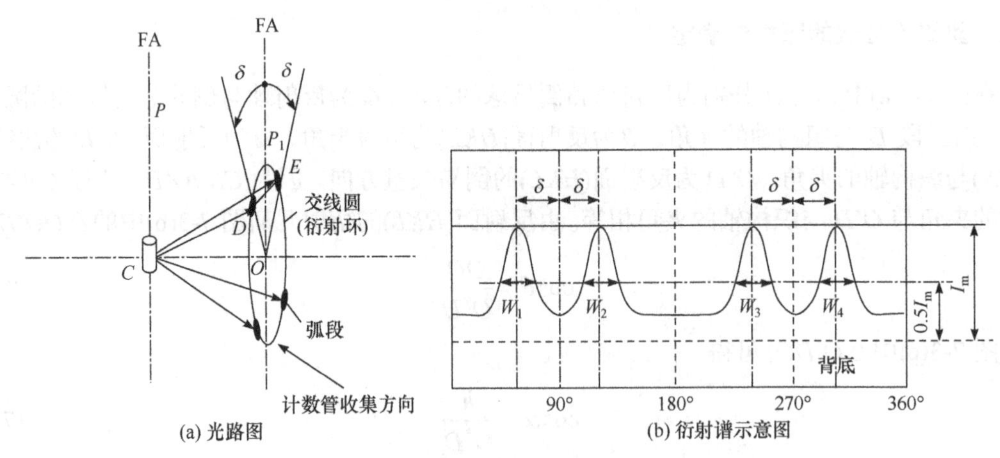

(a) 光路图　　　　(b) 衍射谱示意图

图 7-4　衍射仪法测定丝织构的原理图

$\varphi$低角区测量需捆绑试样，即采用捆扎在一起的丝镶嵌在塑料框内，端面磨平、抛光和侵蚀后作为测试表面，丝轴与衍射仪转轴垂直，如图 7-5(a)所示，此时，丝轴方向与衍射面法线方向重合，即$\varphi = 0°$。衍射发生在丝轴的端面，衍射强度随$\varphi$角的变化就反映了极点密度沿极网径向的分布。显然，试样绕衍射仪轴的转动范围为$0° < \varphi < \theta_{hkl}$。

$\varphi$高角区测量需将丝并排成一块平板上，磨平、抛光和侵蚀后作为测试表面，丝轴与衍射仪转轴垂直，衍射发生在丝轴的侧面，如图 7-5(b)所示，以图中即$\varphi = 90°$为初始位置，试样连续转动，同时记录衍射强度随$\varphi$的变化规律。该方式的测量范围为$90° - \theta_{hkl} < \varphi < 90°$。

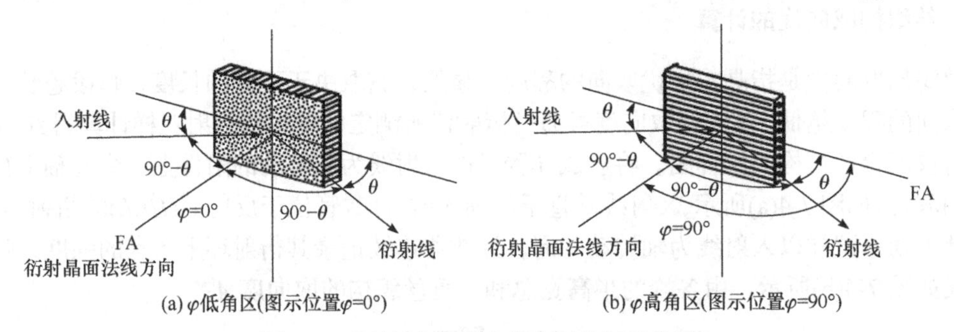

(a) $\varphi$低角区(图示位置$\varphi$=0°)　　　　(b) $\varphi$高角区(图示位置$\varphi$=90°)

图 7-5　多丝丝织构测定的衍射几何示意图

考虑到吸收时，因$\varphi$角的不同，入射线与反射线走过的路程不同，即 X 射线的吸收效应不同，当试样厚度远大于 X 射线有效穿透深度时，任意$\varphi$角的衍射强度与$\varphi = 90°$的衍射强度之比$R(I_\varphi/I_0)$为

$$R = 1 - \tan\varphi \cos\theta_{hkl} (\varphi\text{低角区}) \tag{7-7}$$

$$R = 1 - \cot\varphi \cos\theta_{hkl} (\varphi\text{高角区}) \tag{7-8}$$

将不同$\varphi$条件下测得的衍射强度被相应的$R$除，就得到消除吸收影响而正比于极点密度的$I_\varphi$，将修正后的高$\varphi$区和低$\varphi$区的数据绘制成$I_\varphi$-$\varphi$曲线。

图 7-6(a)为冷拉铝丝{111}的$I_\varphi$-$\varphi$曲线。结果表明在丝轴方向，即$\varphi = 0°$ $\left(\cos\varphi = \dfrac{1\times1+1\times1+1\times1}{\sqrt{1^2+1^2+1^2}\times\sqrt{1^2+1^2+1^2}} = 1\right)$及与丝轴方向夹 70.5° $\left(\cos\varphi = \dfrac{1\times1+1\times1+\bar{1}\times1}{\sqrt{1^2+1^2+1^2}\times\sqrt{1^2+1^2+(-1)^2}} = \dfrac{1}{3}\right)$角处具有较高的<111>极密度。说明丝材大部分晶粒的<111>晶向平行于丝轴，表明丝材具有很

强的<111>织构。图中在$\varphi$= 55°处存在另一矮峰，铝为立方晶系，其<100>与{111}的夹角为54.73° $\left(\cos\varphi=\dfrac{1\times1+1\times0+1\times0}{\sqrt{1^2+1^2+1^2}\times\sqrt{1^2+0^2+0^2}}=\dfrac{\sqrt{3}}{3},\varphi=54.73°\right)$，在$\varphi$= 54.73°处出现一定大小的{111}极密度峰，表示丝材中还有部分晶粒的<100>晶向平行于丝轴，部分晶粒的{111}与<100>成54.73°，即丝材还具有弱的<100>织构。每种织构的分量正比于$I_\varphi$-$\varphi$曲线上相应峰的面积。计算结果得<111>织构体积分数为0.85，<100>织构体积分数为0.15。双重丝织构的织构锥在平行于丝轴的平面投影为双曲线，见图 7-6(b)。如在垂直于丝轴的平面投影，则为同心圆，如图 7-6(c)所示。

对<100>织构的理解：由于测量是以{111}晶面进行设计、定位，测量$\varphi$= 0°～90°的XRD衍射峰。0°和 70°处的强峰表示分别有一部分晶粒的{111}晶面的法线与丝轴成 0°和 70.5°角时，其<111>平行于丝轴，见图 7-6(d)。$\varphi$= 54.73°处出现一定大小的{111}极密度峰，表示丝材中还有部分晶粒的<100>晶向平行于丝轴，衍射晶面仍是{111}，此时<111>与丝轴成54.73°，表示丝材还具有<100>织构，只是强度较弱，见图 7-6(e)。

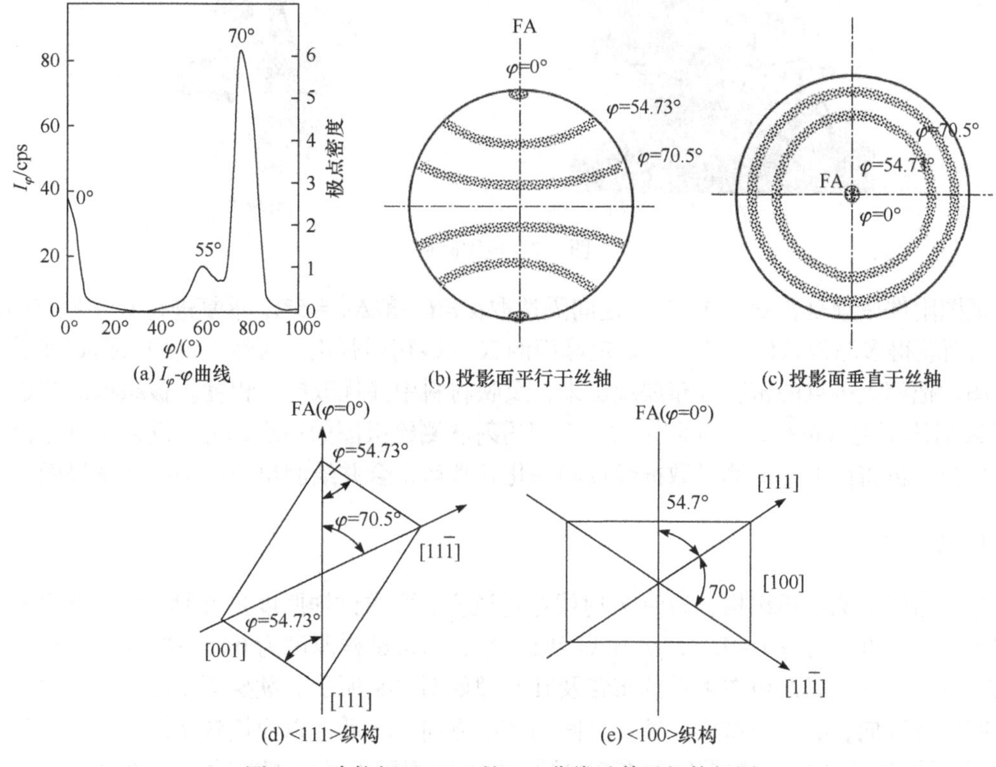


图 7-6　冷拉铝丝{111}的$I_\varphi$-$\varphi$曲线及其丝织构极图

## 7.3　板织构的测定与分析

板织构的测定与分析通常有极图、反极图和三维取向分布函数3种方法。

### 7.3.1　极图测定与板织构分析

板材织构的极图法测定需在测角仪轴上安装专门的极图附件(图 7-7)完成。附件[图 7-7(a)]

上有三个刻度盘(A、B 和 C，其中 A 盘面垂直于 B 盘面)、三根转轴、三台电动机($M_1$、$M_2$ 和 $M_3$)、两个手动调节旋钮($S_1$ 和 $S_2$)。附件通过底盘与测角仪轴相连，可随测角仪轴转动，得到合适的$\theta$角。试样安装在 B 盘面上的环形孔中，试样表面与 B 盘面共面，通过电动机 $M_2$使试样在 B 盘面上绕其表面法线做 0°～360°的$\beta$角转动，$\beta$角定义为绕试样表面法线的转动角。该盘面可在电动机 $M_1$ 的带动下沿 A 盘面的内孔做$\alpha$角转动，$\alpha$角定义为衍射晶面法线与试样表面的夹角。A 盘面上的刻度范围为 10°～90°，并可通过 $S_1$ 手动调节。为使试样中更多的晶粒参与衍射，在做$\beta$转动的同时，通过电动机 $M_3$ 可使试样随 B 盘面沿其面 45°方向振动，振动幅度为$\gamma$。通过 $S_2$ 手动旋钮可调节极图附件在测角仪轴上的位置，分别实现极图的透射法和反射法测定，从背射法位置逆时针转动 90°即为透射法位置。背射法和透射法测定极图时，$\alpha$倾角还可分别通过 $S_1$ 和 $S_2$ 手动调节旋钮进行设定，$S_1$、$S_2$ 通过一调节开关实现两者互锁。图 7-7(b)为新式极图附件，原理相同。

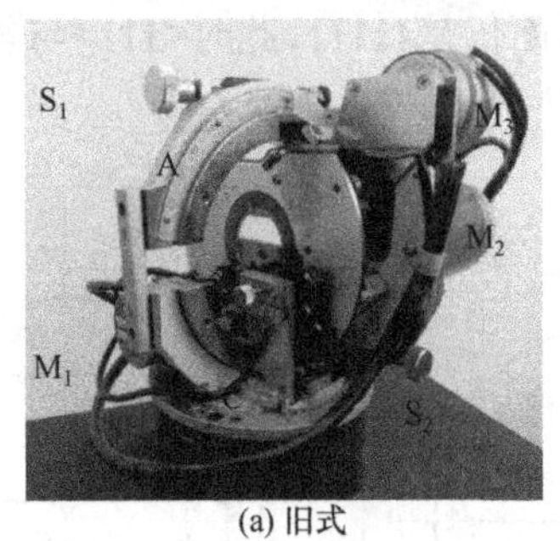

(a) 旧式

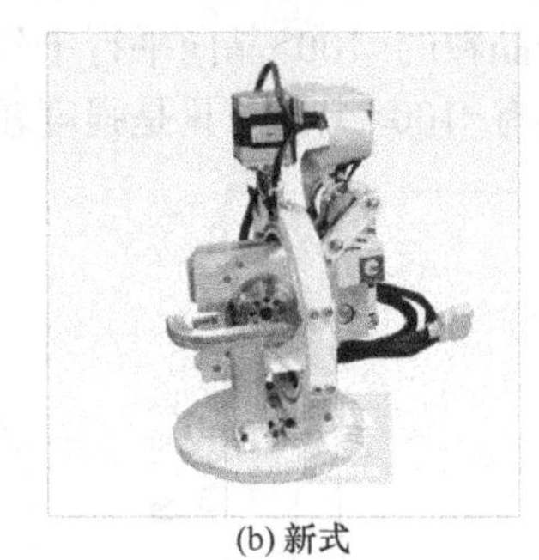
(b) 新式

图 7-7　极图附件

极图附件原理是在 0°～90°按一定间隔选取$\alpha$角(一般$\Delta\alpha = 5°$)，重复进行 0°～360°的$\beta$扫描，从而获得多晶粒试样中的某一设定晶面的 X 射线衍射强度，再经一定的数据处理后绘制成极图，把相关极点的密度分布展现出来，反映材料中择优取向的程度。板织构的测定一般采用 X 射线衍射仪进行，具体测定时，采用透射法测绘极图的边缘部分，反射法测定极图的中央部分，再将两部分的测量数据经过归一化处理后，合并绘制出板织构的完整极图。

1. 透射法

采用透射法测量板织构，为使 X 射线穿透试样，要求试样厚度足够薄，但又能保证产生足够的衍射强度，可取 $t = 1/\mu_l$，$\mu_l$为线吸收系数，通常试样厚度为 0.05～0.1 mm。待测试样在衍射仪上的安装以及极图附件的布置及其原理如图 7-8 所示。欲探测试样中绝大部分晶粒的空间择优取向，必须使试样能够在空间的几个方向上转动，以便使各晶体都有机会处于衍射位置。图 7-8(a)中的计数器安装在 $2\theta$ 角驱动盘上(固定不动)，欧拉环安装在驱动盘上，它可以绕衍射仪上测角仪轴单独地转动；为保证全方位检测试样中某一晶面的极点分布，试样在附件上分别进行两种转动一种振动：绕衍射仪轴的$\alpha$转动、绕试样表面法向轴的$\beta$转动及试样面内 45°方向的$\gamma$振动。

图 7-8(b)为透射测量法的衍射几何，此时轧面平分入射线与反射线间夹角，衍射晶面的法线与轧面共面，$\alpha = 0°$。试样绕衍射仪轴做$\alpha$转动：沿衍射仪轴向下看，试样逆时针转动时$\alpha$角为正值。试样绕自身表面法线做$\beta$转动：沿入射 X 射线束看去，顺时针转动$\beta$角为正。试样的初始位置：$\alpha = 0°$；轧向 *RD* 与衍射仪轴重合时，$\beta = 0°$。此时，欲探测的衍射晶面(*hkl*)

法线 $ON$(衍射角 $2\theta$)与试样横向 $TD$ 重合。

极图是$(hkl)$晶面在轧面上的极射赤面投影，图示位置$\alpha=\beta=0°$。此时$\beta$顺时针转动至360°，测得的$I_{hkl}(\alpha=0°,\beta)$反映了晶面$(hkl)$极密度沿极图圆周的分布。试样绕衍射仪轴逆时针转动5°，即$\alpha=5°$，再令$\beta$自顺时针转动360°，则所得的$I_{hkl}(\alpha=5°,\beta)$反映了极图5°圆上极密度的分布。

显然，$\alpha$的转动范围为0°～90°$-\theta$，当$\alpha$接近90°$-\theta$时，计数器收集困难，因此透射法适合于低$\alpha$角区的极图测量，即极图的边缘部分，$\alpha$一般取0°～30°为宜。

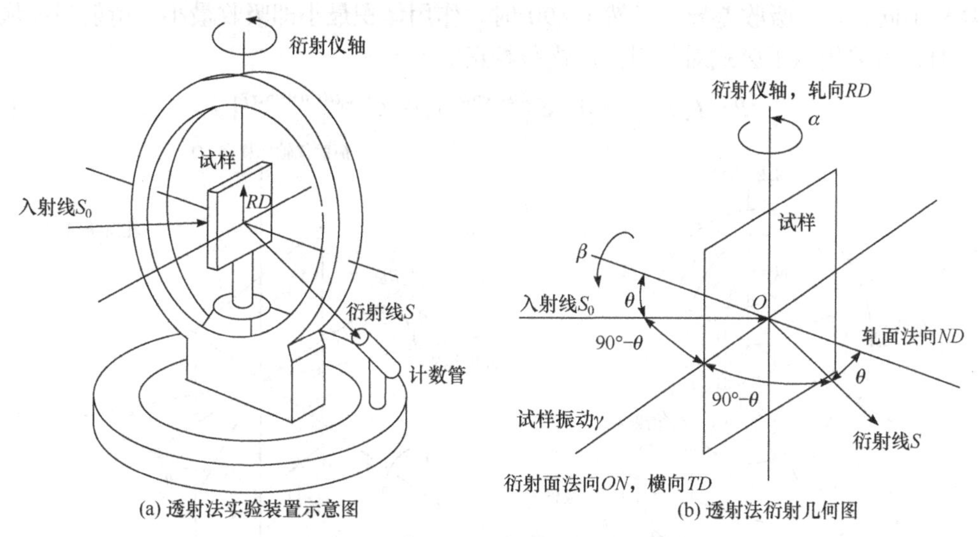


(a) 透射法实验装置示意图　　(b) 透射法衍射几何图

图 7-8　板材织构的衍射仪透射法测量

注意：①测量过程中入射线与收集衍射线的计数管位置不动。依次设定不同的$\alpha$，在每一个$\alpha$下，试样绕其表面法线转动360°，测量并记录其衍射强度。②透射法应考虑吸收效应，对其衍射强度进行校正。图示位置($\alpha=0°$)时，试样平面为入射线与衍射线的对称面，此时入射线与衍射线在试样中的光程相同。当$\alpha\neq0°$时，入射线与衍射线光程之和将大于$\alpha=0°$时的值，此时试样对X射线的吸收增加，需对其衍射强度进行如下校正：

$$R=I_{\alpha}/I_{0°}=\cos\theta\{e^{-\mu_l t/[\cos(\theta-\alpha)]}-e^{-\mu_l t/[\cos(\theta+\alpha)]}\}/\{\mu_l t e^{-\mu_l t/\cos\theta}[\cos(\theta-\alpha)/\cos(\theta+\alpha)-1]\} \quad (7\text{-}9)$$

式中，$\mu_l$为线吸收系数；$t$为试样厚度。将测得的不同角度$\alpha$下的衍射强度用相应的$R$去除，就能得到消除了吸收因素的衍射强度。

### 2. 反射法

反射法的实验布置与透射法有许多不同之处，除了入射束与计数管在板材表面的同侧之外，在样品的初始状态，样品旋转方式也有所不同，与透射法相互补充。反射法采用足够厚的试样，以保证透射部分的X射线被样品全部吸收(以消除二次衍射效应)。反射法的一个重要优点在于衍射强度无需进行吸收校正。

将待测样品安放在欧拉环内中心位置如图7-9(a)所示，在图示的初始状态下横向$TD$平行于测角仪轴，其对应的衍射几何如图7-9(b)所示，此时$\alpha=90°$。试样绕A盘面轴线即试样内一轴在马达$M_1$的作用下做$\alpha$转动：顺入射X射线束看去，逆时针转动$\alpha$角为正，由该图可知$\alpha$的转动范围为0°～90°。设定：试样在水平位置时，衍射晶面法线方向与轧面重合，$\alpha=0°$；

在垂直位置时衍射晶面法线方向与轧面垂直，$\alpha = 90°$。但在$\alpha$接近 0°时，衍射强度过低，计数管无法测量，通常反射法的测量范围在$\alpha$的高角区，以 30°～90°为宜，故反射法适合高$\alpha$角区极图测量，绘制极图的中心部分。试样绕自身表面法线做$\beta$转动：沿着入射 X 射线束看去，顺时针转动$\beta$角为正；试样的初始位置：轧向 *RD* 水平，横向 *TD* 与衍射仪轴重合时$\beta = 0°$。从而保证试样绕 *RD* 轴转动，实现极图高$\alpha$角区的测量。反射法测量的入射线与反射线在试样中的光程差不随$\alpha$角的改变而改变，足够厚度(试样厚度远大于射线穿透深度)的试样可不考虑其吸收效应，而对于有限厚度的试样，即有部分 X 射线穿透试样，不同$\alpha$角时 X 射线的作用体积不同，存在吸收差异，显然$\alpha = 90°$时，作用体积最小即吸收最小，衍射强度最大。$\alpha < 90°$时，可采用以下公式对衍射强度进行校正。

$$R = I_\alpha / I_{90°} = (1 - e^{-2\mu_l t/\sin\theta}) / [1 - e^{-2\mu_l t/(\sin\theta\sin\alpha)}] \tag{7-10}$$

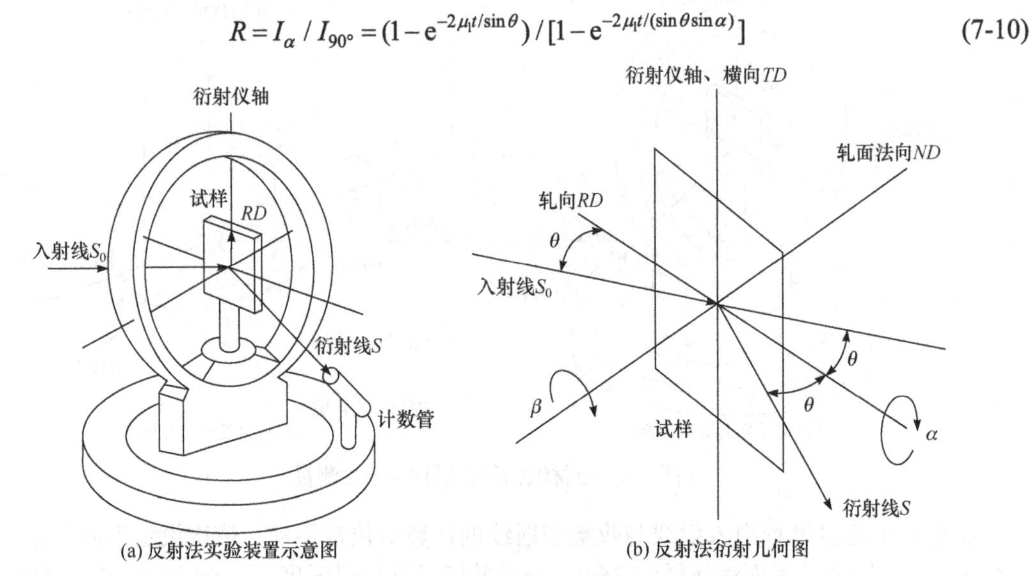


(a) 反射法实验装置示意图　　(b) 反射法衍射几何图

图 7-9　板材织构的衍射仪反射法测量

具体测定过程如下：

(1) 确定衍射半角$\theta$。由待测试样特选的晶面(*hkl*)和特征 X 射线波长$\lambda$，根据布拉格方程 $2d_{hkl}\sin\theta = n\lambda$ 算出衍射半角$\theta$，按衍射几何确定探测器的位置，使其在$2\theta$处扫描寻峰，并固定在峰值位置。

(2) 测极图边缘部分($\alpha$低角区)。采用透射法，试样平面位于入射线和衍射线的角平分线处，此时衍射晶面的法线与试样平面共面，$\alpha$起始位置为 0°，轧向 *RD* 垂直位置时为$\beta$的起点，$\alpha$依次取值，间隔为 5°或 10°，令试样积分转动，$\alpha$依次为 0°、5°、10°、…、30°，每一$\alpha$角时，$\beta$从 0°到 360°转动，并记录各($\alpha, \beta$)角下的衍射强度 $I_{(\alpha,\beta)}$。

(3) 测极图中心部分($\alpha$高角区)。采用反射法，试样平面在垂直位置时，衍射晶面的法线垂直于试样表面，$\alpha$为起始位置 90°，轧向 *RD* 在垂直位置时，令试样积分转动，$\alpha$依次为 85°、80°、75°、…、30°，$\beta$从 0°到 360°转动，并记录各($\alpha, \beta$)角下的衍射强度 $I_{(\alpha,\beta)}$。

(4) 强度校正和分级。对透射法和反射法的强度均需进行校正，它们交界处的衍射强度还需归一化校正，从而作出不同$\alpha$角下背底强度与强度分级。每一$\alpha$下的 $I_{(\alpha,\beta)}$ 曲线强度分级，其基准可以为任意单位，从而获得各级强度下的$\beta$角度值，如图 7-10(a)所示。

(5) 绘制极图。在由$\alpha$和$\beta$构成的极网坐标中标出各$\beta$所对应的强度等级，如图 7-10(b)所示，连接相同强度等级的各点成光滑曲线，这些等级密度线就构成了极图。该工作由计算机完成。

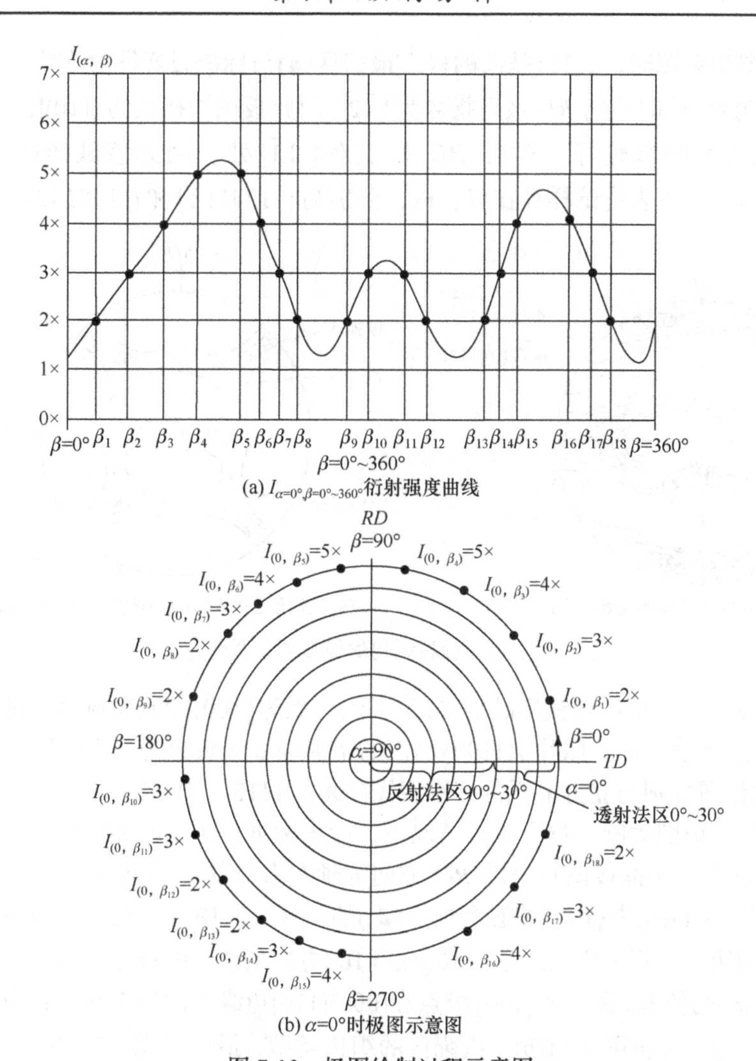


(a) $I_{\alpha=0°,\beta=0°\sim360°}$衍射强度曲线

(b) $\alpha$=0°时极图示意图

图 7-10 极图绘制过程示意图

(6) 分析极图。确定织构类型，具体过程如下：将标准投影极图逐一地与被测$\{h_1k_1l_1\}$极图对心重叠，转动其中之一进行观察，一直到标准投影极图中的$\{h_1k_1l_1\}$极点全部落在被测极图的极密度分布区为止，此时标准投影极图的中心点指数(*hkl*)即为轧面指数。此时与极图中与轧向投影点 *RD* 重合的极点指数(圆周上)即为轧向指数[*uvw*]。这样便确定了一种理想板织构指数$(h_1k_1l_1)[uvw]$，由于轧面通过轧向，故满足晶带定律，即 $hu+kv+lw=0$。

注意：①若被测极图上尚有极密度较大值区域未被对上，则说明还有其他类型的织构存在，需重复上述步骤确定其他类型的织构。若标准投影极图上的极点落入绘制极图的空白区，则不存在这类织构。②采用不同晶面的极图，极图变化，但其织构指数不变。由于极图是晶体三维空间分布的二维投影，因此在定出织构时，要注意是否有错判。这可选取同一试样的另一衍射晶面$\{h_2k_2l_2\}$，重复上述步骤，绘出$\{h_2k_2l_2\}$极图，依上述尝试法定出织构。如果用$\{h_2k_2l_2\}$极图所定出的织构与用$\{h_1k_1l_1\}$极图所定出的织构相同，则表明所定出织构正确。③面织构用晶面族指数{*hkl*}表征，丝织构用晶向族指数<*uvw*>表征，板织构指数用轧面指数与轧向指数的组合(*hkl*)[*uvw*]表征。

图 7-11 为两幅典型的板材织构极图。图 7-11(a)为冷轧铝箔的{111}极图，当该极图与(110)

的标准投影极图相对照时，{111}晶面的极点最密区(●)与标准投影图分布吻合较好，因此投影面轧面为(110)面，此时轧向 *RD* 极点指数为 $1\bar{1}2$，因此板织构指数为 (110)[$1\bar{1}2$]。次密区(▲)与(112)标准投影图吻合较好，此时 *RD* 极点在[$11\bar{1}$]处，因此该试样还存在另一织构(112)[$11\bar{1}$]。{111}极图表明试样存在双织构，分别为(112)[$11\bar{1}$]和(110)[$1\bar{1}2$]。

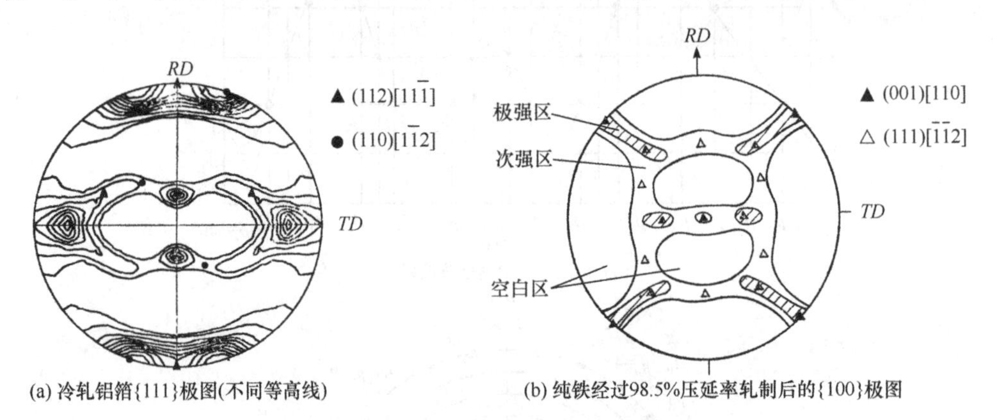


(a) 冷轧铝箔{111}极图(不同等高线)　　(b) 纯铁经过98.5%压延率轧制后的{100}极图

图 7-11　板材织构的极图测量举例

图 7-11(b)是 BCC 结构纯铁样品的{100}极图。因为{100}面是系统消光的，该图实际上是通过{200}衍射环绘出的。照片上{100}晶面的衍射强度大致分为三级(强级，次级，空区)，将图 7-11(b)的极图分别与立方晶系的标准极图(100)、(110)、(111)、(112)依次对照，观察轧制方向 *RD* 在标准极图大圆上哪个位置情况下，使该标准极图上的相应极点落在多晶极图的强点位置区域(注意：多晶极图总是以 *RD* 方向为轴左右对称)。首先考虑 *RD* 取[110]方向的(001)极图，得图 7-11(b)中{100}的五个极点(▲)的位置，其中一个在多晶极图的中央，另外四个在极图大圆边上；再考虑 *RD* 取[$\bar{1}10$]或[$1\bar{1}0$]方向的(112)极图，得图 7-11(b)中{100}的另外六个极点(▲)的位置，这六个{100}极点和(001)[110]边缘上的四个极点都分布在多晶极图的极强衍射区。为了分析图 7-11(b)中次强区的织构类型，最后考虑 *RD* 取[$\bar{1}\bar{1}2$]或[$11\bar{2}$]方向的(111)极图，得图 7-11(b)中{100}的六个极点(△)位置，这六个{100}极点恰好都处在极图的次强衍射区。至此，图 7-11(b)中的板材多重织构类型已基本确定，较多的晶粒按(001)[110]和(112)[$\bar{1}10$]方式择优取向地排列(对应{100}极密度的强出现区域)，少数晶粒以(111)[$\bar{1}\bar{1}2$]方式择优取向，三种形式共存形成多重织构。由于板材织构的漫散(不完全性)，使理想取向的强极点连接成一个小区域，次强区也分布在一定的范围内。

一般情况下，为了获得较大的衍射强度和简单对称的多晶极图(尤其是透射法)，FCC 结构的板材测定常取{111}晶面作为分析参考面，在极图上研究其极点分布密度；BCC 结构的板材织构测量常取{100}晶面(实验中测的是{200})作为分析参考面，研究该晶面择优取向的程度与方位，从而判别板织构的指数类型。

需注意：①有些试样不仅仅具有一种织构，即用一张标准晶体投影图不能使所有极点高密度区均得到较好的吻合，需再与其他标准投影极图对照才能使所有极点高密度区得到归属，此时试样具有双织构或多重织构。②当试样中的晶粒粗大时，入射光斑不能覆盖足够的晶粒，其衍射强度的测量就失去统计意义，此时利用极图附件中的振动装置使试样在做$\beta$转动的同时进行$\gamma$振动，以增加参加衍射的晶粒数。③当试样中的织构存在梯度时，表面与内部晶向的择优取向程度就不同，$\alpha$变化时 X 射线的穿透深度也不同，这样会造成一定的织构测量误差。④为使反射法与透射法衔接，通常$\alpha$角需有 10°左右的重叠。⑤理论上讲，完整极图需要透射法与反射法结合共同完成，以制备和测量方便考虑，一般不采用透射法。透射法的试样制备要求较高，需足够薄，否则会产生较大的测量误差。反射法的$\alpha$角可以从 0°到 90°，只是在$\alpha$低角区时散焦严重，强度迅速下降，但反射法扫测角度范围宽，制作方便，若选得合适晶面，往往只需测反射区极图即可基本判定织构。

图 7-12 为镁合金 AZ31 试样分别经过 0P、0P + Ex、0P + Anneal(退火 400℃) × 12 h 变形处理后{0001}面的极图，其中 0P 表示 0 道次等径角挤压，Ex 表示挤压比为 9 的正向挤压。

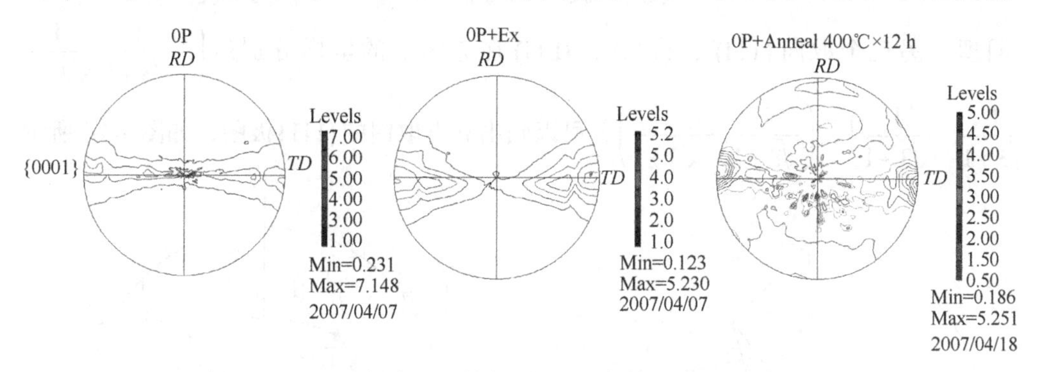


图 7-12　AZ31 镁合金试样在不同挤压条件下{0001}面的极图

由图 7-12 中 0P 和 0P + Ex 试样的{0001}面极图可以发现晶体以{0001}面平行于挤压方向，0P 样品的{0001}极图最强点基本在圆的中心位置，最大极密度为 6。极图基本以中心点和横向对称，不以挤压方向对称；0P + Ex 试样的{0001}面极图最强点分布在横向(*TD*)的两端，极密度为 5.176。极图基本以中心点对称，而不以横向和挤压方向对称。比较 0P 和 0P + Ex 试样{0001}面的极图还可以发现，对于这两组同为挤压态的试样，极图上等高线的分布规律基本保持不变，只发生了少量偏移，有些封闭等高线缩小，这说明其织构基本保持不变。

极图也可通过已知的织构指数画出。例如，立方取向板织构(001)[010]，即轧面为(001)、轧向为[010]，试画出{111}极图。

立方晶系{111}晶面族有 8 个，考虑到球面投影的对称性，仅需考虑 4 个晶面即(111)、$(\bar{1}11)$、$(\bar{1}\bar{1}1)$、$(1\bar{1}1)$。已知试样上宏观坐标轴：轧面法向 *ND* = [001]，轧向 *RD* = [010]，则横向 *TD* = [100]。{111}极图即为(111)、$(\bar{1}11)$、$(\bar{1}\bar{1}1)$、$(1\bar{1}1)$四个晶面的法线与其投影球面形成的 4 个交点(极点)分别在轧面 *RD-TD* 上的极射赤面投影，故只需分别求出各极点在投影面上的坐标即可。

设(111)的法向[111]与三轴[100]、[010]、[001]的夹角分别为$\alpha$、$\beta$、$\gamma$，如图 7-13 所示。球面上的极点为 *P*，球径为整数 1，轧面(*X-O-Y* 或 *RD* 和 *TD* 构成的面)为投影面，连接极点 *P* 与投影点 *S*，*PS* 交投影面于 *P'*，*PS* 与 *SZ* 轴的夹角为$\delta$，显然$\delta=\frac{1}{2}\gamma$，连接 *OP'*，坐标为$(x, y)$，*OP'*与 *OX* 的夹角为$\varphi$，由于$OP' \perp SZ$，$\varphi$即为面 *XOZ* 与面 *PZS* 的夹角。

由晶向夹角公式得法向[111]与三轴的夹角分别为

$$\cos\alpha=\frac{1\times1+1\times0+1\times0}{\sqrt{1^2+1^2+1^2}\times\sqrt{1^2+0+0}}=\frac{1}{\sqrt{3}}$$

$$\cos\beta=\frac{1\times1+1\times0+1\times0}{\sqrt{1^2+1^2+1^2}\times\sqrt{0+1^2+0}}=\frac{1}{\sqrt{3}}$$

$$\cos\gamma = \frac{1\times1+1\times0+1\times0}{\sqrt{1^2+1^2+1^2}\times\sqrt{0+0+1^2}} = \frac{1}{\sqrt{3}}$$

面 $PZS$ 的法向矢量为 $\overrightarrow{OP}\times\overrightarrow{OZ}$，其法向为$[\bar{1}10]$，面 $XOZ$ 的法向为[010]，故面 $XOZ$ 与面 $PZS$ 的夹角为 $\cos\varphi = \frac{\bar{1}\times0+1\times1+0}{\sqrt{2}\times\sqrt{1}} = \frac{1}{\sqrt{2}}$，由几何图得 $OP' = SO\tan\delta = \tan\frac{1}{2}\gamma = \frac{\sqrt{3}-1}{\sqrt{2}}$，即

$$x = OP'\sin\varphi = \frac{\sqrt{3}-1}{\sqrt{2}}\times\frac{1}{\sqrt{2}} = \frac{1}{1+\sqrt{3}},\quad y = OP'\cos\varphi = \frac{1}{1+\sqrt{3}}$$

同理，另三个取向$(\bar{1}11)$、$(\bar{1}\bar{1}1)$、$(1\bar{1}1)$在赤面上的坐标分别是$\left(-\frac{1}{\sqrt{3}+1},\frac{1}{\sqrt{3}+1}\right)$、$\left(-\frac{1}{\sqrt{3}+1},-\frac{1}{\sqrt{3}+1}\right)$、$\left(\frac{1}{\sqrt{3}+1},-\frac{1}{\sqrt{3}+1}\right)$，可以画出立方取向的{111}极图，如图 7-14 所示。

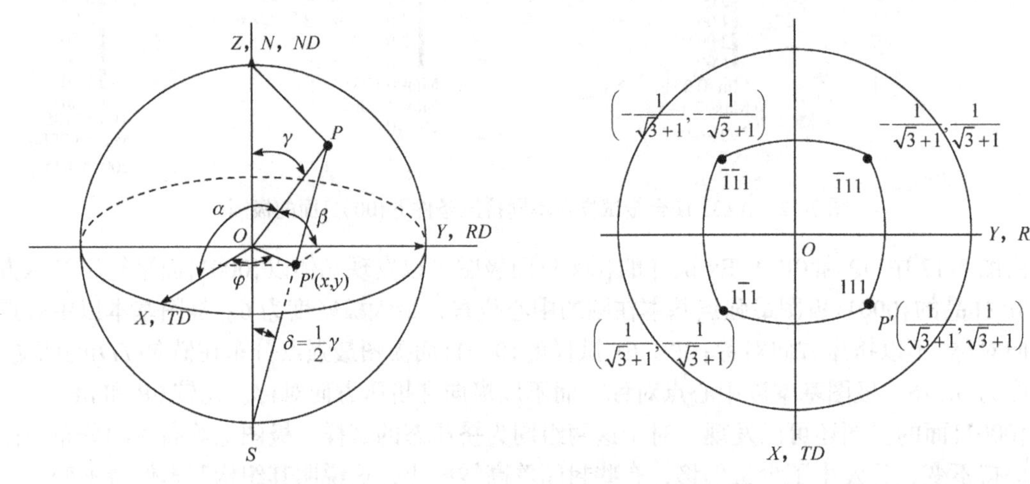


图 7-13　极点 $P$ 的投影几何示意图　　图 7-14　板织构为(001)[010]时立方取向的{111}极图

将所测极图的投影面(轧面)与立方晶系(001)的标准极投影面重合，并使标准极图的[010]方向与轧向 $RD$ 重合，所测得的{111}极点分布与(001)标准投影图中的{111}极点重合，由此可确定板织构为(001)[010]。

同理可得板织构为(001)[010]时{001}、{110}的极图，如图 7-15 所示。

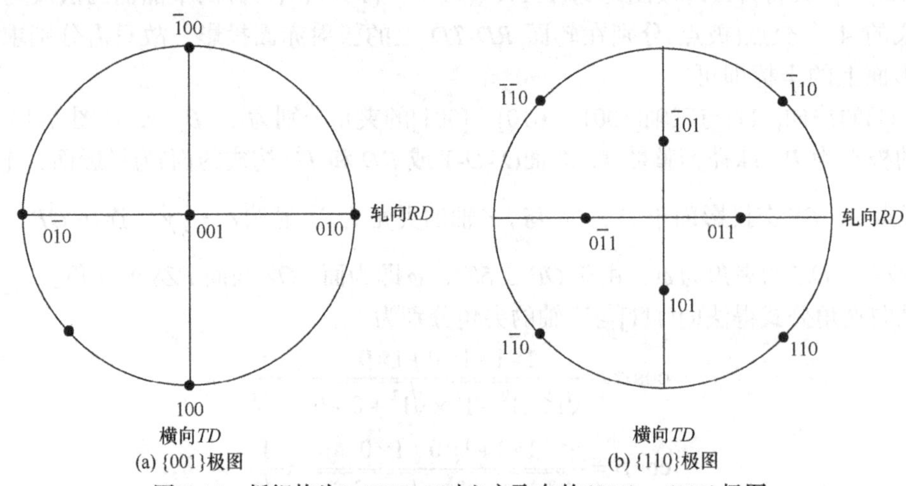


图 7-15　板织构为(001)[010]时立方取向的{001}、{110}极图

### 7.3.2 反极图测定与板织构分析

极图是晶体学方向(微观晶轴)相对于织构试样的宏观特征方向(横向 *TD*、轧向 *RD*、轧平面法向 *ND*)构成的宏观坐标轴的取向分布。反之为反极图，即织构试样的宏观坐标轴(*TD*、*RD*、*ND*)相对于微观晶轴的取向分布，反映了宏观特征方向(横向 *TD*、轧向 *RD*、轧平面法向 *ND*)在晶体学空间中的分布。三个宏观特征方向分别产生三张反极图，在每张反极图上，分别表明相应的特征方向的极点分布。例如，轧向反极图表示了各晶粒平行于轧向的晶向的极点分布；轧面法向反极图表示了各晶粒平行于轧面法线的晶向的极点分布；横向反极图表示了各晶粒平行于横向的晶向的极点分布。反极图投影面上的坐标是单晶体的标准投影极图。由于晶体的对称性特点，取其单位投影三角形即可。从立方晶系单晶体(001)标准极图可知，(001)、(011)和(111)晶面及其等同晶面的投影，将上半投影球面分成 24 个全等的球面三角形，每个三角形的顶点都是这三个主晶面(轴)的投影。从晶体学角度看，这些三角形是等同的，任何方向都可以表示在任一三角形内，一般采用(001)-(011)-(111)组成的单位标准投影三角形。

反极图能形象地表达丝织构或板织构，而且便于进行取向程度的定量比较，反极图的测量比正极图简单。取样规定：对于丝织构试样，可以取轴向的横截面作为测量平面，如果试样呈细丝状，则可以把丝状试样密排成束，再垂直地截取以获得平整的横截面。对于板织构样品，可以由轧向 *RD*、轧平面法向 *ND*、横向 *TD* 三个正交方向上分别截取出平整的横断面(平面)进行分析与测试，测量面即为所测宏观坐标轴对应的法平面。光源要求：波长短，一般选 Mo 或 Ag 作靶材，以获得尽可能多数目的衍射线。扫描方式：以常规的$\theta/2\theta$进行，扫描速度较慢以获得准确的积分强度，测量时不用织构附件。实验中样品与标样(无织构)要在相同的实验条件下进行，记录下每个所测晶面$\{hkl\}$衍射线的积分强度，扫描过程中试样应以表面为轴旋转，转速为 0.5～2 r/s，以使更多的晶粒参与衍射，达到统计平均的效果，也可进行多次测量以求得平均值，然后代入公式：

$$f_{hkl}=\frac{I_{hkl}}{I_{hkl}^{标}\cdot P_{hkl}}\cdot\frac{\sum_{i=1}^{n}P_{hkl}^{i}}{\sum_{i=1}^{n}\frac{I_{hkl}^{i}}{I_{hkl}^{标i}}} \tag{7-11}$$

式中，各$(hkl)$晶面相应的$P_{hkl}$(多重因子)可查表；$I_{hkl}^{i}$和$I_{hkl}^{标i}$由实验测得；$n$ 为衍射线条数；$i$ 为衍射线条序号。计算得到极点密度$f_{hkl}$(即织构系数)。$f_{hkl}>1$表示$\{hkl\}$晶面在该平面法向偏聚。$f_{hkl}$值越大，表示$\{hkl\}$晶面法向在板材法线方向上的分布概率越高，板材织构的程度越明显。将计算所得的$f_{hkl}$标注在标准投影三角形中，立方晶系常选用(001)标准投影极图上的[001]-[011]-[111]这个三角区域，把求得的$f_{hkl}$值直接标注在相应的极点位置，即由衍射花样中各峰位对应的衍射晶面，峰高对应的强度，分别标注与三角区内对应的斑点上，再把同级别的$f_{hkl}$点连接起来构成等高线，就得到反极图。当存在多级衍射时，如 111、222 等，只取其一进行计算，重叠峰也不能计入其中，如体心立方中(411)与(330)线等。

注意：

(1) 001 与 100 标准投影图的差异在于指数符号的不同，由于对称性，斑点位置一样，采用三角形 001-011-111，也可采用[001]-[011]-$[\bar{1}11]$三角形。斑点以 001-011 为对称轴对称，指数同样对称。

(2) 对于单一的纤维织构(或丝织构)，只要用一张反极图就可以表示出该织构的类型。图 7-16 为挤压铝棒的反极图，由图中极点密度高的部位可知该挤压铝棒存在丝织构，且为<001>和<111>双织构；而对于板材织构，则至少需要两张反极图才能较全面反映板织构的形态和织构指数。有些板织构类型仍难以用反极图做出判断，有时可能误判、漏判。图 7-17 为低碳钢 70%轧制后的反极图，图 7-17(a)为 *ND* 轴的极点密度分布，最大极点密度分布在(111)-(112)-(100)大圆上，轧面法向有<111>、<112>、<100>，即平行于轧面的晶面有{111}、{112}和{100}。图 7-17(b)为 *RD* 轴的极点密度分布，最大极点密度分布在(110)到(112)的大圆上，主要轧向为<110>和<112>。结合图 7-17(a)依据轧面法向 *ND* 与轧制方向 *RD*、横向 *TD* 均垂直，满足 $hu + kv + lw = 0$，分析得主要织构为 $(111)[1\bar{1}0]$、$(111)[11\bar{2}]$、$(112)[1\bar{1}0]$ 和 $(100)[011]$。

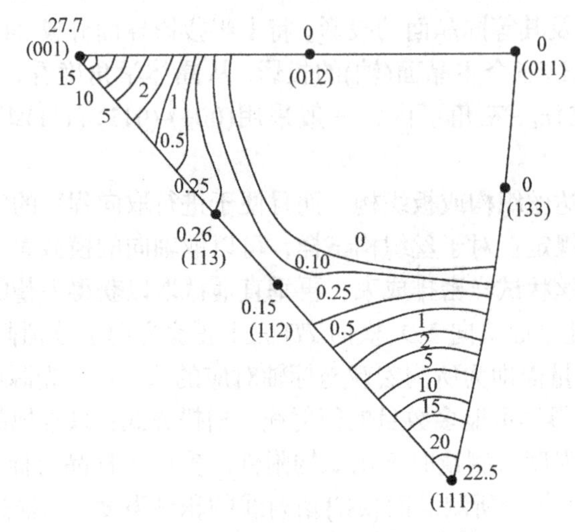


图 7-16　挤压铝棒的反极图(丝织构)

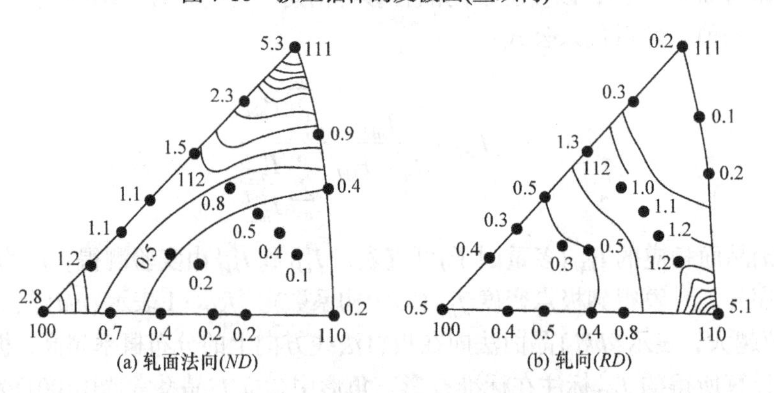


(a) 轧面法向(*ND*)　　(b) 轧向(*RD*)

图 7-17　低碳钢 70%轧制后的反极图(板织构)

(3) 这里使用的极图是指多晶体极图，与单晶体的标准投影极图不同。单晶体的标准投影极图，是假设单晶体居于球心中央，标记出晶体若干个最重要的晶面极点于参考球面上，再将相应的极点投影到赤平面上获得的极图。而多晶体极图是将多晶体居于参考球心中央，仅标记多晶体中某一个设定的{*hkl*}晶面在球面上的极点，然后再采用极射赤面投影的方法所获得的极图。该极图只表示该{*hkl*}晶面的极点在赤平面上分布的统计性规律或特点，而与晶体的其他晶面或晶向无关，也不能确定某个晶粒的具体位向。反极图也可通过已知的板织构指数画出。例如，用反极图表示铜的板织构 $(112)[\bar{1}\bar{1}1]$。

由板织构指数可知面心立方结构铜的轧面是(112)，其轧面法向为[112]，微观晶体学坐标[001]-[011]-[111]如图7-18所示。

为确定[112]在坐标系中的位置，首先确定[001]与[011]和[111]之间及[011]与[111]的夹角，再与它们之间的长度相除即为单位长度对应的角度。三坐标间的夹角分别为

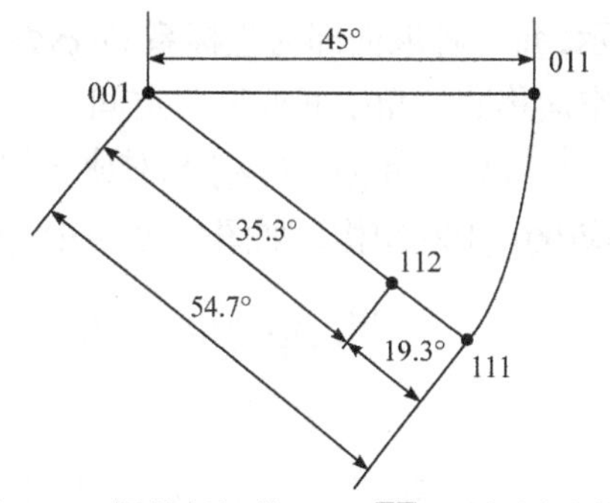


图7-18 铜的板织构(112)[$\bar{1}\bar{1}$1]反极图示意图

[001]与[011]： $\cos\varphi_1=\dfrac{1}{\sqrt{2}},\varphi_1=45°$

[001]与[111]： $\cos\varphi_2=\dfrac{1}{\sqrt{3}},\varphi_2=54.7°$

[011]与[111]： $\cos\varphi_3=\dfrac{2}{\sqrt{6}},\varphi_3=35.3°$

然后确定[112]与[001]、[011]和[111]之间的夹角，分别为

[112]与[001]： $\cos\alpha_1=\dfrac{2}{\sqrt{6}},\alpha_1=35.3°$

[112]与[011]： $\cos\alpha_2=\dfrac{\sqrt{3}}{2},\alpha_2=30°$

[112]与[111]： $\cos\alpha_3=\dfrac{2\sqrt{2}}{3},\alpha_3=19.3°$

可以证明[112]与[001]、[111]属于同一晶带大圆，同时[112]与[001]和[111]的夹角之和为[001]与[111]的夹角，即$\alpha_1+\alpha_3=\varphi_2$，因此[112]极点在[001]与[111]的连线上，位置由单位长度角度确定。

### 7.3.3 三维取向分布函数测定

极图或反极图方法均是将三维空间的晶体取向分布，通过极射赤面投影法在二维平面上投影来处理三维问题的，这会造成三维信息的部分丢失。三维取向分布函数法与反极图的构造思路相似，即将待测样品晶粒中那些平行于轧面法向、轧向和横向各晶面的极点在晶体学三维空间中的分布情况用一函数表达出来。该法能够完整、精确和定量地描述织构的三维特征，但计算量大，算法繁杂，必须借助计算机完成。需要指出的是：①在利用X射线进行物相定量分析、应力测量等实验中，织构往往起干扰作用，使衍射线的强度与标准卡片之间存在较大误差，因此实验中必须清楚织构存在与否；②晶粒的外形与织构的存在无关，仅靠金相法或几张透射电镜照片是不能判断多晶体材料中织构是否存在的；③丝织构只是板织构的特例。

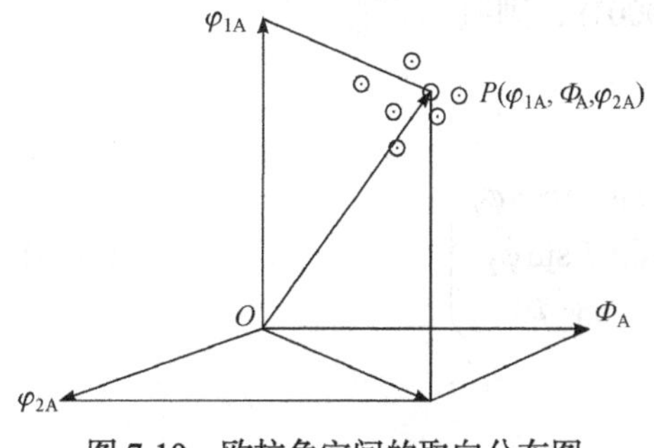


图7-19 欧拉角空间的取向分布图

多晶体中的晶粒相对于宏观坐标的取向用一组欧拉角$(\varphi_1,\Phi,\varphi_2)$表示。欧拉角的定义见6.2节，不过此时的宏观坐标系为样品的轧面法向 *ND*-轧向 *RD*-横向 *TD*。建立直角坐标系 $O\text{-}\varphi_1\Phi\varphi_2$，如图7-19

所示，每一种取向即为坐标系 $O\text{-}\varphi_1\Phi\varphi_2$ 中的一个点，所有晶粒的取向均可标注于该坐标系中，该空间称欧拉角空间或取向空间。

每组欧拉角 $(\varphi_1,\Phi,\varphi_2)$ 只对应一种取向，表达一种(*hkl*)[*uvw*]织构。例如，(0°，0°，0°)取向对应(001)[100]织构，如图 7-20 所示；(0°，90°，45°)取向表示 $(110)[1\bar{1}0]$ 织构，如图 7-21 所示。

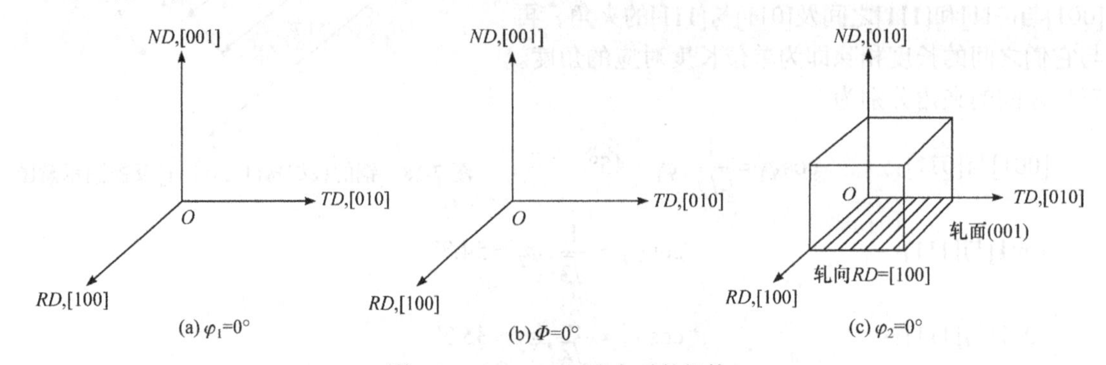


(a) $\varphi_1$=0°　(b) $\Phi$=0°　(c) $\varphi_2$=0°

图 7-20 (0°, 0°, 0°)取向时的织构

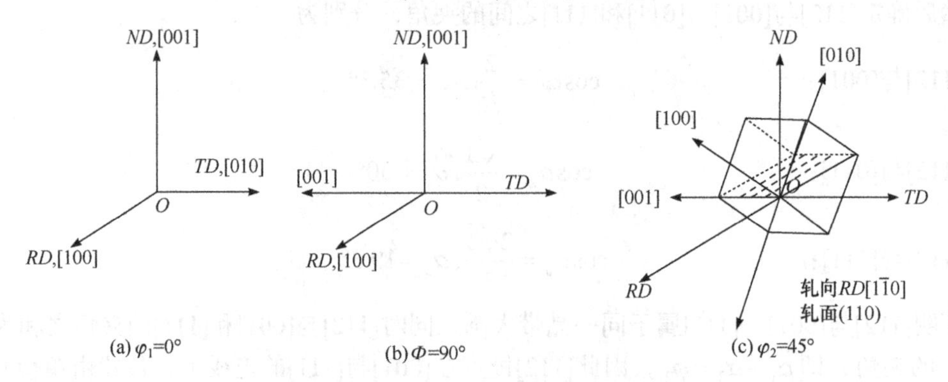


(a) $\varphi_1$=0°　(b) $\Phi$=90°　(c) $\varphi_2$=45°

图 7-21 (0°, 90°, 45°)取向时的织构

由欧拉角 $(\varphi_1,\ \Phi,\ \varphi_2)$ 可以通过空间解析几何获得斜方晶系和六方晶系的轧面指数(*HKL*)和轧向指数[*uvw*]。

斜方晶系：

$$H:K:L=a\sin\Phi\sin\varphi_2\ :\ b\sin\Phi\cos\varphi_2\ :\ c\cos\Phi \tag{7-12}$$

$$u:v:w=\frac{1}{a}(\cos\varphi_1\cos\varphi_2-\sin\varphi_1\sin\varphi_2\cos\Phi)\ :\ \frac{1}{b}(-\cos\varphi_1\sin\varphi_2-\sin\varphi_1\cos\varphi_2\cos\Phi)\ :\ \frac{1}{c}\sin\Phi\sin\varphi_1 \tag{7-13}$$

六方晶系：令 $OX\perp(10\bar{1}0)$，$OY\perp(\bar{1}2\bar{1}0)$，$OZ\perp(0001)$，则有

$$\begin{pmatrix}H\\K\\i\\L\end{pmatrix}=\begin{pmatrix}\frac{\sqrt{3}}{2} & -\frac{1}{2} & 0\\ 0 & 1 & 0\\ -\frac{\sqrt{3}}{2} & -\frac{1}{2} & 0\\ 0 & 0 & \frac{c}{a}\end{pmatrix}\begin{pmatrix}-\sin\Phi\cos\varphi_2\\ \sin\Phi\sin\varphi_2\\ \cos\Phi\end{pmatrix} \tag{7-14}$$

$$\begin{pmatrix} u \\ v \\ t \\ w \end{pmatrix} = \begin{pmatrix} \frac{1}{\sqrt{3}} & -\frac{1}{3} & 0 \\ 0 & \frac{2}{3} & 0 \\ -\frac{1}{\sqrt{3}} & -\frac{1}{3} & 0 \\ 0 & 0 & \frac{a}{c} \end{pmatrix} \begin{pmatrix} \cos\varPhi\cos\varphi_1\cos\varphi_2 - \sin\varphi_1\sin\varphi_2 \\ -\cos\varPhi\cos\varphi_1\sin\varphi_2 - \sin\varphi_1\cos\varphi_2 \\ \sin\varPhi\cos\varphi_1 \end{pmatrix} \tag{7-15}$$

已知欧拉角通过解析式可方便获得轧面指数和轧向指数，如 $\varphi_1 = 0°$，$\varPhi = 55°$，$\varphi_2 = 45°$，则织构类型为 $(111)[11\bar{2}]$。

欧拉空间中，晶粒取向用坐标点 $P(\varphi_1, \varPhi, \varphi_2)$ 表示。若将每个晶粒的取向均逐一绘制于欧拉空间中，即可获得所有晶粒的空间取向分布图，当取向点集中于空间中某点附近时，表明存在择优取向分布区。晶粒取向分布情况可用取向密度 $\omega(\varphi_1, \varPhi, \varphi_2)$ 来表征：

$$\omega(\varphi_1, \varPhi, \varphi_2) = \frac{K_\omega \dfrac{\Delta V}{V}}{\sin\varPhi\Delta\varPhi\Delta\varphi_1\Delta\varphi_2} \tag{7-16}$$

式中，$\sin\varPhi\Delta\varPhi\Delta\varphi_1\Delta\varphi_2$ 为取向元；$\Delta V$ 为取向落在该取向元中的晶粒体积；$V$ 为试样体积；$K_\omega$ 为比例系数，取值为 1。

通常以无织构时的取向密度为 1 作为取向密度的单位，此时的取向密度称为相对取向密度。$\omega(\varphi_1, \varPhi, \varphi_2)$ 随空间取向而变化，能确切、定量地表达试样中晶粒取向的分布情况，故称为取向分布函数，简称 ODF。

取向分布是三维空间的立体图，通常采用若干个恒定 $\varphi_1$ 或 $\varphi_2$ 的截面来替代立体图。

## 本章小结

- 织构
  - 概念
    - 择优：多晶体中部分晶粒取向规则分布的现象
    - 织构：多晶体中众多已经处于“择优取向”位置的晶粒协调一致的排列状态
    - 关系：织构是择优取向的结果
  - 后果：各向异性
    - 利：硅钢片
    - 弊：板料冲压
  - 织构分类
    - 丝织构：多晶体中晶粒因择优取向而使其晶向 $<uvw>$ 趋于平行的一种位向状态
    - 面织构：一些多晶材料在锻压或压缩时，多数晶粒的某一晶面法线方向平行于压缩力轴向所形成的织构
    - 板织构：多晶体中晶粒的某一晶面 $\{hkl\}$ 平行于多晶体材料某一特定的外观平面，而且某一晶向 $<uvw>$ 必须平行于某一特定的方向
  - 织构的表征
    - 指数法
    - 极图法
    - 反极图法
    - 三维取向分布函数法

## 思　考　题

7-1　单晶体与多晶体的衍射花样有什么区别？

7-2　简述劳厄法与 X 射线衍射仪法的关系。

7-3　简述织构的种类，其各自的特点是什么？

7-4　织构的表征方法有哪些？

7-5　什么是极图？与标准投影图有什么区别？

7-6　什么是微观坐标和宏观坐标？如何表征？两者间的转换矩阵是什么？

7-7　板织构为什么需要分别采用反射法和透射法进行？各自测量了极图中的哪个部分？

7-8　反射法和透射法各有什么特点？

7-9　极图有哪几种？

7-10　正极图与反极图有什么不同？其各自的特点是什么？

7-11　反极图如何获得？

7-12　铝丝具有<111><100>双织构，绘出投影面平行于丝轴的{111}及{100}极图及轴向反极图的示意图。

7-13　用 Co $K_\alpha$ X 射线照射具有[110]丝织构的纯铁丝，平面底片记录其衍射花样，试问在{110}衍射环上出现几个高强度斑点？它们在衍射环上出现的角度位置分别是多少？

# 第 8 章　X 射线小角散射与掠入射衍射分析

X 射线小角散射(X-ray small angle scattering，XSAS，也称小角 X 射线散射，即 small angle X-ray scattering，SAXS)是指当 X 射线透过试样时，在靠近原光束 2°～5°的小角度范围内发生的相干散射现象。产生该现象的根本原因在于物质内部存在尺度为 1～100 nm 的电子密度起伏，因而完全均匀的物质的散射强度为零。当出现第二相或不均匀区时将会发生散射，且由于电磁波的所有散射均遵循反比定律，即相对波长来说，散射体的有效尺寸越大，散射角越小。因此，当 X 射线穿过与本身的波长相比具有很大尺寸的散射体如高聚物、生物大分子，其散射角局限于小角度处。X 射线小角散射强度受散射体粒子尺寸、形状、分散情况、取向及其电子密度分布等的影响。

X 射线小角散射被看作由具有某种电子密度的散射体(如纳米尺度的空间中粒子和连续介质中的孔隙)所引起，这种散射体被浸在另一种密度的介质中。散射图样反映了散射体的空间关系，是时间范围内的平均结果。散射强度与散射体的形状、大小和其空间分布有关，并与散射体和介质的电子密度之差成正比。因此，X 射线小角散射主要用于微粒和多孔材料的分析。

薄膜材料是常见的功能材料，在半导体器件中广泛应用，由于薄膜太薄，X 射线易穿透薄膜进入背底材料，从而同时形成两套衍射花样，为分析带来困难，为此采用掠入射方式即掠入射衍射(grazing incidence diffraction，GID)，使 X 射线基本在薄膜中散射，不进入背底，充分反映薄膜的信息。

虽然 X 射线小角散射与掠入射时的 X 射线与试样表面的夹角均很小，但研究的对象与侧重点不同，前者主要研究的是细小粒子散射体或小孔散射体的尺寸、形状、分散情况、取向及其电子密度分布规律等，而后者则主要研究薄膜的结构、厚度、内应力、织构等，两者的原理相差很大，应用也不同，本章主要介绍两者的基本原理及其应用。

## 8.1　X 射线小角散射

X 射线小角散射是靠近原光束附近很小角度范围内电子对 X 射线的漫散射现象，也就是在倒易点阵原点附近处电子对 X 射线相干散射现象。Guinier、Porod、Kratky、Hosemann、Debye 等相继建立和发展了小角散射理论，并确立了其在高分子结构研究中的理论基础。理论证明小角散射花样、散射强度分布与散射体原子组成以及是否结晶无关，仅与散射体的形状、大小分布及其周围介质电子云密度有关。可见小角散射的实质是由体系内的电子云密度差异引起的。

### 8.1.1　X 射线小角散射的基本原理

散射体对 X 射线的散射主要是散射体系内的电子云密度差异引起的，本质是电子对 X 射线的散射。

1. 单个电子对X射线的小角散射强度

第3章已导出单个电子对非偏振X射线散射的强度公式(3-39)，即$I_e = I_0 \dfrac{e^4}{(4\pi\varepsilon_0)^2 m^2 c^4 R^2} \cdot \dfrac{1+\cos^2 2\theta}{2}$，由于是小角散射，$\theta$值(2°～5°)很小，因此$\cos 2\theta \approx 1$，偏振因子$\dfrac{1+\cos^2 2\theta}{2} \approx 1$，小角散射时一个电子的散射强度与电子的质量平方成反比，与散射角无关。

2. 两个靠得很近的电子对X射线的小角散射强度

当受到两个电子$O$、$A$散射时(图8-1)，相干散射线的光程差为

$$\delta = \vec{r} \cdot \vec{s} - \vec{r} \cdot \vec{s}_0 = \vec{r}(\vec{s} - \vec{s}_0) \tag{8-1}$$

相位差为

$$\varphi = \frac{2\pi}{\lambda} \times \delta = \frac{2\pi}{\lambda} \vec{r} \cdot (\vec{s} - \vec{s}_0) \tag{8-2}$$

令矢量$\vec{h} = \dfrac{2\pi}{\lambda}(\vec{s} - \vec{s}_0)$，则

$$h = |\vec{h}| = \frac{2\pi}{\lambda}|\vec{s} - \vec{s}_0| = \frac{4\pi}{\lambda}\sin\theta \tag{8-3}$$

相位差为

$$\varphi = \vec{h} \cdot \vec{r} \tag{8-4}$$

合成振幅为

$$A(h) = A_e(h)\left[ f_1 e^{-i\vec{h}\cdot\vec{r}_1} + f_2 e^{-i\vec{h}\cdot\vec{r}_2} \right] \tag{8-5}$$

式中，$f$为电子散射因子；$A_e(h)$为位于$\vec{h}$(散射矢量)处单个电子的散射振幅，$\vec{h}$的大小为$h = |\vec{h}| = \dfrac{4\pi\sin\theta}{\lambda}$。

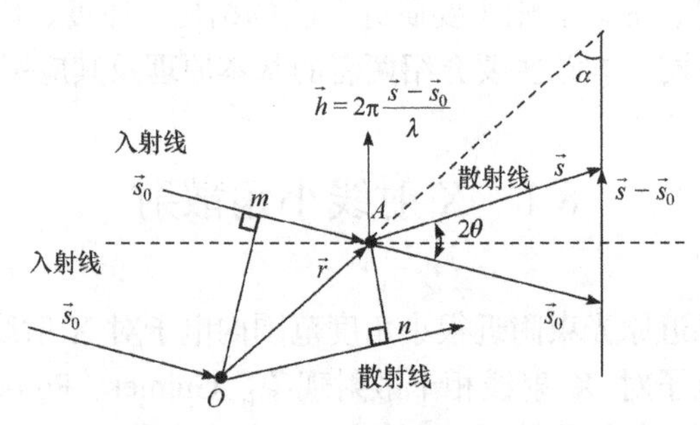


图8-1　两个电子$O$、$A$处散射波的光程差和相位差

3. $n$个电子共同作用时，X射线的小角散射强度

当$n$个电子同时散射时，电子散射的合成振幅$A$可由下式表征：

$$A(h) = \sum_k^n A_e(h) f_k e^{-i(\vec{h}\cdot\vec{r}_k)} \tag{8-6}$$

式中，$f_k$为第$k$个电子的散射因子。当体系中包含多个散射点时，它们相互间的光程差各不相同，因此相位差也不相同，由此导致散射波之间发生作用，出现干涉现象，散射波的结构振幅依赖于体系中的各散射点之间的相对位置，因此可通过测定散射强度来研究散射体的结构。

### 8.1.2 X 射线小角散射的体系

多电子散射系统实际上仍然是单个粒子系统的散射。如果粒子的尺度远大于 X 射线的波长，则粒子内各散射点产生散射波的相位差不同，散射波的干涉作用使散射强度增强或减弱，这是粒子内部的散射干涉。而对于多个粒子的散射系统，如果粒子间的距离远大于粒子本身的尺度，其总的散射强度为单个粒子散射强度的简单加和，并对任何数量的粒子体系都适合。

图 8-2 为产生小角散射典型的胶体粒子体系。这是小角散射理论的基础模型，分为稀薄体系和稠密体系两类。稀薄体系中的粒子间距不规则，且远大于粒子本身的尺寸，此时可忽略粒子间的干涉效应，散射强度可看成是单个粒子散射的简单加和。稠密体系是根据纤维等聚合物存在强烈的小角漫散射提出的，在该体系中，粒子间距与粒子本身尺度相当，粒子间的干涉不能忽略。图 8-2(a)为粒子形状相同、大小均一的稀薄体系。该体系中，每个粒子均具有均匀的电子密度且各粒子的电子密度均相同。同时，粒子本身尺寸与粒子间距离相比要小得多，故可忽略粒子间的相互作用，整个体系的散射强度为每个粒子的散射强度的简单加和。图 8-2(b)为粒子形状相同、大小均一、各粒子均具有相同的电子密度且取向随机的稠密体系。粒子本身与粒子间距在同一个量级，故不能忽略粒子间的相互作用。整个体系的散射强度为各粒子本身的散射与粒子间散射的干涉作用的加和。图 8-2(c)为粒子形状相同、大小不一的稀薄体系。在该体系中，各粒子取向随机且具有相同的电子密度，粒子尺寸与粒子间距相比要小得多，粒子间的干涉作用可忽略。图 8-2(d)为粒子形状相同、大小不一的稠密体系，与图 8-2(c)相比，粒子间的干涉作用不可忽略。图 8-2(a′)～(d′)分别为图 8.2(a)～(d)的互补体系，即粒子处反转为孔洞。互补体系的 X 射线小角散射图谱相同。本书除了介绍图 8-2(a)～(d)四种常见的粒子体系外，还简单介绍另两种粒子体系：取向粒子体系和任意粒子体系。

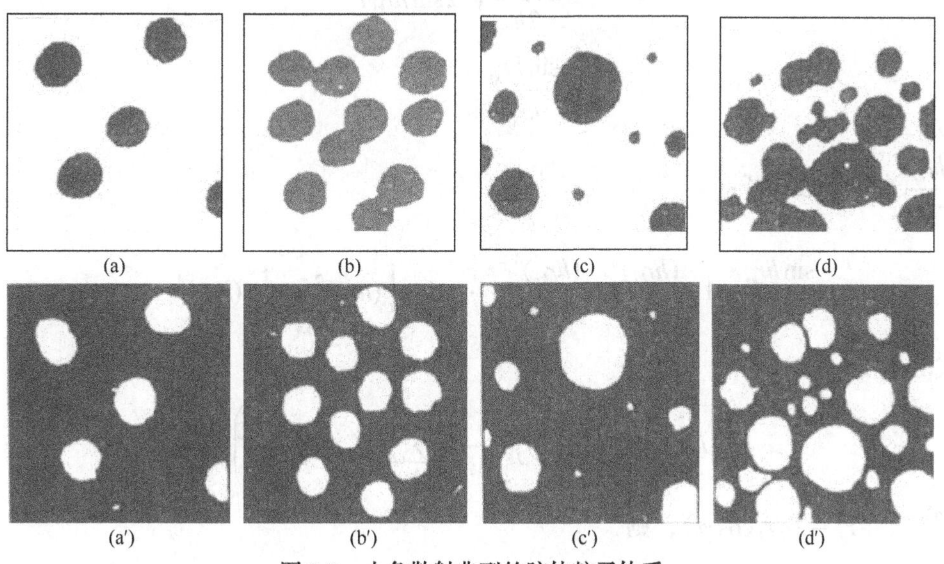


图 8-2 小角散射典型的胶体粒子体系

### 8.1.3 X 射线小角散射的强度

1. 粒子形状相同、大小均一的稀薄体系

该体系即为图 8-2(a)所示的体系。设体系的散射粒子数(散射单元数)为 $N$，一个粒子中的电子数为 $n$，第 $k$ 个原子的原子序数为 $Z_k$，散射角很小时有 $f_k \approx Z_k$。设该粒子的平均电子密

度为$\rho_0$，体积为 $V$，则有

$$n=\sum_k Z_k=\sum_k f_k=\rho_0 V \tag{8-7}$$

电子总散射强度$I(h)$，因散射强度与散射波振幅的平方成正比，体系的结构振幅的平方为

$$|A|^2=\sum_k f_j \mathrm{e}^{\mathrm{i}(\vec{h}\cdot\vec{r}_j)}\cdot\sum_j f_k \mathrm{e}^{-\mathrm{i}(\vec{h}\cdot\vec{r}_k)}=\sum_k\sum_j f_j f_k \mathrm{e}^{\mathrm{i}\vec{h}\cdot(\vec{r}_j-\vec{r}_k)} \tag{8-8}$$

式中，$f_k$、$f_j$分别为 $K$、$J$ 点散射元的散射因子。因此单一粒子的散射强度可表示为

$$I(h)=I_\mathrm{e}|A|^2=I_\mathrm{e}\left[\sum_k\sum_j f_j f_k \mathrm{e}^{\mathrm{i}\vec{h}\cdot(\vec{r}_j-\vec{r}_k)}\right]=I_\mathrm{e}\left[\sum_k\sum_j f_j f_k \exp[\mathrm{i}\vec{h}\cdot(\vec{r}_j-\vec{r}_k)]\right] \tag{8-9}$$

假定各散射元在空间中任意分布，两散射元间的相对位矢在球面上的任一点均具有相同的概率，则式(8-9)指数项对$\vec{r}_{kj}$的各种取向求平均：

$$\begin{aligned}\left\langle\exp(-\mathrm{i}\vec{h}\cdot\vec{r}_{kj})\right\rangle&=\frac{\int_0^\pi \exp(-\mathrm{i}\vec{h}\cdot\vec{r}_{kj})\cdot 2\pi\sin\varphi\mathrm{d}\varphi}{\int_0^\pi 2\pi\sin\varphi\mathrm{d}\varphi}\\&=\frac{1}{2}\int_0^\infty \exp(-\mathrm{i}\vec{h}\cdot\vec{r}_{kj})\cdot\sin\varphi\mathrm{d}\varphi\\&=-\frac{1}{2\mathrm{i}hr_{kj}}\left[\exp(-\mathrm{i}hr_{kj})-\exp(\mathrm{i}hr_{kj})\right]\\&=-\frac{1}{2hr_{kj}}(-2\sin hr_{kj})\\&=\frac{\sin hr_{kj}}{hr_{kj}}\end{aligned} \tag{8-10}$$

对$\dfrac{\sin hr_{kj}}{hr_{kj}}$进行级数展开：

$$\frac{\sin hr_{kj}}{hr_{kj}}=1-\frac{(hr_{kj})^2}{3!}+\frac{(hr_{kj})^4}{5!}-\cdots=1-\frac{1}{6}(hr_{kj})^2+\frac{1}{120}(hr_{kj})^4-\cdots \tag{8-11}$$

代入式(8-9)得

$$I(h)=I_\mathrm{e}\left(\sum_k\sum_j f_j f_k-\frac{h^2}{6}\sum_k\sum_j f_j f_k r_{kj}^2+\cdots\right) \tag{8-12}$$

由于$r_{kj}^2=r_k^2+r_j^2-2r_k r_j\cos\varphi_{kj}$，则

$$\sum_k\sum_j f_j f_k r_{kj}^2=\sum_k\sum_j f_j f_k(r_k^2+r_j^2)-2\sum_k\sum_j f_j f_k\cos\varphi_{kj} \tag{8-13}$$

上式第一项：

$$\sum_k\sum_j f_k f_j(r_k^2+r_j^2)=\sum_k f_k r_k^2(\sum_j f_j)+(\sum_k f_k)\sum_j f_j r_j^2=2(\sum_j f_j)(\sum_k f_k r_k^2) \tag{8-14}$$

由于是以粒子的重心为原点，即$\sum_k f_k r_k = 0$，故上式第二项：

$$2\sum_k \sum_j f_j f_k \cos\varphi_{kj} = 2\sum_k f_k r_k \left(\sum_j f_j r_j \cos\varphi_{kj}\right) = 0 \tag{8-15}$$

当散射角很小时，$f_k$为该散射元的电子数 $n$。

当 $h=0$ 时，

$$I(h=0) = I_e \sum_k \sum_j f_j f_k = I_e n^2 \tag{8-16}$$

$$\frac{I(h)}{I(h=0)} = 1 - \frac{h^2}{6} \cdot \frac{\sum_k \sum_j f_j f_k r_{kj}^2}{\sum_k \sum_j f_j f_k} + \cdots = 1 - \frac{h^2}{6} \cdot \frac{2\sum_j f_j \sum_k f_k r_k^2}{\sum_k f_k \sum_j f_j} + \cdots = 1 - \frac{h^2}{3} \cdot \frac{\sum_k f_k r_k^2}{\sum_k f_k} + \cdots \tag{8-17}$$

设散射粒子的旋转半径为 $R_g$，其为散射粒子中各个电子与其质量重心的均方根距离，可表示为

$$R_g = \frac{\sum_k f_k r_k^2}{\sum_k f_k} \tag{8-18}$$

代入式(8-17)得

$$\frac{I(h)}{I(h=0)} = 1 - \frac{h^2}{3} R_g^2 + \cdots \approx \exp\left(-\frac{h^2}{3} R_g^2\right) \tag{8-19}$$

即

$$I(h) = I_e n^2 \exp\left(-\frac{h^2}{3} R_g^2\right) \tag{8-20}$$

式中，$n$ 为单个粒子中的电子总数。设体系中有 $N$ 个不相干涉的粒子，则其散射强度为

$$I(h) = I_e n^2 N \exp\left(-\frac{h^2}{3} R_g^2\right) \tag{8-21}$$

式(8-21)即为著名的 Guinier 公式，显然 $I(h)$-$h$ 曲线以纵轴对称分布。

令 $\Phi^2(hR_g) = \exp\left(-\frac{h^2}{3} R_g^2\right)$，则

$$I(h) = I_e n^2 N \Phi^2(hR_g) \tag{8-22}$$

式中，$\Phi^2(hR_g)$ 为粒子的散射函数，由于其与粒子的形状、大小及散射方向有关，故 $\Phi^2(hR_g)$ 又称为形象函数，不同形状的粒子，其函数形式不同。常见的散射函数见表 8-2。

由于散射角很小，即 $\sin\theta \approx \theta$，因此式(8-5)可化简为

$$h = \left|\vec{h}\right| = \frac{4\pi\sin\theta}{\lambda} = \frac{4\pi\theta}{\lambda} \tag{8-23}$$

令散射角$\varepsilon = 2\theta$，式(8-21)可变为

$$I(h) = I_e n^2 N \exp\left(-\frac{4\pi^2 \varepsilon^2 R_g^2}{3\lambda^2}\right) \tag{8-24}$$

对式(8-21)两边取对数得

$$\ln I(h) = \ln(I_e n^2 N) - \frac{h^2}{3} R_g^2 \tag{8-25}$$

$\ln I(h)$-$h^2$ 曲线为直线，其斜率为

$$\alpha = -\frac{1}{3} R_g^2 \tag{8-26}$$

由斜率可得散射粒子的旋转半径为

$$R_g = \sqrt{-3\alpha} \tag{8-27}$$

散射粒子的旋转半径是所有原子与其重心均方根距离，其定义同于力学中的惯性半径。对简单的几何物体 $R_g$ 很容易计算出来，见表 8-1。$R_g$ 是重要参数，常被用作衡量物质不同结构变化的指针，而且可以直接给出粒子空间大小的信息。对于溶液中的大分子，由旋转半径的测定还可研究缔合效应、温度效应及许多其他效应而导致的结构变化。

**表 8-1　简单几何体的旋转半径($R_g$)**

| 物体形状 | 旋转半径 $R_g$ |
|---|---|
| 长为 $2h$ 的纤维 | $R_g = h/\sqrt{3}$ |
| 边长为 $2a$、$2b$、$2c$ 的长方体 | $R_g = \left[(a^2+b^2+c^2)/3\right]^{1/2}$ |
| 边长为 $2a$ 的立方体 | $R_g = a$ |
| 半径为 $r$ 的薄圆盘 | $R_g = r/\sqrt{2}$ |
| 高为 $2h$、半径为 $r$ 的圆柱 | $R_g = \left(\frac{r^2}{2}+\frac{h^2}{2}\right)^{1/2}$ |
| 半径为 $r$ 的球形体 | $R_g = \sqrt{\frac{3}{5}}r$ |
| 半轴为 $a$ 和 $b$ 的椭圆 | $R_g = \frac{1}{2}(a^2+b^2)^{1/2}$ |
| 半轴为 $a$、$a$、$\omega a$ 的回转椭球 | $R_g = a[(2+\omega^2)/5]^{1/2}$ |
| 半径为 $r_1$ 和 $r_2$ 的空心球 | $R_g = \left[\frac{3}{5}(r_1^5-r_2^5)/(r_1^3-r_2^3)\right]^{1/2}$ |
| 半轴为 $a$、$b$、$c$ 的椭球体 | $R_g = [(a^2+b^2+c^2)/5]^{1/2}$ |
| 边长为 $A$、$B$、$C$ 的棱柱 | $R_g = [(A^2+B^2+C^2)/12]^{1/2}$ |
| 高为 $h$ 及横截面半轴为 $a$ 和 $b$ 的椭圆柱 | $R_g = [(a^2+b^2+h^2/3)/4]^{1/2}$ |
| 高为 $h$ 及底面的回转半径为 $R_c$ 的椭圆柱 | $R_g = [R_c^2 + h_2/12]^{1/2}$ |
| 高为 $h$ 及半径为 $r_1$、$r_2$ 的空心圆柱 | $R_g = [(r_1^2+r_2^2)/2 + h_2/12]^{1/2}$ |

当散射粒子的形状已知时，可求出粒子的大小。当粒子为球形，半径为 $R$ 时，$R_g$ 与 $R$ 的关系如下：

$$R_g = \sqrt{\frac{3}{5}}R = 0.77R \tag{8-28}$$

当粒子为椭圆形球体，有两个轴，其半径分别为 $a$ 和 $\nu a$，则

$$R_g = \sqrt{\frac{2+\nu^2}{5}}a \tag{8-29}$$

凡是针状或圆片状的粒子都可以近似地用椭圆形球体来表征，求出 $R_g$，进而求得其半径 $R$ 及厚度或长度。

注意：Guinier 公式仅适用于稀松散体系，实际上粒子间有相干干涉，并对散射强度产生影响。

**表 8-2　常见的散射函数**

| 粒子形式 | 散射函数 $\Phi^2(hR_g)$ | 说明 |
| --- | --- | --- |
| 一般形式 | $\Phi^2(hR_g) = \exp\left(-\frac{h^2}{3}R_g^2\right)$ | $R_g$ 为相对重心的回转半径 |
| 球 | $\Phi^2(hR) = \left\{\frac{3[\sin(hR) - hR\cos(hR)]}{(hR)^3}\right\}^2$<br>$= \frac{9\pi}{2}\left[\frac{J_{3/2}(hR)}{(hR)^{3/2}}\right]^2$<br>$\approx \exp(-0.221h^2R^2)\exp(-s^2R^2/5)$ | $R$ 为球的半径，$R_0 = \sqrt{\frac{3}{2}}R$，$J_{3/2}$ 为 Bessel 函数：<br>$J_{3/2}(z) = \frac{\sqrt{2}}{\pi z}\left(\frac{\sin z}{z} - \cos z\right)$<br>由 Warren 求得 $\Phi^2(hR_g)$ 的近似值；<br>由 Guinier 表达式得到的近似值，此式精确度比上两式稍差 |
| 旋转椭圆体(静止情况) | $\int_0^{\pi/2}\Phi^2\left(ha\sqrt{\cos^2\theta + \omega^2\sin^2\theta}\right)\times\cos\theta\mathrm{d}\theta$<br>$\exp\left[-h^2\left(\frac{a^2}{4}\right)\right]$(赤道方向)<br>$\exp\left[-h^2\left(\frac{b^2}{5}\right)\right]$(子午线方向) | $a$、$b$ 分别为椭圆的半轴长，$\omega = \frac{a}{b}$，$b$ 为椭圆旋转轴，入射线垂直于 $b$ 轴，上两式均为近似值 |
| 圆柱体 | $(\pi R^2L^2)^2\left[1 - \frac{1}{6}hR\left(1 + \frac{2}{3}\alpha^2\right) + \cdots\right]$ | $R$ 为圆柱体半径，$L$ 为圆柱体长，$\alpha = \frac{2R}{L}$ |
| 无限长圆柱 | $\frac{\sin(2hL)}{hL} - \frac{\sin^2(hL)}{(hL)^2}$ | $\sin(x) = \int_0^x \frac{\sin Z}{Z}\mathrm{d}Z$ 为正弦积分 |
| 扁平圆柱体(长度可忽略) | $\frac{2}{h^2R^2}\left[1 - \frac{1}{hR}J_1(2hR)\right]$ | $J_1$ 为一阶 Bessel 函数 |
| 无限宽薄层 | $\frac{2}{hT}\left(\frac{\sin\frac{hT}{2}}{\frac{hT}{2}}\right)^2$ | 与薄片形状无关，$T$ 为厚度 |

2. 粒子形状相同、大小不均一的稀薄体系

该体系为图 8-2(c)所示的体系。体系中粒子的形状相同，大小不均匀，其散射强度就不能用 Guinier 公式处理。由于粒子大小不一，从而产生一定的粒度分布，可采用质量分布函数法描述散射强度符合 Guinier 近似的上述粒子体系。

设体系中粒子的特征尺寸为 $r$，体积为 $V(r)$，粒子的数目为 $N(r)$，该粒子的总质量为

$M(r)$，则

$$\begin{cases} V(r) = K_1 r^3 \\ M(r) = DN(r) \end{cases} \tag{8-30}$$

式中，$D$ 为粒子密度；$K_1$ 为常数。粒子形状相同，大小不同，此时粒子的各参量仅为 $r$ 的函数，位于 $r$ 到 $r+\mathrm{d}r$ 间粒子的散射强度，为

$$\mathrm{d}I(h) = I_e n^2 N(r) \Phi^2(hr)\mathrm{d}r = I_e\left[\rho_e V(r)\right]^2 N(r)\Phi^2 \mathrm{d}r \tag{8-31}$$

故整个体系的散射强度为

$$\begin{aligned} I(h) &= \int_0^\infty \mathrm{d}I(h) = I_e \rho_e^2 \int_0^\infty N(r) V^2(r) \Phi^2(hr)\mathrm{d}r \\ &= I_e \rho_e^2 K_1 \int_0^\infty N(r) V^2(r) r^3 \Phi^2(hr)\mathrm{d}r = I_e K_2 \int_0^\infty M(r) r^3 \Phi^2(hr)\mathrm{d}r \end{aligned} \tag{8-32}$$

式中，$K_2 = \rho_e^2 K_1 / D$，$\rho_e = \rho_0 - \rho$ 为粒子与周围介质平均电子云密度差。

式(8-32)标明了粒子的散射强度 $I(h)$与粒子质量 $M(r)$之间的关系。将式(8-31)或式(8-32)中的形象函数取 Guinier 的近似式 $\Phi^2(hr) = \exp\left(-\dfrac{4\pi^2\varepsilon^2 R_g^2}{3\lambda^2}\right)$，且质量分布 $M(r)$取麦克斯韦分布：

$$M(r) = \frac{2M_0}{r_0^{m+1}\Gamma\left(\dfrac{m+1}{2}\right)} r^m \exp\left(-\frac{r^2}{r_0^2}\right) \tag{8-33}$$

式中，$r_0$ 和 $m$ 分别为麦克斯韦分布函数的参数；$M_0$ 为体系的全质量；$\Gamma\left(\dfrac{m+1}{2}\right)$为 $\Gamma$ 函数 $\left(\Gamma(\alpha) = \int_0^{+\infty} x^{\alpha-1}\mathrm{e}^{-x}\mathrm{d}x;\ \Gamma(\alpha+1) = \alpha\Gamma(\alpha);\ \Gamma(n+1) = n!;\ \Gamma\left(\dfrac{1}{2}\right) = \sqrt{\pi}\right)$。将式(8-33)和 Guinier 的近似式代入式(8-32)，得

$$I(h) = I_e K_2 \frac{2M_0}{r_0^{m+1}\Gamma\left(\dfrac{m+1}{2}\right)} \int_0^\infty r^{m+3} \exp\left[-\left(\frac{h^2}{3} + \frac{1}{r_0^2}\right) r^2\right] \mathrm{d}r \tag{8-34}$$

令 $x = \left(\dfrac{r}{r_0}\right)^2$，式(8-34)变为

$$I(h) = I_e K_2 \frac{M_0 r_0^3}{\Gamma\left(\dfrac{m+1}{2}\right)} \int_0^\infty x^{\frac{m+2}{2}} \exp\left[-\left(\frac{h^2 r_0^2}{3} + 1\right) x\right] \mathrm{d}x \tag{8-35}$$

令 $Y = \left(\dfrac{r_0^2 h^2}{3} + 1\right)$，式(8-35)变为

$$I(h) = I_e K_2 \frac{M_0 r_0^3}{\Gamma\left(\dfrac{m+1}{2}\right)} \cdot \frac{1}{\left(\dfrac{h^2 r_0^2}{3} + 1\right)^{\frac{m+4}{2}}} \int_0^\infty Y^{\frac{m+4}{2}-1} \exp[-Y]\mathrm{d}Y = I_e K_2 \frac{M_0 r_0^3 \Gamma\left(\dfrac{m+4}{2}\right)\left(\dfrac{h^2 r_0^2}{3} + 1\right)^{-\frac{m+4}{2}}}{\Gamma\left(\dfrac{m+1}{2}\right)} \tag{8-36}$$

令 $K = I_e K_2 \dfrac{M_0 r_0^3 \Gamma\left(\frac{m+4}{2}\right)}{\Gamma\left(\frac{m+1}{2}\right)}$，式(8-36)变为

$$I(h) = I_e K_2 \frac{M_0 r_0^3 \Gamma\left(\frac{m+4}{2}\right)\left(\frac{h^2 r_0^2}{3}+1\right)^{-\frac{m+4}{2}}}{\Gamma\left(\frac{m+1}{2}\right)} = K\left(\frac{h^2 r_0^2}{3}+1\right)^{-\frac{m+4}{2}} \tag{8-37}$$

对式(8-37)两边取对数得

$$\lg I(h) = -\frac{m+4}{2}\lg\left(\frac{h^2 r_0^2}{3}+1\right)+\lg K \tag{8-38}$$

$$\lg\frac{I(h)}{K} = -\frac{m+4}{2}\lg\left(\frac{h^2 r_0^2}{3}+1\right) \tag{8-39}$$

令 $I_0 = \dfrac{I(h)}{K}$，则式(8-39)化简得

$$\lg I_0 = -\frac{m+4}{2}\lg\frac{r_0^2}{3} - \frac{m+4}{2}\lg\left(h^2+\frac{3}{r_0^2}\right) \tag{8-40}$$

式中，$\lg I_0$-$\lg\left(h^2+\dfrac{3}{r_0^2}\right)$应为直线，其斜率为$-\dfrac{m+4}{2}$。若把实验测得的$\lg I_0$与$\lg\left(h^2+\dfrac{3}{r_0^2}\right)$中的$\dfrac{3}{r_0^2}$用 $x$ 代替，代入任意的 $x$ 值，画出曲线。当满足式(8-40)时，则得一直线，此时的 $x$ 就等于$\dfrac{3}{r_0^2}$从而得出 $r_0$，而 $m$ 值由其直线的斜率$-\dfrac{m+4}{2}$求得。再把不同的 $r$ 值代入式(8-33)即可获得具体的质量分布函数 $M(r)$。常见的分布函数有矩形分布、麦克斯韦分布和高斯分布等。

如果粒子分布是不连续的，则可分成 $N$ 个不同等级。设第 $i$ 种粒子的质量百分比为 $W(r_{0i})$，根据式(8-34)，对于粒子分布不连续体系的情况有

$$I(h) = I_e K_2 \sum_{i=1}^{N} W(r_{0i}) r_{0i}^3 \exp\left(-\frac{h^2 r_{0i}^2}{3}\right) \tag{8-41}$$

此时粒子的 $W(r_{0i})$分布可由作图法求出。对于粒子大小均一的稀疏体系，Guinier 采用高斯分布函数并做一级近似得

$$I(2\theta) = I_e N n^2 \exp\left(-\frac{4\pi^2 R_g^2 (2\theta)^2}{3\lambda^2}\right) \tag{8-42}$$

令 $I_0 = I_e N n^2$，则式(8-42)变为

$$I(2\theta) = I_0 \exp\left(-\frac{4\pi^2 R_g^2 (2\theta)^2}{3\lambda^2}\right) \tag{8-43}$$

对式(8-43)两边取对数，并化简得

$$\lg I(2\theta)=\lg I_0-\left(\frac{4\pi^2 R_g^2}{3\lambda^2}\lg e\right)(2\theta)^2 \tag{8-44}$$

由式(8-44)可以看出，若通过实验测出各不同$(2\theta)$处的散射强度 $I(2\theta)_i$，作$\lg I(2\theta)_i$-$(2\theta)_i^2$图，得一直线，该直线的斜率$\alpha=-\left(\frac{4\pi^2 R_g^2}{3\lambda^2}\lg e\right)$，可得旋转半径：

$$R_i=-0.4183\lambda\sqrt{\alpha} \tag{8-45}$$

3. 粒子形状相同、大小均一的稠密体系

该体系即为图 8-2(b)所示的体系。该体系不同于稀薄体系，必须考虑颗粒散射体之间的干涉作用。稠密体系不能像稀薄体系那样，先计算单个粒子的散射强度，然后乘以体系的总粒子数 $N$，此时必须把稠密体系看成一个整体进行分析。

由式(8-6)可知，稠密体系的散射振幅为

$$A(h)=A_e(h)\sum_k\sum_j f_{kj}\exp[-i\vec{h}\cdot(\vec{R}_k+\vec{r}_{kj})] \tag{8-46}$$

式中，$A(h)$为位于$\vec{h}$处的单电子散射振幅；第 $k$ 个粒子距原点的距离为 $R_k$；第 $k$ 个粒子中第 $j$ 个原子与第 $k$ 个粒子的距离为 $r_{kj}$，此原子距原点的距离为 $R_k+r_{kj}$；$f_{kj}$为第 $k$ 个粒子中第 $j$ 个原子的散射因子。式(8-46)中的第一个求和是对第 $k$ 个粒子中所有原子的求和；第二个求和是对所有粒子的求和。

对于具有中心对称的粒子，式(8-46)可简化为

$$A(h)=A_e(h)\sum_k\exp(-i\vec{h}\cdot\vec{R}_k)\sum_j f_{kj}\cos(\vec{h}\cdot\vec{r}_{kj}) \tag{8-47}$$

则散射强度为

$$I(h)=I_e(h)\sum_k\sum_i\left\{\sum_j f_{kj}\cos(\vec{h}\cdot\vec{r}_{kj})\sum_l f_{il}\cos(\vec{h}\cdot\vec{r}_{il})\cos[\vec{h}\cdot(\vec{R}_k-\vec{R}_i)]\right\} \tag{8-48}$$

式中，下标 $k$、$i$ 为体系中的不同粒子；$j$ 和 $l$ 为不同的原子。

由于体系中各粒子的分布是随机的，对式(8-48)取散射强度的平均值($\langle\ \rangle$)，有

$$\langle I(h)\rangle=I_e(h)\left\{N\left\langle F^2(h)\right\rangle+\langle F(h)\rangle^2\left\langle\sum_k\sum_{i\neq k}\cos[\vec{h}\cdot(\vec{R}_k-\vec{R}_i)]\right\rangle\right\} \tag{8-49}$$

式中，$N=k+i$ 为全部粒子数。

为对所研究样品体积内每个粒子的散射进行双重求和，在应用式(8-49)时，引入粒子对出现概率函数 $P(r_{ki})$的概念。$P(r_{ki})$表征了在体积元 $dV_k$ 和 $dV_i$ 内相距为 $r_{ki}$ 的两个粒子出现的概率。粒子对概率函数 $P(r_{ki})$是 $r$ 的函数。由定义可知，当 $r_{ki}$ 小于粒子的平均特征长度(如果粒子为球形，特征长度为 $2R$)时，$P(r_{ki})=0$。反之，当 $r_{ki}$ 很大时，即两粒子相距很远，$P(r_{ki})=1$。由此可知，对式(8-49)中的双重求和计算和化简可得

$$I(h)=I_e(h)NF^2(h)\left\{1-\frac{1}{V_1}\int_0^\infty\frac{\sin(hr_{ki})}{hr_{ki}}[1-P(r_{ki})]4\pi r^2 dr\right\} \tag{8-50}$$

式中，$V_1$ 为一粒子占有的体积。式(8-50)中的第一项为 $N$ 个球形粒子产生的散射强度，第二项

为粒子间的相干散射项。令概率函数 $P(r)=\exp[-\varphi(r)/kT]$，则式(8-50)可以转化为

$$I(h)=I_{\rm e}(h)NF^2(h)\left[1+\frac{(2\pi)^{3/2}}{V_1}\beta(h)\right] \tag{8-51}$$

式中，

$$\beta(h)=\frac{2}{\sqrt{2\pi}}\int_0^\infty r\left[{\rm e}^{-\varphi(r)/kT}-1\right]\sin(hr){\rm d}r \tag{8-52}$$

对于半径为 $R$、体积为 $V_1$ 的硬球，当 $0<r<2R$ 时，$P(r)=0$，而当 $r>2R$ 时，$P(r)=1$。式(8-52)转化为

$$I(h)=I_{\rm e}(h)Nn^2\Phi^2(hR)\left[1-\frac{8V_0}{V_1}\Phi^2(2hR)\right] \tag{8-53}$$

如果除了考虑两个相邻粒子之间的干涉外，还计入其他粒子的干涉影响，则可以对概率函数 $P(r)$ 做如下修正：

$$P(r)=\exp[-\varphi(r)/kT+f(r)] \tag{8-54}$$

将式(8-54)代入式(8-50)，并假定粒子为球形粒子，可得

$$I(h)=I_{\rm e}(h)NF^2(h)\frac{V_1}{V_1-(2\pi)^{3/2}\omega\beta(h)} \tag{8-55}$$

式中，$\omega\approx1$，$\left|F^2(h)\right|^2$ 为结构因子。如果粒子为硬球，式(8-55)可化简为

$$I(h)=I_{\rm e}(h)N\Phi^2(hR)\frac{1}{1+\dfrac{8V_0}{V_1}\omega\Phi(2hR)} \tag{8-56}$$

式中，$V_0$ 和 $R$ 分别为硬球粒子的体积和半径。

图 8-3 为式(8-50)绘制的球形粒子的理论散射强度曲线。图中实线为大小均一稀薄球形粒子体系($V_1$ 很大)；点线为大小均一稠密球形粒子体系($V_1$ 很小)；虚线为大小均一中等稠密($V_1$ 中等)球形粒子体系的散射强度曲线。$\left|F^2(h)\right|^2=n\Phi^2(h)$ 为大小均一稀薄球形粒子体系的结构因子；$I(h)$为均一稠密球形粒子体系的理论散射强度曲线。

对硬球状粒子的稠密体系，按式(8-56)得到不同 $\dfrac{8V_0}{V_1}\omega$ 值时的理论散射强度曲线，见图 8-4，理论计算与实验结果符合较好。

4. 稠密不均匀粒子体系

该体系即为图 8-2(d)所示的体系，对于大小不均一的稠密粒子体系散射强度的计算，主要基于 Hosemann 和 Porod 的两种理论。

1) Hosemann 理论

设体系含有 $N$ 个粒子，第 $i$ 个粒子的电子密度分布为 $\rho_i(r)$，它的散射振幅为 $A_i(h)$，

$$A_i(h)=\int_{v_i}\rho_i(r)\exp(-{\rm i}\vec{h}\cdot\vec{r}){\rm d}V \tag{8-57}$$

则全部 $N$ 个粒子的散射振幅为

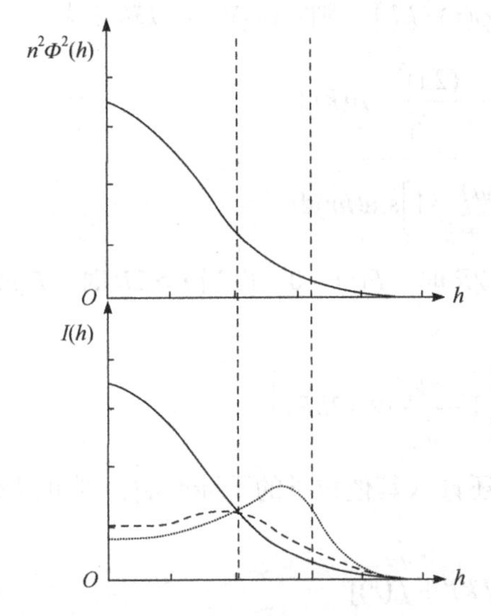


图 8-3　球形粒子理论散射强度曲线

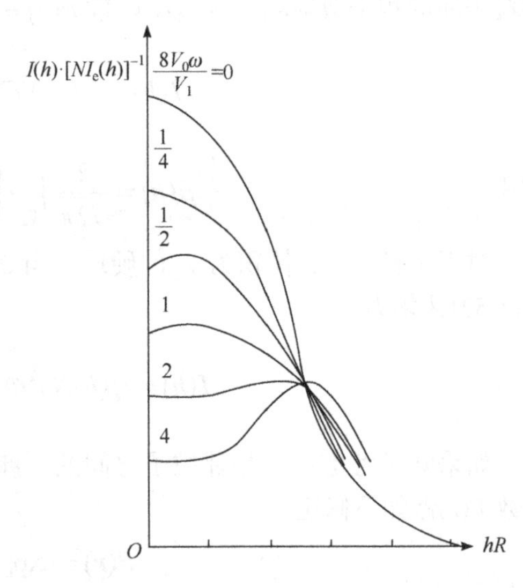


图 8-4　球形粒子稠密体系的理论散射强度曲线

$$A(h)=\sum_i\int_{V_i}\rho_i(r)\exp(-\mathrm{i}\vec{h}\cdot\vec{r})\mathrm{d}V \tag{8-58}$$

体系的散射强度为

$$I(h)=A(h)\cdot A^*(h) \tag{8-59}$$

经数学计算可得

$$I(h)=\frac{1}{(2\pi)^3}\left[\int Q_1(r)\exp(\mathrm{i}\vec{h}\cdot\vec{r})\mathrm{d}V+\int_{V_i}Q_2(r)\exp(\mathrm{i}\vec{h}\cdot\vec{r})\mathrm{d}V_i\right] \tag{8-60}$$

式中，$Q_1(r)$为体系中每个粒子的散射强度 $I_1(h)$的傅里叶变换；$Q_2(r)$为体系粒子之间的干涉引起的散射强度 $I_2(h)$的傅里叶变换。$I_1(h)$和 $I_2(h)$的计算与大小均一的稠密体系类似。

2) Porod 理论

Porod 研究了具有相同电子密度的散射体在空间无规分布的散射。假定这种体系具有特殊的不均匀结构，设体系中任一端的电子密度为$\rho(r)$。

$$\rho(r)=(\rho_A-\rho_B)\sigma(r)+\rho_B \tag{8-61}$$

式中，$\rho_A$、$\rho_B$ 分别为散射体和介质的密度；$\sigma(r)$ 表征颗粒的形状系数，在散射体和介质中的值分别为 1 和 0。在 $h\to\infty$ 时，散射强度为

$$I(h\to\infty)=I_e(\rho_A-\rho_B)^2\frac{2\pi S}{h^4} \tag{8-62}$$

式中，$S$ 为散射粒子的表面积，该式即为 Porod 公式。将 $I(h)\propto h^{-4}$ 称为 Porod 定律。

如果体系是由 $N$ 个相同的粒子(表面积为 $S$)组成，总表面积为 $NS$，假定每个粒子不受其他粒子的存在影响时，Porod 公式应为

$$I(h)=NI_e(\rho_A-\rho_B)^2\frac{2\pi S}{h^4} \tag{8-63}$$

即总散射强度为每个粒子散射强度的 $N$ 倍。

对于两相边界分明的体系，其散射强度在无限长狭缝准直系统情况下满足：

$$\lim_{h \to 大值}[h^3 I(h)] = K_P \tag{8-64}$$

式中，$K_P$为 Porod 常数，即当 $h$ 趋于大值时，$h^3I(h)$趋于一个常数，表明粒子具有明锐的相界面；若 $h^3I(h)$不趋于一常数，则表明粒子没有明锐的界面，即表现为对 Porod 定律的偏离，如图 8-5 所示。

其中，正偏离源于材料中的热密度起伏以及粒子内电子密度的起伏。负偏离来自于模糊的相界面，即两相间存在一定宽度的过渡区，因此由负偏离可以计算出界面层厚度 $t$。在长狭缝准直系统情况下出现负偏离时，会有：

$$I(h) = K_P / h^3 \left(1 - \frac{2\pi^2 t^2 h^2}{3}\right) \tag{8-65}$$

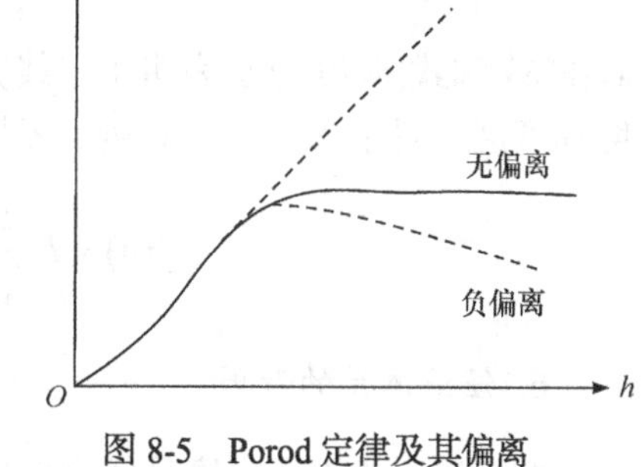


图 8-5　Porod 定律及其偏离

由式(8-65)以 $h^3I(h)$对 $1/h^2$ 作图，就可以确定出两相间过渡区的厚度 $t$。

因 X 射线小角散射起源于散射体内的电子密度涨落，所以散射强度的变化反映了电子密度涨落程度的变化。平均电子均方密度涨落与散射强度的关系为

$$\overline{(\rho - \bar{\rho})^2} / \bar{\rho} = 2\pi \int_0^\infty h \cdot I(h) \mathrm{d}h \tag{8-66}$$

式中，$\rho$ 和 $\bar{\rho}$ 分别为电子密度和电子密度的平均值。

除了以上四种粒子体系散射外，还有取向粒子体系、任意体系散射等，本书仅做简单介绍。

5. 取向粒子体系

对于单一粒子，其散射强度由式(8-9)表示。而对于具有 $N$ 个粒子且取向相同的体系，其散射强度为

$$I(h) = n^2 N I_e \exp[-h^2 D^2(P_1)] \tag{8-67}$$

式中，$D^2(P_1)$为垂直于 $P$ 方向平面的惯性矩的平方。

由式(8-67)可知，如果 $P$ 是粒子尺寸最大方向，则 $D^2(P_1)$值也为最大，故与 $P$ 方向平行的底片上的散射强度随散射角的增加而迅速降低，且在水平方向散射花样最窄。反之，如果 $P$ 方向是粒子尺寸最小方向，则 $D^2(P_1)$值也为最小。平行于 $P$ 方向的散射强度随散射角的增大而缓慢下降，散射花样在此方向较宽。总之，按式(8-67)计算，给出长椭球或棒状粒子在最小尺寸方向上的散射花样被拉长，在粒子最大尺寸方向的散射花样被压窄。

位于直角坐标系中非球形对称的长为 $L$、宽为 $B$ 的片状取向粒子，若 X 射线入射方向矢量 $\vec{s}_0$ 与 X 轴方向相同，$Y$ 轴、$Z$ 轴均在片状粒子平面内，并以 $\vec{i}$、$\vec{j}$、$\vec{k}$ 代表 $X$、$Y$、$Z$ 轴方向上的单位矢量。片状粒子表面垂直于 $\vec{s}_0$，X 射线入射方向矢量 $\vec{s}_0$ 与散射方向矢量 $\vec{s}$ 的夹角为 $2\theta$，某粒子距原点为 $r$，方向角为 $\varphi$，则位于体积 $V$ 中的片状粒子散射强度 $I(h)$为

$$I(h) = I_e \left| \int_V \rho(r) \exp\left[-\mathrm{i}\frac{2\pi}{\lambda}(\sin\theta \sin\varphi Y + \sin\theta \cos\varphi Z)\right] \mathrm{d}V \right|^2 \tag{8-68}$$

当 $\varphi = 0$ 时，有

$$I(h)=n^2 I_e\left[\frac{\sin(hL/2)}{hL/2}\right]^2 \tag{8-69}$$

当$\varphi=90°$时，有

$$I(h)=n^2 I_e\left[\frac{\sin(hB/2)}{hB/2}\right]^2 \tag{8-70}$$

式(8-69)和式(8-70)分别表明子午线方向和赤道方向的散射强度，并可分别确定片状粒子的长度和宽度。对于$N$个不同长度、不同宽度的粒子，其总的散射强度为

$$I(h)=I_e\sum_i^N n_i^2\left[\frac{\sin(a_iB_i/2)}{a_iB_i/2}\right]^2\left[\frac{\sin(b_iL_i/2)}{b_iL_i/2}\right]^2 \tag{8-71}$$

6. 任意体系的散射

假设体系中电子密度是任意变化的，到处都存在电子密度涨落和不均匀性。Debye从电子密度不均匀性观点解决了任意体系的散射问题。

设在$x$处的电子密度为$\rho(x)$，与平均电子密度$\bar{\rho}$之差为

$$D(x)=\rho(x)-\bar{\rho} \tag{8-72}$$

显然对这种到处均有$D(x)$存在的体系，在被X射线照射到的样品体积$V$中有

$$\int_V D(x)\mathrm{d}V=0 \tag{8-73}$$

推导可得任意体系的散射强度计算式为

$$I(h)=I_e\left\langle D^2(x)\right\rangle V\int_0^\infty \gamma(r)\frac{\sin(hr)}{hr}\mathrm{d}r \tag{8-74}$$

### 8.1.4　X射线小角散射实验

图8-6为小角X射线散射仪及其实验布置示意图。由于波长越大，小角散射时的散射角越大，但太大时，被吸收的就越多，强度很低，因此测量困难。工作中一般采用Cu $K_\alpha$、Cr $K_\alpha$及Al $K_\alpha$辐射。当需采用较长波长辐射时(如Al $K_\alpha$)，应尽量降低试样对X射线的吸收，并使射线经过的路程处于真空状态，以避免空气对射线的吸收。

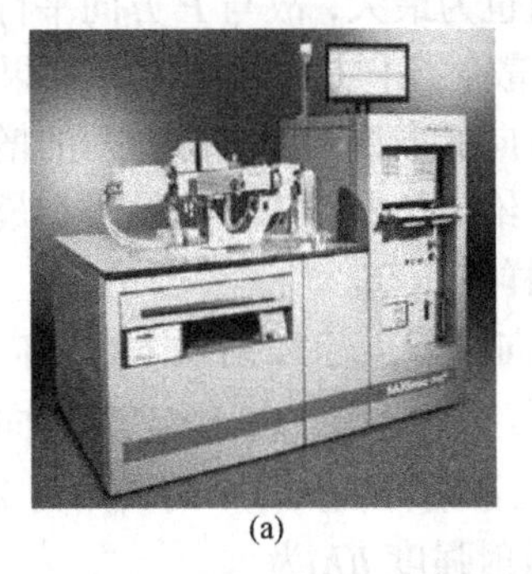
(a)

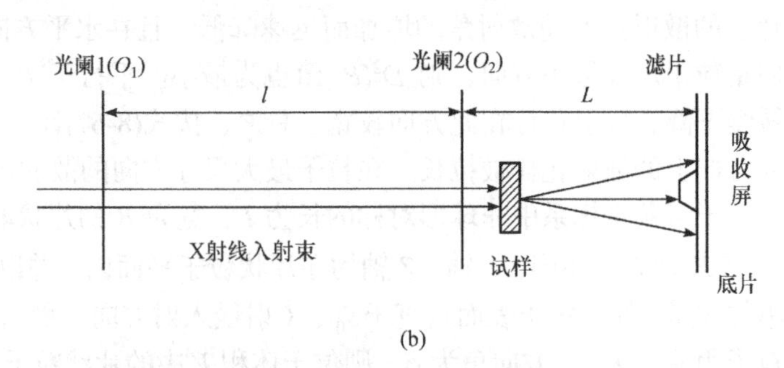

(b)

图8-6　小角X射线散射仪(a)及其实验布置示意图(b)

为使小角散射斑点明晰，应将入射线吸收并消除寄生散射强度，所谓寄生散射强度是指撤除试样后在观测地点所接受到的射线强度，为此可采取以下三项措施：

(1) 采用吸收屏吸收入射线。

(2) 在入射单色 X 射线的光路中增加两个窄缝光阑 $O_1$、$O_2$，见图 8-6(b)，分别限制入射线的宽度和高度。

小角散射照相系统光路及几何关系见图 8-7。试样紧靠在 $O_2$ 之后，两光阑相距 $l$，光阑 2 与滤片相距 $L$，光阑孔的宽度与高度分别表示为 $a$ 和 $b$，在准直误差最小时，该照相系统应具备下列参数：①当两光阑孔相等时，$a_1 = a_2$，$b_1 = b_2$，$l = 2L$；②当两光阑孔不等时，$a_1 = 2a_2$，$b_1 = 2b_2$，$l = L$。

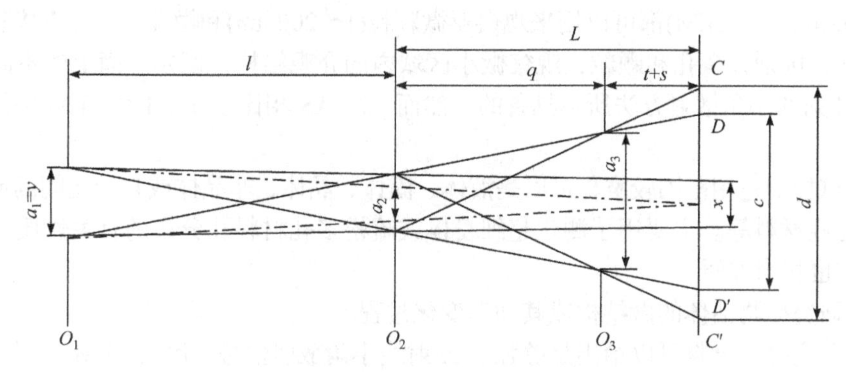


图 8-7　小角散射照相系统光路及几何关系图

为防止光阑 $O_2$ 对 X 射线的散射效应，需增加光阑 $O_3$。此时，$O_3$ 刚巧不接触入射线束，不起限制作用。$a_1$、$a_2$、$a_3$ 分别为光阑 $O_1$、$O_2$、$O_3$ 的宽度。光阑 $O_1$、$O_2$ 的间距为 $l$，光阑 $O_2$、$O_3$ 的间距为 $q$，试样在光阑 $O_3$ 后的 $t$ 处，距底片 $s$，故光阑 $O_2$ 距底片的距离为 $L = q + s + t$。$y$ 为底片中心 $x$ 区域内看到的前光阑宽度，$CC' = c$，为入射线束在底片上的像，该区域的散射强度无法测量。为得到好的结果，应尽量减小 $c$，为此需要减小光阑宽度，使入射线变细。但会使入射线强度降低，曝光时间就得延长。最大的照相速度是相当于 $x = 0$ 的情况，此时照相系统中光路的几何关系如下：

$$\begin{cases} a_2 = ca_1 / (c + 2a_1) \\ a_3 = (c + d)ca_1 / \left[(d - c)c + 2da_1\right] \\ l = 2(s + t)\left[(d - c)c + 2da_1\right]a_1 / \left[(d - c)c(c + 2a_1)\right] \\ q = 2(s + t)ca_1 / \left[(d - c)(c + 2a_1)\right] \end{cases} \tag{8-75}$$

当 $a_1 = 2a_2$，$l = q + s + t = L$ 时，也符合上述($x = 0$)的要求。为缩短照相时间，可采用计数管代替照相底片。

(3) 采用晶体单色器、光阑限制入射及反射的射线束，组建照相系统，如图 8-8 所示。吸

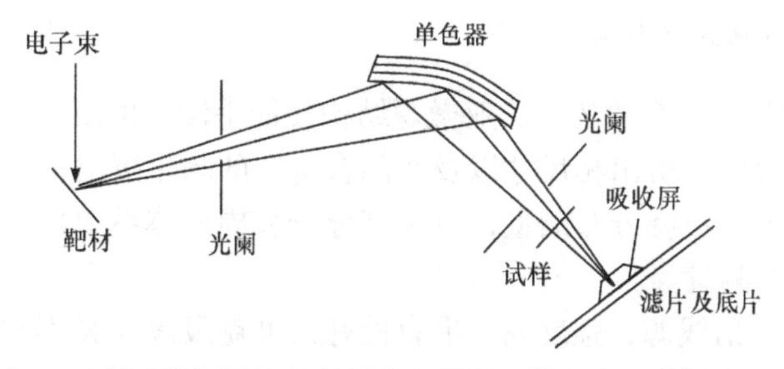


图 8-8　利用单色器的 X 射线小角散射系统光路及几何关系图

收屏的厚度为 0.2 mm，其宽度约为 0.8 mm，试样可以悬浮在真空中，或在一种和样品价电子浓度相差较远的液体或固体介质中。在每次进行一系列实验之前，需要拍摄一张不放试样的空白照片，以确定无任何辐射到达底片。

### 8.1.5　X 射线小角散射技术的特点

透射电子显微镜(transmission electron microscope，TEM)和扫描电子显微镜(scanning electron microscope，SEM)都可以用来观察亚微颗粒(1～200 nm)和微孔，并可直接观察颗粒的形状和尺寸，区别开微孔和颗粒，观察微小区域内的介观结构，区别界面上的不同本质的颗粒，这是 X 射线小角散射方法所不具备的。然而，XSAS 相比于 TEM 和 SEM 仍具有以下独特的优点：

(1) 对试样的适用范围较宽，可以是液体、固体、晶体、非晶体或它们之间的混合体，也可以是多孔性材料等。主要用于测定超细粉体或疏松多孔材料孔分布的有关性质，对溶液中的微粒研究也相当方便。

(2) 可研究生物活体的微结构或其动态变化过程。

(3) 某些高分子材料可以给出足够强的 X 射线小角散射信号，但由 TEM 得不到清晰有效的信息。

(4) 可用于研究高聚物的动态过程，如熔体到晶体的转变过程。

(5) 电子显微镜方法不能确定颗粒内部密闭的微孔，如活性炭中的小孔，而小角 X 射线散射能做到这一点。

(6) X 射线小角散射可以得到样品的统计平均信息，而电镜虽然可以得到精确的数据，但其统计性差。

(7) X 射线小角散射可以准确地确定两相间比内表面和颗粒体积分数等参数，而 TEM 方法往往很难得到这些参量的准确结果，因为不是全部颗粒都可以由 TEM 观察到，即使在一个视场范围内也有未被显示出的颗粒存在。

(8) X 射线小角散射方法制样方便，测试中试样一般不被破坏，而且还可反复使用或供其他测量使用。

缺点：SAXS 结构参数包含开孔，也包含闭孔，这对分析者来说，有利也有弊。当讨论炭、石墨材料的力学性能与孔结构的关系时，往往需同时考虑开孔和闭孔；而在考虑它们的吸附特性或氧化速率时，往往仅对开孔感兴趣。X 射线的小角散射对干涉效应的实验处理和数据校正、偏离理论的分析、三相体系的研究还比较困难。

因此，TEM 和 XSAS 各有优缺点，不能互相代替，两者可以互相补充，结合使用。

### 8.1.6　X 射线小角散射技术的应用

X 射线小角散射是一种有效的材料亚微观结构表征手段，可用于纳米颗粒尺寸测量，合金中的空位浓度、合金中的析出相尺寸以及非晶合金中的晶化析出相的尺寸测量，高分子材料中胶粒的形状、粒度、粒度分布测量，以及高分子长周期体系中片晶的取向、厚度、结晶百分数和非晶层厚度的测量等。

采用同步辐射作 X 射线源，强度高、准直性好，可克服常规 X 射线源实验中小角散射信号弱的缺点，可提高实验分辨率和缩短实验时间，很大程度上提高了小角散射法实验的效率和应用范围。同步辐射的真空度在 $10^{-7}$ Pa 以上，因此同步辐射还是一种清洁光源。X 射线小角散射技术可用来表征物质的长周期、准周期结构、界面层以及呈无规则分布的纳米体系；还可用于金属和非金属纳米粉末、胶体溶液、生物大分子以及各种材料中所形成的纳米级微孔、合金中的非均匀区和沉淀析出相尺寸分布的测定。

X 射线小角散射技术是表征高分子材料微观结构的一种重要手段。当 X 射线穿过材料时，在材料不均一的电子云密度分布作用下，发生散射并形成特定的散射图案，使得我们可以根据特定的模型来反推材料的微观结构，并计算相关结构参数，如：①粒子(微晶、片晶、球晶、填充剂、粒子聚集簇和硬段微区等)的尺寸、形状及其分布；②粒子的分散状态(粒子中心的空间分布、取向度及相互取向的空间相关性)；③高分子的链结构和分子运动；④多相聚合物的界面结构和相分离，特别是嵌段聚合物微相分离等。

1. 散射体尺度及合金析出相动力学分析

1) 散射体尺度及薄膜界面特性

小角 X 射线散射技术被广泛用来测定纳米粉末的粒度分布，其粒度分析结果所反映的既非晶粒也非团粒，而是一次颗粒的尺寸。在测定中参与散射的颗粒数一般高达数亿个，因此在统计上有充分的代表性。

采用溶胶-凝胶方法制备聚酰亚胺基无机纳米复合薄膜。实验材料分别为均苯四甲酸二酐( PMDA)、4，4′二胺基二苯醚(ODA)和 *N*,*N*-二甲基乙酰胺(DMAC)。首先将 PMDA 放入 ODA 和 DMAC 溶液中，制成具有一定黏度的聚酰胺酸(PAA)，再加入氧铝体系，经过铺膜、热处理和亚胺化等过程，得到浅黄色透明的聚酰亚胺(PI)/$Al_2O_3$复合薄膜，薄膜厚度为 25 μm。样品处的光子能量为 4～14 keV，光斑尺寸为 1.2 mm × 0.9 mm，选用波长为 0.154 nm 的 X 射线。实验数据利用计算机程序进行去背底、归一化处理得到样品的散射强度。

图 8-9 为不同组分 PI 的 SAXS 强度曲线。由图可见，矢量$\vec{h}$的大小为 0.1～0.6，显示散射信息。通过一级布拉格方程可以估算杂化 PI 中存在纳米级的散射体；随 $h$ 的增加，散射强度急剧降低；随组分的增加，散射曲线彼此分开且整体上移，表明无机纳米颗粒与基体间存在明显的电子密度差。

对于单散射体粒子系统，散射强度满足 Guinier 定律$I(h)=I_e n^2 \exp\left(-\frac{h^2}{3}R_g^2\right)$。根据 Guinier 定律可以计算散射体的尺度，经计算不同组分的纳米杂化 PI 薄膜中氧化铝纳米颗粒的回转半径 $R_g$ 见表 8-3，可见随组分增加，颗粒半径在 7～8 nm(直径在 14～16 nm)变化。

表 8-3　SAXS 测试的不同组分 PI 薄膜微观参量

| 组分/% | $R_g$/nm | $E$/nm |
|---|---|---|
| 4 | 7.624 | 0.54 |
| 8 | 7.807 | 0.61 |
| 12 | 7.257 | 1.31 |
| 24 | 7.363 | 1.48 |

图 8-10 为不同组分 PI 薄膜的 Porod 曲线，由图可知，曲线末端斜率为负，即杂化体系的小角散射不遵守 Porod 定理，存在不同程度的负偏离。当组分达到 24%时，曲线负偏离最明显，表明散射体系存在界面层。这是由于无机纳米颗粒尺寸很小，为纳米量级，比表面积很大，导致体系存在高表面能，粒子吸附周围高分子链以降低其表面能，纳米颗粒便被有机高分

子链包裹和锚定，两者主要通过化学键锚定在一起，薄膜中 PI 分子链与无机纳米颗粒间发生相互扩散、渗透、缠结等现象，致使有机相和无机纳米颗粒之间产生纳米量级的界面层，该界面结构为介电双层结构。由 Porod 定律中相关理论可计算界面层的厚度，其大小与 Porod 曲线负偏离的斜率$\sigma$成正比，界面层的厚度 $E=(2\pi)^{0.5}\sigma$。随组分增加，其斜率增加；随组分增加，界面层厚度变化。当组分从 4%增加到 24%时，界面层厚度由 0. 54 nm 增加到 1. 48 nm，表明 PI 基体与无机纳米颗粒作用加剧，纳米颗粒被有机相包裹和锚定作用加强，导致界面层厚度增加。

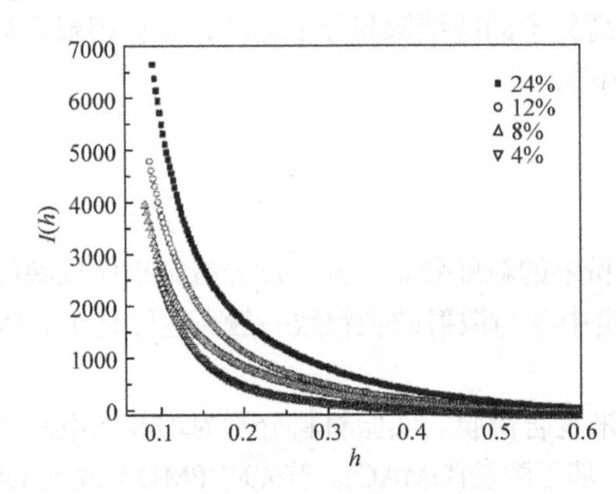


图 8-9　不同组分的杂化 PI 薄膜散射曲线

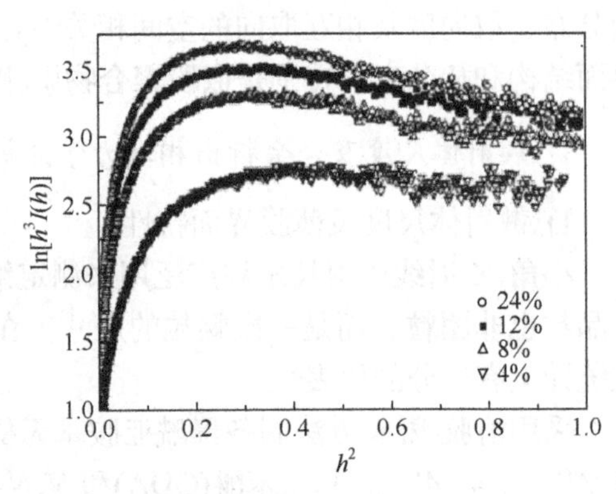


图 8-10　不同组分的杂化 PI 薄膜的 Porod 曲线

2) 时效分析

小角 X 射线散射技术可用于合金时效过程分析，从而进行相变动力学研究。含锂合金Ⅰ成分：Zn 5.13%、Mg 1.22%、Cu 1.78%、Li 0.98%、Mn 0.34%、Zr 0.11%、Cr 0.23%，其余为铝；不含锂合金Ⅱ成分：Zn 5.17%、Mg 1.26%、Cu 1.73%、Mn 0.36%、Zr 0.13%，其余为铝。在 490℃的盐浴中固溶 1 h，快速水淬后，再在硅油槽中进行人工时效。对于铝合金而言，析出相体积分数一般不超过 5%，而且析出相颗粒间距远远大于析出相本身，因此可近似认为析出相与基体构成稀疏均匀系统。经小角 X 射线散射测试，运用 Guinier 公式及相关理论可以得出合金Ⅰ和合金Ⅱ在 120℃、160℃和 180℃条件下的析出相半径随时效时间变化的关系，如图 8-11 所示。

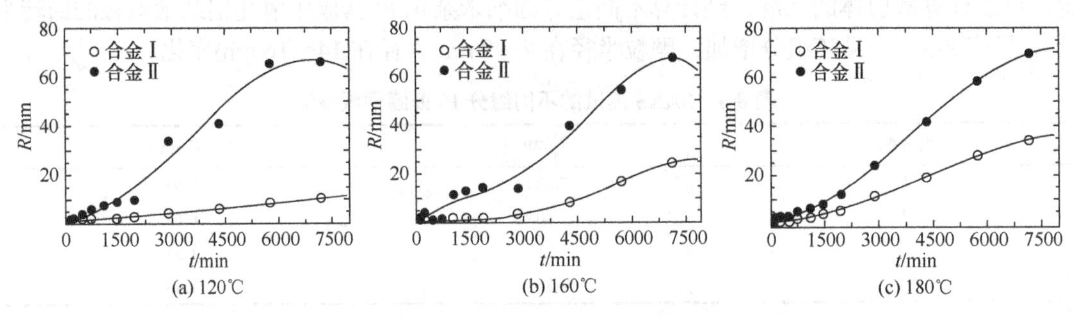


图 8-11　析出相半径 R 随时效时间的变化关系

由图 8-11 可知：合金中析出物的半径随时效时间的变化可分为三个阶段，也就是众多研究者提到的形核、长大和粗化阶段。在形核阶段，析出相半径变化很小；在长大过程中，析出相基本满足抛物线长大规律；在粗化阶段，析出相半径变化满足 Lifshitz-Slyozov-Wangner(LSW)定律。与此同时，还发现在形核阶段含锂和不含锂两种铝合金析出相半径随时效时间变化的差距较小，随时效时间的延长，两者之间的差距逐渐变大。由此说明锂抑制了析出相的长大和粗化进程。

2. 高分子材料分析

1) 聚醚型热塑性聚氨酯(TPEU)/单体铸浇聚酰胺 6(MCPA6)原位复合材料结构分析

利用己内酰胺阴离子原位聚合制备聚醚型热塑性聚氨酯(TPEU)/单体铸浇聚酰胺 6(MCPA6)原位复合材料，采用德国 Bruker 粉末 X 射线衍射仪测试，波长为 0.154 nm，Cu $K_{\alpha}$ 辐射，电压 40 kV，电流 40 mA，扫描角度范围 $2\theta$ 为 5°～60°，扫描速度为 4.0°/min。测试前将样品裁剪成 22 mm × 9 mm × 0.5 mm 的矩形方块，用 AntonPaar 小角散射仪进行测试，电压 50 kV，样品至成像板距离为 1190 mm，分辨率为 1340 × 1200，空气背景。表征 MCPA6 原位复合体系原始结构的变化，研究原位复合材料破坏过程中的微纤形成机理。

通过 XRD 测试如图 8-12 所示，可以发现所有体系在 $2\theta$ 为 20.2°和 23.6°时形成 PA6 的$\alpha$晶型特征衍射峰，分别属于(200)和(002/202)晶面，因此 TPEU 的加入并没有改变基体晶区的晶型，但(200)晶面的强度随着 TPEU 的加入高于(002/202)晶面，表明 TPEU 会影响 PA6 结晶时分子链的排列。

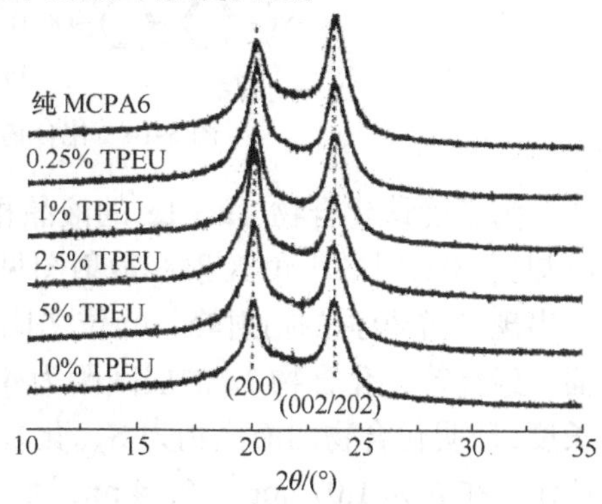


图 8-12　不同 TPEU 含量时 TPEU/MCPA6 的 XRD 衍射花样图

如图 8-13(a)所示纯 MCPA6 在 $h \approx 0.8\ \mathrm{nm}^{-1}$ 处产生 1 个强的电子散射峰，说明纯 MCPA6 形成良好的晶区与非晶区重叠的层状结构。TPEU 含量增加，散射矢量 $h$ 值左移，5%时 $h$ 值为 0.72 $\mathrm{nm}^{-1}$，含量为 10% TPEU 仅形成 1 个宽的肩峰，表明 TPEU 的加入使复合体系的长周期($L$)增加，即结晶微区间(非晶区尺寸)距离增加。通过洛伦兹校正变换得图 8-13(b)，该图显示加入 TPEU 后散射强度提高，5% TPEU 含量的复合体系最大，10%含量略有下降，但都相较于纯 MCPA6 有所提高。散射强度的提高是因为复合基体中晶区与非晶区密度差逐渐变大，而差异增加是由于基体非晶区分子链堆砌密度降低。X 射线小角散射分析表明微观尺度仍存在微相分离，且非晶区密度逐渐降低。

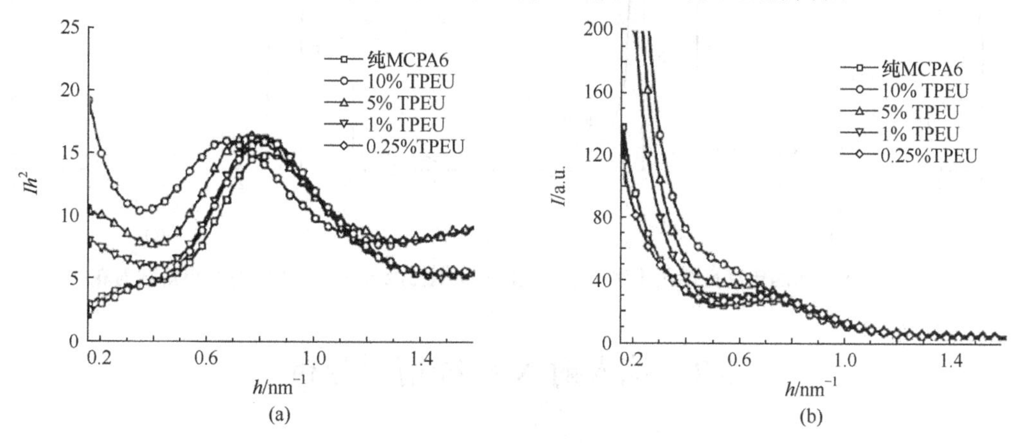


图 8-13　不同 TPEU 含量时 MCPA6/TPEU 的 X 射线小角散射花样(a)及洛伦兹校正变换图(b)

2) 四硫富瓦烯(TTF)和氰基联苯单元的玻璃态液晶化合物的结构分析

化合物四硫富瓦烯衍生物 **1a**～**1c** 的合成过程：在 50 mL 两口瓶中加入化合物 **4**(0.5 mmol)和 4 mL 亚磷酸三乙酯。在氩气保护下，于 120～130℃下搅拌 5 h，冷却后加入 20 mL 甲醇，溶液中出现大量黄色沉淀。抽滤，用甲醇洗涤固体。粗产品经过柱层析硅胶分离，以二氯甲烷/石油醚(体积比 1：1)为洗脱液，得到黄色粉末状固体。将该固体用氯仿-石油醚重结晶，得到橙色粉末，化合物 **1a**～**1c** 的分子式见图 8-14。

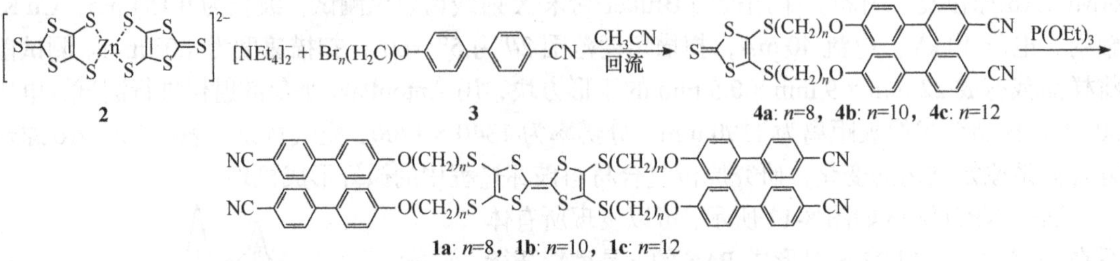

**2**　**3**　$CH_3CN$ 回流　$P(OEt)_3$

**4a**: $n$=8，**4b**: $n$=10，**4c**: $n$=12

**1a**: $n$=8，**1b**: $n$=10，**1c**: $n$=12

图 8-14　化合物四硫富瓦烯衍生物 **1a**～**1c** 的分子式

为了确认化合物 **1a**～**1c** 的液晶相结构，采用 X 射线散射实验进行了表征。化合物 **1a** 冷却到 60℃时的小角 X 射线散射图见图 8-15(a)，在 $h$ 为 1.28 $nm^{-1}$、2.55 $nm^{-1}$ 和 3.81 $nm^{-1}$ 处出现 3 个很强的衍射峰，峰位之比为 1：2：3，可确认为层状的(100)、(200)和(300)散射面。经计算，化合物 **1a** 的层间距为 4.91 nm，分子长度近似为 4.03 nm，层间距略大于分子长度，证明化合物的液晶相为 $S_A$。化合物 **1b** 冷却到 60℃时的 X 射线小角散射图如图 8-15(b)所示。在 $h$ 为 1.07 $nm^{-1}$、2.14 $nm^{-1}$ 和 3.22 $nm^{-1}$ 处有 3 个很强的衍射峰，峰位之比为 1：2：3，从而确认为层状的(100)、(200)和(300)散射面。经计算，其层间距离为 5.87 nm，分子长度近似为 4.23 nm，层间距离略大于分子长度，证明化合物的液晶相为 $S_A$。化合物 **1c** 冷却到 60℃时的 X 射线小角散射图见图 8-15(c)。在 1.32 $nm^{-1}$ 处有 1 个较强的衍射峰，在 2.21 $nm^{-1}$ 和 3.39 $nm^{-1}$ 处有 2 个弱的衍射峰，峰位之比为 1：$\sqrt{3}$：$\sqrt{7}$，证明化合物 **1c** 的液晶相为六方柱状相($Col_h$)。

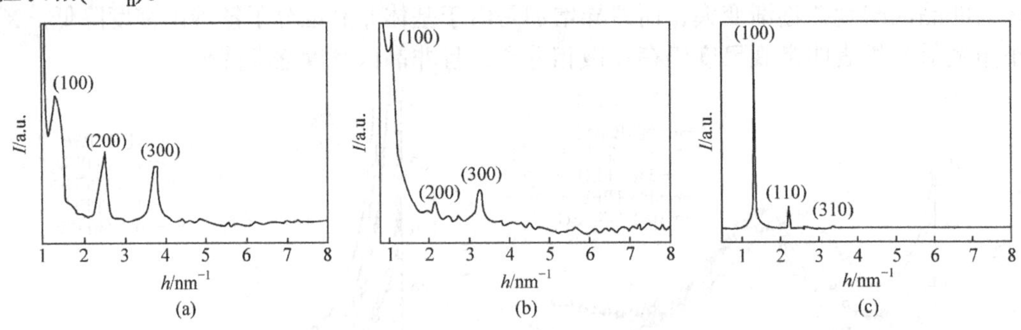


图 8-15　化合物四硫富瓦烯衍生物 **1a**(a)、**1b**(b)及 **1c**(c)冷至 60℃时 X 射线小角散射花样

## 8.2　掠入射 X 射线衍射分析

### 8.2.1　掠入射 X 射线衍射原理

掠入射是指 X 射线以近乎平行于试样表面的方式入射，其夹角非常小，通常小于 1°，

见图 8-16。当薄膜为晶体，晶面间距很大，如 3.15 nm 时，铜靶 X 射线照射，相应的衍射角为 2.80°，即发生低角度衍射。如果该相有很高的结晶度，衍射峰仍十分尖锐。此时小角散射强度主要靠小角衍射贡献，因此掠入射衍射主要用于薄膜的分析。由于小的入射角加大了 X 射线在薄膜中的行程，增加了辐照面积，表面信号增加，进入背底的程度减小，由于吸收衰减，此时辐照到背底的 X 射线的强度已经很弱而可以忽略，获得的衍射花样即为薄膜的衍射花样。

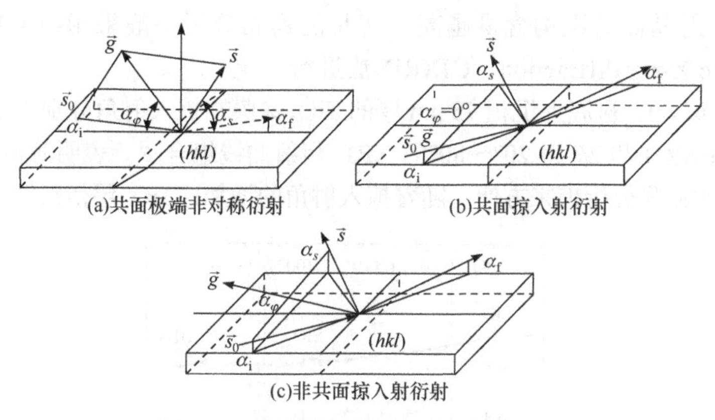


图 8-16　掠入射 X 射线衍射几何原理图

$\alpha_i$、$\alpha_f$分别是入射 X 射线与试样表面的夹角(掠射角)和反射角，$\vec{s}$、$\vec{s}_0$、$\vec{g}$ 分别为衍射矢量、入射矢量和衍射晶面(*hkl*)的倒易矢量。$\alpha_s$、$\alpha_\varphi$ 分别为$\vec{s}$、$\vec{g}$与试样表面的夹角。通常有以下三种扫描模式。

## 1. 共面极端非对称衍射

图 8-16(a)为共面极端非对称衍射几何原理图，其衍射面与样品表面构成近布拉格角，入射线、衍射线与样品表面的法线三线共面，探测器在 $2\theta$ 范围进行扫描，获得薄膜的一系列衍射峰。当掠射角足够小时，入射 X 射线在样品表面会产生全反射，X 射线不再进入背底，发生全反射时的掠射角称为临界掠射角，或全反射临界角，用$\alpha_c$ 表示。由于掠入射角$\alpha_i$ 很小，几乎与样品表面平行，此时 X 射线穿透样品深度仅为纳米量级，还可用于样品表面结构研究。变动掠射角$\alpha_i$，分别进行 $2\theta$ 扫描，可获得多个 $I$-$2\theta$ 衍射花样。

## 2. 共面掠入射衍射

图 8-16(b)中，掠入射衍射面(*hkl*)的法线平行于样品表面。掠入射线和衍射线与样品表面均构成掠射角，注意此时的掠入射线和晶面衍射线组成的平面与样品表面近似共面。

## 3. 非共面掠入射衍射

如图 8-16(c)所示，实际上为前两种模式的组合式。它含有与样品表面法线倾斜成很小角度的晶面衍射，衍射晶面的法线(倒易矢量)与样品表面成很小的角度，也可通过微小改变掠入射角度形成掠射 X 射线非对称衍射。注意：入射线、衍射线和样品表面法线三线不共面。但均与样品表面成很小的角度，此时衍射面与样品表面几乎垂直。

### 8.2.2 掠入射X射线衍射的应用

1. 薄膜物相分析

由于薄膜太薄，X射线易穿透薄膜进入背底材料，从而同时形成两套衍射花样，如扣除背底衍射花样即得薄膜的衍射花样，就可进行薄膜的物相分析。观察衍射峰相对强度的变化，可以分析薄膜的择优取向。一般当某衍射峰相对于其他衍射峰高出越多，则表明此衍射峰对应的衍射晶面的织构含量越高。薄膜的物相分析一般采用掠入射X射线衍射(grazing incidence X-ray diffraction，GIXRD)法进行测定。

图8-17为石英$SiO_2$衬底上沉积75 nm厚的$TiO_2$薄膜在掠入射角分别为0.1°、0.2°、0.3°、0.4°、0.5°时的GIXRD和$2\theta$为20°～80°的XRD衍射曲线组合图。表明薄膜的掠入射衍射峰中不含衬底峰，为薄膜分析带来方便。随着掠入射角的增加，$TiO_2$层衍射峰强度提高。

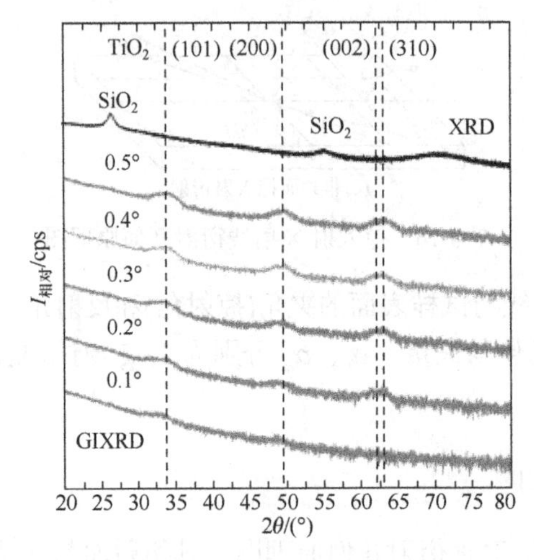


图8-17　不同掠入射角时石英衬底上$TiO_2$薄膜的GIXRD衍射曲线组合图

2. 薄膜厚度的测定

基体表面镀膜或气相沉膜是材料表面工程中的重要技术，膜的厚度直接影响其性能，故需对其进行有效测量。膜厚的测量是在已知膜对X射线的线吸收系数的条件下，利用基体有膜和无膜时对X射线吸收的变化所引起衍射强度的差异来测量的。它具有非破坏、非接触等特点。测量过程(图8-18)：首先分别测量有膜和无膜时基体的同一条衍射线的强度$I_0$和$I_f$，再利用吸收公式得到膜的厚度：

$$t=\frac{\sin\theta}{2\mu_l}\cdot\ln\frac{I_0}{I_f} \tag{8-76}$$

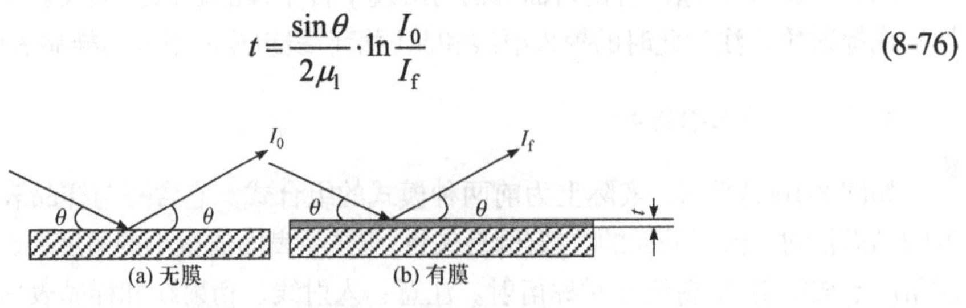


图8-18　X射线衍射强度测量膜厚示意图

3. 薄膜应力的测定

薄膜在生长过程中往往会产生内应力，薄膜应力宏观上表现为平面应力，从理论上讲，当膜结晶非常好即形成薄膜晶体时可以采用平面应力测量方法进行，然而实际测量时由于薄膜的衍射强度低，常规应力测量法会遇到困难，测量误差大，故需对常规应力测量法进行改进。

考虑到掠入射法能获得更多的薄膜衍射信息，应力的侧倾法(测量面与扫描面垂直)可确保衍射几何的对称性，内标法能降低系统测量误差，因此将三者有机结合可有效测定薄膜的内应力。

图 8-19 为薄膜应力 X 射线测定的衍射几何与内标法，采用侧倾法，$\omega$ 为试样转动的方位角，内标样品为粉末状，附着在试样表面，此时系统误差 $\Delta 2\theta$ 为

$$\Delta 2\theta = 2\theta_{c,0} - 2\theta_c \tag{8-77}$$

式中，$\theta$ 为衍射半角或布拉格角；$2\theta_c$ 为标样衍射角实测值；$2\theta_{c,0}$ 为标样衍射角真实值。

假定薄膜的实测衍射角为 $2\theta$，则其真实值 $2\theta'$ 为

$$2\theta' = 2\theta + \Delta 2\theta = 2\theta + 2\theta_{c,0} - 2\theta_c \tag{8-78}$$

由于 $2\theta_{c,0}$ 为常数，即 $\dfrac{\partial 2\theta_{c,0}}{\partial \sin^2\psi} = 0$，结合式(8-78)，并假定薄膜中存在平面应力，则

$$\sigma = K\left(\frac{\partial 2\theta'}{\partial \sin^2\psi}\right) = K\left[\frac{\partial(2\theta - 2\theta_c)}{\partial \sin^2\psi}\right] \tag{8-79}$$

式中，$\psi$ 为测量面($hkl$)法线与试样表面法线的夹角，由图 8-19 中的几何关系可得 $\psi = \omega$。此时选择不同的转角 $\omega$ 即不同的 $\psi$，可利用两点法或多点法求得 $\dfrac{\partial(2\theta - 2\theta_c)}{\partial \sin^2\psi}$，再由式(8-79)计算薄膜中的内应力。由于式中出现了同一衍射谱的薄膜实测衍射角与标样实测衍射角之差，从而有效降低了仪器的系统误差。

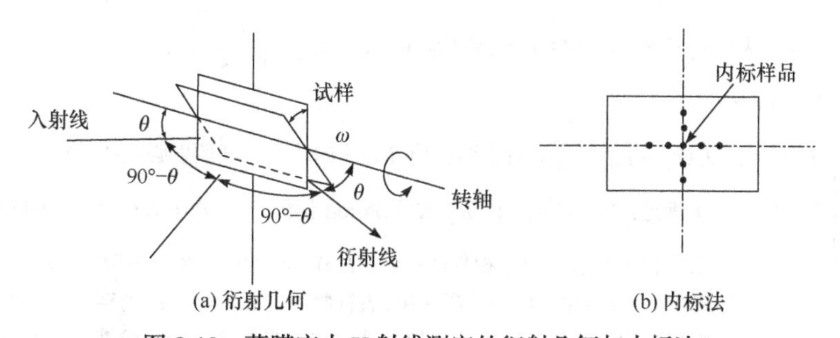


图 8-19　薄膜应力 X 射线测定的衍射几何与内标法

4. 薄膜织构分析

薄膜的织构通常采用极图表征，极图测定方法如同 X 射线衍射仪测定单晶体取向的测定，试样安装在织构附件上，先设定衍射晶面($hkl$)，然后由布拉格方程计算该晶面的衍射角 $2\theta$，将探测器固定于 $2\theta$ 位置，样品分别进行两方向 $\alpha$ 和 $\beta$ 转动，$\alpha$ 倾角从 90°到 0°变化，每一 $\alpha$ 倾角下转动试样绕其表面法线转动 $\beta$= 0°～360°，分别记录衍射强度，绘制极图，再由极图分析薄膜织构。

## 本 章 小 结

**X射线小角散射**

1. 定义：当 X 射线透过试样时，在靠近原光束2°～5°的小角度范围内发生的相干散射
2. 原因：在于物质内部存在尺度在1～100 nm的电子密度起伏
3. 影响因素：散射体尺寸、形状、分散情况、取向及电子密度分布等
4. 原理

1) 单个电子对 X 射线的小角散射强度

$I_e = I_0 \dfrac{e^4}{(4\pi\varepsilon_0)^2 m^2 c^4 R^2} \cdot \dfrac{1+\cos^2 2\theta}{2}$，由于是小角散射，$\theta$值(2°～5°)很小，因此$\cos 2\theta \approx 1$，

偏振因子$\dfrac{1+\cos^2 2\theta}{2} \approx 1$，小角散射时一个电子的散射强度与电子的质量平方成反比，与散射角无关

2) 两个靠得很近的电子对 X 射线小角散射的合成振幅

合成振幅$A(h) = A_e(h)[f_1 e^{-i\vec{h}\cdot\vec{r}_1} + f_2 e^{-i\vec{h}\cdot\vec{r}_2}]$，式中$f$为电子散射因子；$A_e(h)$为位于$\vec{h}$(散射矢量)处单个电子的散射振幅，$\vec{h}$ 的大小为$\left|\vec{h}\right| = \dfrac{4\pi\sin\theta}{\lambda}$

3) $n$个电子共同作用时，X 射线小角散射的合成振幅为$A(h) = \sum_{k}^{n} A_e(h) f_k e^{-i(\vec{h}\cdot\vec{r}_k)}$

5. X 射线小角散射的粒子体系

1) 粒子形状相同、大小均一的稀薄体系
2) 粒子形状相同、大小均一、各粒子均具有相同的电子密度且随机取向的稠密体系
3) 粒子形状相同，大小不一的稀薄体系
4) 粒子形状相同，大小不一的稠密体系
5) 取向粒子体系
6) 任意粒子体系

6. 两个重要公式

1) Guinier公式

$I(h) = I_e n^2 N \exp\left(-\dfrac{h^2}{3} R_g^2\right)$，散射粒子的旋转半径$R_g = \sqrt{-3\alpha} = 0.77R$

当粒子为椭圆形球体，两轴半径分别为$a$和$\nu a$，则$R_g = \sqrt{\dfrac{2+\nu^2}{5}}a$

2) Porod公式

$I(h \to \infty) = I_e(\rho_A - \rho_B)^2 \dfrac{2\pi s}{h^4}$，对于两相边界分明的体系，其散射强度在无限长狭缝准直系统情况下满足：$\lim_{h\to 大值}[h^3 I(h)] = K_P$。$K_P$为Porod常数，当 $h$ 趋于大值时，$h^3 I(h)$趋于一个常数，表明粒子具有明锐的相界面；若$h^3 I(h)$不趋于一常数，表明粒子没有明锐的界面，即表现为对Porod定律的偏离应用：表征物质的长周期、准周期结构、界面层以及呈无规则分布的纳米体系；测定金属和非金属纳米粉末、胶体溶液、生物大分子以及各种材料中所形成的纳米级微孔、合金中的非均匀区和沉淀析出相尺寸分布以及非晶合金在加热过程中的晶化和相分离等方面的研究

**薄膜物相分析**

研究思路：一般采用掠入射法进行测量。由于掠入射角很小，X 射线在薄膜中的路程长，从而可以产生较强衍射信号，同时也不易进入背底，产生噪声，减少了背底的干扰薄膜物相分析的过程与普通XRD的物相分析相似

薄膜厚度测定
- 研究思路：利用有膜和无膜时物质对 X 射线吸收程度的不同，从而导致衍射强度的变化来进行薄膜厚度测量
- 计算公式：$t=\dfrac{\sin\theta}{2\mu_1}\cdot\ln\dfrac{I_0}{I_f}$，式中$\theta$为布拉格角；$\mu_1$为线吸收系数；$I_0$和$I_f$分别为无膜和有膜下的衍射强度；$t$为薄膜厚度

薄膜应力测定
- 研究思路：薄膜应力宏观上表现为平面应力，理论上薄膜晶体可采用平面应力测量方法进行，实际上由于薄膜的衍射强度低，常规应力测量误差大，需对其进行改进。一般采用掠入射法、侧倾法和内标法，三者结合测定薄膜的内应力
- 计算公式：$\sigma=\left(\dfrac{\partial 2\theta'}{\partial\sin^2\psi}\right)=K\left[\dfrac{\partial(2\theta-2\theta_c)}{\partial\sin^2\psi}\right]$，式中$\psi$为测量面$(hkl)$法线与试样表面法线的夹角；$\theta$为衍射半角；$K$为应力常数；$\sigma$为薄膜应力

薄膜织构分析
- 研究方法：极图法。试样安装在织构附件上，分别进行两方向$\alpha$和$\beta$转动，$\alpha$倾角从90°到0°变化，每一$\alpha$倾角下转动试样绕其表面法线转动$\beta=0°\sim360°$，分别记录衍射强度，绘制极图，再由极图分析薄膜织构

## 思 考 题

8-1　什么是 X 射线小角散射？

8-2　X 射线小角散射的基本原理是什么？

8-3　X 射线小角散射的主要特点有哪些？

8-4　X 射线小角散射法的主要应用有哪些？

8-5　X 射线小角散射中的散射体系一般有哪几种？各种体系的特点分别是什么？

8-6　Guinier 公式和 Porod 公式分别应用于哪种粒子体系？

8-7　掠入射衍射与小角衍射有什么区别？

8-8　什么是掠入射衍射？与常规的衍射有什么区别？

8-9　薄膜 X 射线物相分析的原理是什么？与普通的物相分析有什么区别？

8-10　简述薄膜厚度 X 射线测定的原理。

8-11　简述薄膜应力 X 射线测定的原理。

8-12　简述薄膜织构 X 射线测定的原理。

# 第9章 位错分析

位错运动是晶体材料变形过程的重要机制之一，一般通过透射电子显微镜进行微观分析。但晶体内的位错会影响理想的周期点阵排列，会导致X射线衍射动力学条件改变，从而对X射线衍射谱，尤其是衍射谱峰宽造成显著影响。因此，利用X射线衍射技术还可以对晶体中的位错进行分析，常见的分析方法有线形分析法等。本章主要介绍X射线线形分析法中的衍射谱峰宽法和全谱拟合法在晶体位错分析中的应用。

## 9.1 对位错分析用X射线的基本要求

用于晶体位错分析的X射线线形分析技术需要获得高质量的X射线衍射谱。实验室X射线源通常是利用高压(几十电子伏特)加速电子，然后加速后的电子轰击金属靶材(如Cu、Mo、Cr等)产生X射线，发射源电压较低，但产生的射线亮度较低；产生的不是纯净的单色光，而是包含多种波长的射线，且通常难以消除不同波长的X射线对后续衍射的影响[图9-1(a)]。如配置单色器获得单波长的X射线束，其通量往往会大幅降低，从而影响数据的质量，如信噪比。但最新的采用旋转阳极的实验室X射线源也能兼具单色、平行光、高通量(亮度)的特点，适用于X射线线形分析法的要求。

相较于实验室普通X射线源，同步辐射X射线源具有以下优异特性：

(1) 高偏振：从偏转磁铁引出的同步辐射光在电子轨道平面上是完全的线偏振光，此外，可以从特殊设计的插入件得到任意偏振状态的光。

(2) 高纯净：单色化严格，采用双晶单色器，可降低波长色散，去除衍射背底，降低 $K_\beta$ 射线的干扰，产生高纯净单色X射线；采用晶体分析器代替接收狭缝，可采用聚焦光、平行光等多种衍射几何。

(3) 高亮度：同步辐射光源是高强度光源，有很高的辐射功率和功率密度[图9-1(b)]。

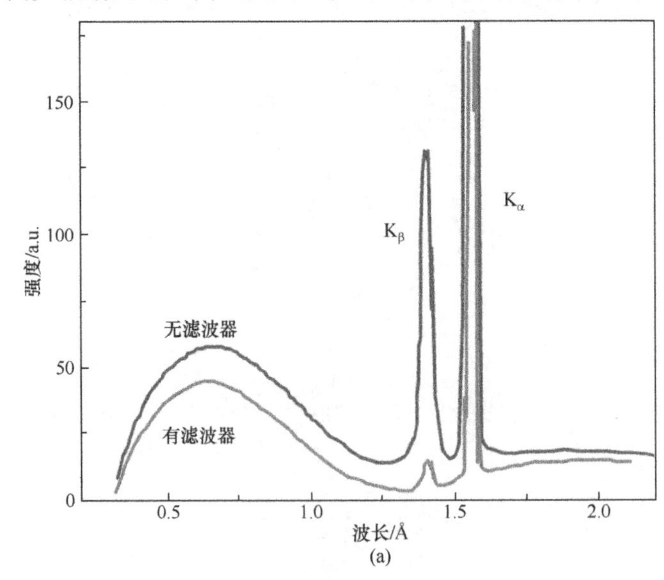

(a)

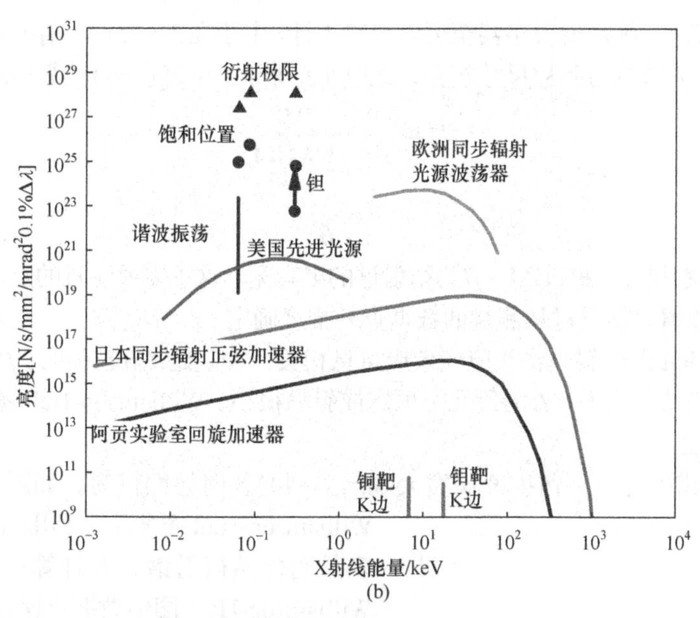


图 9-1 (a)实验室 X 射线衍射谱；(b)不同 X 射线光源亮度对比

(4) 窄脉冲：同步辐射光是脉冲光，有优良的脉冲时间结构，宽度在 $10^{-11}$～$10^{-8}$ s(几十皮秒至几十纳秒)可调，脉冲时间的间隔为几十纳秒至微秒量级。

此外，同步辐射光还具有高度稳定性、高通量、微束径、准相干等独特而优异的性能，可获得高质量 X 射线衍射谱，同时仪器参数引起的衍射峰展宽也可通过标准样品的测量消除，使其更适合应用于线形分析。

## 9.2 X 射线线形分析法

线形分析法的基本理念在于与晶体的晶粒、位错、层错、孪生等相关的信息可以从衍射谱轮廓的宽度和形状提取，本节主要介绍 X 射线线形分析法在位错分析中的应用。X 射线线形分析法可分为两大类：①衍射谱峰宽法；②全谱拟合法。峰宽法主要包括 Williamson-Hall 法和 Warren-Averbach 法，全谱拟合法主要介绍全谱多峰拟合法[multiple whole profile (MWP) fitting method]和卷积全谱多峰拟合法[convolutional multiple whole profile (CMWP)fitting method]。

### 9.2.1 衍射谱峰宽法

1. Williamson-Hall 法

Williamson-Hall 法是以不同的物理效应引起的衍射轮廓的不同阶依赖性，在晶粒为球形的情况下，衍射峰轮廓的尺寸展宽在整个倒空间中是恒定和各向同性的，而应变展宽随着倒空间坐标 $K$ 的增加而增加。如果应变是由位错引起的，应变展宽通常是各向异性的，可以用位错对比(或取向)因子的概念来解释。当存在堆垛层错时，其展宽也是各向异性的，但展宽不随 $K$ 的增大而增大。值得注意的是，各向异性的晶粒也会在增宽过程中引入各向异性。

在 Williamson-Hall 法中，将$\beta$定义为衍射谱的半高宽(full width at half maximum，FWHM)或者是与 $K$ 值相关的一个函数，该函数关系绘制的谱图称为 Williamson-Hall 图(图 9-2)。该图可以从定性的角度给出衍射峰展宽的原因：如果样品的晶粒尺寸很小，则在$\beta=0$ 时的 $K$ 值较高，而如果晶粒较大，则 $K$ 值很小甚至可以忽略不计。由于在 $K=0$ 时不存在应变引起的展宽，因此 $K=0$ 对应的 $\beta$ 值只与晶粒尺寸相关，此时 $\beta$ 值等于 $0.9/D$[式(9-1)]或 $1/d$[式(9-2)]。

$$D=\frac{0.9}{\beta}=\frac{0.9}{\text{FWHM}} \tag{9-1}$$

$$d=\frac{1}{\beta} \tag{9-2}$$

式中，$D$、$d$ 为晶粒尺寸；FWHM、$\beta$ 为衍射谱的半高宽。这里需要注意的是，由于在 $K=0$ 处没有布拉格峰，$\beta$ 值只能通过从测量的数据点外推来确定。

Williamson-Hall 图的斜率也与应变效应息息相关，当应变效应较强时，$\beta$ 随 $K$ 的增加而快速增加；而应变效应较弱时，$\beta$ 的值几乎恒定或斜率很小。Williamson-Hall 图的斜率可以用来定量估算位错密度。

当应变由位错引起时，衍射峰展宽表现出典型的各向异性行为，如图 9-2 多晶铜样品 Williamson-Hall 图所示，利用 X 射线衍射测定了多晶铜样品衍射谱，并计算了其半高宽，传统 Williamson-Hall 图中数据点比较离散，会引起较大的误差，此时可以用修正 Williamson-Hall 法结合位错对比度因子估算应变。该处理方法中，衍射峰宽度被绘制成 $KC^{1/2}$ 或者 $K^2C$ 的函数，其中 $C$ 是对比度因子，它决定了由不同类型的位错引起的线展宽的强度。如图 9-3 所示，含有位错的材料修正 Williamson-Hall 图变得平滑。应变各向异性参数可以用简单的线性回归方法确定。Tamás 和 Borbély 于 1996 年提出，峰宽与 $KC^{1/2}$ 具有一定线性拟合关系。2001 年，Tamás 基于 Wilkens 模型提出峰宽与 $K^2C$ 呈线性关系。Wilkens 模型是描述含有位错材料应变特性的重要模型，Wilkens 曲线应变分布仅取决于 $K^2C$ 的幂，因此它是 $KC^{1/2}$ 的偶函数，即衍射峰的宽度(半高宽或积分宽度值)也是 $KC^{1/2}$ 的偶函数。只要 Wilkens 模型的基本假设适用于所研究的材料，那么峰宽就只依赖于 $K^2C$ 而不是 $KC^{1/2}$。图 9-2、图 9-3 表明修正 Williamson-Hall 图中峰宽可以很好地线

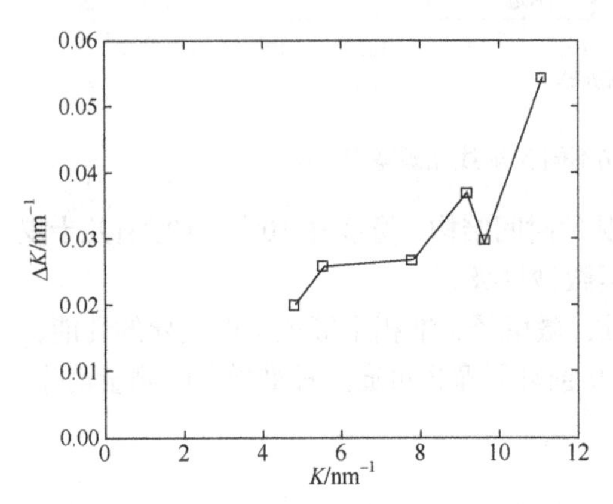


图 9-2　多晶铜样品的传统 Williamson-Hall 图
(其中 $\beta$ 值作为 $K$ 的函数)

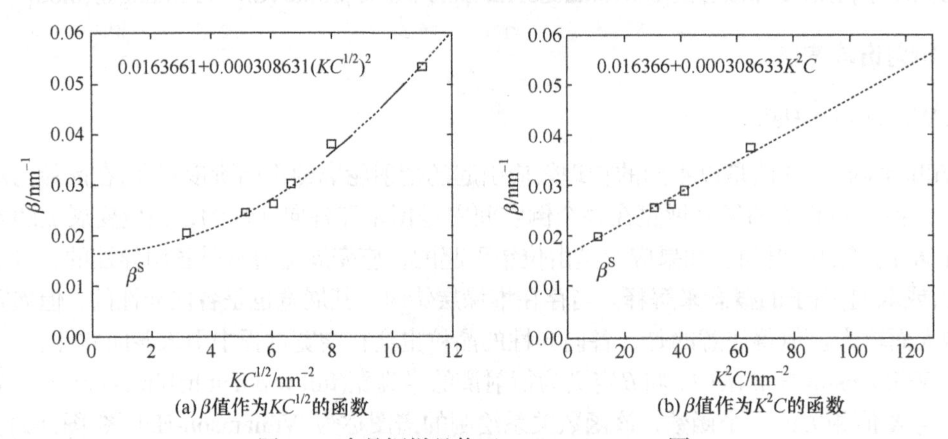


(a) $\beta$ 值作为 $KC^{1/2}$ 的函数　(b) $\beta$ 值作为 $K^2C$ 的函数

图 9-3　多晶铜样品修正 Williamson-Hall 图

性拟合成 $K^2C$ 的函数。然而 Wilkens 模型并不适用于所有材料，对于某些特定样品，$\beta$ 很可能与 $KC^{1/2}$ 具有良好的线性关系。Williamson-Hall 法仅用到衍射谱的峰宽，这是衍射谱轮廓信息中非常有限的一部分，但是它非常适合对材料的位错密度进行定性和半定量研究。

2. Warren-Averbach 法

Warren-Averbach 法也是估算位错密度的一种方法，在 Warren-Averbach 法中，利用傅里叶变换对衍射谱进行了分析。传统 Warren-Averbach 图中，通过对测得的衍射谱$[0, L_{max}]$范围内的 $L$ 等距值计算得到归一化的傅里叶变换值，并将 $\lg A(L)$绘制成 $K^2$ 的函数，其中变量 $L$ 为傅里叶长度。Warren-Averbach 图通常表现出与 Williamson-Hall 图相似的各向异性行为。如图 9-4 所示，在修正 Warren-Averbach 图中，测量数据点可以平滑地绘制成换算因数 $K^2C$ 的函数。

根据计算，物理参数值可以通过以下方法得到：

$$A(L) = A^S(L)A^D(L) \tag{9-3}$$

式中，$A(L)$为傅里叶系数；$A^S(L)$为与尺寸因素相关的系数；$A^D(L)$为与应变因素相关的系数；变量 $L$ 为傅里叶长度：$L = n\lambda/[2(\sin\theta_1 - \sin\theta_2)]$，其中 $n \in N$，$(\theta_2 \sim \theta_1)$是测量峰值的范围。

应变傅里叶变换系数可以用如下公式表示：

$$A^D(L) = \exp(-2\pi^2 g^2 L^2 < \varepsilon_{g,L}^2 >) \tag{9-4}$$

式中，$g$ 为衍射矢量的绝对值；$< \varepsilon_{g,L}^2 >$为均方应变，其值取决于原子相对于其理想位置的偏移，方括号表示空间平均。

$$< \varepsilon_{g,L}^2 > = \left(\frac{b}{2\pi}\right)^2 \pi\rho C \lg\left(\frac{D}{L}\right) \tag{9-5}$$

式中，$D$ 为晶粒尺寸；$b$ 为伯格斯矢量；$\rho$ 为 CMWP 拟合得到的位错密度。

当 $L$ 值较小时，利用式(9-3)～式(9-5)，衍射谱傅里叶变换的对数式如下：

$$\lg A(L) \approx \lg A^S(L) - BL^2\left(\frac{R_e}{L}\right)\left(K^2C\right) \tag{9-6}$$

式中，$B = \pi b^2/2$。该方法中，对比因子中的参数不进行拟合，而是将其固定到特定的值。

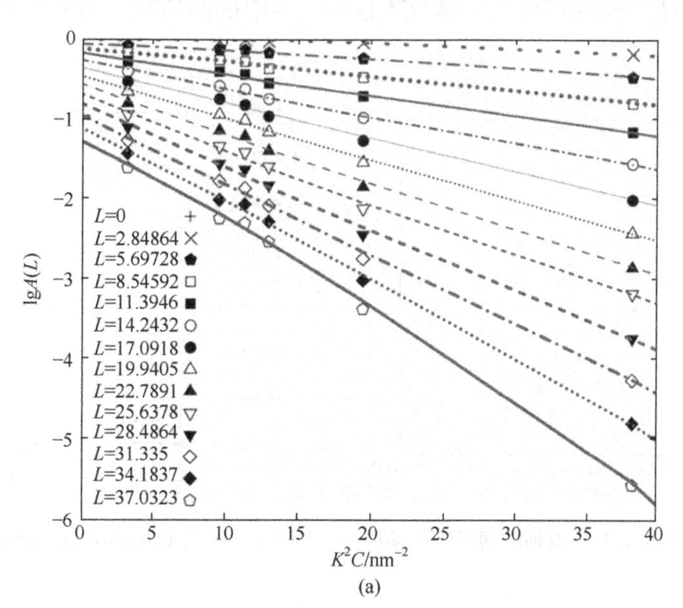

(a)

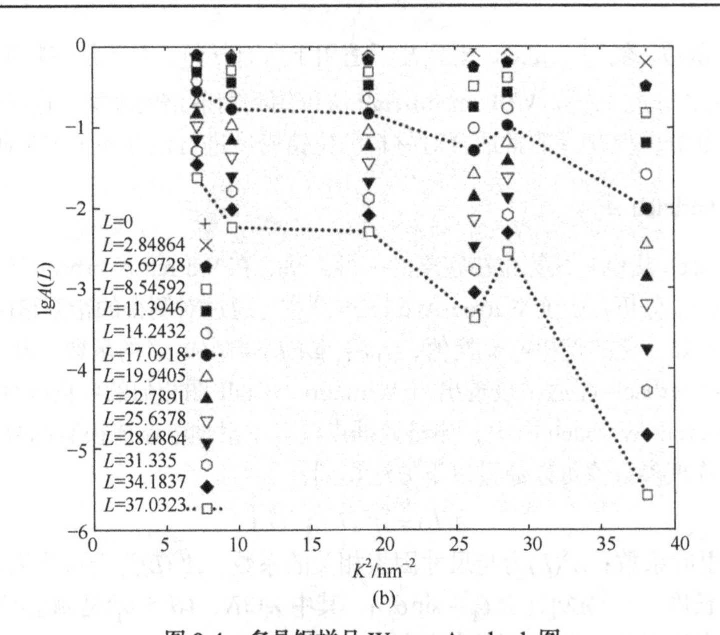


(b)

图 9-4　多晶铜样品 Warren-Averbach 图

(a) 传统 Warren-Averbach 图，其中 $\lg A(L)$作为 $K^2$ 的函数；(b) 修正 Warren-Averbach 图，其中 $\lg A(L)$作为 $K^2C$ 的函数

对 $L$ 的每一个值 $L_i$，利用抛物线 $a_i+b_iK^2C+c_iK^4C^2$ (其中，$C$ 是对比度因子)拟合 $\lg A(L_i)$，并将 $a_i$ 值的指数曲线画成 $L$ 的函数，得到尺寸效应傅里叶变换。利用线性回归法拟合尺寸效应傅里叶变换的初始斜率，可以得到 $L_0$ 的值，结果如图 9-5 所示。将初始斜率 $\frac{b_i}{L_i^2}$ 画成 $L_i$ 的函数得到图 9-6。通过对该数据的线性部分进行线性回归分析，得到初始斜率为$\rho B$，由此可以确定位错密度$\rho$。线性回归方程的另一个参数等于$-\rho B\lg R_e$，由此可以得到 $R_e$ 的值。在某些情形中，当把 $\frac{b_i}{L_i^2}$ 画成 $\lg L_i$ 时，曲线没有线性部分(当 $L$ 值较大时，对数公式无效，即使对于含有位错的材料，在 $L$ 值较小时也可以观察到较大的误差)，因此很难得到准确的 $\rho$ 和 $R_e$。当对 $\lg A(L_i)$进行拟合时，$c_iK^4C^2$ 是$<\varepsilon_{g,L}^2>$中的高阶项，该项只用于描述曲线，$c_i$ 值无实际意义。

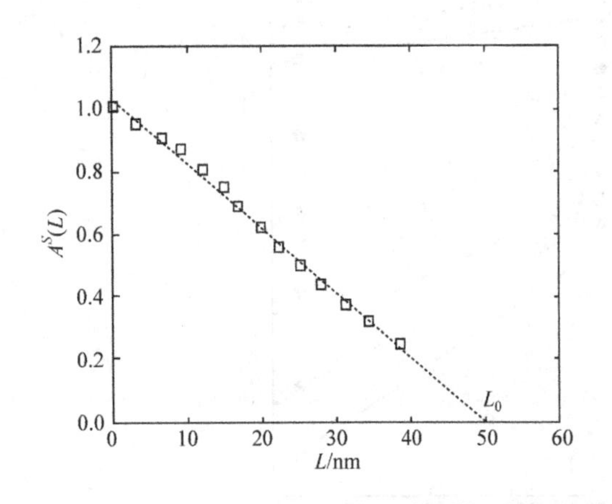


图 9-5　修正 Warren-Averbach 法得到的傅里叶变换图

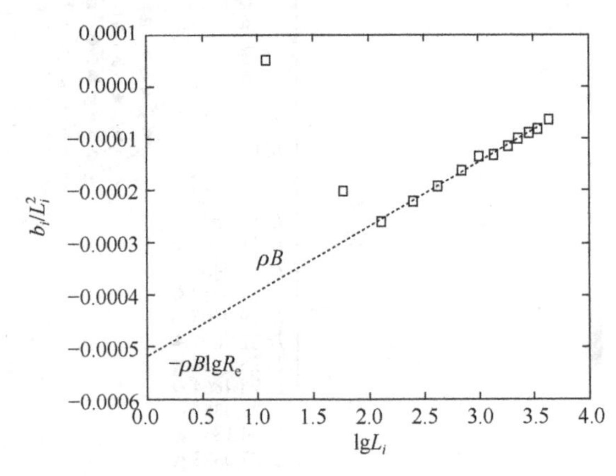


图 9-6　修正 Warren-Averbach 图确定$\rho$和 $R_e$ 的值

### 9.2.2　全谱拟合法

近年来衍射谱全谱拟合法基本取代了峰宽法来确定材料变形过程中的微观结构参数。本小节将简要介绍全谱多峰拟合法和卷积全谱多峰拟合法。

#### 1. 全谱多峰拟合法

全谱多峰(MWP)拟合法实际上是一种基于傅里叶变换对衍射谱全谱进行拟合的分析方法。MWP 方法中，利用初始值函数对衍射谱的所有衍射面进行拟合得到对应的傅里叶变换值。该方法的理论基础是 Warren 和 Averbach 给出的卷积方程，该方程同时考虑到晶粒尺寸和微观应变对峰宽的影响。此外，MWP 方法可以从 X 射线衍射谱得到样品晶粒尺寸、尺寸分布、位错密度和位错类型等信息。

利用 MWP 方法分析 X 射线衍射谱时，由于 MWP 拟合法是一种分析样品微观结构的方法，对衍射峰的强度没有物理意义，因此在拟合过程中对衍射峰强度及其傅里叶变换值进行归一化处理。在 MWP 拟合过程中，利用非线性列文伯格-马夸尔特(Marquardt Levenberg)最小二乘法同时对衍射谱的所有衍射峰进行拟合，对平方残差的加权之和进行最小化处理。该过程中衍射谱被归一化。需要注意的是，对应于相同 $g$ 值但其 $hkl$ 指数不是彼此排列的衍射面[如在 FCC 立方结构中的(333)和(511)晶面]应从评估过程中省略，因为它们的对比因子是不同的，理论上的傅里叶变换只对应一个对比度因子。该方法中理论函数取决于 $hkl$ 指数和微观结构相关的参数：晶粒尺寸分布为 $m$ 和$\sigma$；位错密度为$\rho$；位错排列参数为 $R_e$ 和应变各向异性参数为 $q$(或六方晶体中的 $a_1$、$a_2$)。在进行全谱拟合时，对不同衍射面这些物理参数是通用的，差异在于这些物理参数对不同衍射面的 $hkl$ 依赖性。在 MWP 处理程序中，各物理参量将被拟合，当使用椭球形尺寸函数时，椭圆率$\varepsilon$也会被拟合。图 9-7 为等通道挤压制备的多晶铜样品的 MWP 拟合曲线，拟合得到的结果如下：$m = 56$ nm，$\sigma = 0.34$，$q = 1.64$，$\rho = 1.5 \times 1015$ m$^{-2}$，$R_e = 5.1$ nm。

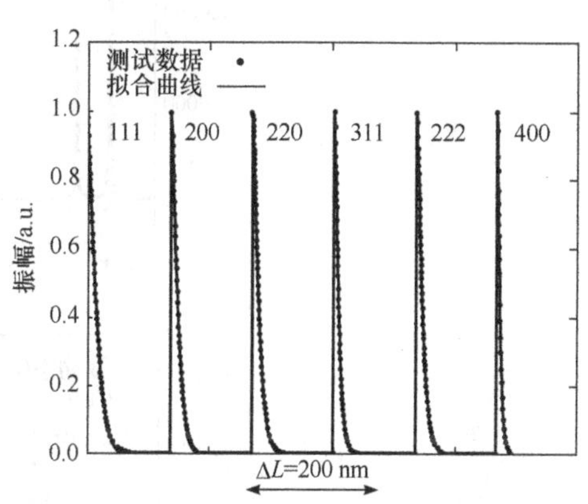


图 9-7　多晶铜样品 MWP 拟合结果

#### 2. 卷积全谱多峰拟合法

卷积全谱多峰(CMWP)拟合法可以从 X 射线衍射谱中得到立方、密排六方样品的晶粒尺寸、尺寸分布、位错密度和位错类型等微观信息，而无需分离重叠的衍射峰或对仪器影响进行反卷积。此外，利用 CMWP 方法也可以获得位错、堆垛层错和孪晶界的密度和特征。与 MWP 法使用傅里叶变换将衍射谱分离成单个衍射面再同时拟合不同，CMWP 无需分离衍射峰面直接对 X 射线衍射谱进行拟合。另一个不同之处在于，CMWP 拟合中无需修正仪器效应数据，因为卷积方程中已经包括了仪器参数的影响。测量到的粉末衍射图谱直接通过背景函数和峰形函数的加权和拟合计算得出，该函数是将尺寸效应、应变效应、平面缺陷、初始值函数和仪器参数卷积得到的。其表达形式如下：

$$I_{\text{theoretical}} = \text{BG}(2\theta)\sum_{hkl} I_{\text{MAX}}^{hkl} I^{hkl}(2\theta - 2\theta_0^{hkl}) \tag{9-7}$$

式中，BG(2$\theta$)为衍射谱背底；$I_{\text{MAX}}^{hkl}$ 为衍射峰强；$2\theta_0^{hkl}$ 为峰中心处衍射峰的位置；$I^{hkl}$ 为衍射

峰的轮廓相关参数，它可以表示为以下几个参数的卷积，测得的仪器参数展宽和初始值函数表示为 $I_{\text{instr.}}^{hkl}$，理论尺寸效应引起的展宽表示为 $I_{\text{size.}}^{hkl}$，位错引起的理论应变展宽表示为 $I_{\text{disl.}}^{hkl}$，堆垛层错的理论轮廓为 $I_{\text{pl.faults}}^{hkl}$，$I^{hkl}$ 的表达式为

$$I^{hkl} = I_{\text{instr.}}^{hkl} \cdot I_{\text{size.}}^{hkl} \cdot I_{\text{disl.}}^{hkl} \cdot I_{\text{pl.faults}}^{hkl} \tag{9-8}$$

该方程的理论基础是 1952 年提出的 Warren-Averbach 公式[式(9-3)]，Warren-Averbach 理论同样可以作为其他物理效应的基础。

如图 9-8 所示，利用 CMWP 法可以对衍射谱多衍射面同时进行拟合，并且该方法适用于不同体系样品的表征，其中 $Al_6Mg$ 样品各物理参数结果如下：$m = 21$ nm，$\sigma = 0.36$，$\rho = 10^{16}$ m$^{-2}$，$M = R_e\sqrt{\rho} = 1.3$，$q = 1.3$。

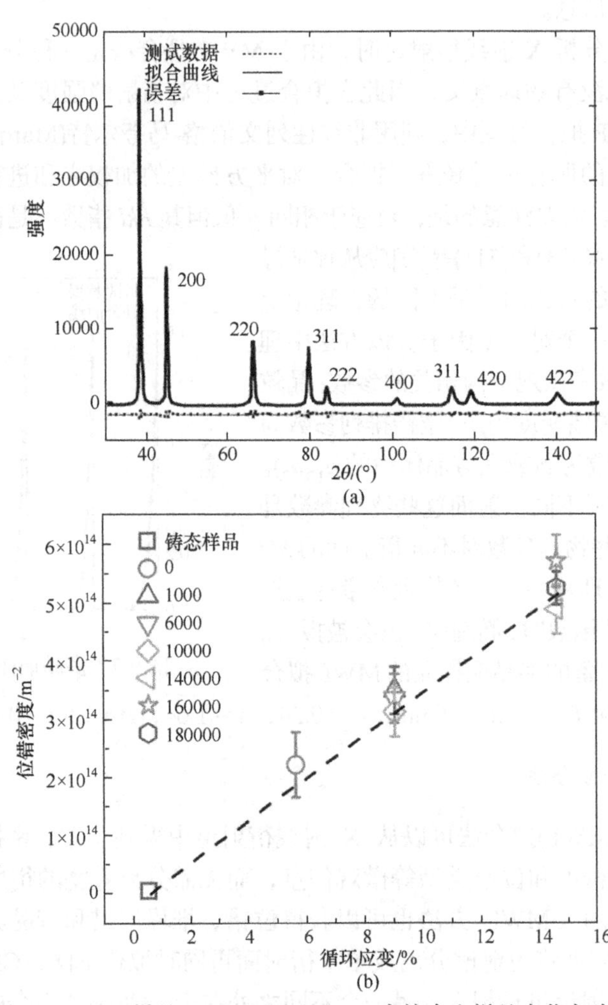


图 9-8　CMWP 拟合结果：(a)$Al_6Mg$ 样品；(b)$CrFeCoNiMo_{0.2}$ 高熵合金样品疲劳实验 CMWP 方法分析获得的位错密度演变过程

## 9.3　应用举例分析

位错对于材料的物理性能，尤其是力学性能具有重要影响。利用透射电子显微镜、背散

射电子衍射中的晶粒取向扩展、大小角晶界等方法可以估算材料中位错密度，但基于电镜为基础的方法往往是非原位观察，且观察范围相对较小，实际应用中得到的位错密度往往误差较大。位错密度测量的精度对于探索材料具体强化机制具有重要影响，同步辐射可进行原位力学性能实验，并且是针对块体样品进行测试，最终得到的数据误差较小。黄明欣等利用同步辐射研究了 Fe-18Mn-0.75C-1.7Al-0.5Si(数字表示质量分数)孪晶诱发塑性(twinning induced plasticity，TWIP)钢变形过程中位错密度对 TWIP 钢的加工硬化机制的贡献。图 9-9 为该 TWIP 钢变形后 Williamson-Hall 图，该研究利用同步辐射结合 Williamson-Hall 法得到该 TWIP 钢变形后位错密度为$\rho$ = (34.68 ± 11.49) × $10^{14}$ $m^{-2}$，并进一步结合位错强化贡献表达式$\sigma=\alpha M\mu b\rho^{1/2}$(式中，$\alpha$约为 0.3；$M$ = 3.06，为泰勒常数；$\mu$ = 65 GPa，为 TWIP 钢室温时的剪切模量；$\rho$为位错密度；$b$ = 0.256 nm，为伯格斯矢量)计算出位错强化在真应变 0.4 时可达 850 MPa 左右。此外，Liang 等采用 CMWP 方法计算出 TWIP 钢在真应变 0.4 时高达 $10^{16}$ $m^{-2}$的位错密度，并基于此得到了 922 MPa 的位错强化贡献，与之对比，孪晶强化仅有 118 MPa，该数据有效支持了“位错主导强化”这一观点。Shi 等利用同步辐射研究了 TC6(Ti-6Al-2.5Mo-1.5Cr-0.5Fe-0.3Si)钛合金变形过程，利用 Williamson-Hall 法得到了$\alpha$相和$\beta$相中位错密度随变形的演变过程(图 9-10)，阐明了基于位错密度的应变硬化与微观结构演化之间的关系。

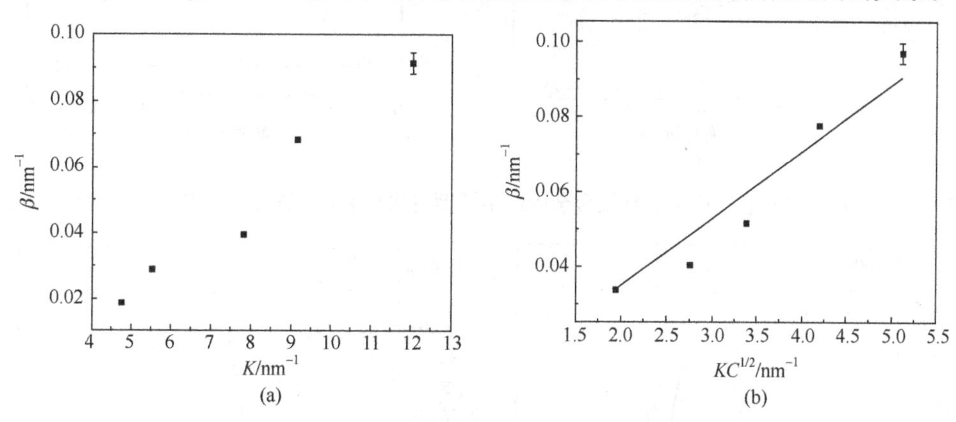


图 9-9 TWIP 钢变形后 Williamson-Hall 图

(a)传统 Williamson-Hall 图，其中$\beta$值作为 $K$ 的函数；(b)修正 Williamson-Hall 图，其中$\beta$值作为 $KC^{1/2}$ 的函数

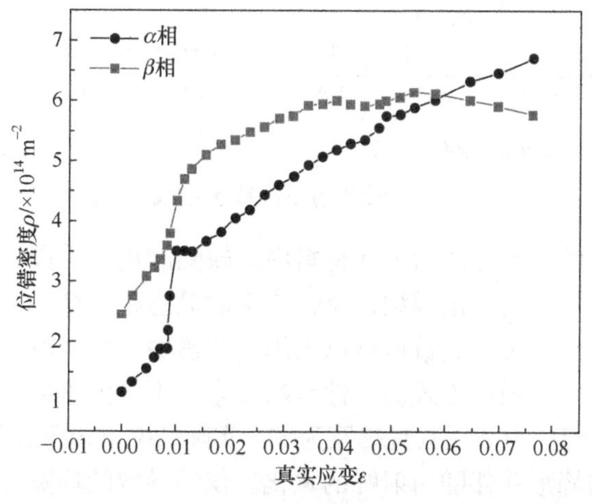


图 9-10 TC6 钛合金中$\alpha$相和$\beta$相中位错密度随变形的演变过程

Ungár 等利用 X 射线衍射结合全谱多峰拟合法确定了热轧商业纯钛试样位错密度和位错

类型随轧制变形量的演化。研究表明，在具有密排六方结构的纯镍中，<a>型位错在不同变形量下始终占据主导地位，<c + a>型位错在 40%变形量下占有一定比例，但随着变形量的增加其数值逐渐减小，从最开始的 40%降低到约 17%，<c + a>型位错的激活在动态回复中起着重要作用。在不同变形量下，<c>型位错所占比例是最小的[图 9-11(a)]，如图 9-11(b)所示，不同衍射面强度变化与位错类型演变规律基本保持一致。图 9-12 为(0002)和$(11\bar{2}0)$布拉格衍射面展宽情况，不同晶面展宽的差异是因为每个样品中积累的位错类型不同。从图 9-12(a)可以看出，(0002)反射的展宽随着变形的增加而减小，而$(11\bar{2}0)$反射的宽度随着变形的增加而增大[图 9.12(b)]。该图说明了不同类型的位错所产生的不同对比效应，同样证明<a>类型的位错含量随着变形过程的升高而增加。

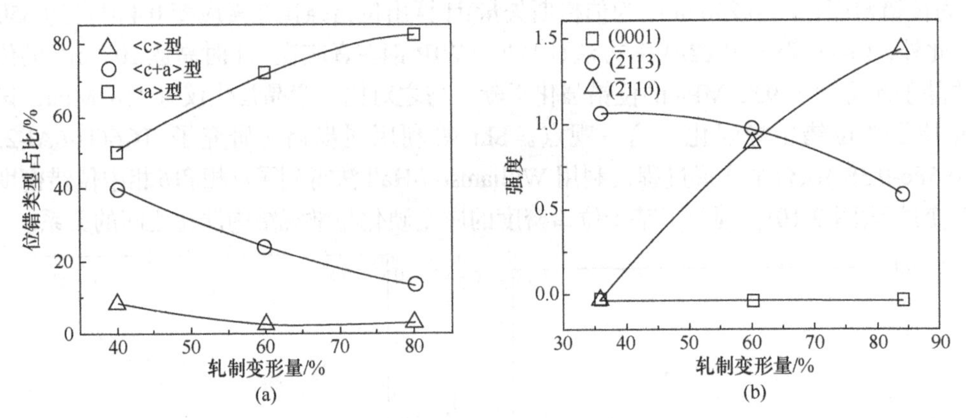


图 9-11　全谱多峰拟合法确定的纯钛合金中位错类型占比与衍射面强度随轧制变形量的演变规律

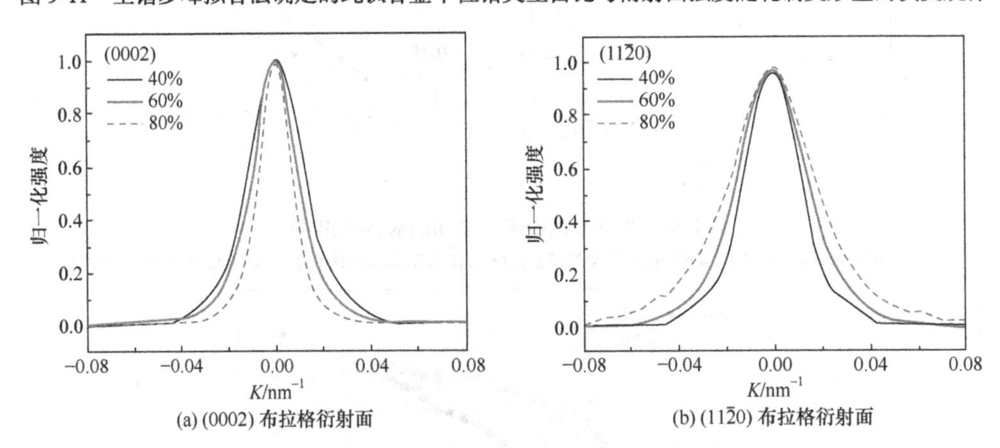


图 9-12　不同变形量下纯钛 X 射线衍射谱面

研究布拉格衍射峰的峰形已成为表征材料内部缺陷的重要手段，而将材料的缺陷与峰形的变化联系起来则需要对应的理论模型，位错是多数晶态金属结构材料的主要强度来源，然而当位错密度高到一定程度时，其数值难以采用传统透射电镜观察来获得，这给位错强化贡献的定量表征甚至材料主要强化方式的定性判断带来了不少困难或争议。理想状态下晶体发生布拉格衍射时其衍射峰应为 $\delta$ 函数且峰宽为零。实际情况下由于仪器及样品均非理想状态，衍射峰会呈现出一定的峰形并伴随衍射峰的宽化。仪器导致的峰宽可通过测定标准样的方式进行矫正，而样品本身所造成的峰宽则取决于晶粒大小、位错等缺陷造成的微观应变、层错及孪晶、元素浓度梯度等。因此，通过分析衍射峰的宽化并配合相应理论模型至关重要。

## 本章小结

本章详细介绍了被广泛应用于结构金属材料位错密度等计算的衍射谱峰宽法和全谱拟合法，结合原位高能同步辐射等技术手段，X 射线线形分析法可以揭示传统钢材、有色金属、高熵合金等金属材料变形过程中微观机制的演变，为材料性能设计提供重要参考。

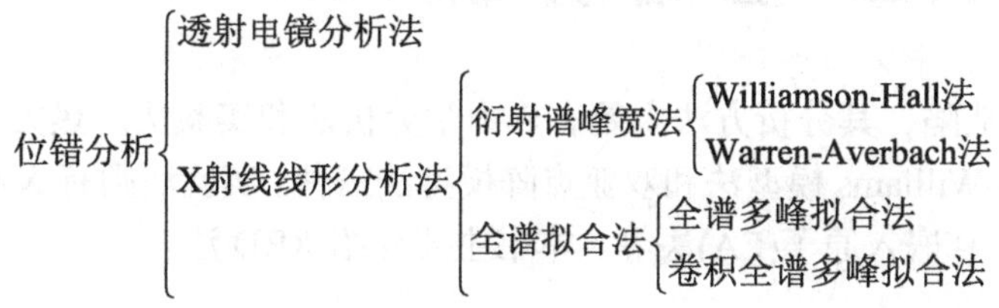


## 思考题

9-1　简要说明与传统实验室 X 射线相比，同步辐射 X 射线在先进材料表征方面的优势以及线形分析法对 X 射线光束的基本要求。

9-2　试给出德拜-谢乐(Debye-Scherrer)公式的表达式，并说明各参数的含义。

9-3　简要说明 Williamson-Hall 法与卷积全谱多峰拟合法之间的异同。

9-4　简要对比透射电镜和 X 射线线形分析法在位错分析中的区别。

9-5　请说明 Williamson-Hall 公式：$\beta=0.9/L+(A^2b^2/2)^{1/2}\rho^{1/2}(K^2C)$中 $A$ 和 $b$ 的含义以及 $C$ 的计算公式。

# 第10章 层 错 分 析

层错是一种晶体结构中的面缺陷，其分析方法主要有热力学分析法和实验法。热力学分析法包括正规溶液模型法、Bragg-Williams模型法和双亚点阵模型法三种。实验法则有X射线衍射(XRD)法、透射电镜(TEM)法和嵌入原子(EA)法等。本书主要介绍XRD法。

## 10.1 层错的概述

### 10.1.1 层错的定义

层错是堆积层错的简称，堆积层错是指在正常堆积顺序中引入不正常顺序堆积的原子面而产生的一类面缺陷。一般发生在密排面上，层错两侧的晶体均为理想晶体，且保持相同位向，两者间只是发生了一个不等于点阵平移矢量的位移，层错的边界为不全位错。

晶体中堆垛层错的形成原因：①偶然因素，晶体生长中的偶然因素会引起堆垛顺序出错；②塑性变形，塑性变形过程中原子面间非点阵平移矢量的滑移，位错之间相互交割并发生攀移时会形成一定量的空位，全位错在密排面内分解而后扩张等；③热处理，热处理导致合金中的空位在密排面聚集成盘而后崩塌，和间隙原子聚集成盘；④辐射，当晶格内的原子质点受到外来高能量的粒子辐射时会被击出，其所在位置形成空位，被击出的原子进入晶格的间隙形成间隙原子或者直接被击发至界面处。持续辐照时，晶格中的原子会不断地被击发出去，且被击发至间隙的原子还会产生二次击发，将其他原子击出点阵位置，最终形成大量的空位以及间隙原子，间隙原子和空位在一定条件下平面聚集产生层错。

### 10.1.2 层错能

层错破坏了晶体的周期完整性，引起能量升高，通常把单位面积层错所增加的能量称为层错能，一般用$\gamma$表示，单位为$10^{-3}$ J/m$^2$。层错能也可看成是单位长度的张力，单位为N/m。层错能是材料的一个重要物理特性，直接影响材料的力学性能、位错交滑移和相稳定性等。其大小决定基体中位错交滑移的难易，同时也影响固溶体中合金元素的分布状态。一些能明显降低层错能的合金元素易被层错区吸收，造成合金元素在层错区富集，为弥散强化相在层错区沉淀析出提供了有利条件。层错能越高，出现层错的概率越小。就FCC金属而言，在奥氏体不锈钢及$\alpha$-黄铜中可以看到大量的层错，且层错区较宽；而在铝中根本看不到层错。低层错能材料，塑性变形均匀分布，这是由于位错可在一个平的滑移面上运动，难以发生交滑移，不会过早地出现滑移带；此外，低层错能材料也不易形成位错胞。影响层错能的因素主要有合金元素、成分的偏聚、温度、磁性等，一般认为成分偏聚会降低层错能，FCC相中的层错能随温度的增加而增加。

面心立方晶体中层错处的一薄层晶体由面心立方结构变为密排六方结构，同样在密排六方结构的晶体中层错处的一薄层晶体也变为面心立方结构。这种结构变化并不改变层错处原子最近邻的关系(包括配位数、键长、键角)，只改变次近邻关系，几乎不产生畸变，所引起的畸变能很小。层错是一种低能量的界面。

### 10.1.3 层错的分类

根据层错产生的原理不同，层错一般可分为形变层错和孪生层错两类。其中形变层错又分为内禀型(抽出型)和外禀型(插入型)两种。

(1) 内禀层错(形变层错)：面心点阵密排面(111)上正常的堆垛顺序为ABCABC…，见图10-1(a)，堆垛中抽走一层，如B层，见图10-1(b)，正常堆垛顺序被破坏，形成ABCA^CABC…堆垛结构，但抽出层的前后堆垛顺序未变，在抽出处出现一次形变A^C。内禀层错又称抽出型层错。

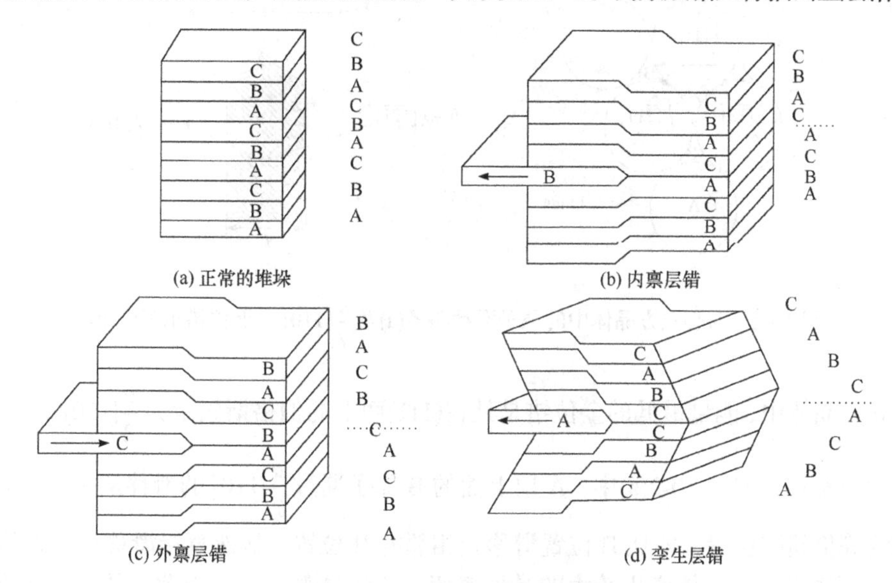


(a) 正常的堆垛 (b) 内禀层错

(c) 外禀层错 (d) 孪生层错

图10-1 FCC(111)面堆垛顺序

(2) 外禀层错(双形变层错)：面心点阵的正常堆垛顺序为ABCABC…中插入一层，如C层，见图10-1(c)，同样堆垛顺序被破坏，形成ABCA^C^BCABC…堆垛结构，插入层的前后堆垛顺序未变，在插入处出现两次形变A^C和C^B即双形变。外禀层错又称插入型层错。

(3) 孪生层错：面心点阵正常的堆垛顺序为 ABCABC…，演变为以某一层原子面为中心呈镜面对称的堆垛结构，如ABC ACBA…，这种层错称孪生层错，见图10-1(d)，显然孪生层错的形成较为困难。

层错的位移方式一般有两种：①密排面内；②密排面的法线方向。例如，面心立方晶体中，层错的位移方式有以下两种：

(1) 沿垂直于(111)面方向上的移动，缺陷矢量$\vec{R}=\pm\frac{1}{3}<111>$，表示下方晶体沿<111>方向向上或向下移动，相当于抽出或插入一层(111)面，可形成内禀层错或外禀层错。

(2) 在(111)面内的移动，缺陷矢量$\vec{R}=\pm\frac{1}{6}<112>$，表示下方晶体沿<112>方向向上或向下切变位移，也可形成内禀层错或外禀层错。

注意：

(1) 堆垛层错一般为一或两个原子面厚(一般小于3层)、几纳米到数十纳米宽的区域。

(2) 孪生层错高于3层时称为孪晶，此时的层错为孪晶胚。

### 10.1.4 扩展位错

扩展位错是由一个全位错分解为两个不全位错，中间夹着一个堆垛层错的位错组态，并以产生它的全位错命名，扩展位错中的层错宽度为 $T$。图 10-2 为面心立方晶体中的 $\frac{a}{2}[\bar{1}10]$ 扩展位错。层错能与扩展位错宽度成反比越大，扩展位错宽度 $T$ 越小，扩展位错宽度也称层错宽度。

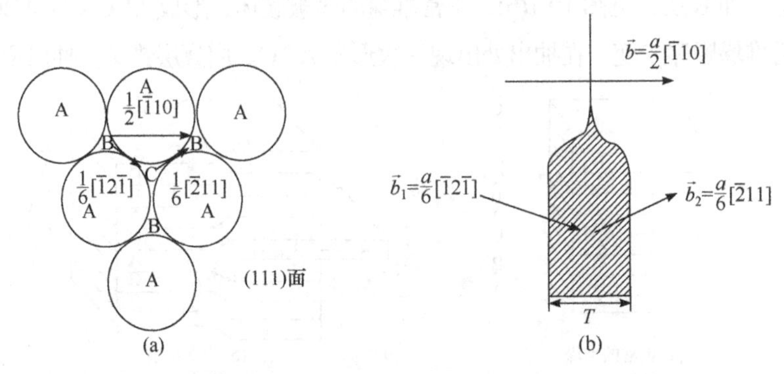


图 10-2 面心立方晶体中的原子滑动路径(a)及 $\frac{a}{2}[\bar{1}10]$ 扩展位错示意图(b)

面心立方晶体中，能量最低的全位错是处在(111)面上的伯格斯矢量为 $\frac{a}{2}[110]$ 的单位位错。如沿(111)面上滑移，如图 10-2(a)中，A 层上面的 B 原子通过 $\frac{a}{2}[110]$ 的滑移从一个间隙位置滑移到相邻的等价间隙位置，即从 B 位置滑移到相邻的 B 位置。显然直接滑移会与相邻的 A 层原子发生显著碰撞，使晶体产生较大的晶格畸变，能量显著增加。因此，从能量角度看，原子有利的滑动路径应为两步：①先通过 $\frac{1}{6}[\bar{1}2\bar{1}]$ 滑移到邻近 C 位置；②再通过 $\frac{1}{6}[\bar{2}11]$ 从 C 位滑移到相邻 B 位置。若单位位错 $\frac{a}{2}[110]$ 在切应力作用下沿着 $(111)[\bar{1}10]$ 在 A 原子面上滑移时，则 B 原子滑移到相邻的 B 位置，点阵排列未发生变化，无层错现象。但若需越过 A 层原子的“高峰”，这就需要提供较高的能量。如果滑移分步进行，均从两个 A 原子之间通过，引起 A 原子的位移或晶格畸变最小，能量的增加也最小，这种滑移相对容易。

第一步当 B 层位置移动到 C 位置时，将在(111)面上导致堆垛顺序发生变化，即由原来的 ABCABC…，正常顺序变为 ABCA⇕CABC…这种原子堆垛次序被破坏，产生堆垛层错。而第二步从 C 位置再移到 B 位置时，则又恢复正常堆垛顺序。每一步滑移都造成了层错，因此层错区与正常区之间必然会形成两个不全位错。两个不全位错位于同一滑移面上，其伯格斯矢量夹角是 60°，它们互相排斥，有分开的趋势，在两个不全位错之间夹着一片层错区。

扩展位错在滑移过程中，由于需要两个分位错附近及层错区原子同时滑移，所需外力远大于使单个位错滑移的阻力，因此扩展位错滑移较为困难。此外，滑移过程中层错宽度保持不变。为了降低两个不全位错间的层错能，力求把两个不全位错的间距缩小，相当于给予两个不全位错一个吸力，数值等于层错的表面张力 $\gamma$，即单位面积层错能。两个不全位错间的斥力 $f=\frac{G\vec{b}_1\cdot\vec{b}_2}{2\pi T}$（$\vec{b}_1$、$\vec{b}_2$ 为两个不全位错的伯格斯矢量，$G$ 为剪切模量)力图增加宽度，当斥力与吸力相平衡时，不全位错间的宽度一定，这个平衡距离便是扩展位错的宽度 $T$。

当两不全位错间的斥力与层错能(吸力)相等时，处于平衡状态，即

$$f=\frac{G\vec{b}_1\cdot\vec{b}_2}{2\pi T}=\gamma \tag{10-1}$$

扩展位错的宽度为

$$T=\frac{G\vec{b}_1\cdot\vec{b}_2}{2\pi\gamma} \tag{10-2}$$

层错能增加，扩展位错的宽度减小，反之则增大。

### 10.1.5 层错概率

层错可由层错概率来表征。层错概率是指单位体积堆垛层错数量的物理量，是反映层错形成难易程度的参数之一，具体大小为任意两层面间发现一个层错的概率，层错概率与层错能的大小成反比。

设：形变层错概率为 $P_{\mathrm{D}}$，孪生层错概率为 $P_{\mathrm{T}}$，形变层错中抽出型、插入型的层错概率分别为 $P_{\mathrm{D1}}$、$P_{\mathrm{D2}}$，则 $P_{\mathrm{D}}=P_{\mathrm{D1}}-P_{\mathrm{D2}}$，为净层错概率。$P_{\mathrm{D}}$ 表示为任意两层面间发现一个形变层错的概率，也即两个层错面间的{111}平均层面数为 $1/P_{\mathrm{D}}$；$P_{\mathrm{T}}$ 则表示任意两层面间出现一个孪生层错的概率。注意：孪生层错又称孪晶层错、生长层错。

由于峰位移只受形变层错概率 $P_{\mathrm{D}}$ 的影响，峰宽化受 $P_{\mathrm{D}}$ 和孪生层错概率 $P_{\mathrm{T}}$ 共同影响。由此可见，利用衍射峰位移效应测定的是 $P_{\mathrm{D}}$，而衍射峰宽化效应测定的是复合层错概率 $P_{\mathrm{SF}}$。图 10-3 列出了面心立方晶体中三个相邻面的所有可能堆垛次序，由层错概率的定义可知若某一合金的层错概率为 $P_{\mathrm{D}}$，则表示该合金中两个层错面间的{111}平均层面数为 $\frac{1}{P_{\mathrm{D}}}$。根据 Warren 提出的理论，形变层错概率 $P_{\mathrm{D}}$ 和孪生层错概率 $P_{\mathrm{T}}$ 可用峰宽化法进行计算。例如，$\gamma$ 奥氏体由于其衍射峰与 $\varepsilon$ 马氏体有重叠，无法使用峰宽化法求得，因此 $\gamma$ 奥氏体的层错概率 $P_{\mathrm{D}}$ 使用峰位移法计算。

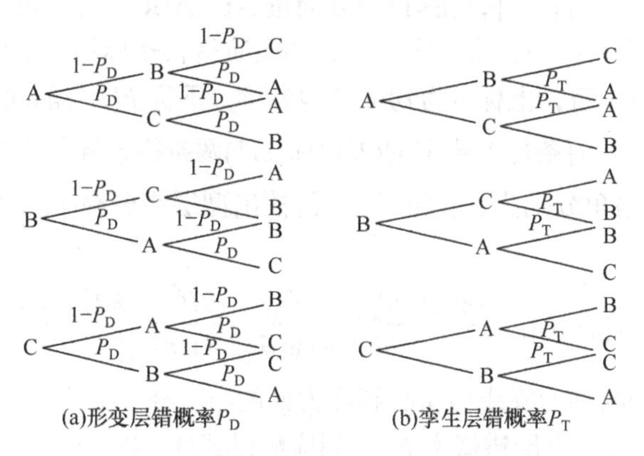


图 10-3 面心立方晶体中的层错概率

### 10.1.6 层错图像

在透射电镜中层错一般呈等间距的条纹像，位于晶粒内，在层错平行于样品表面时，条纹表现为一条等宽的亮带或暗带。层错的条纹像不同于孪晶像，孪晶像是亮暗相间、宽度不

等的平行条带，同一衬度的条带处在同一位向，而另一衬度条带为相对称的位向；这是由于孪晶的两个晶粒中没有缺陷，因此没有衬度产生，而层错是由于原子层堆垛顺序出错导致的，存在缺陷矢量，因而产生了衬度，形成了平行条纹像。图 10-4 为层错、孪晶和等厚条纹的衬度像。

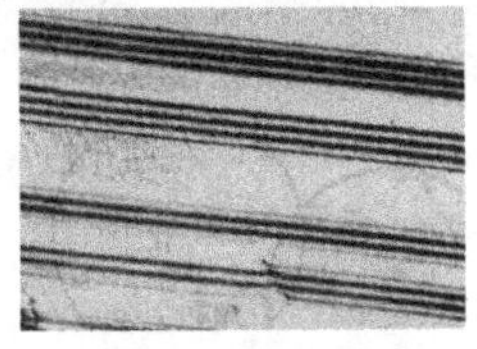

(a) NiTiHf合金层错

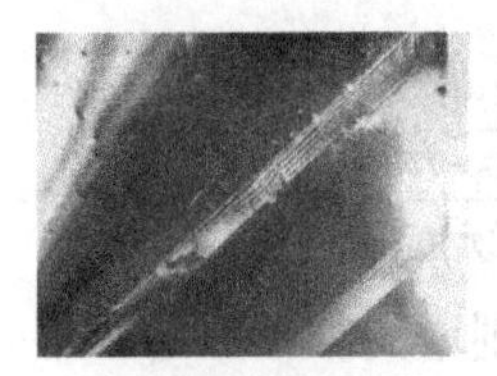
(b) Nimonic合金层错

(c) 单斜$ZrO_2$孪晶

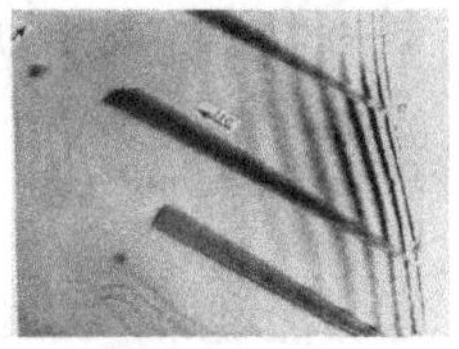
(d) Ni合金层错与等厚条纹

图 10-4　层错、孪晶及等厚条纹衍射衬度像

条纹也不同于等厚条纹，存在以下几点区别：①层错条纹出现在晶粒内部，一般为直线状态，而等厚条纹发生在晶界，一般为顺着晶界变化的弯曲条纹；②层错条纹的数目取决于层错倾斜的程度，倾斜程度越小，层错导致厚度连续变化的晶柱深度越小，条纹数目越少，在不倾斜(即平行于表面)时，条纹仅为一条等宽的亮带或暗带，层错条纹与等厚条纹的深度周期相同；③层错的亮暗带均匀，且条带亮度基本一致，而等厚条纹的亮度渐变，由晶界向晶内逐渐变弱。

## 10.2　不同晶体结构的层错概率

层错破坏了晶体中的正常周期场，使传导电子产生了反常的衍射效应，面心、体心、密排六方中层错的衍射效应为衍射线峰位的位移、峰形的宽化和不对称现象。但结构不同时，其三种衍射效应的强烈程度不同，对应的层错概率测定方法也各不相同。

### 10.2.1　FCC 结构

FCC 结构中，密排面为{111}，在<111>方向按 ABCABC…方式堆垛中，通常测定(111)、(200)、(222)、(400)四个衍射峰，采用充分退火的同质材料作标样，上标 g 为其衍射参量，上标 h 为待测材料的衍射参量，上标 f 为物理结构参量，下标 *hkl* 为晶面指数，质心 CG，物理峰峰位 PM。在相同衍射几何条件下测定的(200)和(111)两条衍射峰位处的布拉格角 $\theta_{200}^{g}$ 和 $\theta_{111}^{g}$，物理峰峰位 PM 布拉格角分别为 $\theta_{200}^{f}$ 和 $\theta_{111}^{f}$，则抽出型层错概率($P_{D1}$)和插入型层错概率($P_{D2}$)的差为

$$P_{D1}-P_{D2}=\frac{-\pi^2[(2\theta_{200}^{f}-2\theta_{200}^{g})-(2\theta_{111}^{f}-2\theta_{111}^{g})]_{PM}}{77.94(\tan\theta_{200}-\tan\theta_{111})} \tag{10-3}$$

设晶面(111)、(200)的物理峰线形质心和峰尖处的布拉格角分别为 $\theta_{CG}^{111}$、$\theta_{CG}^{200}$、$\theta_{PM}^{111}$、$\theta_{PM}^{200}$，则插入型层错概率 $P_{D2}$ 和孪生层错概率 $P_T$ 之间应满足式(10-4)，即

$$4.5P_{D2}+P_T=\frac{(2\theta_{CG}^{111}-2\theta_{PM}^{111})-(2\theta_{CG}^{200}-2\theta_{PM}^{200})}{11\tan\theta_{111}+14.6\tan\theta_{200}} \tag{10-4}$$

设真正晶块大小为 $D_0$，层错宽度为 $T$，当假设由[200]和[111]方向晶面衍射峰测出的 $D_0$ 和 $T$ 满足

$$\left(\frac{1}{D_0}+\frac{1}{\sqrt{1.5}T}\right)^{200} \approx \left(\frac{1}{D_0}+\frac{1}{\sqrt{2}T}\right)^{111} \tag{10-5}$$

或设 $T \gg D_0$，$D_0^{111} \approx D_0^{200}$ 时，则有

$$1.5P_\text{D}+P_\text{T}=1.7637a_0\frac{D_\text{eff}^{111}-D_\text{eff}^{200}}{D_\text{eff}^{111}\cdot D_\text{eff}^{200}} \tag{10-6}$$

$$D_0=\frac{(4-\sqrt{3})D_\text{eff}^{111}\cdot D_\text{eff}^{200}}{4D_\text{eff}^{111}-\sqrt{3}D_\text{eff}^{200}} \tag{10-7}$$

式中，$D_\text{eff}^{hkl}$为晶面($hkl$)的有效晶块尺寸，可通过谢乐公式$D_\text{eff}^{hkl}=\dfrac{0.94\lambda}{\beta\cos\theta_{hkl}}$计算得到(式中，$\beta$为衍射峰的半高宽)；$a_0$为点阵常数。此时层错宽度最小值$T_\text{min}$和晶块尺寸最大值$D_\text{max}$分别为

$$T_\text{min}=0.82\left(\frac{2.31}{D_\text{eff}^{111}}-\frac{1}{D_\text{eff}^{200}}\right)^{-1} \tag{10-8}$$

$$D_\text{max}=\frac{(4-\sqrt{3})}{\sqrt{3}}\left(\frac{4D_\text{eff}^{200}-\sqrt{3}D_\text{eff}^{111}}{\sqrt{3}D_\text{eff}^{200}\cdot D_\text{eff}^{111}}-\frac{2}{\sqrt{6}T_\text{min}}\right)^{-1} \tag{10-9}$$

通过以上分析可知线对峰位移法可求得形变层错概率$P_\text{D}$。

Warren 总结了特征峰线形形态在X射线衍射中的贡献，将其归结为加宽部分和未加宽部分之和。对衍射线峰形函数 $F(x)$以傅里叶级数展开后得出加宽曲线具有余弦系数的特征。在取衍射峰半高宽的计算中，以正弦系数为特征的不对称性对于计算结果不产生任何影响；常数项正比于形变层错概率$P_\text{D}$，使衍射峰位发生位移。

如果忽略微观应力的影响，衍射线峰形函数$F(x)$的傅里叶级数展开的余弦系数$A_L^S$微分计算，可得衍射峰的半高宽$\beta$与形变层错概率$P_\text{D}$和孪生层错概率$P_\text{T}$之间的关系：

$$\beta=\frac{2}{\pi a}K_\text{SF}(1.5P_\text{D}+P_\text{T})\tan\theta \tag{10-10}$$

式中，$K_\text{SF}$为 FCC 结构中与峰形函数相关并与晶面指数($hkl$)对应的常数，见表 10-1；$a$ 为晶格常数。

**表 10-1 FCC 结构中不同晶面指数($hkl$)时的常数 $K_\text{SF}$ 值**

| ($hkl$) | 111 | 200 | 220 | 311 | 222 | 400 |
|---|---|---|---|---|---|---|
| $K_\text{SF}$ | $\sqrt{\frac{3}{4}}$ | 1 | $\sqrt{\frac{1}{2}}$ | $\frac{3}{2}\sqrt{11}$ | $\frac{\sqrt{3}}{4}$ | 1 |

### 10.2.2 HCP 结构

HCP 结构的滑移系为(001)<110>，孪生系为(102)<101>，将衍射线峰形函数$F(x)$展开为傅里叶级数，其余弦系数$A_L^S$与$L$($L$为$a_3$方向或$c$方向的平均距离)存在以下关系：

(1) 当$h-k=3n$时，

$$-\left(\frac{\text{d}A_L^S}{\text{d}L}\right)\Big|_{L\to 0}=\frac{1}{D_0} \tag{10-11}$$

(2) 当 $h-k=3n\pm1$ 时，$l_0$ 为 $a_3$ 方向或 $c$ 方向上的衍射指数，如果 $l_0$ 为偶数，则有

$$-\left(\frac{\mathrm{d}A_L^S}{\mathrm{d}L}\right)\Big|_{L\to0}=\frac{1}{D_0}+\frac{|l_0|d}{c^2}(3P_\mathrm{D}+3P_\mathrm{T}) \tag{10-12}$$

式中，$d$ 为晶面间距；$c$ 为HCP结构中 $c$ 轴的点阵常数；$D_0$ 为真正晶块大小。

(3) 当 $h-k=3n\pm1$ 时，如果 $l_0$ 为奇数，则有

$$-\left(\frac{\mathrm{d}A_L^S}{\mathrm{d}L}\right)\Big|_{L\to0}=\frac{1}{D_0}+\frac{|l_0|d}{c^2}(3P_\mathrm{D}+P_\mathrm{T}) \tag{10-13}$$

由式(10-12)和式(10-13)可知，当 $h-k=3n$ 时，无层错引起的宽化；当 $h-k=3n\pm1$，$l_0$ 为偶数时，衍射线宽化严重；当 $h-k=3n\pm1$，$l_0$ 为奇数时，衍射线宽化较小。并能从衍射峰的半高宽(FWHM)$\beta$(单位为弧度)计算形变层错概率 $P_\mathrm{D}$ 和孪生层错概率 $P_\mathrm{T}$，即

当 $h-k=3n\pm1$ 时

$$l\text{为偶数},\ \beta=\frac{2l}{\pi}\left(\frac{d}{c}\right)^2(3P_\mathrm{D}+3P_\mathrm{T})\tan\theta \tag{10-14}$$

$$l\text{为奇数},\ \beta=\frac{2l}{\pi}\left(\frac{d}{c}\right)^2(3P_\mathrm{D}+P_\mathrm{T})\tan\theta \tag{10-15}$$

### 10.2.3 BCC结构

在BCC结构中的形变层错和孪生层错可能发生在晶面(110)及(211)或(112)上，但衍射峰的净位移为零，非对称性也很小，故不能直接推出 $P_\mathrm{D}=P_\mathrm{D1}-P_\mathrm{D2}$ 及 $P_\mathrm{T}$ 值。由于宽化效应与FCC结构相同，因此只能由宽化效应的一个方程求出极端情况下的 $D_0$ 和 $(1.5P_\mathrm{D}+P_\mathrm{T})$ 值。

通过对衍射线峰形函数 $F(x)$ 的傅里叶级数展开及对其余弦系数 $A_L^S$ 分析计算得

$$\frac{1}{D_\mathrm{eff}^{110}}=\frac{1}{D_0^{110}}+\frac{2(1.5P_\mathrm{D}+P_\mathrm{T})_{110}}{3\sqrt{2}a} \tag{10-16}$$

$$\frac{1}{D_\mathrm{eff}^{200}}=\frac{1}{D_0^{200}}+\frac{4(1.5P_\mathrm{D}+P_\mathrm{T})_{200}}{3a} \tag{10-17}$$

$$\frac{1}{D_\mathrm{eff}^{211}}=\frac{1}{D_0^{211}}+\frac{2(1.5P_\mathrm{D}+P_\mathrm{T})_{211}}{\sqrt{6}a} \tag{10-18}$$

$$\beta=\frac{2}{\pi a}K_\mathrm{SF}(1.5P_\mathrm{D}+P_\mathrm{T})\tan\theta \tag{10-19}$$

式中，$D_\mathrm{eff}$ 为有效晶块尺寸；$D_0$ 为真正晶块大小；$K_\mathrm{SF}$ 为BCC结构中与峰形函数相关并与晶面指数$(hkl)$对应的常数，见表10-2。

**表10-2 BCC结构中不同晶面指数(*hkl*)时的常数 $K_\mathrm{SF}$ 值**

| $(hkl)$ | 110 | 200 | 211 | 220 | 310 | 222 | 321 | 400 |
|---|---|---|---|---|---|---|---|---|
| $K_\mathrm{SF}$ | $\frac{2}{3}\sqrt{2}$ | $\frac{4}{3}$ | $\frac{2}{\sqrt{6}}$ | $\frac{2}{3}\sqrt{2}$ | $4\sqrt{10}$ | $2\sqrt{3}$ | $\frac{5}{2}\sqrt{14}$ | $\frac{4}{3}$ |

当 $\frac{1}{D_0^{hkl}} \to 0$ 时，可由上述各式求出不同[hkl]方向上的 $(1.5P_{\mathrm{D}}+P_{\mathrm{T}})_{hkl}$ 值，表明如果粒子大小宽化效应完全由层错引起时，有下述比例值：

$$\frac{D_{\mathrm{eff}}^{110}}{D_{\mathrm{eff}}^{200}}=\frac{4.28}{2}\div\frac{3}{4}=2.83\ ;\quad \frac{D_{\mathrm{eff}}^{211}}{D_{\mathrm{eff}}^{200}}=\frac{\sqrt{6}}{2}\div\frac{3}{4}=1.63\ ;\quad \frac{D_{\mathrm{eff}}^{200}}{D_{\mathrm{eff}}^{200}}=1$$

这表明[110]方向有效晶块尺寸最大，[200]方向最小，大量研究表明，所有 BCC 金属中 $\frac{D_{\mathrm{eff}}^{hkl}}{D_{\mathrm{eff}}^{200}}$ 的比值为 1.00～2.83。

注意：

(1) 不同结构中层错的 X 射线线形特征见表 10-3；

(2) 由层错引起的宽化作用，如采用不同的衍射线分析，其 $P_{\mathrm{D}}^{hkl}$ 、$P_{\mathrm{T}}^{hkl}$ 值也不同。

**表 10-3 不同晶体结构中层错的 X 射线峰形特征**

| 结构类型 | 层错所在晶面 | 峰位移 | 峰形非对称性 | 峰形宽化 |
|---|---|---|---|---|
| FCC | (111) | 有 | 有 | 有 |
| HCP | (002) | 很小 | 无 | 有 |
| BCC | (110)或(112) | 无 | 很小 | 有 |

## 10.3 FCC 结构中的层错能分析

由于 FCC 结构中形变层错概率 $P_{\mathrm{D}}$ (抽出型层错概率 $P_{\mathrm{D1}}$–插入型层错概率 $P_{\mathrm{D2}}$ )和孪生层错概率 $P_{\mathrm{T}}$ 远高于其他结构，因此本教材仅介绍 FCC 结构。面心立方金属 Au、Ag、Cu 等中加入适当的合金元素可显著降低层错能的大小，如在 Cu 中添加适量的 Zn 形成 Cu-Zn 合金时，会使其一个单位全位错经常分解为两个不全位错，中间夹着一片抽出型层错，构成位错组态，在层错区域中密排堆垛次序发生变化。层错能为产生单位面积层错所需的能量，用$\gamma$表示。$\gamma$越低层错宽度 $T$ 越大，产生层错的概率越大。不全位错加层错构成的位错组态比较难于运动，易造成加工硬化。层错能 $\gamma$需在位错密度$\rho$、形变层错概率 $P_{\mathrm{D}}$ 及体弹性密度$\langle E/V\rangle$测出后才能表征。

假定晶块内部和晶界的位错是完全混乱排列，可由下式计算出平均位错密度：

$$\rho=(\rho_{\mathrm{p}}\cdot\rho_{\mathrm{s}})^{\frac{1}{2}} \tag{10-20}$$

式中，$\rho_{\mathrm{p}}=\frac{3}{D_{\mathrm{eff}}^2}$，$\rho_{\mathrm{s}}=\frac{K\cdot\langle\varepsilon_L^2\rangle}{b^2}$。对于高斯应变分布，$K=6\pi$，对于 FCC 结构，且沿[110]方向的伯格斯矢量的大小为

$$b=\frac{a_0}{\sqrt{2}} \tag{10-21}$$

则该假定模型的层错能计算公式为

$$\gamma_0=\frac{G\omega_0 a_0^3\rho}{2\sqrt{3}\pi\cdot P_{\mathrm{D}}} \tag{10-22}$$

式中，$\gamma_0$的单位为 mJ/m²；$a_0$为晶格常数；$\rho$为位错密度；$G$ 为剪切模量；$P_D = P_{D1} - P_{D2}$，为净层错概率；$\omega_0$为与位错特征以及与它们之间相互作用特点有关的常数，一般取 1/12。

对该模型的三点修正说明：

(1) $\rho_s$是采取 Wilkens-Wang 位错随机分布模型和 Reed-Schramm 的思想而计算出来的晶块内部位错密度值，而不是上述的比例值$\rho_s = \dfrac{K \cdot \langle \varepsilon_L^2 \rangle}{b^2}$，因为$\langle \varepsilon_L^2 \rangle$大小应该是位错密度和组态参量的函数，$\rho_s$反比于$D_{\text{eff}}^2$。

(2) $\omega_0$应随着$\varepsilon$的变化而变化，并非固定值(1/12)，大约为 1/12、1/6、1/3 三个可变数。

(3) $P_D = P_{D1} - P_{D2}$，值可大于零或小于或等于零，只是表明$P_{D1}$与$P_{D2}$谁占优势。

修正后的层错能计算公式$\gamma_1$与式(10-22)相同。

根据 Wilkens-Wang 位错随机分布模型和 Reed-Schramm 的思想，还可导出第二种层错能的计算公式。

FCC 中，层错均在(111)面上，该面的晶面间距$d_{111} = a_0 / \sqrt{3}$，设(111)晶面内位错均为扩展位错，有层错概率的定义，$P_D = P_{D1} - P_{D2}$是指全扩展成层错且宽度达到亚边界为止即$T = D_0$时，净剩层错面的概率为$P_D$，而两层原子面间的体积为$D_0^2 d_{111}$。在此体积内的缺陷晶体中储存的体弹性能为

$$\left\langle \frac{E}{V} \right\rangle \cdot D_0^2 \cdot d_{111} \tag{10-23}$$

则层错带中单位面积上的能量可以写成

$$\frac{\left\langle \frac{E}{V} \right\rangle \cdot D_0^2 \cdot d_{111}}{T^2} = \frac{\left\langle \frac{E}{V} \right\rangle \cdot D_0^2 \cdot d_{111}}{D_0^2} = \left\langle \frac{E}{V} \right\rangle \cdot d_{111} \tag{10-24}$$

又 Reed 层错能公式

$$\gamma_1 = \frac{k_{111}\omega_0 G_{111} a_0 B^{-0.37}}{\sqrt{3}\pi} \cdot \frac{\langle \varepsilon_{50}^2 \rangle_{111}}{P_D} \tag{10-25}$$

由式(10-24)和式(10-25)可推导出 FCC 结构层错能的新计算式：

$$\gamma_2 = \omega_0 \frac{\left\langle \frac{E}{V} \right\rangle_{200}^{111} d_{111} D_0^2}{T_{111}^2} \cdot \frac{B_{\text{EA}}^{-0.37}}{P_{D1} - P_{D2}} = \omega_0 \left\langle \frac{E}{V} \right\rangle_{200}^{111} d_{111} \cdot \frac{B_{\text{EA}}^{-0.37}}{P_{D1} - P_{D2}} \tag{10-26}$$

式中，$\omega_0$对不同的形变度可分别等于 1/12、1/11、…、1/2、0.8。因为在不同形变状态下，具有不同的位错组态，故即使对于同种材料，其$\omega_0$也应取不同的值。$B_{\text{EA}} = \dfrac{2C_{44}}{C_{11} - C_{12}}$为弹性各向异性因子，此处$B_{\text{EA}}^{-0.37} = 0.6$。$\left\langle \frac{E}{V} \right\rangle_{200}^{111}$为(111)晶面平行于试样表面的那些粒子中的$\left\langle \frac{E}{V} \right\rangle^{111}$和(200)晶面中平行于试样表面的那些晶粒中的$\left\langle \frac{E}{V} \right\rangle_{200}$的平均形变储能密度。$d_{111}$为(111)的晶面间距。

$$\left\langle\frac{E}{V}\right\rangle_{200}^{111}=\frac{1}{2}\left[\left\langle\frac{E}{V}\right\rangle^{111}+\left\langle\frac{E}{V}\right\rangle_{200}\right] \tag{10-27}$$

当$\rho$的各向异性效应非常大时，即由不同取向晶粒测出的$\rho$大小差异特别大时，则$(P_{D1}-P_{D2})_{111} \neq (P_{D1}-P_{D2})_{200}$，$\left\langle\frac{E}{V}\right\rangle^{111} \neq \left\langle\frac{E}{V}\right\rangle_{200}$，此时做取向平均不尽合理，应该由TEM法测出$T_m$和$D_{111}$，而$(P_{D1}-P_{D2})_{111}$、$\left\langle\frac{E}{V}\right\rangle^{111}$等沿[111]方向上的各量可用X射线衍射线形分析法求出，由此算出：

$$\gamma_2=\omega_0 d_{111}\frac{(D_0^{111})^2\cdot B_{EA}^{-0.37}}{T_{111}^2}\cdot\frac{\left\langle\frac{E}{V}\right\rangle^{111}}{(P_{D1}-P_{D2})_{111}} \tag{10-28}$$

此时对于衍射矢量$\vec{g}_{111}=1\vec{a}^*+1\vec{b}^*+1\vec{c}^*$时测出的体弹性储能密度为

$$\left\langle\frac{E}{V}\right\rangle^{111}=AG_{111}b^2\bar{\rho}_{111}\ln\frac{2\overline{M}_{111}}{b\sqrt{\rho_{111}}} \tag{10-29}$$

式中，位错型因子$A_{螺}=\frac{1}{4\pi}$，$A_{刃}=\frac{1}{4\pi(1-\nu)}$，切变模量为$G_{111}$，伯格斯矢量大小为$b$，位错密度为$\bar{\rho}_{111}$，分部参量为$\overline{M}_{111}$，真正晶块的大小为$D_0^{111}$，由层错效应引起的等效碎化效应为$D_F$，它们之间满足：

$$\frac{1}{D_{eff}^{111}}=\frac{1}{D_0^{111}}+\frac{1}{D_F^{111}}=\frac{1}{D_0^{111}}+\frac{1}{\sqrt{2}T_{111}}+\frac{\sqrt{3}}{4a_0}[1.5(P_{D1}+P_{D2})+P_T] \tag{10-30}$$

$$\frac{1}{D_{eff}^{200}}=\frac{1}{D_0^{200}}+\frac{1}{D_F^{200}}=\frac{1}{D_0^{200}}+\frac{1}{\sqrt{1.5}T_{200}}+\frac{1}{a_0}[1.5(P_{D1}+P_{D2})+P_T] \tag{10-31}$$

注意：测定层错能有TEM法和X射线线形分析法两种。TEM法是通过测定位错节、位错环、四面体等进行。由于TEM测定对低层错能材料位错节曲率半径方法特别准确，因此TEM法仅适用于低位错密度材料的层错能测定，对于高位错密度材料无能为力，只好用X射线线形分析法。

X射线线形分析法测定层错能的准确度与位错组态模型假定的真实性密切相关。位错组态模型通常有三种：第一种是滑移面上位错塞积群组态模式，第二种是禀位错的位错垒组态模式，第三种是这两种组态的权重组合，即同时包括位错垒、纠结、交割、塞积群、位错偶等混合组态模式。每个全位错都已不同程度的扩展分解或部分分解，其中评定位错组态时TEM法比X射线法更有效，因此X射线法与TEM法联合使用更好。

## 10.4 层错概率的测定方法

Warren和王煜明等已概述面心、体心、密排六方中层错的衍射效应，衍射线峰位的位移、峰形的宽化和不对称现象。而层错有形变层错和孪生层错之分，形变层错又有抽出型和插入型两种，各种层错产生的衍射效应的强弱程度不同，如峰位移由形变层错产生，只受形变层

错概率 $P_D$ 的影响。而峰宽化受 $P_D$ 和孪生层错概率 $P_T$ 共同影响，因此利用峰位移效应测定的是 $P_D$，而宽化效应测定的是形变层错概率与孪生层错概率的组合，即复合层错概率，用 $P_{SF}$ 表征。

### 10.4.1　峰位移法

由于层错引起的峰位移很小，为提高测量的精确性和可靠性，通常选取一对位移方向相反的一对峰进行分析，面心立方结构中通常采用(111)-(200)线对，这样可避免其他因素如存在宏观应力对峰位移造成的干扰。峰位移法测定形变层错概率 $P_D$。

由 Warren 给出的峰位移与 $P_D$ 的关系为

$$\Delta(2\theta)_{111}=\frac{90\sqrt{3}P_D\tan\theta_{111}}{\pi^2}\left(+\frac{1}{4}\right) \tag{10-32}$$

$$\Delta(2\theta)_{200}=\frac{90\sqrt{3}P_D\tan\theta_{200}}{\pi^2}\left(-\frac{1}{2}\right) \tag{10-33}$$

式中，“+”为有层错的 $2\theta_{111}$ 大于无层错的 $2\theta_{111}^0$；“−”为有层错的 $2\theta_{200}$ 大于无层错的 $2\theta_{200}^0$，层错引起的峰位移实际上很小，为提高测量的可靠性和精度，一般选取一对移动方向相反的两个峰位，如(111-200)线对，这样可以避免其他因素的干扰。

此时峰位移与形变层错概率 $P_D$ 的关系为

$$\Delta(2\theta_{200}-2\theta_{111})=\frac{-90\sqrt{3}P_D}{\pi^2}\left(\frac{\tan\theta_{200}}{2}+\frac{\tan\theta_{111}}{4}\right) \tag{10-34}$$

式中，$\Delta(2\theta_{200}-2\theta_{111})=\Delta(2\theta_{200}-2\theta_{200}^0)-\Delta(2\theta_{111}-2\theta_{111}^0)$；$2\theta_{200}$、$2\theta_{111}$ 为实验测得的(200)和(111)面的 XRD 衍射角；$2\theta_{200}^0$、$2\theta_{111}^0$ 为无层错时的(200)和(111)面的衍射角。无层错时的衍射角 $2\theta_{200}^0$、$2\theta_{111}^0$ 可通过布拉格方程 $2d\sin\theta=n\lambda$ 计算得到，也可查 PDF 卡片获得，由此可求得层错概率 $P_D$。为了避免孪生层错引起的非对称性干扰，测量时以峰顶为准，不以峰的重心为准。

### 10.4.2　峰宽化法

由于衍射峰的宽化效应共同反映形变层错概率 $P_D$ 和孪生层错概率 $P_T$，因此峰宽化法测定的是复合层错概率 $P_{SF}$。由 Warren 给出的峰宽化与 $P_{SF}$ 的关系为

$$\frac{1}{D_{\text{eff}}^{111}}=\frac{1}{D}+\frac{P_{SF}}{a}\cdot\frac{\sqrt{3}}{4} \tag{10-35}$$

$$\frac{1}{D_{\text{eff}}^{200}}=\frac{1}{D}+\frac{P_{SF}}{a} \tag{10-36}$$

式中，$D_{\text{eff}}^{111}$、$D_{\text{eff}}^{200}$ 为(111)和(200)晶面法向的有效晶粒尺寸；$D$ 为真实的相干区尺寸(或真实的亚晶尺寸)；$a$ 为点阵常数。通过峰宽化的测定，获得选定衍射晶面的物理宽度(rad)，再代入谢乐公式，获得各自晶面法向的有效晶粒尺寸，设选定晶面为(111)和(200)，其物理宽度分别为 $\beta_{111}$ 和 $\beta_{200}$，代入谢乐公式

$$\beta_{111}=\frac{\lambda}{D_{\text{eff}}^{111}\cos\theta} \tag{10-37}$$

$$\beta_{200} = \frac{\lambda}{D_{\text{eff}}^{200}\cos\theta} \tag{10-38}$$

求得其晶面法向的有效尺寸 $D_{\text{eff}}^{111}$ 、$D_{\text{eff}}^{200}$ ，再代入式(10-35)和式(10-36)可求得复合层错概率 $P_{\text{SF}}$。

## 10.5 复合层错概率计算层错能

Noskova 等建立了层错能和复合层错概率之间的关系为

$$\gamma = \frac{Ga_0^2 d\rho}{24\pi P_{\text{SF}}} \tag{10-39}$$

式中，$G$ 为切变模量；$a_0$ 为晶体的点阵常数；$d$ 为晶面间距；$\rho$ 为位错密度，可通过 TEM 检测方便得到，但误差较大。注意：$\rho$ 为位错(线型)密度，不是层错(面型)密度。

Reed 等将层错能和层错概率的关系表达为

$$\gamma = \frac{k_{111}\omega_0 G_{111} a_0}{\sqrt{3}\pi} B_{\text{EA}}^{-0.37} \frac{\left\langle \varepsilon_{50}^2 \right\rangle_{111}}{P_{\text{SF}}} \tag{10-40}$$

式中，$G$ 为切变模量；$a_0$ 为点阵参数；$d$ 为所测晶面的晶面间距；$k_{111}\omega_0$ 为一比例常数，它的取值为 6.6；$\left\langle \varepsilon_{50}^2 \right\rangle_{111}$ 为(111)晶面法线方向 5 nm 距离内的均方根应变值，它可采用衍射线线形的傅里叶分析方法计算获得；$G_{111}$ 为(111)层错面上的切变模量，且 $G_{111} = \frac{1}{3}(C_{44} + C_{11} - C_{12})$ ，其中 $C_{ij}$ 为晶体弹性刚度系数；$B_{\text{EA}}$ 为弹性各向异性因子，可按式 $A = 2C_{44}/(C_{11} - C_{12})$ 计算。某些纯金属的各向异性常数值列于表 10-4。

**表 10-4 常见纯金属的各向异性常数值**

| 金属 | Ag | Au | Cu | Al | Ni(无磁场时) |
|---|---|---|---|---|---|
| $B_{\text{EA}} = 2C_{44}/(C_{11} - C_{12})$ | 3.0 | 2.9 | 3.2 | 1.2 | 2.4 |

根据复合层错概率 $P_{\text{SF}}$ 和位错密度$\rho$，或复合层错概率 $P_{\text{SF}}$ 和均方根应变值$\left\langle \varepsilon_{50}^2 \right\rangle_{111}$ ，可由上述两个近似公式计算层错能。

此外，对于较大形变比轧制的面心立方金属和合金，还可采用 X 射线织构法测定其层错能。研究发现当层错能$\gamma < 35\times10^{-3}$ J/m$^2$、轧制温度低于 $0.25T_{\text{m}}$($T_{\text{m}}$ 为合金熔点温度)时，它们的轧制织构均具有完善的{110}<112>黄铜式织构。当合金在室温下经较高形变比进行轧制时，合金的冷轧织构向着黄铜类型的{110}<112>织构转换。决定这种织构转换的过程是“孪生”和位错交滑移，而在形变比较大时，起主要作用的是位错交滑移。位错交滑移的难易主要取决于层错能的大小。因此，可利用轧制织构的某一特征参量来间接地度量材料层错能的大小。通常是在{111}极图大圆上，偏离轧向 20°和横向位置的强度 $I_{20}$ 和 $I_{\text{TD}}$ 的比值可以反映在轧制过程中这种织构转换的程度，或者说反映{110}<112>织构形成的多少。再利用已有纯金属的层错能 $\gamma_{\text{Ni}} = 2.4\times10^{-1}$ J/m$^2$ 、$\gamma_{\text{Cu}} = 8.0\times10^{-2}$ J/m$^2$ 、$\gamma_{\text{Au}} = 5.0\times10^{-2}$ J/m$^2$ 、$\gamma_{\text{Ag}} = 2.2\times10^{-2}$ J/m$^2$ 等绘制统一形变比为 95%的 $\frac{\gamma}{Gb}$-$\frac{I_{\text{TD}}}{I_{20}}$ 标定曲线。式中，$G$ 为切变模量；$b$ 为伯格斯矢量的大小；$k$ 为玻尔兹曼常量；$T$ 为轧制温度(绝对温度)。这样，为测量某一材料的基体层错能，只需按统一形变比 95%进行轧制，试样经电解抛光或腐蚀减薄后，在织构测角仪上利用透射法测得{111}极图大圆上的强度分布，计算出 $\frac{I_{TD}}{I_{20}}$ 值，根据轧制温度算出 $\frac{kT}{Gb^3}$，找到对应的标定曲线，即可得到对应 $\frac{I_{TD}}{I_{20}}$ 值的层错能参量 $\frac{\gamma}{Gb}\times 10^3$ 值，进而可得到对应该轧制温度的材料堆垛层能$\gamma$值。

## 10.6　应用举例分析

Fe-Mn-Si 形状记忆合金效应来源于马氏体相变，而马氏体相变则通过奥氏体内形成每隔一层{111}面上的堆垛层错来完成。测定三种不同锰含量时合金的层错概率。合金成分见表 10-5。

**表 10-5　试样成分**

| 试样 | 化学成分 | | |
|---|---|---|---|
| | Mn | Si | Fe |
| 0 | 30.30 | 6.06 | 63.64 |
| 1 | 26.36 | 5.87 | 67.77 |
| 2 | 23.37 | 5.91 | 70.72 |

实验参数：根据 Warren 的衍射理论，用 X 射线衍射峰位移和峰宽化两种方法测定了 Fe-Mn-Si 合金的层错概率。X 射线仪为日本岛津的 XD-$D_1$ 型全自动衍射仪，测量条件为：Cu 靶($\lambda = 1.540562 \times 10^{-10}$ m)，单色器，管压为 30 kV，管流为 20 mA，狭缝宽度为 0.3 mm，步进扫描步宽为 0.008°。

峰位移法：图 10-5 显示出 Fe-Mn-Si 形状记忆合金试样的{111}和{200}晶面的衍射峰，其中 $K_{\alpha1}$ 和 $K_{\alpha2}$ 峰采用专用软件分离。表 10-6 列出了用峰移法测定三种不同锰含量合金在淬火态的层错概率及其相关参数。由表 10-6 可知，随着锰含量降低，其形变层错概率增加，层错能减小，即锰元素可提高层错能。

**表 10-6　峰移法测定的层错概率**

| 试样 | *hkl* | $2\theta$ | *d* | *a* | $2\theta$ | $\Delta(2\theta_{200}-2\theta_{111})$ | $P_D$ |
|---|---|---|---|---|---|---|---|
| 0 | 111<br>200 | 43.503<br>50.649 | 2.07857<br>1.80081 | 3.60061 | 43.497<br>50.633 | −0.0200 | 3.82 |
| 1 | 111<br>200 | 43.533<br>50.683 | 2.07719<br>1.79968 | 3.59829 | 43.527<br>50.698 | −0.0215 | 4.10 |
| 2 | 111<br>200 | 43.612<br>53.758 | 2.07312<br>1.79717 | 3.59250 | 43.600<br>50.786 | −0.0393 | 7.48 |

进一步测定热应力对峰位移的影响，计算出对层错概率产生的相对误差值 $\Delta\alpha$。为提高测量精度，应力测定用高角度衍射峰，如奥氏体的{420}峰位，而层错概率测定选用低角度衍射峰，如奥氏体的{111}和{200}峰。通过测定应力 $\sigma_\varphi$ 和已知的应力常数 $K=-\frac{E}{2(1+\nu)}\cdot\frac{\pi}{180}\cot\theta_0$ 及应力公式 $\sigma_\varphi=-\frac{E}{2(1+\nu)}\cdot\cot\theta_0\cdot\frac{\Delta(2\theta)}{\Delta\sin^2\psi}\cdot\frac{\pi}{180}$，可求出低角度的 $\Delta 2\theta_{111}$ 和 $\Delta 2\theta_{200}$，如表 10-7 所示。

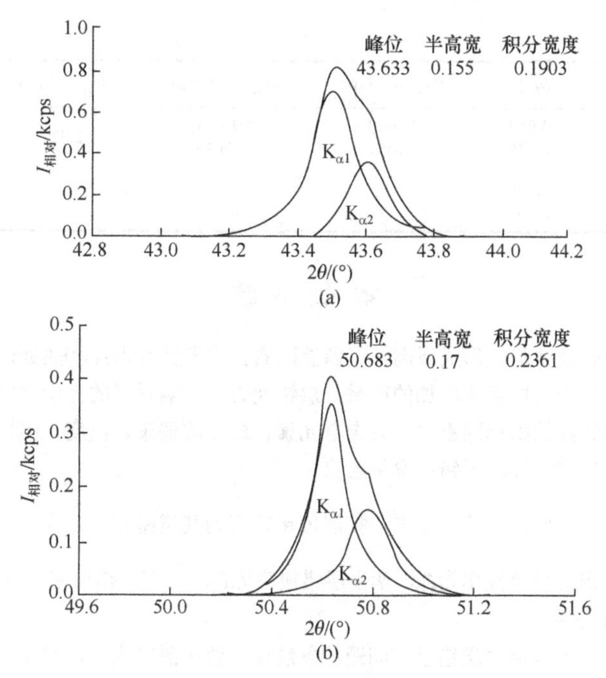


图 10-5 Fe-Mn-Si 形状记忆合金试样的(111)(a)和(200)(b)衍射峰形

**表 10-7 内应力对峰移的影响**

| 试样 | 应力值/MPa | $\Delta 2\theta_{111}$/(°) | $\Delta 2\theta_{200}$/(°) | $\Delta(\Delta 2\theta_{111}-\Delta 2\theta_{200})$/(°) | $\Delta\alpha$/(%) |
|---|---|---|---|---|---|
| 0 | −94.19 | −0.01748 | −0.01704 | −0.00044 | 2.04 |
| 1 | −167.5 | −0.03109 | −0.03030 | −0.00079 | 3.67 |
| 2 | −60.58 | −0.01124 | −0.01096 | −0.00028 | 0.72 |

由应力峰移公式可知，应力常数$K$在低角度区($\theta<30°$)其值远大于高角度区($\theta>70°$)，即相同的内应力在低角度区引起的峰移$\Delta 2\theta$要远小于高角度的峰移，所以低角度的峰移$\Delta 2\theta$对应力不敏感。而且应力所引起的峰移是朝同一方向的，因此应力的存在对层错概率的测量影响也不大。计算因内应力引起的峰移而产生的层错概率测定误差$\Delta\alpha$值小于4%，故可以忽略不计。

峰宽化法：由衍射谱得到衍射峰的积半比(积分宽度与半高宽之比$B/2W$)在0.8左右，采用层错能高的纯铝作为标样，将纯铝在高温(600℃)退火试样，测量纯铝的积分宽度($B$)作为仪器宽度$b$进行计算。表10-8列出了用纯铝标样和无标样($b=0.1°$)测出的层错概率及其参数，两者测出的平均结果相差30%～50%，这表明用无层错标样求出仪器宽度对精确测定层错概率是非常重要的。同时对比峰位移和峰宽化两种方法计算的结果，均表明随锰含量增大，层错概率降低。峰位移法不需要标样，测定层错概率比峰宽化法更加简便。注意：峰位移和峰宽化测层错概率的原始数据均分别来自同一衍射峰形曲线。

**表 10-8 峰宽化法测定的层错概率**

| 试样 | *hkl* | $\beta$/(°) | $B/2W$ | $\beta_0$/($\times10^{-10}$ m) | $D_{eff}$/($\times10^{-10}$ m) | $P_{SF}$/($\times10^{-3}$) | $P_{SF}$/($\times10^{-3}$)($b=0.1°$) |
|---|---|---|---|---|---|---|---|
| 0 | 111<br>200 | 0.1703<br>0.2111 | 0.838<br>0.791 | 0.0535<br>0.0738 | 1775.47<br>1322.88 | 1.223 | 2.396 |
| 1 | 111<br>200 | 0.1903<br>0.2361 | 0.815<br>0.792 | 0.0733<br>0.1017 | 1295.29<br>960.72 | 2.058 | 2.854 |

续表

| 试样 | $hkl$ | $\beta$/(°) | $B/2W$ | $\beta_0/(\times10^{-10}\ \text{m})$ | $D_{\text{eff}}/(\times10^{-10}\ \text{m})$ | $P_{\text{SF}}/(\times10^{-3})$ | $P_{\text{SF}}/(\times10^{-3})(b=0.1°)$ |
|---|---|---|---|---|---|---|---|
| 2 | 111 | 0.2184 | 0.847 | 0.1040 | 914.03 | 2.527 | 3.649 |
|  | 200 | 0.2774 | 0.725 | 0.1457 | 670.20 |  |  |
| 纯铝 | 111 | 0.1407 | 0.839 |  |  |  |  |
|  | 200 | 0.1636 | 0.801 |  |  |  |  |

## 本章小结

**层错的概述**

- 定义：层错是面缺陷。形成原因：①偶然因素；②塑性变形；③热处理；④辐射
- 层错能：单位面积层错所增加的能量。层错能直接影响材料的力学性能、位错交滑移和相稳定性等。层错能的影响因素主要有合金元素、成分的偏聚、温度、磁性等
- 分类：内禀层错；外禀层错；孪生层错
- 扩展位错：扩展位错是位错组态，扩展位错宽度为其层错宽度，大小为$T=\dfrac{G\vec{b}_1\cdot\vec{b}_2}{2\pi\gamma}$
- 层错概率：形变层错概率为$P_{\text{D}}$，孪生层错概率为$P_{\text{T}}$，形变层错概率$P_{\text{D}}$包括抽出型$P_{\text{D1}}$、插入型$P_{\text{D2}}$；净层错概率为$P_{\text{D1}}-P_{\text{D2}}$
- 层错图像：透射电镜中层错呈等间距的条纹像，位于晶粒内。层错条纹不同于等厚条纹。层错是孪晶胚，但形貌图像不同于孪晶

**不同晶体结构的层错概率**

1) FCC结构

$$P_{\text{D1}}-P_{\text{D2}}=\frac{-\pi^2[(2\theta_{200}^{\text{f}}-2\theta_{200}^{\text{g}})-(2\theta_{111}^{\text{f}}-2\theta_{111}^{\text{g}})]_{\text{PM}}}{77.94(\tan\theta_{200}-\tan\theta_{111})}$$

$$4.5P_{\text{D2}}+P_{\text{T}}=\frac{(2\theta_{\text{CG}}^{111}-2\theta_{\text{PM}}^{111})-(2\theta_{\text{CG}}^{200}-2\theta_{\text{PM}}^{200})}{11\tan\theta_{111}+14.6\tan\theta_{200}}$$

$$\beta=\frac{2}{\pi a}K_{\text{SF}}(1.5P_{\text{D}}+P_{\text{T}})\tan\theta$$

2) HCP结构：当$h-k=3n\pm1$时

$l$为偶数，$\beta=\dfrac{2l}{\pi}\left(\dfrac{d}{c}\right)^2(3P_{\text{D}}+3P_{\text{T}})\tan\theta$

$l$为奇数，$\beta=\dfrac{2l}{\pi}\left(\dfrac{d}{c}\right)^2(3P_{\text{D}}+P_{\text{T}})\tan\theta$

3) BCC结构

$$\frac{1}{D_{\text{eff}}^{110}}=\frac{1}{D_0^{110}}+\frac{2(1.5P_{\text{D}}+P_{\text{T}})_{110}}{3\sqrt{2}a}$$

$$\frac{1}{D_{\text{eff}}^{200}}=\frac{1}{D_0^{200}}+\frac{4(1.5P_{\text{D}}+P_{\text{T}})_{200}}{3a}$$

$$\frac{1}{D_{\text{eff}}^{211}}=\frac{1}{D_0^{211}}+\frac{2(1.5P_{\text{D}}+P_{\text{T}})_{211}}{\sqrt{6}a}$$

$$\beta=\frac{2}{\pi a}K_{\text{SF}}(1.5P_{\text{D}}+P_{\text{T}})\tan\theta$$

**层错能计算公式**

1) $\gamma_0=\dfrac{G\omega_0a_0^3\rho}{2\sqrt{3}\pi\cdot P_{\text{D}}}$

2) $\gamma_1=\dfrac{k_{111}\omega_0G_{111}a_0B_{\text{EA}}^{-0.37}}{\sqrt{3}\pi}\cdot\dfrac{\langle\varepsilon_{50}^2\rangle_{111}}{P_{\text{D}}}$

3) $\gamma_2=\omega_0d_{111}\dfrac{(D_0^{111})^2\cdot B_{\text{EA}}^{-0.37}}{T_{111}^2}\cdot\dfrac{\left\langle\dfrac{E}{V}\right\rangle^{111}}{(P_{\text{D1}}-P_{\text{D2}})_{111}}$

层错概率的测定

1) 峰位移法

$$\Delta(2\theta)_{111}=\frac{90\sqrt{3}P_{\mathrm{D}}\tan\theta_{111}}{\pi^2}\left(+\frac{1}{4}\right)$$

$$\Delta(2\theta)_{200}=\frac{90\sqrt{3}P_{\mathrm{D}}\tan\theta_{200}}{\pi^2}\left(-\frac{1}{2}\right)$$

$$\Delta(2\theta_{200}-2\theta_{111})=\frac{-90\sqrt{3}P_{\mathrm{D}}}{\pi^2}\left(\frac{\tan\theta_{200}}{2}+\frac{\tan\theta_{111}}{4}\right)$$

2) 峰宽化法

$$\frac{1}{D_{\mathrm{eff}}^{111}}=\frac{1}{D}+\frac{P_{\mathrm{SF}}}{a}\cdot\frac{\sqrt{3}}{4}$$

$$\frac{1}{D_{\mathrm{eff}}^{200}}=\frac{1}{D}+\frac{P_{\mathrm{SF}}}{a}$$

采用复合层错概率计算层错能：$\gamma=\dfrac{Ga_0^2d\rho}{24\pi P_{\mathrm{SF}}}$，$\gamma=\dfrac{k_{111}\omega_0G_{111}a_0}{\sqrt{3}\pi}B_{\mathrm{EA}}^{-0.37}\dfrac{\left\langle\varepsilon_{50}^2\right\rangle_{111}}{P_{\mathrm{SF}}}$

## 思 考 题

10-1　什么是层错？层错与位错有什么区别？

10-2　层错的形成原因是什么？

10-3　什么是层错能？为什么又称为层错面的张力？

10-4　层错能的大小对力学性能有什么影响？

10-5　层错能的影响因素有哪些？

10-6　层错能的测定方法有哪些？

10-7　层错有几种？各自有什么特点？

10-8　FCC、BCC、HCP 三种典型晶体结构的正常堆垛顺序分别是什么？

10-9　FCC、BCC、HCP 三种典型晶体结构中的滑移面和滑移方向是什么？

10-10　什么是扩展位错？与层错有什么区别？

10-11　扩展位错宽度为什么在滑移过程中能保持稳定？

10-12　扩展位错宽度与层错能的关系是什么？

10-13　什么是层错概率？层错概率有哪几种？

10-14　层错概率的物理意义是什么？

10-15　层错的 X 射线衍射效应是什么？

10-16　什么是净层错概率、复合层错概率？

10-17　层错概率与层错能的关系是什么？

10-18　层错概率的测定方法有哪些？

# 第11章　非 晶 分 析

X 射线特别适合于晶态物质的相结构分析，对于非晶态物质虽然没有完整的晶面，无法产生规则的衍射峰或斑点，但会产生漫散峰，以此可作为区分晶态与非晶态物质的有效方法。本章主要介绍 X 射线作用非晶态物质时的花样特征、非晶态物质的结构表征及晶化过程等。

## 11.1　非晶态物质结构的主要特征

非晶态物质是指质点短程有序而长程无序排列的物质。常见的有氧化物玻璃、金属玻璃、有机聚合物、非晶陶瓷、非晶半导体等。质点分布的特殊性使该类物质具有晶态物质所没有的独特性能，如在力学、光学、电学、磁学、声学等方面性能优异，具有广阔的应用前景。因此，非晶态材料已成为材料界的研究热点。显然，非晶态物质所具有的这些独特性能完全取决于其内部独特的微观结构，具有以下主要特征：

(1) 长程无序。这是非晶态物质结构的主要特征。非晶态物质中的原子分布与液态下的原子分布相似，因为它是液态采用急冷的方式凝固形成的，保持了液态时的结构，无周期性结构。

(2) 短程有序。与晶态物质一样，非晶态物质的质点短程排列有序，两者具有相似的最近邻关系，表现为它们的密度相近、特性相似，如非晶态金属、非晶态半导体和绝缘体都保持各自的特性。但非晶态物质的远程排列是无序的，次近邻关系与晶态相比不同，表现为非晶态物质不存在结构的周期性，因而描述周期性的点阵、点阵参数等概念就失去了意义。因此，晶态与非晶态在结构上的主要区别在于质点的长程排列是否有序。

(3) 各向同性。从宏观意义上讲，非晶态物质的结构均匀，具有各向同性，但缩小到原子尺寸时，结构也是不均匀的。

(4) 亚稳态。晶态物质的吉布斯自由能最低，热力学稳定，为稳定态。而非晶态物质则为亚稳定态，热力学不稳定，有自发向晶态转变的趋势，即晶化，且晶化过程非常复杂，有时要经历若干个中间阶段方可完成。

## 11.2　径向分布函数

非晶态物质虽不具有长程有序的特征，原子排列也不具有周期性，但在数个原子范围内，相对于平均原子中心的原点而言，却是有序的，具有确定的结构，这种类型的结构可用径向分布函数(radial distribution function，RDF)来表征。需注意的是，非晶态物质的径向分布函数是原子的径向分布密度函数，它不同于原子核外的电子分布密度函数。根据组成非晶态物质原子种类的多少，径向分布函数可分为单元和多元两种。

### 11.2.1　单元径向分布函数

1. 单元径向分布函数的建立

单元是指非晶态物质是由同一种原子组成。

设非晶态物质系统共有 $N$ 个原子组成，X射线作用于单元非晶系统中两个原子 $j$ 和 $O$，见图 11-1，每个原子的位置由 $\vec{r}_j$ 表示，$\vec{s}$、$\vec{s}_0$ 分别为散射和入射的单位矢量，$2\theta$ 为散射角，$\alpha$ 为矢量 $\vec{r}_j$ 与矢量 $\vec{s}-\vec{s}_0$ 的夹角。其光程差 $\delta_j$：

$$\delta_j = \vec{r}_j \cdot \vec{s} - \vec{r}_j \cdot \vec{s}_0 = \vec{r}_j(\vec{s}-\vec{s}_0) \tag{11-1}$$

其相位：

$$\varphi_j = \frac{2\pi}{\lambda} \times \delta_j = \frac{2\pi}{\lambda}\vec{r}_j \cdot (\vec{s}-\vec{s}_0) = 2\pi\vec{r}_j \cdot \frac{1}{\lambda}(\vec{s}-\vec{s}_0) \tag{11-2}$$

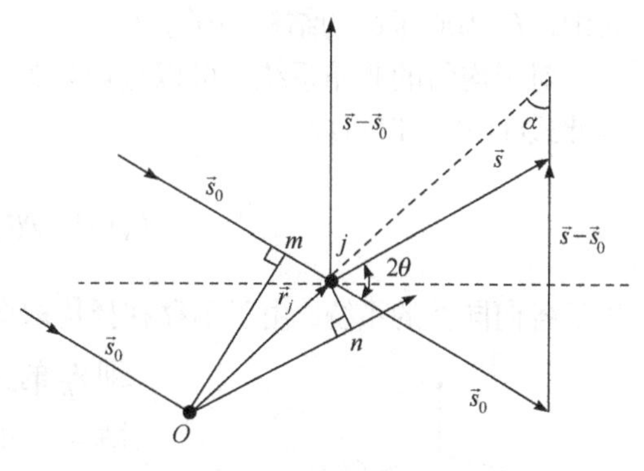

图 11-1 任意两原子间的光程差

令矢量 $\vec{h} = \frac{2\pi}{\lambda}(\vec{s}-\vec{s}_0)$，其大小为 $h = \frac{4\pi\sin\theta}{\lambda}$，得

$$\varphi_j = \vec{h} \cdot \vec{r}_j \tag{11-3}$$

则 $N$ 个原子的散射振幅 $F(h)$ 为

$$F(h) = \sum_{j=1}^{N} f_j \mathrm{e}^{\mathrm{i}\varphi_j} = \sum_{j=1}^{N} f_j \mathrm{e}^{\mathrm{i}\vec{h}\cdot\vec{r}_j} \tag{11-4}$$

显然散射振幅一般为复数，为此，对 $F(h)$ 取其共轭 $F^*(h)$，得散射强度为

$$I_N(h) = |F(h)|^2 = F(h) \times F^*(h) \tag{11-5}$$

由式(11-4)代入式(11-5)，得

$$I_N(h) = F(h) \times F^*(h) = \sum_{j}^{N} f_j \mathrm{e}^{\mathrm{i}\vec{h}\cdot\vec{r}_j} \sum_{l}^{N} f_l \mathrm{e}^{-\mathrm{i}\vec{h}\cdot\vec{r}_l} = \sum_{j}^{N}\sum_{l}^{N} f_j f_l \mathrm{e}^{\mathrm{i}\vec{h}(\vec{r}_j-\vec{r}_l)} \tag{11-6}$$

式(11-6)为双重累加式。显然累加过程中，$j=l$ 项有 $N$ 个，它们的和为 $\sum_{j=1}^{N} f_j^2$，而 $j \neq l$ 的项有 $N(N-1)$ 项，并且总有两个相应的 $j$ 和 $l$ 值使

$$f_j f_l \left[\sin\vec{h} \cdot (\vec{r}_j - \vec{r}_l) + \sin\vec{h} \cdot (\vec{r}_l - \vec{r}_j)\right] = 0 \tag{11-7}$$

设第 $j$ 个原子与第 $l$ 个原子的相对位置矢量为 $\vec{r}_{jl} = \vec{r}_j - \vec{r}_l$，则式(11-6)有如下形式：

$$I_N(h) = \sum_{j}^{N} f_j^2 + \sum_{j\neq l}\sum f_j f \cos(\vec{h} \cdot \vec{r}_{jl}) \tag{11-8}$$

如果非晶系统由同一种原子构成，则

$$I_N(h) = Nf^2 + f^2 \sum_{j\neq l}\sum \cos(\vec{h} \cdot \vec{r}_{jl}) = Nf^2 + \sum_{j}^{N} f^2 \sum_{j\neq l}^{N-1} \cos(\vec{h} \cdot \vec{r}_{jl}) \tag{11-9}$$

如果非晶系统由结构因子相同的原子团构成，则

$$I_N(h) = NF^2 + F^2 \sum_{j\neq l}\sum \cos(\vec{h} \cdot \vec{r}_{jl}) = NF^2 + \sum_{j}^{N} F^2 \sum_{j\neq l}^{N-1} \cos(\vec{h} \cdot \vec{r}_{jl}) \tag{11-10}$$

式中，$F^2$ 为原子团的结构因子。

对于均匀的非晶系统，可以近似认为，以任意原点为中心时，其周围的原子构型都相同，因此式(11-9)可以写成

$$I_N(h)=Nf^2\left[1+\sum_{l}^{N-1}\cos(\vec{h}\cdot\vec{r}_{jl})\right] \tag{11-11}$$

对于各向同性的系统，由于不存在择优取向，所以原子在 $r_{jl}$ 为半径的球面上的分布概率相同，即 $\vec{r}_{jl}$ 的矢量端点等概率地分布在半径为 $r_{jl}$ 的球面上，某一瞬间 $\vec{r}_{jl}$ 的方位由其方向角 $\varphi$ 和 $\beta$ 表征，见图 11-2。

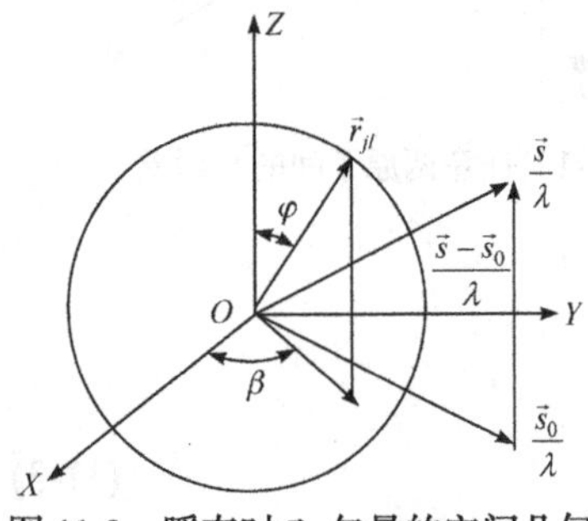


图 11-2　瞬态时 $\vec{r}_{jl}$ 矢量的空间几何

因此，强度对时间取平均就转化为对所有的 $\vec{r}_{jl}$ 方位取平均，即求 $\left\langle e^{i\vec{h}\cdot\vec{r}_{jl}}\right\rangle$。由图 11-2 可以得出

$$\left\langle e^{i\vec{h}\cdot\vec{r}_{jl}}\right\rangle=\frac{1}{4\pi r_{jl}^2}\int_0^{\pi}e^{i\vec{h}\cdot\vec{r}_{jl}}\cos\varphi\cdot 2\pi r_{jl}^2\sin\varphi\mathrm{d}\varphi \tag{11-12}$$

计算后得

$$\left\langle e^{i\vec{h}\cdot\vec{r}_{jl}}\right\rangle=\frac{\sin(hr_{jl})}{hr_{jl}} \tag{11-13}$$

因此，对于运动着的多原子非晶系统，其散射强度为

$$\langle I_N(h)\rangle=\sum_{j}^{N}f_j^2+\sum_{j}^{j\neq l}\sum_{l}f_jf_l\frac{\sin(hr_{jl})}{hr_{jl}} \tag{11-14}$$

式(11-14)还可表示为

$$I_N(h)=\sum_{j}\sum_{l}f_jf_l\frac{\sin(hr_{jl})}{hr_{jl}} \tag{11-15}$$

式(11-14)和式(11-15)均为在空间任意取向的某一定原子排列的相干散射强度，又称德拜散射强度公式。

在连续求和时，每个原子轮流作参考原子，每个原子与自身作用共有 $N$ 项，每项的值均为 1，即当 $j=l$ 时，$r_{jl}\to 0$，故 $\frac{\sin(hr_{jl})}{hr_{jl}}\to 1$，于是由 $N$ 个同种原子构成、无择优取向、单元非晶系统的散射强度可由式(11-14)或式(11-15)德拜公式简化为

$$I_N(h)=Nf^2\left[1+\sum_{l}^{N-1}\frac{\sin(hr_{jl})}{hr_{jl}}\right] \tag{11-16}$$

在上式累加过程中，要排除作原点的参考原子。同时，由于无法确定非晶系统中各个原子的位置，所以引入原子密度函数 $\rho_j(r_{jl})$，它代表以 $j$ 原子为参考点时，相距 $r_{jl}$ 处单位体积中的原子数目，即 $r_{jl}$ 处的原子密度。于是，对均匀的非晶系统，可引入球对称概念，参考原子周围的原子分布看成球形对称，由此可知距原点为 $r_{jl}$ 到 $r_{jl}+\mathrm{d}r_{jl}$ 的球壳内的原子数为 $4\pi\rho_j(r_{jl})r_{jl}^2\mathrm{d}r_{jl}$。其中，$4\pi r_{jl}^2\rho_j(r_{jl})$ 称为原子的径向分布函数，其物理含义为以任一原子为中

心、$r_{jl}$长为半径的单位厚度球壳中所含的原子数，它反映了原子沿径向的分布规律。对于均匀的非晶系统，取任意原子为参考点时，其径向密度分布的形态都相似，即$\rho_j(r_{jl})=\rho(r)$。或者定义

$$\rho_j(r_{jl})=\rho(r)=\sum_{j=1}^{N}\frac{\rho_j(r_{jl})}{N} \tag{11-17}$$

此时，$4\pi r_{jl}^2\rho_j(r_{jl})$可写成$4\pi r^2\rho(r)$。由于参考原子周围的原子分布看成是连续分布。式(11-16)可改成积分式：

$$I_N(h)=Nf^2\left[1+\int_0^{\infty}4\pi r^2\rho(r)\frac{\sin(hr)}{hr}\mathrm{d}r\right] \tag{11-18}$$

如果系统的平均原子密度为$\rho_{\mathrm{a}}$，则式(11-18)可以改写成

$$I_N(h)=Nf^2\left\{1+\int_0^{\infty}4\pi r^2\left[\rho(r)-\rho_{\mathrm{a}}\right]\frac{\sin(hr)}{hr}\mathrm{d}r+\int_0^{\infty}4\pi r^2\rho_{\mathrm{a}}\frac{\sin(hr)}{hr}\mathrm{d}r\right\} \tag{11-19}$$

式中，右边最后一项为电子密度均匀物体的散射强度，计算表明，它与试样形状有关，并且仅在倒易原点附近才不为零，所以它的散射集中在小角区($\theta<3°$)。例如，对于球形试样，在$\theta=3°$时，它仅为第一、第二项的$10^{-6}$，在$\theta>3°$时就可忽略不计，于是式(11-19)可简化为

$$I_N(h)=Nf^2\left\{1+\int_0^{\infty}4\pi r^2\left[\rho(r)-\rho_{\mathrm{a}}\right]\frac{\sin(hr)}{hr}\mathrm{d}r\right\} \tag{11-20}$$

整理后得

$$\frac{I_N(h)}{Nf^2}=1+\int_0^{\infty}4\pi r^2\left[\rho(r)-\rho_{\mathrm{a}}\right]\frac{\sin(hr)}{hr}\mathrm{d}r \tag{11-21}$$

式中，$\frac{I_N(h)}{N}$为系统中每个原子的散射强度，并称$\frac{I_N(h)}{Nf^2}$为散射干涉函数，表示为$I(h)$，它是系统中原子的散射波相互之间干涉的结果。注意，它不同于单晶体中晶胞与晶胞之间的干涉函数$G^2$。如果各原子的散射波之间不产生相干，则$\frac{I_N(h)}{Nf^2}=1$。

式(11-21)可变为

$$\frac{I_N(h)}{Nf^2}-1=\int_0^{\infty}4\pi r^2\left[\rho(r)-\rho_{\mathrm{a}}\right]\frac{\sin(hr)}{hr}\mathrm{d}r \tag{11-22}$$

令$i(h)=\frac{I_N(h)}{Nf^2}-1=I(h)-1$，则式(11-22)变为

$$hi(h)=4\pi\int_0^{\infty}r\left[\rho(r)-\rho_{\mathrm{a}}\right]\sin(hr)\mathrm{d}r \tag{11-23}$$

式(11-23)的左边仅为$h\left(\vec{h}=2\pi\frac{\vec{s}-\vec{s}_0}{\lambda},\ h=\frac{4\pi\sin\theta}{\lambda}\right)$的函数，式中$hi(h)$为约化干涉函数，而$\sin(hr)$的系数仅为原子间距$r$的函数，故可利用傅里叶变换公式

$$\varphi(h)=4\pi\int_0^{\infty}f(r)\sin(hr)\mathrm{d}r \tag{11-24}$$

$$f(r) = 4\pi\int_0^\infty \varphi(h)\sin(hr)\mathrm{d}h \tag{11-25}$$

变换得

$$r\left[\rho(r) - \rho_\mathrm{a}\right] = \frac{1}{2\pi}\int_0^\infty hi(h)\sin(hr)\mathrm{d}h \tag{11-26}$$

从而得原子径向分布函数为

$$4\pi r^2\rho(r) = 4\pi r^2\rho_\mathrm{a} + \frac{2r}{\pi}\int_0^\infty hi(h)\sin(hr)\mathrm{d}h \tag{11-27}$$

通常将 $4\pi r^2\rho(r)$ 记为径向分布函数 $J(r)$，表示为 RDF($r$)，故单元非晶态物质径向分布函数为

$$J(r) = \mathrm{RDF}(r) = 4\pi r^2\rho(r) = 4\pi r^2\rho_\mathrm{a} + \frac{2r}{\pi}\int_0^\infty hi(h)\sin(hr)\mathrm{d}h \tag{11-28}$$

或
$$J(r) = \mathrm{RDF}(r) = 4\pi r^2\rho(r) = 4\pi r^2\rho_\mathrm{a} + \frac{2r}{\pi}\int_0^\infty h[I(h)-1]\sin(hr)\mathrm{d}h \tag{11-29}$$

式中，RDF($r$)为径向分布函数 $4\pi r^2\rho(r)$，表示距平均原子中心为 $r$ 和 $r$ + d$r$ 球壳内的平均原子数；$r$ 为表示任一原子距中心的距离(半径)；$\rho(r)$表示距离原点为 $r$ 处的原子密度；$\rho_\mathrm{a}$ 为样品的平均原子密度，$\rho_\mathrm{a} = \dfrac{N_\mathrm{A}\rho}{A\times10^{24}}$，$N_\mathrm{A}$ 为阿伏伽德罗常量；$A$ 为原子质量，$\rho$ 为质量密度；$I(h) = \dfrac{I_N(h)}{Nf^2}$ 表示散射干涉函数；$i(h) = \dfrac{I_N(h)}{Nf^2} - 1 = I(h) - 1$。

从式(11-29)可知，径向分布函数由两部分组成，第一部分 $4\pi r^2\rho_\mathrm{a}$ 是抛物线，第二部分 $\dfrac{2r}{\pi}\int_0^\infty h[I(h)-1]\sin(hr)\mathrm{d}h$ 表现为绕抛物线上下振荡的部分。图 11-3 为某金属玻璃的径向分布函数曲线，显然它是绕虚线即 $4\pi r^2\rho_\mathrm{a}$ 抛物线上下振荡的。

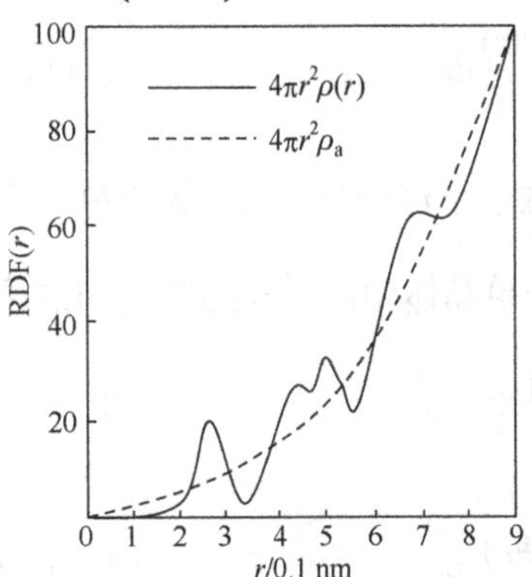


图 11-3　某金属玻璃的径向分布函数曲线

2. 双体相关径向分布函数

由式(11-29)得

$$\rho(r) = \rho_\mathrm{a} + \frac{1}{2\pi^2 r}\int_0^\infty h[I(h)-1]\sin(hr)\mathrm{d}h \tag{11-30}$$

两边同除以$\rho_\mathrm{a}$，并令 $g(r) = \dfrac{\rho(r)}{\rho_\mathrm{a}}$，则

$$g(r) = 1 + \frac{1}{2\pi^2 r\rho_\mathrm{a}}\int_0^\infty h[I(h)-1]\sin(hr)\mathrm{d}h \tag{11-31}$$

$g(r)$称为双体相关函数，图 11-4 为某金属玻璃的双体相关函数分布曲线，此时曲线绕 $g(r)$ = 1 的水平线振荡。第一峰位 $r_1$ = 0.253 nm，近似表示金属原子间的最近距离。

3. 简约径向分布函数

同样，由式(11-29)化简还可得

$$4\pi r[\rho(r)-\rho_{\mathrm{a}}]=\frac{2}{\pi}\int_0^{\infty}h[I(h)-1]\sin(hr)\mathrm{d}h \tag{11-32}$$

令
$$G(r)=4\pi r[\rho(r)-\rho_{\mathrm{a}}] \tag{11-33}$$

则

$$G(r)=\frac{2}{\pi}\int_0^{\infty}h[I(h)-1]\sin(hr)\mathrm{d}h \tag{11-34}$$

$G(r)$称为简约径向分布函数，图 11-5 为某金属玻璃的简约径向分布函数的分布曲线，可见曲线绕 $G(r)=0$ 的横轴振荡，峰位未发生变化，分析更加方便明晰。

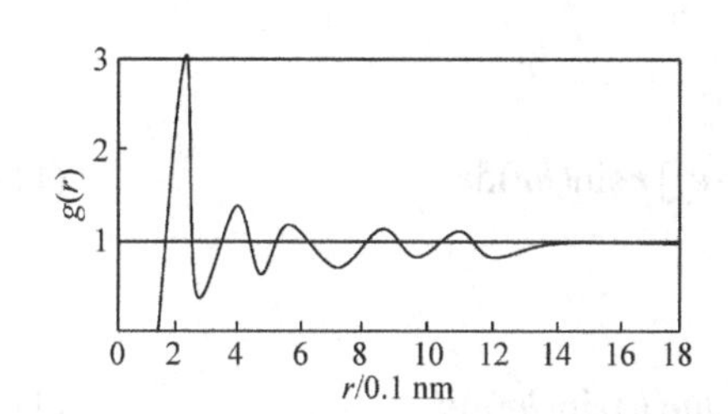


图 11-4 某金属玻璃的双体相关函数 $g(r)$曲线

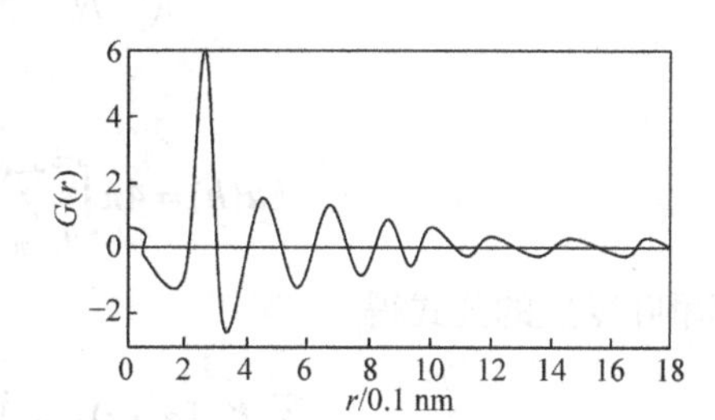


图 11-5 某金属玻璃的简约径向分布函数 $G(r)$曲线

### 11.2.2 多元径向分布函数

多元非晶态物质即物质由多种原子组成，整个系统可以看成由许多结构单元组成。如 $SiO_2$ 玻璃，结构单元为 $SiO_2$。假定试样中有 $N$ 个结构单元，每个单元有 $P$ 个不同品种，如 $m$、$n$ 等原子，同式(11-16)的处理方法可得多元非晶态物质相干散射强度为

$$I_N(h)=Nf^2\left[\sum_p f_p^2+\sum_j^{j\neq l}\sum_l f_j f_l\frac{\sin(hr_{jl})}{hr_{jl}}\right] \tag{11-35}$$

该式右边第一项是在一个结构单元中对所有原子求和，不管属于哪种原子；第二项是对每个原子求和，不管属于哪个结构单元。

同式(11-18)的处理方法，引入球对称分布函数，各类原子轮流作参考原子，并用$\rho_m(r)$表示半径为 $r$ 处单位体积各类原子的平均数。这样式(11-35)可改写成积分式，即

$$I_N(h)=N\sum_m f_m^2+N\sum_m f_m\int_0^{\infty}4\pi r^2\rho_m(r)\frac{\sin(hr)}{hr}\mathrm{d}r \tag{11-36}$$

由于 $f_m$ 和$\rho_m(r)$都是 $h$ 的函数，不能直接对式(11-36)进行傅里叶变换，必须做近似处理。因此，用电子散射因子来表达原子散射因子，即

$$f_m=K_m f_{\mathrm{e}} \tag{11-37}$$

式中，$K_m$ 为 $m$ 原子中的有效散射电子数，它随 $\frac{\sin\theta}{\lambda}$ 略有变化，如果取其平均值，则可将 $K_m$ 作常数处理。于是原子的密度函数$\rho_m(r)$可以用电子的密度函数来表达，即

$$\rho_m(r)=f_{\mathrm{e}}e_m(r) \tag{11-38}$$

将式(11-37)和式(11-38)代入式(11-36)，得

$$I_N(h)=N\sum_m f_m^2+4\pi Nf_{\mathrm{e}}^2\int_0^{\infty}\left[\sum_m K_m e_m(r)\right]r^2\frac{\sin(hr)}{hr}\mathrm{d}r \tag{11-39}$$

采用式(11-18)～式(11-20)的相同处理方法，对式(11-39)引入平均电子密度 $e_a$，并删去可以忽略的中心散射项可得

$$I_N(h)=N\sum_m f_m^2+4\pi N f_e^2\int_0^\infty \sum_m K_m[e_m(r)-e_a]r^2\frac{\sin(hr)}{hr}\mathrm{d}r \tag{11-40}$$

变为

$$\left(\frac{I_N(h)}{N}-\sum_m f_m^2\right)=\frac{4\pi f_e^2}{h}\int_0^\infty \sum_m K_m[e_m(r)-e_a]r\sin(hr)\mathrm{d}r \tag{11-41}$$

令

$$\left(\frac{I_N(h)}{N}-\sum_m f_m^2\right)/f_e^2=u(h)$$

则

$$hu(h)=4\pi\int_0^\infty \sum_m K_m[e_m(r)-e_a]r\sin(hr)\mathrm{d}r \tag{11-42}$$

由傅里叶变换的公式得

$$\sum_m K_m[e_m(r)-e_a]r=\frac{1}{2\pi^2}\int_0^\infty hu(h)\sin(hr)\mathrm{d}h \tag{11-43}$$

或写成

$$J_m(r)=4\pi r^2\sum_m K_m e_m(r)=4\pi r^2 e_a\sum_m K_m+\frac{2r}{\pi}\int_0^\infty hu(h)\sin(hr)\mathrm{d}h \tag{11-44}$$

式(11-44)是多种原子系统的径向分布函数 $J_m(r)=4\pi r^2\sum_m K_m e_m(r)$ 的表达式。$J_m(r)$ 表示结构单元内每种原子RDF($r$)的叠加，$J_m(r)$-$r$ 关系曲线的峰位给出试样中各种原子的间距，峰面积表示近邻原子的数目。

### 11.2.3　径向分布函数的测定

径向分布函数的测定要求采用精细的实验技术，主要步骤如下。

1. 测取非晶态样品的衍射强度 $I(2\theta)$

衍射强度 $I_M(2\theta)$的测量要求在高稳定、高分辨和强光源的X射线衍射仪上进行，并采用单色器、步进扫描方式。由于RDF式(11-28)和式(11-44)中的积分要求强度测量扩展到很大的 $h$ 值($\vec{h}=2\pi\frac{\vec{s}-\vec{s}_0}{\lambda}$，$h=\frac{4\pi\sin\theta}{\lambda}$)，因此要选用较短的辐射波长，如Mo $K_\alpha$、Ag $K_\alpha$。扫描时 $2\theta$ 尽可能大，但这种要求是相对的，式(11-20)和式(11-41)在 $h$ 较大时趋近于零。所以在实际测量时，只要把散射强度测到一个足够大的角度，以保证 $I(h)$ 达到稳定的零值即可。多数情况下 $h$ 值取到8～10即可满足要求。

由于非晶态物质的衍射与晶态物质不同，在所有角度上都产生相干散射，因此要在各个角度上记录散射强度。在非晶态的 $I_M(2\theta)$曲线上，非相干散射、连续谱和空气散射等都叠加在试样的相干散射强度上，不存在明确的背底现象。

按试样的放置方式不同，衍射方法分为对称反射式和透射式两类，其中透射式又分为垂直透射式和对称透射式两种，分别见图11-6和图11-7。

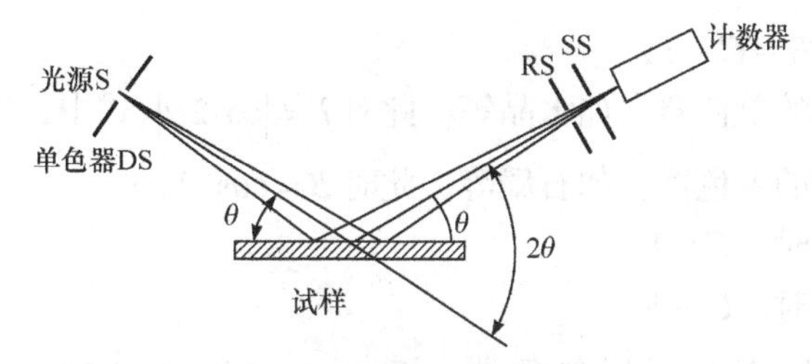


图 11-6　对称反射式衍射示意图

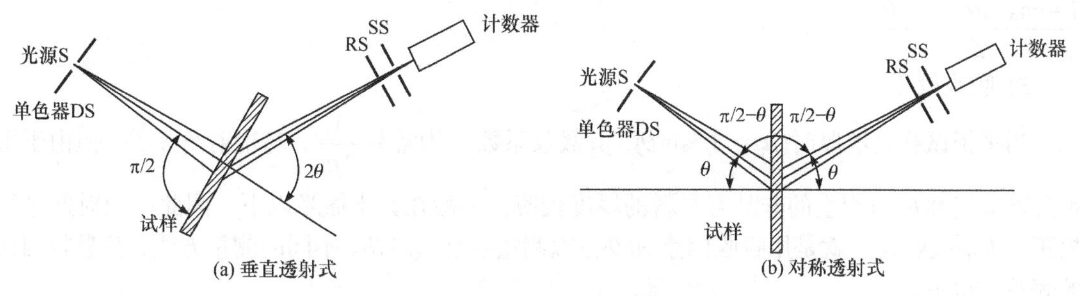


图 11-7　透射式衍射示意图

显然，透射式对试样要求较高，厚度要薄，制样困难，故一般采用对称反射式进行测取$I_M(2\theta)$，有时也采用对称透射式进行测取。

2. 扣除背底、不相干散射和多次相干散射，校正偏振因素和吸收系数

由于实验测量的$I_M(2\theta)$中包含相干散射、非相干散射、多次散射、空气散射及吸收因素、偏振因素等，只有相干散射中的非独立散射才与非晶系统中的原子相互位置有关，因此需对$I_M(2\theta)$进行修正。

1) 扣除空气散射

可采用测量空白背底计数的方法扣除空气散射的影响。即在试样架上不装试样进行空白计数器测量其散射强度$I_{空白}(2\theta)$。然后利用下式推出空气散射强度$I_{空散}(2\theta)$。

对称反射测量方法：

$$I_{空散}(2\theta)=\alpha_r I_{空白}(2\theta) \tag{11-45}$$

对称透射测量方法：

$$I_{空散}(2\theta)=\alpha_t I_{空白}(2\theta) \tag{11-46}$$

式中，$\alpha_r=\dfrac{1}{2}+\left(\dfrac{1}{2}-\dfrac{t\cos\theta}{R\cdot S}\right)\exp\left(-\dfrac{2\mu_1 t}{\sin\theta}\right)$，$\alpha_t=\left(1-\dfrac{t\sin\theta}{R\cdot S}\right)\exp\left(-\dfrac{2\mu_1 t}{\cos\theta}\right)$，$\alpha_r$、$\alpha_t$分别为对称反射法和对称透射法系数；$t$为试样厚度；$\mu_1$为试样线吸收系数；$R$为测角仪圆半径；$S$为接受狭缝角宽度。

2) 偏正校正

试样和晶体单色器会使 X 射线发生偏振。偏振校正就是用偏振因素 $P(\theta)$去除测量强度$I_M(2\theta)$，使其归一化到非偏振的参考基准上。偏振因素的一般表达式为

$$P(\theta)=\frac{1+B\cos^2 2\theta}{1+C} \tag{11-47}$$

对单色器的各种不同情况，$P(\theta)$的表达式各异：

不使用单色器时，$B = C = 1$；

使用理想完整结构的单色器，如水晶等，此时 $B = |\cos 2\alpha|$ (式中，$2\alpha$为单色器的衍射角)；

使用理想镶嵌结构的单色器，如石墨等，此时 $B = \cos^2 2\alpha$；

单色器置于衍射束时，$C = 1$；

单色器置于入射束时，$C = B$。

例如，常用的衍射束的石墨单色器，$C = 1$，$B = \cos^2 2\alpha$，其偏正因素为 $P(\theta) = \dfrac{1 + \cos^2 2\alpha \cos^2 2\theta}{2}$。

3) 吸收校正

当平板试样足够厚时($\mu_1 t > 3.5\sin\theta$)，其吸收系数 $A$ 为常数 $\dfrac{1}{2\mu_1}$，与衍射角无关。但由于甩带急冷或气相沉积产生的非晶态材料的厚度较薄，一般在数十微米以下，因此必须对此进行校正。所谓吸收校正就是用吸收因素 $A(\theta)$去除测量强度 $I_M(2\theta)$。不同的测量方法，其吸收因素的表达式也不同。

对称反射式：

$$A(\theta) = \frac{1 - \exp(1 - 2\mu_1 t / \sin\theta)}{2\mu_1} \tag{11-48}$$

对称透射式：

$$A(\theta) = \frac{\sec\theta}{\exp\left[-\mu_1 t(1 - \sec\theta)\right]} \tag{11-49}$$

式中，$\mu_1$ 为试样线吸收系数；$t$ 为试样厚度。

4) 强度数据的标准化

经过上述校正后的衍射强度为

$$I_{校}(2\theta) = \frac{I_M(2\theta) - I_{空散}(2\theta)}{P(\theta)A(\theta)} \tag{11-50}$$

通过 $h = \dfrac{4\pi\sin\theta}{\lambda}$，将 $I_{校}(2\theta)$ 转换为 $I_{校}(h)$。此时的强度仍然是任意单位的相对强度，它随实验条件的变化而改变。为了使不同实验条件下的结果具有可比性，需对衍射强度进行标准化处理，即以电子散射强度 $I_e$ 为单位，用一个原子散射强度的平均值 $I_a(h) = I_{校}(h) / N$ 来表达试样的散射强度($N$ 为试样中参加衍射的原子数)。

用下式进行单位变换：

$$I_a^{标}(h) = \beta_n I_{校}(h) \tag{11-51}$$

式中，$\beta_n$ 为与 $k$ 无关的常数，称其为标准化因子。标准化因子$\beta$ 的求法较多，最常用的有两种：高角法和径向分布函数法。

(1) 高角法。

从式(11-18)可知在 $h$ 值很大时，$\dfrac{\sin(hr)}{hr} \to 0$，此时 $I_N(h) / N \to \left\langle f^2 \right\rangle$，即一个原子的散射强度 $I_a(k)$将趋近于原子散射因子的均方值 $\left\langle f^2 \right\rangle = \sum_i^n c_i f_i$ ($c_i$ 为第 $i$ 种原子的分数)。于是由

式(11-51)得

$$\beta_n = \left[ \frac{\left\langle f^2 \right\rangle + I_{非}(h) + I_{多}(h)}{I_{校}(h)} \right]_{高角} \tag{11-52}$$

式中，$I_{非}(h)$为非相干散射强度；$I_{多}(h)$为多次散射强度。

为得到精确的结果，通常取一系列$h$值求平均：

$$\beta_n = \frac{\int_{h_{\min}}^{h_{\max}} \left[ \left\langle f^2 \right\rangle + I_{非}(h) + I_{多}(h) \right] \mathrm{d}h}{\int_{h_{\min}}^{h_{\max}} I_{校}(h) \mathrm{d}h} \tag{11-53}$$

式中，$h_{\min}$为$I_{校正}(h)$只有微小波动时的最小值；$h_{\max}$为实验所能得到的最大值。

(2) 径向分布函数法。

从式(11-28)可以看出，当$r \to 0$时，$\rho(r) \to 0$，$\frac{\sin(hr)}{hr} \to 1$，故有

$$-2\pi^2 \rho_{\mathrm{a}} = \int_0^{\infty} h^2 [I(h) - 1] \mathrm{d}h = \int_0^{\infty} h^2 i(h) \mathrm{d}h \tag{11-54}$$

由于$i(h) = \frac{I_{\mathrm{a}}^{标} - [I_{非}(h) + I_{多}(h)] - \left\langle f^2 \right\rangle}{\left\langle f \right\rangle^2}$，所以

$$-2\pi^2 \rho_{\mathrm{a}} = \int_0^{\infty} \frac{\beta_n I_{校}(h) - [I_{非}(h) + I_{多}(h)] + \left\langle f^2 \right\rangle}{\left\langle f \right\rangle^2} h^2 \mathrm{d}h \tag{11-55}$$

因此

$$\int_0^{\infty} \frac{\beta_n I_{校}(h)}{\left\langle f \right\rangle^2} h^2 \mathrm{d}h = -2\pi^2 \rho_{\mathrm{a}} + \int_0^{\infty} \frac{[I_{非}(h) + I_{多}(h)] + \left\langle f^2 \right\rangle}{\left\langle f \right\rangle^2} h^2 \mathrm{d}h \tag{11-56}$$

$$\beta_n = \frac{-2\pi^2 \rho_{\mathrm{a}} + \int_0^{\infty} \frac{[I_{非}(h) + I_{多}(h)] + \left\langle f^2 \right\rangle}{\left\langle f \right\rangle^2} h^2 \mathrm{d}h}{\int_0^{\infty} \frac{I_{校}(h)}{\left\langle f \right\rangle^2} h^2 \mathrm{d}h} \tag{11-57}$$

由于上式的积分限是 0～∞，而实测到的是$h_{\min}$～$h_{\max}$，因而会出现截断效应。低角截断效应不会有很大影响，但高角截断效应会使径向分布函数曲线上叠加一定周期的伪峰。为消除这些伪峰，可在积分式上乘以一个衰减因子$\mathrm{e}^{-\alpha^2 h^2}$，以便使函数随着$h$的增加而迅速收敛，其中$\alpha$为小于 0.01 的常数，具体值由实际情况而定。

当$h_{\max}$为积分上限时，为消除截断效应，式(11-57)可写成

$$\beta_n = \frac{\left[ \int_0^{h_{\max}} \frac{\left\langle f^2 \right\rangle + I_{非}(h) + I_{多}(h)}{\left\langle f \right\rangle^2} \cdot \mathrm{e}^{-\alpha^2 h^2} h^2 \mathrm{d}h \right] - 2\pi^2 \rho_{\mathrm{a}}}{\int_0^{h_{\max}} \frac{I_{校}(h)}{\left\langle f \right\rangle^2} \cdot \mathrm{e}^{-\alpha^2 h^2} h^2 \mathrm{d}h} \tag{11-58}$$

式中，$\langle f\rangle^2=\left(\sum_i^n c_i f_i^2\right)^2$ ($c_i$为第 $i$ 种原子的分数)。

5) 扣除非相干散射和多次散射

非相干散射即康普顿散射，是指 X 射线作用于物质原子中受束缚较松的电子或自由电子，部分能量转变为电子的动能，使之成为反冲电子，X 射线能量降低，偏移原来方向，波长增加。非相干散射值 $I_{非}(h)$ 可通过手册《International Tables for X-ray Crystallography》第Ⅲ卷查到。

多重散射是指 X 射线作用物质原子受到散射后，接着又相继受到第二个、第三个……原子的散射。由于每次散射的条件不同，其散射角和散射强度也各不相同，因此 $I_{同}(h)$的计算非常复杂。同时由于物质的吸收作用，$I_{多}(h)$ 值一般很小。重元素时，$I_{多}(h)\approx 0$，可以忽略；轻元素时，该值也不大，对平板试样 $SiO_2$ 计算表明，$I_{多}(h)$ 为一次散射强度的 8%左右。

令经以上各种校正后的原子散射强度为 $I_a(h)$，则

$$I_a(h)=I_a^{标}(h)-[I_{非}(h)+I_{多}(h)] \tag{11-59}$$

3. 径向分布函数的计算

经过校正、标准化及非相干散射和多重散射扣除后的 $I_a(h)$ 代入式(11-29)即可计算径向分布函数 RDF($r$)，计算过程一般由计算机完成。需注意的是，在计算积分 $\int_0^\infty h[I(h)-1]\sin(hr)\mathrm{d}h$ 时，必须将积分变成分立的级数形式 $\sum_{k_{max}}^{k_{min}} h[I(h)-1]\sin(hr)\Delta h$ 才能利用计算机进行计算。

## 11.3　非晶态物质的结构常数及其表征

晶态材料的原子在三维空间周期排列，对 X 射线来说晶态材料就像三维光栅，能产生衍射，通过不同方向上的衍射强度，可计算获得晶态物质的结构图像。而非晶态物质长程无序，不存在三维周期性，难以通过实验的方法精确测定其原子组态。因此，对非晶态的物质结构一般都是采用统计法进行表征的，即采用径向分布函数表征非晶态原子的分布规律，并由此获得表征非晶态结构的四个常数：配位数 $n$、最近邻原子的平均距离 $r$、短程原子有序畴 $r_s$ 和原子的平均位移$\sigma$。

(1) 配位数 $n$。径向分布函数曲线上第一个峰下的面积即为最近邻球形壳层中的原子数目，也就是配位数；测定径向分布函数的主要目的就是测定这个参数。同理，第二峰、第三峰下的面积分别表示第二、第三球形壳层中的原子数目。

(2) 最近邻原子的平均距离 $r$。最近邻原子的平均距离 $r$ 可由径向分布函数的峰位求得。RDF($r$)曲线的每一个峰分别对应于一个壳层，即第一个峰对应于第一壳层，第二峰对应于第二壳层，以此类推。每个峰位值分别表示各配位球壳的半径，其中第一个峰位即第一壳层原子密度最大处到中心的距离就是最近邻原子的平均距离 $r$。由于 RDF 与 $r^2$ 相关，在制图和分析时均不方便，因此常采用双体分布函数或简约分布函数来替代它。其实，双体分布函数或简约分布函数均是通过径向分布函数转化而来的。

(3) 短程原子有序畴 $r_s$。短程原子有序畴是指短程有序的尺寸大小，用 $r_s$ 表示。当 $r > r_s$ 时，原子排列完全无序。$r_s$ 值可通过径向分布函数曲线来获得，在双体相关函数 $g(x)$曲线中，当 $g(r)$值的振荡→1 时，原子排列完全无序，此时的 $r$ 值即为短程原子有序畴 $r_s$；若在简约径向分布函数 $G(r)$曲线中，则当 $G(x)$值的振荡→0 时，原子排列不再有序，此时 $r$ 的值即为 $r_s$。从图 11-4 或图 11-5 可清楚地估算出，在 $g(r) \to 1$ 或 $G(r) \to 0$ 时，$r$ 约为 1.4 nm，表明该金属玻璃的短程原子有序畴仅为数个原子距离。

(4) 原子的平均位移$\sigma$。原子的平均位移$\sigma$是指第一球形壳层中的各个原子偏离平均距离 $r$ 的程度。反映在径向分布曲线上即为第一个峰的宽度，宽度越大，表明原子偏离平均距离越远，原子位置的不确定性也就越大。因此，$\sigma$反映了非晶态原子排列的无序性，$\sigma$的大小即为 RDF($r$)第一峰半高宽的 $\frac{1}{2.36}$。

## 11.4　非晶态物质的晶化

### 11.4.1　晶化过程

非晶态物质短程有序，但长程无序，自由能比晶态高，是一种热力学上的亚稳定态，其双体分布函数曲线表现为振幅逐渐衰减为 1 的振荡峰，各峰均有一定的宽度。退火、加热、激光辐射等会促进非晶态向晶态转变即发生晶化。晶化过程非常复杂，晶化前将发生原子位置的变动与调整，这种细微的结构变化称为结构弛豫。结构弛豫时，原子分布函数曲线的形态随之发生变化。随着加热保温时间的增加，双体分布函数曲线的各峰依次发生变化，首先第一峰逐渐变高变窄，第二峰的分裂现象逐渐缓和、减小乃至消失，而当接近晶化时，第二峰又开始急剧变化，直至所有峰均发生了尖锐化。此时短程有序范围 $r_s$ 逐渐增大，由短程有序逐渐过渡到长程有序，完成了非晶态向晶态的晶化转变。

由于晶态物质的质点在三维空间呈周期性排列，类似于三维格栅，原子间距与 X 射线的波长处在同一量级，一定条件下，规则原子组成的晶面将对 X 射线发生选择性反射，即发生衍射现象，形成尖锐的衍射峰。而非晶态物质只是近程有序，仅在数个原子范围内原子有序排列，超出该范围则为无序状态，因此非晶态物质结构中没有所谓的晶胞、晶面及其表征的结构常数或晶面指数的概念，由于 X 射线束的作用范围小，包含的短程有序区的数量有限，即能产生相干散射的区域少，因此衍射图由少数的几个漫散峰组成，如图 11-8 所示。非晶态物质的衍射图虽不能像晶态物质的衍射花样那样能提供大量的结构信息，进而进行相应的定性和定量分析，但漫射峰(又称馒头峰)却是区分晶态和非晶态的最显著标志，同时也能提供以下结构信息：

(1) 与峰位相对应的是相邻分子或原子间的平均距离，其近似值可由非晶衍射的准布拉格方程($2d\sin\theta = 1.23\lambda$)获得：

$$d = \frac{1.23\lambda}{2\sin\theta} \tag{11-60}$$

(2) 漫散峰的半高宽即为短程有序区的大小 $r_s$，其近似值可通过谢乐公式中的 $D$ 来表征，即

$$r_s = D = \frac{K\lambda}{\beta\cos\theta} \tag{11-61}$$

式中，$\beta$ 为漫散峰的半高宽，单位为弧度；$K$ 为常数，一般取 0.89～0.94。$r_s$ 的大小反映了非晶物质中相干散射区的尺度。当然，关于非晶态物质的更为精确的结构信息主要还是通过其原子径向分布函数来分析获得。

非晶态物质晶化后其衍射图将发生明显变化，其漫射峰逐渐演变成许多敏锐的结晶峰。图 11-9 为 Ni-P 合金非晶态时的衍射图，在 18°～65°仅有一个漫射峰，经 500℃退火后其衍射花样如图 11-10 所示，由定相分析可知它由 Ni 及 $Ni_3P$ 等多种相组成，非晶态已转化为晶态。

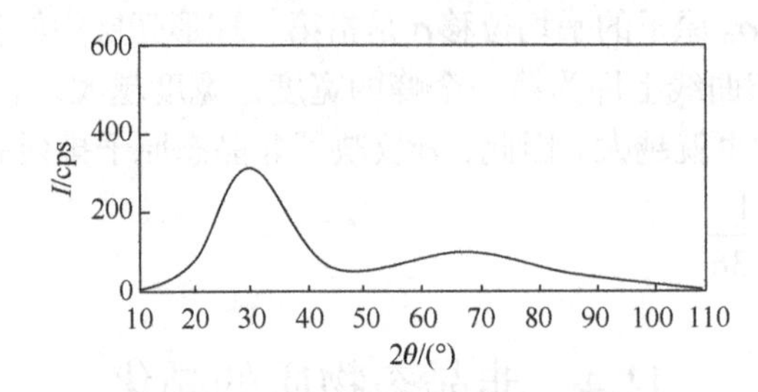


图 11-8　非晶态物质的衍射花样示意图

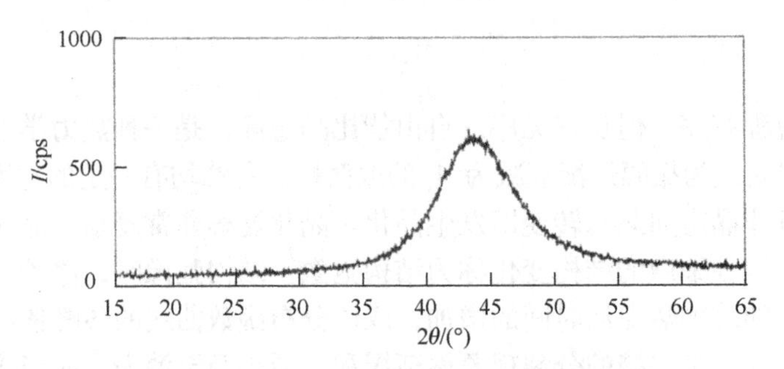


图 11-9　Ni-P 合金非晶态时的 X 射线衍射图

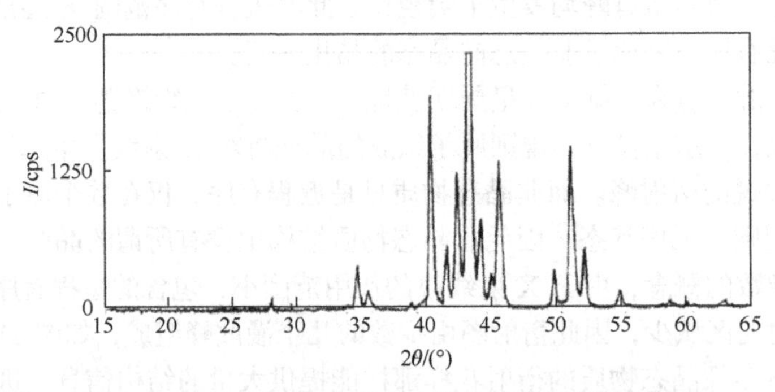


图 11-10　Ni-P 合金 500℃退火晶化后的 X 射线衍射图

### 11.4.2　结晶度测定

由于非晶态是一种亚稳定态，在一定条件下可转变为晶态，其对应的力学、物理和化学等性质也随之发生变化，当晶化过程未充分进行时，物质就有晶态和非晶态两部分组成，其晶化的程度可用结晶度表示，即物质中的晶相所占的比值：

$$X_c = \frac{W_c}{W_0} \tag{11-62}$$

式中，$W_c$ 为晶态相的质量；$W_0$ 为物质的总质量，由非晶相和晶相两部分组成；$X_c$ 为结晶度。

结晶度的测定通常是采用 X 射线衍射法进行的，即通过测定样品中的晶相和非晶相的衍射强度，再代入式(11-62)：

$$X_c = \frac{I_c}{I_c + KI_a} = \frac{1}{1 + KI_a / I_c} \tag{11-63}$$

式中，$I_c$、$I_a$分别表示晶相和非晶相的衍射强度；$K$ 为常数，它与实验条件、测量角度范围、晶态与非晶态的密度比值有关。

## 11.5 应用举例分析

非晶态材料一般被描述为结构上均匀、各向同性，但实际上由于不同的制备工艺，结构有时并不十分均匀。如急冷法制备的非晶态材料，通常需要对其进行退火或其他处理，从而产生结构弛豫、相分离或部分晶化，在过程中原子发生扩散、迁移或偏聚，使结构变得不均匀，表现出各向异性。小角 X 射线散射特别适合这些过程的研究。

### 11.5.1 非晶合金中结构的弛豫分析

非晶合金也称金属玻璃，它是急冷得到的亚稳定合金，在加热过程中会产生一系列的转变，逐渐由亚稳态转变到稳定态。在这个过程中会发生相分离及晶化过程。

图 11-11、图 11-12 分别为退火温度 360℃、380℃时，不同退火时间下的样品的 SAXS 曲线。图中纵坐标为散射强度 $I(h)$，横坐标为 $h(h = 4\pi\sin\theta/\lambda)$。从图中可以看出：散射强度随着退火时间的增加而增大，因 SAXS 起源于散射体内的电子密度涨落，所以散射强度的变化反映了电子密度涨落程度的变化。由平均电子均方密度涨落与散射强度存在的关系：$\overline{(\rho-\bar{\rho})^2} / \bar{\rho} = 2\pi\int_0^\infty h \cdot I(h)\mathrm{d}h$，可得相应的平均电子均方密度涨落与退火时间的关系曲线，见图 11-13。研究表明，该非晶合金在 360℃、380℃退火时的散射强度随着退火时间的延长而增大，退火不同时间的散射曲线变化趋势相同，且无峰值出现，说明在 360℃、380℃退火时无析出相出现，原子只限于短程有序排列。

该非晶合金在不同退火温度以及不同退火时间下的小角 X 射线散射 Porod 图(图 11-14)。由 Porod 定理可知，该合金在 600℃退火 60 min 后其散射强度遵循 Porod 定律，说明析出的是密度均一且具明锐相界面的颗粒；该合金在 380℃退火 70 min 和 360℃退火 100 min 后，其散射曲线

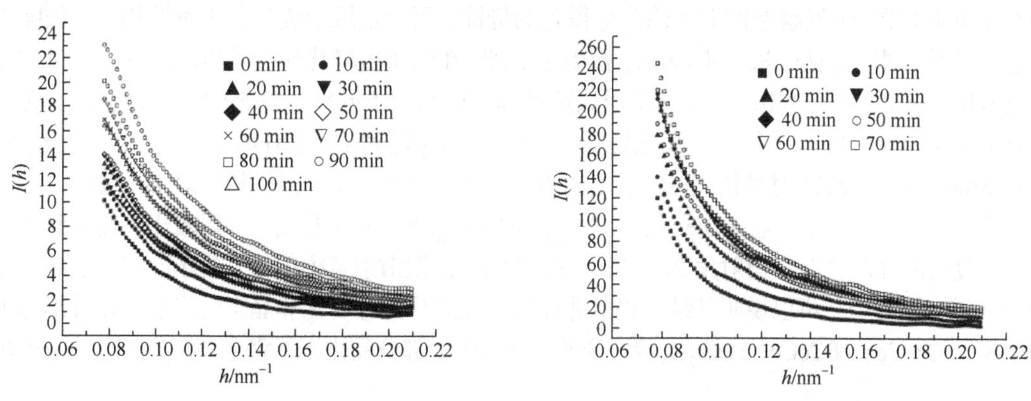


图 11-11 退火温度 360℃不同退火时间的 SAXS 曲线 图 11-12 退火温度 380℃不同退火时间的 SAXS 曲线

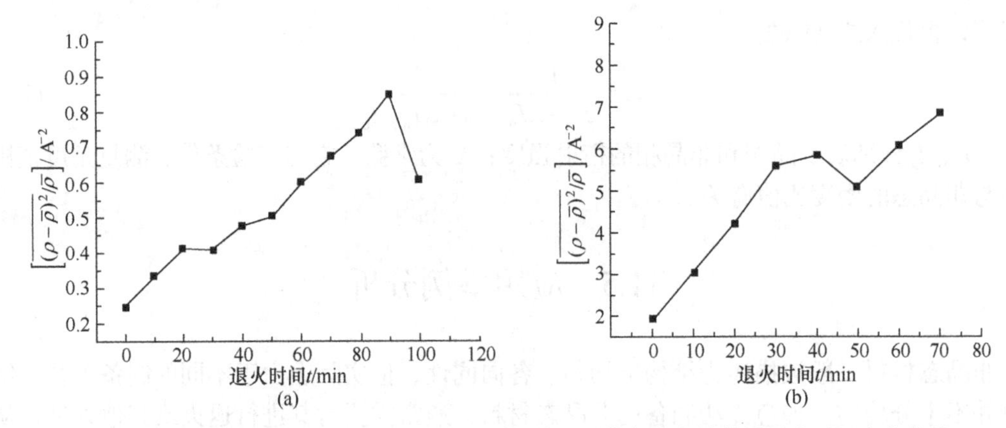


图 11-13　退火温度为 360℃(a)和 380℃(b)时平均电子均方密度涨落随退火时间变化曲线

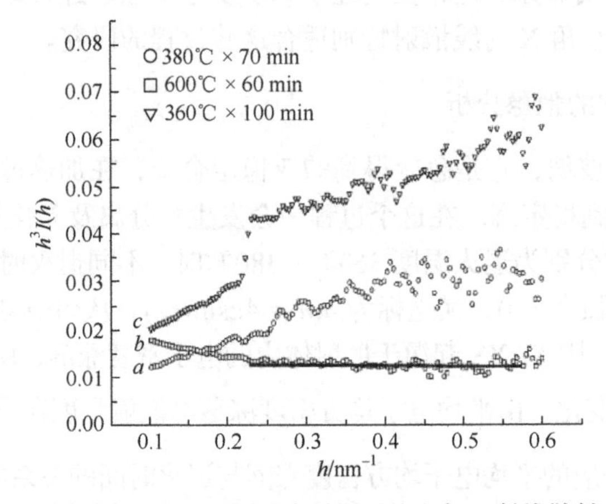


图 11-14　不同退火温度、不同退火时间下的小角 X 射线散射 Porod 图

均为 Porod 定律的正偏离，说明这两种情况下散射体为非晶态，内部不存在密度均一、相界面分明的颗粒，即在小角 X 射线散射试验范围内，探测不到结晶颗粒的析出。此结果反映了在结晶颗粒析出之前的结构弛豫过程，即散射强度的变化完全来自非晶合金内电子密度的涨落。

使用纯度均为 99.99%的 Fe、Co、Ni、Cr、Zr 金属块，除去纯金属表面的杂质与氧化层，用真空电弧炉在 Ar 气氛保护下熔炼合金得到的母锭，用单辊甩带法制备出宽厚均匀、长度不等的非晶薄带。对非晶薄带进行不同的结构弛豫处理，在低于玻璃化转变温度($T_g$ = 825 K)下 725 K 进行 0 h、0.5 h、2 h、4 h、10 h 真空退火热处理，以获得不同结构状态的非晶合金，并在玻璃化转变温度以上 925 K 进行真空晶化处理，保温 10 min 得到结晶态$(Fe_{0.52}Co_{0.18}Ni_{0.30})_{73}Cr_{17}Zr_{10}$。采用 SmartLab-9kW X 射线衍射仪、扫描角度为 20°～80°，Cu $K_\alpha$ 靶进行 XRD 分析。

图 11-15 为不同结构状态$(Fe_{0.52}Co_{0.18}Ni_{0.30})_{73}Cr_{17}Zr_{10}$的 XRD 曲线。可以看出，铸态和不同时间弛豫处理的非晶合金在衍射角 $2\theta$= 40°～50°有明显的漫散射宽衍射峰，且不含有代表结晶相尖锐的高强度衍射峰，可以说明其结构仍呈非晶态。而晶化处理后在非晶态的漫散射宽峰形态上叠加了尖锐的$\alpha$-Fe、NiCoCr、$FeCr_2O_4$峰，说明试样发生了部分晶化，不完全只有非晶态结构存在。

### 11.5.2　结晶度与晶粒尺寸分析

通过化学气相沉积(chemical vapor deposition，CVD)SiC 涂层以提高 $SiC_f/SiC$ 复合材料的

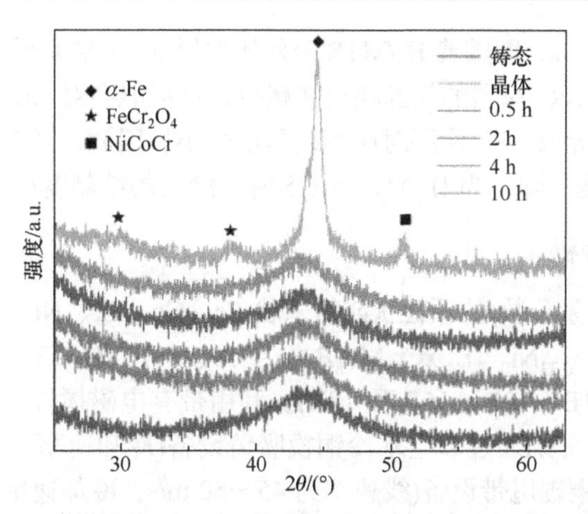


图 11-15 不同结构状态$(Fe_{0.52}Co_{0.18}Ni_{0.30})_{73}Cr_{17}Zr_{10}$非晶合金的 XRD 曲线

耐腐蚀性能，以 $CH_3SiCl_3$(MTS)为源气体，在反应烧结 SiC 基体上制备 SiC 涂层，控制沉积温度、炉压及 $H_2$/MTS 摩尔比等工艺参数，通过 X 射线衍射(XRD)实验即可得到不同工艺条件下生成的碳化硅涂层的物相组成和结晶度。图 11-16 为不同 $H_2$/MTS 摩尔比时沉积β-SiC 涂层的 XRD 谱图，表 11-1 为依据图 11-16 衍射结果计算得到的β-SiC 涂层的结晶度和晶粒尺寸。

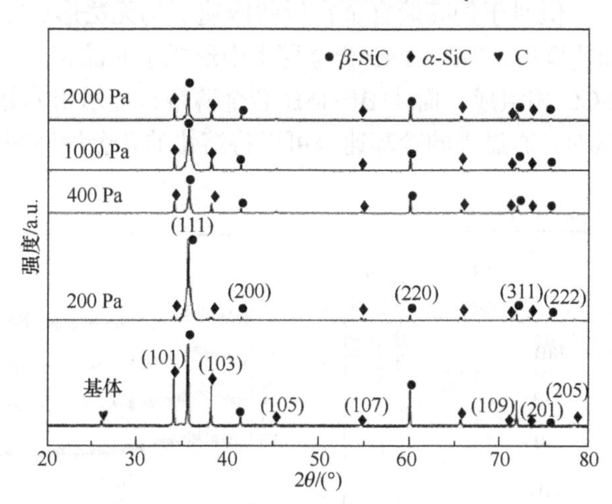


图 11-16 不同 $H_2$/MTS 摩尔比沉积的 SiC 涂层 XRD 谱图(炉压为 400 Pa，1100℃)

**表 11-1 不同 $H_2$/MTS 下β-SiC 的结晶度和晶粒尺寸(炉压为 400 Pa，1100℃)**

| $H_2$/MTS 摩尔比 | 结晶度/% | 晶粒尺寸/nm |
|---|---|---|
| 6.5 | 95.91 | 23.3 |
| 10 | 86.39 | 23.5 |
| 15 | 76.00 | 14.1 |
| 20 | 69.49 | 18.1 |
| 23 | 51.49 | 23.7 |

在 $H_2$/MTS 为 6.5 和 10 时，所获得的β-SiC 晶粒的结晶度最高，分别为 95.91%和 86.39%，晶粒尺寸为 23.3 nm 和 23.5 nm。相比较而言，$H_2$/MTS 为 6.5 时所获得的涂层的结晶度要明显优于 $H_2$/MTS 为 10 时的结晶度。随着 $H_2$/MTS 比的增加，β-SiC 晶粒结晶度急剧下降，在 $H_2$/MTS =

23 时，结晶度仅为 51.49%，即随着 $H_2$/MTS 摩尔比的增加，CVD 反应室中 MTS 的有效驻留时间减少，即沉积形成 SiC 涂层的气源相对在减少，这可能会对 SiC 晶粒中原子的有序生长产生不利的影响，最终导致 SiC 涂层对应的结晶度变小。因此，随着 $H_2$/MTS 摩尔比增加，$\beta$-SiC 的晶粒结晶度急剧下降，当 $H_2$/MTS = 6.5 时，涂层的结晶度最好。

### 11.5.3 非晶晶化过程分析

采用纯度 99.9%(质量分数)的颗粒状或粉末状 Fe、Co、Cr、Ni、B 及 Fe-Mn 中间合金作为原材料，按照$(Fe_{0.33}Co_{0.33}Ni_{0.33})_{84}$-$x$$Cr_8Mn_8B_x$($x$ = 10、11、13、15、18，原子百分数/%)合金成分配料(简称 10B、11B、13B、15B 和 18B)。利用带有电磁搅拌功能的真空电弧熔炼炉，在高纯 Ar 气氛下熔炼，分别通过真空水冷铜模吸铸设备(冷却速率为 100～300 K/s)吸铸成直径 2 mm 的细棒，和单铜辊甩带设备(线速率为 45～50 m/s，冷却速率为 105～106 K/s)在真空氛围下制备成宽约为 1.5 mm、厚为 20～30 μm 的合金薄带。利用 XRD(Cu $K_\alpha$ 射线源；工作条件：45 kV、40 mA；扫描范围：40°～80°)进行物相分析。

图 11-17 为 10B～18B 合金细棒和薄带的 XRD 谱图。当冷却速率较低时，细棒状合金铸锭的相由 FCC + $M_2B$ 组成，如图 11-17(a)所示。随着 B 元素含量的增加，$M_2B$ 硼化物的 XRD 峰强度在增强，表明 $M_2B$ 的析出量在逐渐增多。增加 B 元素可以提高合金体系的混乱度，增加合金的非晶形成能力，但对于伪高熵合金在低的冷速下仍无法形成非晶相。然而，通过单铜辊甩带技术提高冷却速率后，10B～18B 合金薄带中形成了非晶相。由图 11-17(b)可见，10B 合金薄带由非晶相和 FCC 相组成，而 11B～18B 合金薄带只显示出非晶相的漫散射峰。这说明当 B 元素含量为 11%时，通过高的冷却速率可以将熔化的合金液体完全“冷冻”，制备出完全非晶相的合金薄带。

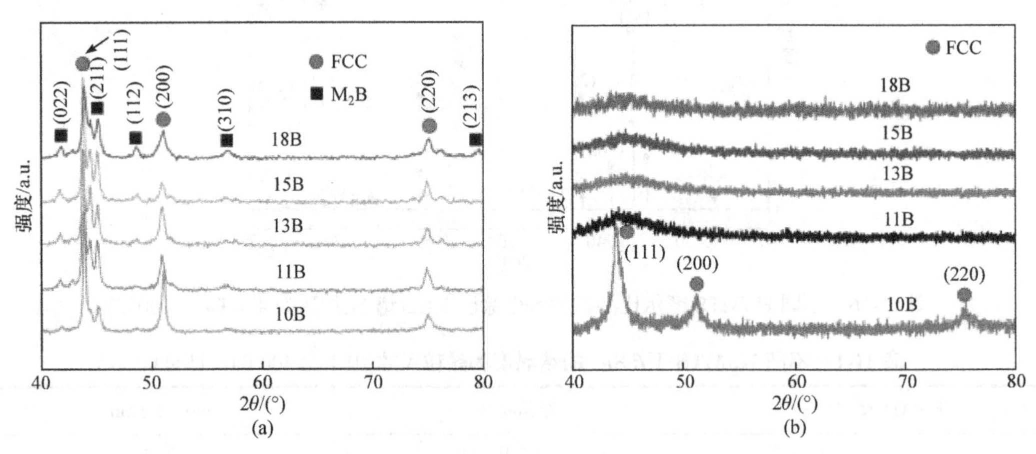


图 11-17 10B～18B 合金细棒(a)和薄带(b)的 XRD 谱图

图 11-18(a)显示了 11B 合金薄带在不同温度下退火 1800 s 的 XRD 谱图。11B 合金薄带在其 $T_{x1}$(≈670 K)退火，析出物为 BCC 相。在 725 K 退火，析出物为 FCC + BCC 相，其中 BCC 相的晶格常数变为 2.851 nm，说明 BCC 相出现晶格畸变，这可能是由于温度升高，B 原子扩散速率加快进入 BCC 相形成间隙固溶体所致。

图 11-18(b)为 15B 合金薄带在不同温度下退火 1800 s 的 XRD 谱图。可见，在其 $T_{x1}$(≈711 K)退火，析出物为 BCC 相和少量的 FCC 相。750 K 时，析出物仍为 FCC + BCC 混合相。850 K 和 920 K 退火后 FCC 相增多。因此，15B 合金薄带结晶过程为[am 表示非晶

(amorphous)]：[am]→[am′ + FCC + BCC]→[am″ + BCC + FCC + $M_{23}B_6$]→[BCC + FCC + $M_{23}B_6$]→[FCC + $M_{23}B_6$]。

图 11-18(c)为 18B 合金薄带在不同温度下退火 1800 s 的 XRD 谱图。在其 $T_{x1}$(≈746 K)退火，析出物为 FCC 相，无 BCC 相，说明随着 B 含量增加，提高了合金的稳定性，抑制了 BCC 相的析出。在 770 K 退火，析出相为 FCC，此外还有少量的 $M_{23}B_6$ 相析出。在 860 K 退火，除了 FCC 析出相，还有较多的 $M_{23}B_6$ 相析出。因此，18B 合金薄带的晶化过程为：[am]→[am′ + FCC]→[am″ + FCC + $M_{23}B_6$]→[FCC + $M_{23}B_6$]。

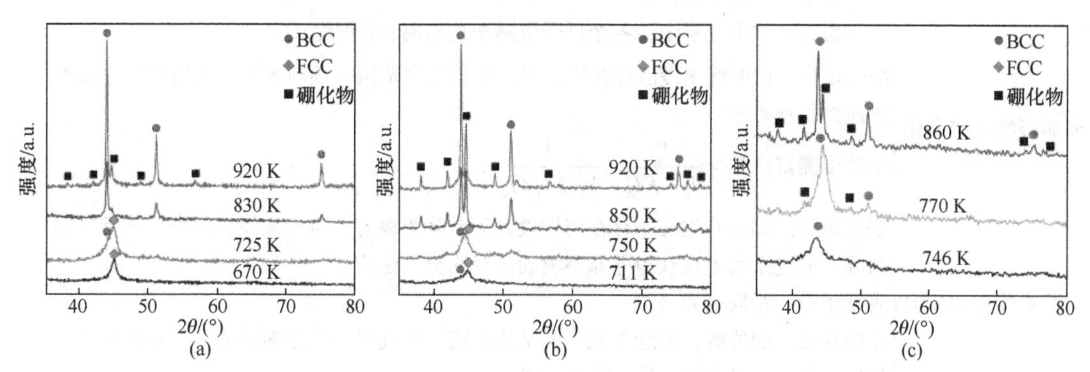


图 11-18 11B(a)、15B(b)和 18B(c)合金薄带在不同温度退火 1800 s 后的 XRD 谱图

## 本 章 小 结

非晶态物质结构的主要特征
- 长程无序
- 短程有序
- 各向同性
- 亚稳态

径向分布函数
- 单元
  - 径向分布函数：$J(r)=\mathrm{RDF}(r)=4\pi r^2\rho(r)=4\pi r^2\rho_a+\dfrac{2r}{\pi}\int_0^\infty hi(h)\sin(hr)\mathrm{d}h$
  - 双体相关径向分布函数：$g(r)=1+\dfrac{1}{2\pi^2 r\rho_a}\int_0^\infty h[I(h)-1]\sin(hr)\mathrm{d}h$
  - 简约径向分布函数：$G(r)=\dfrac{2}{\pi}\int_0^\infty h[I(h)-1]\sin(hr)\mathrm{d}h$
- 多元径向分布函数：$J_m(r)=4\pi r^2\sum_m K_m e_m(r)=4\pi r^2 e_a\sum_m K_m+\dfrac{2r}{\pi}\int_0^\infty hu(h)\sin(hr)\mathrm{d}h$

径向分布函数的测定
- 1) 测取非晶态样品的衍射强度 $I(2\theta)$
- 2) 扣除背底、不相干散射和多次相干散射校正偏振因素和吸收系数
  - (1) 扣除空气散射
  - (2) 偏正校正
  - (3) 吸收校正
  - (4) 强度数据的标准化
  - (5) 扣除非相干散射和多次散射
- 3) 径向分布函数的计算

非晶结构常数及其表征
- 1) 配位数$n$
  径向分布函数曲线上第一个峰下的面积即为最近邻球形壳层中的原子数目，也就是配位数
- 2) 最近邻原子的平均距离$r$
  可由径向分布函数的峰位求得
- 3) 短程原子有序畴$r_s$
  指短程有序的尺寸大小，用$r_s$表示
- 4) 原子的平均位移$\sigma$
  指第一球形壳层中的各个原子偏离平均距离$r$的程度

非晶态物质的晶化
- 晶化过程：衍射峰由漫散过渡到尖锐，短程有序范围$r_s$逐渐增大，由短程有序逐渐过渡到长程有序
- 结晶度测定：$X_c = \frac{I_c}{I_c + KI_a} = \frac{1}{1 + KI_a / I_c}$

非晶态物质的研究
- 研究思路：非晶态物质不存在周期性，无点阵等概念，也无尖锐衍射峰，而是一漫散峰，通过系列处理获得非晶态物质的径向分布函数
- 表征函数：径向分布函数
- 结构常数：配位数、最近邻原子的平均距离、短程原子有序畴、原子的平均位移
- 晶化过程：衍射峰由漫散过渡到尖锐

## 思　考　题

11-1　非晶态物质的 X 射线衍射花样与晶态物质的有什么区别?

11-2　表征非晶态物质的结构参数有哪些?

11-3　简述原子径向分布函数的物理意义，并比较与原子中电子径向分布函数的差异。

11-4　非晶态物质中的配位数与晶态物质中的有什么区别?

11-5　什么是结晶度? 如何测定? 其测定原理是什么?

11-6　非晶衍射的准布拉格方程是什么?

11-7　简述双体相关径向分布函数的作用。

11-8　简述径向分布函数的物理意义。

11-9　简述径向分布函数的测定步骤。

11-10　非晶结构常数有哪些? 如何表征?

11-11　非晶态物质晶化时其衍射花样有什么变化?

11-12　什么是结晶度? 如何测定?

# 第 12 章 成 像 分 析

材料微观结构往往具有复杂的三维特性。只有全面分析材料的三维微观组织结构，才能深入理解其结构和性能关系。常规表征技术如光学显微镜和电子显微镜等，均只能分析材料表面或内部截面结构，难以提供样品深度方向的信息，具有很大的局限性。X 射线具有对物质穿透能力强的特性，因此可以用于物体内部三维组织结构的透视分析。X 射线计算机断层扫描(computed tomography，CT)技术结合计算机数值计算和 X 射线投影成像，已被广泛应用于医学诊断和工业探伤等领域。但是，传统 CT 技术空间分辨率较低，长期以来很少用于材料的微观结构表征。近年来，随着计算机技术、X 射线成像和探测技术以及 X 射线光学器件的高速发展，X 射线 CT 技术的分辨率不断提高，逐渐成为材料微纳尺度三维结构表征的重要工具。同时，作为一项无损分析技术，X 射线分析技术也弥补了传统破坏性表征技术的不足，方便进行材料三维结构动态演化过程的分析。与传统表征技术直接成像不同，X 射线透视图像需要结合计算机数值重构才能还原三维结构图像，本章将首先介绍 X 射线 CT 成像原理，然后介绍 X 射线显微成像的硬件结构和工作原理。

## 12.1 X 射线计算机断层成像原理

X 射线 CT 成像是目前应用最广泛的一种 CT 技术，其实质是利用一系列不同角度的 X 射线透视图像反求样品成像空间各点的吸收系数。下面先介绍 X 射线的投影切片定理，然后以滤波反投影法为例讲解数值重构算法。

### 12.1.1 投影切片定理

物质对 X 射线的吸收规律可以用朗伯-比尔定律(Lambert-Beer law)来描述：当一束单色 X 射线通过一密度均匀物质后，其强度与物质厚度 $d$ 的关系可用以下公式表示：

$$I = I_0 e^{-\mu d} \tag{12-1}$$

式中，$I_0$ 为入射 X 射线的强度；$I$ 为透射 X 射线的强度；$\mu$ 为物质对 X 射线的平均线吸收系数，反映了单位体积物质对 X 射线的衰减程度，与物质化学元素组成、密度和入射 X 射线波长均有关系。值得注意的是，得出式(12-1)的条件是 X 射线束所通过的物质必须是均匀和具有单一的 $\mu$ 值，如图 12-1(a)所示。

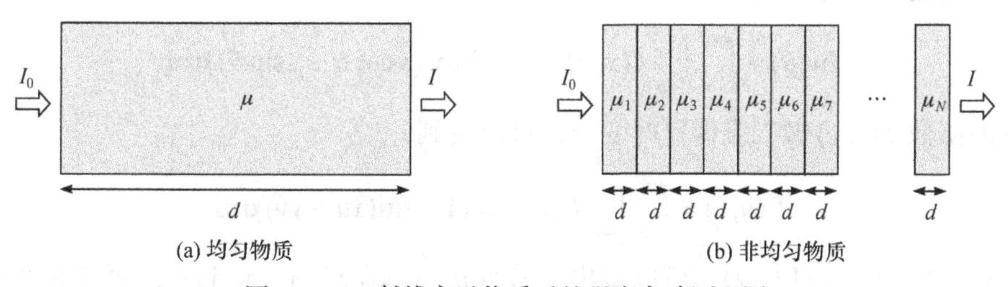


图 12-1 X 射线穿过物质后的强度衰减原理图

实际材料一般是由多种物质组成的，也就是说 X 射线穿透路径中的物质衰减系数是不一样的。假设将物体沿 X 射线穿透路径分成若干等长的小段，每段长度为 $d$。当 $d$ 足够小时，可以假设每段物质是均匀的，具有相同平均线吸收系数 $\mu$ 。

如图 12-1(b)所示，假设第 $i$ 段物质的平均线吸收系数为 $\mu_i$ ，X 射线穿过第 1 段物质后强度衰减为 $I_1$ ，则

$$I_1 = I_0 \mathrm{e}^{-\mu_1 d} \tag{12-2}$$

X 射线继续穿过第 2 段后强度衰减为 $I_2$ ，则

$$I_2 = I_1 \mathrm{e}^{-\mu_2 d} = I_0 \mathrm{e}^{-(\mu_1+\mu_2)d} \tag{12-3}$$

以此类推，X 射线穿过第 $N$ 段后强度衰减为

$$I = I_0 \mathrm{e}^{-(\mu_1+\mu_2+\cdots)d} = I_0 \mathrm{e}^{-\sum_{i=1}^{N}\mu_i d} \tag{12-4}$$

将式(12-4)两边取对数，可以得到样品沿 X 射线传播方向的吸收衬度 $P$，即

$$P = -\ln\frac{I}{I_0} = \sum_{i=1}^{N}\mu_i d \tag{12-5}$$

式(12-5)也可以写成积分形式，假设样品空间内任一点的线吸收系数为 $\mu(x,y,z)$ ，X 射线传播方向为 $y$ 轴，则有

$$P(x,z) = \int \mu(x,y,z)\mathrm{d}y \tag{12-6}$$

X 射线 CT 成像技术需要通过采集不同角度的投影图像 $p(x,z)$，然后重建出样品空间函数 $\mu(x,y,z)$ 。为了便于描述，下文把重建的目标函数沿 $z$ 轴的一个切片记为 $f(x,y)$ ，该切片在 $\theta$ 角度的平行投影记为 $P(t,\theta)$ 。如图 12-2 所示，建立样品坐标系 $xoy$ 和实验坐标系 $tos$。实验坐标系为样品坐标系绕 $z$ 轴转动 $\theta$ 角，则两个坐标系同一点的坐标存在如下关系：

$$t = x\cos\theta + y\sin\theta \tag{12-7}$$

$$s = -x\sin\theta + y\cos\theta \tag{12-8}$$

沿 $\theta$ 方向的投影 $P(t,\theta)$ 即函数 $f'(t,s)$ 沿 $s$ 轴的线积分为

$$P(t,\theta) = \int_{-\infty}^{\infty} f'(t,s)\mathrm{d}s \tag{12-9}$$

将投影 $P(t,\theta)$ 对变量 $t$ 进行傅里叶变换，可得

$$P(w,\theta) = \int_{-\infty}^{\infty}\int_{-\infty}^{\infty} f'(t,s)\exp(-2\pi\mathrm{i}wt)\mathrm{d}s\mathrm{d}t \tag{12-10}$$

将式(12-10)右边在实验坐标系的积分转变为样品坐标系的积分，可得

$$P(w,\theta) = \int_{-\infty}^{\infty}\int_{-\infty}^{\infty} f(x,y)\exp[-2\pi\mathrm{i}w(x\cos\theta + y\sin\theta)]\mathrm{d}x\mathrm{d}y \tag{12-11}$$

若直接对原函数 $f(x,y)$ 做二维傅里叶变换，可以得到

$$F(u,v) = \int_{-\infty}^{\infty}\int_{-\infty}^{\infty} f(x,y)\exp[-2\pi\mathrm{i}(xu + yv)]\mathrm{d}x\mathrm{d}y \tag{12-12}$$

对比式(12-11)和式(12-12)，可以看出，若令 $u = w\cos\theta$ 和 $v = w\sin\theta$ ，两式等号右边是完

全一样，因此有

$$F(w\cos\theta, w\sin\theta) = P(w,\theta) \tag{12-13}$$

一般将式(12-13)称为投影切片定理。在傅里叶空间里，对于确定的$\theta$角，$u = w\cos\theta$和$v = w\sin\theta$定义了一条穿过原点且与$u$轴成$\theta$角的直线，如图 12-2 所示。投影切片定理说明，平行投影的一维傅里叶变换是原函数的二维傅里叶变换的一个切片，且切片的角度和投影角度相同。因此，从每个投影可以到原函数二维傅里叶变换的一条直线。如果在 0°～360°内获取足够多的投影，就可以得到傅里叶空间的所有值。只要进一步进行傅里叶逆变换就能得到目标函数。

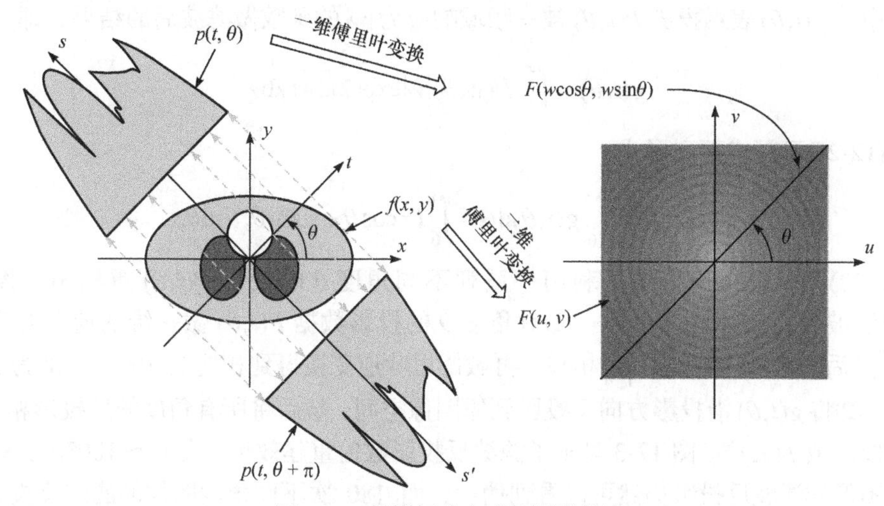


图 12-2 投影切片定理的图形描述

### 12.1.2 滤波反投影

原图像函数$f(x,y)$可以通过它的傅里叶变换$F(u,v)$做傅里叶逆变换得到，即

$$f(x,y) = \int_{-\infty}^{\infty}\int_{-\infty}^{\infty} F(u,v)\exp[-2\pi i(ux+vy)]\mathrm{d}u\mathrm{d}v \tag{12-14}$$

将笛卡儿坐标系$(u,v)$变换到极坐标系$(w,\theta)$，可以得到

$$f(x,y) = \int_0^{2\pi}\int_0^{\infty} F(w\cos\theta, w\sin\theta)\exp[2\pi i(x\cos\theta + y\sin\theta)]w\mathrm{d}w\mathrm{d}\theta \tag{12-15}$$

将式(12-13)的投影切片定理代入式(12-15)，可以得到

$$f(x,y) = \int_0^{2\pi}\int_0^{\infty} P(w,\theta)\exp[2\pi i w(x\cos\theta + y\sin\theta)]w\mathrm{d}w\mathrm{d}\theta \tag{12-16}$$

$$\begin{aligned} f(x,y) = &\int_0^{\pi}\int_0^{\infty} P(w,\theta)\exp[2\pi i w(x\cos\theta + y\sin\theta)]w\mathrm{d}w\mathrm{d}\theta \\ &+ \int_0^{\pi}\int_0^{\infty} P(w,\theta+\pi)\exp[-2\pi i w(x\cos\theta + y\sin\theta)]w\mathrm{d}w\mathrm{d}\theta \end{aligned} \tag{12-17}$$

对于平行投影几何，投影图像呈中心对称，如图 12-2 所示，即

$$P(t,\theta+\pi) = P(-t,\theta) \tag{12-18}$$

根据傅里叶变换的特性，投影$P(t,\theta)$的傅里叶变换也是中心对称，即

$$P(w,\theta+\pi)=P(-w,\theta) \tag{12-19}$$

将式(12-19)代入式(12-17)，可以得到

$$f(x,y)=\int_0^{\pi}\int_{-\infty}^{\infty}P(w,\theta)\exp[2\pi i w(x\cos\theta+y\sin\theta)]|w|\mathrm{d}w\mathrm{d}\theta \tag{12-20}$$

在实验坐标系 *tos* 中，式(12-20)可以写成

$$f(x,y)=\int_0^{\pi}\int_{-\infty}^{\infty}P(w,\theta)|w|\exp(2\pi i wt)\mathrm{d}w\mathrm{d}\theta \tag{12-21}$$

可以看出，式(12-21)等号右边的内层积分实际是 $P(w,\theta)|w|$ 的傅里叶逆变换，记为 $g(t,\theta)$。在空间域中，$g(t,\theta)$ 表示投影 $P(t,\theta)$ 被一频域响应为 $|w|$ 的函数做滤波后的结果，即

$$g(t,\theta)=\int_{-\infty}^{\infty}P(w,\theta)|w|\exp(2\pi i wt)\mathrm{d}w \tag{12-22}$$

因此，式(12-21)可写成下列形式：

$$f(x,y)=\int_0^{\pi}g(t,\theta)\mathrm{d}\theta=\int_0^{\pi}(x\cos\theta+y\sin\theta,\theta)\mathrm{d}\theta \tag{12-23}$$

式(12-22)和式(12-23)给出了利用一系列不同角度 $\theta$ 的投影 $P(t,\theta)$ 重构出原图像函数 $f(x,y)$ 的滤波反投影算法的步骤：①对角度 $\theta$ 的投影数据 $P(t,\theta)$ 做一维的傅里叶变换得到 $P(w,\theta)$，然后与频域内滤波器 $|w|$ 相乘，再做傅里叶逆变换得到相应的 $g(t,\theta)$，即为滤波后的投影数据；②将 $g(t,\theta)$ 沿投影方向反投影到原图像空间，然后将所有角度的反投影相加，便可得到原图像函数 $f(x,y)$。图 12-3 显示了滤波反投影数值重建效果。在 0°～180°内，50 次不同角度投影图像的滤波反投影仍然可以看到伪影，而 180 次不同角度图像的滤波反投影的重建效果已经可以很好地还原原始图像[图 12-3(a)]。

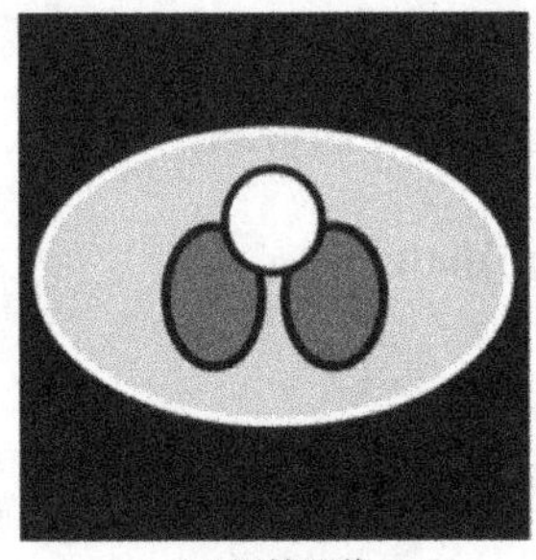
(a) 原始图像

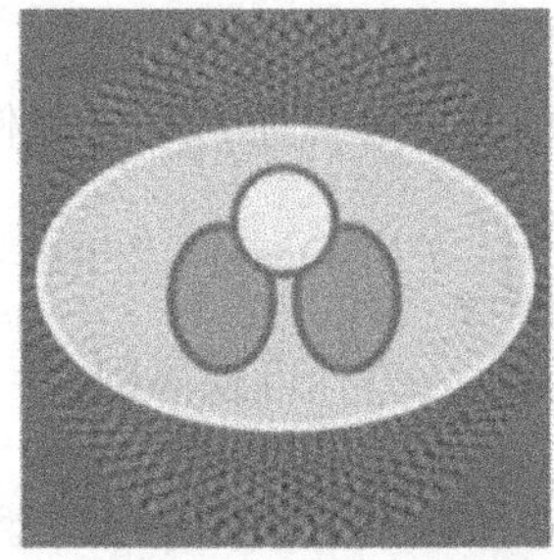
(b) 50次投影的滤波反投影效果

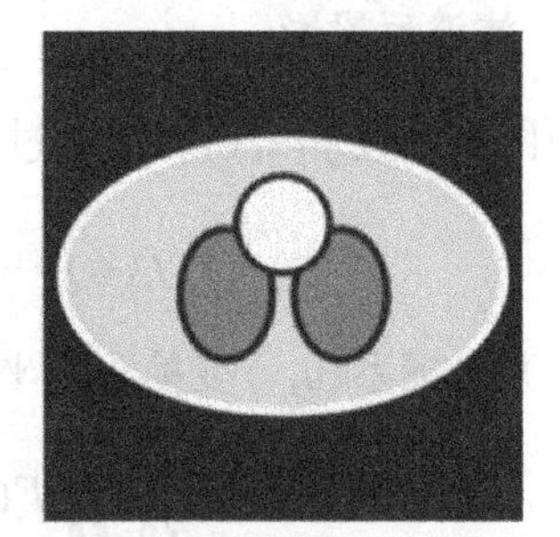
(c) 180次投影的滤波反投影效果

图 12-3　滤波反投影与直接反投影的数值重构效果对比

## 12.2　三维 X 射线显微镜的结构

### 12.2.1　工作原理

三维 X 射线显微镜的基本原理等同于传统的 X 射线 CT 技术。不同之处在于，X 射线显微镜引入投影图像放大技术，从而提高了图像空间分辨率。根据 X 射线直线传播特性，传统的 X 射线投影图像的放大原理主要是基于几何放大，如图 12-4(a)所示。假设样品与 X 射线源的距离为 $D_{ss}$，样品和二维探测器之间的距离为 $D_{ds}$，则根据几何关系，投影图像的几何放大

倍率$M_{geo}$可以表示为

$$M_{geo} = \frac{D_{ss} + D_{ds}}{D_{ss}} \tag{12-24}$$

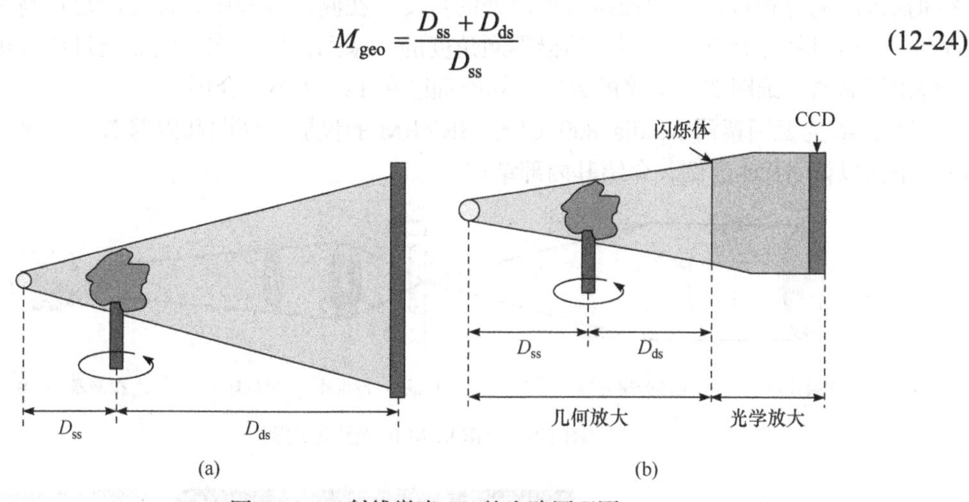


图 12-4　X 射线微米 CT 的光路原理图

因此，通过减小样品与 X 射线源的距离或增加样品与探测器的距离可以提高放大倍率。由于二维探测器通常具有有限的尺寸，单纯的几何放大只适用于很小的样品。当$D_{ss}$非常小时，X 射线光源的尺寸效应不可避免产生伪影，限制分辨率的提高。通过单纯几何放大的 X 射线 CT 技术，一般称为微米 CT。

为了解决微米 CT 存在的问题，近年来出现了一种新的图像放大技术，即在闪烁体面探测器与 CCD(charge coupled device，电荷耦合器件)相机之间加入可见光物镜，如图 12-4(b)所示。X 射线投影图像经过闪烁体面探测器后转变为可见光图像，然后再经过物镜进行光学放大，最后才投影到 CCD 相机上形成数字化图像。因此，总的放大倍率为几何放大和光学放大的乘积，即

$$M = M_{geo} \times M_{opt} \tag{12-25}$$

式中，$M_{opt}$为光学放大倍率。通过两级放大，可以避免样品和光源距离$D_{ss}$过度减小，提高了样品台的空间，因此能够表征更大尺寸的样品。目前，经过两级放大的投影图像分辨率能达到 0.7 μm。这类结合 X 射线几何放大和光学放大的新型 CT 系统被称为 X 射线显微镜(X-ray microscopy，XRM)。由于整个成像光路包含可见光放大，受可见光衍射效应影响，XRM 的空间分辨率仍然受限于可见光的波长，其空间分辨率最高也只能接近光学显微镜的分辨率。

由于 X 射线的折射率很低，传统的基于折射原理的可见光光学透镜并不能用于实现 X 射线的汇聚和发散。由于 X 射线光子也不带电，同样不能利用电磁透镜实现 X 射线的聚焦。近年来基于反射和衍射原理的 X 射线光学器件获得了快速发展，出现了 X 射线毛细管聚光镜和菲涅耳波带片等新型 X 射线光学透镜，已经能够直接实现 X 射线的聚焦或发散。由于 X 射线波长远短于可见光，利用 X 射线光学放大的投影图像可以大幅提高 X 射线成像的分辨率。目前，基于直接的 X 射线光学放大的 X 射线显微镜的空间分辨率已经可以达到 50 nm，因此可以称为高分辨 X 射线显微镜(high resolution X-ray microscopy，HRXRM)。

图 12-5 为 HRXRM 的光路原理图，其工作原理与透射式光学显微镜和透射电子显微镜相似。微聚焦 X 射线束由 X 射线光源发射出来后，经过毛细管聚光镜汇聚后照射到样品上。穿过样品的 X 射线携带样品空间各点的吸收系数信息，经过菲涅耳波带片物镜汇聚后投影到闪

烁体 CCD 探测器上，形成放大的 X 射线投影图像。对于低吸收系数材料，可在物镜和探测器之间插入泽尼克相位环，增强材料界面处的衬度。在测试过程中，样品固定在高精度旋转样品台上，通过样品台旋转，可以拍摄不同角度的一系列投影图像，然后通过计算机数值计算重构出样品的三维图像。具体的数值计算原理已在 12.1.2 小节介绍。

图 12-6 为德国蔡司 Xradia 800 Ultra HRXRM 的仪器外观图和内部 X 射线光学器件分布图。下面以该 XRM 为例，介绍其内部结构。

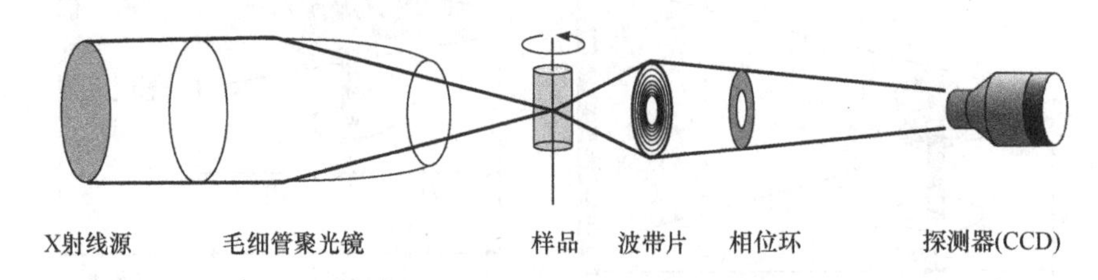


图 12-5 HRXRM 的光路原理图

图 12-6 蔡司 Xradia 800 Ultra HRXRM 的仪器外观图(a)和内部 X 射线光学器件分布图(b)

### 12.2.2 高分辨 X 射线显微镜的结构

HRXRM 主要由 X 射线光学系统、控制与信息处理系统和数据重构软件等三大部分组成，其中 X 射线光学系统为 HRXRM 的核心部分，包括照明系统、成像系统和观察记录系统。

1. 照明系统

照明系统主要由 X 射线源和聚光镜组成。X 射线源用于提供高亮度的照明 X 射线，聚光镜用于将 X 射线束汇聚并照射在样品上。

实验室级 HRXRM 采用细聚焦旋转阳极靶产生的 X 射线。阴极为钨灯丝，阳极为靶材。钨灯丝经电流加热到高温后对外发射出热电子。热电子在管电压作用下加速运动并撞击在阳极靶上。当加速电压超过一定临界值后，高能电子能量将足够使靶材原子内层电子脱离原子核束缚而成为自由电子，导致原子处于高能激发态。为了降低原子能量，外层电子将自发向内层跃迁，同时以 X 射线辐射方式释放能量。辐射 X 射线光子能量为两个电子能级的势能差，与靶材原子序数有关，因此称为特征 X 射线。HRXRM 采用铜靶作为阳极靶，管电压为 40 kV，管电流为 30 mA，产生的 X 射线为 Cu $K_\alpha$辐射，特征能量为 8 keV。为了提高出射 X 射线束亮度，需要采用细聚焦的 X 射线束，束斑尺寸约为 75 μm。

微聚焦X射线源发射的X射线束尽管焦斑尺寸很小，却是向各个方向发散的。因此，需要利用聚光镜将X射线汇聚。HRXRM的聚光镜为一椭圆形毛细管X射线光学器件，用于将从X射线源发射的X射线束捕获并反射到样品上。聚光镜的放大倍率为1倍，也就是说，X射线源的细焦斑被重新汇聚到原始尺寸，并照射到样品上，从而提高样品上单位面积的X射线能量。为了降低空气对X射线的吸收，聚光镜被封装在充满氦气的腔室内，腔室两端为铍窗，用于隔离腔内氦气和腔外空气。

在聚光镜出口和样品之间，安装有针孔光阑，用于挡掉无用的发散X射线，提高X射线成像衬度。针孔光阑有三个不同尺寸，分别为150 μm、100 μm和60 μm。150 μm针孔光阑用于大视场(large field of view，LFOV)模式，60 μm针孔光阑用于高分辨(high resolution，HR)模式，而100 μm针孔光阑用于系统对中。

2. 成像系统

成像系统由物镜和相位环组成。

X射线成像的物镜采用菲涅耳波带片。不同于可见光物镜利用折射效应实现聚焦，菲涅耳波带片利用衍射效应汇聚X射线，用于将样品放大图像投影到探测器上。菲涅耳波带片本质上为X射线环形光栅，由交替允许和禁止X射线透过的同心环形带构成。相邻环到聚焦的X射线光程差为半波长，因此通过环形带宽度和位置的优化设计，只让相干增强的X射线透过，而阻挡住相干抵消的X射线，从而达到聚焦X射线的目的。波带片物镜的焦距、焦深和分辨率取决于最外圈的波带宽度。HRXRM安装有两个具有不同放大倍率的物镜。低倍物镜用于LFOV模式，对应的视场宽度约为64 μm；高倍物镜用于HRES模式，对应的视场宽度约为15 μm。

相位环为一金属圆环，具有与物镜相同的数值孔径，用于泽尼克相位衬度成像。相位环插入X射线光路后，阻挡从聚光镜中直接穿过的没有被衍射的X射线，从而增强样品边缘或内部界面的衬度。对于低吸收率的样品，吸收衬度极其有限，相位环的存在有助于显示边界特征。不同的成像模式(LFOV和HRES)需要对应的相位环。

3. 观察记录系统

观察记录系统主要由X射线飞行管和透射探测系统组成。

X射线穿过物镜和相位环后，进入X射线飞行管。X射线飞行管内部填充了氦气，用于降低X射线到达探测系统前的能量损耗。X射线飞行管两端同样安装有铍窗，用于隔离内部氦气和外部空气。

透射探测器系统用于记录放大的X射线图像。由于X射线强度不能由CCD相机直接记录，需要先将X射线光子通过闪烁体目镜转变为可见光，然后再通过CCD相机记录。透射探测器系统安装有两个不同倍率的闪烁体目镜：一个倍率为2×，用于辅助X射线光路的对齐，另一个倍率为20×，用于X射线图像的进一步放大。为了降低CCD图像的热噪声，CCD相机工作温度通过佩尔捷半导体制冷系统降低至−60℃。所有探测器的光学部件安装在一个充满氦气的腔体内，用于降低X射线束流的衰减。

4. 旋转样品台

在HRXRM中，样品台由底部高精度旋转台、中部*xyz*三轴平移台和顶部样品座构成，如图12-7(a)所示。HRXRM样品必须为柱状，且其截面最大尺寸必须满足两个条件：①小于视场横向尺寸，对于 FLOV 成像模式，约为 64 μm，对于 HRES 成像模式，约为 15 μm；②确保材料足够的 X 射线透射率。这个数值可以根据 X 射线吸收系数事先计算。例如，对于铜、镍、锌等金属，样品直径应小于 40 μm，而对于铝、硅、镁等材料，样品直径可以超过 64 μm，样品只要小于视场宽度就可以。对于铁、钴、锰、铬等金属，X 射线由于光电效应被大量吸收，样品直径需小于 10 μm。样品需要制成细针状样品，然后固定在样品底座上，如图 12-7(b) 所示。

(a)

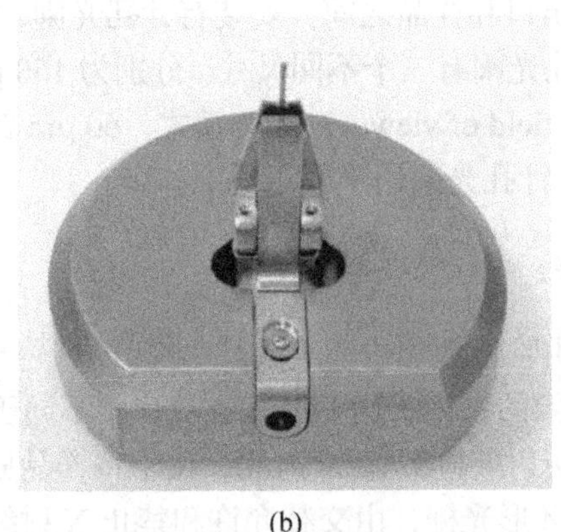
(b)

图 12-7　HRXRM 的旋转样品台(a)和安装好的针状样品(b)

5. 控制与信息处理系统

控制与信息处理系统用于控制 X 射线源、X 射线光学器件、高精度样品台和探测器等关键光学部件的协调移动，主要功能包括：①对齐 X 射线光路；②自动切换成像模式；③在样品安装过程中，辅助样品对中，保证样品轴线与样品台转轴中轴线重合；④在投影图像采集过程中，自动转动样品到特定角度，并采集和存储投影图像。

6. 数据重构软件

数据重构软件用于将 HRXRM 采集和存储的不同角度投影图像重构出原样品的三维图像。计算机数值重构的算法一般采用滤波反投影算法。由于在图像采集过程中，样品可能发生漂移，数据重构软件也提供图像漂移和旋转中心的修正功能。

## 12.3　三维 X 射线显微镜的应用

传统的二维表征技术，如光学显微镜、扫描电子显微镜和透射电子显微镜等，通常只能获得样品表面或内部某一截面的微观结构信息。为了获取样品内部的结构信息，必须破坏样品，而妨碍同一样品的后续分析。此外，样品的微观结构形貌和空间分布通常具有复杂的三维特性，仅通过二维表征技术，通常不能全面解析材料的微观结构信息。为了表征材料的三维微观结构，目前已发展出基于聚焦离子束或机械切割等技术的逐层切片方法。但是逐层切片对样品显然也是破坏性的，因此往往获得样品某一状态的微观结构，难以获得三维微观结构的动态演变信息。

三维X射线显微镜作为一种无损的三维微观结构表征技术，可以很大程度上弥补其他二维表征技术的不足，因此近年来在材料科学、生物科学、石油化工等领域均有越来越广泛的应用。对于材料科学研究，三维X射线显微镜可以直接确定金属中析出相的三维形貌、空间分布以及空间连通特性等，可以方便地分析多孔材料的孔隙大小以及孔隙之间的关联，同时结合一些原位加载技术，如热处理或力学加载，可以进一步揭示微观结构的三维演变规律。

图12-8显示了金属材料样品在拉伸变形过程中微裂纹的三维形貌和空间分布。图12-8(a)的三维渲染图清楚地显示了样品内部几个细裂纹在空间中实际上位于同一平面，说明微裂纹可能倾向于沿某个特定平面萌生和长大。图 12-8(b)～(d)分别展示了三个细裂纹在三个截面上的形貌。可以看出，在 $y$-$z$ 平面和 $x$-$z$ 平面上，裂纹为细长条形状。对于尺寸较大的微裂纹，如图 12-8(c)、(d)所示，裂纹沿厚度方向已经发生一定程度的宽化，说明裂纹尖端发生一定程度的塑性钝化。在 $x$-$y$ 平面上，图 12-8(c)、(d)显示微裂纹实际上可以近似为不规则的椭圆形。结合对微裂纹的三维形貌分析，可以确定拉伸变形后样品内部产生了硬币状的细小微裂纹，并且微裂纹近似平行于某一空间平面，说明裂纹容易沿该平面扩展。由于X射线显微镜的微观结构观察是无损的，可以对该样品继续进行加载，然后再跟踪相同微裂纹的变化，从而揭示裂纹后续变形过程中如何继续扩展。通过这个实验，证明了金属沿某一截面的断裂过程是通过微裂纹的形核—长大—合并的方式实现的。

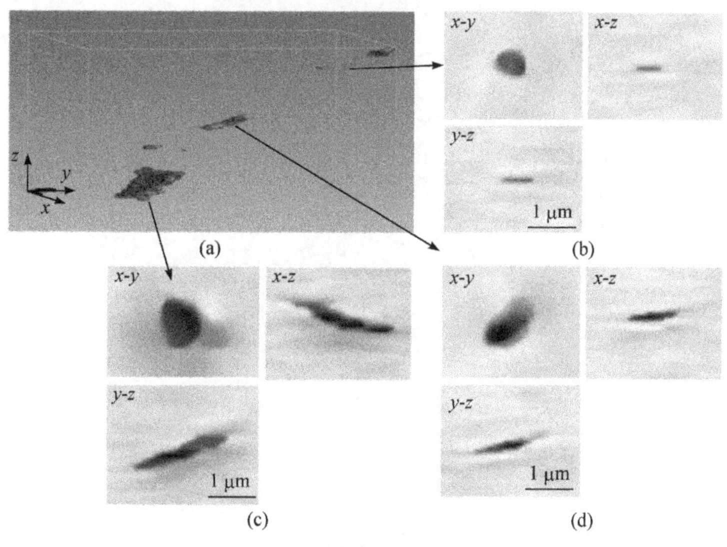


图12-8　金属中微裂纹的三维形貌

## 本 章 小 结

本章主要介绍了X射线三维显微成像原理和X射线显微镜的结构。X射线显微成像具有无损、三维透视、高分辨率等特点，弥补了传统二维表征技术的不足。主要内容小节如下：

X射线成像原理

(1) X射线强度衰减定律：朗伯-比尔定律

(2) 投影切片定理：$F(w\cos\theta, w\sin\theta) = P(w,\theta)$

(3) 滤波反投影原理：$g(t,\theta) = \int_{-\infty}^{\infty} P(w,\theta)|w|\exp(2\pi i w t)\mathrm{d}w$

$$f(x,y) = \int_0^{\pi} g(t,\theta)\mathrm{d}\theta = \int_0^{\pi} (x\cos\theta + y\sin\theta, \theta)\mathrm{d}\theta$$

- X射线显微镜的原理
  - 图像放大原理
    - 几何放大
    - 几何放大＋可见光光学放大
    - X射线光学放大
  - X射线光学放大原理
    - X射线源
    - 毛细管聚光镜
    - 波带片
    - 相位环
    - X射线图像探测器

## 思　考　题

12-1　简述计算机断层成像的原理。

12-2　三维 X 射线显微镜与传统的 CT 和微米 CT 有哪些差异?

12-3　简述 X 射线光学物镜聚焦的原理，说明其焦距与哪些参数有关。

12-4　X 射线三维成像技术与传统二维成像技术相比有哪些优势?

# 第13章 成分分析

高能电子束作用样品产生的特征X射线、特征X射线作用样品产生的荧光电子(X射线光电子)和二次特征X射线(荧光X射线)均具有特征能量，凭其可分析微区的成分，可分别形成特征X射线能谱、X射线荧光电子能谱和X射线荧光光谱。本章主要介绍这三种成分分析技术的原理和应用。

## 13.1 特征X射线能谱

电子束作用试样，激发内层电子离开原位成自由电子(二次电子)，产生空位成激发态，邻层电子回迁辐射出多余的能量，产生X射线，该X射线的能量为电子回迁前后的能级差，具有特征值，因而称为特征X射线，可用于成分分析。该特征X射线是由电子束作用试样产生，又称电子探针。电子探针的结构与扫描电镜基本相同，所不同的只是电子探针检测的是特征X射线，而不是二次电子或背散射电子，因此电子探针可与扫描电镜融为一体，在扫描电镜的样品室配置检测特征X射线的谱仪，即可形成集多功能于一体的综合分析仪器，实现对微区形貌和成分的同步分析。当谱仪用于检测特征X射线的波长时，称为电子探针X射线波谱仪，当谱仪用于检测特征X射线的能量时，则称为电子探针X射线能谱仪。

电子探针主要由分光系统和信号检测记录系统组成。

### 13.1.1 分光系统

分光系统的主要器件是分光晶体，其工作原理如图13-1所示。

当入射电子束作用样品后，样品上方产生的特征X射线类似于电光源向四周发射，由莫塞莱公式可知，不同原子将产生不同波长的特征X射线，而分光晶体为已知晶面间距$d_{hkl}$的平面单晶体，不同波长的特征X射线作用后，根据布拉格方程$2d\sin\theta=\lambda$可知，只有那些特定波长的X射线作用后方能在特定的方向上产生衍射。若面向衍射束方向放置一个接收器，便可记录不同波长的特征X射线。显然，分光晶体起到了将含有不同波长的入射特征X射线按波长的大小依次分散、展开的作用。

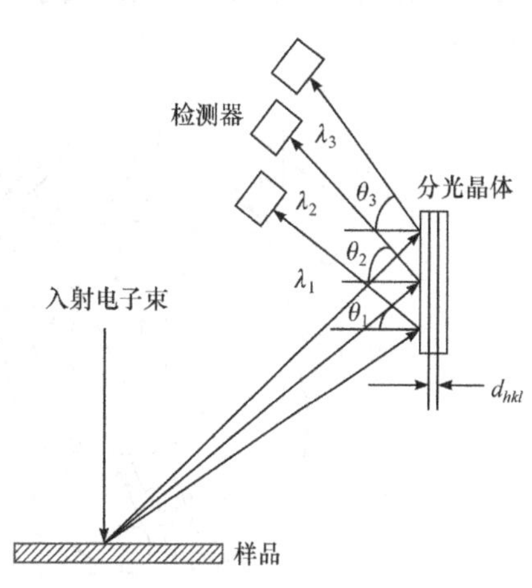

图13-1 分光晶体工作原理图

显然，平面单晶体可以将样品产生的多种波长的X射线分散展开，但由于同一波长的特征X射线从样品表面以不同的方向发射出来，作用于平面分光晶体后，仅有满足布拉格角的入射线才能产生衍射，被检测器检测到，因此对某一波长X射线的收集效率非常低。为此，需对分光晶体进行适当的弯曲，以聚焦同一波长的特征X射线。根据弯曲程度的差异，通常有约翰(Johann)和约翰逊(Johannson)两种分光晶体，两种分光晶体分别如

图 13-2(a)和(b)所示。约翰分光晶体的弯曲曲率半径为聚焦圆的直径，此时从点光源发射的同一波长的特征 X 射线射到晶体上的 $A$、$B$、$C$ 点时，可以认为三者的入射角相同，这样三者均满足衍射条件，聚焦于 $D$ 点附近，从图中可以看出，衍射束并不能完全聚焦于 $D$ 点，仅是一种近似聚焦。另一种约翰逊分光晶体的曲率半径为聚焦圆的半径，此时从点光源发射来的同一波长的特征 X 射线衍射后可完全聚焦于点 $D$，又称为完全聚焦法。

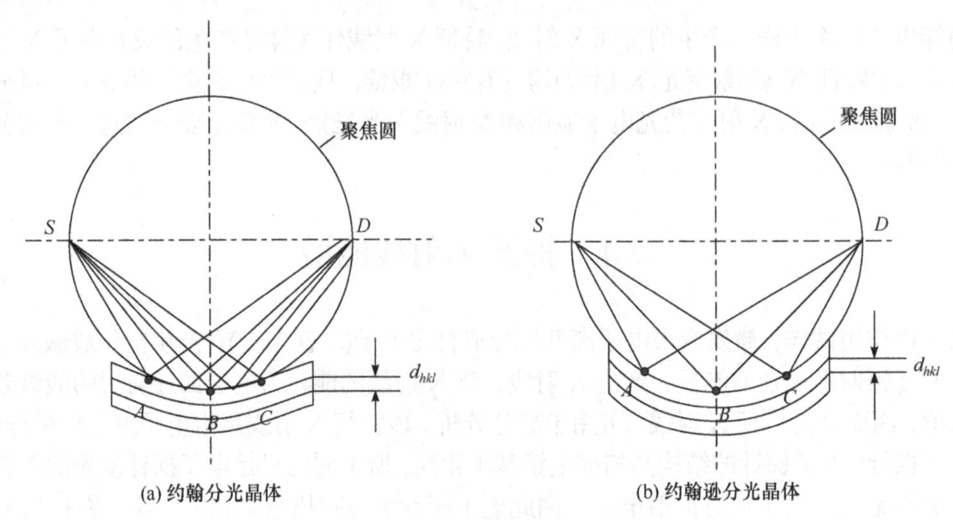


图 13-2　两种分光晶体

需要指出的是，采用弯曲的分光晶体，特别是采用约翰逊分光晶体后，虽可大大提高特征 X 射线的收集效率，但也不能保证所有的同一波长的特征 X 射线均能衍射后聚焦于 $D$ 点，在垂直于聚焦圆平面的方向上仍有散射。此外，每种分光晶体的晶面间距 $d$ 和反射晶面($hkl$)都是固定的，分光晶体为曲面，聚焦圆实为聚焦球。

为了使特征 X 射线分光、聚焦，并被顺利检测，谱仪在样品室中的布置形式通常有两种：直进式和回转式，图 13-3 即为两种谱仪的布置方式。

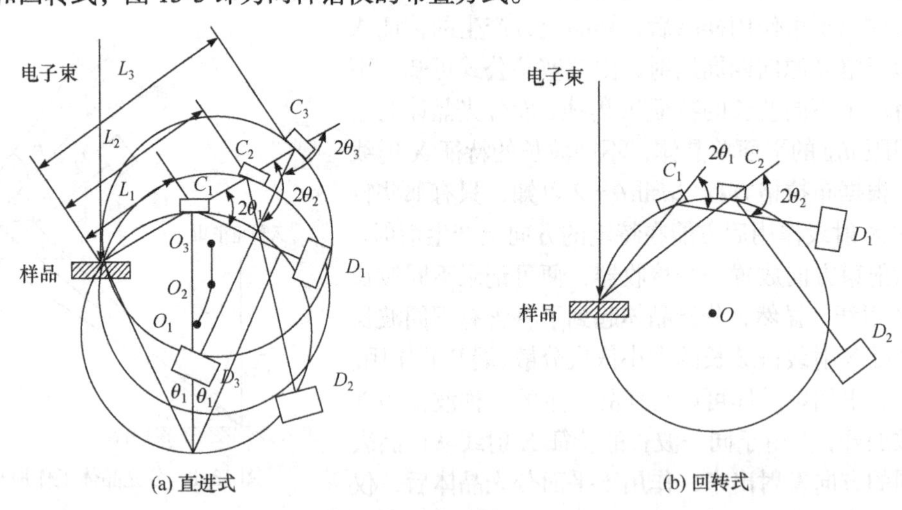


图 13-3　谱仪的分布方式

直进式谱仪如图 13-3(a)所示。X 射线照射晶体的方向固定，其在样品中的路径基本相同，因此样品对 X 射线的吸收条件也相同。分光晶体位于同一直线上，由聚焦几何可知，分光晶体直线移动时会发生相应的转动，不同的位置 $L$ 时，可以收集不同波长的特征 X 射线。

直进式谱仪中，发射源 $S$ 及分光晶体 $C$ 和检测器 $D$ 三者位于同一聚焦圆上，分光晶体距发射源的距离 $L$、聚焦圆半径 $R$ 及布拉格角 $\theta$ 存在以下关系：

$$L = 2R\sin\theta \tag{13-1}$$

$L$ 可直接在仪器上读得，$R$ 为常数，故由 $L$ 即可算得布拉格角 $\theta$，再由布拉格方程得到特征 X 射线的波长：

$$\lambda = 2d\sin\theta = 2d\frac{L}{2R} \tag{13-2}$$

显然，改变 $L$ 即可检测不同波长的特征 X 射线，如果分光晶体在几个不同的位置上均收集到了特征 X 射线的衍射束，则表明样品中含有几种不同的元素，且衍射束的强度与对应元素的含量成正比。

实际测量时，$\theta$ 一般在 15°～65°，$\sin\theta < 1$，聚焦圆半径 $R$ 为常数(20 cm)，故 $L$ 的变化范围有限，一般仅为 10～30 cm。目前，电子探针波谱仪的检测元素范围是原子序数为 4 的 Be 到原子序数为 92 的 U，为了保证顺利检测该范围内的每种元素，就必须选择具有不同面间距 $d$ 的分光晶体，因此直进式波谱仪一般配有多个分光晶体供选择使用。常用的分光晶体及其特点见表 13-1。

**表 13-1　常用分光晶体及特点**

| 分光晶体 | 化学式 | 反射晶面 | 晶面间距/nm | 波长范围/nm | 可测元素范围 | 反射率 | 分辨率 |
|---|---|---|---|---|---|---|---|
| 氟化锂 | LiF | (200) | 0.2013 | 0.08～0.38 | K：$^{20}$Ca～$^{37}$Rb<br>L：$^{51}$Sb～$^{92}$U | 高 | 高 |
| 异戊四醇 | $C_5H_{12}O_4$ (PET) | (002) | 0.4375 | 0.20～0.77 | K：$^{14}$Si～$^{26}$Fe<br>L：$^{37}$Rb～$^{65}$Tb<br>M：$^{72}$Hf～$^{92}$U | 高 | 低 |
| 石英 | $SiO_2$ | $(10\bar{1}1)$ | 0.3343 | 0.11～0.63 | K：$^{16}$S～$^{29}$Cu<br>L：$^{41}$Nb～$^{74}$W<br>M：$^{80}$Hg～$^{92}$U | 高 | 高 |
| 邻苯二甲酸氢铷 | $C_8H_5O_4Rb$ (RAP) | $(10\bar{1}0)$ | 1.3061 | 5.8～2.3 | K：$^{9}$F～$^{15}$P<br>L：$^{24}$Cr～$^{40}$Zr<br>M：$^{57}$La～$^{79}$Au | 中 | 中 |
| 硬脂酸铅 | $(C_{14}H_{27}O_2)_2Pb$ (STE) | — | 5 | 22～88 | K：$^{5}$B～$^{8}$O<br>L：$^{20}$Ca～$^{23}$V | 中 | 中 |

回转式分光晶体的工作原理如图 13-2(b)所示。此时，分光晶体在一个固定的聚焦圆上移动，而检测器与分光晶体的转动角速度比为 2∶1，以保证满足布拉格方程。检测器在同一聚焦圆上的不同位置即可检测不同波长的特征 X 射线。相对于直进式，回转式谱仪结构简单，但因 X 射线来自样品的不同方向，X 射线在样品中的路径各不相同，被样品吸收的条件也不一致，可能导致分析结果产生较大误差。

### 13.1.2　检测记录系统

X 射线能谱仪的检测记录系统类似于 X 射线衍射仪中的检测记录系统，主要包括检测器和分析电路。该系统的作用是将分光晶体衍射而来的特征 X 射线接收、放大并转换成电压脉冲信号进行计数，通过计算机处理后以图谱的形式记录或输出，实现对成分的定性和定量分析。

常见的探测器有气流式正比计数管、充气正比计数管和闪烁式计数管等。一个 X 射线光子经过探测器后将产生一次电压脉冲。

### 13.1.3　X 射线能谱仪

X 射线能谱仪(X-ray energy dispersive spectroscopy，XEDS)是通过检测特征 X 射线的能量确定样品微区成分。此时的检测器是能谱仪，它将检测到的特征 X 射线按其能量进行展谱。X 射线能谱仪可作为扫描电子显微镜或透射电子显微镜的附件，与主件共同使用电子光学系统。电子探针能谱仪主要由检测器和分析电路组成。检测器是能谱仪中的核心部件，主要由半导体探头、前置放大器、场效应晶体管等组成，而分析电路主要包括模拟数字转换器、存储器及计算机、打印机等。其中半导体探头决定能谱仪的分辨率，是检测器的关键部件。图 13-4 为半导体 Si(Li)探头的能谱仪工作原理图。

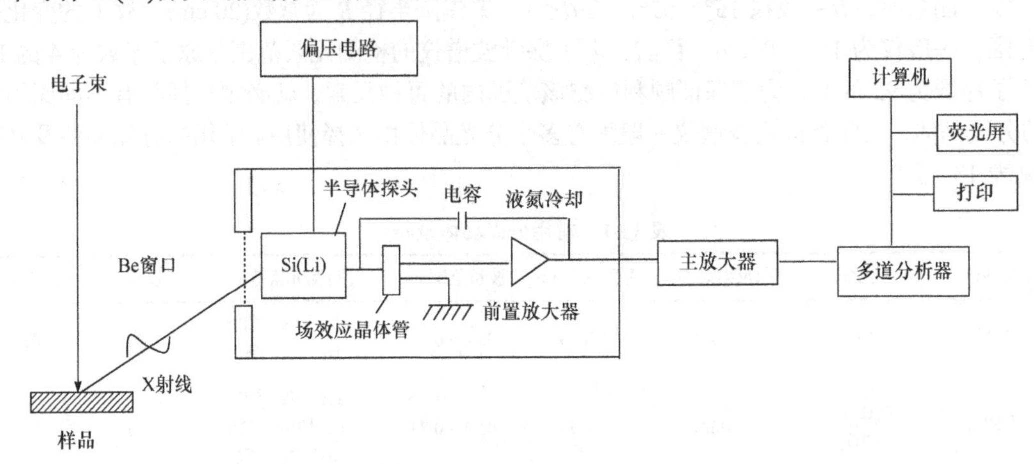


图 13-4　Si(Li)能谱仪原理图

探头为 Si(Li)半导体，本征半导体具有高电阻、低噪声等特性，然而实际上 Si 半导体中，由于杂质的存在，其电阻率降低，为此向 Si 晶体中注入 Li 原子。Li 原子半径小，仅为 0.06 nm，电离能低，易放出价电子，中和 Si 晶体中杂质的影响，从而形成 Si(Li)锂漂移硅半导体探头。当电子束作用样品后，产生的特征 X 射线通过 Be 窗口进入 Si(Li)半导体探头。Si(Li)半导体的原理是 Si 原子吸收一个 X 光子后，便产生一定量的电子-空穴对，产生一对电子-空穴对所需的最低能量$\varepsilon$是固定的，为 3.8 eV，因此每个 X 光子能产生的电子-空穴对的数目 $N$ 取决于 X 光子所具有的能量 $E$，即 $N=\dfrac{E}{\varepsilon}$。这样 X 光子的能量越高，其产生的电子-空穴对的数目 $N$ 就越大。利用加在 Si(Li)半导体晶体两端的偏压收集电子-空穴对，经前置放大器放大处理后，形成一个电荷脉冲，电荷脉冲的高度取决于电子-空穴对的数目，即 X 光子的能量，从探头中输出的电荷脉冲再经过主放大器处理后形成电压脉冲，电压脉冲的大小正比于 X 光子的能量。电压脉冲进入多道分析器后，由多道分析器依据电压脉冲的高度进行分类、统计、存储，并将结果输出。多道分析器本质上是一个存储器，拥有许多(一般有 1024 个)存储单元，每个存储单元即为一个设定好地址的通道，与 X 光子能量成正比的电压脉冲按其高度的大小分别进入不同的存储单元，对于一个拥有 1024 个通道的多道分析器来说，其可测的能量范围分别为 0～10.24 keV、0～24.48 keV 和 0～48.96 keV，实际上 0～10.24 keV 能量范围就能完全满足检测周期表上所有元素的特征X射线。经过多道分析器后，特征X射线以其能量的大小在存储器中进行排队，每个通道记录下该通道中所进入特征X射线光子的数目，再将存储的结果通过计算机输出设备以谱线的形式输出，此时横轴为通道的地址，对应于特征X射线的能量，纵轴为特征X射线的数目(强度)，由该谱线可进行定性和定量分析。图13-5(a)和(b)分别为X射线能谱图和波谱图。

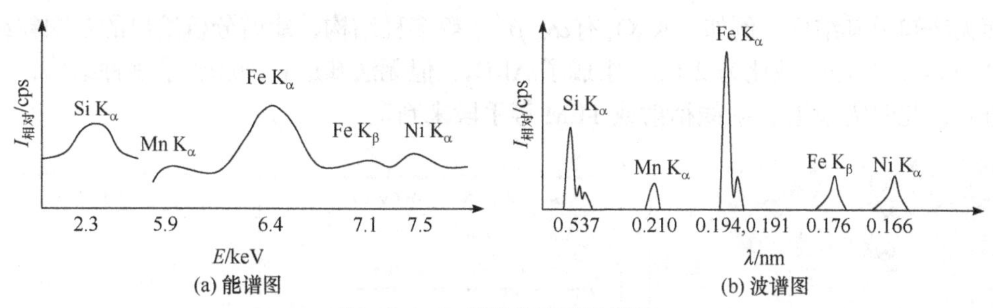


图13-5 X射线能谱及波谱图

### 13.1.4 能谱仪与波谱仪的比较

与波谱仪相比，能谱仪具有以下特点。

优点：

(1) 探测效率高。Si(Li)探头可靠近样品，特征X射线直接被收集，不必通过分光晶体的衍射，故探测效率高，甚至可达100%，而波谱仪仅有30%左右。为此，能谱仪可采用小束流，空间分辨率高达纳米左右，而波谱仪需采用大束流，空间分辨率仅有微米左右，此外大束流还会引起样品和镜筒的污染。

(2) 灵敏度高。Si(Li)探头对X射线的检测率高，使能谱仪的灵敏度比波谱仪高一个量级。

(3) 分析效率高。能谱仪可同时检测分析点内所有能测元素所产生的特征X射线的特征能量，所需时间仅为几分钟；而波谱仪则需逐个测量每种元素的特征波长，甚至还要更换分光晶体，需要耗时数十分钟。

(4) 能谱仪的结构简单，使用方便，稳定性好。能谱仪没有聚焦圆，没有机械传动部分，对样品表面也没有特殊要求，而波谱仪则需样品表面为抛光状态，便于聚焦。

缺点：

(1) 分辨率低。能谱仪的谱线峰宽，易于重叠，失真大，能量分辨率一般为145～150 eV，而波谱仪的能量分辨率可达5～10 eV，谱峰失真很小。

(2) 能谱仪的Si(Li)窗口影响对超轻元素的检测。一般铍窗时，检测范围为$^{11}$Na～$^{92}$U；仅在超薄窗时，检测范围为$^{4}$Be～$^{92}$U。

(3) 维护成本高。Si(Li)半导体工作时必须保持低温，需设专门的液氮冷却系统。

总之，波谱仪与能谱仪各有优缺点，应根据具体对象和要求进行合理选择。

### 13.1.5 X射线能谱分析及应用

X射线能谱分析主要包括定性分析和定量分析，定性分析又分为点、线、面三种分析形式。

#### 1. 定性分析

1) 点分析

将电子束作用于样品上的某一点，波谱仪分析时改变分光晶体和探测器的位置，收集分析点的特征 X 射线，由特征 X 射线的波长判定分析点所含的元素；采用能谱仪工作时，几分钟内可获得分析点的全部元素所对应的特征 X 射线的谱线，从而确定该点所含有的元素及其相对含量。

图 13-6 为 Al-$TiO_2$ 体系反应结果的 SEM 图及棒状物和颗粒的 XEDS 图，由能谱分析可知棒状物为 $Al_3Ti$，颗粒为 $Al_2O_3$。需指出的是：能谱分析只能给出组成元素及它们之间的原子比，而无法知道其结构。例如，$Al_2O_3$ 有 $\alpha$、$\beta$、$\gamma$ 等多种结构，能谱分析给出的是颗粒组成元素为 Al 和 O，且原子数比为 2 : 3，组成了 $Al_2O_3$，但无法知道它到底属于哪种结构，即原子如何排列，此时需采用 X 射线衍射或 TEM 等手段来判定。

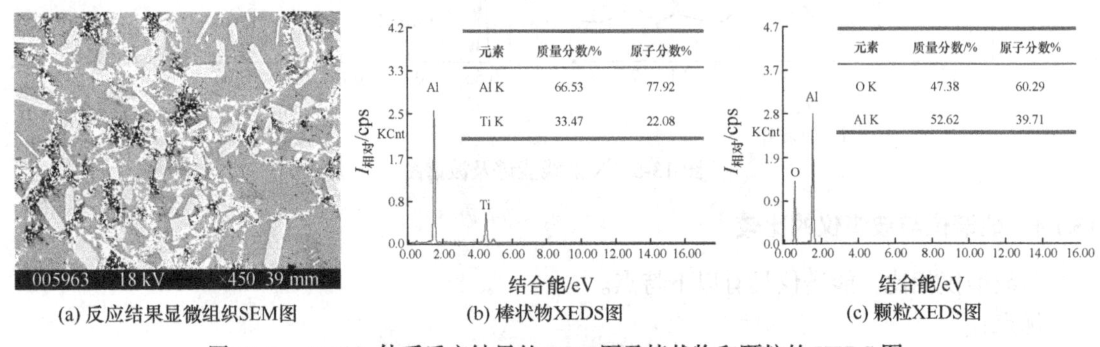

(a) 反应结果显微组织SEM图　(b) 棒状物XEDS图　(c) 颗粒XEDS图

图 13-6　Al-$TiO_2$ 体系反应结果的 SEM 图及棒状物和颗粒的 XEDS 图

2) 线分析

将探针中的谱仪固定于某一位置，该位置对应于某一元素特征 X 射线的波长或能量，然后移动电子束，在样品表面沿着设定的直线扫描，便可获得该种元素在设定直线上的浓度分布曲线。改变谱仪位置，则可获得另一种元素的浓度分布曲线。图 13-7 为 Al-Mg-Cu-Zn 铸态组织 X 射线能谱线扫描分析的结果图，可以清楚地看出，主要合金元素 Mg、Cu、Zn 沿枝晶间呈周期性分布。

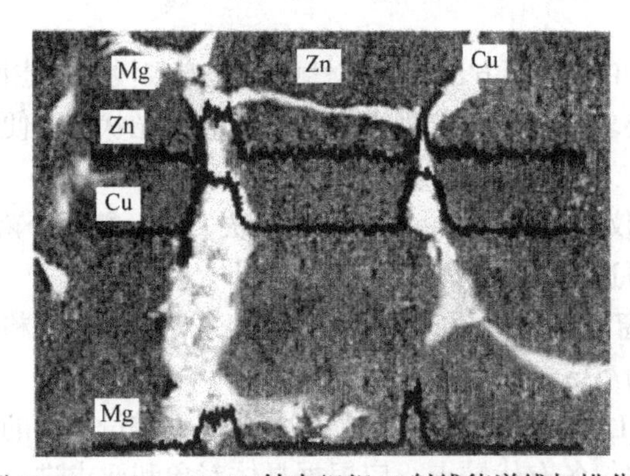

图 13-7　Al-Mg-Cu-Zn 铸态组织 X 射线能谱线扫描分析

3) 面分析

将谱仪固定于某一元素特征 X 射线信号(波长或能量)位置上，通过扫描线圈使电子束在样品表面进行光栅扫描(面扫描)，用检测到的特征 X 射线信号调制成荧光屏上的亮度，就可获得该元素在扫描面内的浓度分布图像。图像中的明亮区表明该元素的含量高。若将谱仪固定于另一位置，则可获得另一元素的面分布图像。图 13-8 为 TiC 颗粒增强高熵合金基复合材料 15 vol% TiC/CoCrFeNi 铸态时的 SEM 照片和成分面扫描图谱，从图中可以清楚地看出各组成元素 Ti、C、Co、Cr、Fe、Ni 的分布情况。

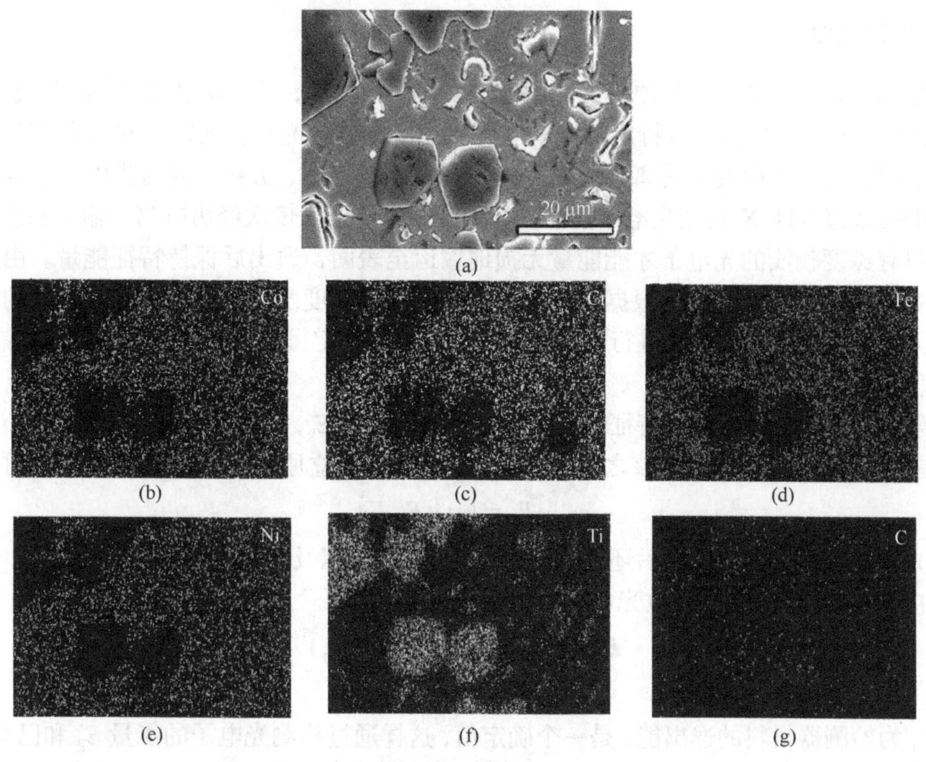


图 13-8 15vol% TiC/CoCrFeNi SEM 照片(a)和成分面扫描图谱[(b)～(g)]

2. 定量分析

定量分析的具体步骤如下：

(1) 测出试样中某元素 A 的特征 X 射线的强度 $I'_A$；

(2) 同一条件下测出标准样纯 A 的特征 X 射线强度 $I'_{A0}$；

(3) 扣除背底和计数器死时间对所测值的影响，得相应的强度值 $I_A$ 和 $I_{A0}$；

(4) 计算元素 A 的相对强度 $K_A$：

$$K_A = \frac{I_A}{I_{A0}} \tag{13-3}$$

理想情况下，$K_A$ 即为元素 A 的质量分数 $m_A$。由于标准样不可能绝对纯和绝对平均，此外还要考虑样品原子序数、吸收和二次荧光等因素的影响，因此 $K_A$ 需适当修正，即

$$m_A = Z_b A_b F K_A \tag{13-4}$$

式中，$Z_b$ 为原子序数修整系数；$A_b$ 为吸收修整系数；$F$ 为二次荧光修整系数。一般情况下，原子序数 $Z>10$，质量浓度大于 10%时，修正后的浓度误差可控制在 5%以内。

需要指出的是，电子束的作用体积很小，一般仅为 10 μm$^3$，故分析的质量很小。如果物质的密度为 10 g/cm$^3$，则分析的质量仅为 $10^{-10}$ g，故 X 射线能谱是一种微区分析仪器。

## 13.2 X 射线光电子能谱

X 射线光电子能谱(X-ray photoelectron spectroscopy，XPS)应用较为广泛，是分析材料表

面的重要方法之一。

### 13.2.1　工作原理

X 射线光电子能谱的形成原理是利用电子束作用靶材后，产生的特征 X 射线(光)照射样品，使样品中原子内层电子以特定的概率电离，形成光电子(光致发光)，光电子从产生处输运至样品表面，克服表面逸出功离开表面，进入真空后被收集、分析，获得光电子的强度与能量之间的关系谱线即 X 射线光电子能谱。显然光电子的产生依次经历电离、输运和逸出三个过程，只有深度较浅的光电子才能能量无损地输运至表面，逸出后保持特征能量。由于光电子的能量具有特征值，因此可根据光电子谱线的峰位、高度及峰位的位移确定元素的种类、含量及元素的化学状态，分别进行表面元素的定性分析、定量分析和表面元素化学状态分析，但仅能反映样品的表面信息。

X 射线光电子的动能具有特征值。设光电子的动能为 $E_k$，入射 X 射线的能量为 $h\nu$，电子的结合能为 $E_b$，即电子与原子核之间的吸引能，则对于孤立原子，光电子的动能 $E_k$ 可表示为

$$E_k = h\nu - E_b \tag{13-5}$$

考虑到光电子输运到样品表面后还需克服样品表面功 $\varphi_s$，以及能量检测器与样品相连，两者之间存在接触电位差$(\varphi_A - \varphi_s)$，故光电子的动能为

$$E'_k = h\nu - E_b - \varphi_s - (\varphi_A - \varphi_s) \tag{13-6}$$

所以

$$E'_k = h\nu - E_b - \varphi_A \tag{13-7}$$

式中，$\varphi_A$ 为检测器材料的逸出能，是一个确定值，这样通过检测光电子的能量 $E'_k$ 和已知的 $\varphi_A$，可以确定光电子的结合能 $E_b$。由于光电子的结合能对于某一元素的给定电子来说是确定的值，因此光电子的动能具有特征值。

### 13.2.2　系统组成

X 射线光电子能谱仪的基本构成如图 13-9 所示，主要由 X 射线源、样品室、电子能量分析器、检测器、显示记录系统、真空系统及计算机控制系统等部分组成。

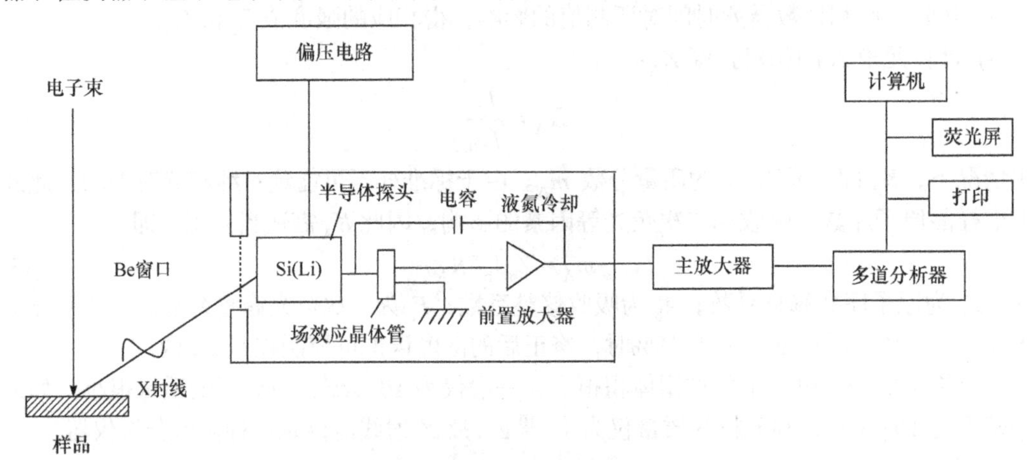


图 13-9　XPS 仪基本构成示意图

1. X 射线源

X 射线源必须是单色的，且线宽越窄越好，重元素的 $K_\alpha$ 线能量虽高，但峰过宽，一般不用

作激发源，通常采用轻元素 Mg 或 Al 作为靶材，其产生的 $K_\alpha$特征 X 射线为 X 射线源，其产生原理可见 2.3.2 小节。Mg 的 $K_\alpha$能量为 1253.6 eV，线宽为 0.7 eV；Al 的 $K_\alpha$能量为 1486.6 eV，线宽为 0.85 eV。为获得良好的单色 X 射线源，提高信噪比和分辨率，还装有单色器，即波长过滤器，以使辐射线的线宽变窄，去掉因连续 X 射线所产生的连续背底，但单色器的使用也会降低特征 X 射线的强度，影响仪器的检测灵敏度。

2. 电子能量分析器

电子能量分析器是 XPS 的核心部件，其功能是将样品表面激发出来的光电子按其能量的大小分别聚焦，获得光电子的能量分布。由于光电子在磁场或电场的作用下能偏转聚焦，故常见的能量分析器有磁场型和电场型两类。磁场型的分辨能力强，但结构复杂，磁屏蔽要求较高，故应用不多。目前通常采用的是电场型的能量分析器，它体积较小，结构紧凑，真空度要求低，外磁场屏蔽简单，安装方便。电场型又有筒镜形和半球形两种，其中半球形能量分析器更为常用。

图 13-10 为半球形能量分析器的工作原理图。由两同心半球面构成，球面的半径分别为 $r_1$和 $r_2$，内球面接正极，外球面接负极，两球间的电位差为 $U$。入射特征 X 射线作用样品后，所产生的光电子经过电磁透镜聚光后进入球形空间。设光电子的速度为 $v$，质量为 $m$，电荷为 $e$，球场中半径为 $r$ 处的电场强度为 $E(r)$，则光电子受的电场力为 $eE(r)$，动能为 $E_\mathrm{k}=\frac{1}{2}mv^2$，这样光电子在电场力的作用下做圆周运动，设其运动半径为 $r$，则

$$eE(r)=m\frac{v^2}{r} \tag{13-8}$$

$$\frac{1}{2}erE(r)=\frac{1}{2}mv^2=E_\mathrm{k} \tag{13-9}$$

两球面之间的电势为

$$\varphi(r)=\frac{U}{\frac{1}{r_1}-\frac{1}{r_2}}\left(\frac{1}{r}-\frac{1}{r_2}\right) \tag{13-10}$$

两球面之间的电场强度为

$$E(r)=\frac{U}{r^2\left(\frac{1}{r_1}-\frac{1}{r_2}\right)}\propto U \tag{13-11}$$

因此可得光电子动能与两球面之间所加电压之间的关系为

$$E_\mathrm{k}=\frac{erE(r)}{2}=\frac{eU}{2r\left(\frac{1}{r_1}-\frac{1}{r_2}\right)}\propto U \tag{13-12}$$

通过调节电压 $U$ 的大小，在出口狭缝处依次接收到不同动能的光电子，获得光电子的能量分布，即 XPS 图谱。实际上 XPS 图谱中的横坐标用的不是光电子的动能，而是其结合能。这主要是由于光电子的动能不仅与光电子的结合能有关，还与入射 X 光子的能量有关，而光电子的结合能对某一确定的元素而言则是常数，故以光电子的结合能为横坐标更为合适。

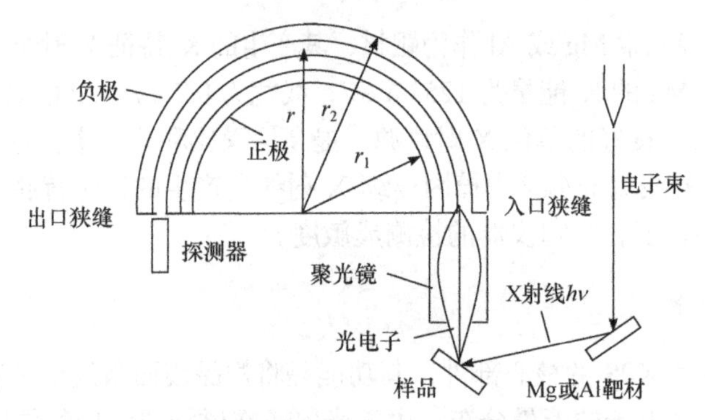


图 13-10　半球形能量分析器工作原理图

3. 检测器

检测器的功能是对从电子能量分析器中出来的不同能量的光电子信号进行检测。一般采用脉冲计数法，即采用电子倍增器来检测光电子的数目。电子倍增器的工作原理类似于光电倍增管，只是其始脉冲来自电子而不是光子。输出的脉冲信号再经放大器放大和计算机处理后打印出谱图。多数情况下，可进行重复扫描，或在同一能量区域上进行多次扫描，以改善信噪比，提高检测质量。

4. 高真空系统

高真空系统是保证 XPS 仪正常工作所必需的。高真空系统具有以下两个基本功能：①保证光电子在能量分析器中尽量不再与其他残余气体分子发生碰撞；②保证样品表面不受污染或其他分子的表面吸附。为了能达到高真空($10^{-7}$ Pa)，常用的真空泵有扩散泵、离子泵和涡轮分子泵等。

5. 离子枪

主要是用氩离子剥蚀样品表层污染，保证光电子谱的真实性。但在使用离子枪进行表面清污时，应考虑离子剥蚀的择优性，也就是说易被溅射的元素含量降低，不易被溅射的元素含量相对增加，有的甚至还会发生氧化或还原反应，导致表面化学成分发生变化，因此需用一标准样品来选择溅射参数，以免样品表面被氩离子还原或改变表面成分影响测量结果。

### 13.2.3　X 射线光电子能谱及表征

1. X 射线光电子能谱

由式(13-4)可知，光电子的动能取决于入射光子的能量以及 X 射线光电子本身的结合能。当入射光子的能量一定时，X 射线光电子的动能仅取决于它的结合能。结合能小的，动能就大，反之，动能就小。由于 X 射线光电子来自不同的原子壳层，其发射过程是量子化的，故 X 射线光电子的能量分布也是离散的。X 射线光电子通过能量分析器后，即可按其动能的大小依次分散，再由检测器收集产生电脉冲，通过模拟电路，以数字方式记录下来，计算机记录的是具有一定能量的 X 射线光电子在一定时间内到达检测器的数目，即相对强度(每秒脉冲数，cps)，能量分析器记录的是 X 射线光电子的动能，但可通过简单的换算关系获得 X 射线光电子的结合能，因此谱线的横坐标有两种：一种是 X 射线光电子的动能 $E_k$，另一种是 X 射线光电子的结合能 $E_b$，分别形成两种对应的谱线：相对强度–$E_k$ 和相对强度–$E_b$。

由于 X 射线光电子的结合能对于某一确定的元素而言是定值，不会随入射 X 射线的能量变化而变化，因此横坐标一般采用 X 射线光电子的结合能。对于同一个样品，无论采用哪种入射 X 射线(如 Mg $K_\alpha$ 或 Al $K_\alpha$)，X 射线光电子的结合能的分布状况都是一样的。每一种元素均有与之对应的标准 X 射线光电子能谱图，并制成手册，如 Perkin-Elmer 公司的《X 射线光电子谱手册》。图 13-11 为纯 Fe 及其氧化物 $Fe_2O_3$ 在 Mg $K_\alpha$ 作用下的标准 X 射线光电子能谱图。注意每种元素产生的 X 射线光电子可能来自不同的电子壳层，分别对应于不同的结合能，因此同一种元素的 X 射线光电子能谱峰有多个，图 13-12 为不同元素的电子结合能示意图。当原子序数小于 30 时，对应于 K 和 L 层电子有两个独立的能量峰；对于原子序数为 35～70 的元素，可见到 $L_I L_{II} L_{III}$ 三重峰；对于原子序数在 70 以上的元素，由 M 和 N 层电子组成的图谱变得更为复杂。通过对样品在整个 X 射线光电子能量范围进行全扫描，可获得样品中各种元素所产生的 X 射线光电子的相对强度与结合能 $E_b$ 的关系图谱，即实测 X 射线光电子能谱，图 13-13 为月球土壤的光电子能谱图，然后将实测光谱与各元素的标准光谱进行对比分析即可。

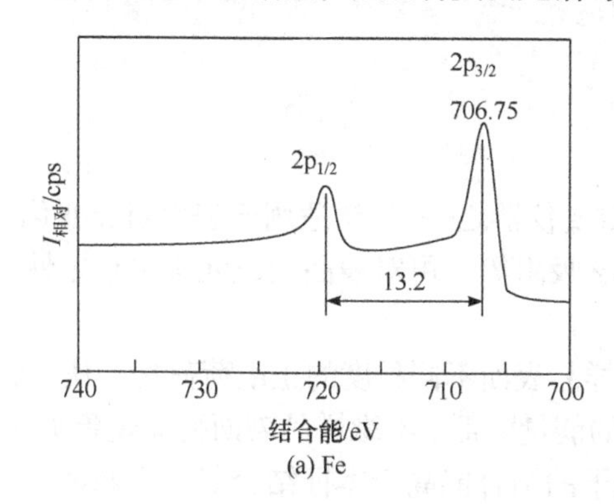

(a) Fe

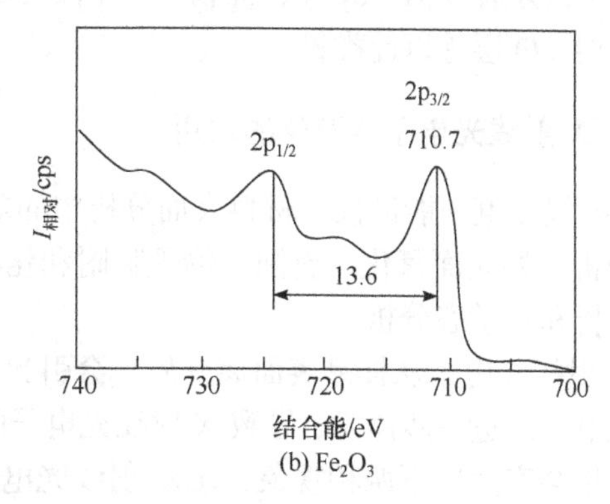

(b) $Fe_2O_3$

图 13-11　Fe 及 $Fe_2O_3$ 的标准 X 射线光电子能谱图

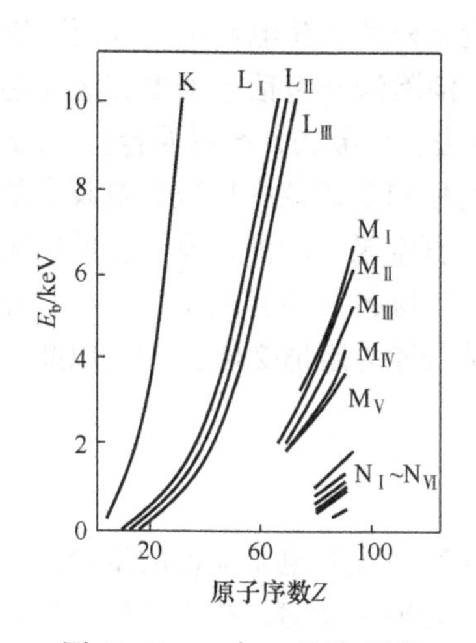

图 13-12　$E_b$ 与 $Z$ 的关系图

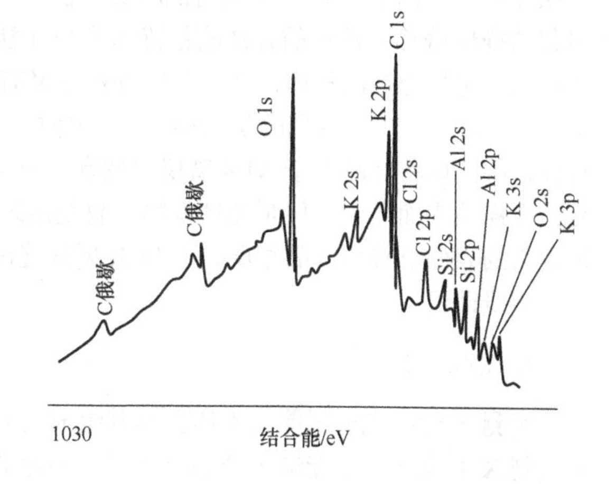

图 13-13　月球土壤的 X 射线光电子能谱图

### 2. X 射线光电子能谱峰的表征

光电子能谱峰由三个量子数来表征，即

$n\ l\ j$

— 内角量子数，$j=|l\pm m_s|=\left|l\pm\frac{1}{2}\right|$（$m_s$为自旋磁量子数$=\pm\frac{1}{2}$）

— 角量子数，$l=0,1,2,3,\cdots,(n-1)$

— 主量子数，$n=1,2,3,\cdots$

K 层：$n=1$，$l=0$；$j=\left|0\pm\frac{1}{2}\right|=\frac{1}{2}$，此时 $j$ 可不标，X 射线光电子能谱峰仅一个，表示为 1s。

L 层：$n=2$ 时，则 $l=0,1$；$j$ 分别为$\left|0\pm\frac{1}{2}\right|$、$\left|1\pm\frac{1}{2}\right|$，X 射线光电子能谱峰有三个，分别为 2s、$2p_{1/2}$ 和 $2p_{3/2}$。

M 层：$n=3$ 时，则 $l=0,1,2$；此时 $j$ 分别为$\left|0\pm\frac{1}{2}\right|$、$\left|1\pm\frac{1}{2}\right|$、$\left|2\pm\frac{1}{2}\right|$；X 射线光电子能谱峰有五个，分别为 3s、$3p_{1/2}$、$3p_{3/2}$、$3d_{3/2}$、$3d_{5/2}$。

N 层、O 层等以此类推。

### 13.2.4　X 射线光电子能谱仪的功用

X 射线光电子能谱仪是材料表面分析中的重要仪器之一，广泛适用于表面组成变化过程的测定分析，如表面氧化、腐蚀、物理吸附和化学吸附等，可对表面组成元素进行定性分析、定量分析和化学态分析。

X 射线光电子从样品表面离开后，会引起样品表面不同程度的正电荷荷集，从而影响 X 射线光电子的进一步激发，导致 X 射线光电子的能量降低。绝缘样品表面荷集现象更为严重。表面荷集会产生以下两种现象：①X 射线光电子的结合能高于本征结合能，主峰偏向高结合能端，一般情况下偏离 3～5 eV，严重时偏离可达 10 eV；②谱线宽化，这也是图谱分析的主要误差来源。因此，为了标识谱线的真实位置，必须检验样品的荷电情况，以消除表面荷电引起的峰位偏移。常见的方法有消除法和校正法两种。消除法又包括电子中和法和超薄法；校正法又包括外标法和内标法，其中外标法又有碳污染法、镀金法、石墨混合法、Ar 气注入法等。上述方法中最常用的是污染 C 1s 外标法，它是利用 XPS 谱仪中扩散真空泵中的油来进行校正的。即将样品置于 XPS 谱仪中抽真空至 $10^{-6}$ Pa，真空泵中的油挥发产生的碳氢污染样品，在样品表面产生一层泵油挥发物，直至出现明显的 C 1s X 射线光电子峰为止，此时泵油挥发物的表面电势与样品相同，C 1s X 射线光电子的结合能为定值 284.6 eV，以此为标准校正各谱线即可。

#### 1. 定性分析

实测 X 射线光电子能谱本质上是其组成元素的标准 X 射线光电子能谱的组合，因此可以由实测 X 射线光电子能谱结合各组成元素的标准 X 射线光电子能谱，找出各谱线的归属，确定组成元素，从而对样品进行定性分析。

定性分析的一般步骤：

(1) 扣除荷电影响，一般采用 C 1s 污染法进行；

(2) 对样品进行全能量范围扫描，获得该样品的实测 X 射线光电子能谱；

(3) 标识那些总是出现的谱线：C 1s、$C_{KLL}$、O 1s、$O_{KLL}$、O 2s 以及 X 射线的各种伴峰等；

(4) 由最强峰对应的结合能确定所属元素，同时标出该元素的其他各峰；

(5) 同理确定剩余的未标定峰，直至全部完成，个别峰还要对其窄扫描进行深入分析；

(6) 当俄歇线与 X 射线光电子主峰干扰时，可采用换靶的方式，移开俄歇峰，消除干扰。

X 射线光电子能谱的定性分析过程类似于俄歇电子能谱分析，可以分析 H、He 以外的所有元素。分析过程同样可由计算机完成，但对某些重叠峰和微量元素的弱峰，仍需通过人工进行分析。

2. 定量分析

定量分析是根据 X 射线光电子信号的强度与样品表面单位体积内的所含原子数呈正比关系，由 X 射线光电子的信号强度确定元素浓度的方法，常见的定量分析方法有理论模型法、灵敏度因子法、标样法等，使用较广的是灵敏度因子法，其原理和分析过程与俄歇电子能谱分析中的灵敏度因子法相似，即

$$C_x = \frac{I_x}{S_x} \bigg/ \sum_i \frac{I_i}{S_i} \tag{13-13}$$

式中，$C_x$ 为待测元素的原子分数(浓度)；$I_x$ 为样品中待测元素最强峰的强度；$S_x$ 为样品中待测元素的灵敏度因子；$I_i$ 为样品中第 $i$ 元素最强峰的强度；$S_i$ 为样品中第 $i$ 元素的灵敏度因子。

X 射线光电子能谱中是以 F 1s(氟)为基准元素的，其他元素的 $S_i$ 为其最强线或次强线的强度与基准元素的比值，每种元素的灵敏度因子均可通过手册查得。

注意以下几点：①由于定量分析法中，影响测量过程和测量结果的因素较多，如仪器类型、表面状态等均会影响测量结果，故定量分析只能是半定量。②X 射线光电子能谱中的相对灵敏度因子有两种，一种是以峰高表征谱线强度，另一种是以面积表征谱线强度，显然面积法精确度高于峰高法，但表征难度增大。而在俄歇电子能谱中仅用峰高表征其强度。③相对灵敏度因子的基准元素是 F 1s，而俄歇能谱中是 Ag 元素。

3. 化学态分析

元素形成不同化合物时，其化学环境不同，导致元素内层电子的结合能发生变化，在图谱中出现 X 射线光电子的主峰位移和峰形变化，据此可以分析元素形成了哪种化合物，即可对元素的化学态进行分析。

元素的化学环境包括两方面含义：①与其结合的元素种类和数量；②原子的化合价。一旦元素的化学态发生变化，必然引起其结合能改变，从而导致峰位位移。图 13-14 为纯铝表面经不同处理后的 XPS 图谱。干净表面时，Al 为纯原子，化合价为 0 价，此时 $Al^0$ 2p 的结合能为 72.4 eV，如图 13-14 中 A 谱线所示。当表面被氧化后，Al 由 0 价变为+3 价，其化学环境发生了变化，此时 $Al^{3+}$ 2p 结合能为 75.3 eV，Al 2p X 射线光电子峰向高结合能端移动了 2.9 eV，即产生了化学位移 2.9 eV，如图 13-14 中 B 谱线所示。随着氧化程度的提高，Al 的化合价未变，故其对应的结合能未变，$Al^{3+}$ 2p X 射线光电

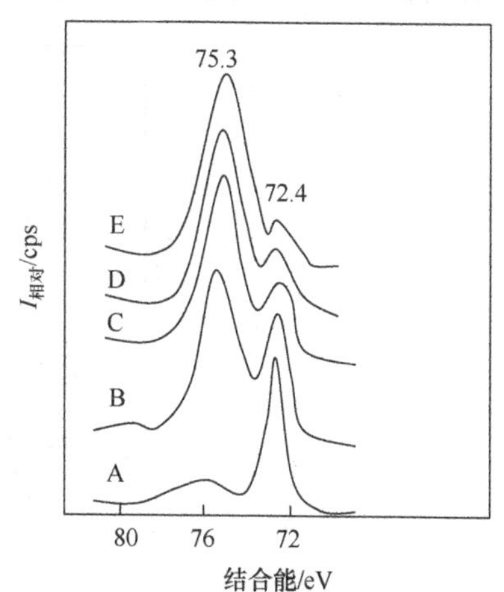


图 13-14 纯铝表面经不同处理后 Al 2p 的 X 射线光电子能谱

A. 干净表面；B. 空气中氧化；C. 磷酸处理；D. 硫酸处理；E. 铬酸处理

子峰仍为 75.3 eV，但峰高在逐渐增高，而 $Al^0$ 2p 的峰高在逐渐变小，这是由于随着氧化的不断进行，氧化层在不断增厚，$Al^{3+}$ 2p X 射线光电子增多，而 $Al^0$ 2p 的 X 射线光电子量因氧化层增厚，逸出难度增大，数量逐渐减少，如图 13-14 中 C、D、E 谱线所示。

元素的化学态分析是 XPS 最具特色的分析技术，虽然它还未达到精确分析的程度，但已可以通过与已有的标准图谱和标样的对比来进行定性分析。

X 射线光电子能谱分析对样品提出如下要求：

(1) 样品分析面不受污染(制备或处理样品时使用聚乙烯手套，用玻璃制品或者铝箔盛放样品)。

(2) 试样为固态，物理化学性质稳定，无磁性、无腐蚀、不挥发。

(3) 块状样品：试样表面平整，样品长宽 8 mm× 8 mm 左右，最大值不超过 1 cm。不导电的样品厚度不超过 1 mm，导电样品不超过 2 mm。

(4) 粉末样品：颗粒细小(干燥后研磨至微米级)，易于压片或粘贴在胶带上。

X 射线光电子能谱分析应注意以下几点：

(1) 样品最大规格尺寸为 1 cm × 1 cm × 0.5 cm，当样品尺寸过大需切割取样。

(2) 取样时避免手和取样工具接触到需要测试的位置，取下样品后使用真空包装或其他能隔离外界环境的包装，避免外来污染影响分析结果。

(3) 测试的样品可喷薄金(不大于 1 nm)，可以测试弱导电性的样品，但绝缘样品不能测试。

(4) 元素分析范围 Li～U，只能测试无机物质，对有机物质无能为力。

### 13.2.5　X 射线光电子能谱的应用

1. *表面涂层的定性分析*

图 13-15 为溶胶-凝胶法在玻璃表面形成的 $TiO_2$ 膜试样的 XPS 图谱。结果表明表面除了含有 Ti 和 O 元素外，还有 Si 元素和 C 元素。出现 Si 元素的原因可能是由于膜较薄，入射线透过薄膜后，引起背底 Si 的激发，产生的 X 射线光电子越过薄膜逸出表面；或者是 Si 已扩散进入薄膜。出现 C 元素是由于溶胶以及真空泵中的油挥发污染。

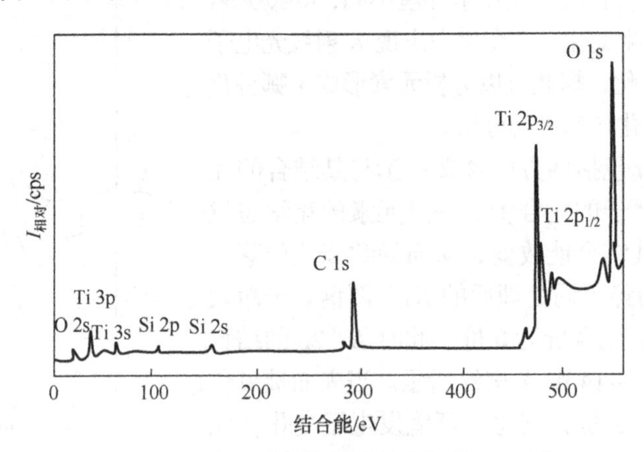


图 13-15　玻璃表面 $TiO_2$ 膜的全扫描 XPS 图

2. *功能陶瓷薄膜中所含元素的定量分析*

图 13-16(a)～(c)分别为薄膜中三元素 La、Pb、Ti 的窄区 XPS 图。由手册查得三元素的灵

敏度因子和结合能。分别计算对应 X 射线光电子主峰的面积，再代入式(13-12)即可算得三元素的相对含量，结果如表 13-2 所示。

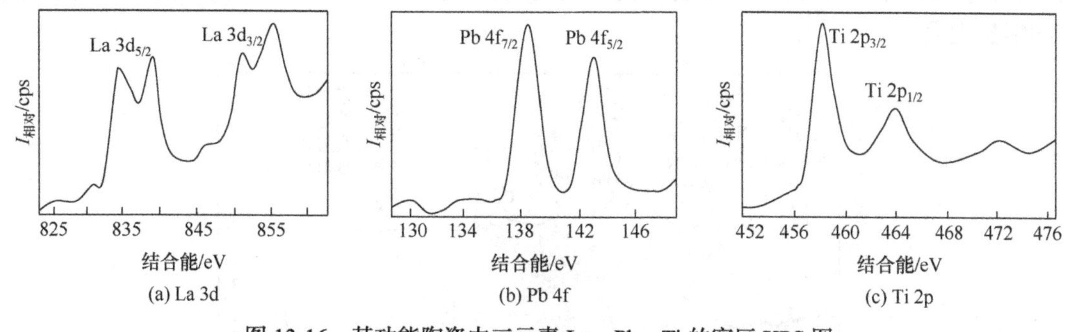


(a) La 3d　(b) Pb 4f　(c) Ti 2p

图 13-16　某功能陶瓷中三元素 La、Pb、Ti 的窄区 XPS 图

**表 13-2　三元素 La、Pb、Ti X 射线光电子峰定量计算值**

| 元素 | 谱线 | 结合能/eV | 峰面积 | 灵敏度因子 | 相对原子含量/% |
| --- | --- | --- | --- | --- | --- |
| Ti | Ti $2p_{3/2}$ | 458.05 | 469591 | 1.1 | 37.65 |
| Pb | Pb $4f_{7/2}$ | 138.10 | 1577010 | 2.55 | 54.55 |
| La | La $3d_{5/2}$ | 834.20 | 592352 | 6.70 | 7.80 |

注：峰面积＝峰高×半峰宽。

3. 确定化学结构

图 13-17(a)～(c)分别为 1,2,4,5-苯四甲酸、1,2-苯二甲酸和苯甲酸钠的 C 1s 的 XPS 图。由该图可知三者的 C 1s 的 X 射线光电子峰均为分裂的两个峰，这是由于 C 分别处在苯环和甲酸基中，具有两种不同的化学状态。三种化合物中两峰强度之比分别约为 4∶6、2∶6 和 1∶6，这恰好符合化合物中甲酸碳与苯环碳的比例，并可由此确定苯环上的取代基的数目，从而确定它的化学结构。

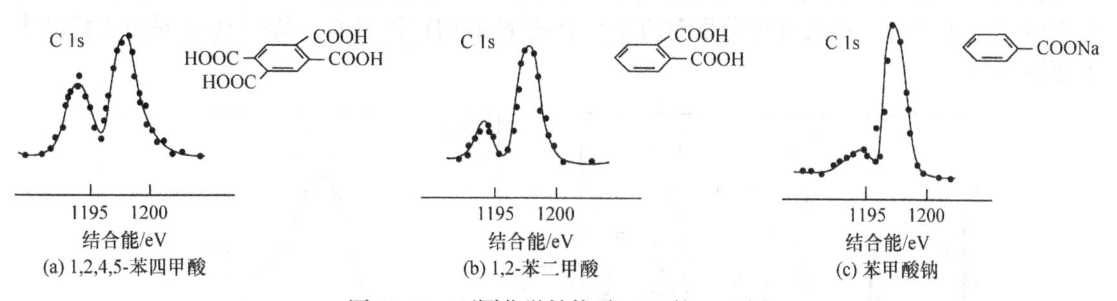


(a) 1,2,4,5-苯四甲酸　(b) 1,2-苯二甲酸　(c) 苯甲酸钠

图 13-17　不同化学结构时 C 1s 的 XPS 图

4. 背底 Cu 元素在电解沉积 Fe-Ni 合金膜中的纵向扩散与偏析分析

在背底材料 Cu 上电解沉积 Fe-Ni 合金膜时，发现背底 Cu 元素会在沉积层纵向扩散，并在沉积层中产生偏析。由于 Fe-Ni 沉积膜很薄，常规的手段很难分析，而 X 射线光电子能谱仪却能对此进行有效分析。图 13-18 为 Fe-Ni 沉积膜通过氩离子溅射剥层，不同溅射时间时的 XPS 图。该图表明沉积膜未剥层时，表层元素主要为 C 和 O，这是由于膜被污染和氧化所致；氩离子溅射 30 min 后，C 元素消失，而 Cu、Ni、Fe 元素含量增加，表明污染层被剥离，沉积

层中除了 Fe、Ni 元素外还有 Cu 元素，说明背底 Cu 元素沿沉积膜厚度方向发生了扩散；溅射 150 min 时，Cu 元素的 X 射线光电子主峰高度降低，而 Fe、Ni 元素的 X 射线光电子主峰高度增高，表明 Cu 元素在沉积层中的分布是不均匀的，存在沿薄膜深度方向由里向外浓度逐渐增加的偏析现象。

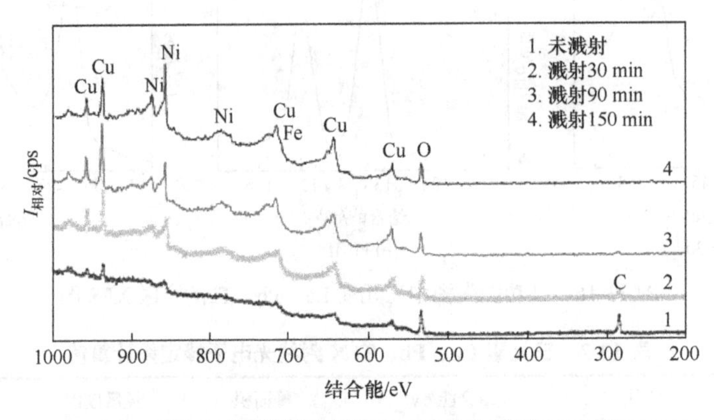


图 13-18　不同溅射时间的 Fe-Ni 合金膜的 XPS 图

5. MgNd 合金表面氧化分析

MgNd 合金表面极易被氧化形成氧化膜，但氧化的机理研究非常困难，运用 XPS 并结合 AES 俄歇电子能谱仪可方便地对此进行研究分析。表面氧化层沿深度方向上的成分分布规律可由 AES 能谱仪获得，而氧化层中氧化物的种类即定性分析可由 XPS 能谱仪完成。图 13-19 即为 MgNd 合金在纯氧气氛中氧化 90 min 后，全程能量及三个窄区能量扫描 XPS 能谱图。图 13-19(a)为全程能量扫描的 XPS 能谱图，表明氧化层中含有 Mg、Nd、O、C 等多种不同元素，即存在多种不同的氧化物。其中，C 元素是由于表面污染所致，可通过氩离子溅射清除。图 13-19(b)为 Nd $3d_{5/2}$ X 射线光电子主峰图，表明其存在方式为 $Nd^{3+}$状态，即氧化物形式为 $Nd_2O_3$；同理，由图 13-19(c)和(d)分别得知 Mg 和 O 分别以+2 和−2 价态存在，即以 MgO 的形式存在。此外，在图 13-19(d)中，还有峰位结合能分别为 532.0 eV 和 533.2 eV 的 X 射线光电子主峰，这两峰位分别对应于化合物 $Nd(OH)_3$ 和 $H_2O$，其中 $H_2O$ 是由于样品表面吸附所致。

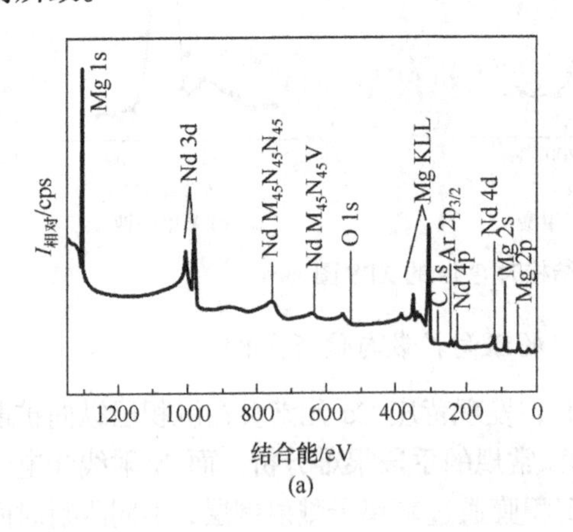


(a)

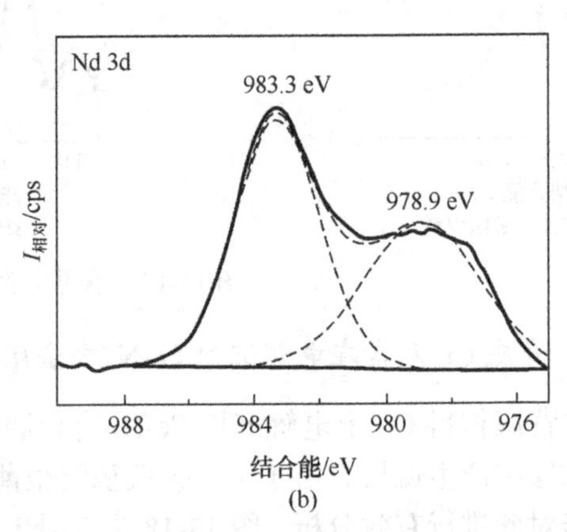


(b)

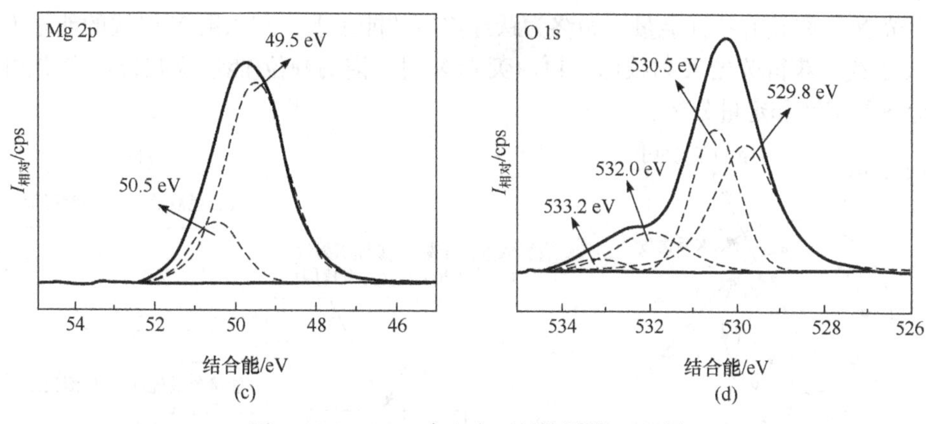


图 13-19　MgNd 合金表面氧化层的 XPS 图

### 13.2.6　X 射线光电子能谱的发展趋势

20 世纪 90 年代后半期以来，X 射线光电子能谱获得了较大的发展，主要表现在以下几个方面：①通过改进激发源(X 光束反射会聚扫描)或电子透镜(傅里叶变换及反傅里叶变换)或能量分析器(球镜反射半球能量分析器与半球能量分析器同心组合)，显著提高了成像 X 射线光电子能谱仪的空间分辨率，现已达 3 μm；②激发光源的单色化、微束化、能量可调化以及束流增强化；③发展新型双曲面型能量分析器和电子透镜，以进一步提高能量和空间分辨率及传输率；④采用新型位敏检测器、多通板等电子检测器，以提高仪器灵敏度和能量及空间分辨率。为了使 X 射线光电子能谱仪能更好地发展，还需发展 X 射线光电子能谱的相关理论，如发展更成熟的化学位移理论，以有效鉴别化学态；发展更成熟的定量分析理论，以提高定量分析的精度；完善弛豫跃迁理论，更有效地指导对各种伴峰、多重分裂峰的确认；开发新方法如 X 射线光电子衍射，研究电子结构等；采用双阳极(Al/Mg)发射源，可方便区分 X 射线光电子能谱中的俄歇峰，这对多元素复杂体系的 X 射线光电子能谱分析尤为重要；与其他表面分析技术联合应用，使分析结果更全面、准确、可靠。

X 射线能谱分析同样也能进行元素分析，也可得到表面元素的二维分布图像，但 X 射线光电子能谱与之相比具有更高的灵敏度和更突出的化学态分析能力。

## 13.3　X 射线荧光光谱

1896 年，法国物理学家乔治发现了荧光 X 射线，1948 年德国的弗里德曼和伯克斯制成第一台波长色散 X 射线荧光分析仪。X 射线荧光光谱(X-ray fluorescence spectrometry，XRFS)是电子束轰击靶材产生的特征 X 射线作用试样产生系列具有不同波长的荧光 X 射线所组成的光谱。荧光 X 射线具有特征能量，对应于不同的元素 *Z*，可用于试样表层的成分分析，但不能进行形貌分析。

### 13.3.1　工作原理

试样在特征 X 射线辐射下，如果其能量大于或等于试样中原子某一轨道电子的结合能，该电子电离成自由电子，对应产生一空位，使原子呈激发态，外层电子回迁至空位，同时释放能量，产生 X 辐射[图 13-20(a)]，该辐射称荧光 X 射线。荧光 X 射线的产生过程又称光致发光。荧光X射线具有特征能量，始终为跃迁前后的能级差，与入射X射线的能量无关，收集荧光X射线，获得荧光X射线谱，再由荧光X射线谱的峰位(能量或波长)、峰强可对试样中的成分进行定性和定量分析。

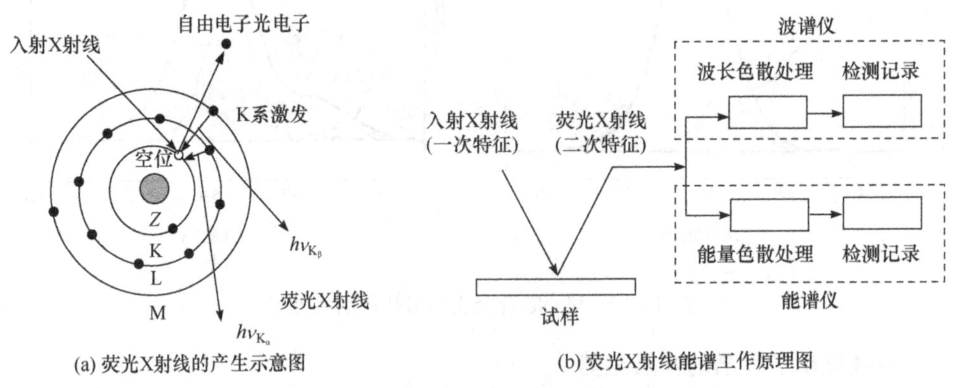


图 13-20　荧光X射线的产生及其光谱工作原理图

### 13.3.2　系统组成

X射线荧光光谱仪主要由激发光源、色散处理系统和检测记录系统三大部分组成[图13-20(b)]。激发光源主要产生X射线，产生原理同第2章，靠电子束作用靶材，使靶材内层电子被激发形成自由电子，同时留下空位呈激发态，外层电子回迁并辐射出跃迁前后能级差的X射线，该X射线又称一次X射线，以其作为激发荧光X射线的辐射源。为能顺利产生荧光X射线，一次X特征射线(射线源)的波长应稍短于受激元素的吸收限，这样一次特征X射线能被试样强烈吸收，从而有效激发出试样的荧光X射线。

对一次特征X射线作用试样后产生的荧光X射线(二次特征X射线)，如同X射线能谱仪中对电子束作用试样产生的一次特征X射线处理一样，有两种方式即波长色散处理和能量色散处理，分别为荧光X射线波谱仪和能谱仪。

波长色散处理的工作原理同X射线波谱仪，即利用已知晶面间距的分光晶体将不同波长的X射线依据布拉格方程 $2d\sin\theta = n\lambda$ 分开，从而形成光谱。若同一波长的X射线以 $\theta$ 入射到晶面间距为 $d$ 的分光晶体时，则在衍射角为 $2\theta$ 方向会同时测到波长为 $\lambda$ 的一级衍射，以及波长为 $\lambda/2$、$\lambda/3$ 等高级衍射。若改变 $\theta$ 即可观测其他波长的X射线，从而可对不同波长的荧光X射线分别检测、记录，形成荧光X射线波谱。

能量色散处理同X射线能谱仪，即利用不同波长的荧光X射线具有不同的能量的特点，大多采用半导体探测器将其分开，形成荧光X射线能谱。半导体探测器有多种，常见的有Si(Li)锂漂移硅，其工作原理为不同波长(能量)的荧光X射线进入半导体探测器产生不同数量的电子-空穴对，电子-空穴再在电场作用下形成电脉冲，脉冲的幅度即强度正比于X射线的能量，从而得到一系列不同高度的电脉冲，再经放大器放大、多道脉冲分析器处理，得到随光子能量分布的荧光X射线能谱。除了半导体探测器外，还有正比计数式、闪烁式等，其目的均是将不同波长的X射线的能量转化为不同高度的电脉冲，即电能。

能谱仪可以测定样品中几乎所有的元素，且分析速度快。相比于波谱仪，能谱仪具有：①检测效率高，可使用较小功率的X光管激发荧光X射线；②结构简单，体积小，工作稳定性好。不足：①能量分辨率差；②探测器需在较低温度下保存；③对轻元素检测相对困难。

总之，荧光X射线能谱分析具有分析元素范围广($^{4}$Be～$^{92}$U)、元素含量范围大(0.0001%～

100%)、固态试样不做要求(固体、粉体、晶体和非晶体等)等特点，分析时不受元素化学状态的影响，属于物理分析过程，试样无化学反应，无损伤，主要用于表面成分分析。

### 13.3.3 应用分析

X射线荧光光谱的应用类似于X射线光电子能谱,同样可用于表面成分的定性和定量分析。

1. 定性分析

由于不同元素的荧光X射线具有特定的波长或能量，依据莫塞莱公式，对不同波长或能量的荧光X射线与计算机中已存有的元素标准特征谱线进行比对，直至所有谱线比对完成，获得元素组成。该过程一般可由计算机上的软件自动识别谱线，完成定性分析。如果元素含量过低或存在谱线干扰时，还需进行人工核实，特别是在分析未知任何信息的试样时，应同时考虑样品的来源、性质进行综合判断。

2. 定量分析

定量分析依据荧光X射线的强度与被测元素的含量呈正比关系。定量分析实为一种比较过程，是将所测样品与标准样品进行比对，从而获得所测样品中分析元素的浓度。主要分三步进行：①测定分析线的净强度 $I_i$，即对具有浓度梯度的一系列标准样品用适当的样品制备方法处理，并在适当条件下测量获得分析线的净强度，此时扣除了背底和可能存在的谱线重叠干扰；②建立校正曲线：建立特征谱线强度与相应元素浓度之间的函数关系 $C_i = f(I_i)$；③测量试样中分析元素的谱线强度，根据所建的函数关系得分析元素的浓度。

注意：①建立校正曲线为定量分析的关键，其影响因素较多，主要有入射X射线的强度、入射的角度、照射面积、荧光发射检测角、被检测元素用于分析检测荧光光谱线的效率以及被测元素对入射X射线和荧光X射线的吸收性质等；②校正曲线仅在少数情况下可近似为线性，如基体变化很小或样品很薄时。

特征X射线谱、X射线光电子能谱和X射线荧光光谱均是材料表面分析的重要方法，三者比较见表13-3。

**表13-3 特征X射线谱、X射线光电子能谱、X射线荧光光谱三者之间的特性比较**

| 分析技术 | 探测粒子 | 检测粒子 | 信息深度 | 检测质量极限/% | 不能检测元素 | 检测信息 | 损伤程度 | 谱线横坐标 |
|---|---|---|---|---|---|---|---|---|
| 特征X射线谱 | 电子 | 光子 | 金属：≤0.1 mm<br>树脂：≤3 mm | $10^{-3}$ | H，He，Li | 成分 | 弱 | 波谱：波长<br>能谱：能量 |
| X射线光电子能谱 | 光子 | 电子 | 1～3nm | $10^{-18}$ | H，He | 成分，价态 | 弱 | 结合能 |
| X射线荧光光谱 | 光子 | 光子 | 金属：≤0.1 mm<br>树脂：≤3 mm | $10^{-2}$ | H，He，Li | 成分 | 无 | 波谱：波长<br>能谱：能量 |

## 本章小结

电子束作用样品产生的特征X射线、特征X射线作用样品产生的光电子和二次特征X射线均具有特征能量，均可用于微区成分分析，分别产生X射线谱、X射线光电子能谱和X射线荧光光谱。电子探针有波谱仪和能谱仪两种，均是利用电子束作用样品后产生的特征X射线来工作的，而X射线荧光光谱同样也是采用特征X射线来工作的，荧光X射线也称二次特征X射线，它们均可用于微区成分分析。本章内容小结如下：

- 特征X射线谱
  - 工作信息：特征X射线(一次特征X射线)
  - 分类
    - 波谱仪：通过测定特征X射线的波长分析微区成分($I$-$\lambda$)
    - 能谱仪：通过测定特征X射线的能量分析微区成分($I$-$E$)
  - 应用：微区成分分析，包括定性分析和定量分析，定性分析又包括点、线和面三种类型
- X射线光电子能谱
  - 工作信号：光电子
  - 结构： 检测系统、记录系统、真空系统
  - 应用
    - 定性分析：由所测谱与标准谱对照分析，确定元素组成，对照过程可由人工或计算机完成，对一些弱峰一般仍由人工完成
    - 定量分析：理论模型法、灵敏度因子法、标样法
    - 化学态分析
- X射线荧光光谱
  - 工作信号：荧光X射线(二次特征X射线)
  - 结构： 激发光源系统、色散处理系统、检测记录系统
  - 应用
    - 定性分析：由所测谱的波长或能量与标准值对照分析，确定元素组成，对照过程可由人工或计算机完成，对一些弱峰一般仍由人工完成定量分析(步骤)：测定分析线的净强度、建立校正曲线、测量分析元素的谱线强度、由校正曲线得分析元素的浓度

## 思考题

13-1　波谱仪中的分光晶体有几种？其各自的特点是什么？

13-2　试比较直进式和回转式波谱仪的优缺点。

13-3　相比于波谱仪，能谱仪在分析微区成分时有哪些优缺点？

13-4　现有一种复合材料，为了研究其增强和断裂机理，对试样进行了拉伸试验，请问要确定断口中某增强体的成分，该选用哪种仪器？如何进行分析？能否确定增强体的结构？为什么？

13-5　X 射线能谱有几种工作方式？举例说明它们在分析中的应用。

13-6　简述 X 射线光电子能谱仪的分析特点。

13-7　简述荧光 X 射线光谱的基本原理、特点及其应用。

13-8　试比较特征 X 射线能谱、X 射线荧光光谱与 X 射线光电子能谱的原理的异同点。

# 第 14 章　点阵常数的测量与热处理分析

点阵常数是反映晶体物质结构尺寸的基本参数，直接反映了质点间的结合能。在冶金、材料、化工等领域，如固态相变的研究、固溶体类型的确定、宏观应力的测量、固相溶解度曲线的绘制、化学热处理层的分析等方面均涉及点阵常数。点阵常数随着晶体的成分和外界条件的变化而变化，尤其是在相图中的相界和热膨胀系数研究中均需测量晶体的点阵常数，运用 X 射线衍射技术可对其进行精确测量。热处理是材料改性最重要的技术，特别是金属材料工件，一般均需经过热处理方可投入使用。适当的热处理可以改变其组织，从而实现对本征性能的超越，满足使用要求。运用 X 射线衍射可精确记录热处理分析中的组织演变规律，为优化热处理工艺、分析组织演变机制提供理论基础。

## 14.1　点阵常数的测量

由于点阵常数的变化量级很小(约 $10^{-5}$ nm)，因此有必要精确测量晶体的点阵常数。

### 14.1.1　测量原理

测量多晶体的点阵常数通常采用 X 射线仪进行，测量过程首先是获得晶体物质的衍射花样，即 $I$-$2\theta$ 曲线，标出各衍射峰的干涉面指数($HKL$)和对应的峰位 $2\theta$，然后运用布拉格方程和晶面间距公式计算该物质的点阵常数。以立方晶系为例，点阵常数的计算公式为

$$a = \frac{\lambda}{2\sin\theta}\sqrt{H^2 + K^2 + L^2} \tag{14-1}$$

显然，同一个相的各条衍射线均可通过上式计算出点阵常数 $a$，从理论上讲，$a$ 的每个计算值都应相等，实际上却有微小差异，这是由测量误差导致的。从式(14-1)可知，点阵常数 $a$ 的测量误差主要来自于波长$\lambda$、$\sin\theta$和干涉指数($HKL$)，其中波长的有效数字已达七位，可以认为没有误差($\Delta\lambda = 0$)，干涉指数($HKL$)为正整数，$H^2 + K^2 + L^2$ 也没有误差，因此 $\sin\theta$成了精确测量点阵常数的关键因素。

$\sin\theta$的精度取决于$\theta$角的测量误差，该误差包括偶然误差和系统误差，偶然误差是由偶然因素产生的，没有规律可循，也无法消除，只有通过增加测量次数，统计平均将其降到最低程度。系统误差则是由实验条件决定的，具有一定的规律，可以通过适当的方法使其减小甚至消除。

### 14.1.2　误差源分析

对布拉格方程两边进行微分，由于波长的精度已达 $5 \times 10^{-7}$ nm，微分时可视为常数，即 $\mathrm{d}\lambda = 0$，从而导出晶面间距的相对误差为 $\dfrac{\Delta d}{d} = -\Delta\theta\cot\theta$，立方晶系时，$\dfrac{\Delta d}{d} = \dfrac{\Delta a}{a}$，所以有

$\frac{\Delta a}{a}=-\Delta\theta c\tan\theta$，因此点阵常数的相对误差取决于$\Delta\theta$和$\theta$角的大小。图 14-1 即为$\theta$和$\Delta\theta$对$\frac{\Delta d}{d}$或$\frac{\Delta a}{a}$的影响曲线，从该图可以看出：①对于一定的$\Delta\theta$，当$\theta\to 90°$时，$\frac{\Delta d}{d}$或$\frac{\Delta a}{a}\to 0$，此时$d$或$a$测量精度最高，因而在点阵常数测量时应选用高角度的衍射线；②对于同一个$\theta$角时，$\Delta\theta$越小，$\frac{\Delta d}{d}$或$\frac{\Delta a}{a}$就越小，$d$或$a$的测量误差也就越小。

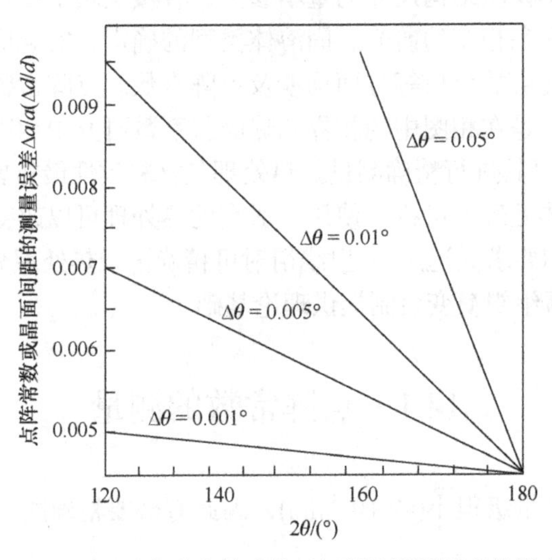


图 14-1　$\theta$和$\Delta\theta$对点阵常数或晶面间距的测量精度的影响规律

### 14.1.3　测量方法

由于点阵常数的测量精度主要取决于$\theta$角的测量误差和$\theta$角的大小，因此应该从这两个方面入手，来提高点阵常数的测量精度。$\theta$角的测量误差取决于衍射仪本身和衍射峰的定位方法；当$\theta$的测量误差一定时，$\theta$角越大，点阵常数的测量误差越小，$\theta\to 90°$时，点阵常数的测量误差可基本消除，获得最为精确的点阵常数。虽然衍射仪在该位置难以测出衍射强度，获得清晰的衍射花样，算出点阵常数，但可运用已测量的其他位置的值，通过适当的方法获得$\theta=90°$处精确的点阵常数，如外延法、线性回归法等。为提高测量精度，对于衍射仪，应按其技术条件定时进行严格调试，使其系统误差在规定的范围内，或通过标准试样直接获得该仪器的系统误差，再对所测试样的测量数据进行修正，同样也可获得高精度的点阵常数。具体测量时，首先要确定峰位，然后才能具体测量。

1. 峰位确定法

(1) 峰顶法。当衍射峰非常尖锐时，直接以峰顶所在的位置定为峰位。

(2) 切线法。当衍射峰两侧的直线部分较长时，以两侧直线部分的延长线的交点定为峰位。

(3) 半高宽法。图 14-2 为半高宽法定位示意图，当$K_{\alpha1}$和$K_{\alpha2}$不分离时，如图 14-2(a)所示，作衍射峰背底的连线$pq$，过峰顶$m$作横轴的垂直线$mn$，交$pq$于$n$，$mn$即为峰高。过$mn$的中点$K$作$pq$的平行线$PQ$交衍射峰于$P$和$Q$，$PQ$为半高峰宽，再由$PQ$的中点$R$作横轴的垂线所得的垂足即为该衍射峰的峰位。当$K_{\alpha1}$和$K_{\alpha2}$分离时，如图 14-2(b)所示，应由$K_{\alpha1}$衍射峰定位，考虑到$K_{\alpha2}$的影响，取距峰顶 1/8 峰高处的峰宽中点定为峰位。半高宽法一般适用于敏锐峰，当衍射峰较为漫散时应采用抛物线拟合法定位。

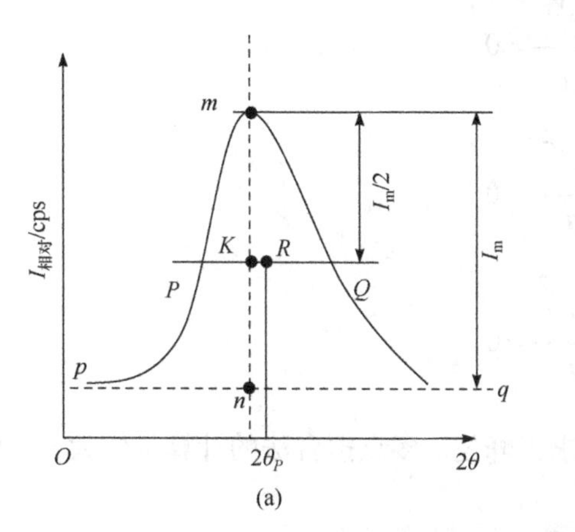


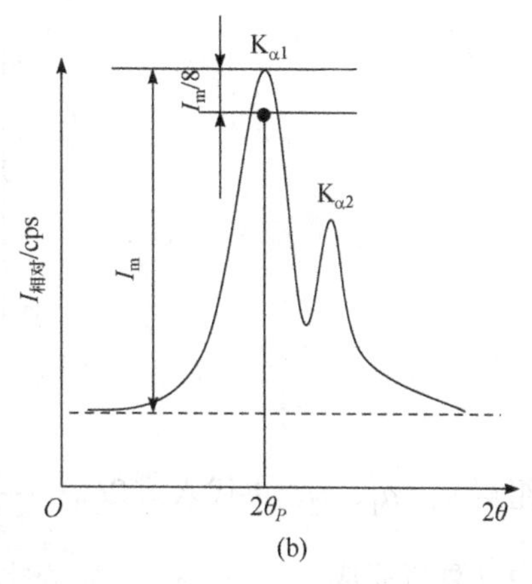


图 14-2　半高宽法定位示意图

(4) 抛物线拟合法。当峰形漫散时，采用半高宽法产生的误差较大，此时可采用抛物线拟合法，就是将衍射峰的顶部拟合成对称轴平行于纵轴、张口朝下的抛物线，以其对称轴与横轴的交点定为峰位。根据拟合时取点数目的不同，又可分为三点法、五点法和多点法(5 个点以上)等，此处仅介绍三点法和多点法两种。

①三点法。在高于衍射峰强度 85%的峰顶区，任取三点 $2\theta_1$、$2\theta_2$、$2\theta_3$，如图 14-3(a)所示，其对应强度为 $I_1$、$I_2$、$I_3$，设抛物线方程为 $I = a_0 + a_1(2\theta) + a_2(2\theta)^2$，因这三点在同一抛物线上，满足抛物线方程，分别代入得以下方程组：

$$\begin{cases} I_1 = a_0 + a_1(2\theta_1) + a_2(2\theta_1)^2 \\ I_2 = a_0 + a_1(2\theta_2) + a_2(2\theta_2)^2 \\ I_3 = a_0 + a_1(2\theta_3) + a_2(2\theta_3)^2 \end{cases} \tag{14-2}$$

解得 $a_0$、$a_1$、$a_2$，即可获得抛物线方程，其对称轴位置 $2\theta_P = -\dfrac{a_1}{2a_2}$ 即为该峰的峰位。

②多点法。为提高顶峰的精度，可在衍射峰上取多个点(大于 5 个)，如图 14-3(b)所示，运用最小二乘原理拟合出最佳的抛物线，该抛物线的对称轴与横轴的交点所在位置即为峰位。

设取 $n$ 个测点：$\theta_1$、$\theta_2$、…、$\theta_i$、…、$\theta_n$；其对应的实测强度值分别为：$I_1$、$I_2$、…、$I_i$、…、$I_n$；设拟合后最佳的抛物线方程为

$$I_0 = a_0(2\theta) + a_1(2\theta) + a_2(2\theta)^2$$

则各点实测强度值 $I_i$ 与最佳值 $I_{0i}$ 差值的平方和为

$$\sum_{i=1}^{n} v_i^2 = \sum_{i=1}^{n} [I_i - I_{0i}]^2 \tag{14-3}$$

由最小二乘法得

$$
\begin{cases}
\dfrac{\partial \sum_{i=1}^{n} v_i^2}{\partial a_0} = 0 \\
\dfrac{\partial \sum_{i=1}^{n} v_i^2}{\partial a_1} = 0 \\
\dfrac{\partial \sum_{i=1}^{n} v_i^2}{\partial a_2} = 0
\end{cases}
\tag{14-4}
$$

解方程组得 $a_0$、$a_1$、$a_2$，再代入式 $2\theta_P = -\dfrac{a_1}{2a_2}$ 求得峰位。多点拟合法的计算量较大，一般需通过编程由计算机完成。

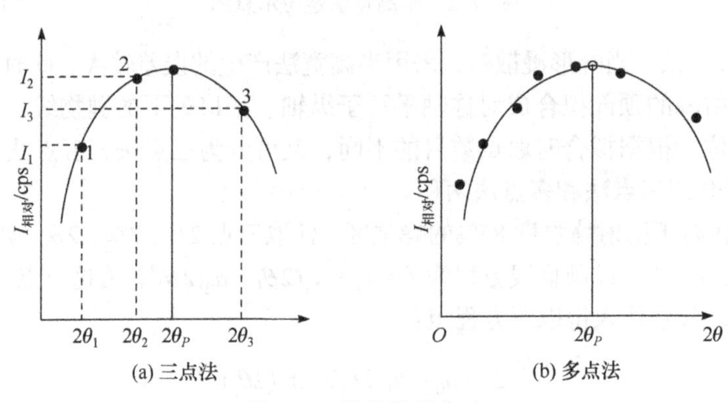


图 14-3 抛物线拟合法

### 2. 点阵参数的精确测量法

在确定了峰位后，即可进行点阵常数的具体测量，常见的测量方法有外延法、线性回归法和标准样校正法。

1) 外延法

点阵常数精确测量的最理想峰位在$\theta$ = 90°处，然而此时衍射仪无法测到衍射线，那么如何获得最精确的点阵常数呢？可通过外延法来实现。先根据同一物质的多根衍射线分别计算出相应的点阵常数 $a$，此时点阵常数存在微小差异，以函数 $f(\theta)$为横坐标，点阵常数为纵坐标，作出 $a$-$f(\theta)$的关系曲线，将曲线外延至$\theta$为 90°处的纵坐标值即为最精确的点阵常数值，其中 $f(\theta)$为外延函数。

由于曲线外延时带有较多的主观性，理想的情况是该曲线为直线，此时的外延最为方便，也不含主观因素，但组建怎样的外延函数 $f(\theta)$才能使 $a$-$f(\theta)$曲线为直线呢？通过前人的大量工作，如取 $f(\theta) = \cos^2\theta$时，发现$\theta$ > 60°时符合得较好，而在低$\theta$角时，偏离直线较远，该外延函数要求各衍射线的$\theta$均大于 60°，且其中至少有一个$\theta$> 80°，然而，在很多场合满足这些条件较为困难，为此，Nelson 等设计出新的外延函数，取 $f(\theta) = \dfrac{1}{2}\left(\dfrac{\cos^2\theta}{\sin\theta} + \dfrac{\cos^2\theta}{\theta}\right)$，此时可使曲线在较大的$\theta$范围内保持良好的直线关系。后来，泰勒又从理论上证实了这一函数。图 14-4

表示 Lipson 等对铝在 571 K 时的所测数据，分别采用外延函数为 $\cos^2\theta$和 $\frac{1}{2}\left(\frac{\cos^2\theta}{\sin\theta}+\frac{\cos^2\theta}{\theta}\right)$时的外延示意图。由图 14-4(a)可知在$\theta>60°$时，测量数据与直线符合得较好，直线外延至 90°的点阵常数为 0.40782 nm；而在外延函数为 $\frac{1}{2}\left(\frac{\cos^2\theta}{\sin\theta}+\frac{\cos^2\theta}{\theta}\right)$时，如图 14-4(b)所示，较大$\theta$角范围内($\theta>30°$)具有较好的直线性，沿直线外延至 90°时所得的点阵常数为 0.407808 nm 更为精确。

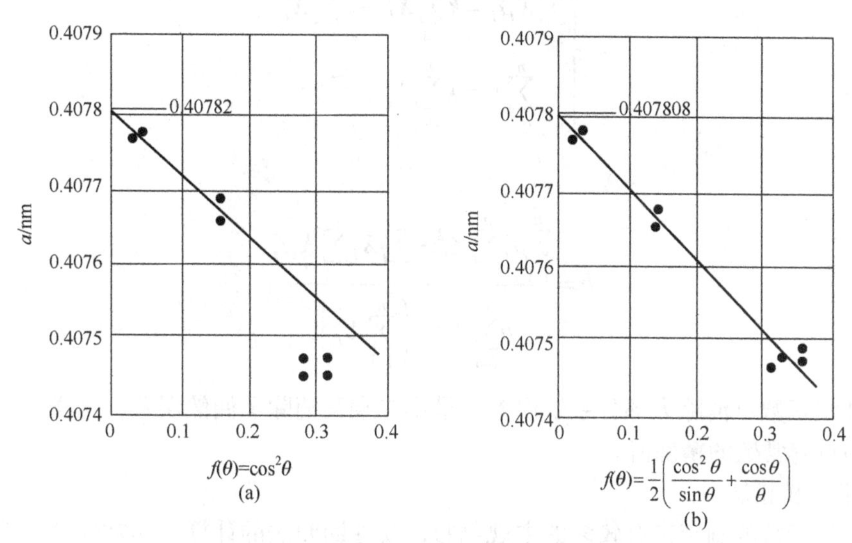


图 14-4　不同外延函数时的外延示意图

2) 线性回归法

在外延法中，取外延函数 $f(\theta)$为 $\frac{1}{2}\left(\frac{\cos^2\theta}{\sin\theta}+\frac{\cos^2\theta}{\theta}\right)$时，可使 $a$ 与 $f(\theta)$具有良好的线性关系，通过外延获得点阵常数的测量值，但是该直线是通过作图的方式得到的，仍带有较强的主观性，此外，方格纸的刻度精细有限，因此很难获得更高的测量精度。线性回归法就是在此基础上，对多个测点数据运用最小二乘原理，求得回归直线方程，再通过回归直线的截距获得点阵常数的方法。它在一定程度上克服了外延法中主观性较强的不足。

设回归直线方程为

$$Y=kX+b \tag{14-5}$$

式中，$Y$ 为点阵常数值；$X$ 为外延函数值，一般取 $X=\frac{1}{2}\left(\frac{\cos^2\theta}{\sin\theta}+\frac{\cos^2\theta}{\theta}\right)$；$k$ 为斜率；$b$ 为直线的截距，就是$\theta$为 90°时的点阵常数。

设有 $n$ 个测点$(X_iY_i)$，$I=1, 2, 3,\cdots, n$，由于测点不一定在回归直线上，可能存在误差 $e_i$，即 $e_i=Y_i-(kX_i+b)$，所有测点的误差平方和为

$$\sum_{i=1}^{n}e_i^2=\sum_{i=1}^{n}[Y_i-(kX_i+b)]^2 \tag{14-6}$$

由最小二乘原理：

$$\frac{\partial \sum_{i=1}^{n} e_i^2}{\partial k} = 0 \tag{14-7}$$

$$\frac{\partial \sum_{i=1}^{n} e_i^2}{\partial b} = 0 \tag{14-8}$$

得方程组

$$\begin{cases} \sum_{i=1}^{n} X_i Y_i = k\sum_{i=1}^{n} X_i^2 + b\sum_{i=1}^{n} X_i \\ \sum_{i=1}^{n} Y_i = k\sum_{i=1}^{n} X_i + \sum_{i=1}^{n} b \end{cases} \tag{14-9}$$

解得

$$b = \frac{\sum_{i=1}^{n} Y_i \sum_{i=1}^{n} X_i^2 - \sum_{i=1}^{n} X_i \sum_{i=1}^{n} X_i Y_i}{n\sum_{i=1}^{n} X_i^2 - \left(\sum_{i=1}^{n} X_i\right)^2} \tag{14-10}$$

由于外延函数可消除大部分系统误差，最小二乘又消除了偶然误差，这样回归直线的纵轴截距即为点阵常数的精确值。

3) 标准样校正法

由于外延函数的制定带有较多的主观色彩，线性回归法的计算又非常烦琐，因此需要有一种更为简捷的方法消除测量误差，标准样校正法就是常用的一种。它是采用比较稳定的物质如 Si、Ag、$SiO_2$ 等作为标准物质，其点阵常数已精确测量过，如纯度为 99.999%的 Ag 粉，$a_{Ag} = 0.408613$ nm，纯度为 99.9%的 Si 粉，$a_{Si} = 0.54375$ nm，并定为标准值，将标准物质的粉末掺入待测试样的粉末中混合均匀，或在待测块状试样的表层均匀铺上一层标准试样的粉末，于是在衍射图中就会出现两种物质的衍射花样。由标准物的点阵常数和已知的波长计算出相应$\theta$角的理论值，再与衍射花样中相应的$\theta$角相比较，其差值即为测试过程中的所有因素综合造成的，并以这一差值对所测数据进行修正，就可得到较为精确的点阵常数。显然，该法的测量精度基本取决于标准物的测量精度。

## 14.2　热处理分析

### 14.2.1　马氏体转变过程的 X 射线衍射分析

如果将钢加热至奥氏体区域保温一段时间后缓慢冷却，则奥氏体分解为铁素体与渗碳体，如果冷却速度快，超过某一临界冷却速度(淬火)时，奥氏体不再转变为铁素体与渗碳体，而是转变为马氏体(碳在$\alpha$-Fe 中过饱和的间隙固溶体)。该转变无成分上的变化，是一种非扩散型转变。由于碳在$\alpha$-Fe 中的固溶度极小，碳原子在$\alpha$-Fe 中的位置为八面体间隙中心位置$\left(\frac{1}{2},\frac{1}{2},0\right)$及相当位置$\left(0,0,\frac{1}{2}\right)$等，如图 14-5 所示。从该图可以看出，在水平面方向碳原子距铁原子的平均距离为$\frac{\sqrt{2}}{2}a \approx 0.707a$，而在垂直方向则为$0.5a$，因此垂直方向的膨胀比在水平方向的大，形成$c > a$的体心正方结构(体心四方结构)。含碳量越高，点阵畸变越严重，硬度也越高。

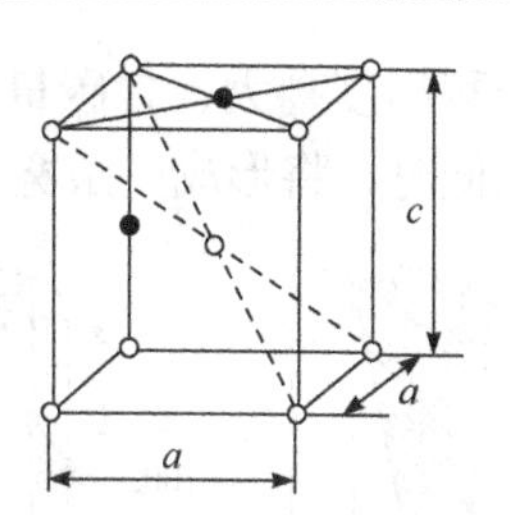


图 14-5　马氏体的结构

图 14-6 为碳钢淬火后 X 射线衍射花样示意图。淬火前碳钢以 45#钢为例，其组织为铁素体和珠光体组成的复相组织($\alpha + P$)，相组成为铁素体和渗碳体($\alpha + Fe_3C$)。由于 $Fe_3C$ 含量少，一般难见其衍射峰，因此主要表现为$\alpha$相的衍射花样，如图 14-6(a)所示，衍射峰对应的晶面指数为(110)、(200)、(211)和(220)，其对应的结构如图 14-7 所示。碳钢加热奥氏体化，碳钢组织转变为奥氏体($\gamma$相)，$\gamma$相为面心立方结构，对应的衍射晶面为(111)、(200)、(220)、(311)和(222)，见图 14-6(b)。淬火时急速冷却，碳钢组织由奥氏体转变为马氏体，结构为体心正方。由于其 $c$、$a$ 不同，因此原来属于体心立方结构的衍射峰(110)、(200)、(211)和(220)等均分解为双重峰——(101-110)、(002-200)、(112-211)和(202-220)，见图 14-6(c)和图 14-8，每对双重峰中由于多重因子的不同，即(101)为 8、(110)为 4，(002)为 2、(200)为 4，(112)为 8、(211)为 16，(202)为 8、(220)为 4，其峰高也不相等。衍射峰分裂的程度取决于含碳量。含碳

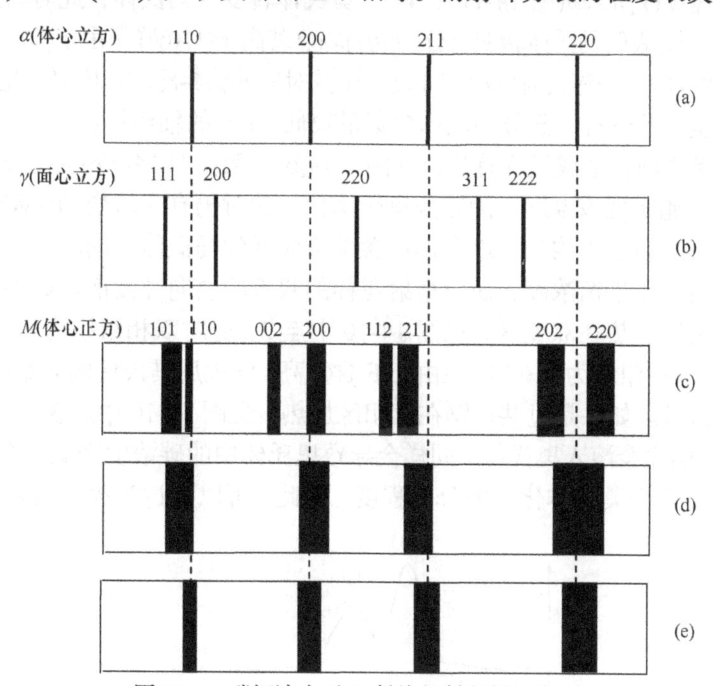


图 14-6　碳钢淬火后 X 射线衍射花样示意图

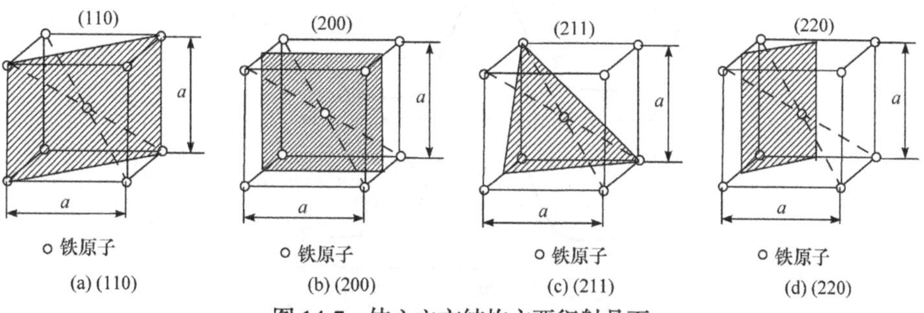


图 14-7　体心立方结构主要衍射晶面

量越高，分裂程度越大，含碳量越低，分裂程度越小。当含碳量减小时，分裂峰逐渐靠拢，当含碳量很低时，将形成一条宽的线带，见图 14-6(d)和(e)。

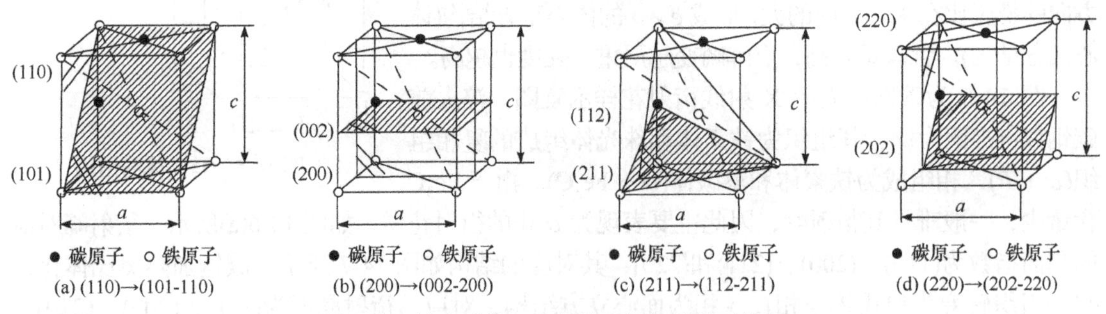


图 14-8　淬火后体心立方结构的衍射晶面分解

### 14.2.2　淬火温度与淬火速度对 X 射线衍射峰形的影响

碳钢淬火时(110)分裂为(101)-(110)，淬火不完全时马氏体转变程度不同，其分裂峰的背景强度也不同，如图 14-9 所示。图 14-9(a)表示正常淬火，即完全奥氏体化(图 14-10 中点 1)、并以高于临界冷却速度($V_k$)冷却(图 14-11 中 $V_1$)，奥氏体转变为马氏体，此时马氏体的(110)峰分裂明显，背景强度低，表明马氏体转变充分。(101)峰显著高于(110)峰是由于(101)的多重指数为 8，而(110)的多重指数为 4。当淬火时的冷却速度小于其对应的临界冷却速度时，见图 14-11 中 $V_2$，马氏体转变不完全，此时有一部分马氏体含碳量较低，$c/a$ 的轴比接近于 1，其$(101)_M$衍射线条位置在双重线条之间，形成较深背景，如图 14-9(b)所示。图 14-9(c)为奥氏体化加热温度时保温时间不足，未能实现该温度下的充分奥氏体化，此时仍有未转变的渗碳体，这样奥氏体中的含碳量低，且分布也不均匀，就会形成含碳量较低的马氏体。同时，由于成分波动，某些部位碳的浓度会高于平衡浓度，所以衍射花样的双重峰会向外漫散。如果淬火时加热温度不够高，如亚共析钢加热在双相区，见图 14-10 中点 2，此时双相组织为 F + A，A 中的含碳量高于 0.45%，淬火后组织为 F + M，但由于 F 含量高，淬火后马氏体的双重峰也会合到一起，成为一条宽的漫散带。如果是过共析钢在双相区加热，见图 14-10 中点 3，组织为 $FeC_3$ + A，碳化物(渗碳体)未能完全溶入奥氏体，同样会导致奥氏体中的碳浓度降低，淬火后马氏体的双重线分裂程度弱于完全奥氏体化时的分裂程度。因此，可以通过淬火后衍射峰分裂的程度判

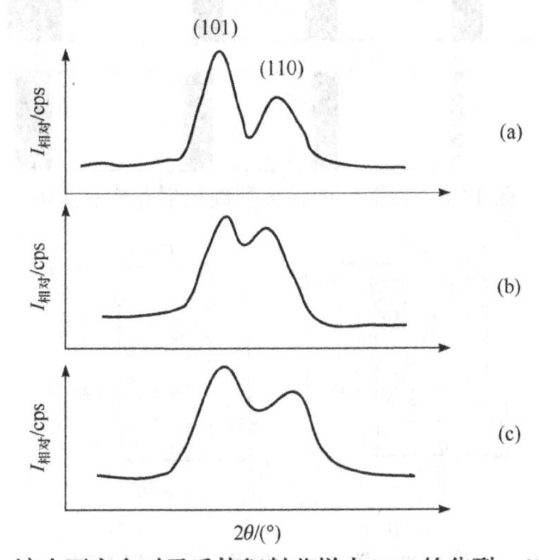


图 14-9　淬火不完全时马氏体衍射花样中(110)的分裂：(101)-(110)

定淬火转变的程度及马氏体中的含碳量。

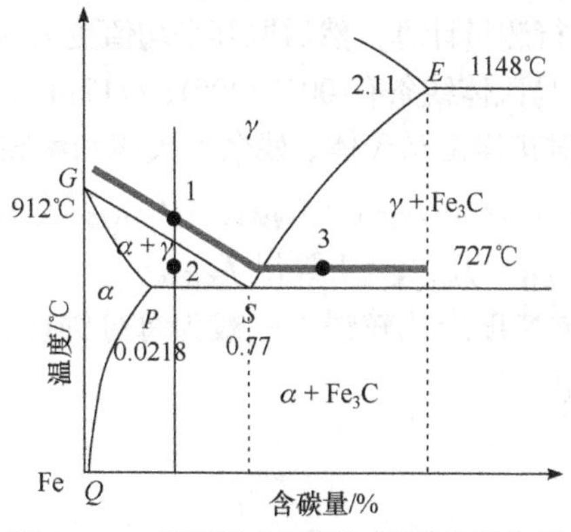


图 14-10　碳钢淬火不同加热温度示意图

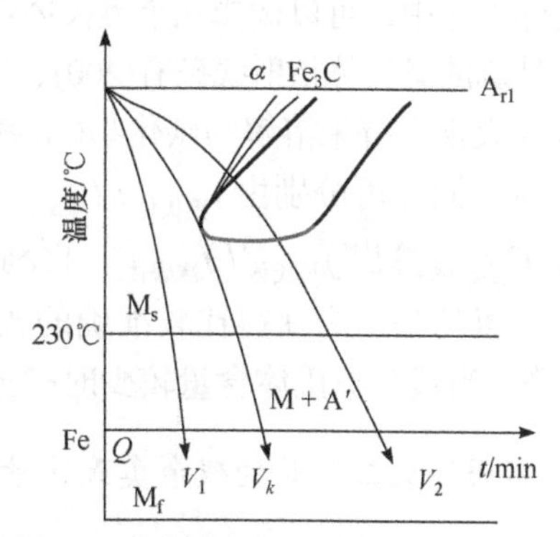


图 14-11　碳钢淬火不同冷却速度示意图

### 14.2.3　淬火钢中残余奥氏体的测量

由于马氏体转变的不完全性，在淬火钢中总会产生一定量的残余奥氏体，尤其是在高碳、高合金钢中，残余奥氏体的含量甚至可达 20%(体积分数)以上。残余奥氏体硬度较马氏体的低，结构也不稳定，在使用过程中会逐渐转变为马氏体，引起体积膨胀，产生内应力，甚至引起工件变形，因此对淬火钢中残余奥氏体的测量极具实际意义。

1. 测量原理

淬火钢中残余奥氏体一般采用 X 射线法测量，即根据衍射花样中某一奥氏体衍射线条的强度和标准试样中含有已知分量残余奥氏体的同一衍射指数线条强度相比得出。然而在实际工作中这一标准试样不一定会有，为此可根据同一衍射花样中残余奥氏体和邻近马氏体线条强度的测定比较求得。由 3.2.5 小节介绍可知，在衍射花样中，某线条的相对强度为

$$I_j = F_{HKL}^2 \cdot \frac{1+\cos^2 2\theta}{\sin^2\theta\cos\theta} \cdot P \cdot \frac{\lambda^3}{2\mu_1} \cdot \mathrm{e}^{-2M} \cdot \frac{V_j}{V_{j0}^2} \tag{14-11}$$

令

$$C_j = F_{HKL}^2 \cdot \frac{1+\cos^2 2\theta}{\sin^2\theta\cos\theta} \cdot P \cdot \frac{\lambda^3}{2V_{j0}^2} \cdot \mathrm{e}^{-2M}$$

即得

$$I_j = C_j \cdot \frac{1}{\mu_1} \cdot f_j \tag{14-12}$$

则

$$\frac{I_{奥氏体}}{I_{马氏体}} = \frac{C_{奥氏体} \cdot f_{奥氏体}}{C_{马氏体} \cdot f_{马氏体}} \tag{14-13}$$

式中，$I_{奥氏体}$、$I_{马氏体}$ 分别为残余奥氏体和马氏体某一衍射线的相对强度；$C_{奥氏体}$、$C_{马氏体}$ 为相应的常数。$\frac{I_{奥氏体}}{I_{马氏体}}$ 可由实验结果测出，$\frac{C_{奥氏体}}{C_{马氏体}} = \frac{\left(F_{HKL}^2 \cdot \frac{1+\cos^2 2\theta}{\sin^2\theta\cos\theta} \cdot P \cdot \frac{1}{2V_{j0}^2} \cdot \mathrm{e}^{-2M}\right)_{奥氏体}}{\left(F_{HKL}^2 \cdot \frac{1+\cos^2 2\theta}{\sin^2\theta\cos\theta} \cdot P \cdot \frac{1}{2V_{j0}^2} \cdot \mathrm{e}^{-2M}\right)_{马氏体}}$ 也可

算出，再由 $f_{奥氏体}+f_{马氏体}=1$ 可得到淬火钢中的残余奥氏体的体积分数 $f_{奥氏体}$。

实际工作中，可以选择几个奥氏体-马氏体线对进行测量计算，然后取其平均值更为精确。常用于计算的奥氏体衍射线条有(200)、(220)及(311)，马氏体线条有(002)-(200)、(112)-(211)等。

若淬火钢中有未溶解的碳化物(如渗碳体)，即衍射花样由马氏体、残余奥氏体和渗碳体三相组成时，同理可分别由 $I_{奥氏体}/I_{渗碳体}$、$C_{奥氏体}/C_{渗碳体}$ 算出 $f_{奥氏体}/f_{渗碳体}$，$I_{马氏体}/I_{渗碳体}$、$C_{马氏体}/C_{渗碳体}$ 算出 $f_{马氏体}/f_{渗碳体}$，再利用 $f_{奥氏体}+f_{渗碳体}+f_{马氏体}=1$ 算出 $f_{奥氏体}$。

应注意的是：为获得比较准确的相对强度，扫描速度应比较慢，一般为每分钟 (1/2)° 或 (1/4)° 等，当残余奥氏体含量较少时扫描速度要求更慢。

### 2. 不同淬火工艺时的残余奥氏体量

淬火条件不同时，其残余奥氏体量不同。图 14-12 为含碳量 1.07%的钢在不同淬火条件下的 XRD 图。当样品水淬再冷至−196℃时，其衍射花样如图 14-12(a)所示，残余奥氏体含量仅有 2.9%；当样品正常水淬后，其 X 射线衍射花样如图 14-12(b)所示，残余奥氏体含量增至 9.3%；当样品水淬至 46℃再空冷至室温，其衍射花样如图 14-12(c)所示，残余奥氏体含量进一步增至 14.1%。

碳钢淬火后残余奥氏体的量不仅与淬火条件相关，还与含碳量密切相关。一般随着含碳量的增加，残余奥氏体的量增加，如图 14-13 中阴影线的长度所示。含碳量较低时，淬火后样品中的残余奥氏体的量较少，在含碳量低于 0.3%时可忽略残余奥氏体。

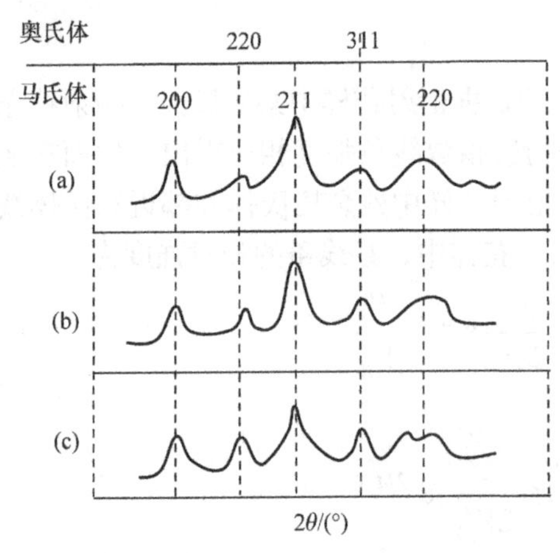


图 14-12　含碳量 1.07%的钢在不同淬火条件下的 XRD 图

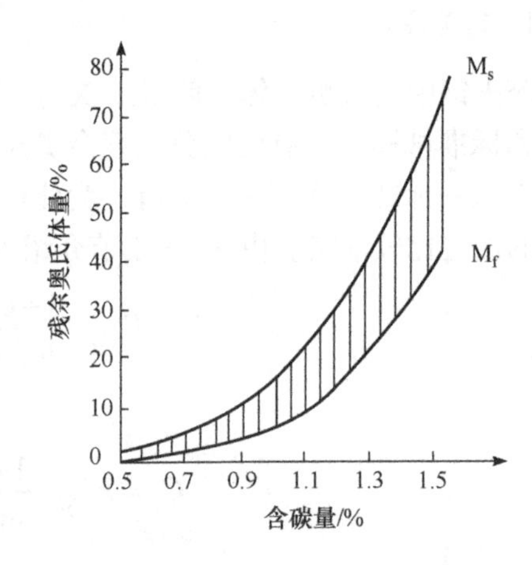


图 14-13　淬火钢中残余奥氏体量与含碳量的关系

在不同加热温度下 45#钢淬火后 XRD 衍射花样如图 14-14(a)所示。45#钢未淬火时为平衡态组织，即由铁素体与珠光体组成，三衍射峰对应的晶面指数分别为(110)、(200)和(211)。加热至 750℃保温时为双相组织即铁素体和奥氏体(F + A)，淬火后 A 转变为马氏体和少量的残余奥氏体，而铁素体不变，此时的淬火组织为铁素体 + 马氏体 + 残余奥氏体(F + M + A′)，由于残余奥氏体量少，XRD 中一般显示不出其衍射峰。当加热至 860℃时完全奥氏体化，淬火后即为马氏体 + 少量残余奥氏体。(110)衍射峰的放大图见图 14-14(b)，可以看出 45#钢加热至 750℃保温淬火时，峰高增强，并发生少量左移，峰的半高宽相近。这是由试样中奥氏体向马氏体转变体积膨胀导致晶面间距增大引起。当加热至 860℃淬火时，(110)衍射峰继续左移，这是由于试样中马氏体含量增加，组织拉应力进一步增大，晶面间距增加，衍射峰继续左移。

衍射峰宽化是由马氏体晶粒细化导致。

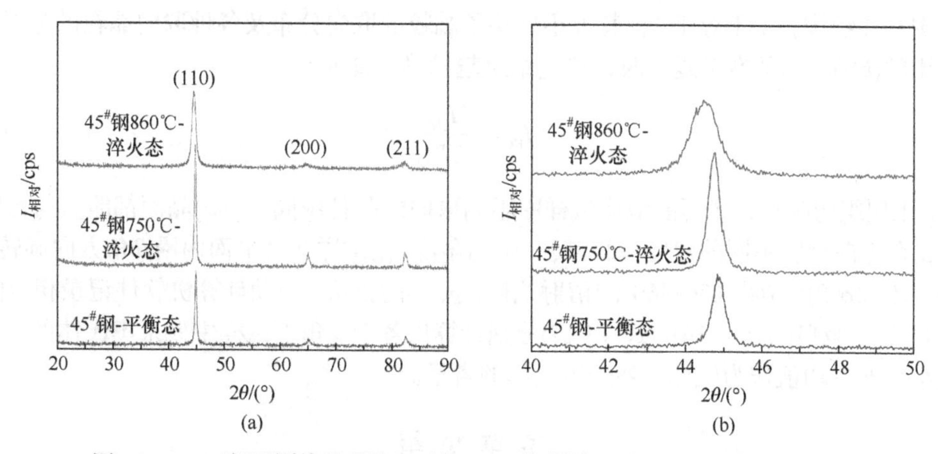


图 14-14　45#钢不同热处理状态时的 XRD 衍射图(a)及 40°～50°的放大图(b)

3. 织构对残余奥氏体测量的影响

如果试样中存在强织构，则会显著影响残余奥氏体的测量精度，为此使用 X 射线衍射仪上的织构附件，并选取较多衍射峰测量钢中残余奥氏体的方法，可显著减少织构给测量带来的误差。

设钢铁材料待测试样 $i$，该试样中包含奥氏体($\gamma$相)和马氏体(M 相)两个相。另有一标样 $j$，其物理状态和化学成分与待测试样相同，为纯 M 相(或纯铁素体)，标样中不存在织构，则试样 $i$ 中 M 相(在测量中也可选择$\gamma$相)的体积分数 $f_{iM}$ 与其($hkl$)晶面的 X 射线衍射强度 $I$ 之间存在如下关系：

$$\frac{I_{iM}}{I_{jM}}=\frac{R_{iM}}{R_{jM}}\frac{\mu_{mjM}\rho_{jM}}{\mu_{miM}\rho_{iM}f_{iM}+\mu_{mi\gamma}\rho_{i\gamma}f_{i\gamma}}f_{iM} \tag{14-14}$$

式中，$R$ 为晶面的反射本领；$\mu_{miM}$、$\mu_{mi\gamma}$分别为 M 和$\gamma$相的质量吸收系数；$\rho_M$、$\rho_\gamma$分别为 M、$\gamma$相的密度；$f_{iM}$、$f_{i\gamma}$分别为 M、$\gamma$相的体积分数。

由于式(14-14)中所采用的为待测试样 $i$ 和标样 $j$ 中的同一相 M，且为同一($hkl$)衍射晶面，所以 $R_{iM}=R_{jM}$；又由于组成该试样的 M 和$\gamma$相互为同素异构体，因此它们的质量吸收系数相同，即$\mu_{miM}=\mu_{mi\gamma}$。又因为奥氏体和马氏体的密度分别为 7.730 g · cm$^{-3}$ 和 7.785 g · cm$^{-3}$，相差很小，可以认为$\rho_M\approx\rho_\gamma$，并考虑到 $f_{iM}+f_{i\gamma}=1$，因此

$$\mu_{miM}\rho_{iM}f_{iM}+\mu_{mi\gamma}\rho_{i\gamma}f_{i\gamma}=\mu_{miM}\rho_{iM}=\mu_{mi\gamma}\rho_{i\gamma}=\mu_{mjM}\rho_{jM} \tag{14-15}$$

所以，式(14-14)演变为

$$\frac{I_{iM}}{I_{jM}}=f_{iM} \tag{14-16}$$

为减少织构带来的测量误差，分别采取以下两种措施：

(1) 采用短波长的 X 射线源，以获得 M 相中更多的衍射峰。引入轴密度(取向密度)修正因子 $K$：

$$K=\frac{(\sum P)I_{iM}/I_{jM}}{\sum(PI_{iM}/I_{jM})} \tag{14-17}$$

式中，$I$、$P$分别为某晶面($hkl$)的衍射强度和对应的多重因子。当试样中无织构时，$K=1$，如果试样中存在织构，$K$不等于1，其大小反映了晶粒的取向分布及各种取向晶粒的相对数量。当所采用的($hkl$)晶面的数量越多时，测量结果越精确。此时，

$$f_{iM}=\frac{I_{iM}}{KI_{jM}} \tag{14-18}$$

(2) 采用织构附件，尽可能地让试样中不同取向的晶粒中同一($hkl$)晶面都能参与衍射。将试样沿$\alpha$角方向旋转不同的角度，每旋转一定的角度，让试样在其平面内沿$\beta$角方向旋转360°，得到每一不同$\alpha$角时$\beta$由0°～360°的衍射花样，按(1)的方法，借助计算机软件记录相应的各衍射峰的强度，再利用式(14-16)、式(14-17)分别计算出各个$\alpha$角下试样中残余奥氏体的含量，并将这些结果取平均值作为试样中残余奥氏体的含量。

## 本章小结

- 点阵参数的精确测量
  - 研究思路：理论上在$\theta$为90°时，衍射线的分辨率最高，点阵参数的测量误差最小，但实际上无法收集到衍射线，故不能直接获得$\theta$为90°时的点阵参数值，只能采用间接法如外延法来获取
  - 测量方法
    - 标准样校正法
    - 外延法
      - $a-\cos^2\theta$
      - $a-\frac{1}{2}\left(\frac{\cos^2\theta}{\sin\theta}+\frac{\cos^2\theta}{\theta}\right)$
    - 线性回归法，获得拟合直线再外延至90°
- 马氏体转变机理的X射线衍射分析
  - A化前　铁素体衍射晶面：(110)、(200)、(211)和(220)
  - A化后　奥氏体衍射晶面：(111)、(200)、(220)、(311)和(222)
  - M化后　衍射峰分裂：(110) → (101-110)、(200) → (002-200)
  - (211) → (112-211)、(220) → (202-220)
- 影响峰形的因素
  - (1) 加热温度：决定奥氏体化程度，亚共析钢单相A区加热，可充分奥氏体化，马氏体转变也相对充分，衍射峰分裂明显。亚共析钢双相区加热，组织为F+A，A中的含碳量高于0.45%，淬火后组织为F+M，但由于F含量高，淬火后其马氏体的双重线会合到一起，成为一条宽的漫散带。过共析钢双相区加热，组织为$Fe_3C$+A，奥氏体中的碳化物（渗碳体）未能完全溶入奥氏体，淬火后马氏体的双重线分裂程度要弱于完全奥氏体化时的分裂程度
  - (2) 含碳量：含碳量高时，衍射峰分裂明显
  - (3) 冷却速度：决定马氏体转变的程度，高于临界冷却速度，可促进马氏体转变，减少残余奥氏体量，小于临界冷却速度时，马氏体转变减少，会有一部分马氏体含碳量较低，$c/a$的轴比接近1，形成较强背景
  - (4) 保温时间：奥氏体化温度下，保温时间决定了奥氏体转变的充分性和成分的均匀性。保温时间短时，奥氏体中的含碳量低，分布也不均匀，会形成含碳量较低的马氏体，成为较强背景。同时，由于成分波动，某些部位碳的浓度会高于平衡浓度，因此衍射花样的双重峰会向外漫散
  - (5) 冷却方式：决定马氏体转变的充分程度，马氏体转变充分时，残余奥氏体量就少，其对应的衍射峰也低，反之则高。
  - 由马氏体衍射峰的分裂漫散程度可以判定马氏体转变的程度及马氏体中的含碳量高低

残余奥氏体的测量
- 原理：根据同一衍射花样中残余奥氏体和邻近马氏体线条强度的测定比较求得
- 扫描速度：一般为每分钟(1/2)°或(1/4)°，当残余奥氏体量较少时扫描速度应更慢
- 当淬火钢由马氏体和残余奥氏体两相组成时，由$\dfrac{I_{奥氏体}}{I_{马氏体}}=\dfrac{C_{奥氏体}\cdot f_{奥氏体}}{C_{马氏体}\cdot f_{马氏体}}$与$f_{奥氏体}+f_{马氏体}=1$联立方程组求得$f_{奥氏体}$
- 当淬火钢由马氏体、残余奥氏体及未溶碳化物(渗碳体)三相组成时，可分别由$I_{奥氏体}/I_{渗碳体}$、$C_{奥氏体}/C_{渗碳体}$算出$f_{奥氏体}/f_{渗碳体}$，$I_{马氏体}/I_{渗碳体}$、$C_{马氏体}/C_{渗碳体}$算出$f_{马氏体}/f_{渗碳体}$，再利用$f_{奥氏体}+f_{渗碳体}+f_{马氏体}=1$算得$f_{奥氏体}$
- 为提高含织构时残余奥氏体的测量精度，可采用极图附件、短波长的X射线源及多线对取平均

## 思　考　题

14-1　为什么用 X 射线衍射法可以实现对晶格常数的精确测量?

14-2　点阵参数的精确测量法有哪几种?

14-3　峰位的确定方法有哪些？各有什么特点?

14-4　常用的外推函数有几种？分别是什么？一般选用哪种?

14-5　什么是马氏体？其结构特点是什么?

14-6　马氏体转变时，为什么会发生衍射峰分裂?

14-7　(110)、(200)、(211)、(220)如何分裂？分裂后的多重指数分别为多少?

14-8　碳含量对衍射峰分裂有什么影响？为什么?

14-9　影响衍射峰分裂的因素有哪些?

14-10　采用 Cu $K_\alpha$射线作用 $Ni_3Al$ 所得 $I$-$2\theta$ 衍射花样(0°～90°)，共有十强峰，其衍射半角$\theta$分别是 21.89°、25.55°、37.59°、45.66°、48.37°、59.46°、69.64°、69.99°、74.05°和 74.61°。已知 $Ni_3Al$ 为立方系晶体，试标定各线条衍射晶面指数，确定其布拉格点阵，计算其点阵常数。

14-11　某立方晶系采用 Cu $K_\alpha$测得其衍射花样，部分高角度线条数据如题表 1 所示，运用 $a$-$\cos^2\theta$ 图解外推法求其点阵常数(精确至小数点后 5 位)。

**题表 1**

| *HKL* | 522，611 | 443，540，621 | 620 | 541 |
|---|---|---|---|---|
| $\theta$/(°) | 72.68 | 77.93 | 81.11 | 87.44 |

14-12　简述残余奥氏体的 X 射线测量原理及注意事项。

14-13　有一含碳量为 1%的淬火钢，仅含有马氏体和残余奥氏体两种物相，用 Co $K_\alpha$射线测得奥氏体(311)晶面反射的积分强度为 2.33(任意单位)，马氏体的(112)与(211)线重合，其积分强度为 16.32(任意单位)，试计算钢中残余奥氏体的体积分数。已知马氏体的 $a=0.2860$ nm，$c=0.2990$ nm，奥氏体的 $a=0.3610$ nm，计算多重因子 $P$ 和结构因子 $F$ 时，可将马氏体近似为立方晶体。

## 参考文献

陈科. 2008. C、N 元素对 Fe-Mn-Si 合金层错几率的影响和微结构的 HREM 表征[D]. 上海: 上海交通大学.
方奇, 于文涛. 2002. 晶体学原理[M]. 北京: 国防工业出版社.
郭星原, 张洪武, 马光, 等. 2007. 浮区法制备金红石单晶及其光谱特性[J]. 吉林大学学报(理学版), 45(2): 268-270.
何刚, 许二冬, 戎咏华, 等. 1999. X 射线衍射法测定 Fe-Mn-Si 形状记忆合金层错几率的研究[J]. 功能材料, 30(2): 155-157.
何刚, 赵恒北, 戎咏华, 等. 1999. 层错几率峰位移测定法及在 Fe-Mn-Si 合金中的应用[J]. 上海交通大学学报, 33(7): 765-773.
胡家富, 谢春晓, 陶平均. 2022. 结构状态对全金属 Fe 基非晶合金腐蚀性能的影响[J]. 材料导报, 36(S1): 360-364.
黄宝旭. 2007. 氮、铌合金化孪生诱发塑性(TWIP)钢的研究[D]. 上海: 上海交通大学.
江能德, 廖世昌, 李益雄, 等. 2020. 聚醚型热塑性聚氨酯/单体铸浇聚酰胺 6 原位复合材料结构变化诱发基体原位成纤[J]. 高分子材料科学与工程, 36(1): 141-146.
姜传海, 杨传铮. 2010. X 射线衍射技术及其应用[M]. 上海: 华东理工大学出版社.
李树棠. 1990. 晶体 X 射线衍射学基础[M]. 北京: 冶金工业出版社.
李亦庄, 黄明欣. 2020. 基于中子衍射和同步辐射 X 射线衍射的 TWIP 钢位错密度计算方法[J]. 金属学报, 56(4): 487-493.
李永祥, 郭俊玲, 宋磊, 等. 2015. 1-甲基-3,4-二硝基吡唑的合成、性能及晶体结构[J]. 火炸药学报, 38(6): 64-68.
刘桂良, 何宗倍, 王梓璇, 等. 2021. CVD 沉积工艺对 SiC 涂层结晶度与耐腐蚀性能的影响[J]. 复合材料科学与工程, 49(3): 71-77.
刘晓旭, 殷景华, 程伟东, 等. 2011. 利用小角 X 射线散射技术研究组分对聚酰亚胺/$Al_2O_3$杂化薄膜界面特性与分形特征的影响[J]. 物理学报, 60(5): 056101-056106.
柳义, 柳林, 王俊, 等. 2003. 用原位 X 射线小角散射研究块体非晶合金金 $Zr_{55}Cu_{30}Al_{10}Ni_5$ 的结构弛豫[J]. 物理学报, 52(9): 2219-2222.
马礼敦. 2004. 近代 X 射线多晶衍射: 实验技术与数据分析[M]. 北京: 化学工业出版社.
潘峰, 王英华, 陈超. 2016. X 射线衍射技术[M]. 北京: 化学工业出版社.
漆璐, 江伯鸿, 徐祖耀. 1998. Fe-Mn-Si 基合金中层错几率的衍射线形分析法测定[J]. 理化检验-物理分册, 34(2): 16-18.
秦善. 2004. 晶体学基础[M]. 北京: 北京大学出版社.
沈元华. 2001. 同步辐射光源及其应用[J]. 物理实验, (2): 3-6.
滕凤恩, 王煜明, 姜晓龙. 1997. X 射线结构分析与材料性能表征[M]. 北京: 科学出版社.
王仁卉, 胡承正, 桂嘉年. 2004. 准晶物理学[M]. 北京: 科学出版社.
王昕伟. 2007. 四圆单晶衍射仪控制系统的研制与开发[D]. 武汉: 中国地质大学.
王友兵, 黄凤臣, 胡琳琳, 等. 2014. 4-氨基-1,2,4-三唑硝酸盐的合成及晶体结构研究[J]. 化学推进剂与高分子材料, 12(5): 63-67.
魏芳, 李金山. 2008. 用 SAXS 研究锂对 7000 系铝合金相变动力学的影响[J]. 航空学报, 29(4): 1038-1043.
魏福志, 冯微, 夏艳, 等. 2018. 基于四硫富瓦烯和氰基联苯单元的玻璃态液晶化合物的合成及介晶性能[J]. 高等学校化学学报, 39(7): 1549-1553.
余晓锷, 龚剑. 2018. CT 原理与技术[M]. 北京: 科学出版社.
曾秋云. 2016. X 射线衍射法测量蓝宝石单晶残余应力的研究[D]. 哈尔滨: 哈尔滨工业大学.
张继峰. 2022. Co-Cr-Fe-Ni 系高熵合金及其复合材料微观组织与力学性能研究[D]. 南京: 南京理工大学.
张金勇, 赵聪聪, 吴宜谨, 等. 2022. $(Fe_{0.33}Co_{0.33}Ni_{0.33})_{84-x}Cr_8Mn_8B_x$ 高熵非晶合金薄带的结构特征及其晶化行为[J].

金属学报, 58(2): 215-224.

赵欣, 朱世富, 赵北君, 等. 2008. 磷锗锌($ZnGeP_2$)单晶体生长研究[J]. 四川大学学报(工程科学版), 40(6): 101-104.

周顺兵. 2010. 采用X射线衍射仪织构附件测量钢中残余奥氏体含量的方法[J]. 电工材料, 3: 46-48.

周玉. 2021. 材料分析方法[M]. 4版. 北京: 机械工业出版社.

朱和国, 尤泽升, 刘吉梓, 等. 2019. 材料科学研究与测试方法[M]. 4版. 南京: 东南大学出版社.

朱和国, 曾海波, 兰司. 2022. 材料现代分析技术[M]. 北京: 化学工业出版社.

朱育平. 2008. 小角X射线散射: 理论、测试、计算及应用[M]. 北京: 化学工业出版社.

左婷婷, 宋西平. 2011. 小角X射线散射技术在材料研究中的应用[J]. 理化检验-物理分册, 47(12): 782-785+789.

Dragomir I C, Li D S, Castello-Branco G A, et al. 2005. Evolution of dislocation density and character in hot rolled titanium determined by X-ray diffraction [J]. Materials Characterization, 55(1): 66-74.

Gubicza J, Kassem M, Ribárik G, et al. 2004. The microstructure of mechanically alloyed Al-Mg determined by X-ray diffraction peak profile analysis [J]. Materials Science & Engineering A, 372(1-2): 115-122.

Gubicza J, Ribárik G, Goren-Muginstein G R, et al. 2001. The density and the character of dislocations in cubic and hexagonal polycrystals determined by X-ray diffraction [J]. Materials Science and Engineering: A, 309: 60-63.

He H Y, Wang B, Ma D, et al. 2021. In situ neutron diffraction study of fatigue behavior of $CrFeCoNiMo_{0.2}$ high entropy alloy [J]. Intermetallics, 139: 107371.

Liang Z Y, Li Y Z, Huang M X. 2016. The respective hardening contributions of dislocations and twins to the flow stress of a twinning-induced plasticity steel [J]. Scripta Materialia, 112: 28-31.

Pandya S G, Corbett J P, Jadwisienczak W M, et al. 2016. Structural characterization and X-ray analysis by Williamson-Hall method for Erbium doped Aluminum Nitride nanoparticles, synthesized using inert gas condensation technique [J]. Physica E: Low-dimensional Systems & Nanostructures, 79: 98-102.

Ribárik G, Ungár T, Gubicza J, et al. 2010. MWP-fit: a program for multiple whole-profile fitting of diffraction peak profiles by ab initio theoretical functions [J]. Journal of Applied Crystallography, 34(34): 669-676.

Shi R, Nie Z H, Fan Q B, et al. 2018. Correlation between dislocation-density-based strain hardening and microstructural evolution in dual phase TC6 titanium alloy [J]. Materials Science & Engineering A: Structural Materials Properties Microstructure and Processing, 715: 101-107.

Teng F E, Yang B W, Wang Y M. 1992. A Study of stacking austenitic stainless faults in deformed steel by X-ray diffraction [J]. Metallurgical Transactions A, 23A: 2859-2861.

Ungár T, Borbély A. 1996. The effect of dislocation contrast on X-ray line broadening: a new approach to line profile analysis [J]. Applied Physics Letters, 69(21): 3173-3175.

Zheng G M, Tang B, Zhou Q, et al. 2020. Development of a flow localization band and texture in a forged near-$\alpha$ titanium alloy [J]. Metals, 10(1): 121.

# 附　录

## 附录 1　常用物理常量

| 物理量 | 数值 | 物理量 | 数值 |
|---|---|---|---|
| 电子电荷 $e$ | $1.602 \times 10^{-19}$ C | 玻尔兹曼常量 $k$ | $1.381 \times 10^{-23}$ J · K$^{-1}$ |
| 电子静止质量 $m$ | $9.109 \times 10^{-31}$ kg | 阿伏伽德罗常量 $N_A$ | $6.022 \times 10^{23}$ mol$^{-1}$ |
| 光速 $c$ | 真空：$2.998 \times 10^{8}$ m · s$^{-1}$<br>空气：$2.997 \times 10^{8}$ m · s$^{-1}$ | 摩尔气体常量 $R$ | 8.314 J · (mol · K)$^{-1}$ |
| 普朗克常量 $h$ | $6.626 \times 10^{-34}$ J · s | 真空介电常数 $\varepsilon_0$ | $8.854 \times 10^{-12}$ F · m$^{-1}$ |

## 附录 2　质量吸收系数 $\mu_m$

| 元素 | 原子序数 | 密度$\rho$/(g · cm$^{-3}$) | 质量吸收系数/(cm$^{-2}$ · g$^{-1}$) | | | | |
|---|---|---|---|---|---|---|---|
| | | | Mo $K_\alpha$ $\lambda = 0.07107$ nm | Cu $K_\alpha$ $\lambda = 0.15418$ nm | Co $K_\alpha$ $\lambda = 0.17903$ nm | Fe $K_\alpha$ $\lambda = 0.19373$ nm | Cr $K_\alpha$ $\lambda = 0.22909$ nm |
| Li | 3 | 0.53 | 0.22 | 0.68 | 1.13 | 1.48 | 2.11 |
| Be | 4 | 1.82 | 0.30 | 1.35 | 2.42 | 3.24 | 4.74 |
| B | 5 | 2.3 | 0.45 | 3.06 | 4.67 | 5.80 | 9.37 |
| C | 6 | 2.22(石墨) | 0.70 | 5.50 | 8.05 | 10.73 | 17.9 |
| N | 7 | $1.1649 \times 10^{-3}$ | 1.10 | 8.51 | 13.6 | 17.3 | 27.7 |
| O | 8 | $1.3318 \times 10^{-3}$ | 1.50 | 12.7 | 20.2 | 25.2 | 40.1 |
| Mg | 12 | 1.74 | 4.38 | 40.6 | 60.0 | 75.7 | 120.1 |
| Al | 13 | 2.70 | 5.30 | 48.7 | 73.4 | 92.8 | 149.0 |
| Si | 14 | 2.33 | 6.70 | 60.3 | 94.1 | 116.3 | 192.0 |
| P | 15 | 1.82(黄) | 7.98 | 73.0 | 113.0 | 141.1 | 223.0 |
| S | 16 | 2.07(黄) | 10.03 | 91.3 | 139.0 | 175.0 | 273.0 |
| Ti | 22 | 4.54 | 23.7 | 204.0 | 304.0 | 377.0 | 603.0 |
| V | 23 | 6.0 | 26.5 | 227.0 | 339.0 | 422.0 | 77.3 |
| Cr | 24 | 7.19 | 30.4 | 259.0 | 392.0 | 490.0 | 99.9 |
| Mn | 25 | 7.43 | 33.5 | 284.0 | 431.0 | 63.6 | 99.4 |
| Fe | 26 | 7.87 | 38.3 | 324.0 | 59.5 | 72.8 | 114.6 |
| Co | 27 | 8.9 | 41.6 | 354.0 | 65.9 | 80.6 | 125.8 |
| Ni | 28 | 8.90 | 47.4 | 49.2 | 75.1 | 93.1 | 145.0 |
| Cu | 29 | 8.96 | 49.7 | 52.7 | 79.8 | 98.8 | 154.0 |
| Zn | 30 | 7.13 | 54.8 | 59.0 | 88.5 | 109.4 | 169.0 |
| Ca | 31 | 5.91 | 57.3 | 63.3 | 94.3 | 116.5 | 179.0 |
| Ce | 32 | 5.36 | 63.4 | 69.4 | 104.0 | 128.4 | 196.0 |
| Zr | 40 | 6.5 | 17.2 | 143.0 | 211.0 | 260.0 | 391.0 |
| Nb | 41 | 8.57 | 18.7 | 153.0 | 225.0 | 279.0 | 415.0 |
| Mo | 42 | 10.2 | 20.2 | 164.0 | 242.0 | 299.0 | 439.0 |

续表

| 元素 | 原子序数 | 密度$\rho$/(g·cm$^{-3}$) | 质量吸收系数/(cm$^{-2}$·g$^{-1}$) | | | | |
|---|---|---|---|---|---|---|---|
| | | | Mo $K_\alpha$ $\lambda$=0.07107 nm | Cu $K_\alpha$ $\lambda$=0.15418 nm | Co $K_\alpha$ $\lambda$=0.17903 nm | Fe $K_\alpha$ $\lambda$=0.19373 nm | Cr $K_\alpha$ $\lambda$=0.22909 nm |
| Rh | 45 | 12.44 | 25.3 | 198.0 | 293.0 | 361.0 | 522.0 |
| Pd | 46 | 12.0 | 26.7 | 207.0 | 308.0 | 376.0 | 545.0 |
| Ag | 47 | 10.49 | 28.6 | 223.0 | 332.0 | 402.0 | 585.0 |
| Cd | 48 | 8.65 | 29.9 | 234.0 | 352.0 | 417.0 | 608.0 |
| Sn | 50 | 7.30 | 33.3 | 265.0 | 382.0 | 457.0 | 681.0 |
| Sb | 51 | 6.62 | 35.3 | 284.0 | 404.0 | 482.0 | 727.0 |
| Ba | 56 | 3.5 | 45.2 | 359.0 | 501.0 | 599.0 | 819.0 |
| La | 57 | 6.19 | 47.9 | 378.0 | — | 632.0 | 218.0 |
| Ta | 73 | 16.6 | 100.7 | 164.0 | 246.0 | 305.0 | 440.0 |
| W | 74 | 19.3 | 105.4 | 171.0 | 258.0 | 320.0 | 456.0 |
| Ir | 77 | 22.5 | 117.9 | 194.0 | 292.0 | 362.0 | 498.0 |
| Au | 79 | 19.32 | 128.0 | 214.0 | 317.0 | 390.0 | 537.0 |
| Pb | 82 | 11.34 | 141.0 | 241.0 | 354.0 | 429.0 | 585.0 |

# 附录3　原子散射因子$f$

| 元素 | 原子序数 | $\lambda^{-1}\sin\theta$/nm$^{-1}$ | | | | | | | | | | | | |
|---|---|---|---|---|---|---|---|---|---|---|---|---|---|---|
| | | 0.0 | 1.0 | 2.0 | 3.0 | 4.0 | 5.0 | 6.0 | 7.0 | 8.0 | 9.0 | 10.0 | 11.0 | 12.0 |
| Li | 3 | 3.0 | 2.2 | 1.8 | 1.5 | 1.2 | 1.0 | 0.8 | 0.6 | 0.5 | 0.4 | 0.3 | 0.3 | |
| Be | 4 | 4.0 | 2.9 | 1.9 | 1.7 | 1.6 | 1.4 | 1.2 | 1.0 | 0.9 | 0.7 | 0.6 | 0.5 | |
| B | 5 | 5.0 | 3.5 | 2.4 | 1.9 | 1.7 | 1.5 | 1.4 | 1.2 | 1.2 | 1.0 | 0.9 | 0.7 | |
| C | 6 | 6.0 | 4.6 | 3.0 | 2.2 | 1.9 | 1.7 | 1.6 | 1.4 | 1.3 | 1.2 | 1.0 | 0.9 | |
| N | 7 | 7.0 | 5.8 | 4.2 | 3.0 | 2.3 | 1.9 | 1.7 | 1.5 | 1.5 | 1.4 | 1.3 | 1.2 | |
| O | 8 | 8.0 | 7.1 | 5.3 | 3.9 | 2.9 | 2.2 | 1.8 | 1.6 | 1.5 | 1.4 | 1.4 | 1.3 | |
| F | 9 | 9.0 | 7.8 | 6.2 | 4.5 | 3.4 | 2.7 | 2.2 | 1.9 | 1.7 | 1.6 | 1.5 | 1.4 | |
| Na | 11 | 11.0 | 9.7 | 8.2 | 6.7 | 5.3 | 4.1 | 3.2 | 2.7 | 2.3 | 2.0 | 1.8 | 1.6 | |
| Mg | 12 | 12.0 | 10.5 | 8.6 | 7.3 | 6.0 | 4.8 | 3.9 | 3.2 | 2.6 | 2.2 | 2.0 | 1.8 | |
| Al | 13 | 13.0 | 11.0 | 9.0 | 7.8 | 6.6 | 5.5 | 4.5 | 3.7 | 3.1 | 2.7 | 2.3 | 2.0 | |
| Si | 14 | 14.0 | 11.4 | 9.4 | 8.2 | 7.2 | 6.1 | 5.1 | 4.2 | 3.4 | 3.0 | 2.6 | 2.3 | |
| P | 15 | 15.0 | 12.4 | 10.0 | 8.5 | 7.5 | 6.5 | 5.65 | 4.8 | 4.1 | 3.4 | 3.0 | 2.6 | |
| S | 16 | 16.0 | 13.6 | 10.7 | 9.0 | 7.9 | 6.9 | 6.0 | 5.3 | 4.5 | 3.9 | 3.4 | 2.9 | |
| Cl | 17 | 17.0 | 14.6 | 11.3 | 9.3 | 8.1 | 7.3 | 6.5 | 5.8 | 5.1 | 4.4 | 3.9 | 3.4 | |
| K | 19 | 19.0 | 16.5 | 13.3 | 10.8 | 9.2 | 7.9 | 6.7 | 5.9 | 5.2 | 4.6 | 4.2 | 3.7 | 3.3 |
| Ca | 20 | 20.0 | 17.5 | 14.1 | 11.4 | 9.7 | 8.4 | 7.3 | 6.3 | 5.6 | 4.9 | 4.5 | 4.0 | 3.6 |
| Ti | 22 | 22.0 | 19.3 | 15.7 | 12.8 | 10.9 | 9.5 | 8.2 | 7.2 | 6.3 | 5.6 | 5.0 | 4.6 | 4.2 |
| V | 23 | 23.0 | 20.2 | 16.6 | 13.5 | 11.5 | 10.1 | 8.7 | 7.6 | 6.7 | 5.9 | 5.3 | 4.9 | 4.4 |
| Cr | 24 | 24.0 | 21.1 | 17.4 | 14.2 | 12.1 | 10.6 | 9.2 | 8.0 | 7.1 | 6.3 | 5.7 | 5.1 | 4.6 |
| Mn | 25 | 25.0 | 22.1 | 18.2 | 14.9 | 12.7 | 11.1 | 9.7 | 8.4 | 7.5 | 6.6 | 6.0 | 5.4 | 4.9 |
| Fe | 26 | 26.0 | 23.1 | 18.9 | 15.6 | 13.3 | 11.6 | 10.2 | 8.9 | 7.9 | 7.0 | 6.3 | 5.7 | 5.2 |
| Co | 27 | 27.0 | 24.1 | 19.8 | 16.4 | 14.0 | 12.1 | 10.7 | 9.3 | 8.3 | 7.3 | 6.7 | 6.0 | 5.5 |
| Ni | 28 | 28.0 | 25.0 | 20.7 | 17.2 | 14.6 | 12.7 | 11.2 | 9.8 | 8.7 | 7.7 | 7.0 | 6.3 | 5.8 |
| Cu | 29 | 29.0 | 25.9 | 21.6 | 17.9 | 15.2 | 13.3 | 11.7 | 10.2 | 9.1 | 8.1 | 7.3 | 6.6 | 6.0 |
| Zn | 30 | 30.0 | 26.8 | 22.4 | 18.6 | 15.8 | 13.9 | 12.2 | 10.7 | 9.6 | 8.5 | 7.6 | 6.9 | 6.3 |
| Ga | 31 | 31.0 | 27.8 | 23.3 | 19.3 | 16.5 | 14.5 | 12.7 | 11.2 | 10.0 | 8.9 | 7.9 | 7.3 | 6.7 |
| Ge | 32 | 32.0 | 28.8 | 24.1 | 20.0 | 17.1 | 15.0 | 13.2 | 11.6 | 10.4 | 9.3 | 8.3 | 7.6 | 7.0 |
| Sr | 38 | 38.0 | 34.4 | 29.0 | 24.5 | 20.8 | 18.4 | 16.4 | 14.6 | 12.9 | 11.6 | 10.5 | 9.5 | 8.7 |
| Zr | 40 | 40.0 | 36.3 | 30.8 | 26.0 | 22.1 | 19.7 | 17.5 | 15.6 | 13.8 | 12.4 | 11.2 | 10.2 | 9.3 |
| Nb | 41 | 41.0 | 37.3 | 31.7 | 26.8 | 22.8 | 20.2 | 18.1 | 16.0 | 14.3 | 12.8 | 11.6 | 10.6 | 9.7 |
| Mo | 42 | 42.0 | 38.2 | 32.6 | 27.6 | 23.5 | 20.3 | 18.6 | 16.5 | 14.8 | 13.2 | 12.0 | 10.9 | 10. |

续表

| 元素 | 原子序数 | $\lambda^{-1}\sin\theta$/nm$^{-1}$ | | | | | | | | | | | | |
|---|---|---|---|---|---|---|---|---|---|---|---|---|---|---|
| | | 0.0 | 1.0 | 2.0 | 3.0 | 4.0 | 5.0 | 6.0 | 7.0 | 8.0 | 9.0 | 10.0 | 11.0 | 12.0 |
| Rh | 45 | 45.0 | 41.0 | 35.1 | 29.9 | 25.4 | 22.5 | 20.2 | 18.0 | 16.1 | 14.5 | 13.1 | 12.0 | 11.0 |
| Pd | 46 | 46.0 | 41.9 | 36.0 | 30.7 | 26.2 | 23.1 | 20.8 | 18.5 | 16.6 | 14.9 | 13.6 | 12.3 | 11.3 |
| Ag | 47 | 47.0 | 42.8 | 36.9 | 31.5 | 26.9 | 23.8 | 21.3 | 19.0 | 17.1 | 15.3 | 14.0 | 12.7 | 11.7 |
| Cd | 48 | 48.0 | 43.7 | 37.7 | 32.2 | 27.5 | 24.4 | 21.8 | 19.6 | 17.6 | 15.7 | 14.3 | 13.0 | 12.0 |
| In | 49 | 49.0 | 44.7 | 38.6 | 33.0 | 28.1 | 25.0 | 22.4 | 20.1 | 18.0 | 16.2 | 14.7 | 13.4 | 12.3 |
| Sn | 50 | 50.0 | 45.7 | 39.5 | 33.8 | 28.7 | 25.6 | 22.9 | 20.6 | 18.5 | 16.6 | 15.1 | 13.7 | 12.7 |
| Sb | 51 | 51.0 | 46.7 | 40.4 | 34.6 | 29.5 | 26.3 | 23.5 | 21.1 | 19.0 | 17.0 | 15.5 | 14.1 | 13.0 |
| Ba | 56 | 56.0 | 51.7 | 44.7 | 38.4 | 33.1 | 29.3 | 26.4 | 23.7 | 21.3 | 19.2 | 17.4 | 16.0 | 14.7 |
| La | 57 | 57.0 | 52.6 | 45.6 | 39.3 | 33.8 | 29.8 | 26.9 | 24.3 | 21.9 | 19.7 | 17.0 | 16.4 | 15.0 |
| Ta | 73 | 73.0 | 67.8 | 59.6 | 52.0 | 45.3 | 39.9 | 36.2 | 32.9 | 29.8 | 27.1 | 24.7 | 22.6 | 20.9 |
| W | 74 | 74.0 | 68.8 | 60.4 | 52.8 | 46.1 | 40.5 | 36.8 | 33.5 | 30.4 | 27.6 | 25.2 | 23.0 | 21.3 |
| Pt | 78 | 78.0 | 72.6 | 64.0 | 56.2 | 48.9 | 43.1 | 39.2 | 35.6 | 32.5 | 29.5 | 27.0 | 24.7 | 22.7 |
| Au | 79 | 79.0 | 73.6 | 65.4 | 57.0 | 49.7 | 43.8 | 39.8 | 36.2 | 33.1 | 30.0 | 27.4 | 25.1 | 23.1 |
| Pb | 82 | 82.0 | 76.5 | 67.5 | 59.5 | 51.9 | 45.7 | 41.6 | 37.9 | 34.6 | 31.5 | 28.8 | 26.4 | 24.5 |

# 附录4　原子散射因子校正值$\Delta f$

| 元素 | $\lambda/\lambda_K$ | | | | | | | | | | | |
|---|---|---|---|---|---|---|---|---|---|---|---|---|
| | 0.5 | 0.7 | 0.8 | 0.9 | 0.95 | 1.005 | 1.05 | 1.1 | 1.2 | 1.4 | 1.8 | ∞ |
| Ti | | 0.18 | 0.67 | 1.75 | 2.78 | 5.83 | 3.38 | 2.77 | 2.26 | 1.88 | 1.62 | 1.37 |
| V | | 0.18 | 0.67 | 1.73 | 2.76 | 5.78 | 3.35 | 2.75 | 2.24 | 1.86 | 1.60 | 1.36 |
| Cr | | 0.18 | 0.66 | 1.71 | 2.73 | 5.73 | 3.32 | 2.72 | 2.22 | 1.84 | 1.58 | 1.34 |
| Mn | | 0.18 | 0.66 | 1.71 | 2.72 | 5.71 | 3.31 | 2.71 | 2.21 | 1.83 | 1.58 | 1.34 |
| Fe | −0.30 | 0.17 | 0.65 | 1.70 | 2.71 | 5.69 | 3.30 | 2.70 | 2.21 | 1.83 | 1.58 | 1.33 |
| Co | | 0.17 | 0.65 | 1.69 | 2.69 | 5.66 | 3.28 | 2.69 | 2.19 | 1.82 | 1.57 | 1.33 |
| Ni | | 0.17 | 0.64 | 1.68 | 2.68 | 5.63 | 3.26 | 2.67 | 2.18 | 1.81 | 1.56 | 1.32 |
| Cu | | 0.17 | 0.64 | 1.67 | 2.66 | 5.60 | 3.24 | 2.66 | 2.17 | 1.80 | 1.55 | 1.31 |
| Zn | | 0.16 | 0.64 | 1.67 | 2.65 | 5.58 | 3.23 | 2.65 | 2.16 | 1.79 | 1.54 | 1.30 |
| Ge | | 0.16 | 0.63 | 1.65 | 2.63 | 5.53 | 3.20 | 2.62 | 2.14 | 1.77 | 1.53 | 1.29 |
| Sr | | 0.15 | 0.62 | 1.62 | 2.56 | 5.41 | 3.13 | 2.56 | 2.10 | 1.73 | 1.49 | 1.26 |
| Zr | | 0.15 | 0.61 | 1.60 | 2.55 | 5.37 | 3.11 | 2.55 | 2.08 | 1.72 | 1.48 | 1.25 |
| Nb | | 0.15 | 0.61 | 1.59 | 2.53 | 5.34 | 3.10 | 2.53 | 2.07 | 1.71 | 1.47 | 1.24 |
| Mo | −0.26 | 0.15 | 0.60 | 1.58 | 2.52 | 5.32 | 3.08 | 2.52 | 2.06 | 1.70 | 1.47 | 1.24 |
| W | −0.25 | 0.13 | 0.54 | 1.45 | 2.42 | 4.94 | 2.85 | 2.33 | 1.90 | 1.57 | 1.36 | 1.15 |

# 附录5　粉末法的多重因子$P_{hkl}$

| 晶系 | 指数 | | | | | | | | | |
|---|---|---|---|---|---|---|---|---|---|---|
| | $h00$ | $0k0$ | $00l$ | $hhh$ | $hh0$ | $hk0$ | $0kl$ | $h0l$ | $hhl$ | $hkl$ |
| 立方 | 6 | 6 | 6 | 8 | 12 | 24 | 24 | 24 | 24 | 48 |
| 六方和菱方 | 6 | 6 | 2 | | 6 | 12 | 12 | 12 | 12 | 24 |
| 正方 | 4 | 4 | 2 | | 4 | 8 | 8 | 8 | 8 | 16 |
| 斜方 | 2 | 2 | 2 | | | 4 | 4 | 4 | | 8 |
| 单斜 | 2 | 2 | 2 | | | 4 | 4 | 2 | | 4 |
| 三斜 | 2 | 2 | 2 | | | 2 | 2 | 2 | | 2 |

# 附录 6　某些物质的特征温度$\Theta$

| 物质 | $\Theta$/K | 物质 | $\Theta$/K | 物质 | $\Theta$/K | 物质 | $\Theta$/K |
|---|---|---|---|---|---|---|---|
| Ag | 210 | Cr | 485 | KBr | 177 | Pd | 275 |
| Al | 400 | Cu | 320 | KCl | 230 | Pt | 230 |
| Au | 175 | Fe | 453 | Li | 510 | Sn(白) | 130 |
| Be | 900 | $FeS_2$ | 645 | Mg | 320 | Ta | 245 |
| Bi | 100 | Hg | 97 | Mo | 380 | Tl | 96 |
| Ca | 230 | I | 106 | Na | 202 | W | 310 |
| $CaF_2$ | 474 | Ir | 285 | NaCl | 281 | Zn | 235 |
| Cd | 168 | In | 100 | Ni | 375 | 金刚石 | ～2000 |
| Co | 410 | K | 126 | Pb | 88 | | |

# 附录 7　德拜函数$\frac{\phi(x)}{x}+\frac{1}{4}$之值

| $x$ | $\frac{\phi(x)}{x}+\frac{1}{4}$ | $x$ | $\frac{\phi(x)}{x}+\frac{1}{4}$ |
|---|---|---|---|
| 0.0 | ∞ | 3.0 | 0.411 |
| 0.2 | 5.005 | 4.0 | 0.347 |
| 0.4 | 2.510 | 5.0 | 0.3142 |
| 0.6 | 1.683 | 6.0 | 0.2952 |
| 0.8 | 1.273 | 7.0 | 0.2834 |
| 1.0 | 1.028 | 8.0 | 0.2756 |
| 1.2 | 0.867 | 9.0 | 0.2703 |
| 1.4 | 0.753 | 10 | 0.2664 |
| 1.6 | 0.668 | 12 | 0.2614 |
| 1.8 | 0.604 | 14 | 0.25814 |
| 2.0 | 0.554 | 16 | 0.25644 |
| 2.5 | 0.446 | 20 | 0.25411 |

# 附录 8　应力测定常数

| 材料 | 点阵类型 | 点阵常数/0.1 nm | $E/10^3$ MPa | 泊松比$\nu$ | 特征 X 射线 | $(hkl)$ | $2\theta$/(°) | $K$/[MPa/(°)] |
|---|---|---|---|---|---|---|---|---|
| $\alpha$-Fe | BCC | 2.8664 | 206～216 | 0.28～0.3 | Cr $K_\alpha$ | (211) | 156.08 | −297.23 |
| | | | | | Co$K_\alpha$ | (310) | 161.35 | −230.4 |
| $\gamma$-Fe | FCC | 3.656 | 192.1 | 0.28 | Cr $K_\alpha$ | (311) | 149.6 | −355.35 |
| | | | | | Mn$K_\alpha$ | (311) | 154.8 | −292.73 |
| Al | FCC | 4.049 | 68.9 | 0.345 | Cr $K_\alpha$ | (222) | 156.7 | −92.12 |
| | | | | | Co $K_\alpha$ | (420) | 162.1 | −70.36 |
| | | | | | Co $K_\alpha$ | (331) | 148.7 | −125.24 |
| | | | | | Cu $K_\alpha$ | (333) | 164.0 | −62.82 |

续表

| 材料 | 点阵类型 | 点阵常数/0.1 nm | $E/10^3$ MPa | 泊松比 $\nu$ | 特征 X 射线 | $(hkl)$ | $2\theta/(°)$ | $K$/[MPa/(°)] |
|---|---|---|---|---|---|---|---|---|
| Cu | FCC | 3.6153 | 127.2 | 0.364 | Co $K_\beta$ | (311) | 146.5 | −245.0 |
| | | | | | Co $K_\alpha$ | (400) | 163.5 | −118.0 |
| | | | | | Cu $K_\alpha$ | (420) | 144.7 | −258.92 |
| Cu-Ni | FCC | 3.593 | 129.9 | 0.333 | Co $K_\alpha$ | (400) | 158.4 | −162.19 |
| WC | HCP | $a$ = 2.91 | 523.7 | 0.22 | Co $K_\alpha$ | (121) | 162.5 | −466.0 |
| | | $c$ = 2.84 | | | Cu $K_\alpha$ | (301) | 146.76 | −1118.18 |
| Ti | HCP | $a$ = 2.954 | 113.4 | 0.321 | Co $K_\alpha$ | (114) | 154.2 | −171.60 |
| | | $c$ = 4.6831 | | | Co $K_\alpha$ | (211) | 142.2 | −256.47 |
| Ni | FCC | 3.5238 | 207.8 | 0.31 | Cr $K_\beta$ | (311) | 157.7 | −273.22 |
| | | | | | Cu $K_\alpha$ | (420) | 155.6 | −289.39 |
| Ag | FCC | 4.0856 | 81.1 | 0.367 | Cr $K_\alpha$ | (222) | 152.1 | −128.48 |
| | | | | | Co $K_\alpha$ | (331) | 145.1 | −162.68 |
| | | | | | Co $K_\alpha$ | (420) | 156.4 | −108.09 |
| Cr | BCC | 2.8845 | — | — | Cr $K_\alpha$ | (211) | 153.0 | — |
| | | | | | Co $K_\alpha$ | (310) | 157.5 | |
| Si | 金刚石 | 5.4282 | — | — | Co $K_\alpha$ | (531) | 154.1 | — |